# 大学物理

（第2版）

主编　梁麦林　李凤敏

天津大学出版社
TIANJIN UNIVERSITY PRESS

# 本书编委会

主编　梁麦林　李凤敏

编者　（按音序排列）

邓晓冉　冯列峰　郭建军　金　朝

李卫青　姚东升　张慧娟

# 前　言

“天地有大美而不言，四时有明法而不议，万物有成理而不说。”自然界中有各种各样的物质存在，它们都有各自的结构，物质之间还有不同形式的相互作用，结构和相互作用决定了变化万千的自然现象，美丽而神秘。物理学(physics)就是研究自然界的物质结构、物体间的相互作用和物体运动规律的自然科学。它与人类社会的发展、现代物质文明的建立有着极其密切的关系。很多新兴学科和技术的诞生都是以物理学的发展为基础的。原子能的研究和应用，激光技术的出现，半导体材料的发现，电子计算机的飞速发展都与20世纪物理学中的两个伟大发现——相对论和量子理论的建立有着极其紧密的联系。物理学取得的成果极大地丰富了人们对物质世界的认识，有力地促进了人类文明的进步。

物理学的研究范围极广，小到微观粒子，大到整个宇宙。按照学科划分为力学、热学、电磁学、光学、相对论以及量子物理等。本书的编写任务分工如下：李卫青，第1章质点力学；邓晓冉，第2章刚体力学和第8章电磁感应；郭建军，第3章和第4章热学部分；冯列峰，第5章和第6章静电场部分；姚东升，第7章恒定磁场；梁麦林，第9章麦克斯韦方程组和第14章量子力学基础；金朝，第10章振动和第11章波动；张慧娟，第12章波动光学；李凤敏，各章习题和第13章狭义相对论基础。

本书在各章最后提供了大量习题。为了便于使用，习题参考答案以网络形式，呈现读者可扫描每章末的二维码查看。

本书由天津大学(冯列峰、金朝、李卫青、姚东升、张慧娟、梁麦林)和天津职业技术师范大学(邓晓冉、郭建军、李凤敏)合作共同编写。欢迎广大师生就本书中可能存在的各种问题提出意见和建议。

# ○ 目　　录

# 第1章　质点力学

世界上的万物都在不停地运动,不存在任何绝对静止的物体。例如我们面前的树木和房屋,它们看起来相对于地面是静止的,但是它们随着地球的自转在绕地轴转动,同时它们随着地球在绕太阳公转,太阳又带着包括地球在内的太阳系在银河系中运动,银河系作为宇宙的一部分也在不停地运动。小到组成物质的原子以及原子内部的粒子,大到整个宇宙中的星体都在不停地运动。运动是物质的基本存在形式,是物质的固有属性。物质的运动是绝对的,静止是相对的。

我们知道,任何物体都具有一定的大小和形状。当物体作机械运动的时候,物体上每个点的运动状态也不尽相同。但在某些情况下,根据物体运动的状况及性质,物体的大小和形状对讨论它的运动状态无关紧要,我们就可以把运动的物体抽象成一个只有质量的点,而在研究物体运动状态的过程中忽略运动物体的大小和形状。人们把这样抽象出来的有质量的点叫作质点。那研究什么样的物体运动时可以把物体抽象成质点呢?大致分为三种情况。①当刚性物体作平动时,运动物体上每一个点的运动状态都时刻保持完全相同,这时就可以忽略运动物体的形状和大小,把物体看成质点对待。如平动的轮船、飞机等,在研究它们的运动状态时,就可以抽象成质点而忽略其形状和大小。②当物体的运动路程远大于物体本身的大小或者物体之间的距离远大于物体本身的线度,并且关注的是物体的位置移动时,就可以把物体抽象成质点。如研究从北京到广州的火车的运动状态时,由于北京和广州的距离远远大于火车的长度,这时就可以把火车抽象成质点而忽略其本身的长度。再比如研究地球绕太阳转动时,由于地球直径(约为 $1.27\times10^{7}$ m)比地球与太阳之间的距离(约为 $1.50\times10^{11}$ m)小得多,地球上各点的运动相对于太阳来讲可视为相同,此时可以忽略地球的形状和大小,把地球看作质点(但当研究地球绕自身轴转动时则不能忽略)。

为了便于研究物体的运动规律,人们忽略了次要因素,把运动物体从纷繁复杂的运动表象中抽象成了质点,这个抽象质点的运动规律就反映了物体的运动规律,因此,质点只是运动物体的一种理想模型。在复杂的表象中,能抓住所研究问题的关键所在,忽略一些次要因素,抽象出简单的理想模型来代替复杂的事物,由此反映问题本质的规律性,这是物理学中研究问题常用的一种科学方法。如后面要学的刚体、理想气体分子、点电荷、静电场等都是根据研究问题的关键而从复杂的现实中抽象出的理想模型,建议读者在今后的学习和工作中认真体会和掌握。

人们看到飞机在飞行、汽车在前进,也看到车轮在转动、各种星体在转动,还看到天上的飞机在作花样表演、地上的蜗牛在缓慢爬行,可见物体的运动形式是多种多样的,是复杂的。运动一般可分为平动、转动和振动,本章只研究质点平动问题。对于质点平动问题的讨论又分为两个方面:单纯描述质点在空间的运动情况称为质点运动学,而讨论运动状态改变的原因即说明运动的因果关系称为质点动力学。

## 1.1 质点运动描述

### 1.1.1 参考系与坐标系

物体的机械运动是指运动物体的位置随时间的变化。如前所述,物体的运动是绝对的,但物体相对于不同物体系的位置及位置改变却是相对的,因此运动具有相对性,我们要确定一个物体的位置总是要相对于其他物体或者物体系来确定。这个**被选作参照的确定运动物体位置的物体或者物体系称为参考系**(或**参照系**,reference frame)。例如:坐在运动着的火车上的乘客看同车厢的乘客是“静止”的,看车外地面上的人或物却向后运动;反过来,在车外路面上的人看车内乘客随车前进,而路边一同站着的人却静止不动;这是因为车内乘客是以“车厢”为参照来确定车内乘客的静止和车外人及物的运动状态的,而地面上的人是以地面为参照来确定车内乘客的静止和地面上人及物的运动状态的。可见,当选取不同的参照物对同一物体的运动状态进行描述时,所得结论完全不同。因此,物体的运动是绝对的,但对物体运动状态的描述却具有相对性。

在运动学中,参考系的选择具有人为的任意性,但具体如何选择,要根据研究问题的性质及解决问题的方便来确定。通常,习惯选择以地面作为参考系。在描述具体物体的运动时,必须明确说明运动是相对于哪一个参考系而言的。

在选定参考系后,为了定量地描述物体的位置随时间的变化,还必须在参考系上建立合适的坐标系(coordinate system)。如何选择合适的坐标系?原则上以求解问题的简捷方便为标准,在研究地面上物体的运动时,通常选用**直角坐标系**$(x,y,z)$、球坐标系$(r,\theta,\varphi)$及柱坐标系$(r,\theta,z)$,研究曲线运动时通常选用**自然坐标系**。

### 1.1.2 位置矢量

如图1.2.1所示,直角坐标系的原点$O$选在参考系上,$t$时刻运动质点在空间的位置用$P$表示,从$O$点向$P$点引一条有向线段,用矢量$\boldsymbol{r}(t)=\overrightarrow{OP}$来定量表示质点$t$时刻所在的空间位置,称为$t$时刻质点的**位置矢量**,简称**位矢**(position vector)。位置矢量是用来定量描述运动质点在某一时刻所在空间位置的物理量。质点在运动过程中,每一时刻均有一对应的位置矢量(或一组对应的位置坐标$x(t),y(t),z(t)$),换言之,质点的位矢是时间的函数(因此很多教材称位矢与时间关系的表达式为质点的运动方程,本书称之为位置矢量,不再定义新的名称),即

$$\boldsymbol{r}=\boldsymbol{r}(t) \tag{1.1.1}$$

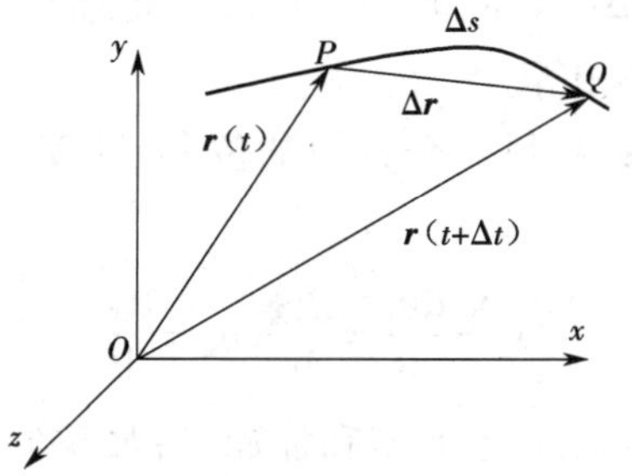


图1.1.1　质点位置的表示及位移

其投影式为

$$\left.\begin{aligned} x&=x(t)\\ y&=y(t)\\ z&=z(t) \end{aligned}\right\} \tag{1.1.2}$$

位置矢量$\boldsymbol{r}(t)$在$x,y,z$轴上的投影(或位置坐标)分别为$x(t),y(t),z(t)$。于是,位矢$\boldsymbol{r}(t)$在直角坐标系中的表达式为

$$\boldsymbol{r}(t)=x(t)\boldsymbol{i}+y(t)\boldsymbol{j}+z(t)\boldsymbol{k} \tag{1.1.3}$$

式中,$\boldsymbol{i},\boldsymbol{j},\boldsymbol{k}$分别为$x,y,z$轴上的单位矢量(大小为1,方向沿各轴正向的矢量)。显然,$t$时刻位置矢量的大小为

$$r(t)=\sqrt{x(t)^2+y(t)^2+z(t)^2}$$

其方向由它的坐标轴的三个方向余弦来确定。位矢的单位为米(m)。如果消去式(1.1.2)中的参变量$t$,则得质点运动的轨迹方程。

## 1.1.3　位移

如图1.1.1所示,质点作曲线运动,$t$时刻质点运动到$P$处,位矢为$\boldsymbol{r}(t)$,经过时间$\Delta t$,在$t+\Delta t$时刻质点运动到$Q$处,此时位矢为$\boldsymbol{r}(t+\Delta t)$。可见,在时间$\Delta t$内,质点位置的变化

$$\Delta\boldsymbol{r}=\boldsymbol{r}(t+\Delta t)-\boldsymbol{r}(t) \tag{1.1.4}$$

它是从$P$点向$Q$点所引的有向线段,叫作质点在$\Delta t$时间内的**位移**(displacement),用$\Delta\boldsymbol{r}$表示。**位移**是表示质点在$\Delta t$时间内位置变化的物理量。由$P$点到$Q$点质点经历过的曲线长度$\Delta s$,叫作质点在$\Delta t$时间内的路程。必须指出,位移和路程是两个截然不同的物理量,位移是矢量,是描述质点在一段时间内位置变化的物理量,位移的大小为有向线段$\Delta\boldsymbol{r}$的长度,其方向由运动质点的初位置指向末位置;而路程是描述质点所经历的实际路径的物理量,为标量,是指该段时间内质点所经历的实际路径的长度,以$\Delta s$表示(如图1.1.1中的弧长)。位移和路程除了矢量、标量不同外,总有$\Delta s\geqslant|\Delta\boldsymbol{r}|$,而且只有质点在

作单向直线运动时才有 $\Delta s=|\Delta \boldsymbol{r}|$;但是在 $\Delta t\to 0$ 的极限情况下,$ds=|d\boldsymbol{r}|$。另外,还要注意 $\Delta r$ 与 $|\Delta \boldsymbol{r}|$ 的区别,一般以 $\Delta r$ 表示 $|\boldsymbol{r}_2|-|\boldsymbol{r}_1|$,因此总有 $|\Delta \boldsymbol{r}|\geqslant \Delta r$,只有在 $\boldsymbol{r}_2$ 与 $\boldsymbol{r}_1$ 方向相同的情况下 $|\Delta \boldsymbol{r}|$ 与 $\Delta r$ 才相等。

**例 1.1.1** 在直角坐标系中,每一个方向的位移、速度和加速度之间相互决定,例如在 $x$ 方向上有:

$$a_x=\frac{d\boldsymbol{v}_x}{dt}=\frac{d^2x}{dt^2},\boldsymbol{v}_x=\frac{dx}{dt}$$

知道了位移通过求时间导数可以求出速度和加速度;如果知道了加速度就可以用积分的方法依次求出速度和位移。写出由加速度求速度和位移的一般表达式;当加速度是常数时,写出具体结果。

**解** (1)将加速度与速度的关系改写成

$$d\boldsymbol{v}_x=a_x dt$$

要得到速度,需要在两边求积分

$$\int_{v_{x0}}^{v_x} d\boldsymbol{v}_x=\boldsymbol{v}_x-\boldsymbol{v}_{x0}=\int_0^t a_x dt$$

所以

$$\boldsymbol{v}_x=\boldsymbol{v}_{0x}+\int_0^t a_x dt$$

通过速度与位移的关系,可以进一步得到

$$x=x_0+\int_0^t \boldsymbol{v}_x dt$$

(2)如果加速度是常数,那么相应的结果是

$$\boldsymbol{v}_x=\boldsymbol{v}_{0x}+a_x t$$

$$x=x_0+\boldsymbol{v}_{0x}t+\frac{1}{2}a_x t^2$$

这正是大家熟悉的匀加速直线运动的结果。如果 $y$ 方向或者 $z$ 方向的加速度也是常数,也会有同样的结果,不会受到其他垂直方向运动的影响。质点在重力场中的运动就是匀加速运动,加速度是重力加速度,竖直上抛时,运动轨迹是直线;斜抛时,运动轨迹是抛物线。

**例 1.1.2** 已知质点的位置矢量 $\boldsymbol{r}=2t\boldsymbol{i}+(2-t^2)\boldsymbol{j}$,式中 $r$ 的单位为 m,时间 $t$ 的单位为 s。求:(1)质点的运动轨迹;(2)$t=0$ 及 $t=2$ s 时,质点的位矢;(3)在 $t=0$ 到 $t=2$ s 内质点的位移 $\Delta \boldsymbol{r}$ 和径向增量 $\Delta|\boldsymbol{r}|$;*(4) 2 s 内质点所走过的路程 $s$。

**分析** 质点的轨迹方程为 $y=f(x)$,运动方程的两个分量式 $x(t)$ 和 $y(t)$ 消去 $t$ 即可得到。对于 $r$、$\Delta \boldsymbol{r}$、$\Delta|\boldsymbol{r}|$、$\Delta s$ 来说,物理含义不同,可根据其定义计算。其中对 $s$ 的求解用到积分方法,先在轨迹上任取一段微元 $ds$,则 $ds=\sqrt{(dx)^2+(dy)^2}$,最后用 $s=\int ds$ 积分求 $s$。

**解**　(1)$x(t)$和$y(t)$消去$t$后得质点轨迹方程为

$$y=2-\frac{1}{4}x^2$$

这是一个抛物线方程,轨迹如图 1.1.2(a)所示。

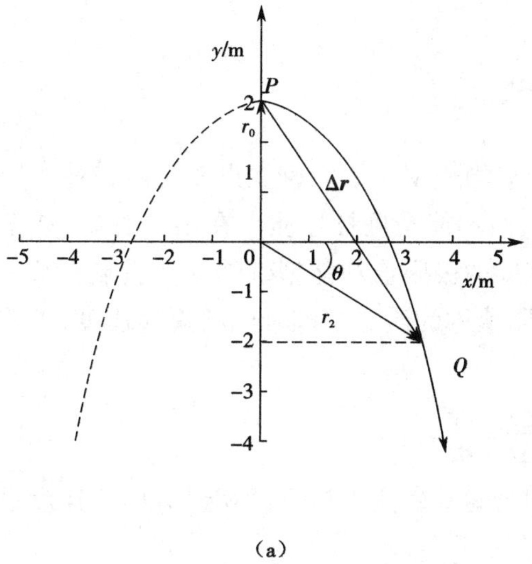


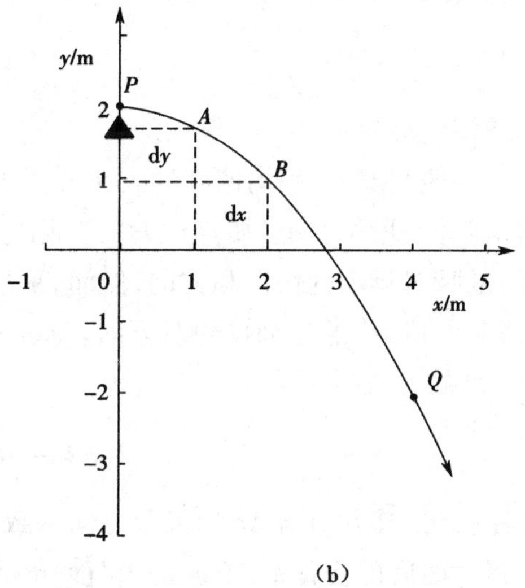


图 1.1.2　轨迹

(2)将$t=0$和$t=2$ s 分别代入运动方程,可得相应位矢

$$\boldsymbol{r}_0=2\boldsymbol{j}\ ,\ \boldsymbol{r}_2=4\boldsymbol{i}-2\boldsymbol{j}$$

图 1.1.2(a)中的$P$、$Q$两点,即为$t=0$和$t=2$ s 时质点所在位置。

(3)由位移表达式,得

$$\Delta\boldsymbol{r}=\boldsymbol{r}_2-\boldsymbol{r}_0=(x_2-x_0)\boldsymbol{i}+(y_2-y_0)\boldsymbol{j}=4\boldsymbol{i}-4\boldsymbol{j}$$

其中位移大小　　$|\Delta\boldsymbol{r}|=\sqrt{(\Delta x)^2+(\Delta y)^2}=5.66\ \text{m}$

而径向增量　　$\Delta|\boldsymbol{r}|=|\boldsymbol{r}_2|-|\boldsymbol{r}_0|=\sqrt{x_2^2+y_2^2}-\sqrt{x_0^2+y_0^2}=2.47\ \text{m}$

*(4)如图 1.1.2(b)所示,所求$\Delta s$即为图中$PQ$段长度,先在其间任意处取$AB$微元$\mathrm{d}s$,则$\mathrm{d}s=\sqrt{(\mathrm{d}x)^2+(\mathrm{d}y)^2}$,由轨道方程可得$\mathrm{d}y=-\frac{1}{2}x\mathrm{d}x$,代入$\mathrm{d}s$,则 2 s 内路程

$$s=\int_P^Q\mathrm{d}s=\int_0^4\frac{1}{2}\sqrt{4+x^2}\,\mathrm{d}x=5.91\ \text{m}$$

## 1.1.4　速度

在 PQ 这段曲线上,质点在各点的运动方向和快慢各不相同。将用质点的位移与完成该位移所需时间的比值称为质点在该段时间内的**平均速度**,用$\bar{\boldsymbol{v}}$表示。平均速度是粗略地描述质点在$\Delta t$时间内位置变化快慢和运动方向的物理量,即

$$\bar{\boldsymbol{v}}=\frac{\Delta \boldsymbol{r}}{\Delta t}=\frac{\boldsymbol{r}(t+\Delta t)-\boldsymbol{r}(t)}{\Delta t} \tag{1.1.5}$$

平均速度是矢量,其方向与 $\Delta \boldsymbol{r}$ 的方向相同。注意平均速度的大小不叫平均速率。

质点所经历的路程与完成这段路程所需时间之比称为质点在该段时间内的平均速率,以 $\bar{v}$ 表示

$$\bar{v}=\frac{\Delta s}{\Delta t} \tag{1.1.6}$$

平均速率是标量。

在一般情况下,平均速度的大小并不等于平均速率。平均速度只能粗略描述一段时间内(或者一段位移上)质点位置的变化情况,而不能精确描述质点在某一时刻(或某一位置)的瞬时运动的快慢和方向,然而,平均速度的极限值却能精确地反映质点在某一时刻(或某一位置)的运动快慢及方向。这一极限值称为质点在该时刻的**瞬时速度**,简称**速度**,以 $\boldsymbol{v}$ 表示,即

$$\boldsymbol{v}=\lim_{\Delta t\to 0}\frac{\Delta \boldsymbol{r}}{\Delta t}=\frac{\mathrm{d}\boldsymbol{r}}{\mathrm{d}t} \tag{1.1.7}$$

速度是矢量,其方向与 $\Delta \boldsymbol{r}$ 的极限方向一致,即为运动轨迹上该点的切线方向。速度是位置矢量对时间的变化率,单位是米/秒(m/s)。

当 $\Delta t\to 0$ 时,平均速率的极限值称为**瞬时速率**(简称**速率**),即

$$v=\frac{\mathrm{d}s}{\mathrm{d}t} \tag{1.1.8}$$

速率描述质点在该时刻运动的快慢,是路程对时间的变化率。由于 $\Delta t\to 0$ 时,$|\mathrm{d}\boldsymbol{r}|=\mathrm{d}s$,所以速度的大小就是速率,故

$$|\boldsymbol{v}|=\frac{|\mathrm{d}\boldsymbol{r}|}{\mathrm{d}t}=\frac{\mathrm{d}s}{\mathrm{d}t} \tag{1.1.9}$$

在直角坐标系中,速度

$$\boldsymbol{v}=\frac{\mathrm{d}\boldsymbol{r}}{\mathrm{d}t}=\frac{\mathrm{d}x}{\mathrm{d}t}\boldsymbol{i}+\frac{\mathrm{d}y}{\mathrm{d}t}\boldsymbol{j}+\frac{\mathrm{d}z}{\mathrm{d}t}\boldsymbol{k} \tag{1.1.10}$$

速度沿三个坐标轴的速度分量

$$\left.\begin{aligned} v_x&=\frac{\mathrm{d}x}{\mathrm{d}t}\\ v_y&=\frac{\mathrm{d}y}{\mathrm{d}t}\\ v_z&=\frac{\mathrm{d}z}{\mathrm{d}t}\end{aligned}\right\} \tag{1.1.11}$$

速度的大小

$$v=\sqrt{v_x^2+v_y^2+v_z^2} \tag{1.1.12}$$

位矢和速度是描述质点运动状态的物理量。在物体宏观低速运动的世界里,在某一时

刻,运动物体具有唯一的位矢和速度,即具有唯一的运动状态,所以宏观运动的物体都具有一定的运动轨道。

## 1.1.5　加速度

质点在运动过程中,不仅位置时刻在变,质点运动的快慢和方向都随时间而变化,即运动质点的速度也在变化。加速度就是描述质点的运动速度如何随时间变化的物理量。

如图1.1.3所示,质点在时刻 $t$ 位于 $P$ 点,速度是 $\boldsymbol{v}(t)$,$t+\Delta t$ 时刻运动到 $Q$ 点,速度是 $\boldsymbol{v}(t+\Delta t)$,在 $\Delta t$ 时间内速度的增量

$$\Delta\boldsymbol{v}=\boldsymbol{v}(t+\Delta t)-\boldsymbol{v}(t) \tag{1.1.13}$$

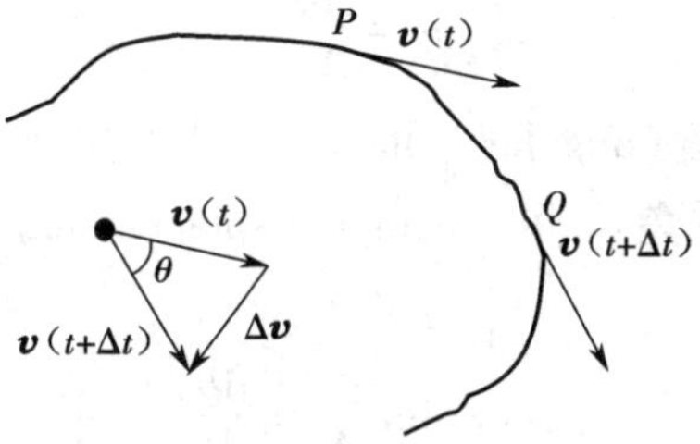


图1.1.3　质点的速度与速度增量

$\dfrac{\Delta\boldsymbol{v}}{\Delta t}$称为 $\Delta t$ 时间内质点的平均加速度,用来粗略地描述质点在 $\Delta t$ 时间内速度的变化,用 $\bar{\boldsymbol{a}}$ 表示,即

$$\bar{\boldsymbol{a}}=\frac{\Delta\bar{\boldsymbol{v}}}{\Delta t}=\frac{\boldsymbol{v}(t+\Delta t)-\boldsymbol{v}(t)}{\Delta t} \tag{1.1.14}$$

为了精确描述任一时刻速度的瞬时变化情况,当 $\Delta t\to 0$ 时,平均加速度的极限值称为**瞬时加速度**(简称**加速度**),用 $\boldsymbol{a}$ 表示,即

$$\boldsymbol{a}=\lim_{\Delta t\to 0}\frac{\Delta\bar{\boldsymbol{v}}}{\Delta t}=\frac{\mathrm{d}\boldsymbol{v}}{\mathrm{d}t}=\frac{\mathrm{d}^2\boldsymbol{r}}{\mathrm{d}t^2} \tag{1.1.15}$$

由式(1.1.15)可知,质点的加速度等于速度对时间的一阶导数,或等于位置矢量对时间的二阶导数。换句话说,可以通过对速度或位矢求导来计算加速度。加速度也是矢量,由于它是速度对时间的变化率,所以不管是速度的大小发生变化,还是速度的方向发生变化,都有加速度存在。

在直角坐标系中

$$\begin{aligned}\boldsymbol{a}&=\frac{\mathrm{d}\boldsymbol{v}}{\mathrm{d}t}=\frac{\mathrm{d}v_x}{\mathrm{d}t}\boldsymbol{i}+\frac{\mathrm{d}v_y}{\mathrm{d}t}\boldsymbol{j}+\frac{\mathrm{d}v_z}{\mathrm{d}t}\boldsymbol{k}\\&=\frac{\mathrm{d}^2x}{\mathrm{d}t^2}\boldsymbol{i}+\frac{\mathrm{d}^2y}{\mathrm{d}t^2}\boldsymbol{j}+\frac{\mathrm{d}^2z}{\mathrm{d}t^2}\boldsymbol{k}=a_x\boldsymbol{i}+a_y\boldsymbol{j}+a_z\boldsymbol{k}\end{aligned} \tag{1.1.16}$$

# 1.2 圆周运动

## 1.2.1 圆周运动的角量描述

如图1.2.1所示,假设质点作半径为 $r$ 的逆时针圆周运动,初始时刻质点位于圆周与 $x$ 轴的交点处,质点所在处的位置矢量是从坐标原点到圆周上一点的矢量。对于圆周运动,半径或者旋转矢量转过的角度就决定了质点的位置。如果 $\Delta t$ 时间内转过的角度是 $\Delta\theta$,则角度的平均变化率是

$$\overline{\omega}=\frac{\Delta\theta}{\Delta t} \tag{1.2.1}$$

角度的时间变化率叫做**角速度**(angular velocity)。上式是平均变化率,因此是平均角速度。角度的变化量 $\Delta\theta$ 也称作角位移(angular displacement)。当 $\Delta t\to 0$ 时,得到瞬时角速度

$$\omega=\lim\frac{\Delta\theta}{\Delta t}=\frac{\mathrm{d}\theta}{\mathrm{d}t} \tag{1.2.2}$$

国际单位制中,角速度的单位是 rad/s 或者 1/s。角速度的时间变化率叫做**角加速度**(angular acceleration)

$$\beta=\frac{\mathrm{d}\omega}{\mathrm{d}t}=\frac{\mathrm{d}^2\theta}{\mathrm{d}t^2} \tag{1.2.3}$$

国际单位制中,角加速度的单位是 $\mathrm{rad/s^2}$ 或者 $1/\mathrm{s}^2$。

当角速度是常数时,角加速度是零,这种情况对应匀速率的圆周运动。对于图1.2.1所示的情况,角度与时间的关系为

$$\theta(t)=\omega t \tag{1.2.4}$$

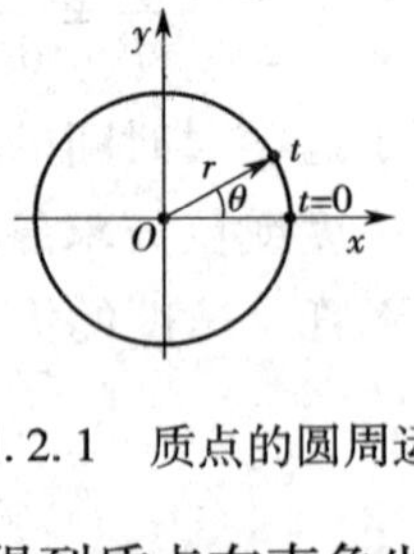


图1.2.1 质点的圆周运动

从图1.2.1中的几何关系可以得到质点在直角坐标系中的坐标

$$\left.\begin{aligned}x(t)&=r\cos\theta=r\cos(\omega t)\\y(t)&=r\sin\theta=r\sin(\omega t)\end{aligned}\right\} \tag{1.2.5}$$

从 $x(t)$ 和 $y(t)$ 中消去时间 $t$ 后得到质点的轨迹方程为

$$x^2+y^2=r^2 \tag{1.2.6}$$

由定义得到 $t$ 时刻的位置矢量

$$\boldsymbol{r}=x(t)\boldsymbol{i}+y(t)\boldsymbol{j}=r\cos(\omega t)\boldsymbol{i}+r\sin(\omega t)\boldsymbol{j} \tag{1.2.7}$$

由于半径是确定的,所以质点位置以及位置矢量完全由角度决定,只用角度就可以描述圆周运动。位置矢量的大小是一个常数,就是圆周的半径,但是位置矢量的方向一直在变化,所以位置矢量不是常数矢量。位置矢量的时间变化率是速度矢量

$$\boldsymbol{v}=\frac{\mathrm{d}\boldsymbol{r}}{\mathrm{d}t}=-\omega r\sin(\omega t)\boldsymbol{i}+\omega r\cos(\omega t)\boldsymbol{j} \tag{1.2.8}$$

容易验证,速度的大小是常数 $v=\omega r$,说明这是匀速率的圆周运动。

如果角加速度是常数,则由式(1.2.3)可得角速度与时间的关系为

$$\omega=\omega_0+\beta t \tag{1.2.9}$$

式中 $\omega_0$ 是初始的角速度。进一步由式(1.2.2)得到角度随时间的变化规律为

$$\theta=\theta_0+\omega_0 t+\frac{1}{2}\beta t^2 \tag{1.2.10}$$

式中 $\theta_0$ 是初始时半径与 $x$ 轴的夹角。对于图(1.2.1)所示的情况,$\theta_0=0$。角度、角速度和角加速度之间的关系(1.2.10)与匀加速直线运动中位移、速度和加速度的关系类似,所以用角量描述圆周运动会比较简单。

### 1.2.2　圆周运动的加速度

对匀速率圆周运动的速度式(1.2.8)进一步求得质点加速度

$$\begin{aligned}\boldsymbol{a}&=\frac{\mathrm{d}\boldsymbol{v}}{\mathrm{d}t}=-\omega^2 r\cos(\omega t)\boldsymbol{i}-\omega^2 r\sin(\omega t)\boldsymbol{j}\\&=-\omega^2[r\cos(\omega t)\boldsymbol{i}+r\sin(\omega t)\boldsymbol{j}]=-\omega^2\boldsymbol{r}\end{aligned} \tag{1.2.11}$$

该加速度与位置矢量的方向相反,指向圆心,所以叫做向心加速度。由于这时速率的大小不变,所以该加速度完全是由速度方向的变化引起的。

如果质点作圆周运动的过程中,速率发生变化,加速度是什么呢？下面对这一问题进行讨论。如图 1.2.2 所示是不同时刻速度矢量示意图,$t$ 时刻,质点在 $A$ 点;$t+\Delta t$ 时刻,质点在 $B$ 点。图中

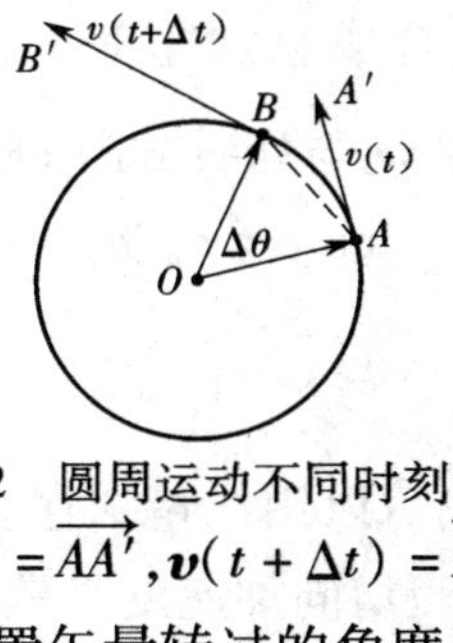


图 1.2.2　圆周运动不同时刻的速度

$$\boldsymbol{v}(t)=\overrightarrow{AA'},\boldsymbol{v}(t+\Delta t)=\overrightarrow{BB'} \tag{1.2.12}$$

从 $t$ 时刻到 $t+\Delta t$ 时刻,半径或者位置矢量转过的角度是 $\Delta\theta$。由于$\overrightarrow{OA}\perp\overrightarrow{AA'}$,$\overrightarrow{OB}\perp\overrightarrow{BB'}$,所

以$\overrightarrow{BB'}$与$\overrightarrow{AA'}$的夹角也是$\Delta\theta$,如图1.2.3所示。在图1.2.3中,将矢量$\boldsymbol{v}(t+\Delta t)=\overrightarrow{BB'}$的起始点$B$移到了$A$点。两个时刻的速度差就是矢量

$$\Delta\boldsymbol{v}=\overrightarrow{A'B'}=\boldsymbol{v}(t+\Delta t)-\boldsymbol{v}(t)=\Delta\boldsymbol{v}_\tau+\Delta\boldsymbol{v}_n \tag{1.2.13}$$

相应的加速度也有两部分

$$\boldsymbol{a}=\lim\frac{\Delta\boldsymbol{v}}{\Delta t}=\boldsymbol{a}_\tau+\boldsymbol{a}_n \tag{1.2.14}$$

其中
$$\boldsymbol{a}_\tau=\lim\frac{\Delta\boldsymbol{v}_\tau}{\Delta t}\quad \boldsymbol{a}_n=\lim\frac{\Delta\boldsymbol{v}_n}{\Delta t}$$

速度差$\Delta\boldsymbol{v}_\tau$的大小为

$$|\Delta\boldsymbol{v}_\tau|=v(t+\Delta t)-v(t)=\Delta v \tag{1.2.15}$$

等于速率的变化。于是加速度的分量$\boldsymbol{a}_\tau$的数值为

$$a_\tau=\lim\frac{\Delta v}{\Delta t}=\frac{\mathrm{d}v}{\mathrm{d}t} \tag{1.2.16}$$

当$\Delta\theta\to0$时,两个时刻的速度矢量近似重合,因此$\Delta\boldsymbol{v}_\tau$沿$\boldsymbol{v}(t)$的方向即切向方向,所以$\boldsymbol{a}_\tau$是加速度的切向方向分量,叫做切向加速度,式(1.2.16)是切向加速度的大小。

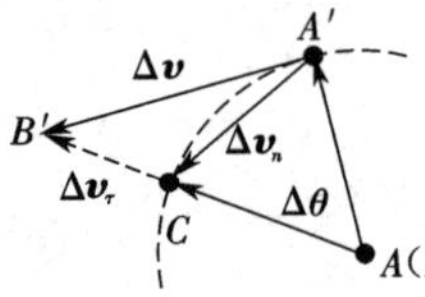

图1.2.3 圆周运动不同时刻速度差的示意图

现在求$\Delta\boldsymbol{v}_n$的数值。图1.2.2中的$\triangle OAB$与图1.2.3中的$\triangle AA'C$是相似的,有比例关系

$$\frac{\overline{AB}}{r}=\frac{|\Delta\boldsymbol{v}_n|}{v} \tag{1.2.17}$$

所以

$$|\Delta\boldsymbol{v}_n|=v\frac{\overline{AB}}{r} \tag{1.2.18}$$

当$\Delta\theta\to0$时,直线$\overline{AB}$的长度约等于对应的弧长$r\Delta\theta$,因此加速度分量$\boldsymbol{a}_n$的数值为

$$a_n=\lim\frac{|\Delta\boldsymbol{v}_n|}{\Delta t}=v\lim\frac{\Delta\theta}{\Delta t}=v\omega \tag{1.2.19}$$

当$\Delta\theta\to0$时,两个时刻的速度矢量近似重合,$\Delta\boldsymbol{v}_n$垂直于$\boldsymbol{v}(t)$的方向并指向圆心,所以$\boldsymbol{a}_n$叫做向心加速度或者法向加速度,式(1.2.19)是向心加速度或者法向加速度的大小。对于直线运动,速度的方向一直沿直线方向,法向加速度是零。

加速度的切向分量与法向分量合成总加速度。总加速度既不沿切向也不沿法向。总加速度的大小$a(=\sqrt{a_\tau^2+a_n^2})$及方向与切线方向的夹角$\alpha$满足

$$\tan\alpha=a_n/a_\tau \tag{1.2.20}$$

## 1.2.3 角量与线量的关系

圆周运动既可以用角量描述,也可以用线量描述。质点走过的弧长$s$就决定了质点的位置,速率是弧长的时间变化率;而切向加速度又是速率的时间变化率

$$\left.\begin{aligned} v &= \frac{\mathrm{d}s}{\mathrm{d}t} \\ a_\tau &= \frac{\mathrm{d}v}{\mathrm{d}t} \end{aligned}\right\} \tag{1.2.21}$$

质点走过的弧长与半径转过的角度之间的关系为

$$\Delta s = r\Delta\theta \tag{1.2.22}$$

对时间求导数得到速率与角速度之间的关系

$$v = r\omega \tag{1.2.23}$$

两边再次对时间求导数,有结果

$$a_\tau = r\beta \tag{1.2.24}$$

相对于角速度和角加速度,速率和切向加速度又分别称为**线速度和线加速度**。利用 $v = r\omega$,法向加速度(1.2.19)还可以写成如下表示式

$$a_n = v\omega = \frac{v^2}{r} = \omega^2 r \tag{1.2.25}$$

### 1.2.4　自然坐标系( * )

由曲线的切向和法向构成的坐标系叫做**自然坐标系**。在自然坐标系中,运动质点的速度写成

$$\boldsymbol{v} = v\boldsymbol{\tau} \tag{1.2.26}$$

根据加速度的定义,运动质点在自然坐标系中的加速度是

$$\boldsymbol{a} = \frac{\mathrm{d}\boldsymbol{v}}{\mathrm{d}t} = \frac{\mathrm{d}v}{\mathrm{d}t}\boldsymbol{\tau} + v\frac{\mathrm{d}\boldsymbol{\tau}}{\mathrm{d}t} \tag{1.2.27}$$

第一项的意义比较明确,沿切向方向,实际上就是切向加速度;第二项应该给出法向加速度,现在用自然坐标系给出说明。

如图 1.2.4 所示,从 $t$ 时刻到 $t + \mathrm{d}t$ 时刻,半径或者位置矢量转过了角度 $\mathrm{d}\theta$,图中的虚线就是质点的位移大小。由于切向方向与径向方向一直保持垂直,所以切向方向的单位矢量也转过了角度 $\mathrm{d}\theta$。

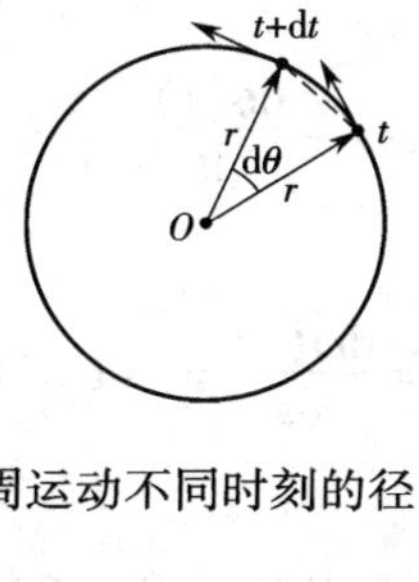


图 1.2.4　圆周运动不同时刻的径向和切向方向

为了计算两个时刻切向方向单位矢量的差,在图 1.2.5 中将 $t + \mathrm{d}t$ 时刻的切向方向单位矢量平移到了 $t$ 时刻的地方,单独画出了两个时刻单位矢量的差

$$d\boldsymbol{\tau}=\boldsymbol{\tau}(t+dt)-\boldsymbol{\tau}(t) \tag{1.2.28}$$

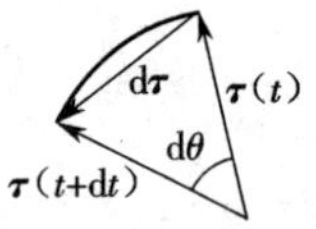


图 1.2.5　圆周运动不同时刻切向方向单位矢量的差

由于 $dt\to0$，所以角度 $d\boldsymbol{\theta}\to0$，两个时刻的切向方向单位矢量几乎重合，二者的差 $d\boldsymbol{\tau}$ 指向径向方向的反方向，即圆周曲线的法向方向，而其大小约等于图 1.2.5 中所显示的弧长，即

$$|d\boldsymbol{\tau}|=|\boldsymbol{\tau}|\cdot d\theta=1\cdot d\theta=d\theta \tag{1.2.29}$$

因此，两个时刻切向方向单位矢量的差是

$$d\boldsymbol{\tau}=\boldsymbol{n}d\theta \tag{1.2.30}$$

其时间变化率为

$$\frac{d\boldsymbol{\tau}}{dt}=\frac{\boldsymbol{n}d\theta}{dt}=\boldsymbol{n}\omega \tag{1.2.31}$$

代入(1.2.27)解得到第二项的形式 $v\omega\boldsymbol{n}$，这正是(1.2.19)的结果。

任意曲线运动的示意图如图 1.2.6 和图 1.2.7 所示。当轨迹方程或者轨道方程确定后，路程 $s(t)$ 可以当做质点位置的函数。将式(1.2.25)中的半径换成曲线的曲率半径就得到任意曲线运动的结果。实际上，圆的半径就是圆周的曲率半径。当圆周的半径趋于无限大时，圆周趋于一个直线，自然坐标系回归到直角坐标系。

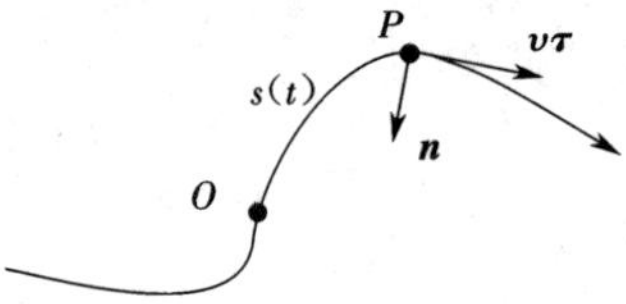


图 1.2.6　速度沿切向

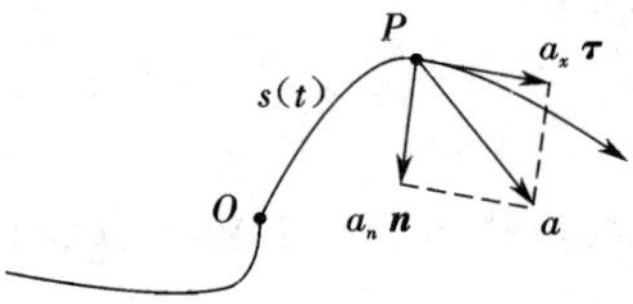


图 1.2.7　任意曲线运动的加速度

**例 1.2.1**　有一质点从 $t=0$ 开始作半径为 $R=2$ m 的圆周运动，其弧长公式 $s(t)=7+6t-t^2$。(1)求质点运动的角速度、角加速度；(2)质点运动的加速度何时有极值？

**解**　(1)根据弧长与对应的角度关系 $s(t)=R\theta(t)$ 可得角度随时间的变化规律

$$\theta(t)=\frac{s(t)}{R}=3.5+3t-0.5t^2$$

则质点运动的角速度为

$$\omega(t)=\frac{d\theta(t)}{dt}=3-t$$

角加速度为

$$\beta=\frac{d\omega(t)}{dt}=-1\ \mathrm{s}^{-2}$$

(2)切向加速度为

$$a_\tau=R\beta=-2\ \mathrm{m/s^2}$$

向心加速度或者法向加速度为

$$a_n = \omega^2(t)R = 2(3-t)^2$$

总加速度为

$$a = \sqrt{a_\tau^2 + a_n^2}$$

当 $t=3$ s 时,加速度有极值,极值是 $a = |a_\tau| = 2\ \mathrm{m/s^2}$。

**例 1.2.2** 一气球以速率 $v_0$ 从地面上升,由于风的影响,随着高度的增加,气球的水平速度按 $v_x = by$ 增大,其中 $b$ 是正的常量,$y$ 轴是从地面算起的高度,$x$ 轴取水平向右的方向。

(1)计算气球的位置矢量;

(2)求气球水平飘移的距离与高度的关系;

(3)求气球沿轨道运动的切向加速度和轨道的曲率与高度的关系。

**解** (1) 取平面直角坐标系 $Oxy$,令 $t=0$ 时气球位于坐标原点(地面)。气球上升速度的函数为

$$y = v_0 t$$

而

$$\frac{\mathrm{d}x}{\mathrm{d}t} = by = bv_0 t \quad (\text{或} \quad \mathrm{d}x = bv_0 t\mathrm{d}t)$$

对上式两边取定积分得

$$x = \frac{bv_0 t^2}{2}$$

故气球的位置矢量为

$$\boldsymbol{r} = \frac{bv_0 t^2}{2}\boldsymbol{i} + v_0 t\boldsymbol{j}$$

(2)由 $y = v_0 t$ 和 $x = \frac{bv_0 t^2}{2}$ 可得

$$x = \frac{b}{2v_0}y^2$$

(3)气球的运动速率

$$v = \sqrt{v_x^2 + v_y^2} = \sqrt{b^2 v_0^2 t^2 + v_0^2} = \sqrt{b^2 y^2 + v_0^2}$$

所以气球的切向加速度

$$a_\tau = \frac{\mathrm{d}v}{\mathrm{d}t} = \frac{b^2 v_0 y}{\sqrt{b^2 y^2 + v_0^2}}$$

而由 $a_n = \sqrt{a^2 - a_\tau^2}$ 和 $a^2 = a_x^2 + a_y^2 = \left(\frac{\mathrm{d}v_x}{\mathrm{d}t}\right)^2 + \left(\frac{\mathrm{d}v_y}{\mathrm{d}t}\right)^2 = b^2 v_0^2$ 可算出

$$a_n = \frac{bv_0^2}{\sqrt{b^2 y^2 + v_0^2}}$$

再用 $\frac{v^2}{\rho} = a_n$ 求得轨道曲率半径与高度的关系:

$$\rho = \frac{v^2}{a_n} = \frac{(b^2y^2 + v_0^2)^{3/2}}{bv_0^2}$$

**例 1.2.3** 有一作直线运动的质点,当 $t=0$ 时,该质点经过原点 $O$ 且沿 $x$ 轴正向速度大小为 $v_0$,其运动规律为 $\frac{\mathrm{d}v}{\mathrm{d}t} = -kv$,$k$ 为常数。求解该质点的速度 $v$ 随时间 $t$ 改变的规律以及运动函数 $x=x(t)$。

**解** (1) 质点沿 $x$ 轴作一维运动,其速度、加速度等运动状态矢量均平行于 $x$ 轴,因此可采用其值的正负来表示方向。为了得出该质点运动中速度 $v$ 随时间 $t$ 改变的规律,可从题目给出的运动规律入手,首先将其改写为如下的等价形式:

$$\frac{\mathrm{d}v}{v} = -k\mathrm{d}t$$

利用初始条件,对上式积分:

$$\int_{v_0}^{v} \frac{\mathrm{d}v}{v} = -k\int_0^t \mathrm{d}t$$

即可得出函数 $v(t)$:

$$v = v_0 \mathrm{e}^{-kt}$$

此函数描述了 $v$ 随时间 $t$ 改变的规律。表明质点速度随着时间按照指数规律衰减,方向始终沿着 $x$ 轴正向,当 $t\to\infty$ 时,速度衰减到零。

(2)质点的运动函数,可以根据速度的定义并利用初始状态对速度函数积分获得。由速度函数可得

$$\frac{\mathrm{d}x}{\mathrm{d}t} = v = v_0 \mathrm{e}^{-kt}$$

利用初始条件,对上式积分:

$$\int_0^x \mathrm{d}x = \int_0^t v_0 \mathrm{e}^{-kt}\mathrm{d}t$$

即得出运动函数为

$$x = \frac{v_0}{k}(1 - \mathrm{e}^{-kt})$$

由此结果不难得出,该质点在停下来的时刻位移等于 $v_0/k$。

质点运动学所要解决的问题一般分为两类:一类是已知质点的位置矢量或者运动学方程,求质点在任意时刻的速度和加速度,在数学处理上需用导数运算,称为微分问题;另一类是已知质点的加速度及初始条件(即初始时刻的位置矢量及速度),求任意时刻的速度和位置矢量,在数学上需用积分运算,称为积分问题。

## 1.3 相对运动

一般来说,同一个物体相对于不同的参考系会有不同的轨迹、速度和加速度,下面讨

论两个参照系作相对运动时，同一个质点相对于这两个参照系的位矢、速度、加速度之间的关系。

设有两个参考系 $S$ 和 $S'$，在每一参考系中各选取一直角坐标系，令这两个坐标系对应的坐标轴相互平行，并且假设两个坐标系在运动过程中不发生转动。可以设想两个坐标系的坐标原点 $O$ 和 $O'$ 分别代表两个观察者，两个观察者有相对运动，二者共同观察第三个物体（例如一个质点）的运动。在经典力学中，两个参考系中的时间相同，这里都用 $t$ 表示。牛顿认为"绝对的、真正的和数学的时间自身在流逝着，而且由于其本性而均匀地、与任何其他外界事物无关地流逝着"；"绝对的空间，就其本性而言，是与外界任何事物无关而永远是相同的和不动的"。这就是牛顿力学的"**绝对时间**"和"**绝对空间**"。

假设在 $t$ 时刻，质点的位置在空间 $P$ 点，如图 1.3.1 所示。$P$ 点对 $S$ 系的位矢为 $\boldsymbol{r}$，对 $S'$ 系的位矢为 $\boldsymbol{r}'$，$S'$ 系的坐标原点 $O'$ 对 $S$ 系的位矢为 $\boldsymbol{r}''$。由此可得

$$\boldsymbol{r}=\boldsymbol{r}''+\boldsymbol{r}' \tag{1.3.1}$$

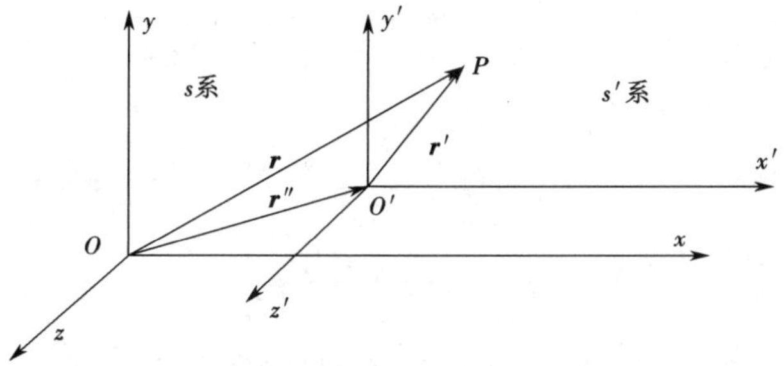


图 1.3.1　相对运动位矢之间的关系

两边对时间求导得到速度之间的关系

$$\boldsymbol{v}=\boldsymbol{v}''+\boldsymbol{v}' \tag{1.3.2}$$

由上式可知，由于 $S'$ 系相对于 $S$ 系运动，质点在不同的参照系中，运动状态是不一样的，相对于 $S$ 系，质点的速度是 $\boldsymbol{v}$；相对于 $S'$ 系质点的速度是 $\boldsymbol{v}'$，两者是不同的。上式中 $\boldsymbol{v}''$ 是 $S'$ 系的坐标原点在 $S$ 系中的速度。

相对运动往往涉及三个物体或者对象，例如这里的两个观察者 $O$ 和 $O'$ 以及质点。将速度之间的关系用物体符号写出会更加直观。用 $O$、$O'$ 和 $P$ 分别代表两个观察者和一个质点，则式(1.3.2)中速度之间的相对关系可以写成

$$\boldsymbol{v}_{PO}=\boldsymbol{v}_{PO'}+\boldsymbol{v}_{O'O} \tag{1.3.3}$$

该式表示 $P$ 相对于 $O$ 的速度等于 $P$ 相对于 $O'$ 的速度与 $O'$ 相对于 $O$ 的速度之和。

在式(1.3.2)两边进一步对时间求导得加速度之间的关系

$$\boldsymbol{a}=\boldsymbol{a}''+\boldsymbol{a}' \tag{1.3.4}$$

如果 $\boldsymbol{a}''$ 不为零，则质点在 $S$ 系和 $S'$ 系中的加速度 $\boldsymbol{a}$ 与 $\boldsymbol{a}'$ 也是不相同的；但如果 $\boldsymbol{a}''$ 为零，即 $S'$ 系相对于 $S$ 系作匀速直线运动，则质点在 $S$ 系和 $S'$ 系中的加速度 $\boldsymbol{a}$ 与 $\boldsymbol{a}'$ 是相同的。

**例 1.3.1** 人站在地上不动,感到雨滴竖直下落;如果人跑起来,则人会感到雨从斜前方过来。假设雨滴下落和人跑动的速度都是 10 m/s。(1)求雨滴相对于人的速度;(2)人感到雨滴从什么方向过来。

**解** 这里涉及雨滴、人和大地三个对象,相对速度关系可以写出为

$$\boldsymbol{v}_{雨地}=\boldsymbol{v}_{雨人}+\boldsymbol{v}_{人地}$$

画出图形如图 1.3.2 所示。

(1)雨滴相对人的速度为

$$v_{雨人}=\sqrt{v_{雨地}^2+v_{人地}^2}=\sqrt{10^2+10^2}=10\sqrt{2}\ \text{m/s}$$

(2)人感到雨来的方向与地平面的夹角正切值满足

$$\tan\alpha=\frac{v_{雨地}}{v_{人地}}=\frac{10}{10}=1$$

得到角度是 $\alpha=\pi/4$。

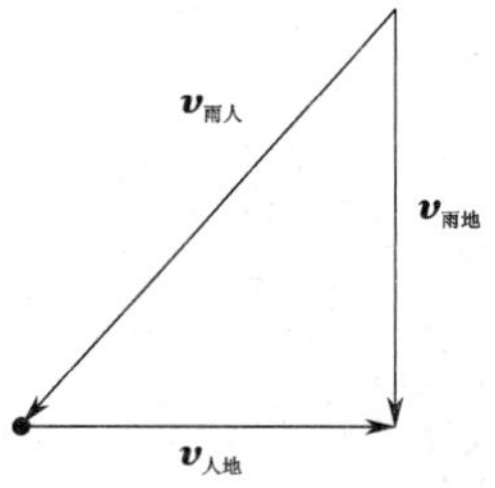


图 1.3.2 人、雨、地三者之间相对速度的矢量关系

## 1.4 牛顿运动定律

力是物体与物体之间的相互作用。意大利物理学家和天文学家伽利略认为,如果没有外力作用,物体将以恒定的速度运动下去。**力不是维持物体运动的原因,而是改变物体运动状态的原因。**牛顿(Isaac Newton,1642—1727)在伽利略等前人所做大量实验和观测结果的基础上总结出三条定律,叫作牛顿运动三定律。牛顿运动定律是经典力学的基础,但并非对所有的参考系都适用,它只适用于惯性参考系。

### 1.4.1 牛顿运动定律

**牛顿第一运动定律** 物体在不受外力作用或所受合外力为零的情况下,静者恒静,动者仍继续沿原方向作匀速直线运动。牛顿在他的名著《自然哲学的数学原理》一书中写道:**任何物体都保持静止或匀速直线运动状态,直到外力迫使它改变运动状态为止。**这就是**牛顿第一运动定律**。牛顿第一定律说明,一切物体在不受外力作用时都有保持运动状态不变的性质,人们把物体的这种性质叫作惯性,因此牛顿第一运动定律也叫惯性

定律。另外,牛顿第一定律说明,力不是维持物体运动状态的原因,维持物体运动状态的原因是物体的惯性,而力是改变物体运动状态的原因。

**牛顿第二运动定律**　对于力是如何改变物体的运动状态的,牛顿第二定律给出了物体的质量、速度、运动时间与物体所受合外力之间的定量关系描述:一个运动物体的动量对时间的变化率正比于这个物体所受的合外力,其方向与物体所受合外力的方向相同。

人们把物体的质量 $m$ 与速度 $\boldsymbol{v}$ 的乘积定义为物体的动量,用 $\boldsymbol{p}$ 来表示,即 $\boldsymbol{p}=m\boldsymbol{v}$。因此牛顿第二定律的数学表达式为

$$\boldsymbol{F}=\frac{\mathrm{d}\boldsymbol{p}}{\mathrm{d}t}=\frac{\mathrm{d}(m\boldsymbol{v})}{\mathrm{d}t} \tag{1.4.1}$$

如果物体的质量不随时间而变,则牛顿第二定律的数学表达式为

$$\boldsymbol{F}=m\frac{\mathrm{d}\boldsymbol{v}}{\mathrm{d}t}=m\boldsymbol{a} \tag{1.4.2}$$

在国际单位制(SI)中,质量的单位是千克,符号是 kg;加速度的单位是米/秒$^2$,符号为 m/s$^2$;力的单位是牛顿,符号为 N。

牛顿第二定律表明,运动物体在质量不变的情况下,所获得的加速度与它所受到的合外力成正比,与物体的质量成反比。这表明,质量越大的物体运动状态越难改变,也就是说质量越大的物体惯性越大;反之,质量越小的物体运动状态越容易改变,惯性越小。因此,质量是物体惯性大小的量度。

牛顿第二定律是牛顿力学的核心,它给出的是每一个瞬时物体的加速度与物体所受合外力之间的关系,在应用时,既满足力的独立作用原理,又满足力的叠加原理。也就是说,当几个力同时作用在一个物体上时,这几个力产生的加速度等效于这几个力的合力产生的加速度。换句话说,几个力同时作用在一个物体上产生的加速度,等于每个力单独作用时产生的加速度的矢量和。因此,在应用牛顿第二定律时,常常根据研究问题的需要把力和加速度沿选定的坐标轴进行分解。

当质量不变时,在直角坐标系中,牛顿第二定律的分量形式为

$$F_x=ma_x,\quad F_y=ma_y,\quad F_z=ma_z \tag{1.4.3}$$

对于圆周运动,常用的还有切向分量和法向分量形式

$$F_\tau=ma_\tau=m\frac{\mathrm{d}v}{\mathrm{d}t} \tag{1.4.4}$$

$$F_n=ma_n=m\frac{v^2}{r} \tag{1.4.5}$$

式(1.4.4)中 $F_\tau$ 是物体所受**切向力**,$a_\tau$ 表示物体的**切向加速度**;式(1.4.5)中 $F_n$ 表示物体所受**法向力**,$a_n$ 表示**法向加速度**。

**牛顿第三运动定律**　力是物体与物体之间的相互作用。因此,物体间力的作用是相互的,当一个物体受到另一个物体力的作用时,则该物体也必定反作用于施力物体。牛顿第三定律指出,**物体之间的作用力与反作用力大小相等,方向相反,作用在一条直线**

上。所以,牛顿第三定律的表达式为

$$\boldsymbol{F} = -\boldsymbol{F}' \tag{1.4.6}$$

两个物体之间的作用力与反作用力成对出现,等值反向,性质相同,同时产生,同时消失,作用在不同的物体上,因此力的作用效果不同。

### 1.4.2 几种常见的力

在讨论牛顿定律的应用之前,先介绍一下力学中常见的几种力。

**万有引力** 万有引力定律是牛顿在1687年于《自然哲学的数学原理》上发表的。牛顿对普适万有引力定律表示如下:**任意两个质点有通过连心线方向上相互吸引的力,该引力大小与两个质点的质量的乘积成正比,与两个质点距离的平方成反比,与两个物体的化学组成和其间介质种类无关。**

如图1.4.1所示,用$\boldsymbol{F}$表示两个物体之间的引力,$m_1$、$m_2$分别表示两个物体的质量,$r$表示两个物体之间的距离(大小)($\boldsymbol{r}$表示径向矢量),$G$表示万有引力常量,则此两个物体之间的万有引力表达式为($\boldsymbol{r}_0$是$\boldsymbol{r}$方向上的单位矢量)

$$\boldsymbol{F} = -G\frac{m_1 m_2}{r^2}\boldsymbol{r}_0 \tag{1.4.7}$$

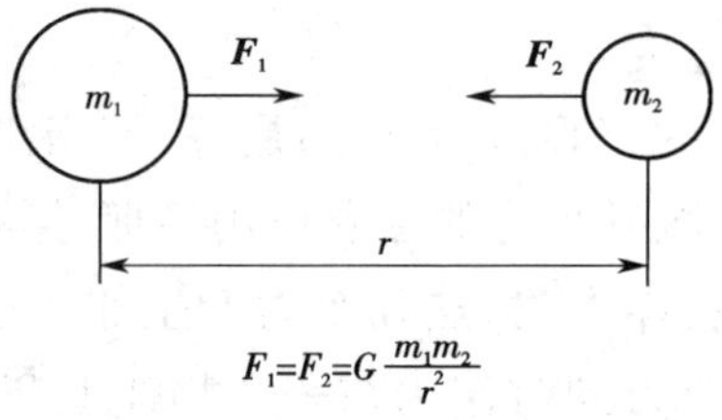


图1.4.1 万有引力图

依照国际单位制,$\boldsymbol{F}$的单位为牛顿(N),$m_1$、$m_2$的单位为千克(kg),$r$的单位为米(m),常数$G$近似地为$6.672\times10^{-11}\ \mathrm{m^3/(kg\cdot s^2)}$。

万有引力与相互作用的物体的质量乘积成正比,是发现引力平方反比定律并过渡到万有引力定律的必要阶段。牛顿从1665年至1685年花了整整20年的时间,才沿着"离心力—向心力—重力—万有引力"概念的演化顺序,提出了"**万有引力**"的概念。《自然哲学的数学原理》第三卷中写道:"如果由实验和天文学观测,普遍显示出地球周围的一切天体被地球重力所吸引,并且其重力与它们各自含有的物质质量成比例,则月球同样按照物质质量被地球重力所吸引。另一方面,它显示出,我们的海洋被月球重力所吸引。并且一切行星相互被重力所吸引,彗星同样被太阳的重力所吸引。由于这个规则,我们必须普遍承认,一切物体,不论是什么,都被赋予了相互引力的原理。根据这个表象得出一切物体的**万有引力**的论证……"

万有引力定律揭示了天体运动的规律,在天文学和宇宙航行计算方面有着广泛的应用。它为实际天文观测提供了一套计算方法,可以只凭少数观测资料,就能算出长周期运行的天体运动轨道。哈雷彗星、海王星、冥王星的发现,都是应用万有引力定律取得重大成就的例子。利用万有引力公式、开普勒第三定律等还可以计算太阳、地球等无法直接测量的天体的质量。牛顿还解释了月亮和太阳的万有引力引起的潮汐现象。他依据万有引力定律和其他力学定律,对地球两极呈扁平形状的原因和地轴复杂的运动,也成功地作了说明,推翻了古代人类认为的神之引力。

万有引力定律的发现,是17世纪自然科学最伟大的成果之一。它把地面上物体运动的规律和天体运动的规律统一了起来,对以后物理学和天文学的发展具有深远的影响。它第一次解释了一种基本相互作用(自然界中四种相互作用之一)的规律,在人类认识自然的历史上树立了一座里程碑。

**重力** 重力来源于地球与物体之间的万有引力。按万有引力定律写出在地球表面附近的物体受到的地球引力

$$F_{重} = G\frac{Mm}{R^2} = mg \tag{1.4.8}$$

它就是物体的重力。式中 $m$ 为物体的质量,$M$ 是地球的质量($5.975\times10^{24}$ kg),$R$ 为地球平均半径($6.371\times10^{6}$ m),$G$ 为引力常数($6.672\times10^{-11}\ \mathrm{m^3/(kg\cdot s^2)}$)。物体在重力的作用下,都有一竖直向下的重力加速度 $g$ ,通常所说的物体的重量是所受重力的大小,根据牛顿第二定律,质量为 $m$ 的物体所受重力大小(重量)为 $mg$。由上式可算出地球的重力加速度

$$g = \frac{F_{重}}{m} = G\frac{M}{R^2} = 9.82\ \mathrm{m/s^2} \tag{1.4.9}$$

一般来说,重力并不等于物体与地球之间的万有引力,它只是万有引力的一个分量,万有引力的另一个分量是物体随地球自转时绕地轴作圆周运动的向心力。由于地球自转角速度 $\omega$ 很小,故在粗略的计算中常将向心力这一部分忽略掉。另外,由于纬度的不同,地球半径的不同,$g$ 的大小也因地而异,只是这些影响很小(相差约千分之五),所以一般近似认为地球的重力就是地球对物体的万有引力。实际上,只有在地球的南、北极处,物体的重力和万有引力才相等。

**弹力** 两个物体相互接触并发生形变时,产生形变的物体企图回复形变,这种使物体回复形变的力称为弹力。相互作用的两个物体均产生形变,所以受到彼此的弹力作用。弹力的大小与物体的形变成正比,方向与形变相反。例如:弹簧的弹力 $F$ 和弹簧的形变 $x$ 间的关系可表示为

$$F = -kx \tag{1.4.10}$$

式中,$k$ 为弹簧的倔强系数,$x$ 为弹簧的形变量。人们常见的物体的支撑力、压力、绳子的张力等都是弹性力。

**摩擦力** 两个相互接触并发生形变的物体沿接触面发生相对滑动时,在接触面之间

所产生的一对阻止两个物体彼此相对运动的力,称为滑动摩擦力。滑动摩擦力总是与受力物体相对运动的方向相反,但不一定与物体的运动方向相反。实验证明,滑动摩擦力 $f$ 与接触面上的正压力 $N$ 成正比,即

$$f = \mu_k N$$

式中,$\mu_k$ 为滑动摩擦系数,其数值取决于两个物体的材料和表面粗糙度;$N$ 为物体所受正压力。

当两个相互接触并发生形变的物体未发生相对运动,但沿接触面有相对运动的趋势时,在接触面之间产生的一对阻止两个物体相对运动趋势的力,称为静摩擦力。实验表明,静摩擦力的大小在零和最大静摩擦力之间变化,而且最大静摩擦力与物体所受正压力成正比,即

$$f_0 = \mu_0 N$$

式中,$\mu_0$称为最大静摩擦系数,其数值也取决于两个物体的材料和表面粗糙度。

通常情况下 $\mu_k < \mu_0$,而且 $\mu_k$、$\mu_0$一般都小于1。摩擦力的方向与物体相对运动趋势的方向相反,但不一定与物体的运动方向相反。例如,平放在加速运动汽车里的木箱,木箱底板由于受到车厢底板作用的摩擦力,就和木箱运动方向相同,才使得木箱与车厢一起作加速运动;当静摩擦力不足以提供木箱与车厢一起作加速运动的力时,木箱与车厢就会发生相对滑动,这时木箱受的摩擦力就由静摩擦力变为滑动摩擦力。滑动摩擦力小于最大静摩擦力。

### 1.4.3　牛顿运动定律的应用

牛顿运动定律并不是对所有的参考系都适用。例如当静止或者匀速运动的汽车加速行驶时,在车内光滑桌面上放置的小球就会向后运动,对车来说,在运动方向上球并没有受到力的作用,却改变了运动状态,产生了向后的加速度,这明显违背了牛顿第一定律和第二定律;但对地面来说,球有保持静止或者匀速运动状态的性质,并没有违背牛顿定律。另外,从天体研究中知道,选太阳作为参考系,所观测到的天文现象很好地符合牛顿运动定律推算的结果。人们把牛顿定律适用的参考系叫作**惯性参考系**,简称**惯性系**。实验证明,一切惯性系都是等价的。此结论称为力学相对性原理。其另一种表述为,在一切惯性系中,牛顿定律具有完全相同的形式,即在一切惯性系中观察到的物体之加速度均相同。太阳是惯性参考系,相对于惯性参考系静止或者匀速直线运动的一切参考系都是惯性参考系。地球有自转和绕太阳的公转运动,因此地球并不是严格意义上的惯性参考系,但由于地球的自转角速度($7.27\times10^{-5}$ rad/s)和绕太阳的公转角速度($1.99\times10^{-7}$ m/s$^2$)都很小,可以近似地把地面作为惯性参考系。通常如不作特殊说明,人们研究力学问题时都以地面作为惯性参考系。

人们通常把牛顿定律不适用的,相对于惯性参考系作加速运动的参考系叫**非惯性参考系**,简称**非惯性系**。如图1.4.2所示,在一个相对于地面以加速度 $\boldsymbol{a}$ 行驶的列车上,装

有一个如图所示的系统，那么处于此非惯性参考系中的物体会受到一个与此加速度相反的力（$-m\boldsymbol{a}$）。这里 $m$ 是物体的质量，此力叫作**惯性力**，$\boldsymbol{f}_{惯}=-m\boldsymbol{a}$，惯性力的方向与加速度的方向相反。下面分别在地面参照系和列车参照系中分析小球 $m$ 的运动情况。设小球与桌面间无摩擦。

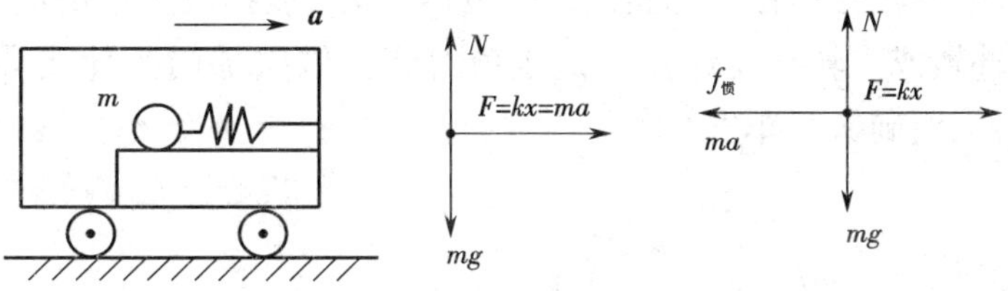


（a）　　（b）　　（c）

图 1.4.2　惯性系与非惯性系

以地面为参考系，则小球受重力、桌面支持力及弹簧的弹力 $F$，其大小 $F=kx$，$x$ 为弹簧伸长量，其受力如图 1.4.2(b)所示。由于支持力 $N$ 和重力 $mg$ 平衡，故小球只受沿水平方向的弹簧弹力的作用，使小球和列车以相同的加速度相对于地面运动，满足牛顿第二定律，即 $F=ma$。

以列车为参考系，其受力情况与上相同，根据牛顿第二定律，小球在弹力作用下应沿弹力方向加速运动，但在列车上看，小球是静止的。这违反了牛顿定律。为了使牛顿定律成立，假设此时小球还受到一个与列车加速度方向相反的力的作用，此力即称惯性力，记作 $\boldsymbol{f}_{惯}$，其大小为 $f_{惯}=ma$，式中 $a$ 为非惯性系的加速度，$m$ 为小球质量。

在列车参考系中，若加上惯性力，则小球的运动情况又符合牛顿第二定律。在弹簧弹力、重力和桌面支持力以及惯性力作用下，小球处于静止状态，其受力分析如图 1.4.2(c)所示，在非惯性系中，牛顿第二定律可写为

$$\boldsymbol{F}+\boldsymbol{f}_{惯}=0$$

式中，$\boldsymbol{F}$ 为物体所受的真实作用力。

用牛顿定律解决问题时，无论是已知物体的受力求解运动情况，还是根据物体的运动情况求解受力，分析方法都一样。首先要分析清楚问题的已知与未知条件，选好合适的参考系；然后隔离物体，进行受力分析，建立适当的坐标系；接着画受力分析图；根据题意与受力分析图，应用牛顿定律列方程；注意计算过程中物理量的单位要统一，计算结果中矢量要给出方向。

**例 1.4.1**　火车转弯时需要较大的向心力，如果两条铁轨都在同一水平面内（内轨、外轨等高），则这个向心力只能由外轨提供，也就是说外轨会受到车轮对它很大的向外侧压力，这是很危险的。因此，对应于火车的速率及转弯处的曲率半径，必须使外轨适当地高出内轨，称为外轨超高。现有一质量为 $m$ 的火车，以速率 $v$ 沿半径为 $R$ 的圆弧轨道转弯，已知路面倾角为 $\theta$，试求：(1) 在此条件下，火车速率 $v_0$ 为多大时，才能使车轮对铁轨内外轨的侧压力均为零？(2) 如果火车的速率 $v\neq v_0$，则车轮对铁轨的侧压力为多少？

**分析** 如题所述,外轨超高的目的是使火车转弯的所需向心力仅由轨道支持力的水平分量 $F_N\sin\theta$ 提供(式中 $\theta$ 角为路面倾角),从而不会对内外轨产生挤压,与其对应的是火车转弯时必须以规定的速率 $v_0$ 行驶。当火车行驶速率 $v\neq v_0$ 时,则会产生两种情况:如图 1.4.3 所示,当 $v>v_0$ 时,外轨将会对车轮产生斜向内的侧压力 $F_1$,以补偿原向心力的不足;当 $v<v_0$ 时,则内轨对车轮产生斜向外的侧压力 $F_2$,以抵消多余的向心力,无论哪种情况火车都将对外轨或内轨产生挤压。这也就解释了铁路部门为什么会在每个铁轨的转弯处规定时速,从而确保行车安全。

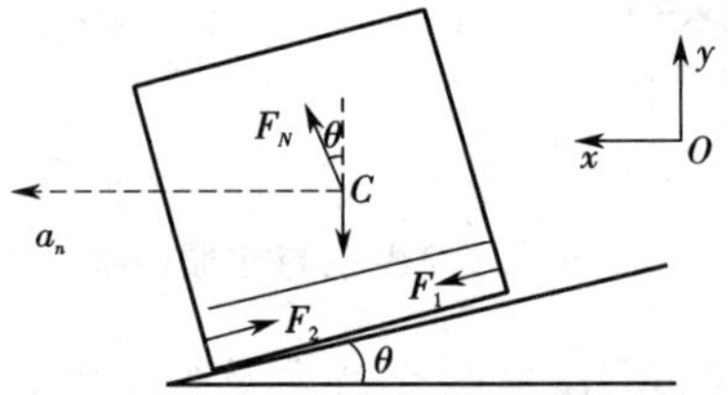


图 1.4.3 火车转弯受力分析示意图

**解** (1) 以火车为研究对象,建立如图 1.4.3 所示坐标系。据分析,由牛顿定律有

$$F_N\sin\theta=m\frac{v_0^2}{R}\tag{1}$$

$$F_N\cos\theta-mg=0\tag{2}$$

解(1)(2)两式可得火车转弯时规定速率

$$v_0=\sqrt{gR\tan\theta}$$

(2)当 $v>v_0$ 时,根据分析有

$$F_N\sin\theta+F_1\cos\theta=m\frac{v^2}{R}\tag{3}$$

$$F_N\cos\theta-F_1\sin\theta-mg=0\tag{4}$$

解(3)(4)两式,可得外轨侧压力

$$F_1=m\left(\frac{v^2}{R}\cos\theta-g\sin\theta\right)$$

当 $v<v_0$ 时,根据分析有

$$F_N\sin\theta-F_2\cos\theta=m\frac{v^2}{R}\tag{5}$$

$$F_N\cos\theta+F_2\sin\theta-mg=0\tag{6}$$

解(5)(6)两式,可得内轨侧压力

$$F_2=m\left(g\sin\theta-\frac{v^2}{R}\cos\theta\right)$$

**例 1.4.2** 直升飞机的螺旋桨由两个对称的叶片组成,每个叶片的质量 $m=136$ kg,长 $l=3.66$ m,当它的转速 $n=320$ r/min 时,求两个叶片根部的张力。(设叶片是宽度一

定、厚度均匀的薄片）

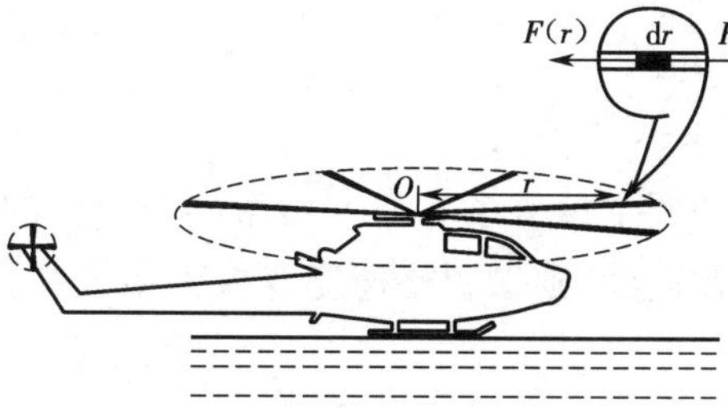


图 1.4.4　一小段的受力

**分析**　螺旋桨旋转时，叶片上各点的加速度不同，在其各部分两侧的张力也不同；由于叶片的质量是连续分布的，在求叶片根部的张力时，可选取叶片上一小段，分析其受力，列出动力学方程，然后采用积分的方法求解。

**解**　设叶片根部为原点 $O$，沿叶片背离原点 $O$ 的方向为正向，距原点 $O$ 为 $r$ 的长为 $\mathrm{d}r$ 的一小段叶片，其两侧对它的拉力分别为 $F(r)$ 与 $F(r+\mathrm{d}r)$。叶片转动时，该小段叶片作圆周运动，由牛顿定律有

$$\mathrm{d}F = F(r) - F(r+\mathrm{d}r) = \frac{m}{l}\omega^2 r\mathrm{d}r$$

由于 $r=l$ 时外侧 $F=0$，所以有

$$\int_{F(r)} \mathrm{d}F = \int_{r}^{l} \frac{m\omega^2}{l} r\mathrm{d}r$$

$$F(r) = -\frac{m\omega^2}{2l}(l^2 - r^2) = -\frac{2\pi^2 mn^2}{l}(l^2 - r^2)$$

上式中取 $r=0$，即得叶片根部的张力

$$F(0) = -2.79 \times 10^5\ \mathrm{N}$$

负号表示张力方向与坐标方向相反。

## 1.4.4　伽利略变换与牛顿定律的不变性

在经典力学中，将同一事件在不同惯性系的坐标变换关系称为伽利略变换。

如图 1.4.5 所示，设有两个惯性系 $S$ 和 $S'$，在每一参考系中各取一直角坐标系，令这两个坐标系各对应轴相互平行，且 $S'$系相对于 $S$ 系以速度 $\boldsymbol{u}$ 沿正方向运动，并且 $t'=t=0$ 时刻两个坐标系的原点 $O$ 与 $O'$重合。由于在经典力学里认为两个惯性系中的时间是不变的，则在 $t'=t$ 时刻，$P$ 点在 $S$ 系和 $S'$系的坐标分别为 $(x,y,z)$ 和 $(x',y',z')$。由图 1.4.5 可得

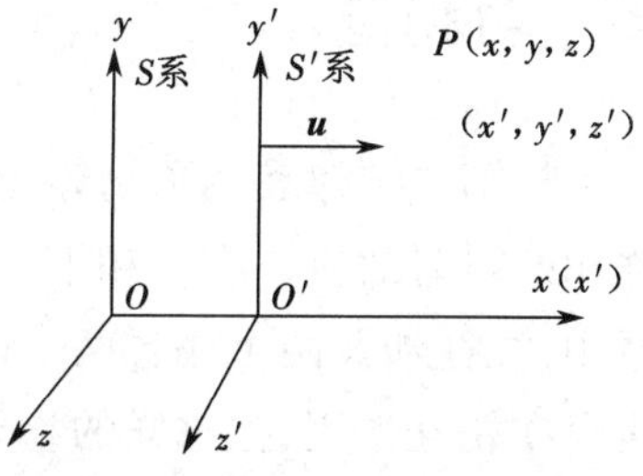


图 1.4.5　伽利略坐标变换

$$\left.\begin{aligned} x' &= x - ut \\ y' &= y \\ z' &= z \\ t' &= t \end{aligned}\right\} \quad 或 \quad \left.\begin{aligned} x &= x' + ut \\ y &= y' \\ z &= z' \\ t &= t' \end{aligned}\right\} \tag{1.4.11}$$

式(1.4.11)就是按经典力学在两个参考系 $S$ 和 $S'$观察同一事件的坐标换算关系,即伽利略坐标变换关系式。质点 $P$ 在运动,则伽利略速度变换关系式和伽利略加速度变换关系式分别为

$$\left.\begin{aligned} \frac{\mathrm{d}x'}{\mathrm{d}t} &= v_x{}' = \frac{\mathrm{d}x}{\mathrm{d}t} - u = v_x - u \\ \frac{\mathrm{d}y'}{\mathrm{d}t} &= v_y{}' = \frac{\mathrm{d}y}{\mathrm{d}t} = v_y \\ \frac{\mathrm{d}z'}{\mathrm{d}t} &= v_z{}' = \frac{\mathrm{d}z}{\mathrm{d}t} = v_z \end{aligned}\right\} \tag{1.4.12}$$

$$\left.\begin{aligned} \frac{\mathrm{d}v_x{}'}{\mathrm{d}t} &= a_x{}' = \frac{\mathrm{d}v_x}{\mathrm{d}t} = a_x \\ \frac{\mathrm{d}v_y{}'}{\mathrm{d}t} &= a_y{}' = \frac{\mathrm{d}v_y}{\mathrm{d}t} = a_y \\ \frac{\mathrm{d}v_z{}'}{\mathrm{d}t} &= a_z{}' = \frac{\mathrm{d}v_z}{\mathrm{d}t} = a_z \end{aligned}\right\} \tag{1.4.13}$$

由式(1.4.13)可得

$$\boldsymbol{a}' = \boldsymbol{a}$$

故知在不同的惯性系所观察到的同一质点的加速度是相同的。在 $S$ 系和 $S'$系质点的质量和力也是一样的,所以牛顿定律在两个参考系中形式相同,即

$$\boldsymbol{F} = m\boldsymbol{a}, \boldsymbol{F}' = m\boldsymbol{a}'$$

这就是说,在不同惯性系中质点的受力情况以及质点运动的经典动力学规律是完全相同的。所以,常把伽利略变换的不变性说成是力学相对性原理在经典力学中的数学表述。

## 1.5 功和能

牛顿第二定律表达了物体受力与所产生的加速度之间的瞬时关系,它反映了力对物体作用的瞬时效应。本节和下一节将讨论力的空间累积效应与时间累积效应。在具体问题中,往往涉及两个或者两个以上的物体,这些物体除了受外界的作用外,它们彼此之间也存在相互作用,把这样的物体系抽象成质点系,质点系各质点之间的相互作用力称为内力,外界对质点系各质点的力称为外力。若把整个质点系看作一个整体,描述整个系统的状态就显得非常实用。与整个质点系相关联的力学定律在运动学中占着十分重

要的地位。

## 1.5.1　功

力是改变物体运动状态的原因,那么力的作用在空间上的累积会产生什么效应呢?

如图 1.5.1 所示,作直线运动的物体 $m$ 在恒力 $\boldsymbol{F}$ 作用下前进了一定位移 $\Delta\boldsymbol{r}$,力 $\boldsymbol{F}$ 在位移方向的分量与在该力作用下物体位移大小的乘积为力 $\boldsymbol{F}$ 做的**功**,通常用 $W$ 表示,所以恒力功的表达式为

$$W = F\cos\theta|\Delta\boldsymbol{r}| \tag{1.5.1}$$

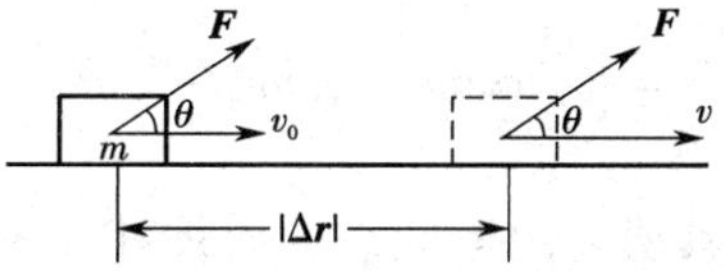


图 1.5.1　恒力做功

式中 $\theta$ 为 $\boldsymbol{F}$ 与位移 $\Delta\boldsymbol{r}$ 的夹角。因此,根据矢量运算规律功可以用力与位移的标量积表示,为

$$W = \boldsymbol{F}\cdot\Delta\boldsymbol{r} \tag{1.5.2}$$

如图 1.5.2 所示,物体沿曲线在力 $\boldsymbol{F}$ 作用下从 $A$ 点运动到 $B$ 点,在运动过程中,作用在物体上的力 $\boldsymbol{F}$ 的大小和方向都在不断发生变化,这样的力叫作**变力**。变力做功无法直接应用恒力做功的表达式,但可以想象将整个路径微分成无数个小的位移元 $\mathrm{d}\boldsymbol{r}$,在位移元 $\mathrm{d}\boldsymbol{r}$ 的范围内可以把 $\boldsymbol{F}$ 看成恒力,则力 $\boldsymbol{F}$ 与位移元 $\mathrm{d}\boldsymbol{r}$ 的标量积叫作力 $\boldsymbol{F}$ 的元功 $\mathrm{d}W$,元功的表达式为

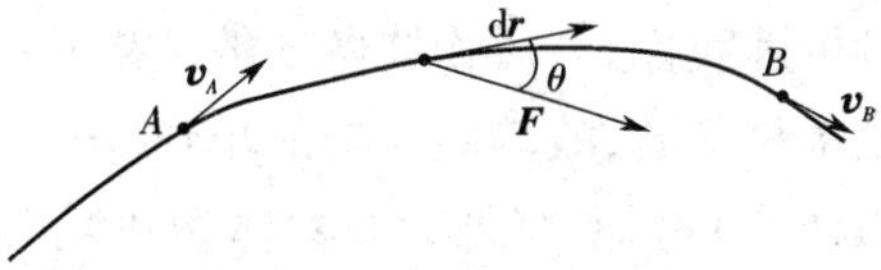


图 1.5.2　变力做功

$$\mathrm{d}W = \boldsymbol{F}\cdot\mathrm{d}\boldsymbol{r} \tag{1.5.3}$$

物体沿曲线从 $A$ 点运动到 $B$ 点力 $\boldsymbol{F}$ 做的总功

$$W = \int_A^B \boldsymbol{F}\cdot\mathrm{d}\boldsymbol{r} \tag{1.5.4}$$

从功的定义可知,功是一个标量,若一个物体同时受 $n$ 个外力做功,则合外力 $\boldsymbol{F}_{合} = \boldsymbol{F}_1 + \boldsymbol{F}_2 + \cdots + \boldsymbol{F}_n$ 对物体做的总功

$$\begin{aligned} W_{总} &= \int_A^B \boldsymbol{F}_{合}\cdot\mathrm{d}\boldsymbol{r} = \int_A^B \boldsymbol{F}_1\cdot\mathrm{d}\boldsymbol{r} + \int_A^B \boldsymbol{F}_2\cdot\mathrm{d}\boldsymbol{r} + \cdots + \int_A^B \boldsymbol{F}_n\cdot\mathrm{d}\boldsymbol{r} \\ &= W_1 + W_2 + \cdots + W_n \end{aligned} \tag{1.5.5}$$

可见,**当同时有几个力对物体做功时,外力对物体所做的总功等于各个分力对物体所做的功的代数和**。在国际单位制中,力的单位为牛顿,位移的单位为米,则功的单位为焦耳,符号为 J,即 1 J = 1 N · m。

### 1.5.2 质点的动能定理

下面讨论力对物体的空间累积作用引起的效应。如图1.5.2所示,物体的质量为 $m$,初速度为 $\boldsymbol{v}_A$,所受合外力为 $\boldsymbol{F}$,加速度为 $\boldsymbol{a}$,经过位移 $\Delta\boldsymbol{r}$ 后的速度为 $\boldsymbol{v}_B$,则有

$$|\boldsymbol{F}_\tau| = |\boldsymbol{F}|\cos\theta = m|\boldsymbol{a}_\tau| = m\left|\frac{\mathrm{d}v}{\mathrm{d}t}\right|$$

$$W = \int_A^B \boldsymbol{F}\cdot\mathrm{d}\boldsymbol{r} = \int_A^B |\boldsymbol{F}_\tau|\mathrm{d}s = \int_A^B m|\boldsymbol{a}_\tau|\mathrm{d}s = \int_A^B m\left|\frac{\mathrm{d}v}{\mathrm{d}t}\right|\mathrm{d}s$$

即

$$W = \int_{v_A}^{v_B} mv\mathrm{d}v = \frac{1}{2}mv_B^2 - \frac{1}{2}mv_A^2 \tag{1.5.6}$$

式(1.5.6)中出现了一个其值取决于质点的质量和速率的物理量 $\frac{1}{2}mv^2$,可见它是质点运动状态的函数,将 $\frac{1}{2}mv^2$ 定义为质点的动能,用 $E_\mathrm{k}$ 来表示,$E_\mathrm{k} = \frac{1}{2}mv^2$,故式(1.5.6)亦可写成

$$W = E_{\mathrm{k}_B} - E_{\mathrm{k}_A} = \Delta E_\mathrm{k} \tag{1.5.7}$$

上式表明:**合外力对质点所做的功等于质点动能的增量**,这就是**质点的动能定理**。动能定理告诉我们,力对物体做功的结果是引起了物体动能的变化;反过来说,动能的变化是用功来量度的,故动能与功的单位相同,在国际单位制中,动能的单位也是焦耳(J)。由式(1.5.7)可知,当外力对物体做正功($W>0$)时,物体的动能增加;当外力对物体做负功($W<0$)时,物体的动能减少,即物体克服外力做功;当合外力为零或者合外力不做功($W=0$)时,物体的动能保持不变。

应注意区分功和能的概念,动能是物体运动状态的函数,是物体由于处在该运动状态而具有的做功的本领,所以动能是一个**状态量**,动能的大小与参考系的选择有关,因此它具有瞬时性和相对性;而根据功的定义,力对物体做多少功与物体的位置变化有关,所以功是一个**过程量**。动能定理给出了功与能的关系,说明了功是能量变化的量度。

### 1.5.3 保守力做功与势能

通常力做功与路径是有关的,可有一类力做功却与路径无关。常见的做功与路径无关的力有万有引力(含重力)、弹性力和静电力(后面静电场中详细讲),下面通过这几种力做功来分析保守力做功的特点。

**重力做功** 如图1.5.3所示,设有质量为 $m$ 的物体,在重力作用下沿任意一条路径自 $A$ 点运动至 $B$ 点。在地面上建立如图所示的直角坐标系,$A$ 点的高度 $y_A = h_1$,$B$ 点的高度 $y_B = h_2$,则重力的表达式为 $\boldsymbol{G} = m\boldsymbol{g} = -mg\boldsymbol{j}$。

而位移元的表达式为 $\mathrm{d}\boldsymbol{r} = \mathrm{d}x\boldsymbol{i} + \mathrm{d}y\boldsymbol{j} + \mathrm{d}z\boldsymbol{k}$,根据功的定义式,物体从 $A$ 点运动到 $B$ 点

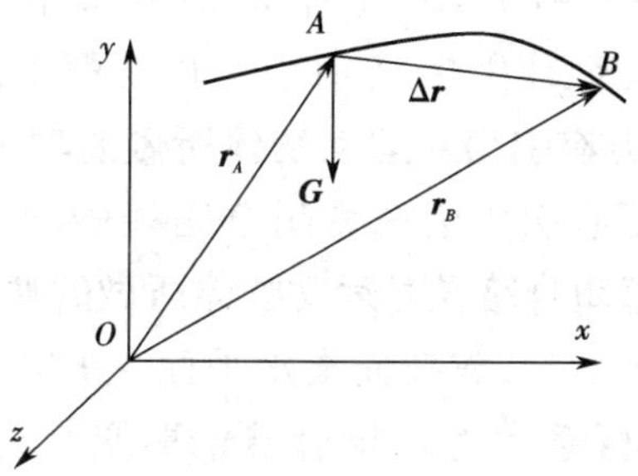


图 1.5.3 重力做功

的过程中重力所做的功

$$W=\int_A^B \boldsymbol{G}\cdot \mathrm{d}\boldsymbol{r}=\int_{y_A}^{y_B}(-mg)\,\mathrm{d}y=mg(y_A-y_B)=mg(h_1-h_2) \tag{1.5.8}$$

物体沿任意路径由 $A$ 点运动到 $B$ 点，重力做功都为式(1.5.8)。所以重力做功具有一个重要特点：**重力对运动物体所做的功只与物体相对于地面的始、末位置有关，与所通过的具体路径无关**。当重力沿任意闭合路径对物体做功时，由于始点和终点位置重合，所以重力做功为零，即 $W=\oint \boldsymbol{G}\cdot \mathrm{d}\boldsymbol{r}=0$。此式表明，**重力沿任意闭合路径对运动物体所做的功为零。**

**万有引力做功** 下面讨论万有引力做功。宇宙中的星体 $M$ 和星体 $m$ 之间的相互作用力为万有引力，如图 1.5.4 所示，现计算星体 $m$ 由 $A$ 经任意路径运动到 $B$，万有引力所做的功。这里把两个星体都看作质点，它们质心之间的距离用 $r$ 表示，两者的质量分别用 $M$ 和 $m$ 表示，根据功的定义，则有

$$\begin{aligned}W&=\int_A^B \boldsymbol{F}\cdot \mathrm{d}\boldsymbol{r}=\int_{r_A}^{r_B}\left(-G\frac{Mm}{r^2}\boldsymbol{r}_0\right)\cdot \mathrm{d}\boldsymbol{r}=\int_{r_A}^{r_B}\left(-G\frac{Mm}{r^2}\right)\mathrm{d}r\\&=\left(-G\frac{Mm}{r_A}\right)-\left(-G\frac{Mm}{r_B}\right)\end{aligned} \tag{1.5.9}$$

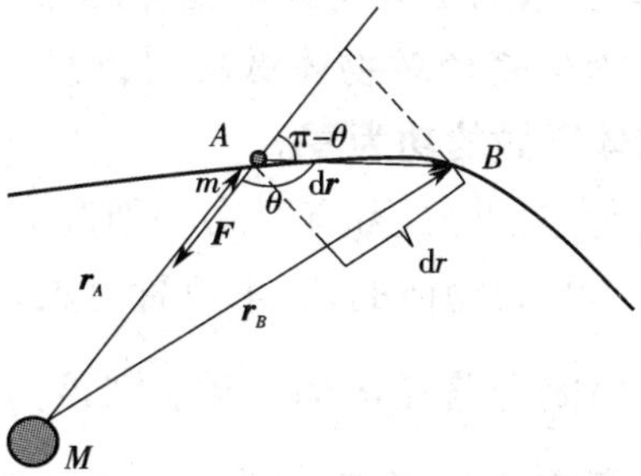


图 1.5.4 万有引力做功

式中，$\boldsymbol{r}_0$ 表示位矢 $\boldsymbol{r}$ 的单位矢量。这里 $m$ 受到的万有引力 $\boldsymbol{F}=-G\dfrac{Mm}{r^2}\boldsymbol{r}_0$，而 $\boldsymbol{r}_0\cdot \mathrm{d}\boldsymbol{r}=$

$|\boldsymbol{r}_0||\mathrm{d}\boldsymbol{r}|\cos(\pi-\theta)=|\mathrm{d}\boldsymbol{r}|\cos(\pi-\theta)=\mathrm{d}r$,式中 $\mathrm{d}r$ 表示 $\mathrm{d}\boldsymbol{r}$ 在 $\boldsymbol{r}$ 方向的分量。

物体沿任意路径由 $A$ 点运动到 $B$ 点,万有引力做功都用式(1.5.9)表示。所以万有引力做功具有一个重要特点:**万有引力对运动物体所做的功只与物体的始、末位置有关,与所通过的具体路径无关**。万有引力沿任意闭合路径做功,由于始、末位置重合,由式(1.5.9)可知,**万有引力沿任意闭合路径对运动物体所做的功为零。**

**弹性力做功** 如图1.5.5所示,放在光滑水平面上的轻弹簧一端固定,另一端系一质量为 $m$ 的物体,设弹簧的倔强系数为 $k$,取弹簧未形变时物体的位置为 $X$ 轴坐标原点 $O$,建立 $OX$ 坐标系,当弹簧伸长(或压缩)一段距离 $x$ 时,在弹性形变的范围内,根据胡克定律可得弹性力

$$\boldsymbol{F}=-kx\boldsymbol{i}$$

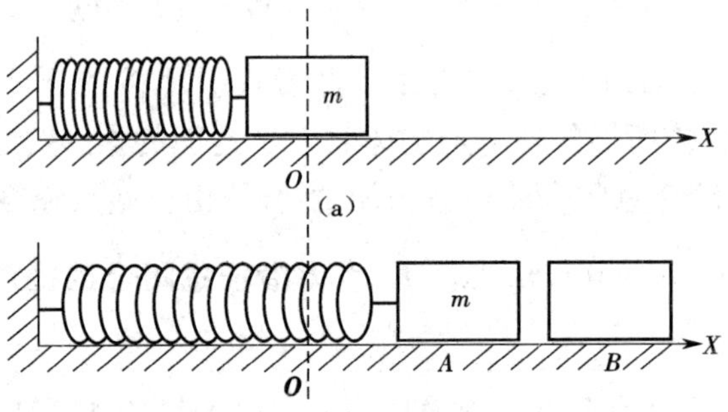


图1.5.5 弹性力做功

胡克定律表明,在弹性限度范围内,弹力与位移的大小成正比,负号表明弹性力的方向与位移的方向相反。则物体由 $A$ 点移动到 $B$ 点的过程中,弹力所做的功

$$W=\int_A^B \boldsymbol{F}\cdot\mathrm{d}\boldsymbol{r}=\int_{x_A}^{x_B}(-kx\boldsymbol{i})\cdot\mathrm{d}x\boldsymbol{i}=\int_{x_A}^{x_B}(-kx)\,\mathrm{d}x=\frac{1}{2}kx_A^2-\frac{1}{2}kx_B^2 \qquad (1.5.10)$$

物体沿任意路径由 $A$ 点运动到 $B$ 点,弹力做功仍为式(1.5.10)。所以弹力做功具有一个重要特点:**弹力对运动物体所做的功只与运动物体的始、末位置有关,而与所通过的具体路径无关**。当弹力沿任意闭合路径对物体做功时,由于始点和终点位置重合,所以**弹力沿任意闭合路径对运动物体所做的功为零。**

**保守力与非保守力** 综上所述,重力、万有引力和弹性力做功有一个共同的特点,即该类力对运动物体所做的功仅与受力物体的始、末位置有关,与物体的运动路径无关。

若物体仅在上述力作用下沿闭合路径运动一周,则该力所做的总功为$\oint\boldsymbol{F}\cdot\mathrm{d}\boldsymbol{l}=0$,人们把具有这种性质的力称为**保守力**。而把做功与运动物体所经过的路径有关的力称为**非保守力**,如黏滞阻力、摩擦力等就是非保守力。

**势能** 式(1.5.8)、式(1.5.9)和式(1.5.10)表明了保守力做功的特点,它只与物体的始末位置有关。这几个式子的右端有着相似的形式,即都是两个相对位置决定的函数

之差，把这种仅由位置决定的函数定义为**势能**，也叫**位能**，通常用 $E_p$ 表示。可见物体由始位置运动到末位置，保守力做功等于势能增量的负值，用 $E_{p0}$ 和 $E_p$ 分别表示质点在始、末位置的势能，用 $W_{保}$ 表示物体由始位置运动到末位置保守力做的功，则有

$$W_{保} = E_{p0} - E_p = -\Delta E_p \tag{1.5.11}$$

由上式可见，保守力做正功，物体的势能减少，减少的势能等于保守力所做的功；保守力做负功，也叫外力克服保守力做功，物体的势能增加，增加的势能等于物体克服保守力所做的功。

式(1.5.11)给出了物体两个位置的势能之差，一个物体所在位置的势能是多少，与零势能点的选择有关，如果选定物体在某一位置 $a$ 处的势能为零，那么物体在位置 $b$ 处的势能即为在保守力作用下，物体由 $b$ 位置沿任意路径运动到零势能点 $a$ 位置保守力所做的功，即

$$E_{pa} = W_{保} = \int_a^b \boldsymbol{F}_{保} \cdot \mathrm{d}\boldsymbol{r} \tag{1.5.12}$$

所以，若选地面作为零势能点，则质量为 $m$，高 $h$ 处的物体的重力势能

$$E_{p重} = W_{重} = \int_h^0 (-mg)\mathrm{d}h = mgh \tag{1.5.13}$$

若选离质量为 $M$ 的星体无限远处为万有引力势能的零点，则质量为 $m$ 的运动物体距 $M$ 为 $r$ 处的万有引力势能

$$\begin{aligned} E_{p引} &= W_{引} = \int_r^\infty \left(-G\frac{Mm}{r^2}\boldsymbol{r}_0\right) \cdot \mathrm{d}\boldsymbol{r} = \int_r^\infty \left(-G\frac{Mm}{r^2}\right)\mathrm{d}r \\ &= -G\frac{Mm}{r} \end{aligned} \tag{1.5.14}$$

若选弹簧不发生形变时的弹性势能为零，则形变量为 $x$ 时的弹性势能

$$E_{p弹} = W_{弹} = \int_x^0 (-kx\boldsymbol{i}) \cdot \mathrm{d}x\boldsymbol{i} = \int_x^0 (-kx)\mathrm{d}x = \frac{1}{2}kx^2 \tag{1.5.15}$$

势能属于产生保守力的有关系统，势能的大小与势能零点的选择有关，而势能零点的选择是任意的。但两点之间的势能差是绝对的。

## 1.5.4　质点系的功能原理与机械能守恒定律

**质点系的动能定理**　对于由若干质点组成的质点系，每个质点都受内、外力的共同作用，则质点所受的内力和外力都对质点做功，设质点系由 $n$ 个质量分别为 $m_1, m_2, \cdots, m_n$ 的质点组成，其中每个质点在内、外力作用的过程中都满足动能定理，则第 $i$ 个质点应用动能定理有

$$W_i = W_{i内} + W_{i外} = \frac{1}{2}m_i v_i^2 - \frac{1}{2}m_i v_{i0}^2$$

对该质点系中的所有质点都应用动能定理并求和得

$$\sum_{i=1}^{n} W_{i内} + \sum_{i=1}^{n} W_{i外} = \sum_{i=1}^{n} \frac{1}{2}m_i v_i^2 - \sum_{i=1}^{n} \frac{1}{2}m_i v_{i0}^2$$

即

$$W_{内} + W_{外} = E_k - E_{k0} \tag{1.5.16}$$

式(1.5.16)表明,质点系动能的增量等于质点系内各个质点所受内力和外力做功的代数和,这就是**质点系的动能定理**。

**功能原理** 对于上面讨论的质点系,如果把所有内力的功分为保守内力的功与非保守内力的功,则式(1.5.16)可改写为

$$W = W_{内} + W_{外} = W_{外} + W_{保内} + W_{非保内} = E_k - E_{k0}$$

其中保守力做的功等于势能增量的负值,即

$$W_{保} = -(E_p - E_{p0})$$

将此式代入前式移项后变为

$$\begin{aligned} W_{外} + W_{非保内} &= E_k - E_{k0} + (E_p - E_{p0}) \\ &= (E_k + E_p) - (E_{k0} + E_{p0}) = E - E_0 \end{aligned} \tag{1.5.17}$$

式中 $E_k$、$E_{k0}$分别表示质点系末位置与初位置的动能, $E_p$、$E_{p0}$分别表示质点系末位置与初位置的势能,而质点系的动能和势能之和称为质点系的**机械能**,$E$、$E_0$分别表示质点系末位置与初位置的机械能。式(1.5.17)表明,外力做功与非保守内力做功之和等于质点系机械能的增量,这就是**质点系的功能原理**。

**机械能守恒定律** 对于质点系来说,如果外力和非保守内力都不对系统做功,或者两者做功的代数和等于零,则当满足下列条件之一时,质点系的机械能守恒,即

$$W_{外} = 0 \text{ 且 } W_{非保内} = 0\text{ ;或者 } W_{外} \neq 0, W_{非保内} \neq 0, \text{但 } W_{外} + W_{非保内} = 0$$

由式(1.5.17)可得$(E_k + E_p) - (E_{k0} + E_{p0}) = E - E_0 = 0$ ,故

$$E_k + E_p = E_{k0} + E_{p0} = \text{恒量} \tag{1.5.18}$$

上式表明,对于质点系,在外力和非保守内力都不做功或者两者做功的代数和为零的条件下,系统内各质点的动能和势能可以相互转换,但质点系的总机械能保持不变,这一结论称为**机械能守恒定律**(law of conservation of mechanical energy)。

### 1.5.5 能量守恒与转换定律

对于一个与外界没有能量交换的孤立系统,若系统内有非保守力做功,则系统的机械能要发生变化。大量的事实表明,在系统机械能减少或增加的同时,必然有等值的其他形式的能增加或减少,而系统的机械能与其他形式能的总和仍然保持不变。这就是说,**在一个孤立系统里,能量既不会创生,也不会消失,它只能从一种形式转换成另一种形式,或者从一个物体转移到另一个物体,而能的总量保持不变**。这一结论称为**能量守恒与转换定律**。

能量守恒与转换定律是人类在认识自然的长期实践中得到的结论,是自然界普遍遵

守的基本规律。能量守恒与转换定律对人类的生产有重大的指导意义。历史上有不少人企图设计一个不需要外界提供能量而能连续不断地对外做功的系统,即所谓的“第一类永动机”,这种思想违背了能量守恒与转换定律,因此是不可能实现的。

对于这一部分的内容,注意要把功和能的概念区分开。能是由于物体处在某种状态(如速度、相对位置等)而具有的做功的本领,所以说能是状态的单值函数;而功是能量变化的量度,是能量转换的手段之一。不要把二者混为一谈。

**例 1.5.1**　如图 1.5.6 所示,水平外力 $P$ 把单摆从铅直位置(平衡位置)$O$ 点拉到与铅直线成 $\theta_0$ 角的位置。试计算力对摆球所做的功。(摆球的质量 $m$ 与摆线的长度 $l$ 已知,且在拉小球的过程中每一位置都处于准平衡态)

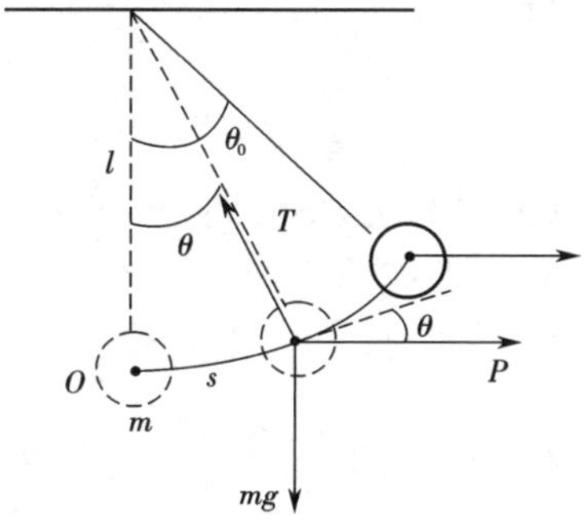

图 1.5.6　单摆

**解**　由题意知,小球在任一位置都处于准平衡态,其平衡方程可表示为

水平方向:$P - T\sin\theta = 0$

竖直方向:$T\cos\theta - mg = 0$

由此可得　　$P = mg\tan\theta$(变力)

当小球在 $\theta$ 位置处沿圆弧作微位移 $\mathrm{d}\boldsymbol{r}$ 时力 $\boldsymbol{P}$ 所做的元功

$$\mathrm{d}W = \boldsymbol{P}\cdot\mathrm{d}\boldsymbol{r} = P\mathrm{d}r\cos\theta = P\cos\theta l\mathrm{d}\theta = mgl\sin\theta\mathrm{d}\theta$$

则单摆在 $\theta$ 从 0 到 $\theta_0$ 的过程中拉力 $P$ 所做的功

$$W = \int\mathrm{d}W = \int_0^{\theta_0} mgl\sin\theta\mathrm{d}\theta = mgl(1-\cos\theta_0)$$

同样可讨论重力对小球所做的功。

**例 1.5.2**　一根均匀链条,质量为 $m$,总长为 $L$,一部分放在光滑桌面上,另一部分从桌面边缘下垂,长为 $b$,如图 1.5.7 所示,假定开始时链条静止。求链条全部离开桌面瞬时的速率。

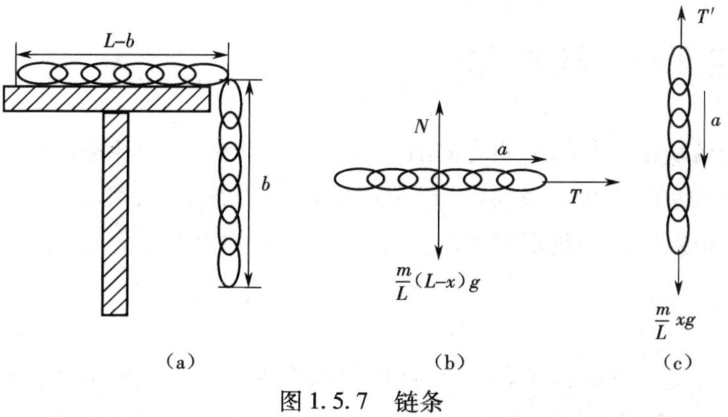

图 1.5.7　链条

**解**

**解法一**(用牛顿运动定律求解):设任一时刻 $t$,垂下部分长为 $x$,此时分别以桌面上的部分链条和垂下部分链条为研究对象,其受力情况如图 1.5.7(b)、(c)所示。设加速度为 $a$,由牛顿运动定律,对桌面上链条有

$$T=\frac{m}{L}(L-x)a$$

对下垂部分链条有

$$\frac{m}{L}xg-T'=\frac{m}{L}xa \text{ 且 } T=T'$$

将以上三式联立求解,得 $a=\frac{g}{L}x$。又因 $a=\frac{\mathrm{d}v}{\mathrm{d}t}=v\frac{\mathrm{d}v}{\mathrm{d}x}$

所以
$$\frac{g}{L}x=v\frac{\mathrm{d}v}{\mathrm{d}x}$$

分离变量积分得
$$\int_{v_0}^{v}v\mathrm{d}v=\frac{g}{L}\int_{b}^{L}x\mathrm{d}x \rightarrow v=\sqrt{g(L^2-b^2)/L}\text{(负值舍去)}$$

**解法二**(用机械能守恒定律求解):以链条和地球为系统,在下滑过程中桌面上部分链条受的重力和支承力 $N$ 都不做功,$T$ 与 $T'$ 为内力,且做功的代数和为零。下垂部分受的重力为保守力,无其他外力和非保守内力做功,故机械能守恒。取桌面为零势面,由机械能守恒得

$$-\frac{1}{2}\frac{m}{L}bgb=\frac{1}{2}mv^2-mg\frac{L}{2}$$

由上式可求出链条全部离开桌面瞬间的速率

$$v=\sqrt{g(L^2-b^2)/L}\text{(负值舍去)}$$

本题还可用动能定理求解。比较以上两种解法可看出,用机械能守恒定律求解更简便,但应注意明确所研究的系统,判定守恒条件,并选择好零势点(或面),正确确定始末状态的机械能。

## 1.6 动量定理和动量守恒定律

本节把牛顿运动定律所揭示的力的瞬时效应延长为力对时间的累积效应,导出反映冲量与动量之间联系的动量定理,将动量定理应用于质点系统,可导出力学中又一守恒定律——动量守恒定律。动量定理和动量守恒定律,是自然界普遍存在的力学规律。

### 1.6.1 冲量

力是改变物体运动状态的原因。人们在实践中发现,一个物体的运动状态的改变,由两个因素决定,一个因素是作用力的大小,另一个因素就是力的作用时间的长短。因

此，人们开始研究力的作用对时间的累积效应。设从 $t_1$ 到 $t_2$ 的这段时间内质点所受的力为 $\boldsymbol{F}$，则把 $\int_{t_1}^{t_2}\boldsymbol{F}\mathrm{d}t$ 称为力 $\boldsymbol{F}$ 的冲量，其中 $\boldsymbol{F}\mathrm{d}t$ 称为力 $\boldsymbol{F}$ 在 $\mathrm{d}t$ 时间内的元冲量。冲量是矢量，通常用 $\boldsymbol{I}$ 来表示，则有

$$\boldsymbol{I}=\int \mathrm{d}\boldsymbol{I}=\int_{t_1}^{t_2}\boldsymbol{F}\mathrm{d}t \tag{1.6.1}$$

在国际单位制中，冲量的单位是牛顿 · 秒(N · s)。

### 1.6.2　质点的动量定理

牛顿第二定律两边乘以 $\mathrm{d}t$，并进一步积分可得

$$\int_{t_1}^{t_2}\boldsymbol{F}\mathrm{d}t=\int_{\boldsymbol{p}_1}^{\boldsymbol{p}_2}\mathrm{d}\boldsymbol{p}=\boldsymbol{p}_2-\boldsymbol{p}_1=m\boldsymbol{v}_2-m\boldsymbol{v}_1 \tag{1.6.2}$$

上式中 $\boldsymbol{p}=m\boldsymbol{v}$ 称为质点的动量，动量是矢量，通常用 $\boldsymbol{p}$ 表示，其方向与速度 $\boldsymbol{v}$ 的方向相同。在国际单位制中，动量的单位是千克 · 米/秒(kg · m/s)。式(1.6.2)表明，在 $t_1$ 到 $t_2$ 的这段时间内，**质点所受合外力的冲量等于质点动量的增量(即质点末动量与初动量的矢量差)**。这就是**质点的动量定理**。**冲量的方向是动量增量的方向**。动量定理在直角坐标系中的分量式为

$$I_x=\int_{t_0}^{t}F_x\mathrm{d}t=mv_{2x}-mv_{1x}$$

$$I_y=\int_{t_0}^{t}F_y\mathrm{d}t=mv_{2y}-mv_{1y}$$

$$I_z=\int_{t_0}^{t}F_z\mathrm{d}t=mv_{2z}-mv_{1z}$$

质点的动量定理是从牛顿定律导出的，它们都是说明物体运动状态与外力作用的关系。两者的区别在于，牛顿第二定律说明任意时刻质点动量的变化率与该时刻外力之间的关系，而动量定理则说明任意时间间隔内质点动量的变化量与该时间间隔内外力冲量之间的关系。同牛顿第二定律一样，质点的动量定理仅适用于惯性系，而且在一切惯性系中形式都相同。

### 1.6.3　质点系的动量定理与动量守恒定律

设质点系由 $n$ 个质点组成，应用质点的动量定理，对质点系的每个质点分别列出动量定理的矢量表达式，质点系内第 $i$ 个质点受到系统外物体作用的合力用 $\boldsymbol{F}_{i外}$ 表示，则有

$$\sum_{i=1}^{n}\frac{\mathrm{d}\boldsymbol{p}_i}{\mathrm{d}t}=\sum_{i=1}^{n}\boldsymbol{F}_i=\boldsymbol{F}_{合}$$

$$\sum_{i=1}^{n}\int_{t_0}^{t}\boldsymbol{F}_i\mathrm{d}t=\sum_{i=1}^{n}\int_{t_0}^{t}(\boldsymbol{F}_{i外}+\boldsymbol{F}_{i内})\mathrm{d}t=\sum_{i=1}^{n}m_i\boldsymbol{v}_{i2}-\sum_{i=1}^{n}m_i\boldsymbol{v}_{i1}$$

由于内力是成对出现的作用力和反作用力，二者大小相等，方向相反，所以作用于系统的

内力的矢量和为零,故得

$$\sum_{i=1}^{n}\int_{t_0}^{t}\boldsymbol{F}_{i外}\mathrm{d}t=\sum_{i=1}^{n}m_i\boldsymbol{v}_{i2}-\sum_{i=1}^{n}m_i\boldsymbol{v}_{i1} \tag{1.6.3}$$

上式表明,**质点系所受合外力冲量的矢量和等于质点系总动量的增量**。这就是质点系的**动量定理**(momentum theorem)。

可见,质点系内力的冲量只影响质点系内的单个质点的动量变化,对整个质点系的总动量没有影响;只有质点系所受合外力的冲量才能引起整个质点系总动量的变化。对于单个质点,若 $\boldsymbol{F}_{合}=0$,则由质点动量定理知 $m\boldsymbol{v}_{末}=m\boldsymbol{v}_{初}$,即 $\boldsymbol{p}_{末}=\boldsymbol{p}_{初}$,即质点所受合外力为零时,质点的动量保持不变,所以质点的动量守恒定律就是惯性定律。对于质点系来说,若 $\sum\boldsymbol{F}_{i外}=0$,则由质点系动量定理可得

$$\sum_i m_i\boldsymbol{v}_{i末}=\sum_i m_i\boldsymbol{v}_{i初}$$

即

$$\sum_i \boldsymbol{p}_i=常矢量 \tag{1.6.4}$$

上式表明,**对于质点系来说,若质点系合外力为零,则质点系的总动量保持不变**,这就是质点系的**动量守恒定律**(law of momentum conservation)。显然,质点系的总动量沿各个方向的分量也必守恒。满足动量守恒条件时,虽然质点系的总动量守恒,但质点系内每个质点的动量可以变化,可以相互交换。

在实际问题中,如果质点系的合外力不为零,但在某一方向合外力的分力为零,那么质点系的总动量在该方向上的分量保持不变。例如,应用其沿坐标轴的分量式,在直角坐标系下,若 $F_x=0$,则 $\sum_i m_iv_{ix}=p_x=常数$。

在冲击、碰撞以及爆炸等情况下,由于系统内力远远大于系统外力,此时可以忽略系统所受外力,近似认为质点系的总动量守恒;但如果系统所受外力可以与内力相比拟时,就不能用动量守恒定律,而必须用动量定理解决问题。另外,动量定理及动量守恒定律不仅适用于一般的宏观物体,而且适用于分子、原子等微观领域,不仅适用于低速领域,而且适用于接近光速的高速运动物体,它们是自然界普遍存在的规律。

### 1.6.4 质心与质心运动定理

**质心** 质量中心简称质心,指物质系统上被认为质量集中于此的一个假想点。**质点系的质心是质点系质量分布的平均位置**。如图 1.6.1 所示,设质点系由 $n$ 个质点组成,它们的质量分别是 $m_1,m_2,\cdots,m_n$。若用 $\boldsymbol{r}_1,\boldsymbol{r}_2,\cdots,\boldsymbol{r}_n$ 分别表示质点系中各质点相对于某一固定点 $O$ 的矢径,用 $\boldsymbol{r}_C$ 表示质心的矢径,则有

$$\boldsymbol{r}_C=\frac{m_1\boldsymbol{r}_1+m_2\boldsymbol{r}_2+\cdots+m_i\boldsymbol{r}_i+\cdots+m_n\boldsymbol{r}_n}{m_1+m_2+\cdots+m_i+\cdots+m_n}=\frac{\sum_{i=1}^{n}m_i\boldsymbol{r}_i}{m} \tag{1.6.5}$$

式中 $m$ 表示质点系的总质量。质点系的质心与各质点的质量大小和分布的相对位置有

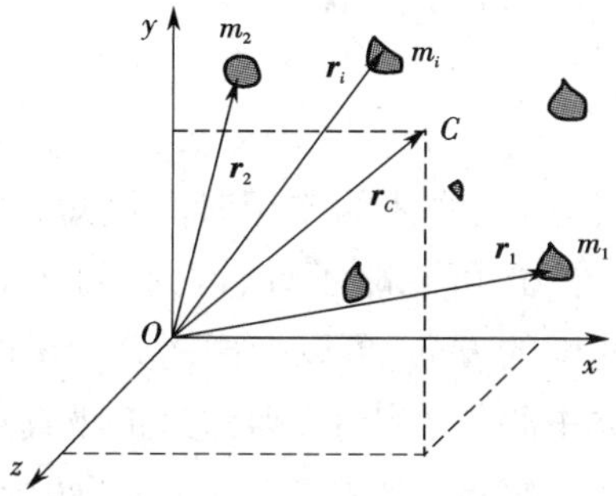


图 1.6.1　质点系的质心

关。对密度均匀、形状对称的物体,质心在其几何中心。对质量离散分布的物体系,质心的位置

$$x_C=\frac{\sum_{i=1}^{n}m_ix_i}{m},y_C=\frac{\sum_{i=1}^{n}m_iy_i}{m},z_C=\frac{\sum_{i=1}^{n}m_iz_i}{m}$$

对质量连续分布的物体,质心的位置

$$x_C=\frac{1}{m}\int x\mathrm{d}m,y_C=\frac{1}{m}\int y\mathrm{d}m,z_C=\frac{1}{m}\int z\mathrm{d}m$$

质点系所受的合力

$$F=\sum_i F_i=\sum_i m_ia_i=\frac{\mathrm{d}^2}{\mathrm{d}t^2}\left(\sum_i m_ir_i\right)=m\frac{\mathrm{d}^2}{\mathrm{d}t^2}\left(\frac{\sum_i m_ir_i}{m}\right)$$

**质心运动定理**　由式(1.6.5)可得 $m\boldsymbol{r}_C=\sum_{i=1}^{n}m_i\boldsymbol{r}_i$,该式两边对时间 $t$ 求一阶导数,得 $m\frac{\mathrm{d}\boldsymbol{r}_C}{\mathrm{d}t}=\sum_{i=1}^{n}m_i\frac{\mathrm{d}\boldsymbol{r}_i}{\mathrm{d}t}$,质心的速度 $v_C=\frac{\mathrm{d}r_C}{\mathrm{d}t}$,质心的加速度 $\boldsymbol{a}_C=\frac{\mathrm{d}v_C}{\mathrm{d}t}$,质心的动量等于质点系的总动量,即 $m\boldsymbol{v}_C=\sum_{i=1}^{n}m_i\boldsymbol{v}_i=\sum_{i=1}^{n}\boldsymbol{p}_i$,该式两边对时间 $t$ 求一阶导数,得 $m\frac{\mathrm{d}\boldsymbol{v}_C}{\mathrm{d}t}=m\boldsymbol{a}_C=\frac{\mathrm{d}\left(\sum_{i=1}^{n}\boldsymbol{p}_i\right)}{\mathrm{d}t}=\sum_{i=1}^{n}\frac{\mathrm{d}\boldsymbol{p}_i}{\mathrm{d}t}$,根据质点系动量定理 $\sum_{i=1}^{n}\frac{\mathrm{d}\boldsymbol{p}_i}{\mathrm{d}t}=\sum_{i=1}^{n}\boldsymbol{F}_i=\boldsymbol{F}_{合外力}$(因质点系内力的合力为零),易得

$$\boldsymbol{F}_{合外力}=m\frac{\mathrm{d}\boldsymbol{v}_C}{\mathrm{d}t}=m\boldsymbol{a}_C \tag{1.6.6}$$

上式表明,**系统所受合外力等于质心动量的瞬时变化率,或者说作用在系统上的合外力等于系统的总质量乘以质心的加速度**,这就是**质心运动定理**。质点系的质心加速度由合外力确定,与内力无关。质心的位置与当时系统各质点位置有关。质心运动相当于全系统质量集中于质心,并且所有外力作用于质心。显而易见,质点系的动量定理和质心

运动定理是等价的,前者更基本,后者更直观。

### 1.6.5 碰撞

对于碰撞问题,由于相互作用的物体的作用时间极短,相互作用力(即冲力)又非常大,系统所受外力一般远小于冲力,可忽略不计,因此,对于碰撞问题,系统的动量守恒。根据相互作用前后各物体的速度的方向,可以把碰撞分为正碰(对心碰撞)和斜碰。如果两球相碰前后的速度均在两球中心的连线上,则称为正碰或对心碰撞,否则称为斜碰。

根据碰撞后两个物体的回复情况,把碰撞分为:(1)两个物体完全回复原来的形状,称为完全弹性碰撞,碰撞过程中动能和势能相互转化,最终使碰撞前后动能守恒;(2)两个物体变形后没有回复原来形状,即碰撞后连成一体,以同一速度运动,其动能不守恒,此种碰撞称为完全非弹性碰撞;(3)若两个物体只部分回复原状,则为非弹性碰撞,碰撞前后动能不守恒。

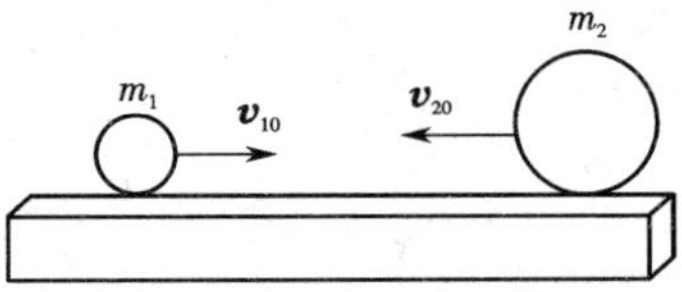

图 1.6.2 碰撞

**弹性碰撞(正碰)** 如图 1.6.2 所示,设两个物体发生弹性正碰,碰撞前的速度分别为 $\boldsymbol{v}_{10}$ 和 $\boldsymbol{v}_{20}$,质量分别为 $m_1$ 和 $m_2$,碰撞后的速度为 $\boldsymbol{v}_1$ 和 $\boldsymbol{v}_2$。由于为正碰,速度都在一条直线上,由动量守恒定律和碰撞前后动能守恒有

$$m_1\boldsymbol{v}_1 + m_2\boldsymbol{v}_2 = m_1\boldsymbol{v}_{10} + m_2\boldsymbol{v}_{20} \tag{1.6.7}$$

$$\frac{1}{2}m_1v_1^2 + \frac{1}{2}m_2v_2^2 = \frac{1}{2}m_1v_{10}^2 + \frac{1}{2}m_2v_{20}^2 \tag{1.6.8}$$

由上两式可得

$$v_2 - v_1 = v_{10} - v_{20} \tag{1.6.9}$$

这表明,在弹性正碰中,碰后两个物体相互分离的速度等于碰前两个物体相互趋近的速度,求解式(1.6.7)及式(1.6.9)得出碰撞后的速度

$$\left.\begin{aligned} v_1 &= \frac{(m_1 - m_2)v_{10} + 2m_2v_{20}}{m_1 + m_2} \\ v_2 &= \frac{(m_2 - m_1)v_{20} + 2m_1v_{10}}{m_1 + m_2} \end{aligned}\right\} \tag{1.6.10}$$

讨论以下几种特殊情形:(1)当 $m_1 = m_2$ 时,$v_1 = v_{20}$,$v_2 = v_{10}$,表明在弹性正碰中,两个质量相等的物体碰撞后彼此对换速度;(2)若 $m_2$ 碰前静止,即 $v_{20} = 0$,则

$$\begin{cases} v_1 = \dfrac{(m_1 - m_2)}{m_1 + m_2}v_{10} \\ v_2 = \dfrac{2m_1}{m_1 + m_2}v_{10} \end{cases}$$

进一步分别讨论 $m_1 = m_2$,$m_1 \gg m_2$ 和 $m_1 \ll m_2$ 的情形可以发现,一个质量很小的物

体碰撞一质量很大且静止的大物体时，小物体几乎以原速率反弹回来，而质量大的物体几乎保持不动，质量很大的物体与质量很小且静止的物体碰撞后，质量大的物体速度不变，质量小的物体却以几乎两倍于大质量物体的速度运动。

上述现象在核反应堆中得到了应用。在核反应堆中，基本的核反应是铀（$U^{235}$）俘获中子后发生裂变，裂变时放出更多的中子，如再被铀俘获造成链式反应就能放出大量的能量。裂变时放出的中子（快中子）速度较快（约为 $10^6$ m/s），而铀只能俘获慢中子（约为 $10^3$ m/s），因此必须在核反应堆中放置“减速剂”，使快中子跟减速剂中的原子核不断碰撞以减缓速度。从上面的讨论可见，选用质量与中子质量差不多的靶核，其减缓效果最好，因此通常在核反应堆中的减速剂为氘核（在重水中的重氢核）和碳核（在石墨中）。

**完全非弹性碰撞**　在完全非弹性碰撞中，碰撞后两个物体速度相同，即

$$\boldsymbol{v}_1 = \boldsymbol{v}_2 = \boldsymbol{v}$$

根据碰撞前后动量守恒，得

$$\boldsymbol{v} = \frac{m_1 \boldsymbol{v}_{10} + m_2 \boldsymbol{v}_{20}}{m_1 + m_2} \tag{1.6.11}$$

在碰撞过程中机械能损失

$$\Delta E = E_{k0} - E_k = \frac{1}{2} m_1 v_{10}^2 + \frac{1}{2} m_2 v_{20}^2 - \frac{1}{2}(m_1 + m_2) v^2$$

$$= \frac{m_1 m_2}{2(m_1 + m_2)}(v_{10} - v_{20})^2$$

完全非弹性碰撞的机械能损失最大，其损失的机械能变为其他形式的能量（如热能等）。

**非弹性碰撞**　把介于弹性碰撞和完全非弹性碰撞之间的碰撞称为非弹性碰撞，其机械能的损失量取决于回复系数，用 $e$ 表示，

$$e = \frac{v_2 - v_1}{v_{10} - v_{20}} \tag{1.6.12}$$

回复系数 $e$ 由碰撞物体的材料决定，只要能知道 $e$ 的值就可以求出碰撞后物体的状态。弹性碰撞相当于 $e = 1$，完全非弹性碰撞相当于 $e = 0$，而非弹性碰撞的回复系数为 $0 < e < 1$，这种碰撞中两个物体的形变不能完全回复，部分动能变成热能或其他形式的能量，根据式（1.6.10）和式（1.6.12），求得碰后的速度

$$\left.\begin{aligned} v_1 &= v_{10} - \frac{m_2}{m_1 + m_2}(1 + e)(v_{10} - v_{20}) \\ v_2 &= v_{20} + \frac{m_1}{m_1 + m_2}(1 + e)(v_{10} - v_{20}) \end{aligned}\right\} \tag{1.6.13}$$

最后，应注意牛顿定律与守恒定律的适用范围，牛顿定律只适用于宏观低速的运动物体（即速度远小于光速），对于高速的运动物体要用相对论求解，微观粒子用量子力学求解。但能量守恒与动量守恒对微观粒子仍然适用，即能量守恒和动量守恒比牛顿定律具有更大的普遍性。

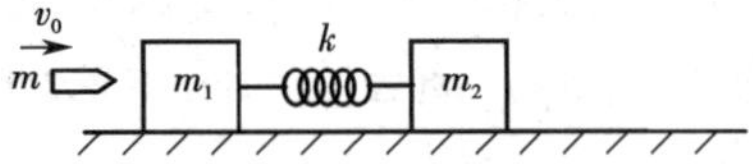


图1.6.3　碰撞系统

**例1.6.1**　一倔强系数为 $k$ 的弹簧将质量分别为 $m_1$ 与 $m_2$ 的两个物块连在一起，静止地放在光滑的水平面上，如图1.6.3所示。一个质量为 $m$ 的子弹以速率 $v_0$ 沿水平方向射入物块 $m_1$ 并被嵌在 $m_1$ 内。试求：

(1)弹簧的最大压缩长度；

(2)碰后已嵌入了子弹的物块1与物块2的最小速率和最大速率。

**解**　碰撞过程分为两个阶段：一是子弹与物块1的碰撞过程，二是碰后弹簧和物块1、2系统的运动过程。

第一阶段，子弹与物块1碰撞并嵌入1内，这个过程历时非常短暂，弹簧来不及被压缩，因此，过程的结果仅仅是使嵌入子弹的物块1(以后称**结合体**)获得了碰后过程的初速度 $v_{10}$。依据完全非弹性碰撞过程的动量守恒定律，有

$$mv_0=(m+m_1)v_{10} \tag{1}$$

第二阶段，当结合体的速度 $v_1$ 大于物块2的速度 $v_2$ 时，两者间的距离会逐渐减小，这时，弹簧可能处于拉伸状态下，而逐渐减小伸长量以至回复为原长，或者可能由原长进入压缩状态，压缩量逐渐变大以至成为最大压缩态；当结合体的速度 $v_1$ 小于物块2的速度 $v_2$ 时，两者间的距离会逐渐增大，这时，弹簧可能处于压缩状态下，而逐渐减小压缩量以至回复为原长，或者可能由原长进入伸长状态，伸长量逐渐变大以至成为最大伸长态。因此，结合体与物块2在碰后靠弹簧的连接将不断地进行相互间动量的交换与能量的传递，而且该系统始终保持机械能守恒与水平方向动量守恒。

在弹簧的压缩最大(或伸长最大)的那一瞬间，结合体与物块2的速率恰恰相等($v$)，设此刻最大形变为 $x_{\max}$，则有：

$$\left.\begin{aligned}&(m+m_1)v_{10}=(m+m_1+m_2)v\\&\frac{1}{2}(m+m_1)v_{10}^2=\frac{1}{2}(m+m_1+m_2)v^2+\frac{1}{2}kx_{\max}^2\end{aligned}\right\} \tag{2}$$

联立(1)(2)两式即可解得弹簧的最大压缩或者伸长长度：

$$x_{\max}=mv_0\sqrt{\frac{m_2}{(m+m_1)(m+m_1+m_2)k}}$$

在弹簧由压缩态变为伸长态的过程中，或由伸长态变为压缩态的过程中，都要有经历原长状态的瞬间，恰恰在此瞬间结合体与物块2受到的弹力均发生反向，即它们各自的加速度方向反向，因此，在此瞬间结合体的速率达到它的最大值 $v_{1\max}$，而物块2的速率达到它的最小值 $v_{2\min}$；或者物块2的速率达到它的最大值 $v_{2\max}$，而结合体的速率达到它的最小值 $v_{1\min}$，此瞬间系统遵从的力学量守恒规律为

$$\left.\begin{aligned}&(m+m_1)v_{10}=(m+m_1)v_1+m_2v_2\\&\frac{1}{2}(m+m_1)v_{10}^2=\frac{1}{2}(m+m_1)v_1^2+\frac{1}{2}m_2v_2^2\end{aligned}\right\} \tag{3}$$

联立(1)(3)两式可解得物块2的最大、最小速率

$$v_{2\min}=0$$

$$v_{2\max}=\frac{2mv_0}{m+m_1+m_2}$$

结合体的最大、最小速率为

$$v_{1\min}=\frac{m+m_1-m_2}{m+m_1+m_2}\cdot\frac{mv_0}{m+m_1}$$

$$v_{1\max}=\frac{mv_0}{m+m_1}$$

## 1.7　角动量定理与角动量守恒定律

### 1.7.1　质点的角动量定理与角动量守恒定律

**角动量**　人们早在研究天体运动时就发现,一个星体相对于惯性系中某个质点 $O$ 的位矢是变化的,动量也是不断变化的,但位矢 $\boldsymbol{r}$ 与动量 $\boldsymbol{p}$ 的矢积却是不变的,发现应用位矢与动量的矢积来表述星体的运动状态会带来很多方便,因此人们把位矢与动量的矢积定义为质点的角动量,通常用 $\boldsymbol{L}$ 来表示,即

$$\boldsymbol{L}=\boldsymbol{r}\times\boldsymbol{p}$$

角动量是描述物体转动状态的物理量,也叫动量矩。角动量是矢量,方向由右手螺旋法则确定。在国际单位制中,角动量的单位是千克·米$^2$/秒(kg·m$^2$/s)。

**质点的角动量定理**　如图1.7.1所示,取某点 $O$ 为参考点,$O$ 到质点 $P$ 的位置矢量为 $\boldsymbol{r}$,质点所受的外力为 $\boldsymbol{F}$,某时刻质点角动量随时间的瞬时变化率为 $\frac{\mathrm{d}\boldsymbol{L}}{\mathrm{d}t}$,则

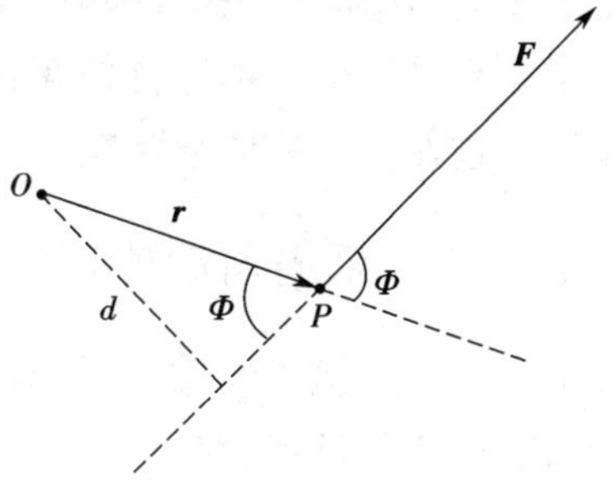

图1.7.1　力矩

$$\frac{\mathrm{d}\boldsymbol{L}}{\mathrm{d}t}=\frac{\mathrm{d}}{\mathrm{d}t}(\boldsymbol{r}\times m\boldsymbol{v})=\boldsymbol{r}\times m\frac{\mathrm{d}\boldsymbol{v}}{\mathrm{d}t}+\frac{\mathrm{d}\boldsymbol{r}}{\mathrm{d}t}\times m\boldsymbol{v}$$

很显然 $\frac{\mathrm{d}\boldsymbol{r}}{\mathrm{d}t}\times m\boldsymbol{v}=0$,而 $\boldsymbol{r}\times m\frac{\mathrm{d}\boldsymbol{v}}{\mathrm{d}t}=\boldsymbol{r}\times\boldsymbol{F}$,所以

$$\frac{\mathrm{d}\boldsymbol{L}}{\mathrm{d}t}=\boldsymbol{r}\times\boldsymbol{F}$$

可见改变质点转动状态的原因并不是力 $\boldsymbol{F}$,而是 $\boldsymbol{r}\times\boldsymbol{F}$。定义 $\boldsymbol{r}\times\boldsymbol{F}$ 为作用于质点的力矩,并用 $\boldsymbol{M}$ 表示,即

$$\boldsymbol{M}=\boldsymbol{r}\times\boldsymbol{F}\qquad(1.7.1)$$

则力矩的大小

$$M=|\boldsymbol{M}|=|\boldsymbol{r}\times\boldsymbol{F}|=rF\sin\Phi=Fd=F_{\tau}r$$

式中,$\Phi$ 为 $\boldsymbol{r}$ 与 $\boldsymbol{F}$ 小于180°的夹角,$O$ 点到力 $\boldsymbol{F}$ 作用线的垂直距离为 $d=r\sin\Phi$,叫力臂,可见,力矩的大小等于力臂与力的大小的乘积,也等于切向力与位矢大小的乘积。力矩 $\boldsymbol{M}$ 的方向由右手螺旋法则确定。在国际单位制中,力矩的单位名称为牛顿・米(N・m)。从角动量的改变与质点所受力矩之间的关系可得

$$\boldsymbol{M}=\frac{\mathrm{d}\boldsymbol{L}}{\mathrm{d}t} \tag{1.7.2}$$

上式表明,**质点对某参考点的角动量的瞬时变化率等于质点所受的合力矩**。这就是**质点的角动量定理**(微分形式)。将式(1.7.2)改写为积分形式

$$\int_{t_1}^{t_2}\boldsymbol{M}\mathrm{d}t=\boldsymbol{L}_2-\boldsymbol{L}_1 \tag{1.7.3}$$

$\int_{t_1}^{t_2}\boldsymbol{M}\mathrm{d}t$ 为质点所受力矩对时间的累积,叫**冲量矩**。式(1.7.3)表明,**质点角动量的增量等于质点所受的冲量矩**。这就是质点的角动量定理的积分表达式,也叫**质点的冲量矩定理**。

**质点的角动量守恒定律** 由质点的角动量定理知,当质点所受的合力矩为零时,质点的角动量不随时间变化,即 $\boldsymbol{M}_{合}=0$ 时,$\frac{\mathrm{d}\boldsymbol{L}}{\mathrm{d}t}=0$,即质点的 $\boldsymbol{L}$ 恒定不变,这就是质点的**角动量守恒定律**。在宇宙中,太阳对行星的引力始终指向太阳的中心,行星在太阳引力作用下沿椭圆轨道运动时,合力矩为零,行星对太阳中心的角动量守恒。同样,人造地球卫星所受的地球引力指向地心,因此人造地球卫星对地心的角动量守恒。在原子中,电子所受的库仑力指向原子核,因此,电子绕原子核运动时对原子核的角动量守恒。角动量守恒定律是又一个自然界普遍存在的基本规律,无论在宏观领域,还是在微观领域,在高速领域还是在低速领域都适用。

### 1.7.2 质点系的角动量定理与角动量守恒定律

由 $n$ 个质点组成的质点系,对于同一个定点 $O$ 的角动量为质点系内每一个质点对 $O$ 点的角动量的矢量和,即

$$\boldsymbol{L}=\sum_{i=1}^{n}\boldsymbol{L}_i=\sum_{i=1}^{n}\boldsymbol{r}_i\times\boldsymbol{p}_i$$

对其中任意一个质点 $i$ 对定点 $O$ 应用角动量定理,则有 $\boldsymbol{M}_i=\boldsymbol{r}_i\times\boldsymbol{F}_i=\mathrm{d}\boldsymbol{L}_i/\mathrm{d}t$,由于质点系内每个质点既受外力矩作用,又受内力矩作用,故有

$$\boldsymbol{M}_i=\boldsymbol{M}_{i外}+\boldsymbol{M}_{i内}=\boldsymbol{r}_i\times\boldsymbol{F}_i=\boldsymbol{r}_i\times(\boldsymbol{F}_{i外}+\boldsymbol{F}_{i内})$$

质点系对定点 $O$ 所受的合力矩为每个质点所受力矩的矢量和,其中 $\boldsymbol{F}_{i内}$ 是作用于质点 $i$ 的内力。由于质点系内各个质点之间的相互作用力是成对出现的作用力与反作用力,力的大小相等,方向相反,力作用在一条直线上,所以质点系内各质点所受内力矩的合力矩

为零,则质点系所受的总力矩

$$\boldsymbol{M}=\sum_{i=1}^{n}\boldsymbol{M}_i=\sum_{i=1}^{n}\boldsymbol{M}_{i外}+\sum_{i=1}^{n}\boldsymbol{M}_{i内}=\sum_{i=1}^{n}\boldsymbol{M}_{i外}=\sum_{i=1}^{n}\boldsymbol{r}_i\times\boldsymbol{F}_{i外}$$

质点系中对每个质点应用角动量定理,并对所有质点求和得

$$\boldsymbol{M}_{外}=\boldsymbol{M}=\frac{\mathrm{d}\boldsymbol{L}}{\mathrm{d}t} \tag{1.7.4}$$

上式表明,**质点系所受的合外力矩等于系统总角动量随时间的变化率**。这就是**质点系的角动量定理**。这与质点的角动量定理方程式(1.7.2)完全相同。所以对于质点系统,也可以有**冲量矩、冲量矩定理等**。由质点系的角动量定理可知,系统的内力矩改变不了系统的总角动量,只有系统的外力矩才能改变系统的总角动量。

由式(1.7.4)可知,**当质点系所受的合外力矩为零时,系统的角动量不随时间变化**。这就是**质点系的角动量守恒定律**。若外力矩 $\boldsymbol{M}$ 不为零,但在某个方向上外力矩 $\boldsymbol{M}$ 的分量为零,那么系统的角动量在该方向上的分量守恒。质点系不受外力矩作用时,系统的总角动量不随时间变化,但是系统中各个质点可以通过内力矩的作用而相互交换角动量。

**例 1.7.1**　应用质点的角动量守恒定律证明开普勒第二定律:行星与太阳的连线在相同时间内扫过相等的面积。

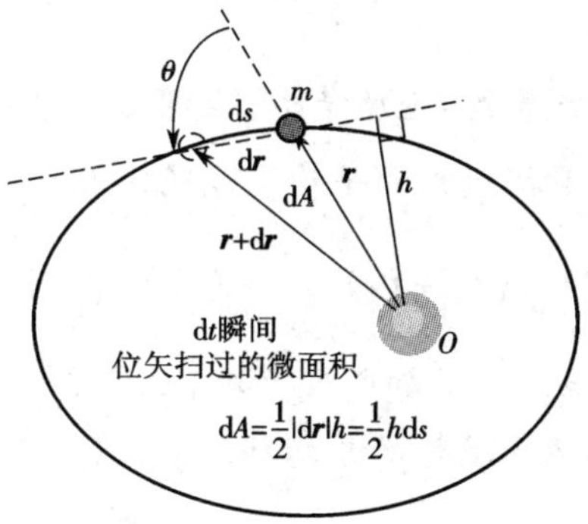


图 1.7.2　行星绕太阳运动示意图

**证明**　$t$ 时刻 $m$ 对 $O$ 的角动量大小为

$$L=|\boldsymbol{r}\times m\boldsymbol{v}|=\left|\boldsymbol{r}\times m\frac{\mathrm{d}\boldsymbol{r}}{\mathrm{d}t}\right|$$

$$=m\frac{\mathrm{d}s}{\mathrm{d}t}r\sin\theta=m\frac{\mathrm{d}s}{\mathrm{d}t}h=2m\frac{\mathrm{d}A}{\mathrm{d}t}$$

即

$$\frac{\mathrm{d}A}{\mathrm{d}t}=\frac{L}{2m}\quad(称为掠面速率)$$

因行星受的合外力总是指向太阳,故行星的角动量守恒,所以

$$\frac{\mathrm{d}A}{\mathrm{d}t}=\frac{L}{2m}=常量$$

故行星与太阳的连线在相同时间内扫过的面积相等。

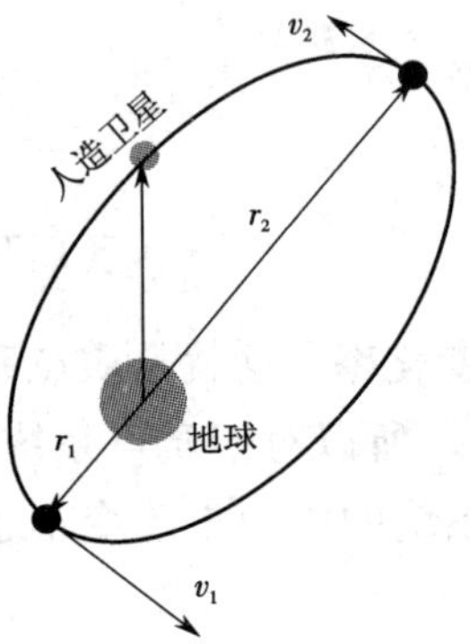


图1.7.3 例1.7.2图

**例1.7.2** 如图1.7.3所示，一颗人造卫星绕地球沿椭圆轨道运行，已知近地点卫星的速率和到地心的距离分别为$v_1$和$r_1$，远地点卫星到地心的距离为$r_2$，求远地点卫星的速率$v_2$。

**解** 人造卫星在万有引力的作用下绕着地球运动，对地心的力矩为零，系统角动量守恒。设人造卫星质量为$m$，有

$$\boldsymbol{r}_1 \times m\,\boldsymbol{v}_1 = \boldsymbol{r}_2 \times m\,\boldsymbol{v}_2$$

又由于近地点和远地点的位置矢量均与速度垂直，上式可表示为

$$r_1 m\, v_1 = r_2 m\, v_2$$

于是可解得远地点卫星的速率为

$$v_2 = \frac{r_1}{r_2} v_1$$

## 习　题

1-1　物体在某位置的位矢是$\boldsymbol{r}_1$，速度是$\boldsymbol{v}_1$，经过$\Delta t$时间后到达另一位置，其位矢是$\boldsymbol{r}_2$，速度是$\boldsymbol{v}_2$，则该物体在$\Delta t$时间段内的平均速度是(　　)。

(A)$\frac{1}{2}(\boldsymbol{v}_2 - \boldsymbol{v}_1)$　(B)$\frac{1}{2}(\boldsymbol{v}_2 + \boldsymbol{v}_1)$　(C)$\frac{\boldsymbol{r}_2 - \boldsymbol{r}_1}{\Delta t}$　(D)$\frac{\boldsymbol{r}_2 + \boldsymbol{r}_1}{\Delta t}$

1-2　物体在某位置的速度是$\boldsymbol{v}_1$，加速度是$\boldsymbol{a}_1$，经过$\Delta t$时间后到达另一位置，其速度是$\boldsymbol{v}_2$，加速度是$\boldsymbol{a}_2$，则此时间段内物体的平均加速度是(　　)。

(A)$\frac{1}{\Delta t}(\boldsymbol{v}_2 - \boldsymbol{v}_1)$　(B)$\frac{1}{\Delta t}(\boldsymbol{v}_2 + \boldsymbol{v}_1)$　(C)$\frac{1}{2}(\boldsymbol{a}_2 - \boldsymbol{a}_1)$　(D)$\frac{1}{2}(\boldsymbol{a}_2 + \boldsymbol{a}_1)$

1-3　对于作匀速率圆周运动的物体，以下说法正确的是(　　)。

(A)速度不变　(B)加速度不变

(C)切向加速度等于零　(D)法向加速度等于零

1-4　一质点在平面上运动，已知质点位置矢量的表示式为$\boldsymbol{r} = 5t^2\boldsymbol{i} + 8t^2\boldsymbol{j}$，则该质点作(　　)。

(A)匀速直线运动　(B)变速直线运动

(C)抛物曲线运动　(D)一般曲线运动

1-5　某人以4 m/s的速度从$A$运动至$B$，再以6 m/s的速度沿原路从$B$回到$A$，则来回全程的平均速度大小为(　　)。

(A) 5 m/s　　(B) 4.8 m/s　　(C) 5.5 m/s　　(D) 0

1-6　一质点沿 $x$ 轴的运动规律是 $x=t^2-4t+5$(SI)，前3秒内它的(　　)。

(A) 位移和路程都是3 m　　(B) 位移和路程都是 -3 m

(C) 位移是 -3 m，路程是3 m　　(D) 位移是 -3 m，路程是5 m

1-7　一质点在 $xOy$ 平面内运动，设某时刻质点的位置矢量 $\boldsymbol{r}=2t\boldsymbol{i}+(19-2t^2)\boldsymbol{j}$，则 $t=1$ s 时该质点的速度为(　　)。

(A) $\boldsymbol{v}=2\boldsymbol{i}-4\boldsymbol{j}$　　(B) $\boldsymbol{v}=2\boldsymbol{i}-17\boldsymbol{j}$　　(C) $\boldsymbol{v}=2\boldsymbol{i}+\boldsymbol{j}$　　(D) $\boldsymbol{v}=2\boldsymbol{i}-\boldsymbol{j}$

1-8　某质点的坐标为 $x=3+6t-8t^3$(SI)，则该质点作(　　)。

(A) 匀加速直线运动，加速度沿 $x$ 轴正方向

(B) 变加速直线运动，加速度沿 $x$ 轴负方向

(C) 变加速直线运动，加速度沿 $x$ 轴正方向

(D) 匀加速直线运动，加速度沿 $x$ 轴负方向

1-9　质点以速度 $v=4+t^2$ 作直线运动，以质点运动直线为 $Ox$ 轴，并已知 $t=3$ s 时，质点位于 $x=9$ m 处，则该质点的运动学方程为(　　)。

(A) $x=2t$　　(B) $x=4t+\dfrac{t^2}{2}$

(C) $x=4t+\dfrac{t^3}{3}-12$　　(D) $x=4t+\dfrac{t^3}{3}+12$

1-10　质点作半径为 $R$ 的变速圆周运动时的加速度大小为(　　)($v$ 表示任一时刻质点的速率)。

(A) $\dfrac{\mathrm{d}v}{\mathrm{d}t}$　　(B) $\dfrac{v^2}{R}$

(C) $\dfrac{\mathrm{d}v}{\mathrm{d}t}+\dfrac{v^2}{R}$　　(D) $\sqrt{\left(\dfrac{\mathrm{d}v}{\mathrm{d}t}\right)^2+\left(\dfrac{v^4}{R^2}\right)}$

1-11　质点沿半径为 $R$ 的圆周作匀速运动，每 $t$ 秒转一圈，在 $2t$ 时间间隔中，其平均速度和平均速率的大小分别为(　　)。

(A) $\dfrac{2\pi R}{t}$；$\dfrac{\pi R}{t}$　　(B) 0；0　　(C) 0；$\dfrac{2\pi R}{t}$　　(D) $\dfrac{2\pi R}{t}$；0

1-12　一物体作匀速率曲线运动，则(　　)。

(A) 其所受合外力一定总为零　　(B) 其加速度一定总为零

(C) 其法向加速度一定总为零　　(D) 其切向加速度一定总为零

1-13　质点系的内力可以改变(　　)。

(A) 系统的总质量　　(B) 系统的总动量

(C) 系统的总动能　　(D) 系统的总角动量

1-14　物体在恒力 $\boldsymbol{F}$ 作用下作直线运动，在 $\Delta t_1$ 时间内速度由0增加到 $\boldsymbol{v}$，在 $\Delta t_2$ 时间内速度由 $\boldsymbol{v}$ 增加到 $2\boldsymbol{v}$，设 $\boldsymbol{F}$ 在 $\Delta t_1$ 时间内做的功是 $A_1$，冲量是 $\boldsymbol{I}_1$，在 $\Delta t_2$ 时间内做的

功是 $A_2$，冲量是 $\boldsymbol{I}_2$，则(　　)。

(A) $A_1=A_2, \boldsymbol{I}_1>\boldsymbol{I}_2$　　(B) $A_1=A_2, \boldsymbol{I}_1<\boldsymbol{I}_2$

(C) $A_1<A_2, \boldsymbol{I}_1=\boldsymbol{I}_2$　　(D) $A_1>A_2, \boldsymbol{I}_1=\boldsymbol{I}_2$

1-15　如图所示，三艘质量均为 $m_0$ 的小船以相同的速度 $\boldsymbol{v}$ 鱼贯而行。现从中间船上同时以速率 $u$(与速度 $\boldsymbol{v}$ 在同一直线上)把两个质量均为 $m$ 的物体分别抛到前后两船上，水和空气的阻力均不计，则抛掷后三船速度分别为(　　)。

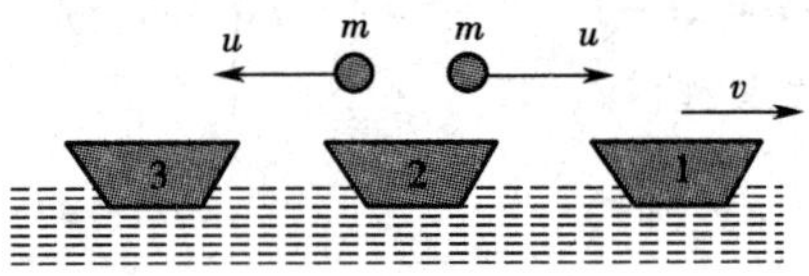


题 1-15 图

(A) $v, v, v$

(B) $v+u, v, v-u$

(C) $v+\dfrac{m}{m+m_0}u, v, v-\dfrac{m}{m+m_0}u$

(D) $v+\dfrac{m+m_0}{m}u, v, v-\dfrac{m+m_0}{m}u$

1-16　质量为 $m$ 的铁锤竖直落下，打在木桩上并停下。设打击时间为 $\Delta t$，打击前铁锤速率为 $v$，则在打击木桩的时间内，铁锤所受平均合外力的大小为(　　)。

(A) $\dfrac{mv}{\Delta t}$　　(B) $\dfrac{mv}{\Delta t}-mg$　　(C) $\dfrac{mv}{\Delta t}+mg$　　(D) $\dfrac{2mv}{\Delta t}$

1-17　弹性范围内，如果将弹簧的伸长量增加到原来的 3 倍，则弹性势能将增加到原来的(　　)。

(A)6 倍　　(B)8 倍　　(C)9 倍　　(D)12 倍

1-18　对于一个物体系统来说，在下列条件中，哪种情况下系统的机械能守恒？(　　)

(A)合外力为 0　　(B)合外力不做功

(C)外力和非保守内力都不做功　　(D)外力和保守力都不做功

1-19　下列各物理量中，是过程函数的是(　　)。

(A)动量和冲量　　(B)动能和功

(C)角动量和冲量矩　　(D)冲量、功和冲量矩

1-20　一力学系统由两个质点组成，它们之间只有引力作用，若两个质点所受外力的矢量和为零，则此系统(　　)。

(A)动量、机械能以及对一轴的角动量守恒

(B)动量、机械能守恒，但角动量是否守恒不能断定

(C)动量守恒，但机械能和角动量守恒与否不能断定

(D)动量和角动量守恒，但机械能是否守恒不能断定

1-21　绳的一端系一质量为 $m$ 的小球，在光滑的水平桌面上作匀速圆周运动。若从桌面中心孔向下拉绳子，则小球的(　　)。

(A)角动量不变　　(B)角动量增加　　(C)动量不变　　(D)动量减少

1-22　人造地球卫星绕地球作椭圆轨道运动，卫星轨道近地点和远地点分别为 $A$ 和 $B$，用 $\boldsymbol{L}$ 和 $E_k$ 分别表示卫星对地心的角动量及其动能的瞬时值，则应有(　　)。

(A) $\boldsymbol{L}_A > \boldsymbol{L}_B, E_{kA} > E_{kB}$　　(B) $\boldsymbol{L}_A = \boldsymbol{L}_B, E_{kA} < E_{kB}$

(C) $\boldsymbol{L}_A = \boldsymbol{L}_B, E_{kA} > E_{kB}$　　(D) $\boldsymbol{L}_A < \boldsymbol{L}_B, E_{kA} < E_{kB}$

1-23 人造地球卫星绕地球作椭圆轨道运动,若忽略空气阻力和其他星球的作用,在卫星的运行过程中(　　)。

(A)卫星的动量守恒,动能守恒

(B)卫星的动能不守恒,但卫星对地心的角动量守恒

(C)卫星的动能守恒,但动量不守恒

(D)卫星的动量守恒,但动能不守恒

1-24 已知质点的运动方程为 $x=3t, y=2t^2$,则质点在第2秒内的位移 $\Delta\boldsymbol{r}=$______。

1-25 一质点在 $xOy$ 平面上运动,运动方程为 $x=3t+5, y=\frac{1}{2}t^2+2t-4$ (SI),则 $t=$ 2 s末的速率 $v=$______。

1-26 一质点的坐标为 $x=6t-t^2$ (SI),则在 $t$ 由0至4 s的时间间隔内,质点的位移大小为______;质点走过的路程为______。

1-27 一物体在某瞬时以初速度 $\boldsymbol{v}_0$ 从某点开始运动,在 $\Delta t$ 时间内,经一长度为 $s$ 的曲线路径后又回到出发点,此时速度为 $-\boldsymbol{v}_0$,则在这段时间内,物体的平均速率为______,平均加速度大小为______。

1-28 一小球沿斜面向上运动,其坐标为 $x(t)=8+16t-2t^2$ (SI),则小球运动到最远点的时刻为______。

1-29 一质点沿半径 $R=1$ m的圆周运动,运动学方程为 $s=2\pi t^2+\pi t$ (SI),则质点运动一周的路程为______,位移为______,平均速度为______,平均速率为______。

1-30 质点沿半径为 $R$ 的圆周运动,运动学方程为 $\theta=3+2t^2$ (SI),则 $t$ 时刻质点的法向加速度大小为 $a_n=$______,角加速度 $\beta=$______。

1-31 一质点作半径为0.1 m的圆周运动,其角位置的运动学方程为 $\theta=\frac{\pi}{4}+\frac{1}{2}t^2$ (SI),则其切向加速度大小 $a_\tau=$______。

1-32 已知质点的位置矢量 $\boldsymbol{r}=4t^2\boldsymbol{i}+(2t+3)\boldsymbol{j}$,则该质点的轨道方程为______。

1-33 在曲线运动中,切向加速度是反映速度______变化的物理量,而法向加速度是反映速度______变化的物理量。

1-34 当一列火车以10 m/s的速率向东行驶时,若相对于地面竖直下落的雨滴在列车的窗子上形成的雨迹偏离竖直方向30°,则雨滴相对于地面的速率是______,相对于列车的速率是______。

1-35 已知一质量为 $m$ 的质点,其坐标为 $x=A\cos\omega t, y=A\sin\omega t$,式中 $A$、$\omega$ 为正的常量,则质点在运动过程中所受的力 $F=$______。

1-36　质量为10 kg的物体在变力作用下从静止开始作直线运动，力随时间的变化规律是$F=3+4t$(式中$F$以N、$t$以s计)。由此可知，3 s后此物体的速率为__________。

1-37　如图所示，设炮车以仰角$\theta$发射一炮弹，炮弹与炮车质量分别为$m$和$m_0$，炮弹相对于炮筒出口速度为$\boldsymbol{v}$，不计炮车与地面间的摩擦，则炮车的反冲速度大小为__________。

1-38　粒子$B$的质量是粒子$A$的质量的4倍。开始时粒子$A$的速度为$3\boldsymbol{i}+4\boldsymbol{j}$，粒子$B$的速度为$2\boldsymbol{i}-7\boldsymbol{j}$。由于两者的相互作用，粒子$A$的速度变为$7\boldsymbol{i}-4\boldsymbol{j}$，此时粒子$B$的速度等于__________。

1-39　如图所示，圆锥摆的摆球质量为$m$，速率为$v$，圆半径为$R$。当摆球在轨道上运动半周时，摆球所受重力冲量的大小为__________。

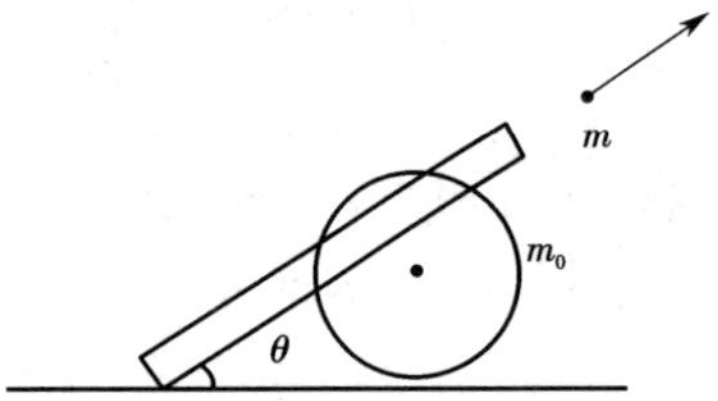


题1-37图

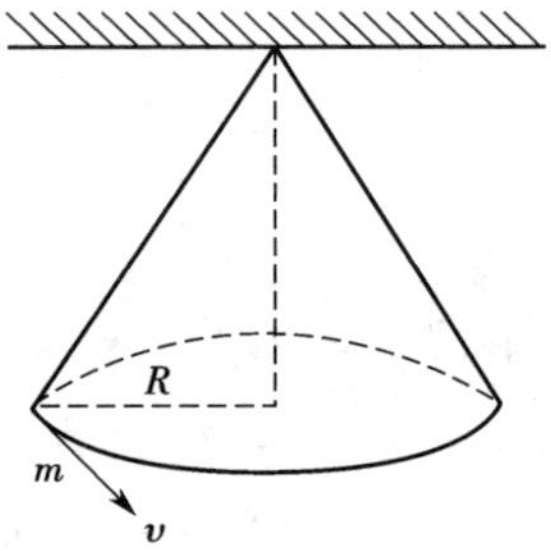


题1-39图

1-40　一质点受力$\boldsymbol{F}=3x^2\boldsymbol{i}$(SI)作用，沿$x$轴正方向运动。在从$x=0$到$x=2$ m的过程中，力$F$做功为__________。

1-41　一个质点在几个力同时作用下的位移为$\Delta\boldsymbol{r}=4\boldsymbol{i}-5\boldsymbol{j}+6\boldsymbol{k}$(SI)，其中一个恒力$\boldsymbol{F}=-3\boldsymbol{i}-5\boldsymbol{j}+9\boldsymbol{k}$(SI)。这个力在该位移过程中所做的功为__________。

1-42　一长为$l$，质量为$m$的匀质链条，放在光滑的桌面上，若其长度的$\frac{1}{5}$悬挂于桌边下，将其慢慢拉回桌面，需做功__________。

1-43　一质量为$m$的质点在指向圆心的力$F=-\frac{k}{r^2}$的作用下作半径为$r$的圆周运动，此质点的速率$v=$__________。若取距圆心无穷远处为势能零点，它的机械能$E=$__________。

1-44　一质点在$xOy$平面上运动，运动方程为$\boldsymbol{r}=(2t+4)\boldsymbol{i}+(4t^2+2t-6)\boldsymbol{j}$(SI)，求：(1)质点的轨道方程；(2)第二秒内质点的位移；(3)前4秒内质点的平均速度；(4)质点的速度矢量表示式并计算$t=4$ s时质点的速度；(5)质点的加速度矢量的表示式，并计算$t=4$ s时质点的加速度。

1-45　在离地面高$h$的地方，有人用绳子拉物体靠近一面墙，物体在离墙$S$处，如图所示。当人以$v_0$的速率收绳时，试求物体运动的速度和加速度的大小。

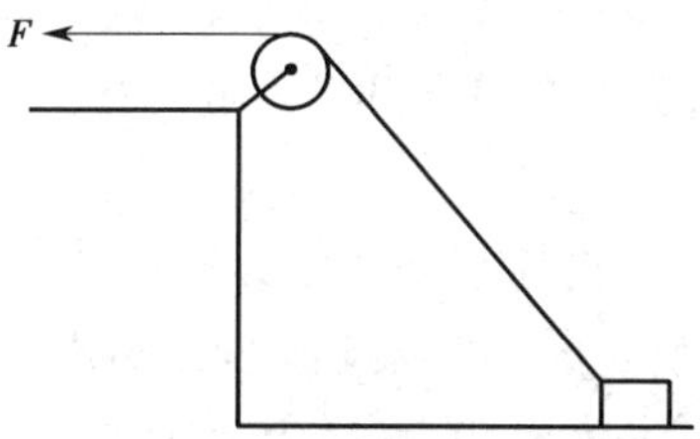


题1-45图

1-46　质点位矢随时间变化的函数形式为 $\boldsymbol{r}=4t^2\boldsymbol{i}+(3+2t)\boldsymbol{j}$(SI)。求:(1)质点的轨道方程;(2)从 $t=0$ 到 $t=1$ s 的位移;(3)$t=0$ 和 $t=1$ s 时刻的速度;(4)$t=1$ s 时刻的加速度。

1-47　已知质点的位置矢量为 $\boldsymbol{r}=5\sin(2\pi t)\boldsymbol{i}+4\cos(2\pi t)\boldsymbol{j}$(SI),求:(1)$t=0.25$ s 至 1 s 的位移;(2)1 s 末的速度;(3)1 s 末的加速度;(4)轨道方程。

1-48　一质点从静止开始沿半径为 3 m 的圆周运动,切向加速度 $a_\tau=3\ \mathrm{m/s^2}$。

(1)经过多少时间它的总加速度 $\boldsymbol{a}$ 恰好与半径成45°角?

(2)在上述时间内,质点所经过的路程和角位移各为多少?

1-49　一质点沿半径为 0.1 m 的圆周运动,其角坐标 $\theta$(以弧度 rad 计)可用下式表示:

$$\theta=2+4t^3$$

试问:(1)$t=2$ s 时,它的法向加速度和切向加速度各是多少?(2)当 $\theta$ 等于多少时其总加速度与半径成45°角?

1-50　一质点具有恒定加速度 $\boldsymbol{a}=6\boldsymbol{i}+4\boldsymbol{j}$(SI)。在 $t=0$ 时,其速度为零,位置矢量 $\boldsymbol{r}_0=10\boldsymbol{i}$。求:(1)任意时刻的速度和位置矢量;(2)质点的轨道方程。

1-51　一质点沿 $x$ 轴运动,坐标与时间的变化关系为 $x=4t-2t^2$,试计算:(1)在最初 2 s 内的位移、平均速度和 2 s 末的瞬时速度;(2)1 s 末到 3 s 末的平均加速度;(3)3 s 末的瞬时加速度。

1-52　一艘正以 $v_0$ 匀速直线行驶的汽艇关闭发动机后,得到一个与船速反向、大小与船速平方成正比的加速度,即 $\mathrm{d}v/\mathrm{d}t=-kv^2$,$k$ 为一常数,求证船在行驶距离 $x$ 时的速率为 $v=v_0\mathrm{e}^{-kx}$。

1-53　质点沿半径为 $R$ 的圆周按 $s=v_0t-\dfrac{1}{2}bt^2$ 的规律运动,式中 $s$ 为质点离圆周上某点的弧长,$v_0$、$b$ 都是常量,求:(1)$t$ 时刻质点的加速度;(2)$t$ 为何值时,加速度在数值上等于 $b$。

1-54　以初速度 $v_0=20$ m/s 抛出一小球,抛出方向与水平面成60°的夹角,求:(1)球轨道最高点的曲率半径 $R_1$;(2)落地处的曲率半径 $R_2$。

1-55　飞轮半径为 0.4 m,自静止启动,其角加速度 $\beta=0.2\ \mathrm{rad/s^2}$,求 $t=2$ s 时边缘上各点的速度、法向加速度、切向加速度的大小。

1-56　飞机 $A$ 以 $v_A=1\ 000\ \mathrm{km/h}$ 的速率相对于地面向南飞行,同时另一架飞机 $B$ 以 $v_B=800\ \mathrm{km/h}$ 的速率相对于地面向东偏南 30°方向飞行。求 $A$ 机相对于 $B$ 机的速度和 $B$ 机相对于 $A$ 机的速度。

1-57　某人以 4 km/h 的速度向东行进时,感觉风从正北吹来。如果将速度增加一倍,则感觉风从东北吹来。求相对于地面的风速和风向。

1-58　如图所示,质量为 $m$ 的摆球 $A$ 悬挂在车架上。求在下述各种情况下,摆线与竖直方向的夹角 $\alpha$ 和线中的张力 $T$。

(1)小车沿水平方向作匀速运动;(2)小车沿水平方向作加速度为 $a$ 的运动。

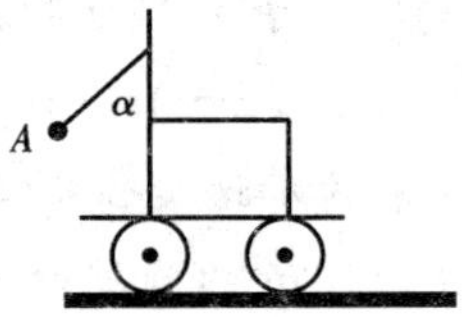


题 1-58 图

1-59　质量为 1 kg 的物体,它与水平桌面间的摩擦系数 $\mu=0.1$ ,现对物体施以 $F=10t+10$(SI)的力,力的方向保持一定,如图所示。如 $t=0$ 时物体静止,求 $t=3$ s 时它的速度大小 $v$ 为多少?(取重力加速度 $g=10\ \mathrm{m/s}$)

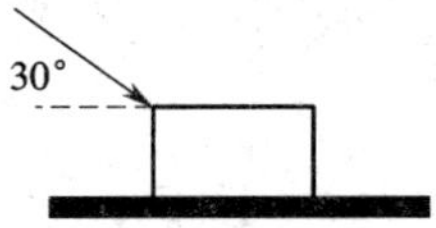


题 1-59 图

1-60　一颗子弹由枪口射出时速率为 $v_0$(m/s),当子弹在枪筒内被加速时,它所受的合力 $F=(a-bt)$N($a,b$ 为常数),其中 $t$ 以秒为单位:(1)假设子弹运行到枪口处合力刚好为零,试计算子弹走完枪筒全长所需时间;(2)求子弹所受的冲量;(3)求子弹的质量。

1-61　质量为 $m=0.25$ kg,速率 $v=20$ m/s 的小球,以入射角 $\alpha=45°$斜向与墙壁相碰,又以原速率沿反射角 $\alpha$ 方向从墙壁弹回,如图所示。设碰撞时间 $\Delta t=0.05$ s,求墙壁受到的平均冲力。

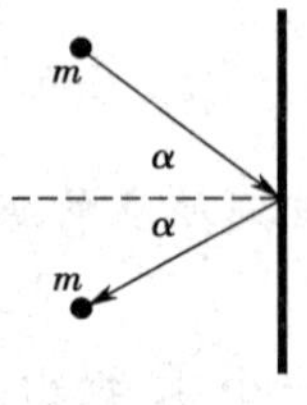


题 1-61 图

1-62　$F=30+4t$(式中 $F$ 的单位为 N,$t$ 的单位为 s)的合外力作用在质量 $m=10$ kg 的物体上,试求:(1)在开始的 2 s 内此力的冲量;(2)若冲量 $I=300$ N · s,此力作用的时间;(3)若物体的初速度 $v_1=10$ m/s ,方向与 $F$ 相同,求 $t=6.86$ s 时,此物体的速度 $v_2$。

1-63　(1)试计算月球和地球对物体 $m$ 的引力相抵消的一点 $P$ 与月球表面的距离是多少?(地球质量为 $5.98\times10^{24}$ kg,地球中心到月球中心的距离为 $3.84\times10^{8}$ m,月球质量为 $7.35\times10^{22}$ kg,月球半径为 $1.74\times10^{6}$ m)(2)如果一个 1 kg 的物体在距月球和地球均为无限远处的势能为零,那么它在 $P$ 点的势能为多少?

1-64　一人从 10 m 深的井中提水,起始时桶中装有 10 kg 的水,桶的质量为 1 kg,由于水桶漏水,每升高 1 m 要漏去 0.2 kg 的水。求水桶匀速地从井中提到井口,人所做的功。

1-65　质量为 $m$ 的质点在 $xOy$ 平面上运动,其位置矢量

$$\boldsymbol{r}=a\cos\omega t\boldsymbol{i}+b\sin\omega t\boldsymbol{j}\quad(\text{SI})$$

式中 $a$、$b$、$\omega$ 是正值常数,且 $a>b$。

(1)求质点在 $A(a,0)$ 点时和 $B(0,b)$ 点时的动能;

(2)求质点所受的作用力 $\boldsymbol{F}$ 以及质点从 $A$ 点运动到 $B$ 点的过程中 $\boldsymbol{F}$ 的分力 $F_X$ 和 $F_Y$ 分别做的功。

1-66　一质量 $m=2\,200$ kg 的汽车以 $v=60$ km/h 的速度沿一平直公路开行。汽车对公路一侧距公路 $d=50$ m 的一点的角动量是多少?对公路上任一点的角动量大小是多少?

# 第2章　刚体力学

回转仪俗称陀螺仪，它是利用陀螺高速旋转时轴的方向恒定不变的特性而制成的一种装置。如果将这种装置安装在舰船、飞机或导弹上，与自控系统配合，可以随时矫正运行的方向，起导航作用，现在它被广泛应用于航空和航海的导航、定位系统。除此以外，跳水运动员、滑冰运动员和杂技运动员完成的高难度动作的背后，都有物理原理的应用。

自然界物质的运动形式多种多样，但归根结底都可以分解为平动和转动两种基本运动形式。第1章研究的质点运动主要是平动问题，本章将主要研究转动问题。转动是物质机械运动的一种普遍形式，大至遥远的星体，小至构成物质的原子、分子、电子等微观粒子，均在永不停息地转动着。同时，转动问题也是工程学中经常遇到的普遍问题，如各种机器零件的转动、仪表上指针的转动、车轮绕轴的转动、门绕门轴的转动等等随处可见，而且我们生活的地球也在永不停息地绕着地轴以一定的周期转动。

第1章为了研究问题的方便引出了质点这一理想模型，它是当研究对象的形状和大小对所研究问题影响不大时，可将其忽略不计，而抽象出来的一个只有质量而无形状和大小的几何点。而在研究复杂的实际问题时，物体的形状和大小往往对运动有重要的影响，以致不能忽略不计，也就是不能视为质点。当然这些物体在运动时它的形状和大小的变化极其微小，可以忽略不计，同样为了研究问题的方便，抓住主要矛盾，物理学中又引入了刚体这一理想模型。**刚体(rigid body)就是有一定的形状和大小，但大小和形状不随受力和运动而发生变化的物体**。

刚体是不同于质点的又一理想模型，但二者又是有联系的。刚体可以看成是一个特殊的质点组，即刚体可以看成由许多质点构成，每一个质点称为刚体的一个**质元**，当外力作用于刚体时各质元之间的相对位置保持不变。既然刚体是一个特殊的质点组，那么前面讲过的质点组的基本规律对刚体来说也都是成立的。

## 2.1　刚体的运动

刚体的运动很复杂，鉴于前面的描述，刚体任何复杂的运动也都可以分解成平动和转动两种基本运动形式。

### 2.1.1　刚体的平动

在运动过程中，**如果刚体内任意两点之间的连线始终保持方位不变，这种运动称为**

**刚体的平动**。比如推拉窗、推拉门等，窗或门作的是直线运动，其上任意两点间的连线方位始终保持不变。但刚体平动时，刚体的运动轨迹并不一定是直线。

刚体平动时，刚体内各点的速度、加速度、位移都相同，只要取一点为代表即可，通常取集中了刚体全部质量的质心的运动为代表，也就是刚体的平动规律可以用刚体的质心运动规律来表示，即对刚体的质心运用牛顿运动定律就可以了。所以刚体的平动不是本章的研究重点。

### 2.1.2　刚体的转动

刚体运动时，如果刚体内任意两点之间的连线的方位随时间变化，就表明刚体有转动。如果转动中刚体内所有质元均绕同一直线作圆周运动，这一直线称为**转轴**。相对于某一惯性参考系，若转轴的位置固定不动，这种转动称为刚体的**定轴转动**，比如门、表针、机床上的各种齿轮等。如果刚体转动中仅一点的位置固定不动，称为刚体绕定点的转动。如果转轴的位置或方位随时间不断发生变化，每一时刻的转轴称为瞬时转轴，则刚体在每一时刻绕瞬时转轴转动。比如小朋友们爱玩的陀螺就是绕瞬时转轴的转动，这种转动形式分析起来较复杂。本章我们主要学习最简单的刚体定轴转动。

## 2.2　刚体定轴转动的运动学

### 2.2.1　刚体定轴转动的角量描述

1. 角量描述

因为刚体上各质元的形状和大小不变，转轴又是固定的，所以如果刚体上任意质元的位置再确定了，则刚体上各质元的位置也就确定了，如图 2.2.1 所示。当刚体作定轴转动时，刚体上各质元均绕固定转轴上的一点作圆周运动。根据上一章学习的圆周运动的知识可知，描述其运动规律用角量描述更方便。

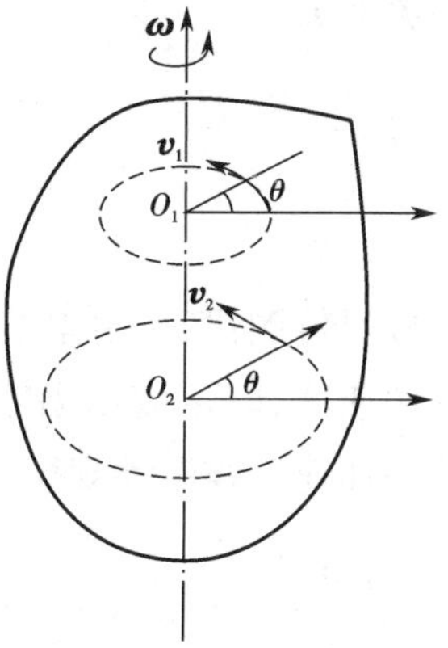


图 2.2.1　刚体的定轴转动

为了研究问题的方便，将各质元作圆周运动的平面称为**转动平面(rotation plane)**，该平面垂直于固定转轴，如图 2.2.2 所示的 $xOy$ 面。以图中 $Ox$ 为参考方向，则刚体内任一质元的位置可以用它转动平面内的角位置唯一地确定，即

$$\theta=\theta(t) \tag{2.2.1}$$

该式也可以表示刚体的角量运动方程。

若刚体在 $t$ 时刻和 $t+\Delta t$ 的角位置分别为 $\theta(t)$ 和 $\theta(t+\Delta t)$，则在 $t\to t+\Delta t$ 这段时间间隔内的角位移

$$\Delta\theta = \theta(t + \Delta t) - \theta(t) \tag{2.2.2}$$

若刚体在 $\mathrm{d}t$ 时间内转过的角位移是 $\mathrm{d}\theta$,则刚体的角速度

$$\omega = \frac{\mathrm{d}\theta}{\mathrm{d}t} \tag{2.2.3}$$

角速度是矢量,其方向由右手螺旋法则来判定,如图 2.2.3 所示。

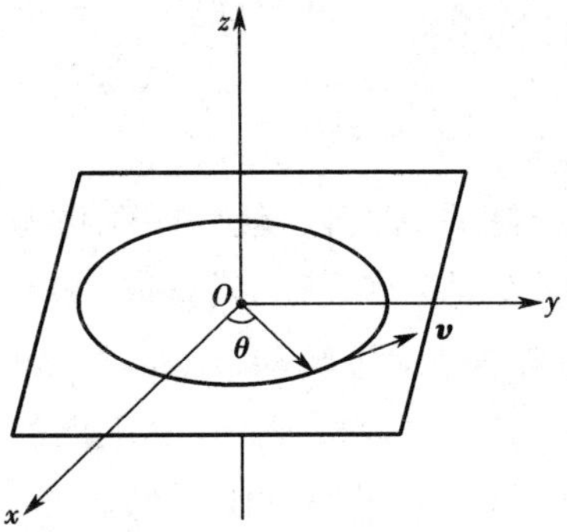


图 2.2.2 转动平面

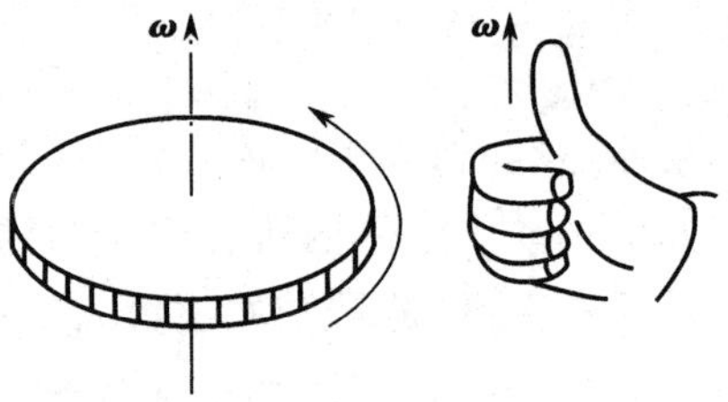


图 2.2.3 角速度矢量

刚体的角加速度是角速度的时间变化率,形式为

$$\beta = \frac{\mathrm{d}\omega}{\mathrm{d}t} = \frac{\mathrm{d}^2\theta}{\mathrm{d}t^2} \tag{2.2.4}$$

2. 角量与线量的关系

设某一质元$m_i$离转轴的距离为$r_i$,则其线速度和线加速度与刚体的角速度和角加速度的关系为

$$\left.\begin{aligned} v_i &= r_i\omega \\ a_\tau &= r_i\beta \\ a_n &= r_i\omega^2 \end{aligned}\right\} \tag{2.2.5}$$

**应用特例:**某一刚体以恒定的角加速度 $\beta$ 作匀角加速转动,以$\omega_0$表示刚体在 $t=0$ 时刻的角速度,以 $\omega$ 表示刚体在 $t$ 时刻的角速度,以 $\theta$ 表示刚体在 $t$ 时刻的角位置,类比质点的匀加速直线运动规律,可以得出

$$\left.\begin{aligned} \omega &= \omega_0 + \beta t \\ \theta &= \theta_0 + \omega_0 t + \frac{1}{2}\beta t^2 \\ \omega^2 &= \omega_0^2 + 2\beta(\theta - \theta_0) \end{aligned}\right\} \tag{2.2.6}$$

## 2.2.2 刚体定轴转动的特点

由于刚体可以看成是一个特殊的质点组,所以当刚体作定轴转动时具有以下特点:

(1)刚体内的任意质元运动的角量(如角位移、角速度和角加速度)都与刚体相同;

(2)刚体内的任意质元运动的线量(如线速度和线加速度)会因质元与转轴的距离的不同而不同。

**例 2.2.1**　一条缆索绕过一个定滑轮拉动升降机,如图 2.2.4 所示。滑轮半径 $r=0.5$ m,如果升降机从静止开始以加速度 $a=0.4\ \text{m/s}^2$ 匀加速上升,设缆索与滑轮之间不打滑并忽略摩擦,求:

(1)滑轮的角加速度;

(2)开始上升后 $t=5$ s 末滑轮的角速度;

(3)在这 5 s 内滑轮转过的圈数。

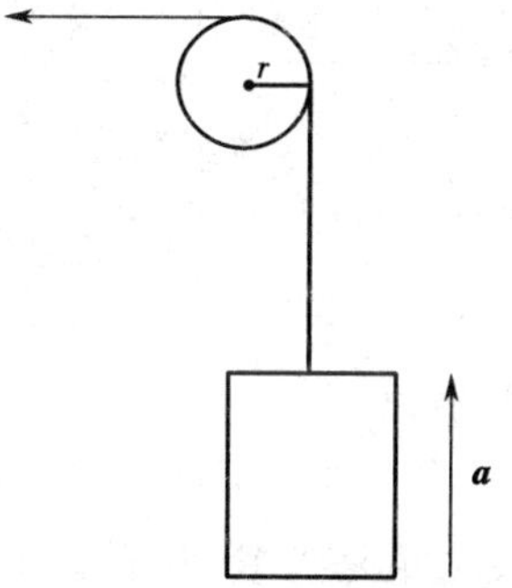


图 2.2.4　例 2.2.1 图

**解**　(1) 由于滑轮边缘上一点的切向加速度与升降机的加速度相等(即$a_\tau=a$),由$a_\tau=r\beta$ 可得滑轮的角加速度

$$\beta=\frac{a_\tau}{r}=\frac{a}{r}=\frac{0.4}{0.5}=0.8\ \text{rad/s}^2$$

(2)由 $\beta=0.8\ \text{rad/s}^2$可知,本问题属于刚体的匀角加速转动,且初始角速度 $\omega_0=0$,所以 5 s 末滑轮的角速度

$$\omega=\beta t=0.8\times5=4\ \text{rad/s}$$

(3)在这 5 s 内滑轮转过的角度(即角位移 $\Delta\theta=\theta-\theta_0$)

$$\Delta\theta=\frac{1}{2}\beta t^2=\frac{1}{2}\times0.8\times5^2=10\ \text{rad}$$

所以在这 5 s 内滑轮转过的圈数

$$N=\frac{10}{2\pi}=1.6\ 圈$$

## 2.3　刚体定轴转动的动力学

2.2 节讨论了如何描述刚体的定轴转动,即刚体定轴转动的运动学问题,这一节来讨论刚体定轴转动的动力学问题,即刚体作定轴转动时获得角加速度的原因以及所满足的规律。

### 2.3.1　刚体定轴转动的转动定律

1. 力矩——改变刚体定轴转动状态的外因

改变质点运动状态的原因是外力。对刚体来说,改变它的转动状态的原因也仅是外力吗? 以大家熟知的推门过程为例分析,由生活经验可知,若我们用足够大的力去推靠近门轴的地方时,很难把门推开。而当我们去推远离门轴的地方时,可以很轻松地将门推开,这是为什么呢? 这正说明了改变刚体转动状态的原因不仅与力的大小和方向有关,还与力的作用点有关。而由这三方面合成的物理量就是**力矩**,也就是说力矩是改变刚体定轴转动状态的原因。

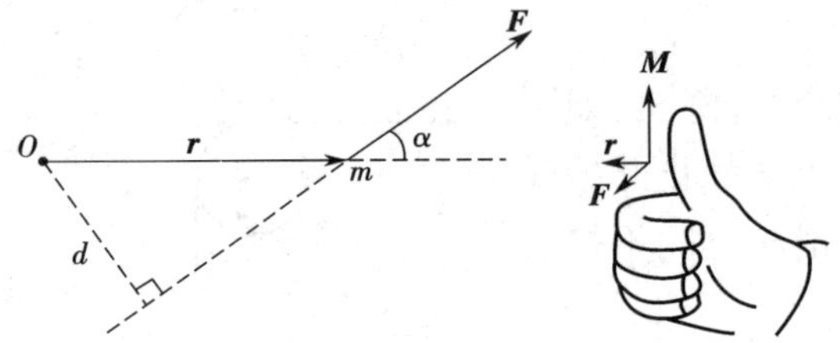

图2.3.1　力矩的定义

1)对定点的力矩

设质量为 $m$ 的质点,在力 $\boldsymbol{F}$ 的作用下绕定点 $O$ 运动,力 $\boldsymbol{F}$ 某时刻的作用线到定点 $O$ 的距离为 $d$(力臂),位置矢量为 $\boldsymbol{r}$。力 $\boldsymbol{F}$ 与 $\boldsymbol{r}$ 的夹角为 $\alpha$,如图2.3.1所示,则力 $\boldsymbol{F}$ 对定点 $O$ 的力矩 $\boldsymbol{M}$ 的大小为

$$M = Fd = Fr\sin\alpha$$

力矩是矢量,既有大小又有方向,无论是力矩的大小发生变化,还是力矩的方向发生变化,力矩的作用效果都改变。观察力矩大小的表达式发现,力 $\boldsymbol{F}$ 和位置矢量 $\boldsymbol{r}$ 均为矢量且 $\alpha$ 是两个矢量的夹角,结合矢量叉积的定义可得

$$\boldsymbol{M} = \boldsymbol{r} \times \boldsymbol{F} \tag{2.3.1}$$

力矩的方向满足右手螺旋法则(伸出右手,大拇指和四指垂直,四指首先指向第一个矢量 $\boldsymbol{r}$ 的方向,然后沿着小于180°角的方向转向第二个矢量 $\boldsymbol{F}$,大拇指所指的方向就是力矩 $\boldsymbol{M}$ 的方向),在国际单位制(SI)中力矩的单位是牛·米,符号为N·m。

2)对定轴的力矩

取如图2.3.2所示的转动平面,并使转轴通过 $O$ 点,外力 $\boldsymbol{F}$ 作用于刚体,作用点在 $P$ 点,$P$ 点在转动平面内的位置矢量为 $\boldsymbol{r}$,则外力 $\boldsymbol{F}$ 对 $O$ 点的力矩

$$\boldsymbol{M}_O = \boldsymbol{r} \times \boldsymbol{F}$$

若将外力 $\boldsymbol{F}$ 沿平行于转轴方向和垂直于转轴方向(在转动平面内)进行分解,分别记为 $\boldsymbol{F}_{/\!/}$ 和 $\boldsymbol{F}_{\perp}$,则

$$\boldsymbol{M}_O = \boldsymbol{r} \times \boldsymbol{F}_{/\!/} + \boldsymbol{r} \times \boldsymbol{F}_{\perp} \tag{2.3.2}$$

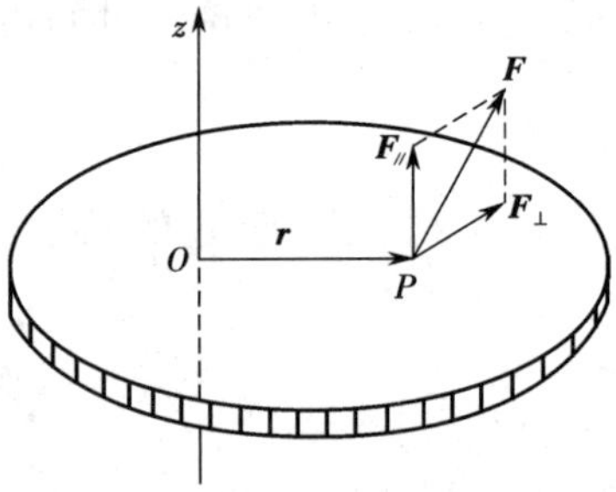

图2.3.2　刚体对定轴的力矩

式(2.3.2)中第一项 $\boldsymbol{r} \times \boldsymbol{F}_{/\!/}$ 为外力 $\boldsymbol{F}$ 平行于转轴方向的分力 $\boldsymbol{F}_{/\!/}$ 产生的力矩,它仅能使刚体沿轴平移,不能使刚体绕轴转动,能使刚体绕轴转动的力矩只能是外力 $\boldsymbol{F}$ 垂直于转轴方向的分力 $\boldsymbol{F}_{\perp}$ 产生的力矩,所以刚体对定轴的力矩

$$\boldsymbol{M}_z = \boldsymbol{r} \times \boldsymbol{F}_{\perp} \tag{2.3.3}$$

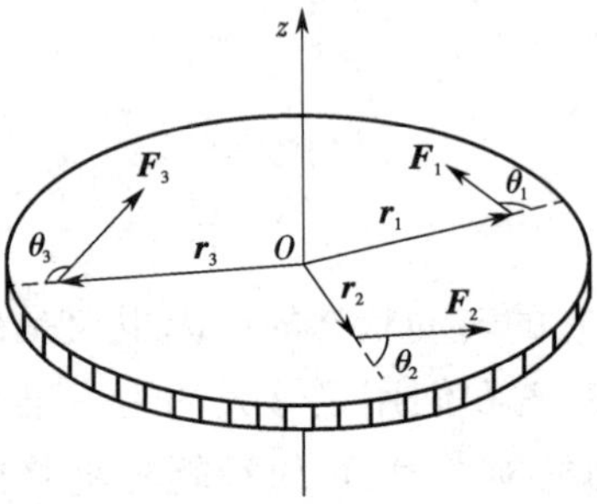

图2.3.3　几个力的合力矩

**刚体绕定轴转动的力矩方向只能沿轴的方向**,所以,一般规定:使刚体逆时针绕定轴转动时 $M>0$;使刚体顺时针绕定轴转动时 $M<0$。

如果有几个外力同时作用在一个绕定轴转动的刚体上,而且这几个外力都在转动平面内(如图2.3.3

所示),则它们的合外力矩等于这几个外力矩的代数和,即

$$M = F_1 r_1 \sin\theta_1 + F_2 r_2 \sin\theta_2 - F_3 r_3 \sin\theta_3$$

若 $M>0$,则合力矩的方向沿 $Oz$ 轴的正向;若 $M<0$,则合力矩的方向沿 $Oz$ 轴的负向。

上面仅讨论了作用于刚体的外力矩,实际上刚体内各质点间还有内力作用,且内力总是成对出现的,每一对内力属于作用力与反作用力,它们是同一性质的力,大小相等、方向相反、作用在同一直线上,对转轴的力臂是相同的,因此每一对作用力与反作用力对转轴的力矩一定大小相等、方向相反,**内力矩之和为零**,这些内力矩对刚体的运动状态没有影响。

问题:若刚体受外力矩的作用后,转动状态会发生变化,二者的关系是怎样的呢?

2. 刚体定轴转动的转动定律

在研究质点的运动时,已知在外力的作用下,质点会获得加速度,外力和加速度之间的关系由牛顿第二定律给出为 $\boldsymbol{F}=m\boldsymbol{a}$,式中 $m$ 为质点的质量。同样,在外力矩的作用下,绕定轴转动的刚体的角速度也会发生变化,即获得角加速度。下面就来讨论外力矩与角加速度之间的关系。

如图2.3.4所示,一个绕固定轴 $Oz$ 以角速度 $\boldsymbol{\omega}$,角加速度 $\boldsymbol{\beta}$ 转动的刚体,取其中任意一质元 $\Delta m_i$,其在转动平面内的位置矢量为 $\boldsymbol{r}_i$。为简化讨论,设 $\Delta m_i$ 所受的外力在转动平面的分力为 $\boldsymbol{F}_i$,同时 $\Delta m_i$ 受到其他质元的力在转动平面的分力为 $\boldsymbol{f}_i$(此力对刚体来说是内力),它们与位置矢量 $\boldsymbol{r}_i$ 的夹角分别为 $\alpha_i$ 和 $\varphi_i$。对质元 $\Delta m_i$,由牛顿第二定律得

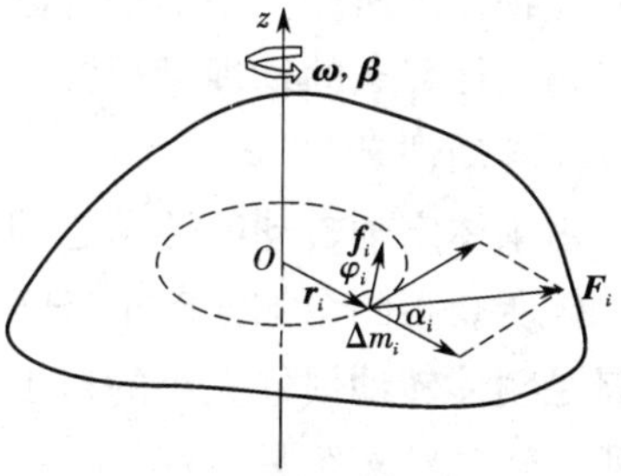


图2.3.4　转动定律的推导

$$\boldsymbol{F}_i + \boldsymbol{f}_i = \Delta m_i \boldsymbol{a}_i$$

其中,$\boldsymbol{a}_i$ 是质元 $\Delta m_i$ 在转动平面内作圆周运动的加速度,写出上式的分量式

$$\begin{cases} -F_i\cos\alpha_i + f_i\cos\varphi_i = \Delta m_i\, a_{in} \\ F_i\sin\alpha_i + f_i\sin\varphi_i = \Delta m_i\, a_{i\tau} \end{cases}$$

其中,$a_{in}$ 和 $a_{i\tau}$ 是质元 $\Delta m_i$ 在绕轴作圆周运动的法向加速度和切向加速度的大小,代入线量和角量的关系可得

$$\begin{cases} -F_i\cos\alpha_i + f_i\cos\varphi_i = \Delta m_i\, r_i\omega^2 (\text{法向}) \\ F_i\sin\alpha_i + f_i\sin\varphi_i = \Delta m_i\, r_i\beta (\text{切向}) \end{cases}$$

因为法向分力的作用线通过转轴,其力矩为零,对刚体的转动不起作用,所以只有切向分力的力矩对刚体的定轴转动有贡献。为了以力矩的形式表示,给切向方程两边同乘以 $r_i$,则有

$$F_i r_i \sin\alpha_i + f_i r_i \sin\varphi_i = \Delta m_i\, r_i^2 \beta$$

上式为质元 $\Delta m_i$ 受到的合外力矩情况,整个刚体受到的总的合外力矩等于所有质元受到

的合外力矩之和,即

$$\sum_i F_i r_i \sin \alpha_i + \sum_i f_i r_i \sin \varphi_i = (\sum_i \Delta m_i r_i^2)\beta$$

上式中左边第二项为内力矩的和,结果等于零;第一项为刚体所受到对转轴 $OZ$ 的合外力矩,若令

$$M = \sum_i F_i r_i \sin \alpha_i, \quad I = \sum_i \Delta m_i r_i^2 \text{(刚体的转动惯量)}$$

则有

$$M = I\beta \tag{2.3.4}$$

上式表明:**刚体绕定轴转动时,刚体获得的角加速度与刚体所受到的合外力矩成正比,与刚体的转动惯量成反比**,此式称为**刚体定轴转动的转动定律**(简称**转动定律**)。就像牛顿第二定律是解决质点动力学问题的基本定律一样,刚体定轴转动的转动定律是解决刚体定轴转动动力学问题的基本定律。

将刚体定轴转动的转动定律与牛顿第二定律进行类比,刚体所受到的合外力矩对应物体受到的合外力,刚体所获得的角加速度对应物体所获得的加速度,则刚体的转动惯量对应物体的质量。中学物理已经学过,质量是物体惯性大小的量度。那么刚体的转动惯量是表征什么的物理量呢?

3. 转动惯量

由刚体定轴转动的转动定律可以看出,在所受合外力矩相同的情况下,转动惯量大的刚体所获得的角加速度小,转动惯量小的刚体所获得的角加速度大,所以刚体的**转动惯量是刚体转动惯性大小的量度**,即转动惯量大的刚体转动状态较难改变,转动惯量小的刚体转动状态容易改变。

**转动惯量**的定义式为

$$I = \sum_i \Delta m_i r_i^2 \tag{2.3.5a}$$

上式适用于刚体的质量是离散分布的情况,而刚体的质量一般是连续分布的,则只需将式(2.3.5a)中的求和号改为积分即可,

$$I = \int_m r^2 \mathrm{d}m \tag{2.3.5b}$$

在国际单位制(SI)中,转动惯量的单位是千克·米$^2$,符号为 $\mathrm{kg \cdot m^2}$。转动惯量是标量,多个刚体组成的刚体系统中各刚体对同一转轴的转动惯量可以进行代数相加。

根据刚体形状的不同,上式中质量微元 $\mathrm{d}m$ 的表示方法也不同,有以下三种情况:

(1)若质量均匀分布刚体的质量为线分布,即单位长度上的质量是常数,则 $\mathrm{d}m = \lambda \mathrm{d}s$,其中 $\lambda$ 称为刚体的质量线密度;

(2)若质量均匀分布刚体的质量为面分布,即单位面积上的质量是常数,则 $\mathrm{d}m = \sigma \mathrm{d}s$,其中 $\sigma$ 称为刚体的质量面密度;

(3)若质量均匀分布刚体的质量为体分布,即单位体积上的质量是常数,则 $\mathrm{d}m =$

$\rho \mathrm{d}V$,其中 $\rho$ 称为刚体的质量体密度。

刚体的转动惯量等于刚体中各质元的质量和它们各自离转轴的垂直距离的平方的乘积的总和,**它的大小不仅与刚体的总质量有关,而且和刚体质量的分布、转轴的位置有关**。可以概括为以下三点:

(1)形状、大小均相同的刚体,质量大的转动惯量大;

(2)总质量相同的刚体,质量分布离轴越远转动惯量越大;

(3)对同一刚体,转轴位置不同,质量对轴的分布就不同,相应的转动惯量就不同。

下面举几个刚体转动惯量的例子。

**例 2.3.1**　如图 2.3.5 所示,有三个质量均为 $m$ 的小钢球处于同一平面,用三根长度均为 $l$ 的刚性轻质杆连成图示形状,试求:

(1)该刚体系统对过 $A$ 球且垂直于纸面的轴的转动惯量;

(2)该刚体系统对过三角形中心 $O$ 且垂直于纸面的轴的转动惯量。

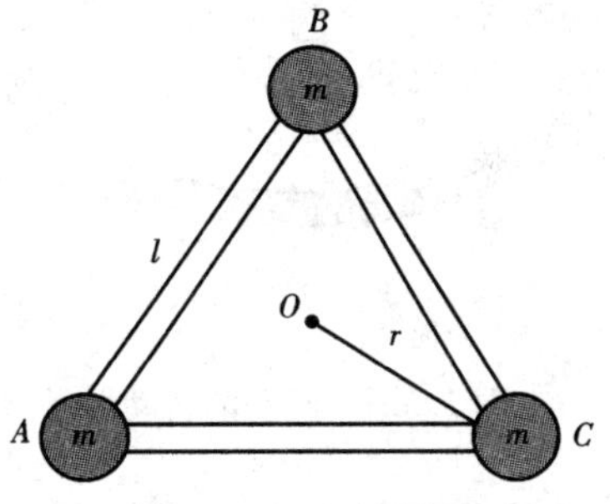

图 2.3.5　分立质点系

**解**　该系统中杆为轻质杆,质量忽略不计,所以此问题属于质量为离散分布的刚体的转动惯量的求解。

(1)由转动惯量的定义式,可得该系统对过 $A$ 球轴的转动惯量

$$I_A = \sum_i \Delta m_i r_i^2 = ml^2 + ml^2 = 2ml^2$$

(2)此系统组成了一个等边三角形,其中心 $O$ 到每个小球的距离相同,用 $r$ 表示,

$$r = \frac{2}{3} l \sin 60° = \frac{\sqrt{3}}{3} l$$

于是该系统对过中心 $O$ 的转动惯量

$$I_O = \sum_i \Delta m_i r_i^2 = 3m \left( \frac{\sqrt{3}}{3} l \right)^2 = ml^2$$

通过这道题的计算可以看出,转动惯量与转轴有关。同一系统,转轴不同,转动惯量不同,质量分布离轴越远转动惯量越大。

**例 2.3.2**　试求质量为 $m$,半径为 $R$ 的匀质圆环对垂直于环面且过中心轴的转动惯量。

**解**　取如图 2.3.6 所示质量微元 $\mathrm{d}m$,经分析,圆环上所有质量微元至转轴的距离均为 $R$,所以

$$I = \int_m r^2 \mathrm{d}m = \int_m R^2 \mathrm{d}m = R^2 \int_m \mathrm{d}m = mR^2$$

**例 2.3.3**　试求质量为 $m$,半径为 $R$ 的匀质圆盘对垂直于盘面且过盘心的轴的转动

惯量。

**解** 取如图2.3.7所示半径为$r$,宽度为$dr$的圆环状质量微元。设圆盘的厚度为$l$,由于圆盘质量连续分布,则其质量密度

$$\rho=\frac{m}{\pi R^2 l}$$

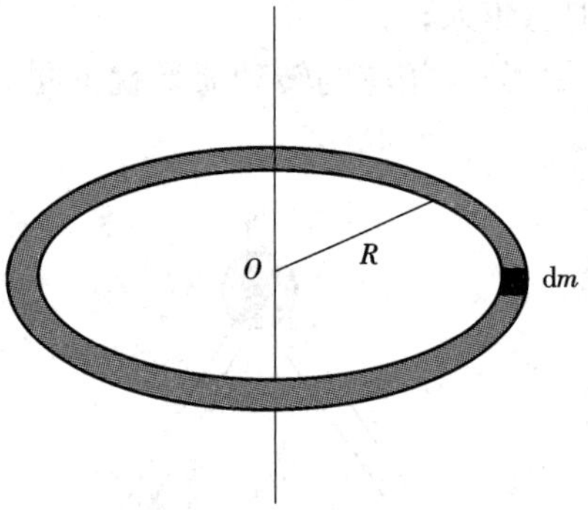


图2.3.6 圆环的转动惯量

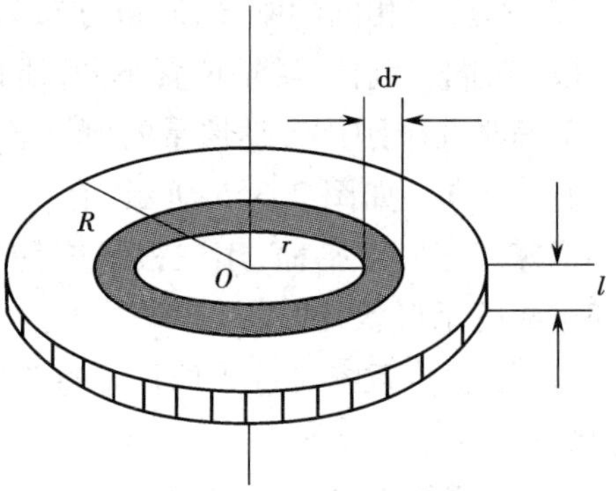


图2.3.7 圆盘的转动惯量

由此可知,所取的质量微元的质量

$$dm=\rho\cdot 2\pi r dr\cdot l=\frac{m}{\pi R^2 l}\cdot 2\pi r dr\cdot l=\frac{2m}{R^2}r dr$$

由于圆盘可以看成由许多有厚度的圆环构成,所以

$$I=\int_m r^2 dm=\int_0^R r^2\frac{2m}{R^2}r dr=\frac{2m}{R^2}\int_0^R r^3 dr=\frac{1}{2}mR^2$$

由上面的计算结果可以看出,圆盘对其转轴的转动惯量与圆盘的厚度没有关系,于是可知质量为$m$,半径为$R$的匀质实心圆柱(如滑轮)对过其中轴线的转轴的转动惯量也为

$$I=\frac{1}{2}mR^2$$

**例2.3.4** 求质量为$m$,长为$L$的均匀细棒的转动惯量。(1)对通过棒的一端且垂直于棒的轴;(2)对通过棒的中点且垂直于棒的轴。

**解** (1)如图2.3.8(a)所示,以棒的左端点为坐标原点$O$,沿棒长方向为$x$轴,建立如图所示坐标系。在棒上取一长度为$dx$的线元,其质量

$$dm=\frac{m}{L}dx$$

该线元与过$O$点的转轴的距离为$x$,其转动惯量

$$I_{端点}=\int_m x^2 dm=\int_0^L x^2\frac{m}{L}dx=\frac{m}{L}\int_0^L x^2 dx=\frac{1}{3}mL^2$$

(2)同理,如图2.3.8(b)所示,以棒的中点为坐标原点$O$,沿棒长方向为$x$轴,建立如

图所示坐标系。在棒上取一长度为 dx 的线元，其质量

$$\mathrm{d}m=\frac{m}{L}\mathrm{d}x$$

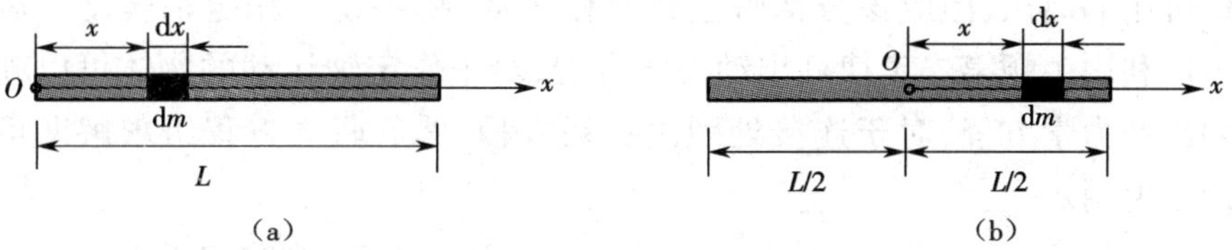


图 2.3.8　均匀细棒的转动惯量

该线元与过 $O$ 点的转轴的距离为 $x$，其转动惯量

$$I_{中点}=\int_m x^2\mathrm{d}m=\int_{-\frac{L}{2}}^{\frac{L}{2}}x^2\frac{m}{L}\mathrm{d}x=\frac{m}{L}\int_{-\frac{L}{2}}^{\frac{L}{2}}x^2\mathrm{d}x=\frac{1}{12}mL^2$$

由以上计算结果可知，对于同一均匀细棒，转轴的位置不同，棒的转动惯量不同。

本例中，均匀细杆对过端点的转轴的转动惯量 $I_{端点}$ 与其对过细杆中点且与过端点的转轴平行的转轴的转动惯量 $I_{中点}$ 之间的关系可以表示为

$$I_{端点}=I_{中点}+m\left(\frac{L}{2}\right)^2$$

其中，$L/2$ 为两平行转轴之间的距离，这个规律为**平行轴定理**。

常见均匀刚体的转动惯量归纳于表 2.1。

**表 2.1　常见均匀刚体的转动惯量**

<table>
<tr>
<td>匀质细棒<br>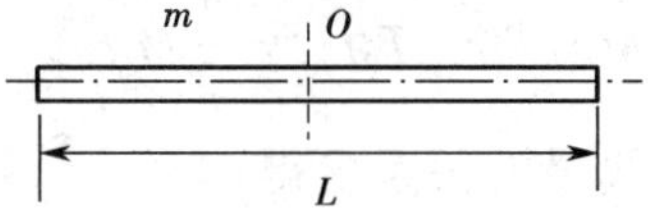<br>$I=\frac{1}{12}mL^2$</td>
<td>匀质圆环<br>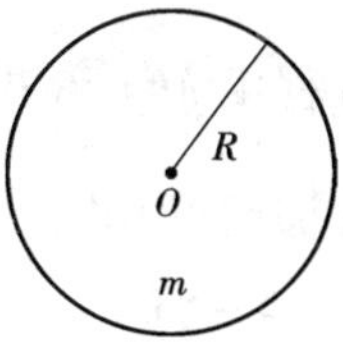<br>$I=mR^2$</td>
<td>实心球体<br>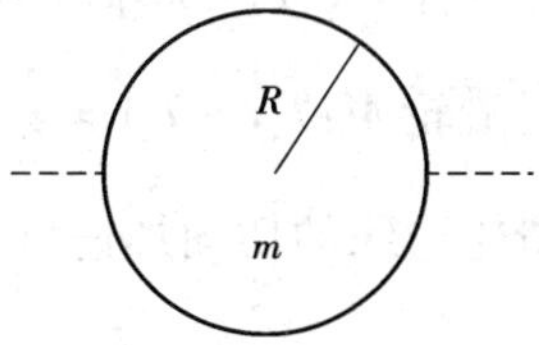<br>$I=\frac{2}{5}mR^2$</td>
</tr>
<tr>
<td>匀质细棒<br>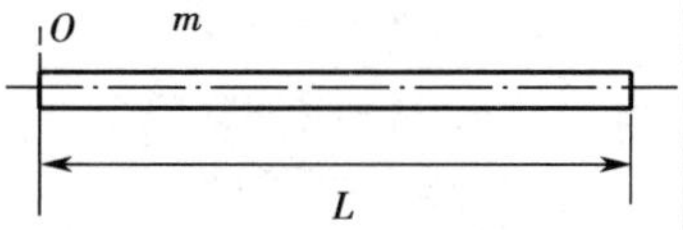<br>$I=\frac{1}{3}mL^2$</td>
<td>匀质圆盘<br>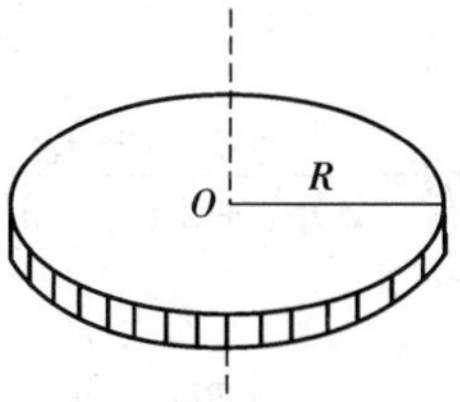<br>$I=\frac{1}{2}mR^2$</td>
<td>实心圆柱<br>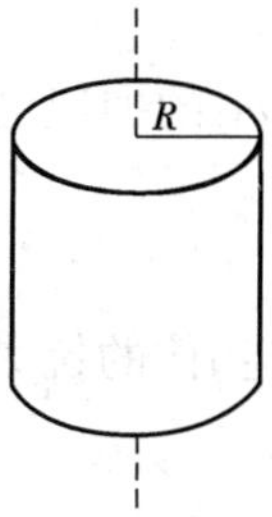<br>$I=\frac{1}{2}mR^2$</td>
</tr>
</table>

### 2.3.2 刚体定轴转动的转动定律的应用

在实际应用中,对一个力学系统而言,有的物体作平动,有的物体作定轴转动,处理此类问题仍可用隔离法,但应该分清哪些物体作平动,哪些物体作定轴转动。对于作平动的物体可以利用牛顿第二定律列出动力学方程,对于作定轴转动的物体可以利用定轴转动定律列出动力学方程,对于连接处列出关联方程,然后联立方程组求解即可。下面通过例题加以说明。

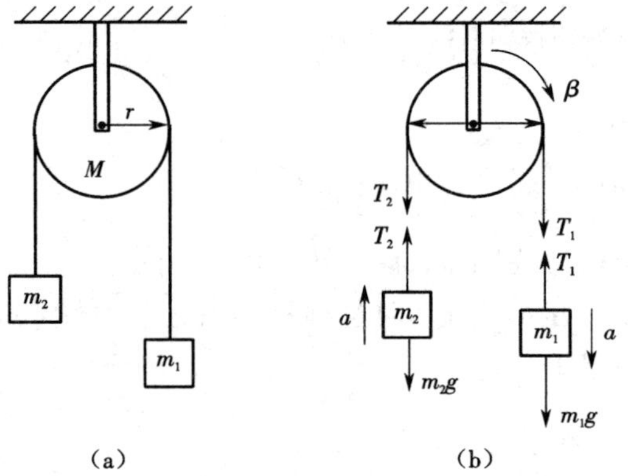


图2.3.9 例2.3.5图

**例2.3.5** 如图2.3.9(a)所示,一定滑轮的两侧各挂一重物,质量分别为$m_1$和$m_2$,且$m_1 > m_2$。定滑轮的半径为$r$,质量为$M$。轻绳与滑轮间无相对滑动,滑轮轴上摩擦不计。求:两重物的加速度及绳子分别对两重物的拉力是多少?

**解** 分别选物体$m_1$、$m_2$和滑轮$M$为研究对象,对其进行受力分析,画出受力分析图(如图2.3.9(b)所示)。列出每个研究对象的动力学方程。($m_1$、$m_2$(平动物体)满足牛顿第二定律,滑轮$M$(转动物体)满足定轴转动定律)

对物体$m_1$:$m_1g - T_1 = m_1a$

对物体$m_2$:$T_2 - m_2g = m_2a$

对滑轮$M$:$T_1r - T_2r = \frac{1}{2}Mr^2\beta$(该方程由$M = I\beta$得出,其中$M = T_1r - T_2r$;$I = \frac{1}{2}Mr^2$)

滑轮边缘的切向加速度与两重物的加速度相同,由角量和线量的关系可得

$$a = r\beta$$

联立以上四个方程可计算得出滑轮的角加速度

$$\beta = \frac{2(m_1 - m_2)g}{(2m_1 + 2m_2 + M)r}$$

则物体$m_1$、$m_2$的加速度

$$a = r\beta = \frac{2(m_1 - m_2)g}{2m_1 + 2m_2 + M}$$

绳子对两个物体的拉力

$$T_1 = m_1g\frac{4m_2 + M}{2m_1 + 2m_2 + M}$$

$$T_2 = m_2g\frac{4m_1 + M}{2m_1 + 2m_2 + M}$$

**例 2.3.6**　如图 2.3.10(a)所示,质量为 $m$、长为 $l$ 的均匀细杆,可绕通过一端且垂直于杆的水平轴 $O$ 转动,将该细杆由水平位置无初速度地释放。求:

(1) 放手时杆的初角加速度;

(2) 当杆转到与水平方向成 $\theta$ 角的虚线位置时的角加速度。

**解**　(1)对杆进行受力分析(这里只分析对转轴能产生力矩的力),如图 2.3.10(a)所示。由于杆为均匀细杆,重力的作用点在杆的几何中心,所以水平位置时重力对转轴的力矩

$$M = mg\frac{l}{2}$$

由刚体定轴转动的转动定律可得

$$mg\frac{l}{2} = \frac{1}{3}ml^2\beta$$

解得

$$\beta = \frac{3g}{2l}$$

(2)同理,对杆进行受力分析,如图 2.3.10(b)所示。当杆转到与水平方向成 $\theta$ 角的虚线位置时重力对转轴的力矩

$$M = mg\frac{l}{2}\cos\theta$$

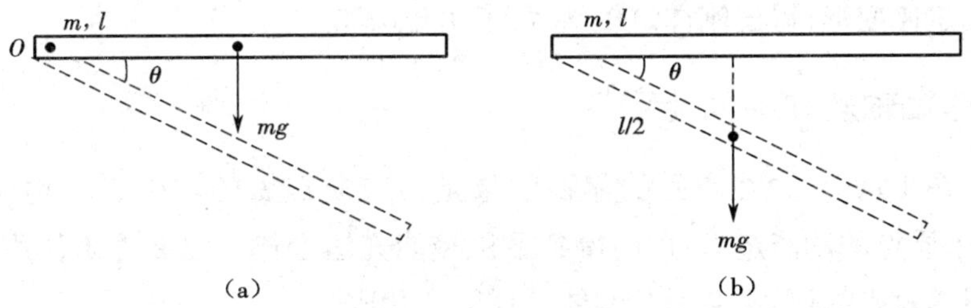


图 2.3.10　例 2.3.6 图

由刚体定轴转动的转动定律可得

$$mg\frac{l}{2}\cos\theta = \frac{1}{3}ml^2\beta$$

解得

$$\beta = \frac{3g}{2l}\cos\theta$$

**例 2.3.7**　一半径为 $R$、质量为 $m$ 的圆盘,以角速度 $\omega$ 绕其中心轴转动,现将它平放在一水平板上,盘与板表面的摩擦因数为 $\mu$。(1)求圆盘所受的摩擦力矩。(2)问经过多少时间后,圆盘转动才能停止?

**解**　(1) 如图 2.3.11 所示,在圆盘上取长为 $\mathrm{d}l$、宽为 $\mathrm{d}r$ 的面积元 $\mathrm{d}S = \mathrm{d}r\mathrm{d}l$,该面元所受的摩擦力

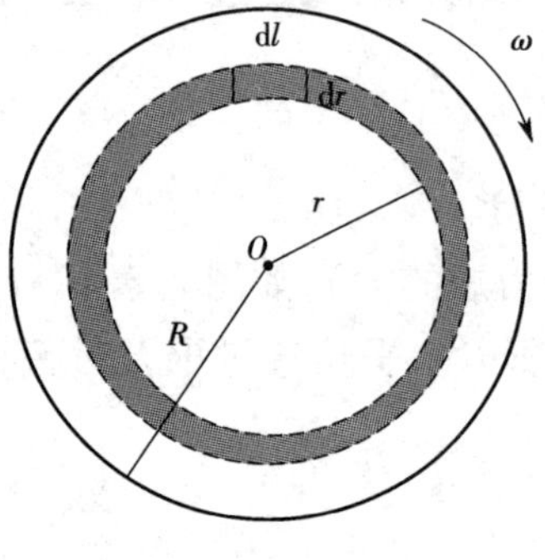


图2.3.11　例2.3.7图

$$\mathrm{d}F_f=\frac{\mu mg}{\pi R^2}\mathrm{d}r\mathrm{d}l$$

此摩擦力对转盘转轴上点 $O$ 的力矩

$$r\mathrm{d}F_f=\frac{\mu mg}{\pi R^2}r\mathrm{d}r\mathrm{d}l$$

于是,在宽为 $\mathrm{d}r$ 的圆环上,圆盘所受的摩擦力矩

$$\mathrm{d}M=\frac{\mu mg}{\pi R^2}r\mathrm{d}r(2\pi r)=\frac{2\mu mg}{R^2}r^2\mathrm{d}r$$

所以,圆盘所受的合摩擦力矩

$$M=\frac{2\mu mg}{R^2}\int_0^R r^2\mathrm{d}r=\frac{2}{3}\mu mgR$$

(2)圆盘的转动惯量 $I=mR^2/2$,由转动定律 $M=I\beta$ 可得圆盘的角加速度

$$\beta=\frac{M}{I}=\frac{4\mu g}{3R}$$

可见,圆盘作匀角加速转动。由于$\omega_t=0$,故由$\omega_t=\omega+\beta t$ 得

$$t=\frac{3\omega R}{4\mu g}$$

前面用定轴转动定律这个瞬时规律求解了定轴转动问题。类比质点的动能定理,下面将定轴转动定律变形,得出刚体定轴转动的动能定理。

## 2.3.3　刚体定轴转动的动能定理

当力作用在质点上,力在空间的累积效果是力对质点做的功引起了物体的动能变化,从而得到了质点的动能定理,进而得到了机械能守恒定律。那么力矩作用在刚体上,力矩的空间累积效果如何,又会引起刚体怎样的变化呢?

1. 刚体定轴转动的动能(转动动能)

刚体可以看成是由无数个质点组成的特殊质点组。因此,刚体的转动动能就等于所有质点的动能之和。设某刚体绕 $OO'$轴以角速度 $\omega$ 转动,则刚体中的每一个质元都将在各自的转动平面内以角速度 $\omega$ 作圆周运动。若把刚体划分成 $N$ 块(即 $N$ 个质元),以 $\Delta m_i$ 表示第 $i$ 个质元的质量,$v_i$和$r_i$分别表示它作圆周运动的速率和半径,如图2.3.12所示。于是第 $i$ 个质元的动能

$$E_{\mathrm{k}i}=\frac{1}{2}\Delta m_iv_i^2=\frac{1}{2}\Delta m_ir_i^2\omega^2$$

则整个刚体绕定轴转动的转动动能

$$E_{\mathrm{k}}=\sum_{i=1}^N E_{\mathrm{k}i}=\frac{1}{2}\Big(\sum_{i=1}^N\Delta m_ir_i^2\Big)\omega^2=\frac{1}{2}I\omega^2$$

所以

$$E_k = \frac{1}{2} I \omega^2 \tag{2.3.6}$$

即**刚体绕定轴转动的转动动能(rotational kinetic energy)**等于刚体的转动惯量与角速度平方乘积的一半。

2. 刚体定轴转动时力矩所做的功及功率

质点在外力的作用下发生位移时,可以说外力对质点做了功。当刚体在外力的作用下绕定轴转动而发生角位移时,可以说力矩对刚体做了功。这是力矩作用在刚体上的空间累计效果。

如图 2.3.13 所示,设一刚体在力 $\boldsymbol{F}$ 的作用下,绕 $Oz$ 轴转过一微小角位移 $\mathrm{d}\theta$,力 $\boldsymbol{F}$ 的作用点 $P$ 的位移是 $\mathrm{d}\boldsymbol{r}$,则力 $F$ 所做的元功

$$\mathrm{d}W = \boldsymbol{F} \cdot \mathrm{d}\boldsymbol{r} = F\cos\varphi |\mathrm{d}\boldsymbol{r}|$$

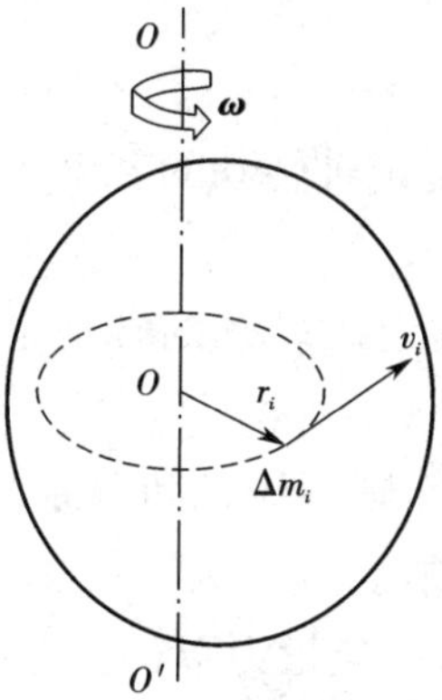

图 2.3.12　刚体定轴转动的动能

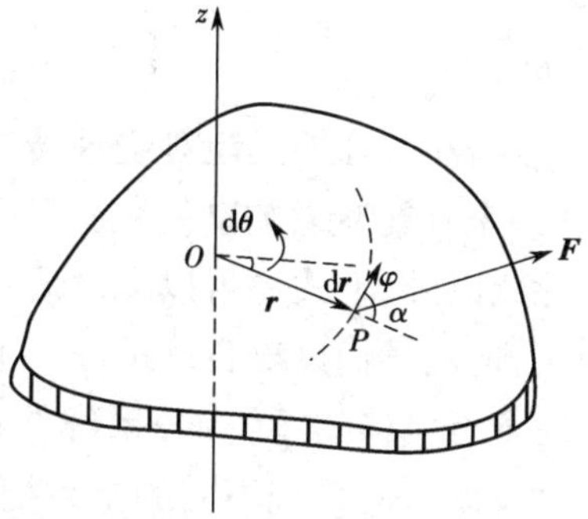

图 2.3.13　力矩的功

其中,$\varphi$ 为力 $\boldsymbol{F}$ 与位移 $\mathrm{d}\boldsymbol{r}$ 之间的夹角。若用 $\alpha$ 表示力 $\boldsymbol{F}$ 与 $P$ 点位置矢量 $\boldsymbol{r}$ 之间的夹角,则 $\alpha + \varphi = 90°$, $\cos\varphi = \sin\alpha$, $|\mathrm{d}\boldsymbol{r}| = \mathrm{d}s = r\mathrm{d}\theta$,于是

$$\mathrm{d}W = (Fr\sin\alpha)\mathrm{d}\theta = M\mathrm{d}\theta$$

这就是力矩所做的元功,即**力矩的元功**等于力矩 $M$ 和角位移 $\mathrm{d}\theta$ 的乘积。当刚体在力矩 $M$ 的持续作用下,从初始角位置 $\theta_0$ 转到末角位置 $\theta$ 时,力矩 $M$ 所做的总功

$$W = \int_{\theta_0}^{\theta} M\mathrm{d}\theta \tag{2.3.7}$$

通过上面的推导可知,力矩的功实质上就是力所做的功。

力矩 $M$ 的功率

$$P = \frac{\mathrm{d}W}{\mathrm{d}t} = M\frac{\mathrm{d}\theta}{\mathrm{d}t} = M\omega \tag{2.3.8}$$

它描述了力矩做功的快慢。当功率一定时,力矩越大,角速度越小;力矩越小,角速度越大。角速度的变化必然导致转动动能的变化,那么力矩的功与刚体的转动动能究竟存在什么关系呢?

### 3. 刚体定轴转动的动能定理

刚体是一个特殊的质点组,各质元之间没有相对位移,所以刚体内各质点之间的内力所做的功为零,即$W_{内力}=0$。由质点组的动能定理

$$W_{外力}+W_{内力}=E_k-E_{k0}$$

结合$W_{外力}=\int_{\theta_0}^{\theta}M\mathrm{d}\theta$,并设初始角位置$\theta_0$处的角速度为$\omega_0$,转到末角位置$\theta$处的角速度为$\omega$,则

$$E_{k0}=\frac{1}{2}I\omega_0^2,E_k=\frac{1}{2}I\omega^2$$

于是刚体定轴转动的动能定理为

$$\left.\begin{aligned}&\text{微分形式:}\quad M\mathrm{d}\theta=\mathrm{d}\left(\frac{1}{2}I\omega^2\right)\\&\text{积分形式:}\quad \int_{\theta_0}^{\theta}M\mathrm{d}\theta=\frac{1}{2}I\omega^2-\frac{1}{2}I\omega_0^2\end{aligned}\right\}\qquad(2.3.9)$$

上式表明,**合外力矩对绕轴转动的刚体所做的功等于刚体绕定轴转动的转动动能的增量(即末动能减去初动能)**,这就是**刚体定轴转动的动能定理**。

除此以外,上式还可以类比质点的动能定理的得出,由刚体定轴转动的转动定律推导得出,请同学们试着自己推导一下。

对含有刚体的系统,若系统在运动过程中仅有保守力做功,则系统的机械能守恒。与仅含有质点的系统不同的是系统动能还应包含刚体的转动动能。

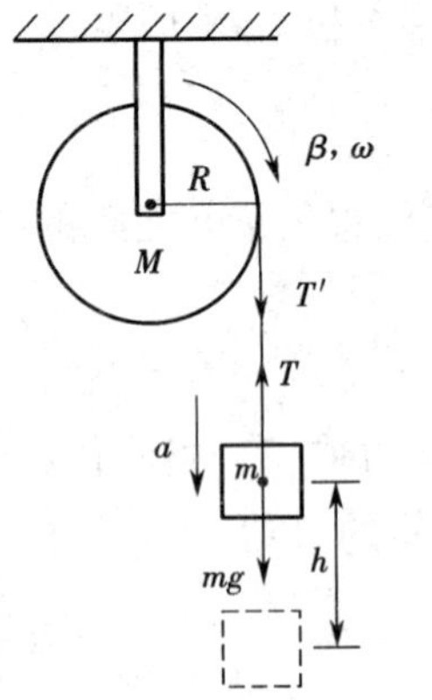


图2.3.14　例2.3.8图

**例2.3.8**　如图2.3.14所示,一质量为$M$,半径为$R$的匀质圆盘形滑轮,可绕一光滑水平轴转动。圆盘上绕有质量可忽略不计的绳子,绳子一端固定在滑轮上,另一端悬挂一质量为$m$的物体,求物体由静止下落$h$高度时的速率是多少?

**解法一**　用牛顿第二定律和转动定律求解。

受力分析如图2.3.14所示,对物体$m$由牛顿第二定律得

$$mg-T=ma$$

对匀质圆盘形滑轮由转动定律得

$$T'R=I\beta\left(\text{其中 }I=\frac{1}{2}MR^2\right)$$

物体下降时加速度的大小就是滑轮转动时其边缘上的切向加速度,即

$$a=R\beta$$

又由牛顿第三定律得

$$T=T'$$

由初速度为零的匀加速运动规律可得，物体 $m$ 下落 $h$ 高度时的速率

$$v=\sqrt{2ah}$$

联立以上五个方程可得物体 $m$ 下落 $h$ 高度时的速率

$$v=2\sqrt{\frac{mgh}{M+2m}}$$

**解法二** 利用动能定理求解。（对由质点和刚体组成的系统分别利用质点的动能定理和刚体定轴转动的动能定理列出方程，然后列出连接方程，最后联立方程组求解出结果。）

如图2.3.14所示，对物体 $m$ 利用质点的动能定理得

$$mgh-Th=\frac{1}{2}mv^2-\frac{1}{2}mv_0^2$$

其中$v_0$和 $v$ 是物体的初速度和末速度，由题意可知$v_0=0$。设在拉力矩 $T'$的作用下滑轮转过的角度为 $\Delta\theta$，滑轮转动的初角速度和末角速度分别为$\omega_0$和 $\omega$，则对于滑轮利用刚体定轴转动的动能定理可得

$$T'R\Delta\theta=\frac{1}{2}I\omega^2-\frac{1}{2}I\omega_0^2\left(\text{其中}\omega_0=0;I=\frac{1}{2}MR^2\right)$$

由于滑轮和绳子间无相对滑动，所以物体下落的距离 $h$ 和滑轮转过的角度 $\Delta\theta$ 的关系可表示为

$$h=R\Delta\theta$$

联立以上各式可得物体 $m$ 下落 $h$ 高度时的速率

$$v=2\sqrt{\frac{mgh}{M+2m}}$$

**解法三** 利用机械能守恒定律求解。

若把滑轮、物体和地球看作一个系统，则物体下落和滑轮转动的过程中仅有物体的重力这一个保守力做功，而其他内力（$T$ 和 $T'$）做功之和为零，所以系统的机械能守恒。

若把物体静止时所在的位置作为势能零点，则由机械能守恒定律可得

$$\frac{1}{2}\left(\frac{1}{2}MR^2\right)\left(\frac{v}{R}\right)^2+\frac{1}{2}mv^2-mgh=0$$

所以物体 $m$ 下落 $h$ 高度时的速率

$$v=2\sqrt{\frac{mgh}{M+2m}}$$

上面用三种不同的方法对例2.3.7加以求解，侧重点各不相同，希望大家仔细体会，认真总结。

### 2.3.4 刚体定轴转动的角动量守恒定律

前面讨论了力矩的空间累积效果，接下来讨论力矩的时间累积效果。同样与质点的

情况类比,当力作用在质点上一段时间后,累积的效果是得到了动量定理,进而得到了动量守恒定律,那么力矩作用在刚体上一段时间会怎样呢?

1. 质点和刚体的角动量(angular momentum)

角动量概念的引入与物体的转动有着密切的关系。在自然界中经常会遇到物体围绕某一中心转动的情形,如行星围绕太阳的公转、电子围绕原子核的旋转、门绕着门轴转动的情形等,若仍用动量来描述它们的运动状态,将会受到一定的限制,为了解决这个问题,需引入一个新的物理量——角动量(用 $\boldsymbol{L}$ 表示)。

刚体可以分成无限多个质元,而每一个质元都相当于一个质点,所以接下来先回顾一下质点角动量的定义。如图 2.3.15 所示,一质量为 $m$ 的质点,当它以速度 $v$ 绕某一参考点 $O$ 转动时(此时质点的动量为 $\boldsymbol{p}$),若质点在任意时刻的位置矢量为 $\boldsymbol{r}$,$\boldsymbol{v}$ 与 $\boldsymbol{r}$ 的夹角为 $\alpha$,则质点对 $O$ 点的角动量 $\boldsymbol{L}$ 定义为

$$\boldsymbol{L}=\boldsymbol{r}\times\boldsymbol{p}=\boldsymbol{r}\times m\boldsymbol{v} \tag{2.3.10}$$

角动量是矢量,其大小 $L=rp\sin\alpha=rmv\sin\alpha$,方向满足右手螺旋法则。在国际单位制(SI)中,角动量的单位为千克·米$^2$/秒,符号为 $\mathrm{kg\cdot m^2/s}$。

若质点运动的速度 $\boldsymbol{v}$ 与质点的位置矢量 $\boldsymbol{r}$ 垂直,比如质点绕参考点作的是圆周运动时,如图 2.3.16 所示,此时 $\alpha=90°$,对参考点 $O$ 的角动量大小为 $L=rp=rmv$。

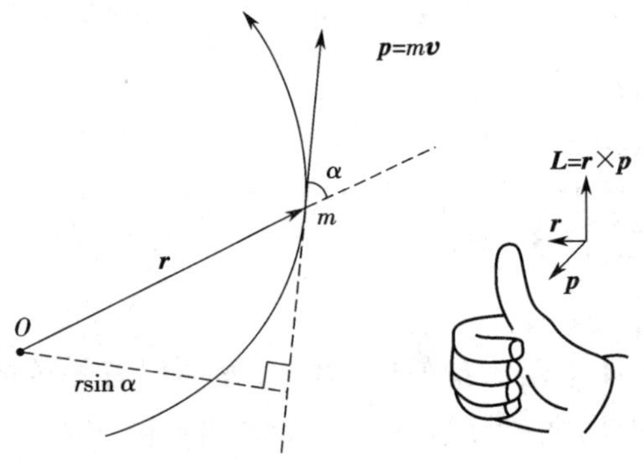


图 2.3.15　质点的角动量

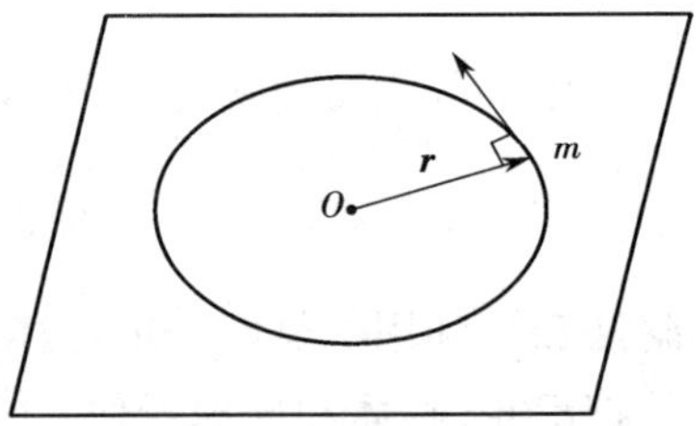


图 2.3.16　圆周运动的角动量

由于刚体是由许多质元组成,且每一个质元均以相同的角速度绕固定轴上的一点做圆周运动,因而整个刚体绕给定轴的角动量为各质元对此轴的角动量的矢量和。

如图 2.3.17 所示,刚体以角速度 $\omega$ 绕固定轴 $Oz$ 做定轴转动。取某一质元 $\Delta m_i$ 为研究对象,该质元的位置矢量为 $\boldsymbol{r}_i$,在某时刻的运动速度为 $\boldsymbol{v}_i$,则有

$$\boldsymbol{L}_i=\boldsymbol{r}_i\times\Delta m_i\,\boldsymbol{v}_i=\Delta m_i\,r_i^2\boldsymbol{\omega}$$

由计算结果可以看出,所有质元对转轴的角动量的方向均相同,都沿着转轴 $OZ$ 的正向或负向,此时就可将各质元对此轴的角动量的矢量和转化为代数和来表示。因此,刚体绕定轴转动时的角动量

$$L=\left(\sum_{i}^{N}\Delta m_i r_i^2\right)\omega=I\omega \qquad (2.3.11)$$

应该指出，公式中 $L$、$I$ 和 $\omega$ 都是对同一固定轴而言的。

2. 刚体定轴转动的角动量定理

现在根据刚体定轴转动的转动定律，从力矩对时间的累积作用出发，讨论外力矩对刚体作用一段时间后引起刚体转动状态的变化。

对刚体而言，它的转动惯量是一个常量。所以由刚体定轴转动的转动定律可得

$$M=I\beta=I\frac{\mathrm{d}\omega}{\mathrm{d}t}=\frac{\mathrm{d}(I\omega)}{\mathrm{d}t}=\frac{\mathrm{d}L}{\mathrm{d}t}$$

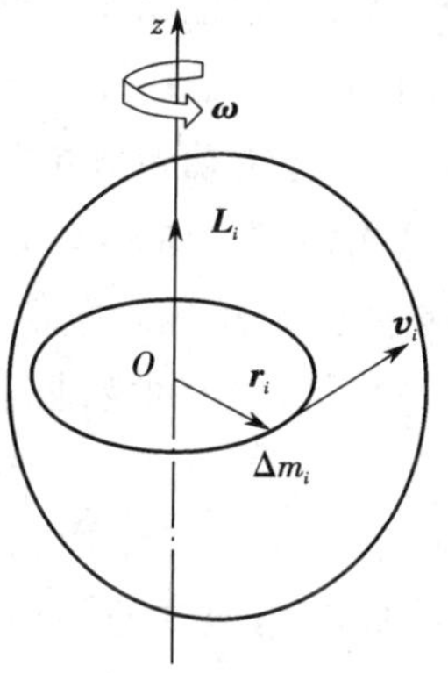

图 2.3.17　刚体中质元的角动量

即刚体所受的外力矩等于刚体的角动量对时间的变化率。将上式变形可得刚体定轴转动的**角动量定理(动量矩定理)**，可以表示为

微分形式：　$M\mathrm{d}t=\mathrm{d}(I\omega)=\mathrm{d}L$

积分形式：　$\int_{t_0}^{t}M\mathrm{d}t=I\omega-I\omega_0$ 或 $\int_{t_0}^{t}M\mathrm{d}t=L-L_0$　　(2.3.12)

上式中 $\int_{t_0}^{t}M\mathrm{d}t$ 表示刚体上所受的合外力矩 $M$ 在 $t_0\to t$ 这段时间内对时间的累积效应，称为**冲量矩**。该式说明，**对于作定轴转动的刚体而言，作用于其上的冲量矩等于刚体角动量的增量**，这一结论叫作**刚体定轴转动的角动量定理(积分形式)**，它把一个过程量(冲量矩)和状态量(角动量)联系了起来。

在推导角动量定理时，只讨论了一个刚体绕定轴转动的情况，在实际问题中，如果由若干个刚体构成的系统绕同一转轴转动，则上式中的 $L$ 就表示整个刚体系统的总角动量。

3. 角动量守恒定律

当作用在质点上的合外力等于零时，由动量原理可以导出动量守恒定律。同样，当作用在绕定轴转动的刚体上的合外力矩等于零时，由角动量定理也可导出角动量守恒定律。

由式(2.3.12)可以看出，当合外力矩为零，即 $M=0$ 时

$$L=I\omega=\text{恒量} \qquad (2.3.13)$$

这就是说，如果刚体所受的合外力矩等于零，或者不受外力矩的作用，刚体的角动量保持不变，这个结论称为**角动量守恒定律**(law of conservation of angular momentum)。

注意：外力矩为零有两种情况：

(1)质点所受的外力为零；

(2)质点所受的外力不为零，但是在任意时刻外力对于固定参考点的合力矩为零。

必须指出，上面在角动量守恒定律的推导过程中受到刚体、定轴等条件的限制，但它

的适用范围却远远超出这些限制,就目前而言它对所有的物理领域都是适用的,即它不仅适用于刚体还适用于非刚体。

下面讨论角动量守恒定律的两种情况。

(1)物体绕定轴转动时,如果转动惯量保持不变(刚体),由于 $I\omega$ = 恒量,故 $\omega$ = 恒量,即物体作匀角速转动。

(2)物体绕定轴转动时,如果转动惯量可以改变(非刚体),则由 $I\omega = I_0\omega_0$,得

$$\omega = \frac{I_0\omega_0}{I}$$

这时,物体的角速度随转动惯量的改变而变化,但乘积 $I\omega$ 保持不变。当转动惯量 $I$ 变大时,角速度 $\omega$ 变小;当转动惯量 $I$ 变小时,角速度 $\omega$ 变大。

在日常生活中,有很多事例可以用角动量守恒定律来说明,图 2.3.18(a)所示为一个人双手各拿一只哑铃坐在可旋转的凳子(儒可夫斯基凳)上,和凳子一起旋转。开始时双臂伸开,设此时转动角速度为$\omega_0$,然后迅速把两臂收拢到胸前,这时,由于转动惯量变小,根据角动量守恒定律,角速度 $\omega$ 必增大,因而旋转变快。类似的运动如跳水运动员作表演(如图 2.3.18(b)所示)时,常在空中先把手臂和腿蜷缩起来,以减小转动惯量而增大转动角速度,在快到水面时,则又把手臂、腿伸直,以增大转动惯量而减小转动角速度,以便竖直地进入水中而压住水花。

(a) 儒可夫斯基凳

(b) 跳水

图 2.3.18　角动量守恒

角动量守恒定律与动量守恒定律和能量守恒定律一样,是自然界普遍遵循的规律,尤其在研究天体运动和微观粒子运动时角动量守恒定律都起着重要作用。

最后还应该指出,角动量守恒定律、动量守恒定律和能量守恒定律,都是在不同的理想化条件(如质点、刚体……)下,用经典的牛顿力学原理推证出来的。它们不仅适用于牛顿力学有效的所有经典领域,同时也适用于牛顿力学失效的近代物理理论——量子力学和相对论中。这就充分说明上述三条守恒定律不但比牛顿力学理论更基本、更普遍,而且也是近代物理理论的基础。

**例 2.3.9** 如图 2.3.19 所示,一质量为 $m$ 的木质圆盘绕水平轴 $O$ 匀速转动,角速度是 $\omega_0$,忽略轴的摩擦以及空气阻力。今有一质量为 $m_0$ 的小球以速度 $v_0$ 水平进入转盘中,并停留在转盘的表面处。问:小球进入转盘的瞬间,转盘的角速度变成了多少?

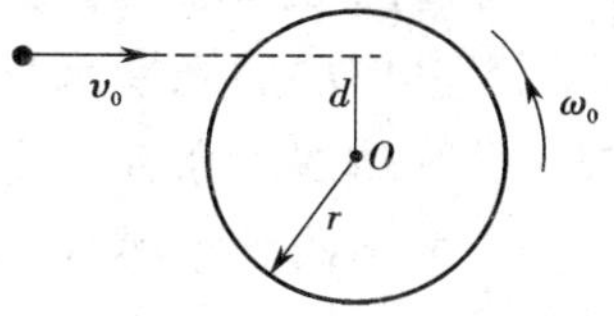


图 2.3.19 例题 2.3.9 图

**解** 小球与转盘的碰撞过程中角动量守恒。碰撞前圆盘的角动量为 $I\omega_0$,其中 $I=\frac{1}{2}mr^2$,方向沿转轴向外,小球对 $O$ 点的角动量 $m_0v_0d$,方向沿转轴向里。所以碰撞前的总角动量为

$$I\omega_0 - m_0v_0d$$

碰撞后圆盘的角速度设为 $\omega$,圆盘和质点组成的系统的转动惯量为 $I+m_0r^2$,角动量的形式为 $(I+m_0r^2)\omega$。角动量守恒的形式如下

$$I\omega_0 - m_0v_0d = (I+m_0r^2)\omega$$

小球进入转盘后的瞬间,圆盘的角速度变成

$$\omega = \frac{I\omega_0 - m_0v_0d}{I+m_0r^2}$$

**例 2.3.10** 一个长为 $l$,质量为 $M$ 的匀质杆通过杆一端 $O$ 的水平光滑固定轴转动,开始时杆竖直下垂,如图 2.3.20 所示。现有一质量为 $m$,速率为 $v$ 的子弹沿水平方向从杆的底端射入杆内并嵌在其中,求子弹射入后瞬间的角速度 $\omega$。

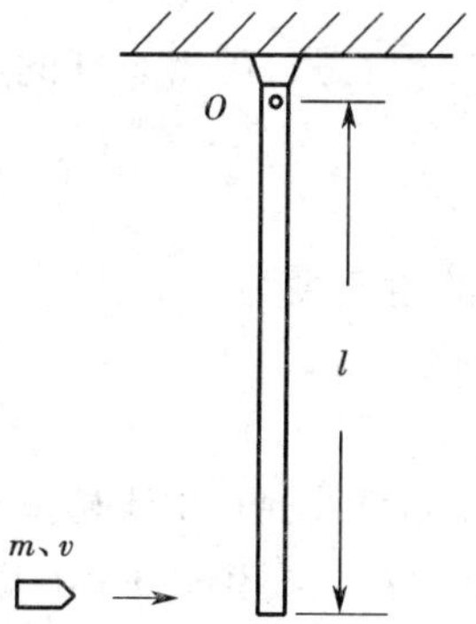


图 2.3.20 例 2.3.10 图

**解** 把子弹和匀质杆视为一个系统,该系统所受的外力有重力和轴对杆的约束力,在子弹射入杆的极短过程中,重力和轴对杆的约束力都通过转轴 $O$,所以它们对轴的力矩均为零,则该系统的角动量守恒。(思考:该系统的动量守恒吗?)由角动量守恒定律可得:

$$lmv = \left(ml^2 + \frac{1}{3}Ml^2\right)\omega$$

解得

$$\omega = \frac{3mv}{(3m+M)l}$$

注:列出的角动量守恒方程右边扩号中的表达式为子弹和匀质杆对转轴的总转动惯

量。该方程等式右边还可以写成子弹对转轴的角动量、匀质杆对转轴的角动量的和,请大家自己试着写一写。

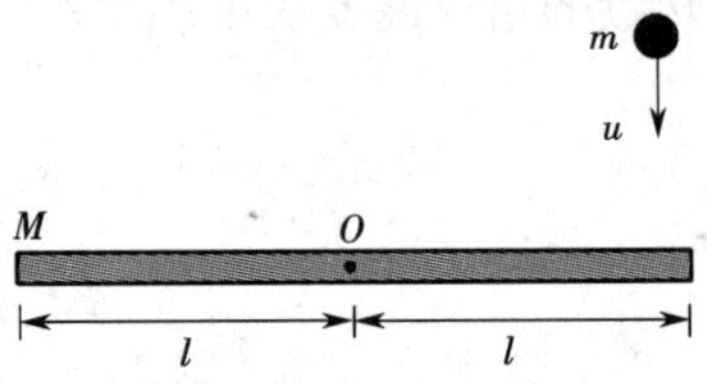


图2.3.21　例2.3.11图

**例2.3.11**　如图2.3.21所示,一根质量为$M$,长为$2l$的均匀细棒,可以在竖直平面内绕通过其中心的光滑水平轴转动,开始时细棒静止于水平位置。今有一质量为$m$的小球,以速度$\boldsymbol{u}$垂直向下落到了棒的端点,设小球与棒的碰撞为完全弹性碰撞。试求碰撞后小球的回跳速度$v$及棒绕轴转动的角速度$\omega$。

**解**　以棒和小球组成的系统为研究对象,则该系统所受的外力有小球的重力、棒的重力和轴给棒的支持力,后两者的作用线都通过转轴,对轴的力矩为零。由于碰撞时间极短,碰撞的冲力矩远大于小球所受的重力矩,所以小球对轴的力矩可忽略不计,所以该系统的角动量守恒。

由角动量守恒定律可得

$$lmu = lmv + \frac{1}{3}Ml^2\omega$$

注意:上式中$u$,$v$这两个速度是以其代数量来表示的。以碰撞前小球的运动方向为正,即$u>0$;碰撞后小球回跳,$u$与$v$的方向必然相反,应该有$v<0$。

由于小球与杆的碰撞是完全弹性碰撞,即碰撞前后系统的动能守恒,则有

$$\frac{1}{2}mu^2 = \frac{1}{2}mv^2 + \frac{1}{2}\left(\frac{1}{3}Ml^2\right)\omega^2$$

联立以上二式,可得小球的速度为

$$v = \frac{3m-M}{3m+M}u$$

则棒的角速度为

$$\omega = \frac{6mu}{(3m+M)l}$$

讨论与说明:由于碰撞后小球回跳,所以$v$与$u$的方向不同,而$u>0$,则$v<0$。从结果可以看出,要保证$v<0$,则必须保证$M>3$m。否则,若$m \geqslant M/3$,无论如何,碰撞后小球也不能回跳。杂技演员在表演时应特别注意这一点。

## 习　　题

2-1　当一架飞轮绕一个固定轴作匀速转动时,飞轮上离开轮心某一点的(　　)。

(A)切向加速度为零,法向加速度不为零

(B)切向加速度不为零,法向加速度为零

(C)切向加速度和法向加速度均为零

(D)切向加速度和法向加速度均不为零

2-2　当一个飞轮绕一个固定轴作加速转动时，飞轮上到轮心距离不相等的两点的切向加速度 $a_\tau$ 和法向加速度 $a_n$ 具有什么关系？(　　)

(A) $a_\tau$ 相同，$a_n$ 相同　　(B) $a_\tau$ 相同，$a_n$ 不同

(C) $a_\tau$ 不同，$a_n$ 相同　　(D) $a_\tau$ 不同，$a_n$ 不同

2-3　刚体的转动惯量是一个非常重要的物理量，刚体的转动惯量只由(　　)决定。

(A)刚体的质量　　(B)刚体质量的空间分布

(C)刚体质量对给定转轴的空间分布　　(D)转轴的位置

2-4　两个质量分布均匀的圆盘 $A$ 和 $B$ 的质量密度分别为 $\rho_A$ 和 $\rho_B$，如果 $\rho_A > \rho_B$，但两圆盘的总质量和厚度相同，设两圆盘对通过盘心且垂直于盘面的轴的转动惯量分别为 $I_A$ 和 $I_B$，则有(　　)。

(A) $I_A > I_B$　　(B) $I_A < I_B$

(C) $I_A = I_B$　　(D)不能确定 $I_A$、$I_B$ 哪个大

2-5　一个冰舞运动员以一只脚为轴作旋转运动，开始时两臂伸展，而后将两臂收拢，则(　　)。

(A)转动惯量减小　　(B)转动动能不变

(C)转动角速度减小　　(D)角动量增大

2-6　一个冰舞运动员，开始自转时其角速度为 $\omega_0$，转动惯量为 $I_0$，当他将手臂收回时，其转动惯量减少为 $I_0/5$，则他的角速度将变为(　　)。

(A) $\omega_0/5$　　(B) $\frac{1}{\sqrt{5}}\omega_0$　　(C) $5\omega_0$　　(D) $\omega_0$

2-7　刚体角动量守恒的充分必要的条件是(　　)。

(A)刚体不受外力矩作用

(B)刚体所受的合外力和合外力矩均为零

(C)刚体所受合外力矩为零

(D)刚体的转动惯量和角速度均保持不变

2-8　开始时，一人两臂平伸并绕右足尖旋转。若此人突然将两臂收回，转动惯量变为原来的三分之一。如忽略摩擦力，则此人收臂后的动能与收臂前的动能之比为(　　)。

(A)1∶9　　(B)1∶3　　(C)9∶1　　(D)3∶1

2-9　如图所示，一圆盘正绕垂直于盘面的水平光滑固定轴 $O$ 转动，如图射来两个质量相同、速度大小相同、方向相反并在一条直线上的子弹，子弹射入圆盘并且留在盘内，则子弹射入后的瞬间，圆盘的角速度 $\omega$(　　)。

(A)增大　　(B)不变　　(C)减小　　(D)不能确定

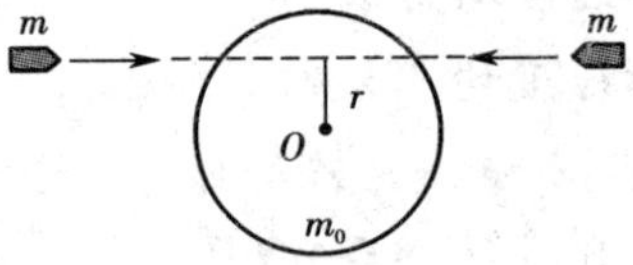


题2-9图

2-10　均匀细棒 $OA$ 的质量为 $m$。长为 $L$,可以绕通过其一端 $O$ 而与棒垂直的水平固定光滑轴转动,如图所示,今使棒从水平位置由静止开始自由下落,在棒摆到竖直位置的过程中,下述说法正确的是(　　)。

(A)角速度从小到大,角加速度从大到小

(B)角速度从小到大,角加速度从小到大

(C)角速度从大到小,角加速度从大到小

(D)角速度从大到小,角加速度从小到大

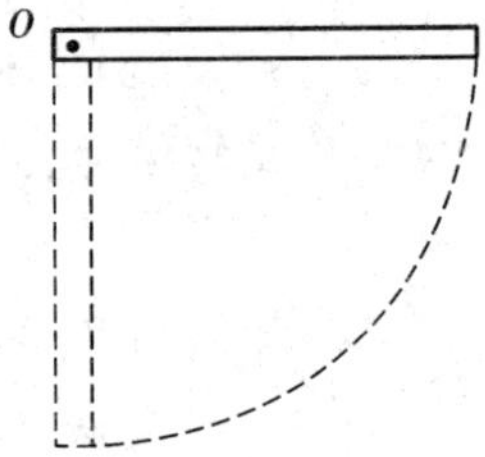


题2-10图

2-11　刚体角动量守恒的充分必要条件是(　　)。

(A)刚体不受外力矩作用

(B)刚体所受的合外力和合外力矩均为零

(C)刚体所受合外力矩为零

(D)刚体的转动惯量和角速度均保持不变

2-12　将唱片放在绕定轴旋转的电唱机转盘上时,若忽略转轴摩擦,则唱片和转盘组成的系统(　　)。

(A)总动能守恒　　(B)总动能和角动量都守恒

(C)角动量守恒　　(D)总动能和角动量都不守恒

2-13　人站在光滑的转动平台上,双臂由伸展到收回的过程中,人与平台组成的系统(　　)。

(A)机械能守恒,角动量守恒　　(B)机械能守恒,角动量不守恒

(C)机械能不守恒,角动量守恒　　(D)机械能不守恒,角动量不守恒

2-14　如图所示,两个完全一样的定滑轮,当用拉力 $F$ 作用时,产生角加速度 $\beta_1$;当挂一重 $F$ 的重物时,产生角加速度 $\beta_2$,则 $\beta_1$ 和 $\beta_2$ 的大小关系为____________。

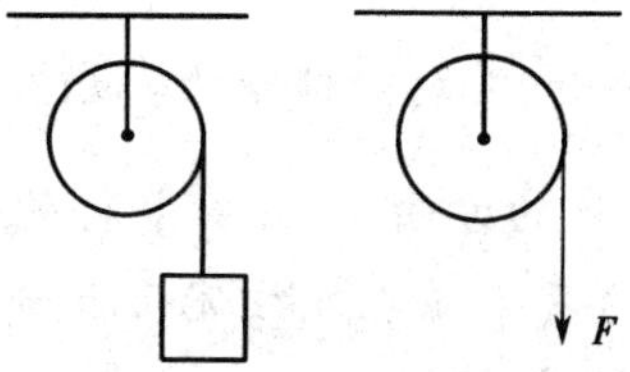


题2-14图

2-15　一水平的匀质圆盘,可绕通过盘心的竖直光滑固定轴自由转动。圆盘质量为$m_0$,半径为$R$,对轴的转动惯量$I=\frac{1}{2}m_0R^2$。当圆盘以角速度$\omega_0$转动时,有一质量为$m$的子弹沿盘的直径方向射入圆盘,且嵌在盘的边缘上。子弹射入后,圆盘的角速度$\omega$=____________。

2-16　长为$l$、质量为$m_0$的匀质杆可绕通过杆一端$O$的水平光滑固定轴转动,转动惯量为$\frac{1}{3}m_0l^2$,开始时杆竖直下垂,如图所示。现有一质量为$m$的子弹以水平速度$\boldsymbol{v}_0$射入杆上$A$点,并嵌在杆中,$OA=\frac{2l}{3}$,则子弹射入后杆瞬间的角速度$\omega$=____________。

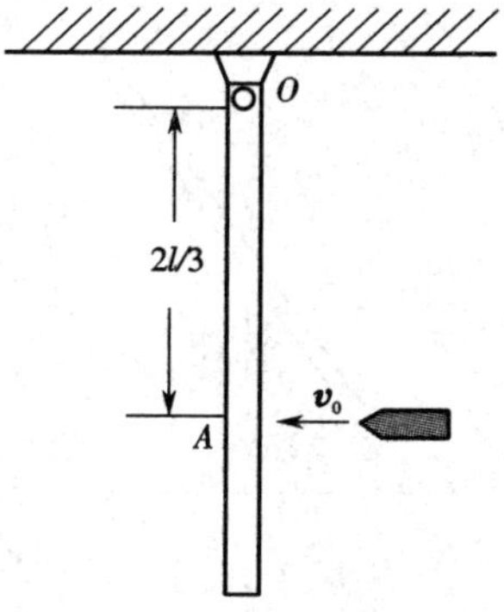


题2-16图

2-17　质量为32 kg、半径为0.25 m的匀质飞轮，其外观为圆盘形状。当飞轮作角速度为12rad/s的匀速率转动时，它的转动动能为____________.

2-18　一飞轮以600 r/min的转速旋转,转动惯量为2.5 kg·m²,现加一恒定的制动力矩使飞轮在1 s内停止转动,则该恒定制动力矩的大小$M$=____________.

2-19　质量为$m$的小钢球,用细杆(质量可忽略)连接成类石墨烯原子排布的正六边形结构(边长为$a$),如图所示。若此结构绕垂直纸面且通过中心$O$点的轴旋转,角速度为$\omega$,则系统的角动量为____________.

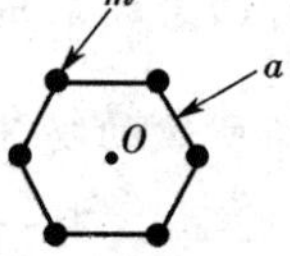


题2-19图

2-20 光滑的水平桌面上有一长为 $2L$、质量为 $m$ 的匀质细杆,可绕过其中点且垂直于杆的竖直光滑固定轴 $O$ 自由转动,其转动惯量为$\frac{1}{3}mL^2$。起初杆静止,桌面上有两个质量均为 $m$ 的小球,各自在垂直于杆的方向上,正对着杆的一端,以相同速率 $v$ 相向运动,如图所示。当两小球同时与杆的两个端点发生完全非弹性碰撞后,就与杆粘在一起运动,则这一系统碰撞后的转动角速度应为____________。

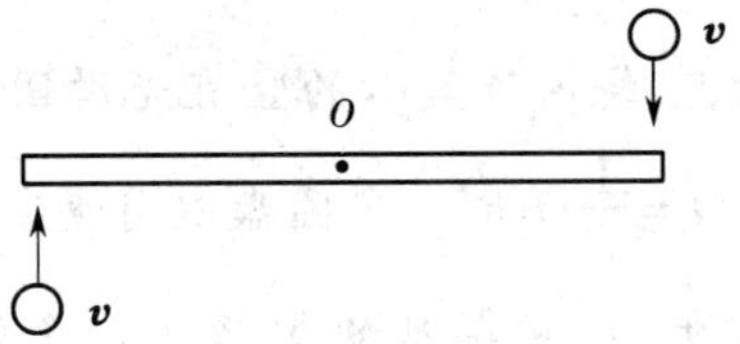


题 2-20 图

2-21 如图所示,一长为 $l$ 的均匀直棒可绕过其一端且与棒垂直的水平光滑固定轴转动。抬起另一端使棒向上与水平面成60°,然后无初转速地将棒释放。已知棒对轴的转动惯量为$\frac{1}{3}ml^2$,其中 $m$ 和 $l$ 分别为棒的质量和长度,则放手时棒的角加速度为__________,棒转到水平位置时的角加速度为____________。

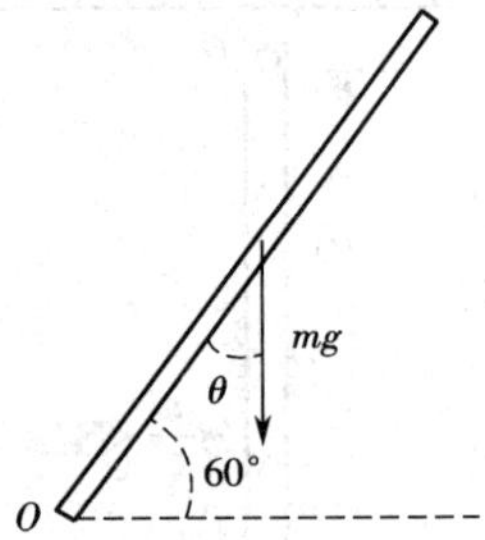


题 2-21 图

2-22 花样滑冰运动员绕通过自身的竖直轴转动,开始时两臂伸开,转动惯量为 $I_0$,角速度为 $\omega_0$,然后她将两臂收回,使转动惯量减少为 $\frac{1}{2}I_0$ 这时她转动的角速度变为____________。

2-23 一转动惯量为 $I$ 的圆盘绕一固定轴转动,起初角速度为 $\omega_0$,设它所受阻力矩与转动角速度成正比 $M=-k\omega$($k$ 为正常数),则在它的角速度从 $\omega_0$ 变为$\frac{1}{2}\omega_0$ 过程中阻力矩所做的功为____________。

2-24 有一半径为 $R$ 的水平圆转台,可绕通过其中心的竖直固定光滑轴转动,转动惯量为 $I$。开始时转台以匀角速度 $\omega_0$ 转动,此时有一质量为 $m$ 的橡皮泥垂直落在转台上并随转台转动，设橡皮泥离转轴距离为 $r$，此时转台的角速度为 = ________。

2-25　一个唱片转盘在电动机断电后的 30 s 内由 $33\frac{1}{3}$ r/min 均匀减慢到停止，它的角加速度是__________，它在这段时间内一共转了__________圈。

2-26　一转速为 1 200 r/min 的飞轮，因制动而均匀地减速，经 10 s 后停止转动。求：

(1) 飞轮的角加速度和从开始制动到停止转动飞轮所转过的圈数；

(2) 开始制动后 5 s 时飞轮的角速度。

2-27　如图所示，一飞轮由一直径为 $d_2$、厚度为 $a$ 的圆盘和两个直径为 $d_1$（$<d_2$）、长为 $L$ 的共轴圆柱体组成，设飞轮的密度为 $\rho$，求飞轮对轴的转动惯量。

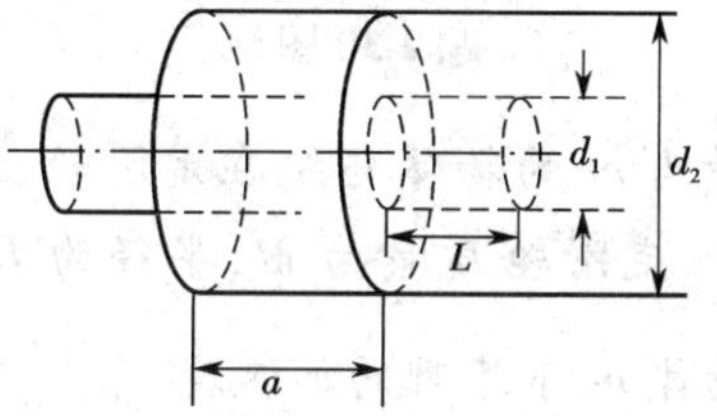


题 2-27 图

2-28　质量分别为 $m$ 和 $2m$、半径分别为 $r$ 和 $2r$ 的两个均匀圆盘，同轴地粘在一起，可以绕通过盘心且垂直于盘面的水平光滑固定轴转动，对转轴的转动惯量为 $\frac{9}{2}mr^2$，大小圆盘边缘都绕有绳子，绳子下端都挂一质量为 $m$ 的重物，如图所示，求圆盘的角加速度。

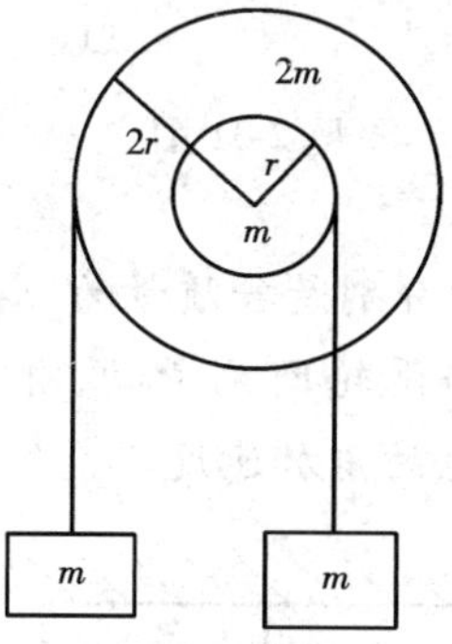


题 2-28 图

2-29　一飞轮直径为 0.30 m，质量为 5.00 kg，边缘绕有绳子。现用恒力拉绳子的一端，使其由静止均匀加速，经 0.50 s 转速达到 10 r/s。假定飞轮可看作实心圆柱体，求：

(1) 飞轮的角加速度及在这段时间内转过的圈数；

(2) 拉力及拉力所做的功；

(3) 从拉动后 $t = 10$ s 时飞轮的角速度及轮边缘上一点的速度和加速度。

2-30 如图所示,两物体的质量分别为 $m_1$ 和 $m_2$,滑轮的转动惯量为 $I$,半径为 $r$。若 $m_2$ 与桌面的摩擦系数为 $\mu$,设绳子与滑轮间无相对滑动,试求系统的角加速度及绳中的张力 $T_1$、$T_2$。

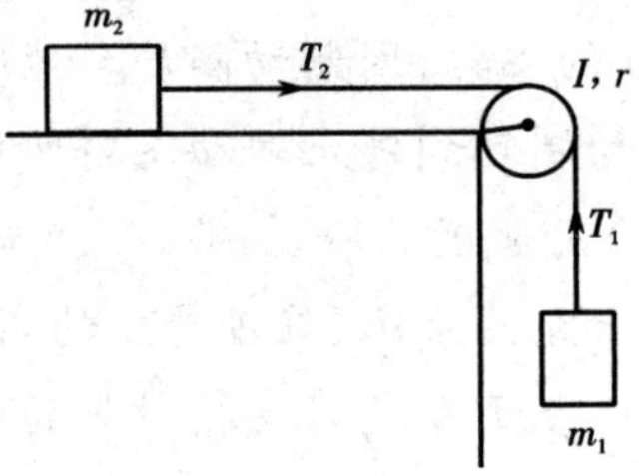


题 2-30 图

2-31 如图所示,一个质量为 $m$ 的物体与绕在定滑轮上的绳子相联,绳子质量可以忽略,它与定滑轮之间无滑动。定滑轮质量为 $M$,半径为 $R$,相对于转轴的转动惯量为 $\frac{1}{2}MR^2$,忽略轴处摩擦。试求物体 $m$ 下落时的加速度。

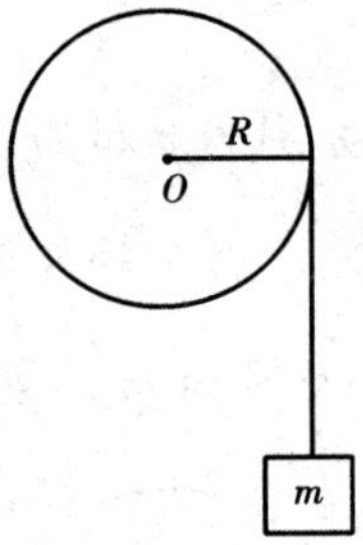


题 2-31 图

2-32 如图所示,定滑轮的两边分别悬挂质量为 $m_1$ 和 $m_2$ 的两个物体,定滑轮的半径为 $r$,对转轴的转动惯量为 $I$,轻绳与滑轮间无滑动,滑轮轴上摩擦不计。开始时系统静止,假设 $m_1 > m_2$,试求任意时刻滑轮的角加速度。

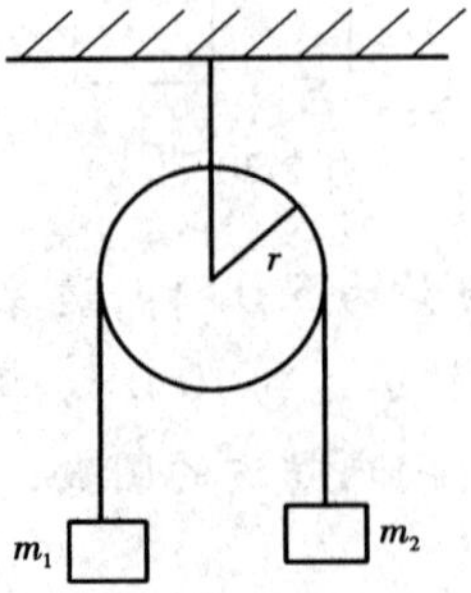


题 2-32 图

2-33　一个圆盘作定轴转动，开始时的角速度是 $\omega_0$，设它所受的阻力力矩 $M=-k\omega$（$k$ 为正的常数），求圆盘的角速度从 $\omega_0$ 变为 $\omega_0/5$ 所用的时间是多少？（设圆盘的转动惯量为 $I$）

2-34　一个轻质弹簧的倔强系数 $k=2.0$ N/m。它的一端固定，另一端通过一条细线绕过定滑轮和一个质量 $m_1=80$ g 的物体相连，如图所示。定滑轮可看作均匀圆盘，它的半径 $r=0.05$ m，质量 $m=100$ g。先用手托住物体 $m_1$，使弹簧处于其自然长度，然后松手。求物体 $m_1$ 下降 $h=0.5$ m 时的速度多大？忽略滑轮轴上的摩擦，绳在滑轮边上不打滑。

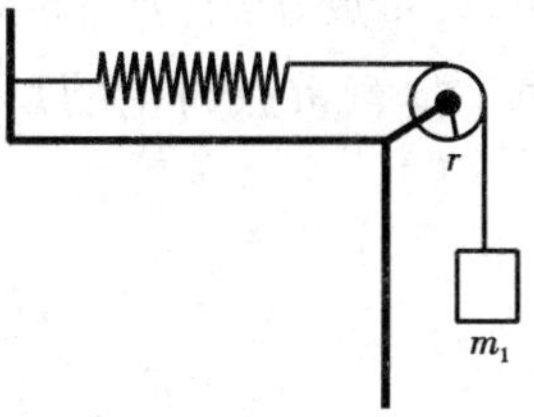


题2-34图

2-35　一个质量为 $M$，半径为 $R$ 并以角速度 $\omega$ 旋转的飞轮（可看作匀质圆盘），在某一瞬间突然有一片质量为 $m$ 的碎片从轮的边缘上飞出，如图所示。假定碎片脱离飞轮时的瞬时速度方向正好竖直向上。求碎片 $m$ 上升的高度和余下部分的动能。

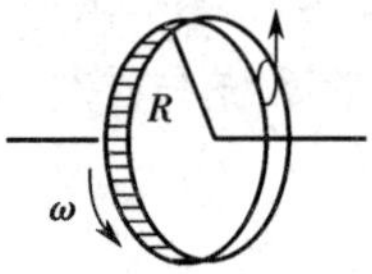


2-36　长 $l=0.40$ m、质量 $M=1.00$ kg 的匀质木棒，可绕水平轴 $O$ 在竖直平面内转动，开始时棒自然竖直悬垂，现有质量 $m=8$ g 的子弹以 $v=200$ m/s 的速率从 $A$ 点射入棒中，$A$、$O$ 点的距离为 $3l/4$，如图所示。求：(1) 棒开始运动时的角速度；(2) 棒的最大偏转角。

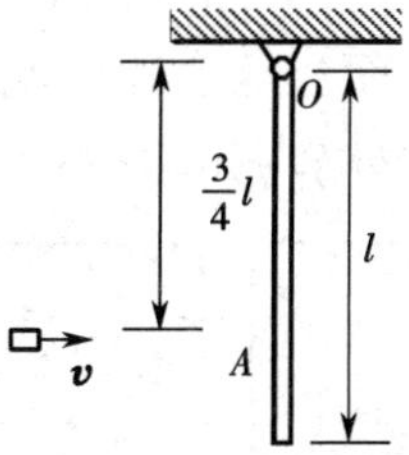

# 第3章　气体动理论

在力学中,研究的是一个、两个或者几个质点和刚体组成的系统,叫作少体系统。在热学中,将要处理的是由大量原子和分子组成的系统,虽然单独一个原子或者分子的运动可以用牛顿定律描述,但是当研究大量原子或分子的集体行为时就需要用新的方法即统计的方法研究系统的性质和规律。本章重点讨论的是气体系统。

## 3.1　理想气体状态方程

### 3.1.1　热力学系统

在热学中,通常把由大量分子或原子组成的宏观物理体系称为**热力学系统**(thermodynamic system),简称为**系统**。处于系统之外的一切外部环境物质都称为外界。根据系统与外界作用关系可以把系统分为三类。如果热力学系统与外界不发生任何能量和物质交换,这类系统称为**孤立系统**;如果热力学系统与外界有能量交换,但是没有物质交换,这类系统称为**封闭系统**;如果热力学系统与外界既有能量交换又有物质交换,这类系统称为**开放系统**。

### 3.1.2　平衡态

热学是研究热力学系统的宏观状态及其变化规律。系统宏观状态一般可分为平衡态和非平衡态。

假设有一个容器,以隔板分为甲乙两部分,甲部分放有某种气体,乙部分为真空,如图3.1.1所示。当中间隔板抽出去后,甲部分的气体就要向乙部分运动,在这个运动过程中,气体内部各处的状态是不同的,而且还会随时间发生变化,直到某个时刻达到各处均匀一致的状态为止。这以后若没有外界影响或外界条件不发生变化,则容器内的气体

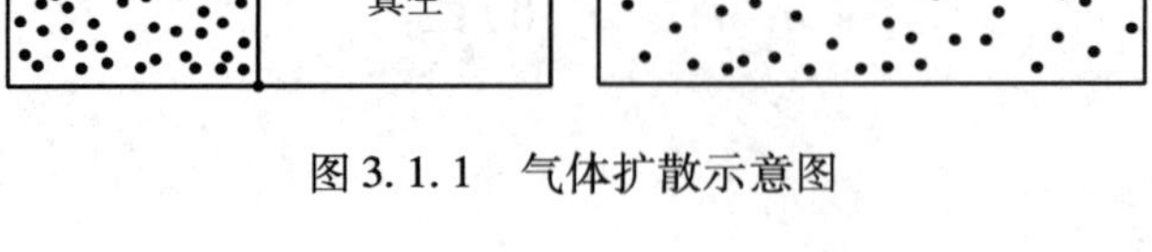


图3.1.1　气体扩散示意图

会一直保持这种状态，不再发生宏观的变化。再比如两个冷热不同的物体相互接触，最后两者都达到各处冷热程度均匀一致。从上述例子中可以总结出，在外界条件不发生改变时，热力学系统经过一定的时间可以达到一个均匀稳定的状态，而这种宏观状态不再随时间有任何变化，这样的状态称为平衡状态，简称平衡态（thermodynamic equilibrium state），反之称为非平衡态（nonequilibrium state）。

平衡态是一个理想化的概念，它是在一定条件下对实际热力学系统处于相对稳定的情况下的概括和抽象。平衡态的引入对后续内容的认识和研究有着重要的理论和实践意义。同时，还应该指出，平衡态是指热力学系统的宏观性质不随时间发生变化，但是从微观角度看，分子仍然在不停地作无规则运动，因此这种平衡态又称为热动平衡态。

### 3.1.3　气体状态参量

当热力学系统处于平衡态时，可用一系列物理量来表征它的特性，在此引入某些物理量来描述系统状态，这些物理量称为**状态参量**。一般情况下，当一定质量的气体处于平衡态时，可以用温度（temperature）、体积（volume）和压强（pressure）来描述。

从宏观角度看，**温度**表示物体冷热程度的物理量，物体越热温度就越高；从微观角度看，温度是反映物质内部分子热运动剧烈程度的物理量。为了定量描述温度，就必须规定温度数值表示方法，即温标。常用温标有两种：一种是热力学温标，又称为开尔文温标，用符号 $T$ 表示，在国际单位制中它的单位为开尔文，简称为开（用符号 K 表示）；另一种是摄氏温标，用符号 $t$ 表示，其单位为摄氏度，简称为度（用符号℃表示）。热力学温度 $T$ 与摄氏温度 $t$ 之间的转换关系为

$$T=t+273.15 \tag{3.1.1}$$

气体的**体积**用符号 $V$ 表示。它是从几何特征来描述气体状态的物理量。从宏观角度看，气体的体积就是指容纳气体容器的容积；从微观角度看，气体体积则是气体分子所能达到的空间。

气体的**压强**用符号 $p$ 表示。它是从力学特征来描述气体状态的物理量。从宏观角度看，气体压强是指作用于器壁单位面积上的正压力；从微观角度看，气体压强是大量气体分子对器壁碰撞的平均效果的宏观表现。在国际单位制中，压强的单位为帕斯卡，简称为帕（用符号 Pa 表示）。压强常用的单位还有标准大气压（用符号 atm 表示）、厘米汞柱（用符号 cmHg 表示）、毫米汞柱（用符号 mmHg 表示），它们之间的换算关系为

$$1\ \text{atm}=1.013\ 25\times10^{5}\ \text{Pa}=76\ \text{cmHg}$$

### 3.1.4　气体实验定律

气体状态方程是完整反映平衡态下热力学系统状态参量之间变化规律的函数关系式。这个关系式可以写成

$$F(T,p,V)=0$$

气体状态方程的确定需要从气体实验定律开始讨论，因此在确定气体状态方程之前首先简略介绍一下气体实验定律。**玻意耳－马略特定律**:一定质量的气体在温度不变时,它的体积和压强的乘积等于一个常数,$pV=$常数。**查理定律**:一定质量的气体在体积不变情况下,它的压强和热力学温度比值是一个常数。**盖·吕萨克定律**:一定质量的气体在压强不变情况下,气体的体积与热力学温度的比值是一个常数。

### 3.1.5 理想气体状态方程

理想气体的宏观定义:任何情况下都严格遵守气体实验定律的气体可以看成理想气体。同时,气体实验定律是在压强不太大(与大气压相比)、温度不太低(与室温相比)的条件下获得的,因此只要在此条件下一般气体都可以近似视作理想气体。若气体质量为$M$、摩尔质量为$\mu$的理想气体，其状态方程可表示为

$$pV=\frac{M}{\mu}RT \tag{3.1.2}$$

式中$R$为普适气体常数,其取值与状态参量的单位有关,在国际单位制中$R=8.31$ J/(mol·K)。该方程反映了一定质量气体在同一状态下三个状态参量之间的关系。

设一定质量理想气体由$N$个同种气体分子组成,每个气体分子质量为$m$,则气体质量$M=Nm$,摩尔质量$\mu=mN_A$,其中$N_A$称为阿伏伽德罗常数($N_A=6.02\times10^{23}$/mol)。令$n=N/V$,$n$表示单位体积内的气体分子数;$k=R/N_A=1.38\times10^{-23}$ J/K,称为玻尔兹曼常数。理想气体的状态方程可以进一步写为

$$p=nkT \tag{3.1.3}$$

## 3.2 理想气体压强和温度的统计意义

本节要解决的问题是揭示理想气体压强的实质,并导出理想气体的压强公式。

### 3.2.1 理想气体微观定义

固、液、气三态中,气体分子之间的距离最大。因此,可以把气体看作是间距很大的分子集合。为了简化问题,从分子运动论观点出发对气体分子作如下假设:分子本身的大小与它们之间的平均距离相比,可以忽略不计;由于分子之间的平均距离很大,因此除碰撞之外,分子之间无相互作用;分子之间以及分子与器壁之间的碰撞是完全弹性的。

由上述三点可以概括出理想气体的微观模型,即**理想气体可以视作大量自由的、无规则运动的弹性质点的集合**。

### 3.2.2 分子集体统计假设

热力学系统是由数量很大的气体分子组成,每个分子的运动都是随机的,因此要确

定单个分子的运动情况是不可能的。在此要用统计平均结果来代替对单个分子的运动描述,即用统计方法研究大量分子运动情况。为研究问题方便,对于分子的集体提出假设。

1. 气体分子在空间的分布是均匀的

平衡态时,在忽略重力作用的情况下,由于每个分子在空间内的每一点出现的机会都是均等的,所以,对于分子整体而言,统计平均结果就是单位体积内的分子数都相同,即气体分子在空间是均匀分布的。

2. 气体分子速度按方向分布是相同的

对于大量气体分子组成的系统,在平衡状态时,每个气体分子沿任何一个方向运动的机会都是均等的,或者说概率是一样的,这叫作气体分子运动的**等概率假说**。对于分子整体而言,分子速度在各个方向分量的平均值都相等。

具体分析如下。在系统内建立直角坐标系,任何一个气体分子的速度都可以分解到三个坐标轴上,对于大量气体分子而言,三个坐标轴速度分量的平均值相等,即

$$\overline{v_x} = \overline{v_y} = \overline{v_z} \tag{3.2.1}$$

其中,$\overline{v_x}$表示分子速度沿 $x$ 轴分量的平均值:

$$\overline{v_x} = \frac{v_{1x} + v_{2x} + \cdots + v_{Nx}}{N} \tag{3.2.2}$$

其他轴速度分量的平均值也是类似定义的。由于上述速度分量方向不同,即在同一坐标轴速度分量有正负之分,其总的统计平均结果为

$$\overline{v_x} = \overline{v_y} = \overline{v_z} = 0 \tag{3.2.3}$$

同理,对于大量气体分子而言,三个速度分量平方的平均值也必然相等:

$$\overline{v_x^2} = \overline{v_y^2} = \overline{v_z^2} \tag{3.2.4}$$

其中,$\overline{v_x^2}$表示分子速度沿 $x$ 轴分量的平方平均值:

$$\overline{v_x^2} = \frac{v_{1x}^2 + v_{2x}^2 + \cdots + v_{Nx}^2}{N} \tag{3.2.5}$$

又因$\overline{v^2} = \overline{v_x^2} + \overline{v_y^2} + \overline{v_z^2}$,所以得到

$$\overline{v_x^2} = \overline{v_y^2} = \overline{v_z^2} = \frac{1}{3}\overline{v^2} \tag{3.2.6}$$

### 3.2.3 理想气体压强公式推导

容器内气体对器壁的压力作用是如何产生的?依据分子运动论观点,容器内的分子永不停息地作无规则运动,在分子运动过程中会不断地与器壁发生碰撞,对于分子个体而言,它对器壁的作用大小、方向、作用的位置完全是随机的,但是对于大量分子整体来说,由于每一时刻都会有大量的气体分子与器壁发生碰撞,因此在宏观上就表现出持续、均匀的压力。

设容纳气体的容器是长方形,边长分别为 $l_1$、$l_2$、$l_3$,容器内部气体是由 $N$ 个同种气体分子组成,每个气体分子的质量都是 $m$。由于讨论的气体处于平衡态,所以容器的每个器壁的压强都是相同的,如图 3.2.1 所示。

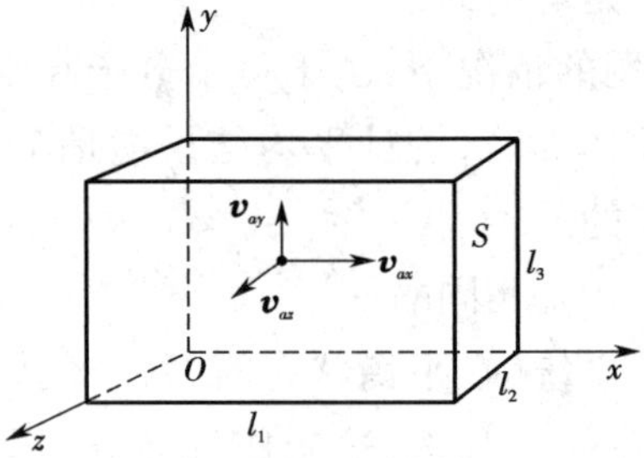


图3.2.1　分子 $a$ 与 $S$ 面碰撞示意图

首先讨论单个分子在一次碰撞过程中对于 $S$ 面的作用。任意选取一个分子 $a$ 作为研究对象。设分子 $a$ 的速度为 $\boldsymbol{v}_a$,建立直角坐标系将分子 $a$ 的速度分解,三个分量分别为 $v_{ax}$、$v_{ay}$、$v_{az}$。由于分子 $a$ 与器壁 $S$ 发生碰撞是完全弹性的,所以碰撞后分子 $a$ 在 $y$、$z$ 两轴上的速度分量保持不变,在 $X$ 轴方向上速度分量由 $v_{ax}$ 变为 $-v_{ax}$,即速度大小不变,方向相反。因此,分子在碰撞过程中的动量增量为 $-mv_{ax}-mv_{ax}=-2mv_{ax}$。根据质点动量定理,这一动量的改变等于 $S$ 面对分子 $a$ 的冲量,依据牛顿第三定律,分子 $a$ 对 $S$ 面的冲量等于 $S$ 面对分子 $a$ 的冲量,等于动量的增量 $2mv_{ax}$。

分子 $a$ 从 $S$ 面弹回,会与 $S$ 正对的面发生弹性碰撞,又会被弹回到 $S$ 面发生弹性碰撞。由于碰撞后速度大小仍为 $v_{ax}$,分子 $a$ 与 $S$ 面连续碰撞两次的时间间隔为 $2l_1/v_{ax}$。在此基础可以得出 $\Delta t$ 时间内分子 $a$ 与 $S$ 面发生的碰撞次数为 $\Delta t/(2l_1/v_{ax})$ 次碰撞。前面分析了分子 $a$ 与 $S$ 面每碰撞一次,分子 $a$ 对 $S$ 面的冲量就是 $2mv_{ax}$,所以在 $\Delta t$ 时间内分子 $a$ 作用在 $S$ 面上的总冲量就是

$$2mv_{ax}\frac{\Delta t}{\dfrac{2l_1}{v_{ax}}}=\frac{\Delta tmv_{ax}^2}{l_1}$$

由此得出 $\Delta t$ 时间内分子 $a$ 作用在 $S$ 面上的平均冲力

$$\overline{F}_a=\frac{mv_{ax}^2}{l_1} \tag{3.2.7}$$

如果容器中只有一个分子,则容器的器壁感受到的是间断的撞击,该式给出的力是一段时间内的平均撞击力。通常情况下,由于气体分子数量巨大,可以认为分子对 $S$ 面的作用是持续均匀的,则 $S$ 面所受的全体分子作用力等于各个分子平均作用力的代数和,即

$$\overline{F}=\sum_i\frac{mv_{ix}^2}{l_1} \tag{3.2.8}$$

根据公式 $p=F/S$，得到压强

$$p=\frac{\overline{F}}{l_2l_3}=\frac{\sum_i mv_{ix}^2}{l_1l_2l_3}=\frac{m}{l_1l_2l_3}\sum_i v_{ix}^2=\frac{Nm}{l_1l_2l_3}\overline{v_x^2} \tag{3.2.9}$$

因为 $l_1l_2l_3=V, n=N/V$，所以上式可写为

$$p=nm\overline{v_x^2} \tag{3.2.10}$$

又因为$\overline{v_x^2}=\frac{1}{3}\overline{v^2}$，所以

$$p=\frac{1}{3}nm\overline{v^2}=\frac{2}{3}n\left(\frac{1}{2}m\overline{v^2}\right)=\frac{2}{3}n\bar{\varepsilon}_t \tag{3.2.11}$$

式中 $\bar{\varepsilon}_t=\frac{1}{2}m\overline{v^2}$称为分子平均平动动能。从式(3.2.11)中可得出理想气体的压强取决于单位体积内的分子数 $n$ 和分子的平均平动动能 $\bar{\varepsilon}_t$，$n$ 和 $\bar{\varepsilon}_t$ 越大，$p$ 就越大。式中 $p$ 是描述气体宏观状态的物理量，而 $\bar{\varepsilon}_t$ 是描述气体分子运动物理量的统计平均值，因此压强公式反映了气体宏观量与微观量之间的关系。同时由于分子碰撞是不连续的，因此只有气体分子个数足够多时，器壁所受到的平均冲量才有统计意义，离开了"大量分子"，压强就失去了意义，上式就单个分子而言是不成立的。

### 3.2.4　温度的统计意义

理想气体状态方程 $p=nkT$ 与理想气体压强公式 $p=\frac{2}{3}n\bar{\varepsilon}_t$ 相比较得出

$$T=\frac{2\bar{\varepsilon}_t}{3k} \tag{3.2.12}$$

上式给出了宏观量 $T$ 与微观量 $\bar{\varepsilon}_t$ 之间的关系，表示热力学温度仅与气体分子的平均平动动能 $\bar{\varepsilon}_t$ 有关，从微观角度揭示了温度的本质。温度是气体内部分子无规则运动的剧烈程度的宏观表现，是气体分子平均平动动能大小的量度。这个结论不仅适用于气体，还适用于固体和液体。同时由于温度与分子平均平动动能有关，所以温度概念也是大量气体分子热运动的集体表现，具有统计意义。对于分子个体而言，说它的温度是多少是没有意义的。

由式(3.2.12)可以计算出气体分子的方均根速率：

$$\sqrt{\overline{v^2}}=\sqrt{\frac{3kT}{m}}=\sqrt{\frac{3RT}{\mu}} \tag{3.2.13}$$

由上式可知，方均根速率与气体的热力学温度和气体的种类有关。

## 3.3　麦克斯韦分子速率分布律

根据气体分子运动论可知，系统是由大量的分子组成的，而且所有的分子都在永不

停息地作无规则的热运动。数量巨大的分子在有限的空间里运动会发生极其频繁的碰撞,对于气体分子个体而言分子之间碰撞是完全随机的,碰撞使它的速率值可以在零到无限大之间取任意值(经典力学观点)。虽然分子个体速率取值具有偶然性,但大量分子速率的分布会具有一定的分布规律。气体速率分布规律最早是在1859年由麦克斯韦导出,并由斯特恩于1920年通过实验给予证实。为了便于理解麦克斯韦速率分布律,首先介绍伽尔顿板实验。

### 3.3.1 伽尔顿板实验

伽尔顿板实验是一个说明统计规律的演示实验。如图3.3.1所示,在一个竖直木板的上半部,规则地钉着许多铁钉,木板的下半部用竖直的金属隔板隔成许多等宽的凹槽,在木板顶部有一个漏斗形的开口,板前用透明的塑料板覆盖,此实验装置通常称为伽尔顿板。演示时,从漏斗开口处倒入金属小球,可以通过透明塑料板观看到小球与铁钉碰撞并落入凹槽的整个过程及最后的实验结果。

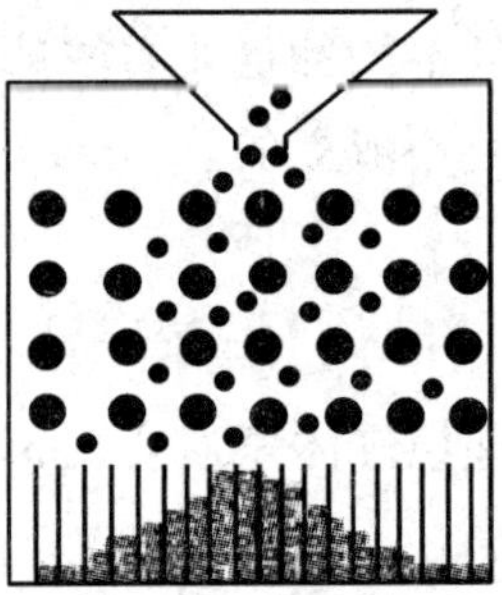

图3.3.1 伽尔顿板实验装置示意图

在实验中取一个金属小球投入开口后,小球在下落过程中会与许多铁钉发生碰撞,最后落入到某一个凹槽里。重复几次后可以观察到,这个小球每次落入的凹槽是不完全相同的。这说明每一次演示实验中金属小球落入某个凹槽中的行为是完全随机的,具有很大的偶然性。如果同时投入大量的金属小球,落入每个凹槽内的金属小球的数目是不同的,在中间部分的凹槽内落入金属球的个数最多,两边即离中间部分越远的凹槽内小球的数量越少,可把小球按凹槽内的分布情况用笔在透明塑料板上画出一条连续的曲线。重复上述过程,在小球投入数量较少时,每次得到的分布曲线有较大的差别,但是投入小球的数量较多时,每次所描绘出的曲线是基本重合的,即每个凹槽内落入金属小球的个数接近于一个固定的数值,每次实验只是在此数值上下涨落。

实验表明,小球个体经过与铁钉碰撞,改变运动方向并落入某凹槽行为完全是随机的,但大量金属小球整体按凹槽的分布情况是确定的(遵从一定的统计规律)。在伽尔顿板实验基础可以得出:**由大量气体分子组成的系统,虽然每个分子速率取值完全随机,但分子整体按速率区间分布的情况是确定的**,与伽尔顿板实验一样遵从相同的统计规律,即“两边小、中间大”的分布格局。

### 3.3.2　气体分子速率分布律

设系统是由 $N$ 个分子组成的，统计各种速率值对应的分子数量或各种速率值对应分子数占总分子数的百分比值，以此得出分子速率分布状况，这种研究分子速率所遵循规律的方法称为按速率分布。由于系统包括的分子数量巨大，而且分子之间相互碰撞，使得分子速率值不断改变，因此在讨论速率分布时不可能也没有必要对每个分子进行研究。在此从系统整体出发，利用统计方法进行分析说明。

按经典力学观点，气体分子的速率取值可以取 0 到无限大的任意值。因此为了说明分子按速率分布，将速率从 0 到 $\infty$ 分成若干等份，每一等份称为一个速率区间。设气体分子的总数为 $N$，其中速率在 $v \sim v+\Delta v$ 区间内的分子数为 $\Delta N_v$，则 $\Delta N_v/N$ 表示在 $v \sim v+\Delta v$ 区间内分子数占总分子数的百分比。当速率区间足够小时，$\Delta v$ 就可以表示为 $\mathrm{d}v$，速率区间可以写为 $v \sim v+\mathrm{d}v$，区间内的分子数可以用 $\mathrm{d}N_v$ 表示，则在这区间内的分子数占总分子数的百分比为 $\mathrm{d}N_v/N$。

比值 $\mathrm{d}N_v/N$ 与速率 $v$ 有关，即与 $v$ 的一定函数 $f(v)$ 成正比，同时也与在给定速率 $v$ 附近间隔 $\mathrm{d}v$ 成正比。用数学表达式表示为

$$\frac{\mathrm{d}N_v}{N}=f(v)\,\mathrm{d}v \tag{3.3.1}$$

故

$$f(v)=\frac{\mathrm{d}N_v}{N\mathrm{d}v} \tag{3.3.2}$$

式中 $f(v)$ 称为气体分子速率分布函数，它表示速率分布在速率 $v$ 附近单位速率区间内的分子数占总分子数的百分比。由前面的分析可知，气体分子个体速率取值完全随机，而大量气体分子的速率分布却遵从一定的统计规律。这个统计规律称为气体分子速率分布律。

### 3.3.3　麦克斯韦分子速率分布律

1895 年，麦克斯韦首先从理论上推导出理想气体在平衡态下分子速率分布函数，速率分布函数的数学表达式为

$$f(v)=4\pi\left(\frac{m}{2\pi kT}\right)^{\frac{3}{2}}v^2\mathrm{e}^{-\frac{mv^2}{2kT}} \tag{3.3.3}$$

上式称为麦克斯韦速率分布函数。式中 $T$ 为热力学温度，$m$ 为分子质量，$k$ 为玻尔兹曼常数。由该式确定的气体分子速率分布规律，称为麦克斯韦分子速率分布律。

### 3.3.4　归一化条件

根据麦克斯韦速率分布函数，以 $v$ 为横坐标，$f(v)$ 为纵坐标，在 $f(v)-v$ 图中画出的

曲线称为麦克斯韦速率分布曲线,如图3.3.2所示。

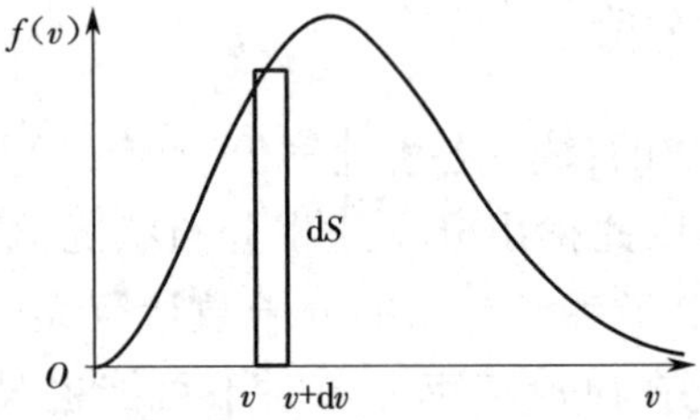


图3.3.2　麦克斯韦速率分布曲线

由速率分布曲线可以看出,曲线从原点出发,$f(v)$的值随速率增大而增大,经过一个最大值后又随速率增大而减小,并逐渐趋向于$v$轴。它形象地描绘出气体按速率分布的情况,图中任意一区间$v \sim v+\mathrm{d}v$内曲线下的窄条面积$\mathrm{d}S$,表示速率分布在此区间内的分子数占总分子数的百分比。同理,速率取值从$v_1 \sim v_2$内曲线下的面积表示分布在$v_1 \sim v_2$内分子数占总分子数的百分比。数学表达式表示为

$$\int_{v_1}^{v_2} f(v)\,\mathrm{d}v - \frac{\Delta N}{N} \tag{3.3.4}$$

曲线下的总面积则表示速率分布从0到无限大的区间内的分子数占总分子数的百分比,故

$$\int_{0}^{\infty} f(v)\,\mathrm{d}v = 1 \tag{3.3.5}$$

这个关系式是由速率分布函数$f(v)$本身的物理意义所决定的,是速率分布函数$f(v)$所必须要满足的条件,这个条件称为速率分布函数的归一化条件。

### 3.3.5　麦克斯韦分子速率分布律应用

利用麦克斯韦速率分布函数可以推出描述气体速率分布规律的三种速率。

**最概然速率:**最概然速率也可以称为最可几速率。由速率分布曲线可看出,速率分布函数$f(v)$在$0 \sim \infty$之间有一个最大值,与最大值对应的速率称为最概然速率或最可几速率,用符号$v_{\mathrm{p}}$表示。最概然速率可以由速率分布函数求极值得到:

$$v_{\mathrm{p}} = \sqrt{\frac{2kT}{m}} = \sqrt{\frac{2RT}{\mu}} \approx 1.41\sqrt{\frac{RT}{\mu}} \tag{3.3.6}$$

对于给定的气体,分布曲线形状会随温度变化而变化,图3.3.3画出了两个不同温度下的速率分布曲线($T_2 > T_1$)。当温度升高时,最概然速率$v_{\mathrm{p}}$会向速度增大的方向移动,同时由于归一化条件的限制(曲线下的总面积为1),因此温度升高时速率分布曲线变得较为平坦。

**平均速率:**气体分子速率的算术平均值称为气体分子平均速率,用$\bar{v}$表示。它是大量分子运动速率平均的结果。根据定义:

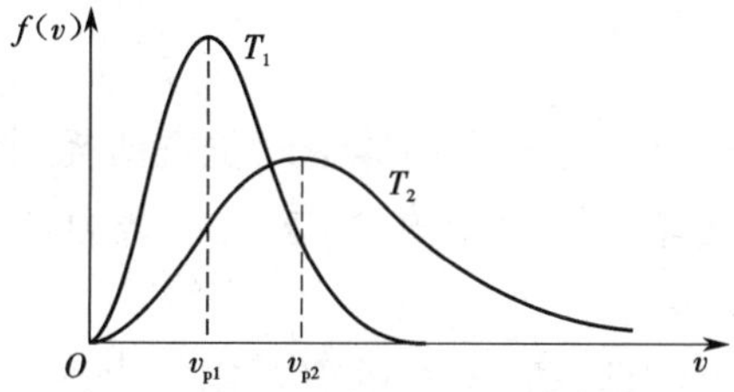


图 3.3.3　不同温度下的速率分布曲线

$$\bar{v}=\frac{\sum v_i}{N}=\frac{\int v\mathrm{d}N}{N}=\int_0^{\infty}vf(v)\,\mathrm{d}v \tag{3.3.7}$$

故

$$\bar{v}=\sqrt{\frac{8kT}{\pi m}}=\sqrt{\frac{8RT}{\pi\mu}}\approx 1.60\sqrt{\frac{RT}{\mu}} \tag{3.3.8}$$

**方均根速率:**气体分子速率平方的平均值的平方根称为气体分子的方均根速率。用符号$\sqrt{\overline{v^2}}$表示。根据定义:

$$\overline{v^2}=\frac{\sum v_i^2}{N}=\frac{\int v^2\mathrm{d}N}{N}=\int_0^{\infty}v^2f(v)\,\mathrm{d}v=\frac{3kT}{m} \tag{3.3.9}$$

由此可得分子的方均根速率

$$\sqrt{\overline{v^2}}=\sqrt{\frac{3kT}{m}}=\sqrt{\frac{3RT}{\mu}}\approx 1.73\sqrt{\frac{RT}{\mu}} \tag{3.3.10}$$

这与前面推得的结果完全一致。由上述三种速率公式可知,三种速率都有统计平均的意义,它们都与$\sqrt{T}$成正比,与$\sqrt{m}$或$\sqrt{\mu}$成反比。在这三种速率中,方均根速率$\sqrt{\overline{v^2}}$最大,最概然速率 $v_{\mathrm{p}}$ 最小。这三种速率都有各自的用途和应用,在讨论速率分布时要用到最概然速率,在讨论分子平均平动动能时要用到方均根速率,在计算分子运动平均自由程时要用到平均速率。

## 3.4　能量均分定理

之前研究大量分子无规则运动时,为了简化问题把分子看成质点,分子运动只考虑平动问题。事实上,每个气体分子都是具有一定大小和形状的,因此在有些问题中气体分子不能当做质点来处理。同时分子的运动也不仅包括平动,还有转动和分子内原子振动问题。本节讨论的分子运动能量就包括这些运动的能量。为了计算分子各种运动的能量,首先引入自由度的概念。

### 3.4.1 自由度

**自由度**是一个力学概念,是决定一个物体空间位置所需要的独立坐标数。因为自由度是一个力学概念,在讨论气体分子自由度之前,先结合力学中质点、刚体问题,讨论自由度问题。

若一个质点在三维空间自由运动,这时就需要用三个独立坐标 $x$、$y$、$z$ 确定它的空间位置,此时质点的自由度为3。这种自由度称为平动自由度,用 $t$ 表示,即 $t=3$。

对于刚体来说,除了平动以外还有转动。如图 3.4.1 所示,一个刚体在空间的位置可以这样确定:

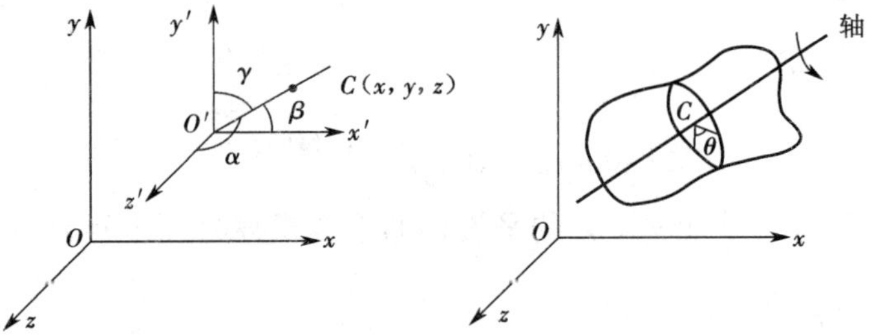


图 3.4.1　刚体自由度示意图

决定刚体的质心位置,需要用三个独立坐标 $x$、$y$、$z$ 确定,即质心位置需要三个平动自由度。经过刚体质心的转轴的方位,需要由 $\alpha$、$\beta$、$\gamma$ 三个方位角来决定,但是由于$\cos^2\alpha+\cos^2\beta+\cos^2\gamma=1$,所以这三个角中只有两个角是独立的,因此决定转轴方位的自由度为2。由于刚体还可以绕自身轴线转动,还需要用一个角度 $\theta$ 表征刚体转动的角位置,因此决定刚体转动角度的自由度为1。综上所述,一个自由运动的刚体一共有6个自由度,其中前三个自由度为平动自由度($t=3$),后三个自由度为转动自由度,转动自由度用 $r$ 表示,$r=3$。如果刚体是一个细线,则没有绕自身轴的转动,总的自由度是5个,即3个平动自由度和2个转动自由度。

### 3.4.2 气体分子自由度

按照气体分子的结构可以把气体分为单原子分子(如惰性气体中 He、Ne 等)、双原子分子(如 $H_2$、$O_2$、CO)和多原子分子(由3个或3个以上原子组成的分子)。

在一般情况下,双原子以上的气体分子,由于原子间的相互作用,分子内原子间的距离会发生改变,即在平衡位置上振动,所以除平动自由度、转动自由度外,还有振动自由度。但是在温度较低时,原子在平衡位置的振动较弱,此时可以把气体分子看作刚性分子。

单原子分子可以看作自由运动的质点,所以有3个自由度,并且都是平动自由度。刚性双原子分子中的原子也可看成质点且由一个刚性键连接起来,整个分子像是一根细杆，决定其质心的位置需要3个平动自由度，决定其转轴方位需要2个转动自由度，由于细杆绕自身转动没有意义，所以双原子分子共有5个自由度。刚性多原子分子可以看作是自由运动刚体，因此有6个自由度，其中3个是平动自由度，3个是转动自由度。

### 3.4.3　能量按自由度均分定理

**平均平动动能按平动自由度均分**：由式(3.2.6)不同方向速度分量平方平均值的等值性以及式(3.2.12)温度与平均平动动能的关系，可得如下结果：

$$\frac{1}{2}m\overline{v_x^2}=\frac{1}{2}m\overline{v_y^2}=\frac{1}{2}m\overline{v_z^2}=\frac{1}{2}kT \tag{3.4.1}$$

该式表明，分子的平均平动动能均匀地分配到每一个平动自由度上，在每一个平动自由度上的平均动能都是相等的，其大小都等于$\frac{1}{2}kT$。这样的结论可以推广到分子的转动自由度和振动自由度上，因此得出一个普遍适用的定理——能量按自由度均分定理，简称**能均分定理：在温度为$T$的平衡状态下，气体分子的每一个自由度都具有相同的平均动能，其大小都等于$\frac{1}{2}kT$**。

根据能均分定理，若某种气体分子有$t$个平动自由度、$r$个转动自由度，则每个气体分子的平均平动动能$\bar{\varepsilon}_t$、平均转动动能$\bar{\varepsilon}_r$、平均总动能$\bar{\varepsilon}_k$分别表示为

$$\bar{\varepsilon}_t=\frac{t}{2}kT \tag{3.4.2}$$

$$\bar{\varepsilon}_r=\frac{r}{2}kT \tag{3.4.3}$$

$$\bar{\varepsilon}_k=\frac{1}{2}(r+t)kT \tag{3.4.4}$$

其中令$i=t+r$（$i$称为自由度的个数），则$\bar{\varepsilon}_k=\frac{i}{2}kT$。

应当指出，能均分定理是一个统计规律，是在平衡态下大量分子统计平均的结果，其结论对分子个体是不适用的。

### 3.4.4　理想气体内能

气体分子热运动的动能以及分子间相互作用势能的总和称为气体的内能（internal energy）。

对于理想气体，一方面因分子间相互作用力忽略不计而不考虑分子间的作用势能，另一方面如果把气体分子看成刚性分子而不考虑分子内原子振动，则理想气体内能就是理想气体所有分子的动能总和。设某种理想气体由$N$个同种气体分子组成，每个分子自由度为$i$，所以理想气体内能可表示为

$$E = N\bar{\varepsilon}_{\mathrm{k}} = N\frac{i}{2}kT \tag{3.4.5}$$

由于 $k=\frac{R}{N_{\mathrm{A}}}$,$\frac{N}{N_{\mathrm{A}}}=\nu$(气体摩尔数),所以上式写成

$$E = \frac{i}{2}\nu RT \tag{3.4.6}$$

根据上式可以得出,一定量的某理想气体的内能只与热力学温度有关。当质量一定,理想气体的温度不变时,其内能就不会改变,温度变化时内能也会发生改变。若温度变化量相同,其内能的变化量也一定相同。综上所述,**理想气体内能是一个状态量,是温度的单值函数**,其改变只取决于始末两个状态的温度,与系统状态变化的具体过程无关。

**例 3.4.1** 某刚性双原子分子理想气体,处于 0 ℃。试求:(1)分子平均平动动能;(2)分子平均转动动能;(3)分子平均动能;(4)0.5 mol 的该气体所具有内能。

**分析** 一个分子的平均平动动能,不论是哪一种气体,都是等于$\frac{3}{2}kT$;而平均转动动能会因气体不同而不同。单原子分子的气体,无转动动能;双原子分子的气体,有 2 个转动自由度,多原了分了的气体有 3 个转动自由度。同时应注意单个分子能量与内能公式书写的不同。

**解** 因为 $t=0$ ℃,根据 $T=t+273$,得出 $T=273$ K

(1)$\bar{\varepsilon}_{\mathrm{t}}=\frac{3}{2}kT=\frac{3}{2}\times 1.38\times 10^{-23}\times 273=5.65\times 10^{-21}$ J

(2)$\bar{\varepsilon}_{\mathrm{r}}=\frac{2}{2}kT=\frac{2}{2}\times 1.38\times 10^{-23}\times 273=3.77\times 10^{-21}$ J

(3)$\bar{\varepsilon}_{\mathrm{k}}=\frac{5}{2}kT=\frac{5}{2}\times 1.38\times 10^{-23}\times 273=9.42\times 10^{-21}$ J

(4)$E=\frac{i}{2}\nu RT=\frac{5}{2}\times\frac{1}{2}\times 8.31\times 273=2.84\times 10^{3}$ J

如果气体分子的振动不能忽略,则还应该计入振动的能量。每一个振动可以用一个谐振子来描述,有动能和势能。动能遵循能均分定理,谐振子的平均势能和动能相等,一个振动自由度的能量是其平均动能的两倍(即 $kT$)。一般温度高时,振动自由度会被激发,才需要考虑振动自由度。

## 3.5 气体分子的平均自由程

本节讨论气体分子之间相互碰撞所遵循的统计规律。

### 3.5.1 分子碰撞

讨论麦克斯韦速率分布时学习了平均速率。在室温条件下,气体分子的平均速率可

达到每秒几百米，按照这个结果，气体的很多过程都能在一瞬间完成，但实际并非如此。例如在数米外打开一瓶香水，人们并不是立即就能闻到香水味，而是要经过数秒或者更长的时间才能闻到。这其中的原因是什么呢？简单说就是由于分子之间碰撞造成的。具体分析如下：系统单位体积内的分子数量非常大，分子运动过程中会与其他分子发生频繁的碰撞，每碰撞一次就要改变一次方向，所以分子实际走的路线不是直线而是折线，如图3.5.1所示。因此，尽管分子运动速率很大，但香水分子从一个地方扩散到另一个地方也要经过较长的时间才能完成。上述现象表明，分子间的碰撞问题是分子运动理论中的重要问题，是分子运动的基本特征。

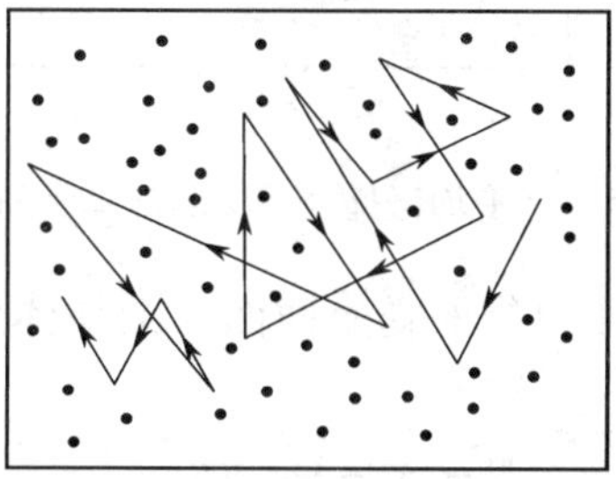

图3.5.1 分子运动轨迹

## 3.5.2 平均碰撞次数(频率)和平均自由程

气体分子在运动过程中会与其他分子发生频繁碰撞，因此在任意两次连续碰撞之间一个分子所经过的自由路程的长短、所需要的时间多少，都具有很大的偶然性。人们不可能测出每个分子所走自由路程的距离和所用的时间，但是可以利用统计方法求出单位时间内一个分子与其他分子碰撞次数的平均值和一个分子在连续两次碰撞间所经历的自由路程的平均值，前者称为分子的平均碰撞次数(频率)，用符号 $\bar{z}$ 表示，后者称为分子的平均自由程，用符号 $\bar{\lambda}$ 表示。由两个定义可以看出，分子之间的碰撞次数越高，分子的平均自由程就越短。

设分子相对地面的平均速率为 $\bar{v}$，则 $\Delta t$ 时间内每一个分子平均走过的路程为 $\bar{v}\Delta t$，而 $\Delta t$ 时间内分子和其他分子所发生的碰撞平均次数为 $\bar{z}\Delta t$，平均自由程就可以表示为

$$\bar{\lambda} = \frac{\bar{v}\Delta t}{\bar{z}\Delta t} = \frac{\bar{v}}{\bar{z}} \tag{3.5.1}$$

下面讨论平均碰撞频率 $\bar{z}$ 的表达式。假设单位体积内气体分子数为 $n$，每个气体分子都看成刚性球体，其平均有效直径 $d$，分子相对于地面的平均速率为 $\bar{v}$。任选一个分子 $a$ 作为研究对象，讨论分子 $a$ 在 $\Delta t$ 时间内的碰撞次数。

首先，解决 $\Delta t$ 时间内分子 $a$ 所走的路程。由于研究分子 $a$ 与其他分子相互碰撞时，其他分子也在运动，因此不能用分子 $a$ 相对地面的平均速率 $\bar{v}$ 来求路程，而要利用它们之间的相对速率讨论。设它们之间相对速率为 $\bar{u}$，则分子 $a$ 在 $\Delta t$ 时间内通过的相对路程为

$\bar{u}\Delta t$,同时,碰撞会改变分子 $a$ 的方向,但是不会改变每秒走的路程长短,因此用直线路径代替折线路径讨论问题。

按上述分析,分子 $a$ 运动可以看成直线运动。当它运动时,如图 3.5.2 所示,它的球心轨迹就是一条直线,以这条直线为轴,以分子的有效平均直径 $d$ 为半径作圆柱面。显然只要球心在圆柱面内的分子都会与分子 $a$ 碰撞。

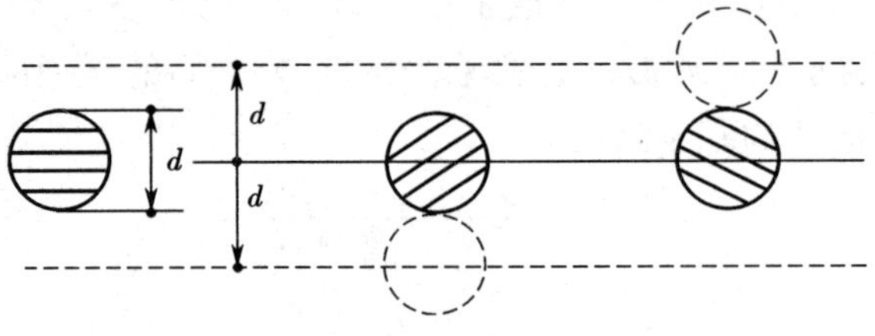


图 3.5.2　平均碰撞频率 $\bar{z}$ 的计算示意图

把圆柱面的横截面积 $\pi d^2$ 称为分子碰撞截面。圆柱体体积可表示为 $V=\pi d^2\bar{u}\Delta t$,圆柱体内的分子数为

$$N = Vn = \pi d^2\bar{u}\Delta tn \tag{3.5.2}$$

$N$ 就是分子 $a$ 在 $\Delta t$ 时间内与其他分子碰撞的次数,则单位时间内碰撞次数可以表示为

$$\bar{z} = \frac{\pi d^2\bar{u}\Delta tn}{\Delta t} = \pi d^2\bar{u}n \tag{3.5.3}$$

气体分子的平均相对速率 $\bar{u}$ 与平均速率 $\bar{v}$ 之间有如下关系:

$$\bar{u} = \sqrt{2}\bar{v} \tag{3.5.4}$$

则平均碰撞频率公式可以改写为

$$\bar{z} = \sqrt{2}\pi d^2\bar{v}n \tag{3.5.5}$$

平均自由程为

$$\bar{\lambda} = \frac{1}{\sqrt{2}\pi d^2 n} \tag{3.5.6}$$

上式表明,平均自由程 $\bar{\lambda}$ 与分子平均有效直径 $d$ 的平方成反比,与单位体积内的分子数成反比。

## 习　　题

3-1　温度反映了物体的冷热程度。关于物体的温度,有以下几种理解:

(1)气体的温度是分子平均平动动能的量度,

(2)气体的温度是大量气体分子热运动的集体表现,具有统计意义,

(3)温度的高低反映物质内部分子运动剧烈程度的不同,

(4)从微观上看,气体的温度表示每个气体分子的冷热程度。

在上述这些说法中,意义正确的是(　　)。

(A)(1)、(2)、(4)　　(B)(1)、(2)、(3)

(C)(2)、(3)、(4)　　(D)(1)、(3)、(4)

3-2　理想气体能达到平衡态的原因是(　　)。

(A)各处温度相同　　(B)各处压强相同

(C)分子永恒运动并不断相互碰撞　　(D)各处分子的碰撞次数相同

3-3　如果氢气和氦气的温度相同,物质的量也相同,则这两种气体的(　　)。

(A)平均总动能相等　　(B)平均平动动能相等

(C)内能相等　　(D)势能相等

3-4　在标准状态下,体积比为$\frac{V_1}{V_2}=\frac{1}{2}$的氧气和氦气(均视为刚性分子理想气体)相混合,则其混合气体中氧气和氦气的内能比为(　　)。

(A)$\frac{1}{2}$　　(B)$\frac{5}{3}$　　(C)$\frac{5}{6}$　　(D)$\frac{3}{10}$

3-5　压强为$p$、体积为$V$的氢气(视为理想气体)的内能为(　　)。

(A)$\frac{5}{2}pV$　　(B)$\frac{3}{2}pV$　　(C)$\frac{1}{2}pV$　　(D)$pV$

3-6　温度、压强相同的氦气和氧气,它们分子的平均动能$\bar{\varepsilon}_k$和平均平动动能$\bar{\varepsilon}_t$有如下关系(　　)。

(A)$\bar{\varepsilon}_k$和$\bar{\varepsilon}_t$都相等　　(B)$\bar{\varepsilon}_k$相等,而$\bar{\varepsilon}_t$不相等

(C)$\bar{\varepsilon}_t$相等,而$\bar{\varepsilon}_k$不相等　　(D)$\bar{\varepsilon}_k$和$\bar{\varepsilon}_t$都不相等

3-7　1 mol 刚性双原子分子理想气体,当温度为$T$时,其内能为(　　)。

(A)$\frac{3}{2}RT$　　(B)$\frac{3}{2}kT$　　(C)$\frac{5}{2}RT$　　(D)$\frac{5}{2}kT$

3-8　两瓶不同种类的气体,分子平均平动动能相等,但气体分子数密度不同,则(　　)。

(A)温度和压强都相同　　(B)温度相同,压强不等

(C)温度和压强都不同　　(D)温度相同,内能也相等

3-9　容器中储有 1 mol 理想气体,温度$t=27$ ℃,则分子平均平动动能的总和为(　　)。

(A)3 403 J　　(B)3 739.5 J　　(C)2 493 J　　(D)6 232.5 J

3-10　在一定速率$v$附近麦克斯韦速率分布函数$f(v)$的物理意义是:一定量的理想气体在给定温度下处于平衡态时(　　)。

(A)速率为$v$时的分子数

(B)分子数随速率$v$的变化

(C)速率为$v$的分子数占总分子数的百分比

(D)速率在$v$附近单位速率区间内的分子数占总分子数的百分比

3-11　在平衡状态下，理想气体分子在速率区间 $v_1 \sim v_2$ 内的分子数为(　　)。

(A) $\int_{v_1}^{v_2} f(v)\,dv$　　(B) $\int_{v_1}^{v_2} Nf(v)\,dv$　　(C) $\int_{v_1}^{v_2} vf(v)\,dv$　　(D) $\int_{v_1}^{v_2} v^2 f(v)\,dv$

3-12　下列对最概然速率 $v_p$ 的表述中，不正确的是(　　)。

(A) $v_p$ 是气体分子可能具有的最大速率

(B)就单位速率区间而言，分子速率取 $v_p$ 的概率最大

(C)分子速率分布函数 $f(v)$ 取极大值时所对应的速率就是 $v_p$

(D)在相同速率间隔条件下分子处在 $v_p$ 所在的那个间隔内的分子数最多

3-13　有两个容器，一个盛氢气，另一个盛氧气，如果两种气体分子的方均根速率相等，由此可以得出的结论是(　　)。

(A)氧气的温度比氢气的高　　(B)氢气的温度比氧气的高

(C)两种气体的温度相同　　(D)两种气体的压强相同

3-14　在一容积不变的封闭容器内，理想气体分子的平均速率若提高为原来的2倍，则(　　)。

(A)温度和压强都提高为原来的2倍

(B)温度为原来的2倍，压强为原来的4倍

(C)温度为原来的4倍，压强为原来的2倍

(D)温度和压强都为原来的4倍

3-15　已知氢气与氧气的温度相同，请判断下列说法哪个正确？(　　)

(A)氧分子的质量比氢分子大，所以氧气的压强一定大于氢气的压强

(B)氧分子的质量比氢分子大，所以氧气的密度一定大于氢气的密度

(C)氧分子的质量比氢分子大，所以氢分子的速率一定比氧分子的速率大

(D)氧分子的质量比氢分子大，所以氢分子的方均根速率一定比氧分子的方均根速率大

3-16　三个容器A、B、C中装有同种理想气体，其分子数密度 $n$ 相同，而方均根速率之比为 $\sqrt{\overline{v_A^2}}:\sqrt{\overline{v_B^2}}:\sqrt{\overline{v_C^2}}=1:2:4$，则其压强之比 $p_A:p_B:p_C$ 为(　　)。

(A)1:2:4　　(B)4:2:1　　(C)1:4:16　　(D)1:4:8

3-17　若 $f(v)$ 为气体分子速率分布函数，$N$ 为分子总数，$m$ 为分子质量，则 $\int_{v_1}^{v_2}\frac{1}{2}mv^2 Nf(v)\,dv$ 的物理意义是(　　)。

(A)速率为 $v_2$ 的各分子的总平动动能与速率为 $v_1$ 的各分子的总平动动能之差

(B)速率为 $v_2$ 的各分子的总平动动能与速率为 $v_1$ 的各分子的总平动动能之和

(C)速率处在速率间隔 $v_1 \sim v_2$ 之内的分子的平均平动动能

(D)速率处在速率间隔 $v_1 \sim v_2$ 之内的分子平动动能之和

3-18　气缸内盛有一定量的氢气(可视为理想气体)，当温度不变而压强增大一倍

时，氢气分子的平均碰撞频率 $\bar{z}$ 和平均自由程 $\bar{\lambda}$ 的变化情况是(　　)。

(A) $\bar{z}$ 和 $\bar{\lambda}$ 都增大一倍　　(B) $\bar{z}$ 和 $\bar{\lambda}$ 都减为原来的一半

(C) $\bar{z}$ 增大一倍而 $\bar{\lambda}$ 减为原来的一半　　(D) $\bar{z}$ 减为原来的一半而 $\bar{\lambda}$ 增大一倍

3-19　一定量的理想气体，在容积不变的条件下，当温度降低时，分子的平均碰撞频率 $\bar{z}$ 和平均自由程 $\bar{\lambda}$ 的变化情况是(　　)。

(A) $\bar{z}$ 减小，但 $\bar{\lambda}$ 不变　　(B) $\bar{z}$ 不变，但 $\bar{\lambda}$ 减小

(C) $\bar{z}$ 和 $\bar{\lambda}$ 都减小　　(D) $\bar{z}$ 和 $\bar{\lambda}$ 都不变

3-20　容器中储有氧气，温度 $t=27$ ℃，则氧分子的平均平动动能 $\bar{\varepsilon}_t=$________，平均转动动能 $\bar{\varepsilon}_r=$________，平均动能 $\bar{\varepsilon}_k=$________。

3-21　理想气体在平衡状态下，速率区间 $v \sim v+\mathrm{d}v$ 内的分子数为________.

3-22　如图所示为氢分子和氧分子在相同温度下的麦克斯韦速率分布曲线，则氢分子的最概然速率为________，氧分子的最概然速率为________。

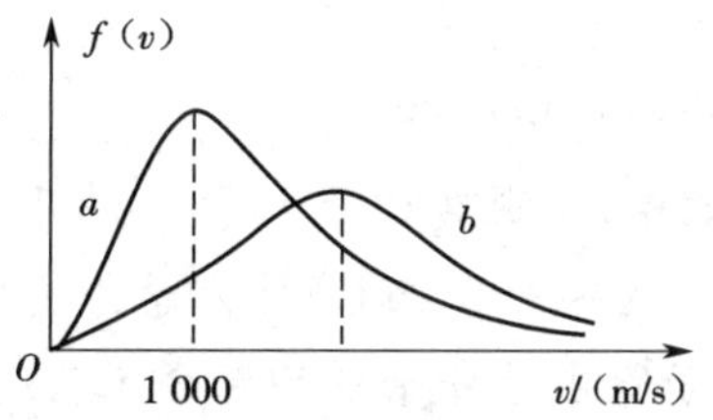


题3-22图

3-23　已知大气中分子数密度 $n$ 随高度 $h$ 的变化规律 $n=n_0\exp\left(-\dfrac{Mgh}{RT}\right)$，式中 $n_0$ 为 $h=0$ 处的分子数密度。若大气中空气的摩尔质量为 $M$，温度为 $T$，且处处相同，并设重力场是均匀的，则空气分子数密度减少到地面的一半的高度为________。

3-24　有一瓶质量为 $M$ 的氢气(视为刚性双原子分子的理想气体)，温度为 $T$，则氢分子的平均平动动能为________，氢分子的平均动能为________，该瓶氢气的内能为________。

3-25　三个容器内分别贮有1 mol 氦(He)、1 mol 氢($H_2$)和1 mol 氨($NH_3$)(均视为刚性分子的理想气体)。若它们的温度都升高1 K，则三种气体的内能增加值分别为：$\Delta E_{He}=$________，$\Delta E_{H_2}=$________，$\Delta E_{NH_3}=$________。(摩尔气体常量 $R=8.31$ J/(mol·K))

3-26　2 g 氢气与 2 g 氦气分别装在两个容积相同的封闭容器内，温度也相同(氢分子可视为刚性双原子分子)，则：(1)氢分子与氦分子的平均平动动能之比 $\bar{\varepsilon}_{tH_2}/\bar{\varepsilon}_{tHe}=$________；(2)氢气与氦气压强之比 $p_{H_2}/p_{He}=$________；(3)氢气与氦气内能之比 $E_{H_2}/E_{He}=$________。

3-27　在相同温度下，氢分子与氧分子的平均平动动能的比值为________，方均

根速率的比值为________。

3-28　图示曲线为处于同一温度 $T$ 时氦(原子量4)、氖(原子量20)和氩(原子量40)三种气体分子的速率分布曲线。其中:曲线 $a$ 是________气分子的速率分布曲线;曲线 $c$ 是________气分子的速率分布曲线。

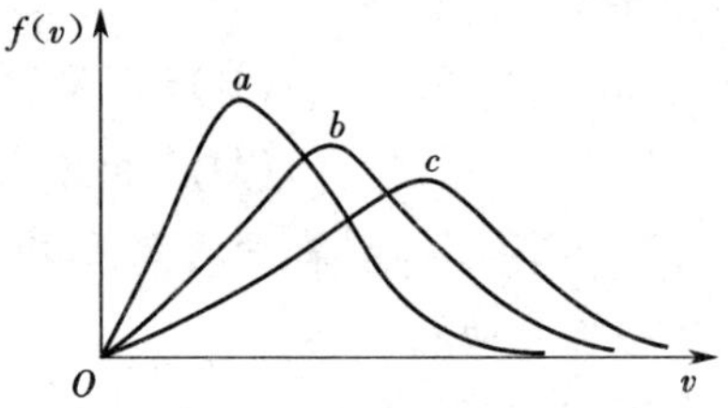


题3-28图

3-29　用总分子数 $N$、气体分子速率 $v$ 和速率分布函数 $f(v)$ 表示下列各量:

(1)速率大于 $v_0$ 的分子数 =________;

(2)速率大于 $v_0$ 的那些分子的平均速率 =________;

(3)多次观察某一分子的速率,发现其速率大于 $v_0$ 的几率 =________。

3-30　已知 $f(v)$ 为麦克斯韦速率分布函数,$N$ 为总分子数,则:

(1)速率 $v>100$ m/s 的分子数占总分子数的百分比表达式为________;

(2)速率 $v>100$ m/s 的分子数表达式为________。

3-31　在平衡状态下,已知理想气体分子的麦克斯韦速率分布函数为 $f(v)$,分子质量为 $m$、最可几速率为 $v_p$,试说明下列各式的物理意义:

(1) $\int_{v_p}^{\infty} f(v)\,\mathrm{d}v$ 表示________;

(2) $\int_{v}^{\infty} \frac{1}{2}mv^2 f(v)\,\mathrm{d}v$ 表示________。

3-32　设气体分子服从麦克斯韦速率分布律,$\bar{v}$ 代表平均速率,$\Delta v$ 为一固定的速率区间,则速率在 $\bar{v} \sim \bar{v}+\Delta v$ 范围内的分子数占分子总数的百分比随气体的温度升高而________(增加、降低或保持不变)。

3-33　一定量的某种理想气体,先经过等容过程使其热力学温度升高为原来的2倍,再经过等压过程使其体积膨胀为原来的2倍,则分子的平均自由程变为原来的________倍。

3-34　温度为27 ℃时,1 mol 氦气、氢气和氧气各有多少内能?

3-35　一5 m×3 m×3 m 的密闭房间,室温为20 ℃,室内空气分子热运动的平均平动动能的总和是多少?如果气体的温度升高1.0 K,而体积不变,则气体的内能变化多少?气体分子的方均根速率增加多少?(已知空气的密度 $\rho=1.29\ \mathrm{kg/m^3}$,摩尔质量 $M=29\times10^{-3}$ kg/mol,且空气分子可视为刚性双原子分子。摩尔气体常量 $R=$

8.31 J/(mol·K))

3-36　一瓶氢气和一瓶氧气温度相同，若氢气分子的平均平动动能为 $6.21\times10^{-21}$ J。试求：(1)氧气分子的平均平动动能和最概然速率；(2)氧气的温度。(阿伏伽德罗常数 $N_A=6.022\times10^{23}$ 个/mol，氧气分子摩尔质量 $\mu=32$ g/mol，玻尔兹曼常量 $k=1.38\times10^{-23}$ J/K)

3-37　在容积为 $2.0\times10^{-3}\text{m}^3$ 的容器中，有内能为675 J的刚性双原子分子的理想气体。(1)求气体的压强；(2)若容器中分子总数为 $5.4\times10^{22}$ 个，求分子平均平动动能及气体的温度。

3-38　温度为0 ℃和100 ℃时理想气体分子的平均平动动能各为多少？欲使分子的平均平动动能等于1 eV，气体的温度需多高？

3-39　某些恒星的温度约 $1.0\times10^8$ K，这是发生聚变反应(也称热核反应)所需的温度。通常在此温度下恒星可视为由质子组成，求：(1)质子的平均平动动能；(2)质子的方均根速率。

3-40　有 $N$ 个质量均为 $m$ 的同种气体分子，它们的速率分布如图所示。(1)说明曲线与横坐标所包围面积的意义；(2)由 $N$ 和 $v_0$ 求 $a$ 值；(3)求在速率 $v_0/2$ 到 $3v_0/2$ 间隔内的分子数；(4)求分子的平均平动动能。

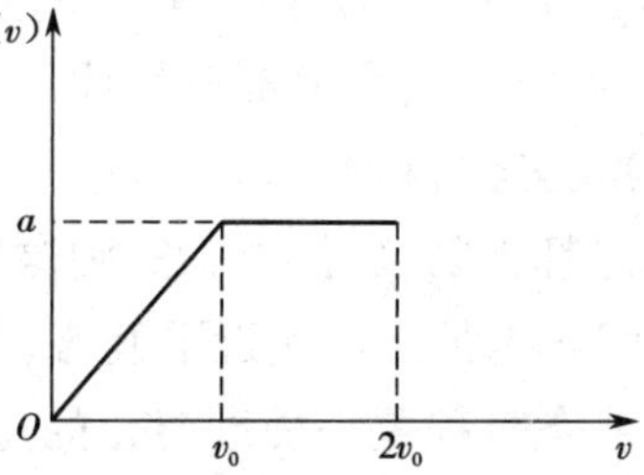


题3-40图

3-41　金属导体中的电子近似可以自由运动，称为自由电子。自由电子的运动类似于气体分子的运动。现在假设导体中的自由电子数是 $N$，电子的最大速率 $v_F$ 叫作费米速率，电子的速率在 $v\sim v+\mathrm{d}v$ 之间的概率为

$$\frac{\mathrm{d}N}{N}=\begin{cases}\dfrac{4\pi v^2A\mathrm{d}v}{N}(v_F>v>0)\\ 0\quad(v>v_F)\end{cases}$$

式中 $A$ 为归一化常量。

(1)根据归一化条件求出常数 $A$。(2)证明电子的平均动能 $\bar{\varepsilon}=\frac{3}{5}\left(\frac{1}{2}mv_F^2\right)=\frac{3}{5}\varepsilon_F$，这里 $\varepsilon_F=\frac{1}{2}mv_F^2$ 叫作费米能。

# 第4章　热力学基础

本章研究的是热力学系统状态变化时所遵循的规律，主要有两个方面：热力学第一定律，即热、功和内能之间的相互联系；热力学第二定律，关于宏观热力学过程的进行方向。

## 4.1　热力学第一定律

### 4.1.1　准静态过程

当系统与外界交换能量时，系统的状态就会发生变化，系统从一个状态变化到另一个状态，所经历的过程称为**热力学过程**，简称为**过程**。在实际过程中，系统所经历的中间状态都不是平衡态。比如：推动气缸中的活塞压缩气体，在此过程中任意时刻气体内部各部分的压强与温度都是不同的，靠近活塞那部分气体压强会大一些，温度也会高一些。因此，为了便于研究问题，引入准静态过程概念。

如果过程所经历的中间状态都无限接近平衡态，则这样的过程称准静态过程（quasi-static process）。由于每一个中间状态都无限接近平衡态，所以准静态过程可以看成一系列平衡态依次连接而成的。**准静态过程是一种理想化的过程，是实际过程进行得无限缓慢的极限情况**。

在状态图中，任何一点都对应着一个平衡态，任意一条曲线都表示一个准静态过程。例如状态图中的等温线、等容线、等压线都是准静态过程。

从宏观角度来看，做功和热传递可以改变系统的状态。从能量观点分析，向系统传递热量、对系统做功，都会使系统的内能发生改变。

### 4.1.2　功

在力学中已知，功是力在空间上的累积效应，数值上等于力与力作用方向位移的乘积。外力对物体做功会使物体运动状态发生变化，在做功过程中，物体与外界之间会有能量交换，即功是能量转换的一种量度。这两条结论不仅适用于力学，对于热力学过程也同样适用。下面研究在准静态过程中气体体积膨胀时所做的功。

如图4.1.1所示，设有一气缸，气缸内气体作为热力学系统，气体的压强为 $p$，活塞的面积为 $S$，系统体积膨胀推动活塞移动发生一个微小位移 $\mathrm{d}\boldsymbol{l}$，在此过程中气体做的元功

$$dW = \boldsymbol{F} \cdot d\boldsymbol{l} = F dl \tag{4.1.1}$$

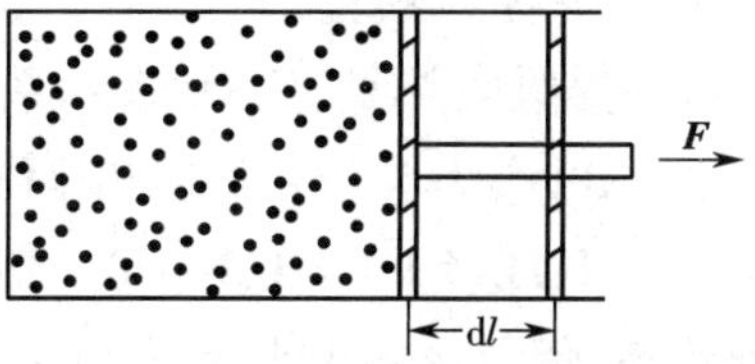


图 4.1.1　气体膨胀做功的计算示意图

由于是准静态过程，在微小变化情况下，有 $F = pS$。因而得出

$$dW = pSdl = pdV \tag{4.1.2}$$

若气体的体积由 $V_1$ 变化到 $V_2$，则系统对外做功可以表示为

$$W = \int dW = \int_{V_1}^{V_2} pdV \tag{4.1.3}$$

功有正负之分，气体膨胀，体积增大对外做正功；气体压缩，体积减小，气体对外做负功（或者称外界对气体做功）。根据积分的定义，功的大小可以用 $p-V$ 图上过程曲线下的阴影面积大小来表示，如图 4.1.2 所示。

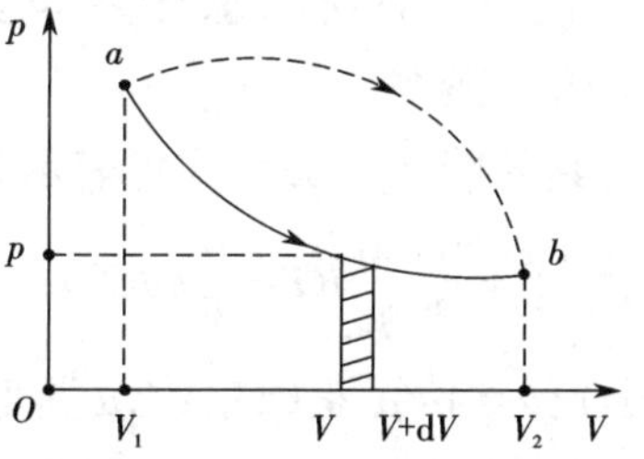


图 4.1.2　$p$-$V$ 图中气体膨胀做功示意图

从图中可以看出，从状态 $a$ 到状态 $b$ 经过不同的路径，对应曲线下的阴影面积也不同，表明功的数值与过程有关，功是一个**过程量**。气体等值过程中所做的功如下。

（1）等温过程：

$$W = \int_{V_1}^{V_2} pdV = \int_{V_1}^{V_2} \frac{\nu RT}{V} dV = \nu RT \ln \frac{V_2}{V_1} \tag{4.1.4}$$

（2）等压过程：

$$W = \int_{V_1}^{V_2} pdV = p \int_{V_1}^{V_2} dV = p(V_2 - V_1) \tag{4.1.5}$$

（3）等容过程：

$$W = 0 \tag{4.1.6}$$

### 4.1.3　热量

改变系统状态，除了做功之外，还有另一种方式，就是热传递。当两个温度不同的物体相互接触,它们之间就会有能量交换,最后达到热平衡,具有相同的温度,这个过程称为热传递。热传递中传递能量的多少称为热量,用符号 $Q$ 表示,它的单位为焦耳。热量 $Q$ 正负的规定:$Q>0$ 表示系统从外界吸收热量,$Q<0$ 表示系统对外界放出热量。

在过去,热量常用卡(符号为 cal)作为单位,功用焦耳作为单位,热量与功之间的换算关系,称为热功当量,1 cal = 4.18 J,或者 1 J = 0.24 cal。**功与热量都是过程量**。做功与热传递都可以改变气体系统的状态,但具体机制是有差别的。做功是通过物体宏观位移来实现物体有规则运动与系统内分子无规则运动之间的能量转换;热传递是通过分子间的相互作用来实现系统外物体的分子无规则运动与系统内分子无规则运动之间的能量转换。简单概括,功是宏观方式传递能量,热传递是微观方式传递能量。

### 4.1.4 内能

实验可证,系统状态发生变化时,只要是始末状态给定,则无论做功、热传递,还是两者兼而有之,外界对系统所做功和系统传递的能量总和是恒定不变的。这就说明系统始末两个状态的能量差不变,即热力学系统在一定状态下,应具有一定的能量,这个能量称为热力学系统内能。内能用符号 $E$ 表示。内能是系统内部分子热运动的动能和分子之间相互作用势能的总和。由于内能只与系统状态有关,与经历的过程无关,所以内能是状态量。理想气体内能是温度的单值函数。

对于质量为 $M$ 的理想气体,其内能数学关系式可表示为

$$E=\frac{i}{2}\frac{M}{\mu}RT=\frac{i}{2}\nu RT \tag{4.1.7}$$

式中,$i$ 为自由度数目(刚性分子);$\nu=M/\mu$ 是摩尔数,$\mu$ 是摩尔质量。

### 4.1.5 热力学第一定律

热力学第一定律是德国物理学家克劳修斯在《论热的动力和由此得出的热学定律》一文中提出的,热力学第一定律是包括功、热量、内能在内的能量守恒定律。**热力学第一定律**:外界向热力学系统传递的热量,一部分用于系统对外做功,另一部分使系统内能增加。**热力学第一定律数学表达形式为**

$$Q=E_2-E_1+W(\text{或 } Q=\Delta E+W) \tag{4.1.8}$$

式中,$Q$ 和 $W$ 分别表示在系统状态变化过程中系统与外界之间交换热量以及系统对外做的功,$\Delta E$ 表示系统内能的变化量。$Q$、$\Delta E$、$W$ 可以取正值,也可以取负值。正负的规定如下:系统从外界吸收热量时,热量 $Q$ 为正,系统向外界放出热量时,热量 $Q$ 为负;系统对外界做功时,功 $W$ 为正,外界对系统做功时,功 $W$ 为负;系统的内能增加时,内能的增量 $\Delta E$ 为正,系统的内能减少时,内能增量 $\Delta E$ 为负。

对于系统状态发生微小变化的过程而言,热力学第一定律可写为

$$đQ=\mathrm{d}E+đW \tag{4.1.9}$$

式中，$dE$、$đQ$、$đW$ 分别表示系统在同一微小变化过程中内能的微小增量、所吸收的热量和系统对外做的微功。同时，由于 $Q$、$W$ 都是过程量，所以写成 đ 以示区别。热力学第一定律是包括热量在内的能量守恒定律，它适用于任何热力学系统和热力学过程。

历史上曾经有许多人试图制造这样一种机器，不需要任何动力或燃料，系统的内能也不变化，却能不断对外做功，这样的机器称为第一类永动机。很显然，这是违反热力学第一定律的，是不可能制造成功的。

## 4.2　热力学第一定律的应用

本节将讨论理想气体在几个准静态过程中热力学第一定律的应用。

### 4.2.1　热容定义

一个系统温度升高时，它所吸收的热量和温度升高的比值叫作这个系统的热容(heat capacity)。热容用符号 $C$ 表示。其定义式为

$$C = \frac{đQ}{dT} \tag{4.2.1}$$

式中，$đQ$ 表示系统温度升高 $dT$ 时所吸收的热量。当系统的物质的量为 1 mol 时，相应的热容称为摩尔热容(molar heat capacity)，单位是 J/(mol · K)。由于热量是一个过程量，所以同一系统在不同的过程中，其摩尔热容会有不同的值。常用的有等容摩尔热容和等压摩尔热容，分别用符号 $C_V$ 和 $C_p$ 表示。下面结合热力学第一定律在理想气体等值过程中的应用，讨论等容摩尔热容和等压摩尔热容。

### 4.2.2　等容摩尔热容

等容过程的特征：气体的体积保持不变，即体积为恒量，$dV=0$。在等容过程中，由于 $dV=0$，所以 $dW=0$，系统对外不做功，根据热力学第一定律，得出等容过程能量关系

$$Q = \Delta E = \frac{M}{\mu}\frac{i}{2}R(T_2 - T_1) = \nu\frac{i}{2}R(T_2 - T_1),\ \nu = \frac{M}{\mu} \tag{4.2.2}$$

上式表明，在等容过程中，气体吸收的热量全部用于增加气体的内能，气体内能的增加(或减少)表现在其温度的升高(或降低)。因此，等容过程中气体吸热(或放热)，气体的温度必然升高(或降低)。等容微小变化过程中，热力学第一定律表示为

$$đQ = dE = \frac{M}{\mu}\frac{i}{2}RdT = \nu\frac{i}{2}RdT,\ \nu = \frac{M}{\mu} \tag{4.2.3}$$

根据摩尔热容的定义，等容摩尔热容可写为($\nu=1$)

$$C_V = \frac{đQ}{dT} = \frac{dE}{dT} = \frac{i}{2}R \tag{4.2.4}$$

上式表明：理想气体的等容摩尔热容仅与分子自由度有关，与气体温度无关。对于单原

子分子、刚性双原子分子和刚性多原子分子,其等容摩尔热容分别为$\frac{3}{2}R$、$\frac{5}{2}R$、$\frac{6}{2}R$。

利用等容摩尔热容量,可得出内能增量为

$$\Delta E=\nu C_V\Delta T \tag{4.2.5}$$

因为理想气体内能是温度单值函数,所以理想气体内能增量的表达式不仅适用于等容过程,在任何过程中都可以用这个关系式来计算内能的增量。

### 4.2.3 等压摩尔热容

等压过程的特征:气体的压强保持不变,即 $p$ 为恒量。等压过程中,气体从状态Ⅰ$(p_1,V_1,T_1)$变化到状态Ⅱ$(p_2,V_2,T_2)$,$p_1=p_2=p$,则气体对外做功,其值为

$$W=\int_{V_1}^{V_2}p\mathrm{d}V=p(V_2-V_1) \tag{4.2.6}$$

同时根据理想气体状态方程,上式可变为

$$W=\nu R(T_2-T_1) \tag{4.2.7}$$

系统内能变化只与温度有关,与过程无关,因此,等压过程中内能的增量表示为

$$\Delta E=\frac{M}{\mu}\frac{i}{2}R(T_2-T_1) \tag{4.2.8}$$

根据热力学第一定律,系统在等压过程中吸收的热量

$$Q=\Delta E+W=\nu\left(\frac{i}{2}R+R\right)(T_2-T_1) \tag{4.2.9}$$

上式表明等压过程中,气体吸收的热量一部分用于增加内能,另一部分用于对外做功;与等容过程相比,一定量的理想气体升高(或降低)相同的温度,等压过程吸收(或放出)的热量要更多一些。根据摩尔热容的定义,等压摩尔热容 $C_p$ 可写成

$$C_p=\frac{\text{đ}Q}{\mathrm{d}T}=\left(\frac{i}{2}+1\right)R \tag{4.2.10}$$

该式也可以写为

$$C_p=C_V+R \tag{4.2.11}$$

该式称为迈耶公式。它说明理想气体等压摩尔热容与等容摩尔热容相比,多出一个普通气体常数 $R$,即 1 mol 理想气体在等压过程中温度升高 1 K 时,要比等容过程多吸收 8.31 J的热量。

等压摩尔热容 $C_p$ 与等容摩尔热容 $C_V$ 之比称为比热容比,用符号 $\gamma$ 表示,

$$\gamma=\frac{C_p}{C_V}=\frac{i+2}{i} \tag{4.2.12}$$

对于单原子分子、刚性双原子分子和刚性多原子分子,其比热比 $\gamma$ 分别为 1.67、1.4、1.33。上述结果只与气体分子的自由度有关,而与气体温度无关。

## 4.2.4　等温过程

等温过程的特征是温度不变。等温过程的特征方程 $pV=$ 常量。等温过程气体从状态Ⅰ$(p_1,V_1,T_1)$变化到状态Ⅱ$(p_2,V_2,T_2)$，由于温度保持不变，气体的内能保持不变，即 $\Delta E=0$。

根据热力学第一定律，系统在等温过程中吸收热量等于对外做的功，即

$$Q=W=\nu RT\ln\frac{V_2}{V_1} \tag{4.2.13}$$

通过上述讨论可以得出，等温过程中，当体积膨胀时，气体吸收热量全部用来对外做功；当体积压缩时，外界对系统所做的功全部用来对外释放热量，而在整个过程中气体的内能保持不变。

## 4.2.5　绝热过程

当气体状态变化时，气体与外界之间没有热量交换的过程，称为绝热过程。绝热过程的特征是

$$đQ=0=\nu C_V\mathrm{d}T+p\mathrm{d}V$$

利用理想气体的状态方程 $p=\nu RT/V$，经过一定的运算可得绝热过程的方程

$$V^{\gamma-1}T=C_1,\ pV^{\gamma}=C_2,\ p^{\gamma-1}T^{-\gamma}=C_3 \tag{4.2.14}$$

三个关系式中的 $C_1$、$C_2$、$C_3$ 是各不相同的常量。在 $p-V$ 图中，绝热过程 $p$ 与 $V$ 的关系曲线称为绝热线。

图 4.2.1 中，实线表示绝热线，虚线表示同一气体的等温线，$A$ 是两条曲线的交点。和等温过程相比，绝热线比等温线要陡些。具体分析如下。由绝热过程方程 $pV^{\gamma}=C_2$，可以求出绝热线 $A$ 点的斜率为

$$\left(\frac{\mathrm{d}p}{\mathrm{d}V}\right)_Q=-\gamma\frac{p_A}{V_A} \tag{4.2.15}$$

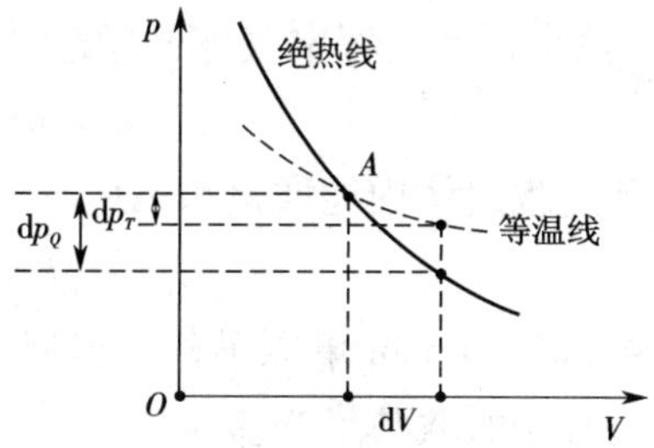


图 4.2.1　绝热线与等温线的比较示意图

由等温过程方程 $pV=$ 常量，可以求出等温线在 $A$ 点的斜率为

$$\left(\frac{\mathrm{d}p}{\mathrm{d}V}\right)_T=-\frac{p_A}{V_A} \tag{4.2.16}$$

由于 $\gamma>1$，所以两线交点 $A$ 处，绝热线斜率的绝对值比等温线斜率的绝对值大，说明将同一气体从同一状态膨胀相同体积时，绝热过程比等温过程压强的变化量要大，即 $\mathrm{d}p_Q>\mathrm{d}p_T$。

**例 4.2.1** 一定量的某种理想气体进行如图所示的循环过程。已知气体在状态 $A$ 的温度为 $T_A=300$ K,求 :

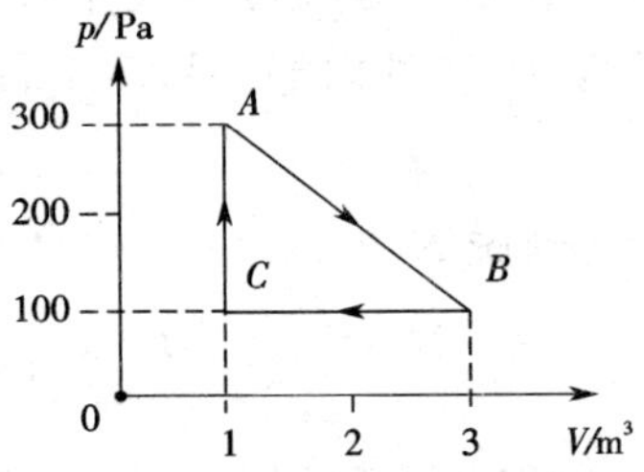


图 4.2.2 例题 4.2.1 图

(1)气体在状态 $B$、$C$ 的温度;

(2)各过程中气体对外做的功;

(3)经过整个循环过程,气体从外界吸收的总热量(各过程吸热的代数和)。

**解** 由图可知,$p_A=300$ Pa,$p_B=p_C=100$ Pa,

$V_A=V_C=1\ \mathrm{m^3}$,$V_B=3\ \mathrm{m^3}$。

(1)$C\to A$ 为等容过程,根据方程$\dfrac{p_A}{p_C}=\dfrac{T_A}{T_C}$得

$$T_C=\frac{T_A p_C}{p_A}=100\ \mathrm{K}$$

$B\to C$ 为等压过程,根据方程$\dfrac{V_B}{T_B}=\dfrac{V_C}{T_C}$得

$$T_B=\frac{T_C V_B}{V_C}=300\ \mathrm{K}$$

(2) 各过程中气体所做的功分别为

$A\to B$ 过程,$W_1=\dfrac{1}{2}(p_A+p_B)(V_B-V_C)=400$ J

$B\to C$ 为等压过程, $W_2=P_B(V_C-V_B)=-200$ J

$C\to A$ 为等容过程, $W_3=0$

(3)整个循环过程中气体所做总功

$$W=W_1+W_2+W_3=200\ \mathrm{J}$$

因为循环过程气体内能增量为 $\Delta E=0$,因此该循环中气体总吸热

$$Q=W+\Delta E=200\ \mathrm{J}$$

**例 4.2.2** 1 mol 单原子分子理想气体,由 0 ℃分别经等容和等压过程变为 100 ℃,试求各过程中吸收热量为多少?

**解** 根据 $T=t+273$,得出 $T_1=273$ K,$T_2=373$ K.

(1)等容过程吸热

$$Q_V=\frac{M}{\mu}C_V(T_2-T_1)=1\cdot\frac{i}{2}R(T_2-T_1)=\frac{3}{2}\times 8.31\times 100=1.25\times 10^3\ \mathrm{J}$$

(2)等压过程吸热

$$Q_P=\frac{M}{\mu}C_p(T_2-T_1)=1\cdot\frac{2+i}{2}R(T_2-T_1)=\frac{5}{2}\times 8.31\times 100=2.08\times 10^3\ \mathrm{J}$$

**例 4.2.3** 1 mol 刚性双原子分子理想气体,从状态 $A(p_1,V_1)$沿直线出发到 $B(p_2,V_2)$,如图所示。试求:(1)内能变化 $\Delta E$;(2)系统做功 $W$;(3)系统吸收热量 $Q$。

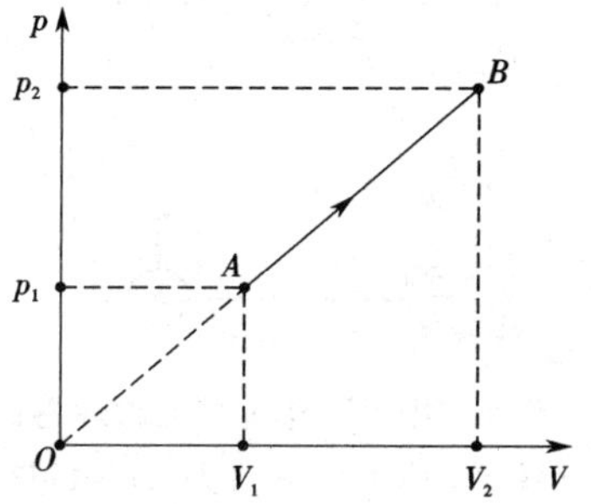


图 4.2.3　例题 4.2.3 图

**解**　(1)内能变化

$$\Delta E = \frac{i}{2}R(T_B - T_A) = \frac{i}{2}(p_B V_B - p_A V_A)$$

$$= \frac{5}{2}(p_B V_B - p_A V_A) = \frac{5}{2}(p_2 V_2 - p_1 V_1)$$

(2)系统做的功等于过程曲线下面的面积

$$W = \frac{(p_1 + p_2)(V_2 - V_1)}{2} = \frac{1}{2}(p_2 V_2 - p_1 V_1)$$

(3)系统吸收热量

$$Q = \Delta E + W = \frac{5}{2}(p_2 V_2 - p_1 V_1) + \frac{1}{2}(p_2 V_2 - p_1 V_1) = 3(p_2 V_2 - p_1 V_1)$$

## 4.3　循环过程、卡诺循环

### 4.3.1　循环过程

在实践中,把利用工作物质持续不断地将热转换为功的机器称为热机,常见的热机有蒸汽机、汽轮机、内燃机等。从热力学发展过程可以知道,在热力学发展的初期主要是研究热机的热和机械功的相互转化问题,这一问题的研究在热力学的发展中起着重大作用。

1. 热机工作原理

为了了解热机的工作过程,将以蒸汽机为例介绍其工作过程,如图 4.3.1 所示。

蒸汽机是以水作为工作物质,从 $A \to C$ 过程,水泵 $B$ 将水池 $A$ 中的水打入锅炉 $C$ 中,水在锅炉内加热,变成高温高压的水蒸气。从能量观点看,这一过程是吸热增加内能的过程。常把锅炉称为高温热源,并规定工作物质与高温热源交换热量的绝对值用 $Q_1$ 表示。吸热、放热用正负号表示,即这一过程用 $+Q_1$ 表示吸热,增加内能。

$C \to D$ 过程,水蒸气通过传送装置进入气缸 $D$ 并在气缸中膨胀,推动活塞对外做功,

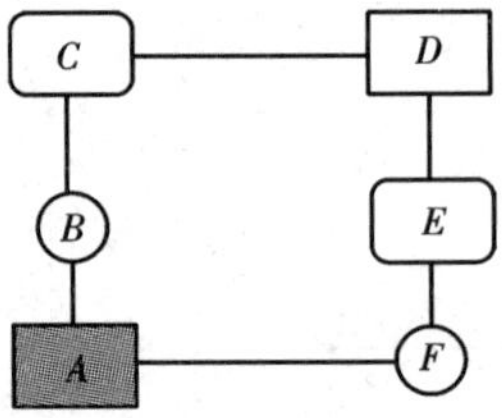


图 4.3.1　热机工作过程流程示意图

A—水池　B—水泵　C—锅炉　D—气缸　E—冷凝器　F—水泵

同时,水蒸气的温度和压强变小,变为“废汽”。从能量观点看,这是一个通过对外做功将内能转化为机械能的过程。

D→E 过程,汽态的废汽进入冷凝器,释放热量,变成液态的水。从能量观点看,这一过程是放热降低内能的过程。通常把冷凝器称为低温热源,并规定工作物质与低温热源交换热量的绝对值用 $Q_2$ 表示,吸热、放热用正负号表示,则这一过程可用 $-Q_2$ 表示放热,减少内能。

E→F 过程,液态的水再经过水泵 F 打回水池,完成一个全过程。实际工作中,蒸汽机正是不断地重复上述过程,把热持续不断地转换为功。

其他热机与蒸汽机工作过程虽有不同,但其能量转化的情况基本相同,即从高温热源吸收热量,一部分用来对外做功,而另一部分在低温热源处释放。

为了从能量角度研究热机,在此引入循环过程这一概念。

2. 循环过程

如果一个系统由某一状态出发,经过任意的一系列变化,最后又回到初始状态,这样周而复始的变化过程称为循环过程。

若组成循环过程的每一个分过程都是准静态过程,则循环过程可以用 $p-V$ 图上一条封闭的曲线表示,如图 4.3.2 所示。在一个循环过程中,由于工作物质状态回到初始状态,所以内能变化为 0,即 $\Delta E=0$。这是循环过程的重要特征。

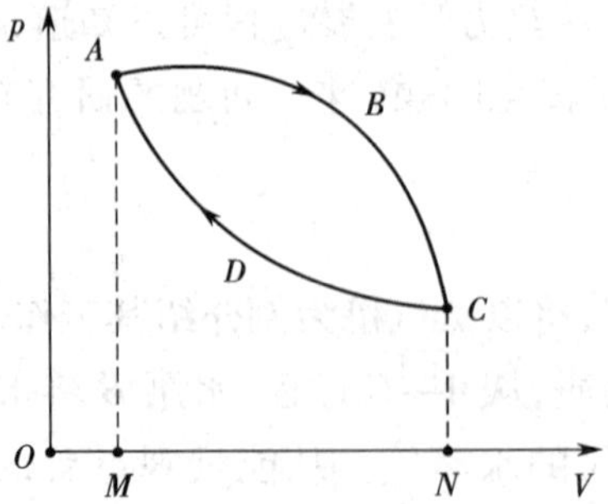


图 4.3.2　循环过程示意图

循环过程可分为正循环和逆循环。

1) 正循环能量关系及其循环效率

正循环中能量转化情况与热机中所实现的能量转化的基本过程正好是相对应的。在 $p-V$ 图中，如果循环过程是按顺时针方向循环进行的，则此循环过程称为正循环，如图 4.3.2 所示。按照体积变化，可以把 $p-V$ 图上封闭曲线分为两部分，$A \to B \to C$ 体积膨胀过程，$C \to D \to A$ 体积压缩过程，则 $A \to B \to C \to D \to A$ 过程就是正循环。在 $ABC$ 过程中，系统对外做功的数值等于 $ABCNMA$ 所包围的面积，由于体积膨胀，所以系统做的功为正，即 $ABC$ 过程中系统做功为 $+S_{ABCNMA}$；在 $CDA$ 过程中，系统对外做功，数值上等于 $CNMADC$ 所包围的面积，由于体积压缩，所以系统做的功为负，即 $CDA$ 过程中系统做功为 $-S_{CNMADC}$。因此，在一个正循环过程中，系统做的净功 $W$ 的表示为

$$W = W_{ABC} + W_{CDA} = (+S_{ABCNMA}) + (-S_{CNMADC}) = +S_{ABCDA} \tag{4.3.1}$$

由式(4.3.1)可以看出，正循环过程中系统做的净功为正。净功的大小等于曲线 $ABCDA$ 所包围的面积。因为循环过程系统最后要回到初始状态，所以内能不变，即 $\Delta E = 0$，根据热力学第一定律可知

$$Q = W \tag{4.3.2}$$

在一个循环过程中，系统会分别与高温热源、低温热源有热量交换，所以有 $Q = (+Q_1) + (-Q_2)$，又因为 $W > 0$，所以 $Q_1$ 必大于 $Q_2$。其数值关系可以写为

$$Q_1 = Q_2 + W \tag{4.3.3}$$

上式表明，经过一次循环过程，系统从高温热源吸收热量，一部分用来对外做功，另外一部分在低温热源放出。

**热机效率**：在循环过程中，系统对外所做的净功 $W$ 与系统从高温热源吸收热量 $Q_1$ 之比，称为热机效率，用符号 $\eta$ 表示。根据定义，热机效率的定义式为

$$\eta = \frac{W}{Q_1} = \frac{Q_1 - Q_2}{Q_1} = 1 - \frac{Q_2}{Q_1} \tag{4.3.4}$$

2) 逆循环能量关系及其致冷系数

为了避免混乱，这里所用符号的正负与前面规定是一致的。在 $p-V$ 图中，如果循环过程是逆时针的，则此循环称为**逆循环**。逆循环过程与致冷机的工作过程相对应。致冷机通过外界对系统做功(数值为 $W$)，使系统从低温热源吸收热量(用符号 $+Q_2$ 表示)，并在高温热源放出热量(用符号 $-Q_1$ 表示)，最终使低温热源温度更低，例如空调、冰箱等。

在一次逆循环过程中，系统也会分别与高温热源、低温热源有热量交换，其数值关系为

$$Q_1 = Q_2 + W \tag{4.3.5}$$

上式表明，经过一次逆循环过程，外界对系统做功与系统在低温热源吸收热量的总和等于系统在高温热源放出的热量。致冷机的效能用致冷系数表示，致冷系数是指循环过程中，致冷机从低温热源吸收的热量与外界对系统做功之比，用符号 $w$ 表示：

$$w = \frac{Q_2}{W} = \frac{Q_2}{Q_1 - Q_2} \tag{4.3.6}$$

## 4.3.2 卡诺循环

蒸汽机发明的初期效率都很低,正是基于这种原因,一大批科学家和工程师开始从理论上研究如何提高热机效率。1824 年,法国工程师卡诺提出了一种理想热机模型和一个理想化循环过程。卡诺设想的热机是用理想气体作为工作物质,而且只在两个恒温热源(一个恒定高温热源,一个恒定低温热源)之间工作的准静态循环过程。这种热机模型后来被命名为卡诺热机,理想化循环过程被称为卡诺循环。通常把按照卡诺循环工作的机器称为卡诺机。卡诺机分为卡诺热机和卡诺致冷机。下面着重研究卡诺热机循环过程及其效率。

1. 卡诺热机循环过程

理想气体与恒定高温热源(温度为 $T_1$)接触过程中,由于高温热源温度恒定不变,在接触过程中,理想气体从高温热源吸收热量,使系统体积膨胀,因此这一过程可以看成是一个温度为 $T_1$ 的等温膨胀过程。

理想气体与恒定低温热源(温度为 $T_2$)接触过程中,由于低温热源温度也是恒定不变,在接触过程中,理想气体在低温热源处放热,使系统体积压缩变小,因此这一过程可以看成是一个温度为 $T_2$ 的等温压缩过程。又因为工作物质只与两个热源交换热量,所以当工作物质与两个热源分开后,其变化过程都应该是绝热的。根据上述分析得出,卡诺循环是由两个等温过程和两个绝热过程组成的循环过程。

卡诺循环 $P-V$ 图如图 4.3.3 所示。图中曲线 $a \to b$、$c \to d$ 表示为 $T_1$ 和 $T_2$ 的两条等温线,曲线 $b \to c$ 和 $d \to a$ 是两条绝热线。当理想气体由状态 $a$ 沿封闭曲线 $a \to b \to c \to d \to a$ 进行变化,工作物质就完成一个卡诺循环的全过程。

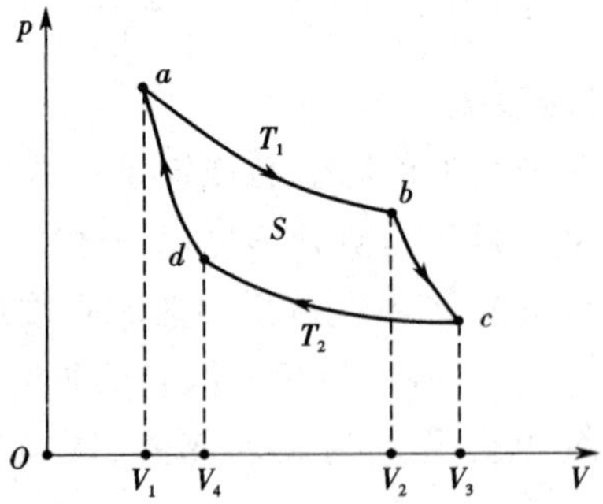


图 4.3.3　$P-V$ 图中卡诺循环示意图

2. 卡诺热机能量转化关系及其效率

如图 4.3.3 所示,$a \to b$ 为等温膨胀过程,系统与高温热源交换热量的绝对值为

$$Q_1 = \nu R T_1 \ln \frac{V_2}{V_1} \tag{4.3.7}$$

由于系统在高温热源吸收热量,$a \to b$ 过程中,系统吸收的热量可表示为 $Q_{ab} = +Q_1$,其中

“ + ”表示系统吸热。

$b \to c$ 为绝热膨胀过程，$Q_{bc} = 0$，体积变大，系统对外做功，使系统温度降低到 $T_2$。

$c \to d$ 为等温压缩过程，系统与低温热源交换热量的绝对值为

$$Q_2 = \nu R T_2 \ln \frac{V_3}{V_4} \tag{4.3.8}$$

系统吸热可表示为 $Q_{cd} = -Q_2$，“ - ”表示系统放热。

$d \to a$ 为绝热压缩过程，$Q_{da} = 0$，体积变小，外界对系统做功，温度回升到 $T_1$。

根据热力学第一定律，一个循环过程中功与热量的关系为

$$Q = W \tag{4.3.9}$$

由于在循环过程中 $a \to b$、$c \to d$ 两个过程有热量交换，所以上式又可以写成

$$Q_{ab} + Q_{cd} = W \tag{4.3.10}$$

即

$$(+Q_1) + (-Q_2) = W \tag{4.3.11}$$

故

$$W = Q_1 - Q_2 = \nu R T_1 \ln \frac{V_2}{V_1} - \nu R T_2 \ln \frac{V_3}{V_4} \tag{4.3.12}$$

根据绝热过程方程

$$\left.\begin{aligned} V_2^{\gamma-1} T_1 = V_3^{\gamma-1} T_2 \\ V_1^{\gamma-1} T_1 = V_4^{\gamma-1} T_2 \end{aligned}\right\} \tag{4.3.13}$$

两式相比可得出体积之间的关系为

$$\left(\frac{V_2}{V_1}\right)^{\gamma-1} = \left(\frac{V_3}{V_4}\right)^{\gamma-1}$$

即

$$\frac{V_2}{V_1} = \frac{V_3}{V_4} \tag{4.3.14}$$

联立式(4.3.7)、式(4.3.8)和式(4.3.14)可得出热量关系为

$$\frac{Q_1}{Q_2} = \frac{\nu R T_1 \ln \frac{V_2}{V_1}}{\nu R T_2 \ln \frac{V_3}{V_4}} = \frac{T_1}{T_2} \tag{4.3.15}$$

上式表明，气体在高温热源、低温热源交换的热量的数值比等于高温热源与低温热源热力学温度比值。根据热机效率的定义式，卡诺热机效率

$$\eta_{卡诺} = \frac{W}{Q_1} = 1 - \frac{Q_2}{Q_1} = 1 - \frac{T_2}{T_1} \tag{4.3.16}$$

从上述分析过程可以得到以下几点结论：①要完成一次卡诺循环必须要有高温热源和低温热源；②卡诺循环的热机效率只取决于高温热源和低温热源的温度，$T_1$ 越大，$T_2$ 越小，则 $\eta_{卡诺}$ 越高，因此要想提高效率，就必须通过提高高温热源温度或降低低温热源的

温度来实现;③卡诺热机的效率总是小于1的,原因是不可能把由高温热源吸收的热量全部用来对外做功。

3. 卡诺致冷机致冷系数

按照卡诺循环反方向进行工作的致冷机称为卡诺致冷机。根据致冷系数的定义式

$$w = \frac{Q_2}{W} = \frac{Q_2}{Q_1 - Q_2} \tag{4.3.17}$$

结合式(4.3.15)中热量关系,可以推出,卡诺致冷机致冷系数

$$w_{卡诺} = \frac{T_2}{T_1 - T_2} \tag{4.3.18}$$

从式(4.3.18)可以看出,低温热源温度越低,致冷系数 $w$ 就越小,卡诺致冷机的效能越低,说明在降低低温热源温度的过程中,随着温度越来越低,要使低温热源降低相同的温度,外界就必须对系统做更多的功。可以想象,要想获得接近绝对零度的低温那是非常困难的,因此想要达到绝对零度在现实中是根本不可能做到的。

**例4.3.1** 一定质量的刚性双原子分子理想气体,按照如图4.3.4所示的过程进行循环,求此过程中的热机效率 $\eta$。

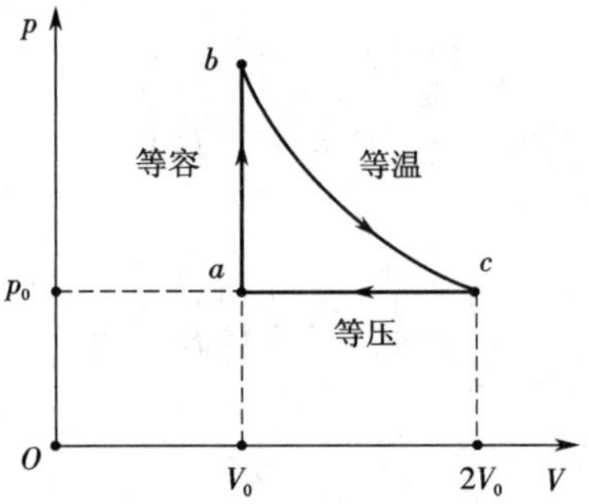


图4.3.4 例题4.3.1图

**解** (1)净功 $$W = W_{ab} + W_{bc} + W_{ca}$$

其中 $$W_{ab} = 0$$

$$W_{bc} = \frac{M}{\mu}RT_c \ln\frac{V_c}{V_b} = P_c V_c \ln\frac{V_c}{V_b} = 2P_0 V_0 \ln 2$$

$$W_{ca} = -S_{ca} = -P_0 V_0$$

故 $$W = P_0 V_0 (2\ln 2 - 1)$$

(2)总吸热 $$Q_1 = Q_{ab} + Q_{bc}$$

$$Q_{ab} = E_b - E_a = \frac{M}{\mu}\frac{i}{2}R(T_b - T_a) = \frac{i}{2}(P_b V_b - P_a V_a) = \frac{i}{2}(P_c V_c - P_a V_a)$$

因此

$$Q_{ab} = \frac{5}{2}P_0 V_0$$

$$Q_{bc} = W_{bc} = 2P_0V_0\ln 2$$
$$Q_1 = P_0V_0(2\ln 2 + 2.5)$$

故热机效率

$$\eta = \frac{W}{Q_1} = \frac{2\ln 2 - 1}{2\ln 2 + 2.5} \approx 9.9\%$$

**例 4.3.2**　一卡诺热机工作在温度 127℃和 27 ℃的两个热源之间，在一次循环中工作物质从高温热源吸热 600 J，那么系统对外做功为多少？

**解：**根据 $T = t + 273$，得出 $T_1 = 400\ \text{K}$，$T_2 = 300\ \text{K}$，

又
$$\eta_{卡诺} = \frac{W}{Q_1} = 1 - \frac{T_2}{T_1}$$

故系统对外做功

$$W = Q_1\left(1 - \frac{T_2}{T_1}\right) = 600 \times \left(1 - \frac{300}{400}\right) = 150\ \text{J}$$

## 4.4　热力学第二定律

热力学第二定律是在研究如何提高热机效率的大背景下逐步被人类发现的，并用于解决与热现象有关过程进行方向的问题。它和热力学第一定律一起，共同搭建起热力学理论基础。

### 4.4.1　热力学第二定律的两种表述

在提高热机效率的研究过程中，大量的事实与理论研究都表明，在任何情况下热机都不可能只存在一个热源，只要想让热机持续不断地把高温热源吸收的热量变为有用的功，就必须将一部分热量传递给低温热源，即不可能把从高温热源吸收来的热量全部用来对外做功。开尔文正是在大量实验事实的基础上，总结得到了热力学第二定律。

**热力学第二定律开尔文表述：**不可能从单一热源吸收热量，使之完全变为有用功而不产生其他影响。

为了加深了解热力学第二定律开尔文表述的含义，要强调以下两点。

(1)“单一热源”。表述中单一热源是指温度均匀并且恒定不变的热源。如果热源不是单一热源，工作物质就能从热源的温度较高的部分吸收热量，而在温度较低的部分放出热量。这种热源从效果上看等同于两个热源。

(2)“其他影响”。表述中其他影响是指除了从单一热源吸收热量，把吸收的热量用来做功以外的任何其他变化。例如理想气体等温膨胀过程，理想气体与单一热源接触，从热源吸收热量并全部转化为功而不放出任何热量，但是在此过程中会产生其他影响——理想气体的体积膨胀。即当有其他影响产生时，从单一热源吸收的热量全部转化为功是可以实现的。

从一个热源吸收热量,并把吸收的热量全部转化为功而不产生其他变化的热机称为第二类永动机。虽然这种永动机并不违反热力学第一定律,但是与热力学第二定律相矛盾,因此第二类永动机是不可能制造成功的。因此,开尔文表述还可以表达为:第二类永动机是不可能制成的。

从热传导现象可以了解到,热量可以自动地从高温物体传递给低温物体,但绝不会在不引起其他物体发生变化的情况下,热量自动地从低温物体传递给高温物体。根据热传递的规律,克劳修斯提出了热力学第二定律的另一种表述。

**热力学第二定律克劳修斯表述:**热量不能自动地从低温物体传向高温物体。

在克劳修斯表述中应当注意“自动”二字。没有“自动”二字时是可以实现的。例如致冷机,它是把热量从低温物体传向高温物体,但是此过程中外界必须做功。由此可见,要把热量从低温物体传向高温物体,就一定会引起其他变化。同时,热力学第二定律克劳修斯表述还指出了热量传递是有方向性的。

从表面上看,热力学第二定律的两种表述形式上是不同的,但其本质是统一的,它们之间是相互关联的。若开尔文表述不成立,则克劳修斯表述也必不成立;相反,若克劳修斯表述不成立,则开尔文表述也必不成立。利用卡诺热机和致冷机可以简单说明如下。如果可以从单一热源吸热使之完全转化为有用的功,那么可以设计这样一个热机,从高温热源吸热,将这些热转化的功提供给致冷机,这样的热机和致冷机联合系统的总效果是热量自动地从低温热源到了高温热源。反过来,如果热量可以自动地由低温热源传递到高温热源,那么卡诺热机释放到低温热源上的热量不需要外界的功就又可以回到高温热源,总的效果是从高温热源吸收的热全部对外做了功。

## 4.4.2 可逆过程与不可逆过程

一个系统由一个状态开始,经过某一过程达到另一个状态,如果存在另外一个过程,它能使系统和外界完全复原(即系统回到初始状态,外界未发生任何变化),则原来的过程称为可逆过程(reversible processes);反之,如果无论用任何方法都不可能使系统和外界完全复原,则原来的过程称为不可逆过程。根据可逆过程的定义,可逆过程必须要求系统和外界在经过可逆过程后都能够完全回复原样。

热力学第二定律开尔文表述反映的是功变热的过程是不可逆的,而克劳修斯表述则指出热传递过程也是不可逆的。可逆过程是一个理想化过程,是为了问题研究从实际情况抽象出来的理想情况。

下面以理想气体无摩擦膨胀过程为例进行说明。假设气缸中的理想气体进行快速膨胀,由于活塞附近的气体分子密度比气缸内部的气体分子密度小,因此活塞附近的压强小于气体内部的压强。若内部气体压强用 $p$ 表示,气体快速膨胀,体积发生一个微小变化 $\Delta V$,气体对外界所做的功用 $W_1$ 表示,则 $W_1$ 小于 $p\Delta V$。然后,将气体快速压回原来体积,由于活塞附近气体分子密度比气缸内部的气体分子密度大,活塞附近气体压强大于气体内部压强,在此过程中,外界对系统做的功用 $W_2$ 表示,则 $W_2$ 大于 $p\Delta V$。当气体先快速膨胀然后再快速压缩回到原来的状态,外界对系统所做的净功为 $W_2 - W_1$,不等于零,功将增加系统内能,最后以热量形式释放。因此,气体快速膨胀过程是一个不可逆过程。当然,如果气体膨胀得非常缓慢,活塞附近的气体压强就可以近似等于气体内部的压强,气体膨胀,体积发生微小变化 $\Delta V$,气体对外界所做的功就等于 $p\Delta V$。同样地,非常缓慢压缩气体使气体回到原状,外界对气体所做的功也等于 $p\Delta V$。因此,只有气体非常缓慢膨胀的过程才是可逆过程,即准静态膨胀过程才是可逆过程。

通过上述讨论,在热力学中,系统变化过程中所经历的中间状态是否为平衡态和过程的可逆与否有着紧密关系。只有过程进行得无限缓慢,且没有摩擦引起的能量损耗,这样的过程才可以看成是可逆过程。在实际中摩擦问题是不可避免的,而且准静态过程也是理想化的过程,在现实中是无法实现的,因此一切与热现象有关的自然过程都是不可逆的。

### 4.4.3 卡诺定理

卡诺循环中,每一个中间状态都是平衡态,因此卡诺循环是一个理想的可逆循环过程。卡诺热机也是可逆热机。

**卡诺定理**内容如下:①在相同的高温热源(温度用 $T_1$ 表示)和相同的低温热源(温度用 $T_2$ 表示)之间工作的一切可逆机,无论使用何种工作物质,其效率都是相同的,都等于卡诺热机的效率;②在相同的高温热源和低温热源之间工作的一切不可逆热机的效率都不可能高于可逆机的效率。

卡诺定理具有非常重大的现实意义,它指出了提高热机效率的途径和方法。

### 4.4.4 玻尔兹曼熵

考虑一个容器,不与外界进行任何的物质和能量交换,是一个孤立系统。将容器看成体积相等的A,B两部分。从总粒子数 $N$ 中,选出 $N_A$ 个填入 $A$ 部分的可能数是

$$\Omega = C_N^{N_A} = \frac{N!}{(N_A)!\ (N-N_A)!} \tag{4.4.1}$$

该数是系统的微观状态数。当 $N_A$ 是零时,微观状态数是1;当 $N_A$ 增大时,微观状态数也变大;当 $N_A$ 达到总粒子数的一半时,微观状态数最大,此时系统达到平衡状态。对于一个宏观系统,无论开始时 $N_A$ 是多少,演化的结果都一样,即 $N_A$ 达到总粒子数的一半。或者说,对于宏观孤立系统,系统的微观状态数总在增大,达到平衡态后保持恒定。可以定义如下的一个物理量来描述宏观系统演化的过程:

$$S = k\ln \Omega \tag{4.4.2}$$

该量是熵,也叫作**玻尔兹曼熵**。

对于孤立系统有**熵增原理:孤立系统的熵永不减少**。

### 4.4.5 克劳修斯熵

热力学中的熵与力学中的势能一样,是体系的状态函数,其值与达到状态的过程无关。像势能一样,引入熵,需要寻找一个环路积分为零的量。这里的环路积分是 $P$-$V$ 图上的一个环路,对应一个循环过程。对于可逆卡诺热机

$$\left.\begin{aligned}\eta=1-\frac{Q_2}{Q_1}=1-\frac{T_2}{T_1}\\ \frac{Q_1}{T_1}+\frac{(-Q_2)}{T_2}=0\end{aligned}\right\}\qquad(4.4.3)$$

第二个式子表明,从一个热源吸收的热量除以该热源的温度之和等于零。如果有多个热源乃至无穷多个热源,第二个式子可以推广为

$$\oint_L\frac{đQ}{T}=0\qquad(4.4.4)$$

$đQ/T$ 的环路积分为零。$đQ/T$ 可以写成全微分的形式 $đQ/T=đS$,这里的 $S$ 就是熵,也叫作**克劳修斯熵**。

根据熵的定义式:$đQ/T=dS$,计算某一过程的熵变时,必须用与这个过程的始态和终态相同的过程的热效应来计算。对于一个有限过程,熵的改变

$$\Delta S=S_2-S_1=\int_{(1)}^{(2)}\frac{đQ}{T}\qquad(4.4.5)$$

对于可逆绝热过程,$đQ=0,\Delta S=0$;对于等温过程 $\Delta S=Q/T=\nu R\ln(V_2/V_1)$;对于等容或等压过程,$đQ=\nu C_{V,p}\mathrm{d}T,\Delta S=\nu C_{V,p}\ln(T_2/T_1)$。

式(4.4.3)称为克劳修斯等式,是可逆过程的结果。根据卡诺定理,可以写出一个不等式

$$1-\frac{Q_2}{Q_1}<1-\frac{T_2}{T_1}\qquad(4.4.6)$$

不等式的左边是不可逆热机的效率,右边是卡诺热机的效率。这是有两个热源的情况。最终可以推广到任意情况

$$\oint_L\frac{đQ}{T}<0\qquad(4.4.7)$$

该式叫作克劳修斯不等式。假如系统从状态(1)到状态(2)经历一个不可逆过程,那么可以设想一个由(2)到(1)的可逆过程与该不可逆过程构成一个循环过程,即

$$\int_{(1)\text{不可逆}}^{(2)}\frac{đQ}{T}+\int_{(2)\text{可逆}}^{(1)}\frac{đQ}{T}<0\qquad(4.4.8)$$

对于可逆过程 $đQ/T=\mathrm{d}S$,因此

$$\int_{(1)\text{不可逆}}^{(2)}\frac{đQ}{T}+S_1-S_2<0\qquad(4.4.9)$$

即

$$S_2 - S_1 > \int_{(1)\text{不可逆}}^{(2)} \frac{đQ}{T} \tag{4.4.10}$$

对于孤立系统,与外界的热量交换是零,所以

$$S_2 - S_1 > 0 \tag{4.4.11}$$

对于可逆过程 $S_2 - S_1 = 0$。

孤立系统的熵永不减少,这就是前面得到熵增原理。

# 习　题

4-1　在热力学第一定律中涉及功的计算式 $W = \int_V p\mathrm{d}V$,该公式适用于(　　)。

(A)理想气体　(B)等压过程　(C)准静态过程　(D)任何过程

4-2　一定质量的理想气体经历了下列哪一个变化过程后,它的内能是增大的?(　　)

(A)等温压缩　(B)等体降压　(C)等压压缩　(D)等压膨胀

4-3　理想气体物态方程在不同的过程中可以有不同的微分表达式,$V\mathrm{d}p + p\mathrm{d}V = 0$ 表示(　　)。

(A)等温过程　(B)等压过程　(C)等容过程　(D)绝热过程

4-4　一定量某理想气体所经历的循环过程是:从初态($V_0$,$T_0$)开始,先经绝热膨胀使其体积增大1倍,再经等容升温回复到初态温度 $T_0$,最后经等温过程使其体积回复为 $V_0$,则气体在此循环过程中(　　)。

(A)对外做的净功为正值　(B)对外做的净功为负值

(C)内能增加了　(D)从外界净吸的热量为正值

4-5　一定量的理想气体分别经历了等压、等容和绝热过程后其内能均由 $E_1$ 变化到 $E_2$。在上述三过程中,气体的(　　)。

(A)温度变化相同,吸热相同　(B)温度变化相同,吸热不同

(C)温度变化不同,吸热相同　(D)温度变化不同,吸热也不同

4-6　1 mol 的单原子分子理想气体,在一个大气压的恒压下,从 0 ℃ 被加热到 100 ℃,此时气体增加的内能约为(　　)。

(A)3.2 J　(B)46 J　(C)120 J　(D)1 250 J

4-7　物理量 $5R/2$ 的意义是(　　)。

(A)理想气体等容摩尔热容

(B)双原子分子理想气体等容摩尔热容

(C)刚性双原子分子理想气体等容摩尔热容

(D)气体等容摩尔热容

4-8　1 mol 理想气体从初态($T_1$，$p_1$，$V_1$)等温压缩到体积 $V_2$，外界对气体所做的功为(　　)。

(A)$RT_1\ln\dfrac{V_2}{V_1}$　　(B)$RT_1\ln\dfrac{V_1}{V_2}$　　(C)$p_1(V_2-V_1)$　　(D)$p_2V_2-p_1V_1$

4-9　对于理想气体系统来说,在下列过程中,哪个过程系统所吸收的热量、内能的增量和对外做的功三者均为负值?(　　)

(A)等容降压过程　　(B)等温膨胀过程

(C)绝热膨胀过程　　(D)等压压缩过程

4-10　在图中,ⅠcⅡ为理想气体绝热过程,ⅠaⅡ和ⅠbⅡ是任意过程。此两任意过程中气体做功与吸收热量的情况是(　　)。

(A) ⅠaⅡ过程放热,做负功;ⅠbⅡ过程放热,做负功

(B) ⅠaⅡ过程吸热,做负功;ⅠbⅡ过程放热,做负功

(C) ⅠaⅡ过程吸热,做正功;ⅠbⅡ过程吸热,做负功

(D) ⅠaⅡ过程放热,做正功;ⅠbⅡ过程吸热,做正功

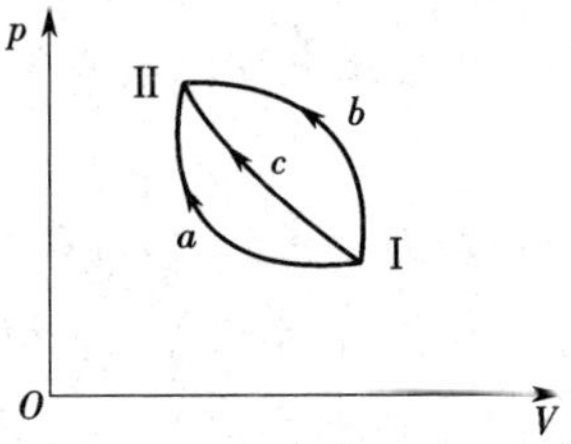


题4-10图

4-11　如图所示,如果卡诺热机的循环曲线所包围的面积从图中的 abcda 增大为 ab′c′da,那么循环 abcda 与 ab′c′da 所做的功和热机效率变化情况是(　　)。

(A)净功增大,效率提高　　(B)净功增大,效率降低

(C)净功和效率都不变　　(D)净功增大,效率不变

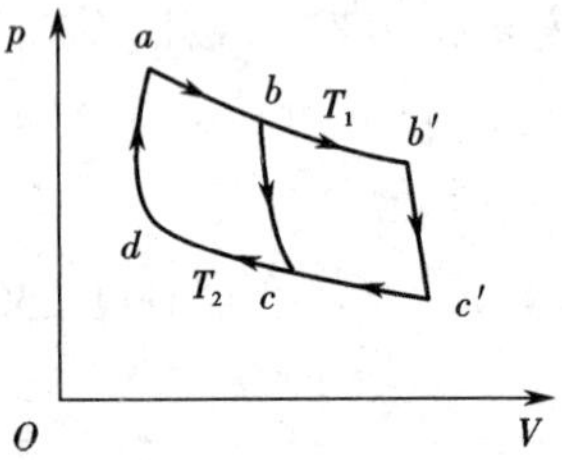


题4-11图

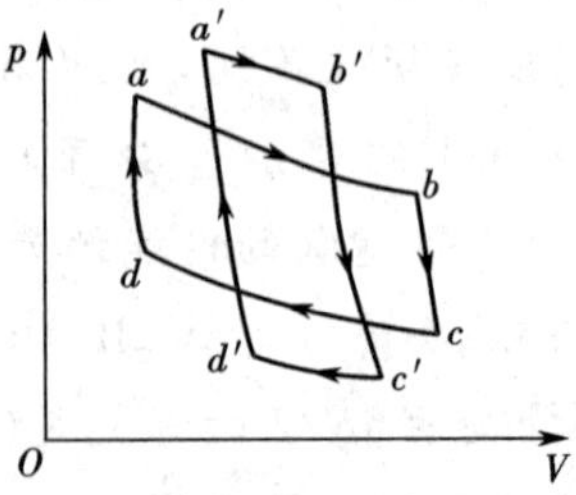


题4-12图

4-12　某理想气体分别进行了如图所示的两个卡诺循环:Ⅰ(abcda)和Ⅱ(a′b′c′d′a′),且两个循环曲线所围面积相等。设循环Ⅰ的效率为 $\eta$,每次循环在高温

热源处吸的热量为 $Q$；循环Ⅱ的效率为 $\eta'$，每次循环在高温热源处吸的热量为 $Q'$，则(　　)。

(A) $\eta<\eta', Q<Q'$　　(B) $\eta<\eta', Q>Q'$

(C) $\eta>\eta', Q<Q'$　　(D) $\eta>\eta', Q>Q'$

4-13　设高温热源的热力学温度是低温热源的热力学温度的 $n$ 倍，则理想气体在一次卡诺循环中，传给低温热源的热量是从高温热源吸取的热量的(　　)。

(A) $n$ 倍　　(B) $n-1$ 倍　　(C) $\frac{1}{n}$ 倍　　(D) $\frac{n+1}{n}$ 倍

4-14　理想气体卡诺循环的两条绝热线下的面积大小分别为 $S_1$ 和 $S_2$，则二者的大小关系是(　　)。

(A) $S_1>S_2$　　(B) $S_1=S_2$　　(C) $S_1<S_2$　　(D)无法确定

4-15　根据热力学第二定律，下列说法中唯一正确的是(　　)。

(A)功可以全部转换为热，但热不能全部转换为功

(B)热量可以从高温物体传到低温物体，但不能从低温物体传到高温物体

(C)不可逆过程就是不能沿相反方向进行的过程

(D)一切自发过程都是不可逆过程

4-16　根据热力学第二定律判断下列哪种说法是正确的？(　　)

(A)热量能从高温物体传到低温物体，但不能从低温物体传到高温物体

(B)功可以全部变为热，但热不能全部变为功

(C)气体能够自由膨胀，但不能自动收缩

(D)有规则运动的能量能够变为无规则运动的能量，但无规则运动的能量不能变为有规则运动的能量

4-17　"理想气体和单一热源接触作等温膨胀时，吸收的热量全部用来对外做功。"对此说法，有如下几种评论，哪种是正确的？(　　)。

(A)不违反热力学第一定律，但违反热力学第二定律

(B)不违反热力学第二定律，但违反热力学第一定律

(C)不违反热力学第一定律，也不违反热力学第二定律

(D)违反热力学第一定律，也违反热力学第二定律

4-18　一绝热容器被隔板分成两半，一半是真空，另一半是理想气体。若把隔板抽出，气体将进行自由膨胀，达到平衡后(　　)。

(A)温度不变，熵增加　　(B)温度升高，熵增加

(C)温度降低，熵增加　　(D)温度不变，熵不变

4-19　设有以下一些过程：

(1)两种不同气体在等温下互相混合；

(2)理想气体在定容下降温；

(3)液体在等温下汽化;

(4)理想气体在等温下压缩;

(5)理想气体绝热自由膨胀。

在这些过程中,使系统的熵增加的过程是(　　)。

(A)(1)、(2)、(3)　　(B)(2)、(3)、(4)

(C)(3)、(4)、(5)　　(D)(1)、(3)、(5)

4-20　一定量的理想气体向真空作绝热自由膨胀,体积由$V_1$增至$V_2$,在此过程中气体的(　　)。

(A)内能不变,熵增加　　(B)内能不变,熵减少

(C)内能不变,熵不变　　(D)内能增加,熵增加

4-21　不规则地搅拌盛于良好绝热容器中的液体,液体温度在升高,若将液体看作系统,则:(1)外界传给系统的热量________零;(2)外界对系统做的功________零;(3)系统的内能增量________零。(填:大于、等于、小于)

4-22　一定量理想气体,从同一状态开始使其容积由$V_1$膨胀到$2V_1$,分别经历以下三种过程:(1)等压过程;(2)等温过程;(3)绝热过程。其中:______过程气体对外做功最多,______过程气体内能增加最多,______过程气体吸收的热量最多。

4-23　在大气中有一绝热气缸,其中装有一定量的理想气体,然后用电炉徐徐供热,使活塞无摩擦地缓慢移动。在此过程中,气体内能________。(填:变大、变小、不变)

4-24　如图所示,图中两部分的面积分别为$S_1$和$S_2$。(1)气体的膨胀过程$a \to 1 \to b$对外做功为________;(2)过程$a \to 1 \to b \to 2 \to a$对外做的功为________。

4-25　一定量的理想气体,从状态$A(2p_1, V_1)$经历如图所示的直线过程变到状态$B(p_1, 2V_1)$,则此过程中系统对外做的功是________,系统的内能改变是________。

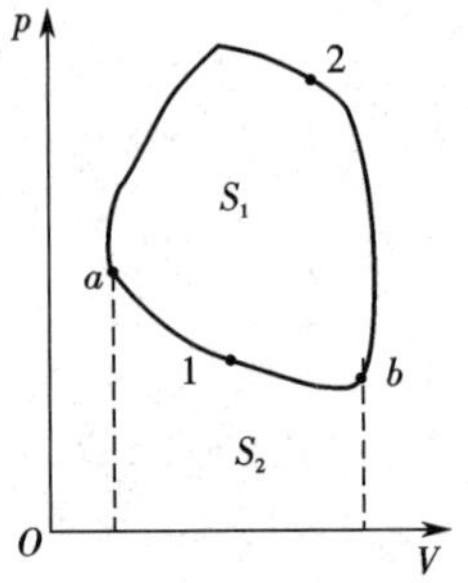


题4-24图

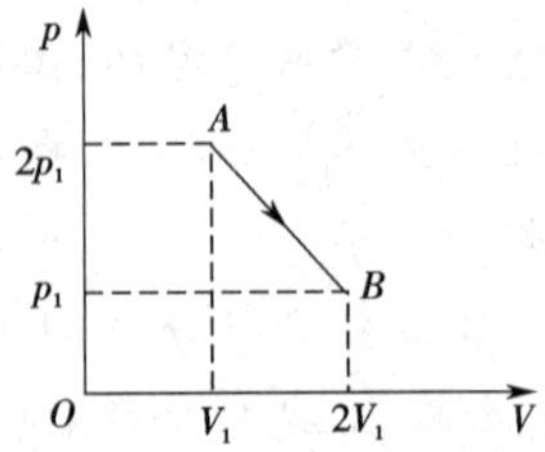


题4-25图

4-26　如果不同的卡诺热机有不同的工作物质,但有相同的高温热源温度和低温热源温度,则不同卡诺热机的效率________。

4-27　一卡诺热机(可逆的),低温热源的温度为27 ℃,热机效率为40%,其高温热

源温度为____________ K。今欲将该热机效率提高到50%，若低温热源保持不变，则高温热源的温度应增加____________ K。

4-28　卡诺致冷机，其低温热源温度为 $T_2=300\ \text{K}$，高温热源温度为 $T_1=450\ \text{K}$，每一循环从低温热源吸热 $Q_2=400\ \text{J}$。已知该致冷机的致冷系数 $w=\dfrac{Q_2}{W}=\dfrac{T_2}{T_1-T_2}$（式中 $W$ 为外界对系统做的功），则每一循环中外界必须做功 $W=$____________。

4-29　一热机从温度为 727 ℃ 的高温热源吸热，向温度为 527 ℃ 的低温热源放热。若热机在最大效率下工作，且每一循环吸热 2 000 J，则此热机每一循环做功________ J。

4-30　所谓第二类永动机是指__________，它不可能制成是因为违背了__________。

4-31　熵是____________的定量量度。若一定量的理想气体经历一个等温膨胀过程，它的熵将____________。（填：增加、减少或不变）

4-32　在一个孤立系统内，一切实际过程都向着__________的方向进行，这就是热力学第二定律的统计意义。从宏观上说，一切与热现象有关的实际过程都是__________。

4-33　由绝热材料包围的容器被隔板隔为两半，左边是理想气体，右边是真空。如果把隔板撤去，气体将进行自由膨胀过程，达到平衡后气体的温度____________（升高、降低或不变），气体的熵____________（增加、减小或不变）。

4-34　1 mol 理想气体的 $T-V$ 图如图所示，$ab$ 为直线，延长线通过原点 $O$。求 $ab$ 过程气体对外做的功。

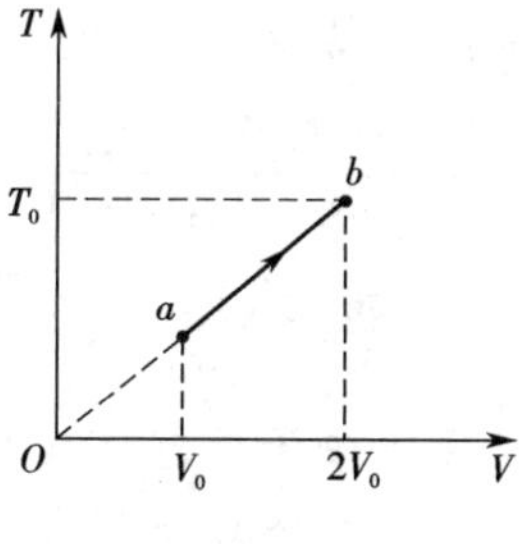


题4-34图

4-35　如图所示，一系统由状态 $a$ 沿 $acb$ 到达状态 $b$ 的过程中，有 350 J 热量传入系统，而系统做功 126 J。

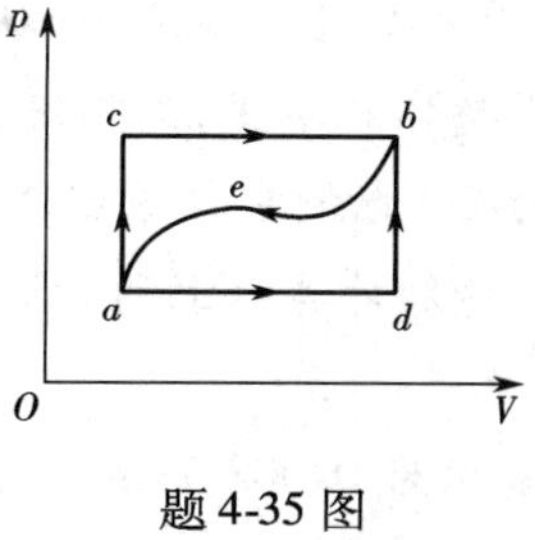


题4-35图

(1)若沿 $adb$ 时,系统做功 42 J,有多少热量传入系统?

(2)若系统由状态 $b$ 沿曲线 $bea$ 返回状态 $a$ 时,外界对系统做功为 84 J,系统是吸热还是放热?热量传递是多少?

4-36 汽缸内有 2 mol 氦气,初始温度为 27 ℃,体积为 20 L,先将氦气等压膨胀,直至体积加倍,然后绝热膨涨,直至恢复初温为止。把氦气视为理想气体。试求:

(1)在 $p-V$ 图上大致画出气体的状态变化过程。

(2)在这过程中氦气吸热多少?

(3)氦气的内能变化多少?

(4)氦气所做的总功是多少?

4-37 温度为 25 ℃、压强为 1 atm 的 1 mol 刚性双原子分子理想气体,经等温过程体积膨胀至原来的 3 倍。(1)计算这个过程中气体对外所做的功;(2)假若气体经绝热过程体积膨胀为原来的 3 倍,那么气体对外做的功又是多少?

4-38 有 1 mol 单原子理想气体沿如图所示的折线由状态 1 变化到状态 2,又由状态 2 变化到状态 3,求:(1)过程 1→2、2→3 中气体对外界所做的功;(2)过程 1→2、2→3 中气体从外界吸收的热量。

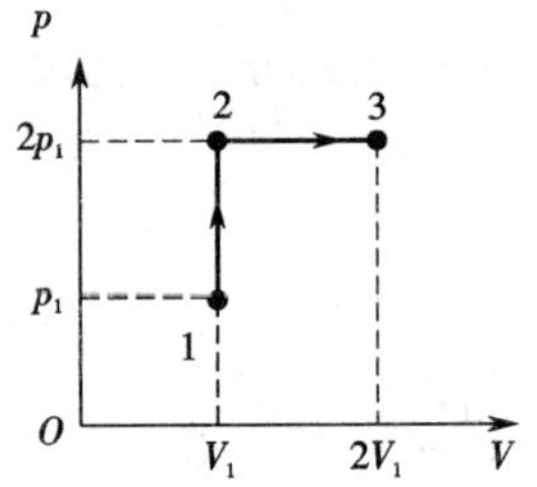


题4-38图

4-39 64 g 氧气(可看成刚性双原子分子理想气体)的温度由 0 ℃升至 50 ℃,(1)保持体积不变;(2)保持压强不变。在这两个过程中氧气各吸收了多少热量?各增加了多少内能?对外各做了多少功?

4-40 1 mol 单原子理想气体从 300 K 加热到 350 K,(1)容积保持不变;(2)压强保持不变。求在这两个过程中各吸收了多少热量?增加了多少内能?对外做了多少功?

4-41 1 mol 的氢,在压强为 $1.0\times10^5$ Pa,温度为 20 ℃时,其体积为 $V_0$,今使它经以下两种过程达到同一状态:(1)先保持体积不变,加热使其温度升高到 80 ℃,然后令它作等温膨胀,体积变为原体积的 2 倍;(2)先使它作等温膨胀至原体积的 2 倍,然后保持体积不变,加热使其温度升到 80 ℃。分别计算以上两种过程中吸收的热量、气体对外做的功和内能的增量。

4-42 压强为 $1.0\times10^5$ Pa,体积为 0.008 2 $m^3$ 的氮气,从初始温度 300 K 加热到 400 K,如加热时,(1)体积不变;(2)压强不变,各需热量多少?哪一个过程所需热量大?

为什么?

4-43　一定量的单原子分子理想气体,从 $A$ 态出发经等压过程膨胀到 $B$ 态,又经绝热过程膨胀到 $C$ 态,如图所示。试求全过程中气体对外所做的功、内能的增量以及吸收的热量。

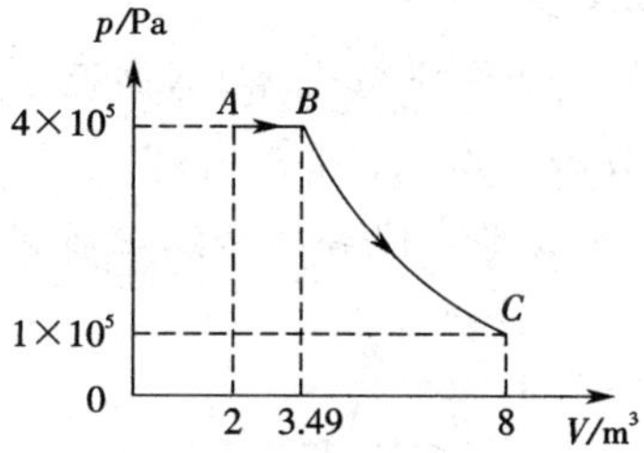


题4-43图

4-44　比热容比 $\gamma=1.40$ 的理想气体,进行如图所示的 $abca$ 循环,状态 $a$ 的温度为 300 K。求:

(1)状态 $b$、$c$ 的温度;

(2)各过程中气体所吸收的热量、气体所做的功和气体内能的增量;

(3)循环效率。

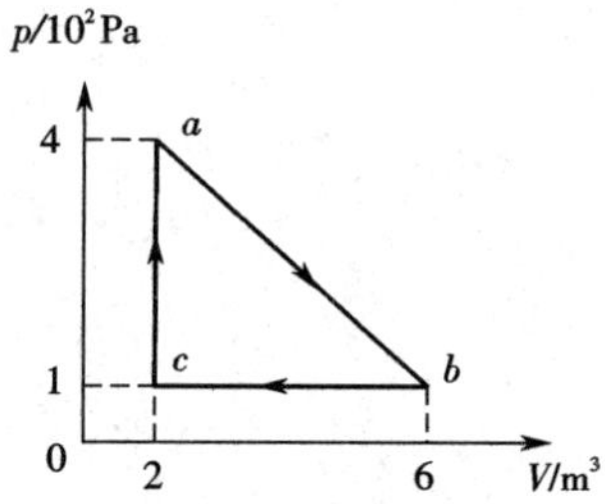


题4-44图

4-45　如果一定量的理想气体,其体积和压强依照 $V=a/\sqrt{p}$ 的规律变化,其中 $a$ 为已知常量。试求:

(1)气体从体积 $V_1$ 膨胀到 $V_2$ 所做的功;

(2)气体体积为 $V_1$ 时的温度 $T_1$ 与体积为 $V_2$ 时的温度 $T_2$ 之比。

4-46　一卡诺热机(可逆的),当高温热源温度为 127 ℃、低温热源温度为 27 ℃时,其每次循环对外做净功 8 000 J。今维持低温热源的温度不变,提高高温热源温度,使其每次循环对外做净功 10 000 J。若两个卡诺循环都工作在相同的两条绝热线之间,试求:(1)第二个循环热机的效率;(2)第二个循环的高温热源的温度。

4-47　一卡诺循环的热机,高温热源温度是 400 K,每一循环从此热源吸进 100 J 热量并向一低温热源放出 80 J 热量。求:(1)低温热源温度;(2)该热机的循环效率。

4-48　1 mol 理想气体在400 K和300 K之间完成卡诺循环。在400 K等温线上,初始体积为 $1\times10^{-3}$ $m^3$,最后体积为 $5\times10^{-3}$ $m^3$,试计算气体在此循环中所做的功及从高温热源所吸收的热量和向低温热源放出的热量。

4-49　一可逆卡诺热机低温热源的温度为7.0 ℃,效率为40%。若要将其效率提高到50%,则高温热源温度需提高多少?

4-50　如图所示,1 mol 双原子分子理想气体,从初态 $V_1=20$ L,$T_1=300$ K 经历三种不同的过程到达末态 $V_2=40$ L,$T_2=300$ K,图中1→2为等温线,1→4为绝热线,4→2为等压线,1→3为等压线,3→2为等体线。试分别沿这三种过程计算气体的熵变。

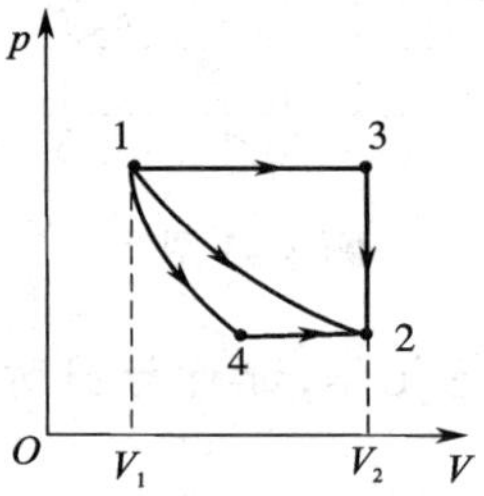


题4-50图

# 第5章　真空中的静电场

自然界中存在四种相互作用，即强相互作用、弱相互作用、电磁相互作用和引力相互作用。电磁相互作用与人们的日常活动联系最为紧密。电磁理论初步可以分为三个部分：静电场、恒定磁场和电磁感应。本章主要讨论相对于观察者静止的电荷所激发的静电场的基本性质与规律以及带电粒子在静电场中的受力与运动。分别引入电场强度和电势两个物理量；介绍反映静电场基本性质的高斯定理及环路定理，讨论电场强度和电势之间的关系。

## 5.1　电荷

1. 电荷的种类

摩擦起电现象使人们逐步认识到自然界存在两种电荷。美国物理学家富兰克林(1706—1790)用正负来表示这两种电荷。实验表明，同种电荷相斥，异种电荷相吸。对于一个原子，原子核带正电，核外电子带负电，从而整体呈电中性。起电的本质是中性物体失去或得到电子，物体就会带上正电或负电。日常生活中所说的不带电的物体是指物体所带正负电荷的代数和为零。现代实验证实，电子的电荷集中在小于 $10^{-18}$ m 的线度内。

2. 电荷的量子性

通常用字母 $Q$ 或 $q$ 表示带电体所带的电荷量，国际单位制中电荷的单位是库仑，符号是 C。现在发现的自然界中的微观粒子(包括电子、中子、质子在内)已有几百种，其中带电粒子所具有的电荷量总是以一个基本单元的整数倍出现，即 $q=ne$，这种性质叫作**电荷的量子性**。电荷的基本单元就是一个电子(质子)所带电荷量的绝对值，通常用符号 $e$ 表示，

$$e=1.602\times10^{-19}\text{C}$$

1913年密立根(1868—1953)设计了著名的油滴实验，直接测定了此单元的数值。在以后的讨论中，当一个带电体本身的线度比所研究的问题中所涉及的距离小很多时，该带电体就可以看作一个带电的点，叫**点电荷**。

3. 电荷的守恒性

实验表明，在粒子的碰撞或者相互作用过程中，电荷可以产生和消失，但是电荷的总量保持不变，即电荷是守恒的，称为**电荷守恒定律**。例如，一个高能光子与一个重原子核

作用时,该光子可以转化为一个正电子和一个负电子;而一个正电子与一个负电子在一定条件下相遇,又会同时消失而产生光子(电子对的"湮灭")。在这些过程中,电荷总量保持不变。对于由多个物体组成的系统,电荷只能从一个物体转移到另外一个物体,系统总的电荷量仍然不变。电荷守恒定律就像能量守恒定律、动量守恒定律一样,也是自然界的基本守恒定律。无论在宏观领域还是在微观领域,电荷守恒定律都是成立的。

## 5.2 库仑定律

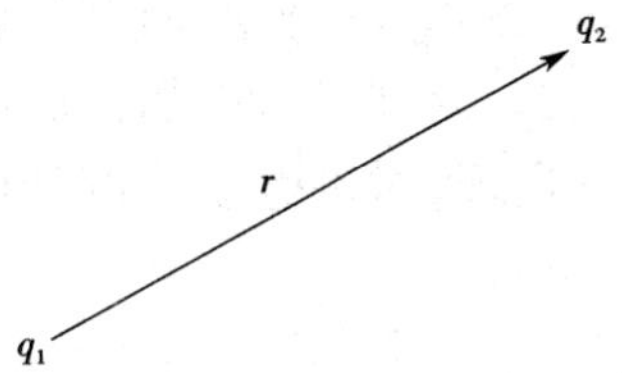


图5.2.1 库仑定律

利用扭秤实验,法国物理学家库仑于1785年测定了两个带电球体之间的相互作用力,并总结出了两个点电荷间相互作用的规律,即**库仑定律**,具体内容如下。真空中两个静止点电荷之间的相互作用力,大小与它们所带电荷量的乘积成正比,与它们之间距离的平方成反比,作用力的方向沿着它们的连线,并且同号电荷相排斥,异号电荷相吸引。如图5.2.1所示,两个静止的点电荷带电荷量分别为 $q_1$ 和 $q_2$,距离为 $r$,令 $\boldsymbol{F}_{12}$ 代表 $q_1$ 和 $q_2$ 的力,$\boldsymbol{e}_{12}$ 代表由 $q_1$ 指向 $q_2$ 的单位矢量,则

$$\boldsymbol{F}_{12}=\frac{1}{4\pi\varepsilon_0}\frac{q_1q_2}{r^2}\boldsymbol{e}_{12} \tag{5.2.1}$$

其中,$\varepsilon_0=8.85\times10^{-12}\ \mathrm{C^2/(N\cdot m^2)}$,称为真空**介电常数**。从上式可以看出,若 $q_1q_2>0$,即两电荷同号,$\boldsymbol{F}_{12}$ 与 $\boldsymbol{e}_{12}$ 同向,为排斥力;若 $q_1q_2<0$,$\boldsymbol{F}_{12}$ 与 $\boldsymbol{e}_{12}$ 反向,为吸引力。当下标1、2对调时,$\boldsymbol{e}_{12}=-\boldsymbol{e}_{21}$,有 $\boldsymbol{F}_{12}=-\boldsymbol{F}_{21}$,即库仑力满足牛顿第三定律。虽然库仑定律是通过宏观带电体的实验研究总结出来的规律,但物理学进一步的研究表明,原子、分子结构,固体、液体结构以及化学作用等问题的微观本质都和库仑力有关。而在这些问题中,万有引力的作用却十分微小。

**例5.2.1** 氢原子中电子和质子的距离为 $5.3\times10^{-11}$ m。求该原子中电子和质子之间的库仑力和万有引力各为多大?

**解** 已知电子和质子电荷量的绝对值都是 $e$,电子的质量 $m_e=9.1\times10^{-31}$ kg,质子的质量为 $m_p=1.7\times10^{-27}$ kg,由库仑定律可得静电力大小

$$F=\frac{1}{4\pi\varepsilon_0}\frac{q_1q_2}{r^2}=8.1\times10^{-8}\ \mathrm{N}$$

由万有引力定律得万有引力大小

$$F_{引}=G\frac{m_em_p}{r^2}=3.7\times10^{-47}\ \mathrm{N}$$

由此可以看出,氢原子中电子和质子相互作用的静电力远远大于万有引力,所以在微观粒子的相互作用中经常不考虑它们间的万有引力。

若考虑两个或两个以上的点电荷对同一个点电荷作用时,其总静电力等于其他点电荷单独存在时对该点电荷作用力的矢量和,这个结论称为库仑力的叠加原理。考虑 $n$ 个点电荷 $q_1,q_2,\cdots,q_n$ 组成的系统,对电荷 $q_0$ 的作用力

$$\boldsymbol{F}=\boldsymbol{F}_1+\boldsymbol{F}_2+\cdots+\boldsymbol{F}_n=\sum_i \frac{1}{4\pi\varepsilon_o}\frac{q_0 q_i}{r_i^2}\boldsymbol{e}_{i0} \tag{5.2.2}$$

式中,$\boldsymbol{e}_{i0}$为从点电荷 $q_i$ 指向 $q_0$ 的单位矢量,$r_i$ 是 $q_0$ 到 $q_i$ 的距离。

## 5.3　电场强度

### 5.3.1　电场和电场强度

电荷间的作用是通过电场对电荷的作用来实现的。电场是一种特殊形态的物质,和人们常见的实物一样,静电场存在于静止电荷的周围并分布在一定的空间。场与其他实物的区别在于:场的分布范围广泛且具有分散性,而实物集中在有限范围内,具有集中性。为了描述电场中任一点的性质,从电荷在电场中的受力出发,引入电场强度的概念。

如图5.3.1所示,把一个试验电荷 $q_0$放在电场中的 $a$、$b$、$c$ 三个不同位置,研究其受力情况。试验电荷必须满足以下要求:(1)体积足够小;(2)所带电荷量足够小,不会影响原电场的分布,为方便叙述,取试验电荷为正电荷 $+q_0$。一般情况下,试验电荷在不同位置,受到电场力的大小和方向均不同。但就电场中的某点而言,试验电荷 $q_0$ 在该点处所受的电场力 $\boldsymbol{F}$ 与 $q_0$ 的大小有关,而 $\boldsymbol{F}$ 与 $q_0$ 之比则与 $q_0$ 的大小无关。这个比值反映了该点处的电场情况,定义该矢量为电场强度,用符号 $\boldsymbol{E}$ 表示:

$$\boldsymbol{E}=\frac{\boldsymbol{F}}{q_0} \tag{5.3.1}$$

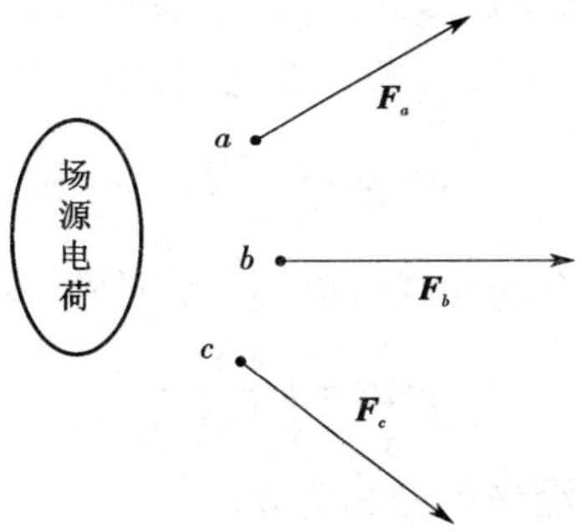


图5.3.1　电荷在不同点的受力

电场中某点的电场强度 $\boldsymbol{E}$ 等于单位试验正电荷在该点所受的电场力。在国际单位制中,电场强度的单位为牛顿每库仑(N/C)或伏特每米(V/m)。电荷 $q$ 在电场中某点受

到的电场力

$$\boldsymbol{F}=q\boldsymbol{E} \tag{5.3.2}$$

## 5.3.2 点电荷的电场强度及叠加原理

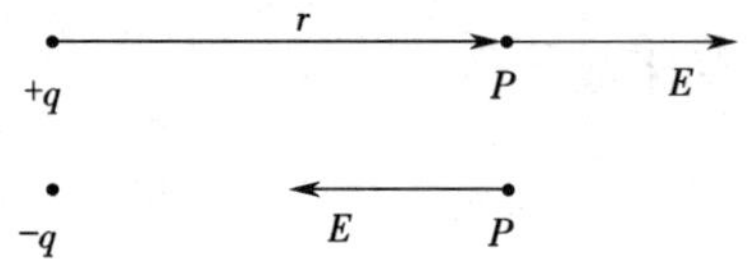


图5.3.2 点电荷的电场

由库仑定律和电场强度的定义式,可以求得真空中点电荷在其周围激发电场的电场强度。如图5.3.2所示,真空中点电荷 $q$ 位于原点,把试验电荷 $q_0$ 置于 $P$ 点,由库仑定律式(5.2.1)和电场强度定义式(5.3.1)式可得 $P$ 点的电场强度

$$\boldsymbol{E}=\frac{\boldsymbol{F}}{q_0}=\frac{1}{4\pi\varepsilon_0}\frac{q}{r^2}\boldsymbol{e}_r \tag{5.3.3}$$

其中,$\boldsymbol{e}_r$ 为位矢 $\boldsymbol{r}$ 的单位矢量。如果 $q>0$(正电荷),则 $\boldsymbol{E}$ 的方向和 $\boldsymbol{e}_r$ 相同;如果 $q<0$(负电荷),则 $\boldsymbol{E}$ 的方向和 $\boldsymbol{e}_r$ 相反。

上面是单个点电荷在空间产生的电场,那么对于由 $n$ 个点电荷组成的点电荷系,其在空间某点激发的电场强度如何求解呢?设由 $q_1,q_2,q_3,\cdots,q_n$ 组成的点电荷系,为求空间任意一点的电场强度,可假设在该点存在一个试验电荷 $q_0$,其受电场力

$$\begin{aligned}\boldsymbol{F}&=\boldsymbol{F}_1+\boldsymbol{F}_2+\cdots+\boldsymbol{F}_n\\&=\frac{1}{4\pi\varepsilon_0}\frac{q_0q_1}{r_1^2}\boldsymbol{e}_{r_1}+\frac{1}{4\pi\varepsilon_0}\frac{q_0q_2}{r_2^2}\boldsymbol{e}_{r_2}+\cdots+\frac{1}{4\pi\varepsilon_0}\frac{q_0q_n}{r_n^2}\boldsymbol{e}_{r_n}\end{aligned} \tag{5.3.4}$$

由电场强度定义,有

$$\boldsymbol{E}=\boldsymbol{F}/q_0=\boldsymbol{E}_1+\boldsymbol{E}_2+\cdots+\boldsymbol{E}_n=\frac{1}{4\pi\varepsilon_0}\frac{q_1}{r_1^2}\boldsymbol{e}_{r_1}+\frac{1}{4\pi\varepsilon_0}\frac{q_2}{r_2^2}\boldsymbol{e}_{r_2}+\cdots+\frac{1}{4\pi\varepsilon_0}\frac{q_n}{r_n^2}\boldsymbol{e}_{r_n} \tag{5.3.5}$$

上式表明,点电荷系在空间某点所激发的电场等于各个点电荷单独存在时在该点所激发的电场强度的矢量和,这就是电场强度的**叠加原理**。利用电场强度的叠加原理,可以计算电荷连续分布的带电体所激发的电场强度。这时把该带电体分成无数个无限小的电荷元 $\mathrm{d}q$,每个电荷元都可看作一个点电荷。那么,其中一个电荷元 $\mathrm{d}q$ 在 $P$ 点激发的电场

$$\mathrm{d}\boldsymbol{E}=\frac{1}{4\pi\varepsilon_0}\frac{\mathrm{d}q}{r^2}\boldsymbol{e}_r \tag{5.3.6}$$

整个带电体在 $P$ 点产生的总的电场强度可以用积分计算,即

$$\boldsymbol{E}=\int\mathrm{d}\boldsymbol{E}=\int\frac{1}{4\pi\varepsilon_0}\frac{\mathrm{d}q}{r^2}\boldsymbol{e}_r \tag{5.3.7}$$

在具体运算时,通常把 $\mathrm{d}\boldsymbol{E}$ 沿坐标分解为 $\mathrm{d}E_x,\mathrm{d}E_y,\mathrm{d}E_z$ 三个分量,分别沿三个分量积分,再求和。在计算电场强度时,常需引入电荷密度的概念。若电荷分布在一曲线、一个曲面、一定体积内,相应的电荷分别为 $\mathrm{d}q=\lambda\mathrm{d}l$(线分布,其中 $\lambda$ 为单位长度上的电荷)、$\mathrm{d}q=\sigma\mathrm{d}S$(面分布,其中 $\sigma$ 为单位面积上的电荷)、$\mathrm{d}q=\rho\mathrm{d}V$(体分布,其中 $\rho$ 为单位体积内的电荷)。下面举例来说明电场强度的计算方法。

**例 5.3.1**　求电偶极子延长线上一点和中垂线上一点的电场强度。

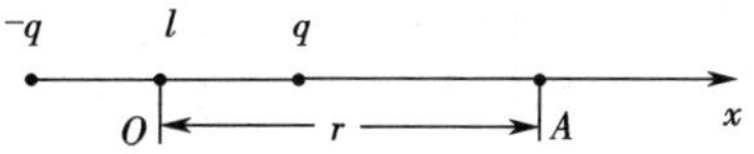

图 5.3.3　例 5.3.1 用图

**解**　两个相距很近的等量异号点电荷组成的系统就是电偶极子系统，如图 5.3.3 所示。设两电荷之间的距离为 $l$，延长线上任意一点 $A$ 距离两电荷中心 $O$ 的距离为 $r$，两点电荷在 $A$ 点激发的场强分别为 $\boldsymbol{E}_+$ 和 $\boldsymbol{E}_-$，则

$$E_+=\frac{q}{4\pi\varepsilon_0\ (r-l/2)^2}(\text{向右})$$

$$E_-=\frac{q}{4\pi\varepsilon_0\ (r+l/2)^2}(\text{向左})$$

则合场强

$$E_A=E_++E_-=\frac{q}{4\pi\varepsilon_0\left(r-\dfrac{l}{2}\right)^2}-\frac{q}{4\pi\varepsilon_0\left(r+\dfrac{l}{2}\right)^2}=\frac{q}{4\pi\varepsilon_0}\frac{2rl}{r^4}\frac{1}{\left(1-\dfrac{l^2}{4r^2}\right)^2}(\text{沿}\ x\ \text{轴正方向})$$

因为 $r\gg l$ 所以 $l^2/4r^2\approx0$，则 $\boldsymbol{E}_A\approx\dfrac{2q\boldsymbol{l}}{4\pi\varepsilon_0r^3}=\dfrac{2\boldsymbol{p}}{4\pi\varepsilon_0r^3}$，其中 $\boldsymbol{p}=q\boldsymbol{l}$，为**电偶极矩**，方向由 $-q$ 指向 $+q$。

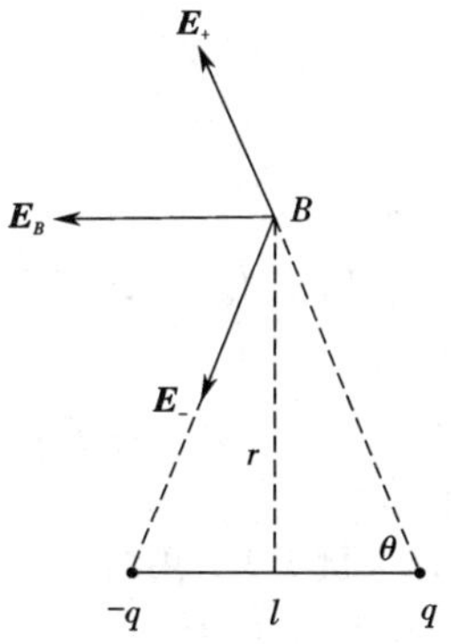

图 5.3.4　电偶极子

对于电偶极子中垂线上任意点 $B$ 的电场强度（如图 5.3.4），解决方法类似，分别先求出两点电荷在 $B$ 点电场强度 $\boldsymbol{E}_+$ 和 $\boldsymbol{E}_-$：

$$E_+=E_-=\frac{q}{4\pi\varepsilon_0(r^2+l^2/4)}$$

方向如图所示，然后矢量叠加，可求得合场强 $\boldsymbol{E}_B$。先求大小

$$E_B=E_+\cos\theta+E_-\cos\theta=2E_+\cos\theta$$

$$=\frac{ql}{4\pi\varepsilon_0(r^2+l^2/4)^{3/2}}$$

方向向左。因为 $r\gg l$，所以 $E_B=\dfrac{ql}{4\pi\varepsilon_0r^3}=\dfrac{p}{4\pi\varepsilon_0r^3}$，其矢量式为：$\boldsymbol{E}_B=-\dfrac{\boldsymbol{p}}{4\pi\varepsilon_0r^3}$。

**例 5.3.2**　如图 5.3.5 所示，真空中有均匀带电直线长为 $L$，总电荷量为 $Q$。线外有一点 $P$，离开直线的垂直距离为 $a$，$P$ 点和直线两端连线的夹角分别为 $\theta_1$ 和 $\theta_2$。求 $P$ 点的场强。（设电荷线密度为 $\lambda$）

**解**　建立如图 5.3.5 所示的坐标系，在带电直线 $L$ 上取任意小段 $\mathrm{d}x$，$\mathrm{d}x$ 所带电荷量为 $\mathrm{d}q=\lambda\mathrm{d}x=\dfrac{Q}{L}\mathrm{d}x$，该电荷元在 $P$ 点所产生的电场强度 $\mathrm{d}E=\dfrac{\mathrm{d}q}{4\pi\varepsilon_0r^2}$，方向如图所示，该电场沿 $x$ 和 $y$ 方向分量分别为

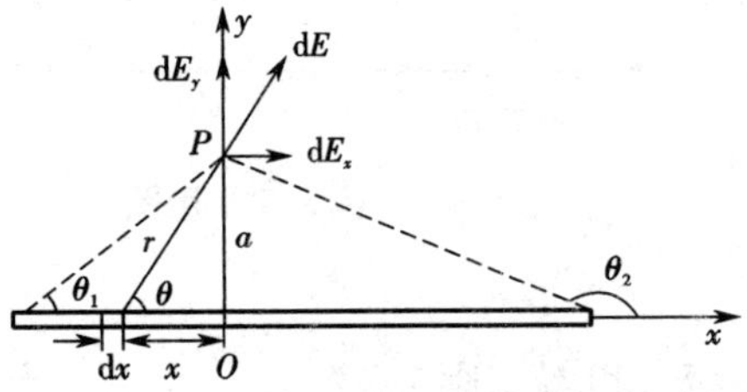


图 5.3.5 例题 5.3.2 用图

$$dE_x = dE\cos\theta = \frac{dq}{4\pi\varepsilon_0 r^2}\cos\theta$$

$$dE_y = dE\sin\theta = \frac{dq}{4\pi\varepsilon_0 r^2}\sin\theta$$

由几何关系,$r = a/\sin\theta, \tan\theta = a/(-x)$,则 $x = -a/\tan\theta, dx = a\csc^2\theta d\theta$,故

$$dE_x = \frac{\lambda dx\cos\theta}{4\pi\varepsilon_0 r^2} = \frac{\lambda\cos\theta}{4\pi\varepsilon_0 a}d\theta$$

$$dE_y = \frac{\lambda\sin\theta}{4\pi\varepsilon_0 a}d\theta$$

所以

$$E_x = \int dE_x = \int \frac{\lambda\cos\theta}{4\pi\varepsilon_0 a}d\theta = \frac{\lambda}{4\pi\varepsilon_0 a}(\sin\theta_2 - \sin\theta_1)$$

$$E_y = \int dE_y = \frac{\lambda}{4\pi\varepsilon_0 a}(\cos\theta_1 - \cos\theta_2)$$

当为无线长带电直线时,$\theta_1 = 0, \theta_2 = \pi$,则

$$E_x = 0,\ E = E_y = \frac{\lambda}{2\pi\varepsilon_0 a}$$

**例 5.3.3** 如图 5.3.6 所示,电荷 $q$ 均匀地分布在一半径为 $R$ 的圆环上。计算在圆环的轴线上任一给定点 $P$ 的场强。

**解** 取电荷元 $dq$,则 $dE = \frac{dq}{4\pi\varepsilon_0 r^2}$,方向如图所示。

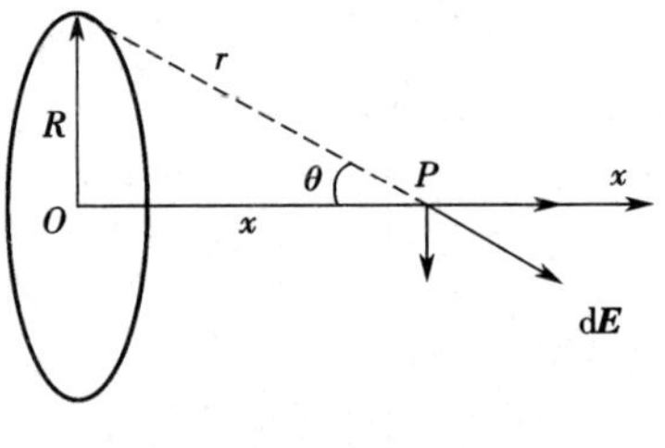


图 5.3.6 例 5.3.3 用图

根据对称性可以判定,垂直 $x$ 轴方向的电场相互抵消,其和为0,故而只有沿着 $x$ 方向电场,其大小

$$E = E_x = \int_L dE_x = \int_L dE\cos\theta = \int_L \frac{x}{r}dE$$

故 $$E = \int_0^q = \frac{dq}{4\pi\varepsilon_0 r^2}\cos\theta = \frac{qx}{4\pi\varepsilon_0 (x^2 + R^2)^{3/2}}$$

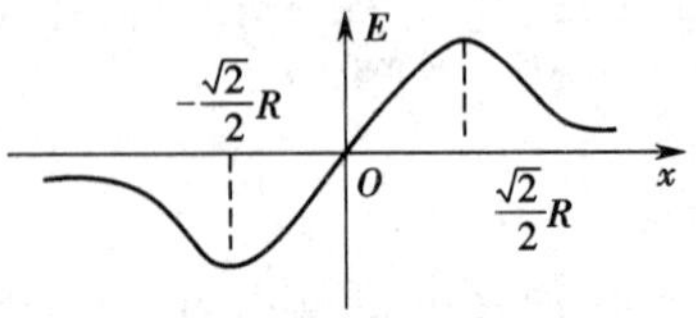


图 5.3.7 电场

**讨论:**(1)对于 $x \gg R, E = \frac{q}{4\pi\varepsilon_0 x^2}$,可以近似看作点电荷在 $P$ 产生的场强。

(2)$x = 0$ 时,$E_0 = 0$。

(3)由 $\frac{dE}{dx} = 0$,可以得到电场在 $x = \pm\frac{\sqrt{2}}{2}R$ 时取极大值。电场强度示意图如图 5.3.7 所示。

# 5.4　高斯定理

## 5.4.1　电场线

电场是一个抽象的概念,不直观。为了直观地展示电场,引入**电场线**的概念。电场线就是在电场中画出的一系列假想的曲线,曲线上任一点的切向表示该点电场强度 $\boldsymbol{E}$ 的方向,曲线的疏密程度表示电场强度的大小。所谓电场线密度,就是垂直通过单位面积上的电场线条数。设想一个垂直于电场方向的面元 $\mathrm{d}S_{\perp}$,通过此面元的电场线条数为 $\mathrm{d}N$,规定

$$E=\frac{\mathrm{d}N}{\mathrm{d}S_{\perp}} \tag{5.4.1}$$

即电场中某点的电场强度的大小等于该点处的电场线数密度。图 5.4.1 画出了几种静止电荷的电场线图。

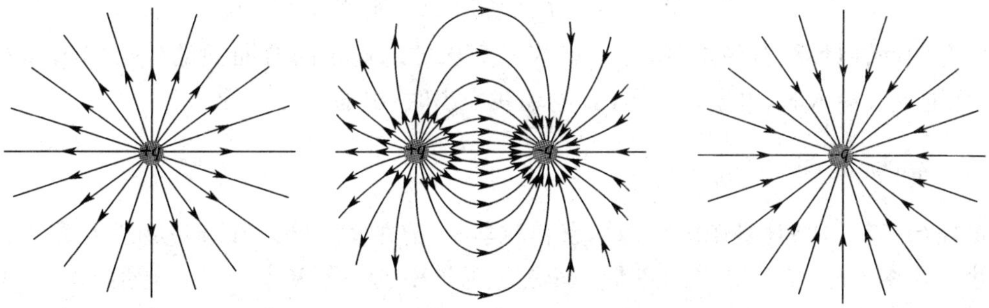


图 5.4.1　电场线

从图 5.4.1 中不难看出,静电场的电场线有以下特点:(1) 电场线总是起始于正电荷(或者无穷远处),终止于负电荷(或者无穷远处),不会形成闭合曲线;(2) 任何两条电场线都不能相交,这是因为电场中每点的电场强度只有一个确定方向。

## 5.4.2　电通量

如图 5.4.2(a)所示,均匀电场 $\boldsymbol{E}$ 与面 $S$ 垂直,穿过 $S$ 面的电场线条数 $N=ES$。在图 5.4.2(b)中,平面 $S$ 与均匀电场 $\boldsymbol{E}$ 不垂直。$S$ 在垂直电场方向的投影大小 $S_{\perp}=S\cos\theta$,穿过 $S$ 的电场线条数 $N=ES\cos\theta$。引入面积矢量 $\boldsymbol{S}$,规定其大小为 $S$,方向为法线方向,用符号 $\boldsymbol{e}_n$ 表示,电场线条数可以写为

$$N=ES\cos\theta=\boldsymbol{E}\cdot\boldsymbol{S} \tag{5.4.2}$$

**电场强度与面积的乘积叫作电通量,数值等于电场线的条数**。一般情况下,电场是不均匀的,几何面 $S$ 也可以是一个任意的曲面,如图 5.4.2(c)所示。要计算通过该曲面

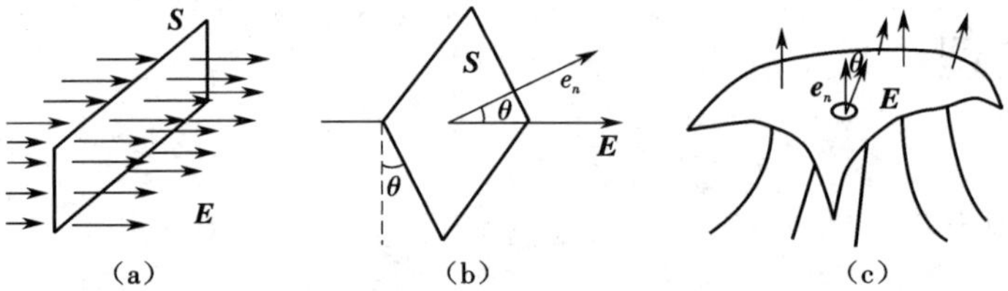


图 5.4.2　电通量

的电通量,先要把该曲面分割成无限多个面积元 d$S$,每一个 d$S$ 都趋向于无穷小,可以把 d$S$ 上的电场强度 $E$ 视为均匀电场,则穿过面积元 d$S$ 的电通量

$$\mathrm{d}\Phi_e = E_n \mathrm{d}S = E\cos\theta \mathrm{d}S \tag{5.4.3}$$

通过整个面 $S$ 的电通量等于通过所有面 d$S$ 的电通量的和,由于面 $S$ 连续分布,所以有

$$\Phi_e = \int \mathrm{d}\Phi_e = \iint_S E\cos\theta \mathrm{d}S = \iint_S \boldsymbol{E}\cdot \mathrm{d}\boldsymbol{S} \tag{5.4.4}$$

如果是闭合曲面,式(5.4.4)中曲面积分应该换成对闭合曲面积分,即

$$\Phi_e = \oiint_S \mathrm{d}\Phi_e = \oiint_S E\cos\theta \mathrm{d}S = \oiint_S \boldsymbol{E}\cdot \mathrm{d}\boldsymbol{S} \tag{5.4.5}$$

对于闭合曲面,电场线有些是穿入的,有些是穿出的。规定闭合曲面的外法向为面积正向,这样电场线穿入时,电通量是负的;电场线穿出时,电通量是正的。

## 5.4.3　高斯定理

高斯(1777—1855)是德国物理学家和数学家,他在实验物理和理论物理及数学方面都做出了许多贡献,他推导出的高斯定理是电磁学中的一条基本定理。既然电场由电荷激发,那么通过电场空间某一给定闭合曲面的电场强度通量与激发电场的场源电荷必然会有确定的关系。高斯通过计算论证了这个关系,高斯定理是用电通量表示的电场和场源电荷关系的定理,它给出了通过任意闭合曲面的电通量与闭合曲面内部所包围的电荷的关系。

**高斯定理:在真空中的静电场中,穿过任意闭合曲面的电通量,在数值上等于该闭合曲面内包围的电荷量的代数和除以真空中的介电常数,与闭合曲面外的电荷无关。**即

$$\Phi_e = \oiint_S \boldsymbol{E}\cdot \mathrm{d}\boldsymbol{S} = \frac{1}{\varepsilon_0}\sum_{i=1}^{n} q_i \tag{5.4.6}$$

高斯定理中的曲面通常称为“高斯面”。下面对该定理进行说明。

(1)通过包围电荷 $q$ 的任意同心球面的电通量都等于$\dfrac{q}{\varepsilon_0}$。

如图 5.4.3 所示,做以 $q$ 为中心,以 $R$ 为半径的球面。球面上任意点电场强度的大小

$$E = \frac{q}{4\pi\varepsilon_0 R^2}$$

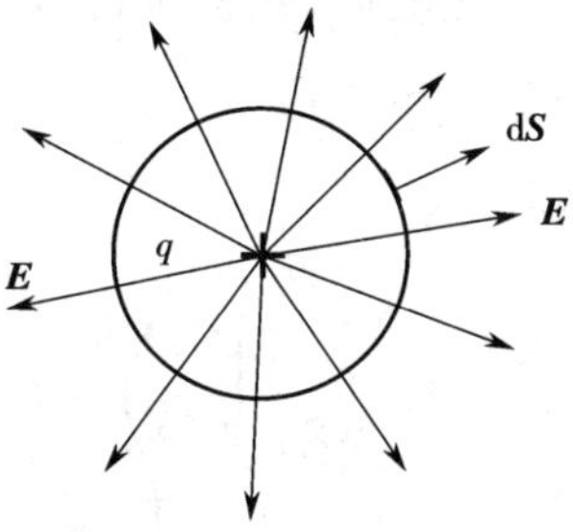


图5.4.3　点电荷情况

方向都是沿着矢径 $r$ 的方向,且处处与球面垂直,则穿过球面上任意小面元 $dS$ 的电通量

$$d\Phi_e = E\cos\theta dS = \frac{q dS}{4\pi\varepsilon_0 R^2}$$

总的电通量为

$$\Phi_e = \oint\!\!\!\oint_S \frac{q dS}{4\pi\varepsilon_0 R^2} = \frac{q}{4\pi\varepsilon_0 R^2}\cdot 4\pi R^2 = \frac{q}{\varepsilon_0} \tag{5.4.7}$$

此结果表明,通过包围点电荷 $q$ 的任意同心球面的电通量都等于$\frac{q}{\varepsilon_0}$,与球面的半径无关,只与它所包围的电荷有关。也就是说,穿过包围点电荷 $q$ 的任意闭合球面电场线的总条数相等,同时也证明了电场线的连续性。

(2)包围点电荷 $q$ 的任意闭合曲面的电通量都等于$\frac{q}{\varepsilon_0}$。

如图5.4.4所示,包围点电荷做一个非球面闭合面。由于电场线的连续性,通过球面的电场线必然全部通过非球面闭合面,且延伸到无穷远处,所以通过非球面闭合面的的电通量也等于$\frac{q}{\varepsilon_0}$。

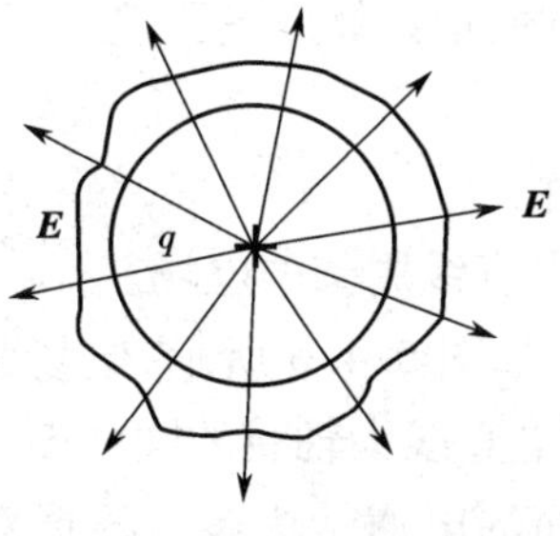


图5.4.4　非球面的闭合曲面

(3)通过不包围点电荷的任意曲面 $S$ 的电通量恒为零。

如图5.4.5所示,闭合曲面在点电荷外。可以清晰地看出,进入闭合曲面的电场线数与穿出闭合曲面的电场线数相等,故穿过闭合曲面的电场强度通量为零。由此可以推断,若在电场中所取的闭合曲面不含有电荷,或者所含电荷代数和为零时,穿过此闭合曲面的电场强度通量必定为零。

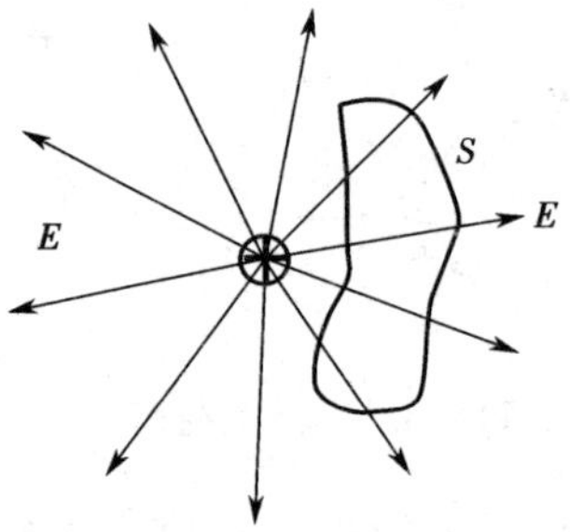


图5.4.5　电荷在闭合曲面外

(4)闭合曲面内多个点电荷的电通量等于它们单独存在时的电通量的代数和。

由于总电场是各个点电荷电场强度的叠加,所以通过闭合曲面 $\boldsymbol{S}$ 的电通量

$$\Phi_e = \oint_S \boldsymbol{E} \cdot \mathrm{d}\boldsymbol{S} = \oint_S \boldsymbol{E}_1 \cdot \mathrm{d}\boldsymbol{S} + \oint_S \boldsymbol{E}_2 \cdot \mathrm{d}\boldsymbol{S} + \cdots \oint_S \boldsymbol{E}_n \cdot \mathrm{d}\boldsymbol{S}$$

因此

$$\Phi_e = \Phi_{e1} + \Phi_{e2} + \cdots \Phi_{en} = \frac{1}{\varepsilon_0} \sum_{i=1}^{n} q_i \qquad (5.4.8)$$

式(5.4.8)中的电荷只包括闭合曲面内部的所有电荷,闭合曲面外的电荷对总通量无贡献。虽然高斯定理中穿过闭合曲面的电通量只与曲面内所包含的电荷有关,但电场强度是所有电荷产生的。

在静电学中,高斯定理的重要意义在于把电场和产生电场的源联系起来了,它反映了**静电场是有源场**这一基本性质。静电场中的高斯定理可以推广到非静电场中,即不论是静电场还是非静电场,高斯定理都是适用的,它是电磁场理论的基本方程之一。

一般来说,由高斯定理很难直接确定场中各点的电场强度,但是当电荷分布具有某种对称性时,可以用高斯定理很方便地计算电场强度。下面举例说明应用高斯定理求解电场强度的方法。

1. 具有柱对称性的场(轴对称)

**例5.4.1**　求无限长均匀带电直线周围的电场。

**解**　设带电体的线密度为 $\lambda$,如图5.4.6所示,电场强度具有轴对称性,对称轴就是无限长直线。选取高斯面为以带电直线为轴线的圆柱面,圆柱面半径为 $r$,高度为 $h$,其中电场线只通过侧面,穿过两个底面的电通量为零。根据对称性,电场强度在柱面的各处大小相同,因此 $\oint_S \boldsymbol{E} \cdot \mathrm{d}\boldsymbol{S} = E\oint_S \mathrm{d}S = E2\pi rh$。另一方面,高斯面内的电荷量为 $\lambda h$,则由高斯定理可得

$$\oint_S \boldsymbol{E} \cdot \mathrm{d}\boldsymbol{S} = E\oint_S \mathrm{d}S = E2\pi rh = \frac{\lambda h}{\varepsilon_0}$$

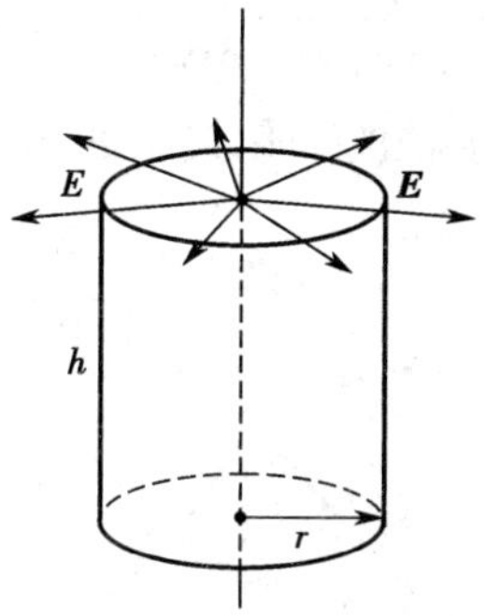


图5.4.6　无限长均匀带电直线电场

故电场强度 $E=\lambda/(2\pi\varepsilon_0 r)$，方向为以带电直线为轴心的径向方向。当 $\lambda$ 为正时向外，$\lambda$ 为负时向内指向轴线本身。

2. 具有球对称性的场（中心对称）

**例5.4.2**　求均匀带电球体的场强分布。（已知球体半径为 $R$，带电荷为 $q$，电荷体密度为 $\rho$）

**解**　(1)球外某点的场强。电荷分布具有球对称性，电场因此也具有球对称性。在带电球体外，作半径为 $r$ 的球面，如图5.4.7(a)所示。由高斯定理得

$$\oint_S \boldsymbol{E}\cdot \mathrm{d}\boldsymbol{S}=\frac{q}{\varepsilon_0}$$

其中 $q=\rho\dfrac{4}{3}\pi R^3$，$\oint_S \boldsymbol{E}\cdot \mathrm{d}\boldsymbol{S}=E\cdot 4\pi r^2$，因此

$$E=\frac{q}{4\pi\varepsilon_0 r^2}=\frac{\rho R^3}{3\varepsilon_0 r^2}(r\geqslant R)$$

(2)球内某点的场强，在球内作半径为 $r$ 的球面，如图5.4.7(b)所示。由高斯定理得

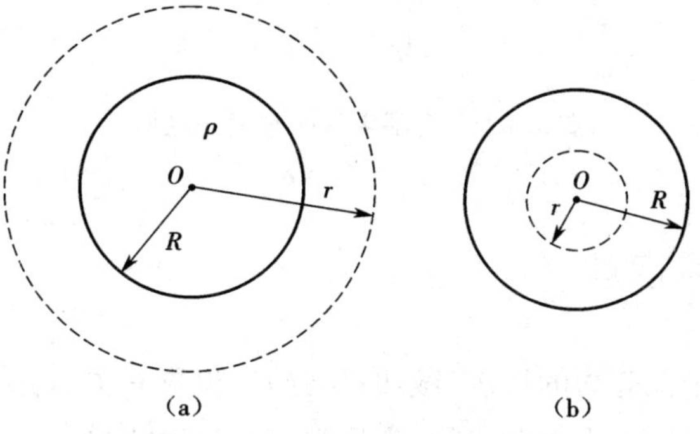


图5.4.7　均匀带电球体的电场

$E\cdot 4\pi r^2=\dfrac{1}{\varepsilon_0}\cdot\rho\dfrac{4}{3}\pi\ r^3$，可以得到

$$E=\frac{qr}{4\pi\varepsilon_0R^3}=\frac{\rho r}{3\varepsilon_0}\ (r\leqslant R)$$

电场方向为径向,系统电场大小随半径的变化关系如图 5.4.8 所示。

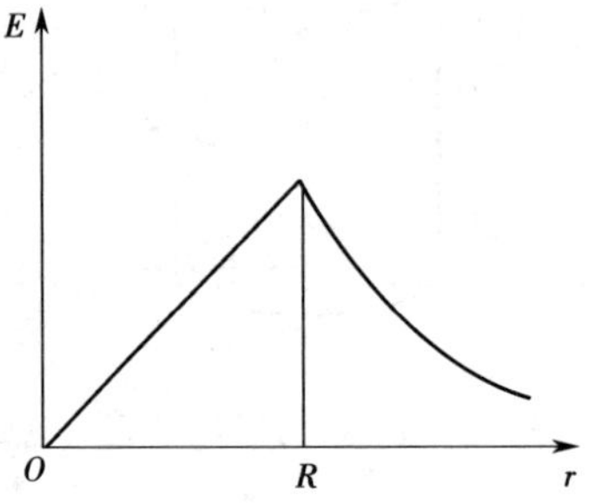


图 5.4.8　电场随球体半径的变化

3. 无限大带电平面的电场(电荷面密度为 $\sigma$)

电场强度垂直于平面,到平面距离相等的地方,电场强度相同。根据电场的这些特点,建立如图 5.4.9 所示的圆柱形高斯面。通过侧面的电通量是零,对于每一个底面,电场方向与面积矢量方向一致,故而 $\Phi_{e底}=ES$,高斯面包围的电量是 $\sigma S$,由高斯定理可得 $2ES=\frac{\sigma S}{\varepsilon_0}$,故电场强度 $E=\frac{\sigma}{2\varepsilon_0}$。

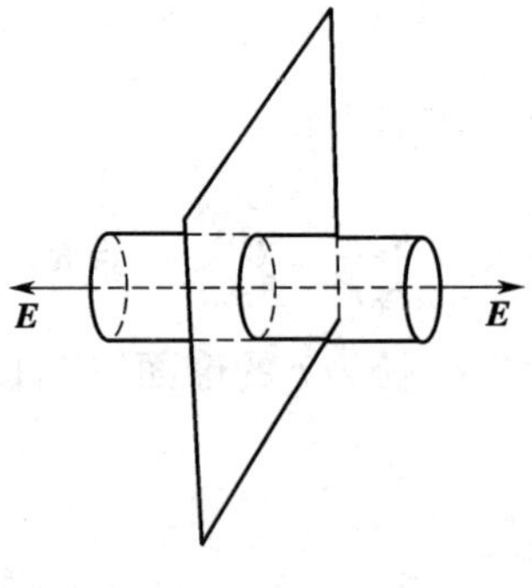


图 5.4.9　无限大带电平面的电场

## 5.5　电势　环路定理

在力学中已论述了保守力的特点:做功只与始末位置有关,与路径无关,并据此可以引入势能。本节也将从电场力做功出发,来研究静电场的性质。

### 5.5.1　静电场力的功

如图 5.5.1 所示,在点电荷 $q$ 所激发的静电场中,将试验电荷 $q_0$ 从 $a$ 点沿任意路径移

至 $b$ 点，设在此过程中试验电荷 $q_0$ 受到的电场力为 $\boldsymbol{F}$，则电场力 $\boldsymbol{F}$ 对 $q_0$ 所做的功

$$W_{ab}=\int_a^b q_0\boldsymbol{E}\cdot \mathrm{d}\boldsymbol{l}=\int_a^b \frac{q_0 q}{4\pi\varepsilon_0 r^2}\cos\theta \mathrm{d}l(\text{其中 } \mathrm{d}l\cos\theta=\mathrm{d}r)$$

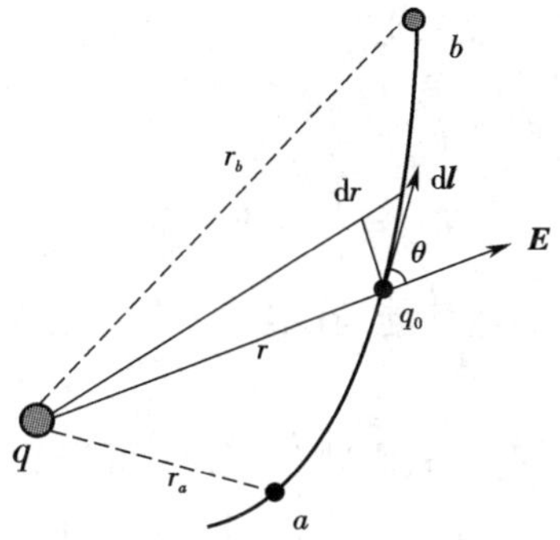


图 5.5.1　静电场力做功

所以试验电荷从 $a$ 点沿任意路径移至 $b$ 点的过程中，电场力做的总功

$$W_{ab}=\int_{r_a}^{r_b}\frac{q_0 q\mathrm{d}r}{4\pi\varepsilon_0 r^2}=\frac{q_0 q}{4\pi\varepsilon_0}\left(\frac{1}{r_a}-\frac{1}{r_b}\right) \tag{5.5.1}$$

由式(5.5.1)可知，在点电荷 $q$ 激发的电场中，电场力做功仅与所移动电荷的电荷量的大小及其始末位置有关，而与所经过的路径无关。

利用叠加原理容易知道，对于任意的电荷系统，**静电力做功与路径无关，只与始末位置有关**，即**静电力是保守力**。做功与路径无关的一个等效表述是，**沿一个闭合路径，静电力做功是零**。

## 5.5.2　静电场的环路定理

上节已经得出结论：静电力是保守力，做功与路径无关，或者沿一个闭合路径做功为零，故

$$W=\oint_L q_0\boldsymbol{E}\cdot \mathrm{d}\boldsymbol{l}=\oint_L q_0 E\cos\theta \mathrm{d}l=0 \tag{5.5.2}$$

由于 $q_0$ 不为零，所以

$$\oint_L \boldsymbol{E}\cdot \mathrm{d}\boldsymbol{l}=0 \tag{5.5.3}$$

该式表明，**在静电场中，电场强度 $\boldsymbol{E}$ 沿任意闭合路径的线积分为零**，这就是静电场的**环路定理**。它与高斯定理一样，也是表述静电场性质的一个重要定理，它表示**静电场是无旋场(或者保守场)**。结合高斯定理和环路定理，可知，**静电场是有源无旋场**。

## 5.5.3　电势能

对于保守力可以引入势能这一物理量。对于静电力，这样的势能叫作**电势能**。用

$E_{pA}$和$E_{pB}$分别表示点电荷$q_0$在静电场中任意两点$A$、$B$处的电势能，由于保守力做功等于势能的减少，所以电荷从$A$移动到$B$的过程中，静电力对它做的功

$$W_{AB}=E_{pA}-E_{pB}=-(E_{pB}-E_{pA})\text{或}$$

$$q_o\int_A^B \boldsymbol{E}\cdot\mathrm{d}\boldsymbol{l}=E_{pA}-E_{pB}=-(E_{pB}-E_{pA}) \tag{5.5.4}$$

若选择$q_0$在$B$处的电势能为零，即$E_{pB}=0$，则有

$$E_{pA}=\int_A^B q_0\boldsymbol{E}\cdot\mathrm{d}\boldsymbol{l} \tag{5.5.5}$$

该式表明，电荷$q_0$在电场中$A$点的电势能，在数值上等于把它移动到势能零点静电场力所做的功。

**若场源电荷为点电荷**，电荷量为$q$，则式(5.5.5)可变为

$$E_{pA}=\int_A^B \frac{qq_0}{4\pi\varepsilon_0 r^2}\boldsymbol{r}_o\cdot\mathrm{d}\boldsymbol{l}=\frac{qq_0}{4\pi\varepsilon_0}\left(\frac{1}{r_a}-\frac{1}{r_b}\right) \tag{5.5.6}$$

通常将无穷远处定为电势能的零点，即$r_b\to\infty$，此时$q_0$在静电场中的电势能

$$E_{pA}=\frac{qq_0}{4\pi\varepsilon_0 r_a} \tag{5.5.7}$$

### 5.5.4 电势

系统的电势能既与试验电荷有关，也与场源电荷有关。下面将引入仅表征场源电荷性质而与试验电荷无关的物理量——**电势**。定义电势

$$\varphi_A=\frac{E_{pA}}{q_0},\varphi_B=\frac{E_{pB}}{q_0},$$

则式(5.5.4)可以写成

$$\varphi_A-\varphi_B=\int_A^B \boldsymbol{E}\cdot\mathrm{d}\boldsymbol{l} \tag{5.5.8}$$

该式给出的是两点间的电势差$U_{AB}=\varphi_A-\varphi_B$。在国际单位制中，电势和电势差的单位都是伏特(V)。与电势能一样，电势也是一个相对的量，需要选择参考点。如果选取$B$点为参考点，即$B$点的电势为零，则$A$点的电势

$$\varphi_A=\int_A^B \boldsymbol{E}\cdot\mathrm{d}\boldsymbol{l} \tag{5.5.9}$$

上式表明：**静电场中某点$A$的电势，数值上等于将单位正试验电荷从$A$点移到参考点(零势能点处)静电场力所做的功**。对于有限区域的电荷分布，通常选择无限远处电势为零。电势是个标量，单位是伏特，简称伏，用符号V表示。

选择无限远处为参考点，由式(5.5.9)可以导出点电荷的电势

$$\varphi=\int_r^\infty \boldsymbol{E}\cdot\mathrm{d}\boldsymbol{l}=\frac{q}{4\pi\varepsilon_0 r} \tag{5.5.10}$$

该式表明，当$q>0$时，电场中各点的电势都是正值，且随$r$的增加而减小；但是当$q<0$

时，电场中各点的电势是负值，在无限远处电势为零且为最大值。

从电场强度的叠加原理可知，点电荷系统在某点产生的电场 $\boldsymbol{E}$ 等于各个点电荷独立存在时在该点产生的电场强度的矢量叠加，即 $\boldsymbol{E}=\boldsymbol{E}_1+\boldsymbol{E}_2+\cdots+\boldsymbol{E}_n$。由此可得

$$\begin{aligned}\varphi_A&=\int_A^{\infty}\boldsymbol{E}\cdot d\boldsymbol{l}=\int_A^{\infty}\boldsymbol{E}_1\cdot d\boldsymbol{l}+\int_A^{\infty}\boldsymbol{E}_2\cdot d\boldsymbol{l}+\cdots+\int_A^{\infty}\boldsymbol{E}_n\cdot d\boldsymbol{l}\\&=\varphi_1+\varphi_2+\cdots+\varphi_n\end{aligned}\tag{5.5.11}$$

这里选择无限远处为参考点。式(5.5.11)表明，**一个电荷系统的电势等于每一个带电体的电势的代数和**。这一结论叫作静电场的**电势叠加原理**。对于点电荷系，上式可以写作

$$\varphi_A=\sum_{i=1}^{n}\frac{1}{4\pi\varepsilon_0}\frac{q_i}{r_i}\tag{5.5.12}$$

对于连续带电体来说，要将它分割成无数多个电荷元 $dq$，把电荷元当做点电荷，电荷元的电势就是点电荷的电势，因此任意一点的电势

$$\varphi=\int d\varphi=\int\frac{1}{4\pi\varepsilon_0}\frac{dq}{r}=\frac{1}{4\pi\varepsilon_0}\int\frac{dq}{r}\tag{5.5.13}$$

## 5.5.5　电势的计算

电势的计算一般有两种方法，第一种是利用**电场强度对路径的积分**进行计算，第二种是利用点电荷的电势公式和**电势的叠加原理**计算。

**例5.5.1**　利用电势叠加原理计算电势。正电荷 $q$ 均匀分布在半径为 $R$ 的细圆环上，求环轴线上距环心为 $x$ 处的点 $P$ 的电势，如图5.5.2所示。

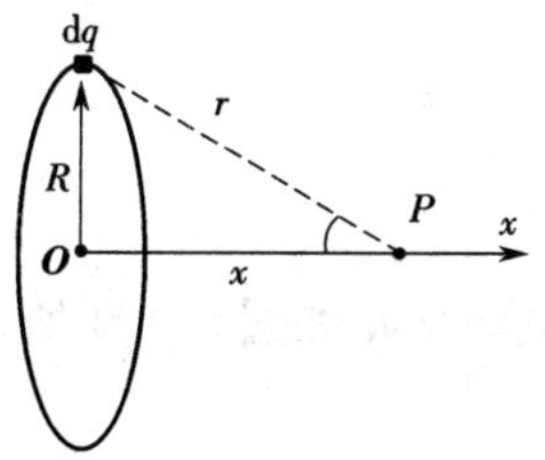

图5.5.2　例5.5.1用图

**解**　在带电圆环上任取一电荷元 $dq$，则电荷元在 $P$ 点产生的电势

$$d\varphi_P=\frac{1}{4\pi\varepsilon_0}\frac{dq}{r}$$

对整个圆环积分可得

$$\varphi_P=\frac{1}{4\pi\varepsilon_0 r}\int dq=\frac{q}{4\pi\varepsilon_0 r}=\frac{q}{4\pi\varepsilon_0\sqrt{x^2+R^2}}$$

**例5.5.2　利用电场强度对路径的积分计算电势**。半径为 $R$ 的均匀带电球体，带电量为 $q$，求电势分布，如图5.5.3所示。

**解**　根据高斯定理求出电场强度的分布：

$$E=E(r)=\begin{cases}\dfrac{qr}{4\pi\varepsilon_0 R^3}(r<R)\\[2ex]\dfrac{q}{4\pi\varepsilon_0 r^2}(r\geqslant R)\end{cases}$$

利用电势的定义式

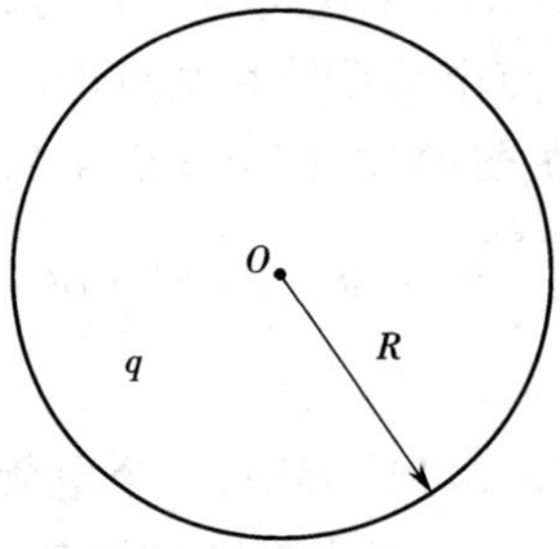


图 5.5.3　均匀带电球体

$$\varphi=\int_P^{\infty}\boldsymbol{E}\cdot \mathrm{d}\boldsymbol{l}=\int_r^{\infty}E\mathrm{d}r$$

分两种情况讨论。

(1)当 $r<R$ 时,

$$\varphi=\int_r^R\frac{qr}{4\pi\varepsilon_0R^3}\mathrm{d}r+\int_R^{\infty}\frac{q}{4\pi\varepsilon_0r^2}\mathrm{d}r=\frac{q(3R^2-r^2)}{8\pi\varepsilon_0R^3}$$

(2)$r\geqslant R$ 时,

$$\varphi=\int_r^{\infty}E\mathrm{d}r=\int_r^{\infty}\frac{q}{4\pi\varepsilon_0r^2}\mathrm{d}r=\frac{q}{4\pi\varepsilon_0r}$$

故

$$\varphi=\varphi(r)=\begin{cases}\dfrac{q(3R^2-r^2)}{8\pi\varepsilon_0R^3}(r<R)\\[2ex]\dfrac{q}{4\pi\varepsilon_0r}(r\geqslant R)\end{cases}$$

其电势分布如图 5.5.4 所示。

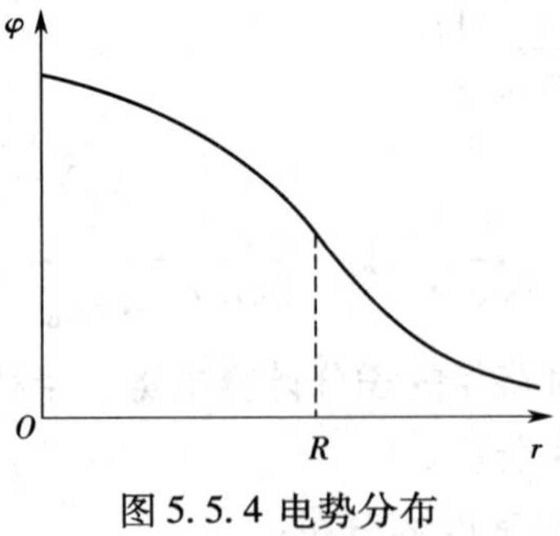


图 5.5.4 电势分布

# 5.6 等势面、电势梯度

## 5.6.1 等势面

电场线可以形象地描述电场强度的分布情况,与此类似,也可以通过图示的形式来描述电势的分布。通过前面的例题可以看到,电场中的电势是逐点变化的,但场中有很多点的电势是相同的,由电势相同的点组合而成的一个面,叫**等势面**。例如点电荷 $q$ 所激发的电场中,电势 $\varphi = Q/(4\pi\varepsilon_0 r)$ 只与距离 $r$ 有关,所以点电荷电场中等势面为一系列以 $r$ 为半径的同心球面。不同的电荷分布具有不同形状的等势面。为了便于比较,画等势面时要使相邻的等势面差值相同。图 5.6.1 给出了点电荷和电偶极子的等势面与电场线。

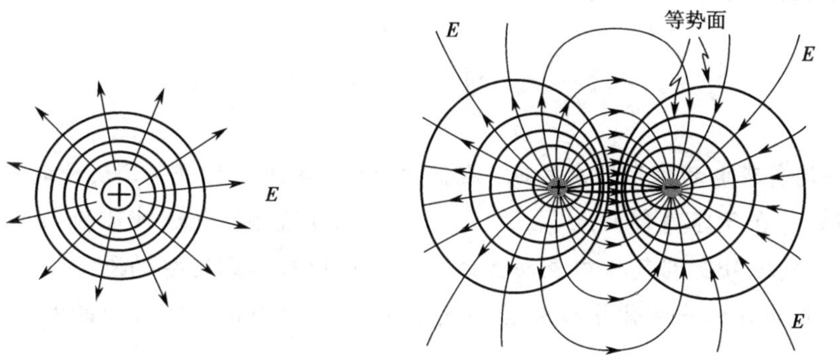


(a) 点电荷的等势面　　(b) 电偶极子的等势面

图 5.6.1 等势面

根据等势面的意义以及电场强度与电势的关系可得如下结论:(1)等势面与电场线处处正交;(2)等势面较密集的地方电场强度大,较稀疏的地方电场强度小;(3)电场强度指向电势的降落方向。根据等势面的这些性质,可由电场线的分布估计等势面的分布,同样也可由等势面的分布估计电场线的分布。在许多实际问题中,往往可以通过实验把等势面的分布画出来,并由此分析电场的分布。

## 5.6.2 电势梯度

电场强度和电势都是描述电场的物理量,它们之间的关系由式(5.5.8)给出。该式是积分形式,其微分形式为

$$-\mathrm{d}\varphi = \boldsymbol{E} \cdot \mathrm{d}\boldsymbol{l} \tag{5.6.1}$$

右边的点乘可以变为 $\boldsymbol{E} \cdot \mathrm{d}\boldsymbol{l} = E\mathrm{d}l\cos\theta = E\mathrm{d}l_E$,其中 $\mathrm{d}l_E = \mathrm{d}l\cos\theta$ 是线元在电场方向的投影,如图 5.6.2 所示。代入式(5.6.1)可得

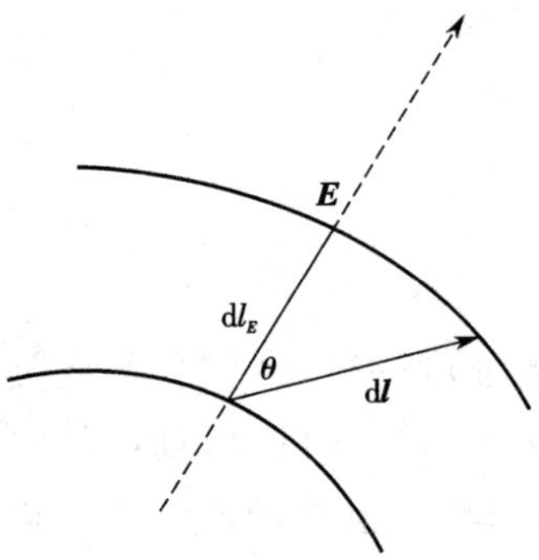


图5.6.2 电场与等势面

$$E=-\frac{d\varphi}{dl_E} \tag{5.6.2}$$

电场强度是电势沿电场方向导数的负值,即电场强度是电势的负梯度。

## 习 题

5-1 一均匀带电的球形橡皮气球,在被吹大的过程中,场强不断变小的点是(　　)。

(A)始终在气球内部的点　　(B)始终在气球外部的点

(C)从气球外变到气球内表面上的点　　(D)找不到这样的点

5-2 边长为 $a$ 的正方体中心放置一点电荷 $Q$,其一个侧面中心处的电场强度大小为(　　)。

(A)$\frac{Q}{4\pi\varepsilon_0 a^2}$　　(B)$\frac{Q}{8\pi\varepsilon_0 a^2}$　　(C)$\frac{Q}{\pi\varepsilon_0 a^2}$　　(D)$\frac{Q}{2\pi\varepsilon_0 a^2}$

5-3 根据高斯定理 $\oiint_S \boldsymbol{E}\cdot d\boldsymbol{S}=\frac{\sum q_i}{\varepsilon_0}$,下列说法中正确的是(　　)。

(A)通过闭合曲面的电通量仅由面内电荷的代数和决定

(B)通过闭合曲面的电通量为正时面内必无负电荷

(C)闭合曲面上各点的场强仅由面内的电荷决定

(D)闭合曲面上各点的场强为零时,面内一定没有电荷

5-4 高斯定理成立的条件是(　　)。

(A)均匀带电球面或均匀带电球体所产生的电场

(B)无限大均匀带电平面产生的电场

(C)高斯面的选取必须具有某些简单的对称性

(D)任何静电场

5-5 已知一高斯面所包围的体积内电荷代数和 $\sum q_i=0$,则可肯定(　　)。

(A)高斯面上各点场强均为零

(B)穿过高斯面上每一面元的电通量均为零

(C)穿过整个高斯面的电通量为零

(D)以上说法都不对

5-6　两个同心的均匀带电球面，内球面半径为 $R_1$，带有电荷 $q_1$，外球面半径为 $R_2$，带有电荷 $q_2$，则在内球面里面、距离球心为 $r(r<R_1)$ 处的 $P$ 点的场强大小 $E$ 为(　　)。

(A)$\dfrac{q_1+q_2}{4\pi\varepsilon_0 r^2}$　　(B)$\dfrac{q_1}{4\pi\varepsilon_0 {R_1}^2}+\dfrac{q_2}{4\pi\varepsilon_0 {R_2}^2}$

(C)$\dfrac{q_1}{4\pi\varepsilon_0 r^2}$　　(D)0

5-7　在空间有一非均匀电场，其电场线分布如图所示。在电场中作一半径为 $R$ 的闭合球面 $S$，已知通过球面上某一面元 $\Delta S$ 的电通量为 $\Delta\Phi_e$，则通过该球面其余部分的电通量为(　　)。

(A)$-\Delta\Phi_e$

(B)$\dfrac{4\pi R^2}{\Delta S}\Delta\Phi_e$

(C)$\dfrac{4\pi R^2-\Delta S}{\Delta S}\Delta\Phi_e$

(D)0

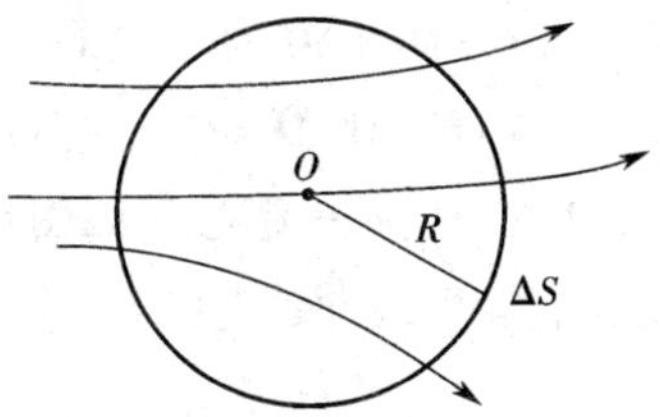

题5-7图

5-8　边长为 $a$ 的正方体中心放置一电荷 $q$，则通过任一个侧面 $S$ 的电通量 $\iint_S \boldsymbol{E}\cdot d\boldsymbol{S}$ 为(　　)。

(A)$\dfrac{Q}{4\varepsilon_0}$　　(B)$\dfrac{Q}{6\varepsilon_0}$　　(C)$\dfrac{Q}{8\varepsilon_0}$　　(D)$\dfrac{Q}{6}$

5-9　在下列情况中，零电势可以选在无限远处的是(　　)。

(A)孤立带电球体的电势　　(B)无限大带电平板的电势

(C)无限长带电直导线的电势　　(D)无限长均匀带电圆柱体的电势

5-10　有一半径为 $b$ 的圆环状带电导线，其轴线上有两点 $P_1$ 和 $P_2$，到环心距离如图所示。设无穷远处电势为零，$P_1$、$P_2$ 点的电势分别为 $\varphi_1$ 和 $\varphi_2$，则 $\dfrac{\varphi_1}{\varphi_2}$ 为(　　)。

(A)$\dfrac{1}{3}$　　(B)$\dfrac{2}{5}$

(C)$\dfrac{1}{2}$　　(D)$\sqrt{\dfrac{5}{2}}$

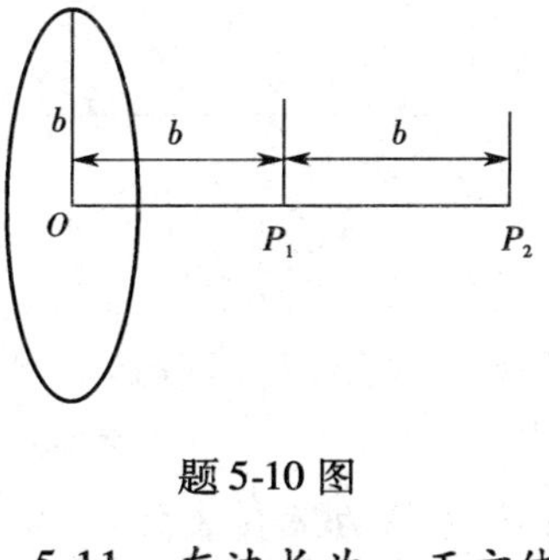

题5-10图

5-11　在边长为 $a$ 正方体中心处放置一电量为 $q$ 的点电荷，设无穷远处为电势零点，则在其一个侧面的中心处的电势为(　　)。

(A)$\frac{q}{4\pi\varepsilon_0 a}$　(B)$\frac{q}{2\pi\varepsilon_0 a}$　(C)$\frac{q}{\pi\varepsilon_0 a}$　(D)$\frac{q}{2\sqrt{2}\pi\varepsilon_0 a}$

5-12　半径为$R$的均匀带电球面,总电荷为$q$,设无穷远处的电势为零,则球内距离球心为$r(r<R)$处的$P$点处的电场强度大小和电势为(　　)。

(A)$E=0,\varphi=\frac{q}{4\pi\varepsilon_0 r}$　(B)$E=0,\varphi=\frac{q}{4\pi\varepsilon_0 R}$

(C)$E=\frac{q}{4\pi\varepsilon_0 r^2},\varphi=\frac{q}{4\pi\varepsilon_0 r}$　(D)$E=\frac{q}{4\pi\varepsilon_0 r^2},\varphi=\frac{q}{4\pi\varepsilon_0 R}$

5-13　将点电荷$Q$从无限远处移到相距为$2l$的点电荷$+q$和$-q$的中点处,则电势能的增加量为(　　)。

(A)0　(B)$\frac{q}{4\pi\varepsilon_0 l}$　(C)$\frac{Qq}{4\pi\varepsilon_0 l}$　(D)$\frac{Qq}{2\pi\varepsilon_0 l}$

5-14　一电偶极子放在均匀电场中,当电偶极矩的方向与场强方向不一致时,其所受合力$\boldsymbol{F}$和力偶矩$\boldsymbol{M}$分别为(　　)。

(A)$\boldsymbol{F}=0,\boldsymbol{M}=0$　(B)$\boldsymbol{F}=0,\boldsymbol{M}\neq0$　(C)$\boldsymbol{F}\neq0,\boldsymbol{M}=0$　(D)$\boldsymbol{F}\neq0,\boldsymbol{M}\neq0$

5-15　已知一负电荷从图所示的电场中$M$点移到$N$点.有人根据这个图得出下列几点结论,其中正确的是(　　)。

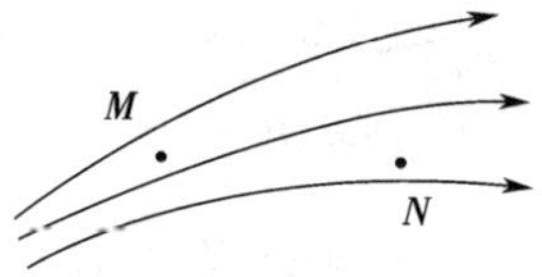

题5-15图

(A)电场强度$E_M<E_N$

(B)电势$\varphi_M<\varphi_N$

(C)电势能$W_M<W_N$

(D)电场力的功$W>0$

5-16　一个容量为10 μF的电容器,充电到1 000 V,则它所储存的能量为(　　)。

(A)1.25 J　(B)2.50 J　(C)5.00 J　(D)0.25 J

5-17　真空中有一点电荷$Q$,在与它相距为$r$的$a$点处有一试验电荷$q$,现使试验电荷$q$从$a$点沿半圆弧轨道运动到$b$点,如图所示,则电场力对$q$做功为(　　)。

(A)$\frac{Qq}{4\pi\varepsilon_0 r^2}\cdot\frac{\pi r^2}{2}$

(B)$\frac{Qq}{4\pi\varepsilon_0 r^2}2r$

(C)$\frac{Qq}{4\pi\varepsilon_0 r^2}\pi r$

(D)0

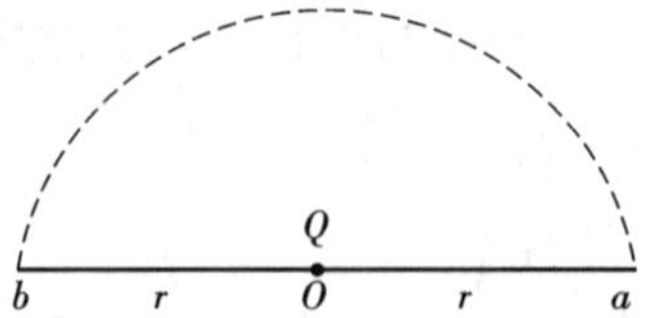

题5-17图

5-18　点电荷$-q$位于圆心$O$处,$A$、$B$、$C$、$D$为同一圆周上的四点,如图所示。现将一试验电荷从$A$点分别移动到$B$、$C$、$D$各点,则(　　)。

(A)从$A$到$B$,电场力做功最大　(B)从$A$到$C$,电场力做功最大

(C)从$A$到$D$,电场力做功最大　(D)从$A$到各点,电场力做功相等

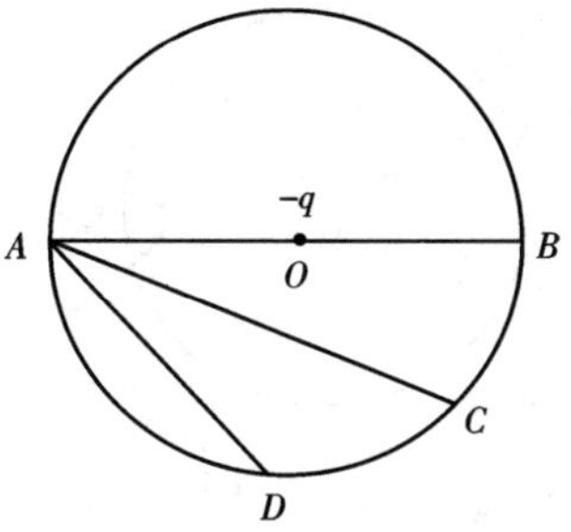


题5-18图

5-19　$A$、$B$为真空中两个平行的"无限大"均匀带电平面，已知两平面间的电场强度大小为$E_0$，两平面外侧电场强度大小都为$E_0/3$，方向如图。则两平面上的电荷面密度分别为$\sigma_A=$\_\_\_\_\_\_\_\_，$\sigma_B=$________。

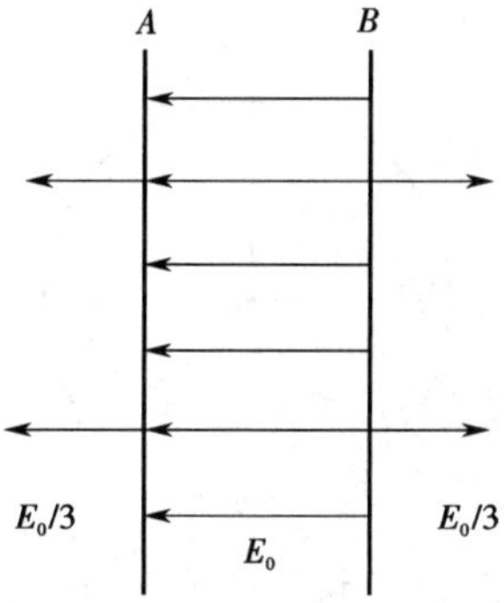


题5-19图

5-20　如图所示，真空中两个正点电荷$q$，相距$2R$，若以其中一点电荷所在处$O$点为中心，以$R$为半径作高斯球面$S$，则通过该球面的电通量为________；若以$\boldsymbol{e}_r$表示高斯面外法线方向的单位矢量，则高斯面上$a$、$b$两点的电场强度分别为________。

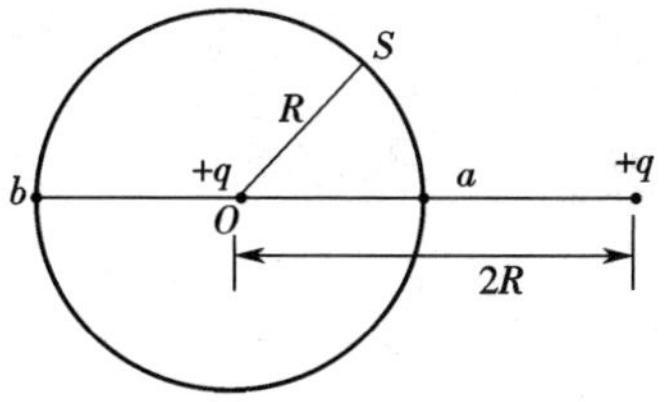


题5-20图

5-21　真空中一半径为$R$的均匀带电球面，总电荷量为$q(q>0)$。今在球面上挖去非常小块的面积$\Delta S$(连同电荷)，且假设不影响原来的电荷分布，则挖去$\Delta S$后球心处电场强度的大小$E=$________，其方向为________。

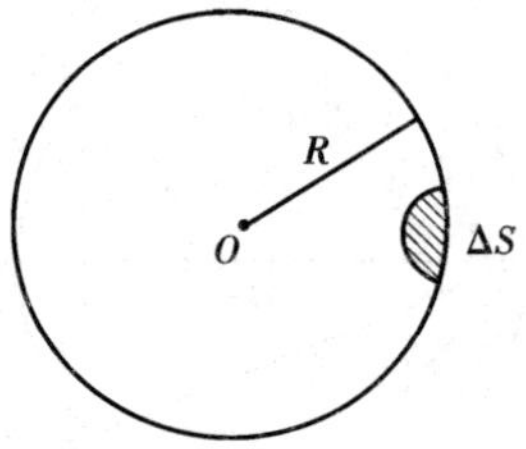


题5-21图

5-22 一个带电荷量为 $q$ 的点电荷位于一边长为 $a$ 的立方体的一个顶角上，则通过该立方体一个 $q$ 不在其上的侧面的电通量为__________。

5-23 在静电场中，一质子(带电荷 $e=1.6\times10^{-19}$ C)沿四分之一圆弧轨道从 $A$ 点移到 $B$ 点，如图所示，电场力做功 $8.0\times10^{-15}$ J，则当质子沿四分之三的圆弧轨道从 $B$ 点回到 $A$ 点时，电场力做功 $W=$________；设 $A$ 点电势为零，则 $B$ 点电势 $\varphi=$________。

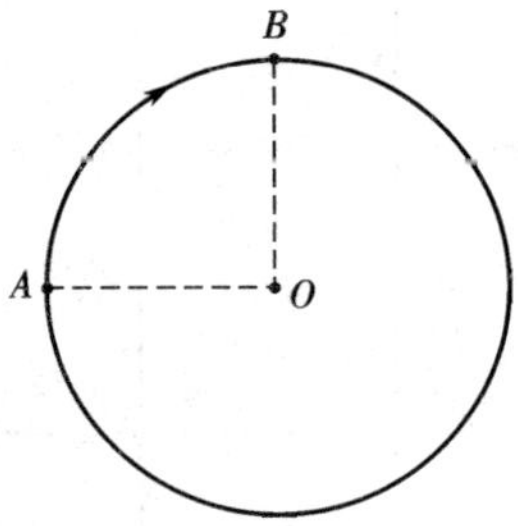


题5-23图

5-24 电量为 $q$ 的三个点电荷分别位于同一个圆周的三个点上，如图所示，设无穷远处为电势零点，圆半径为 $R$，则 $b$ 点处的电势 $\varphi$ 是__________。

5-25 一半径为 $R$ 且带有一缺口的细圆环，缺口长度为 $d(d\ll R)$ 环上均匀带有正电，电量为 $q$，如图所示. 则圆心 $O$ 处的场强大小 $E=$________，场强方向为________。

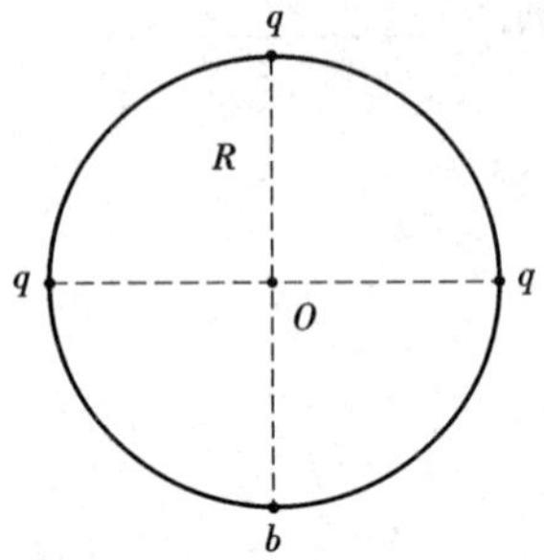


题5-24图

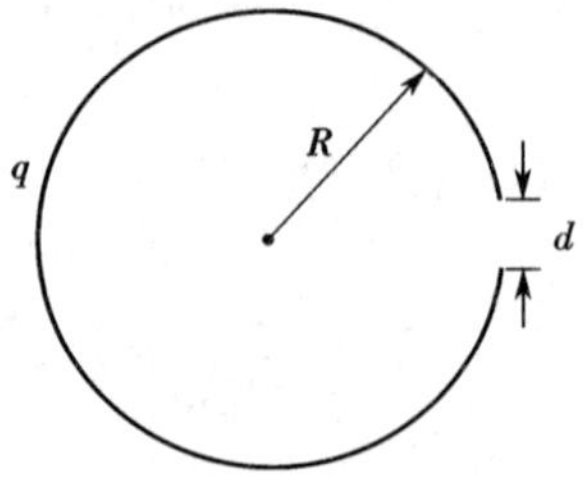


题5-25图

5-26 如图所示，试验电荷 $q$ 在点电荷 $+Q$ 产生的电场中沿半径为 $R$ 的整个圆弧的3/4圆弧轨道由 $a$ 点移到 $b$ 点的过程中电场力做功为________；从 $b$ 点移到无穷远处的过程中，电场力做功为___________。

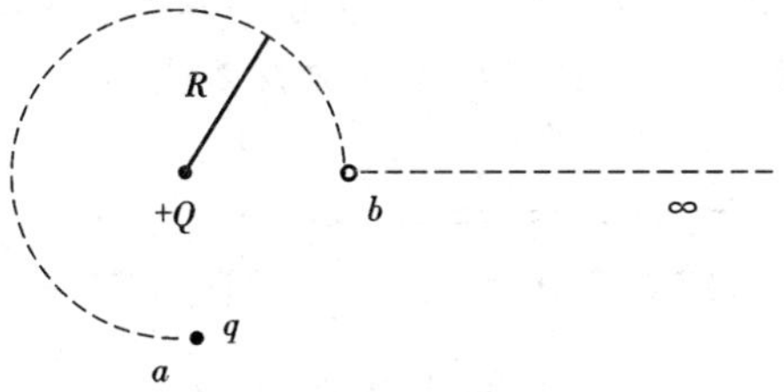


题5-26图

5-27 如图所示，一半径为 $R$ 的均匀带正电圆环，其电荷线密度为 $\lambda$。在其轴线上有 $A$、$B$ 两点，它们与环心的距离分别为 $\sqrt{3}R$、$\sqrt{8}R$。现有一质量为 $m$、带电荷量为 $q$ 的粒子从 $A$ 点运动到 $B$ 点，在此过程中电场力所做的功为____________________。

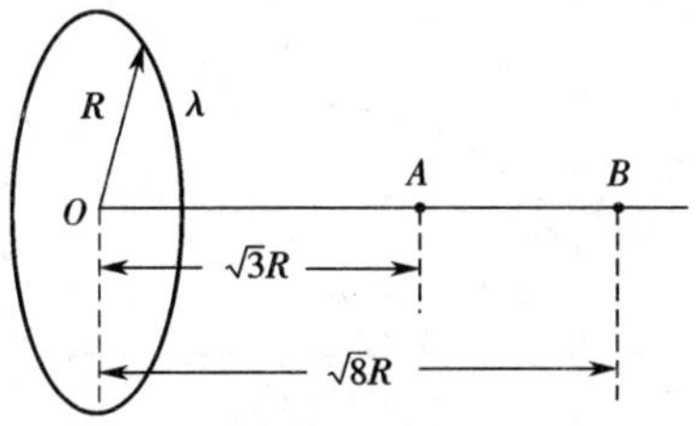


题5-27图

5-28　电荷为 $+q$ 和 $-2q$ 的两个点电荷分别置于 $x=1\text{m}$ 和 $x=-1\text{m}$ 处。一试验电荷置于 $x$ 轴上何处时，它受到的合力等于零？

5-29　电量都是 $q$ 的三个点电荷，分别放在正三角形的三个顶点。试问：(1)在这个三角形的中心放一个什么样的电荷，就可以使这四个电荷都达到平衡(即每个电荷受其他三个电荷的库仑力之和都为零)？(2)这种平衡与三角形的边长有无关系？

5-30　如图所示，两个点电荷 $+q$ 和 $-3q$，相距为 $d$。

(1)在它们的连线上电场强度 $E=0$ 的点与电荷为 $+q$ 的点电荷相距多远？

(2)若选无穷远处电势为零，两点电荷之间电势 $\varphi=0$ 的点与电荷为 $+q$ 的点电荷相距多远？

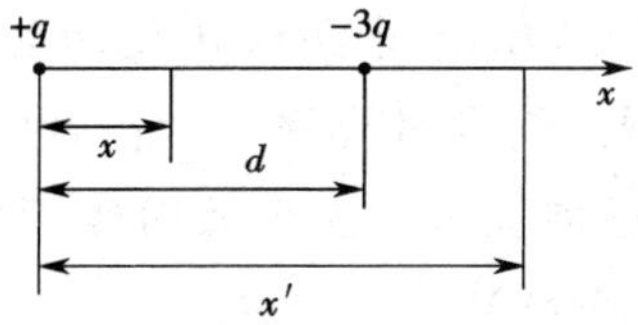


题5-30图

5-31　一个半径为 $R$ 的均匀带电半圆环，电荷线密度为 $\lambda$。求：

(1)圆心处 $O$ 点的场强；

(2)将此带电半圆环弯成一个整圆后,圆心处 $O$ 点场强。

5-32　如图所示,真空中一长为 $L$ 的均匀带电细直杆,总电荷为 $q(q>0)$,试求在直杆延长线上距杆的一端距离为 $d$ 的 $P$ 点的电场强度和电势。

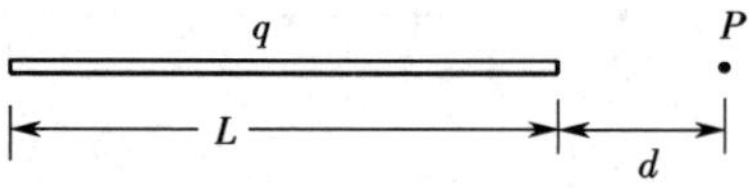


题 5-32 图

5-33　一段半径为 $a$ 的细圆弧,对圆心的张角为 $\theta_0$,其上均匀分布有正电荷 $q$,试以 $a$、$q$、$\theta_0$ 表示出圆心 $O$ 处的电场强度大小。

5-34　一个细玻璃棒被弯成半径为 $R$ 的半圆形,其上半部均匀分布有电荷量 $+Q$,下半部均匀分布电荷量 $-Q$,如图所示,试求圆心 $O$ 处的电场强度。

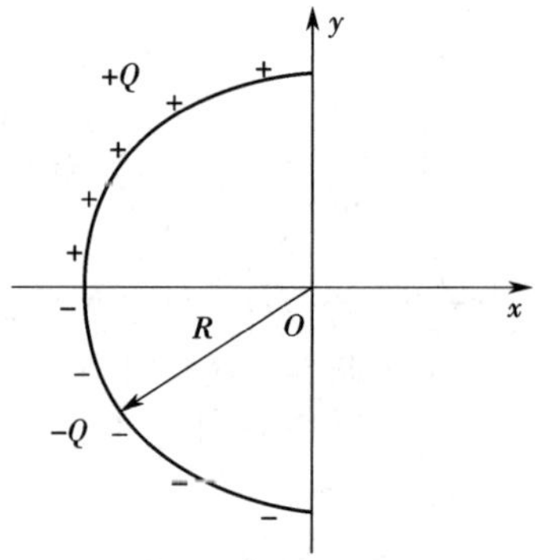


题 5-34 图

5-35　一半径为 $R$ 的带电球体,其电荷体密度分布为 $\rho=\begin{cases}Ar & (r<R)\\0 & (r>R)\end{cases}$,其中 $A$ 为一常数,试求球体内、外的场强分布。

5-36　氢原子的电荷分布可采用下述模型:一个电量为 $+e$ 的点电荷被以它为核心的球对称分布的负电荷所包围,负电荷的体密度分布为 $\rho(r)=-Ce^{-\frac{2r}{a_0}}$,式中 $a_0$ 是玻尔半径,$a_0=0.53\times10^{-10}$ m,而 $C$ 是待定常量,求距核 $a_0$ 处的电场强度。

5-37　一厚度为 $d$ 的"无限大"均匀带电平板,电荷体密度为 $\rho$。试求板内外的场强分布,并画出场强在 $x$ 轴的投影值随坐标 $x$ 变化的图线,即 $E_x-x$ 图线。(设原点在带电平板的中央平面上,$Ox$ 轴垂直于平板)

5-38　一个均匀带电的球层,球层内表面半径为 $R_1$,外表面半径为 $R_2$,其电荷体密度为 $\rho$,设无穷远处为电势零点,求空腔内任一点的电势。

5-39　两个均匀带电的无限长同轴圆柱面,其半径分别为 $R_1$ 和 $R_2(R_1<R_2)$,内圆柱面上每单位长度带有 $-\lambda$ 的负电荷,外圆柱面上带有等量的正电荷。试求:(1) 离轴线 $r$

处的电势;(2)两圆柱面间的电势差。

5-40　如图所示,在$A$,$B$两点处放有电量分别为$+q$,$-q$的点电荷,$AB$间距离为$2R$,现将另一正试验点电荷$q_0$从$O$点经过半圆弧移到$C$点,求移动过程中电场力做的功。

5-41　如图所示,均匀带电的细圆环半径为$R$,所带电量为$Q(Q>0)$,圆环的圆心为$O$,一质量为$m$、带电量为$q(q>0)$的粒子位于圆环轴线上的$P$点处,$P$点离$O$点的距离为$d$。求:(1)粒子所受的电场力$\boldsymbol{F}$的大小和方向;(2)该带电粒子在电场力$\boldsymbol{F}$的作用下从$P$点由静止开始沿轴线运动,当粒子运动到无穷远处时的速度为多大?

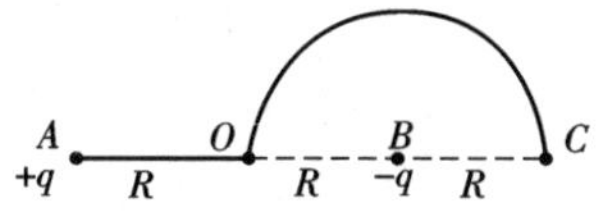


题5-40图

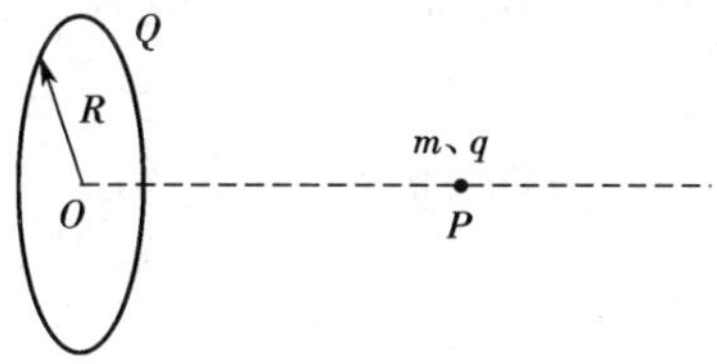


题5-41图

5-42　如题图所示,在电矩为$\boldsymbol{p}_e$的电偶极子的电场中,将一电荷为$q$的点电荷从$A$点沿半径为$R$的圆弧(圆心与电偶极子中心重合,$R$远大于电偶极子正负电荷之间的距离)移到$B$点,求此过程中电场力所做的功。

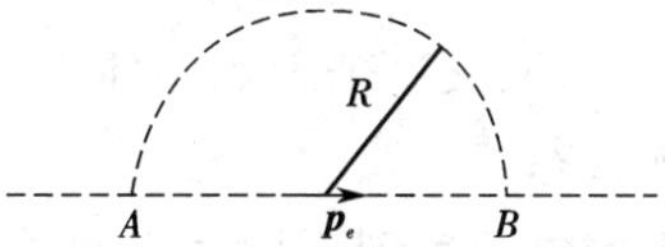


题5-42图

5-43　一均匀静电场,电场强度$\boldsymbol{E}=(400\boldsymbol{i}+600\boldsymbol{j})$ V/m,空间有两点$a(3,2)$和$b(1,0)$($x$,$y$以米计)。求$a$,$b$两点之间的电势差$\varphi_{ab}$。

5-44　图中虚线所示为一立方体的高斯面,已知空间的场强分布为:$E_x=bx$,$E_y=0$,$E_z=0$。

高斯面边长$a=0.1$ m,常量$b=1000$ N/(C·m)。试求该闭合面中包含的净电荷(真空介电常数$\varepsilon_0=8.85\times10^{-12}$ $C^2/(N\cdot m^2)$)

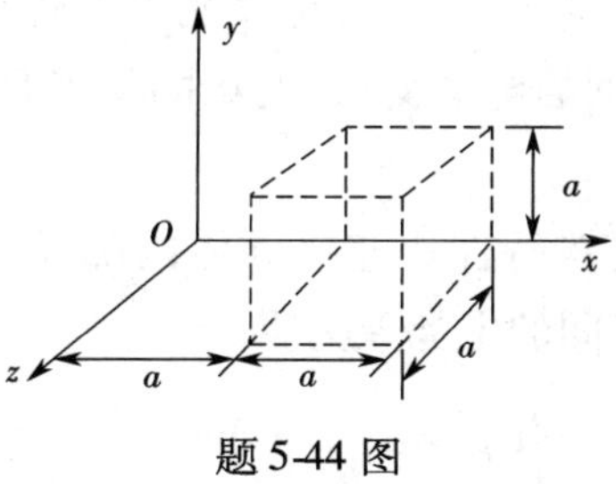


题5-44图

# 第6章　静电场中的导体与电介质

本章将讨论静电场中存在导体或电介质(绝缘体)时的情况。同时,引入一种储存电荷和电能的电器元件——电容器,并进一步讨论电容器中储存的能量以及电场的能量。

## 6.1　静电场中的导体

### 6.1.1　静电平衡条件

金属原子的原子核对最外层电子的吸引较弱,因此金属导体最基本的电学特征是在它内部有可以自由移动的电子。当金属导体不带电或者不受外电场影响时,导体中的自由电子只作微观的无规则运动,而将其放入电场中时内部自由电子将在电场的作用下产生定向移动,从而引起导体内部电荷的重新分布,这一现象称为**静电感应**。由于静电感应所引起的导体内电荷的重新分布,又反过来影响导体内部及周围电场的分布。最后电荷和电场的分布将达到新的平衡状态。

所谓的静电平衡是指导体中的电子达到不再做定向移动的一种状态,既不在内部做定向移动,也不在表面做定向移动。具体如图6.1.1所示,在均匀电场$\boldsymbol{E}_0$中放入一块不带电的金属板。在电场力的作用下,金属板中的自由电子将逆着电场的方向移动,如图6.1.1(a)所示;随着电荷的移动,金属板的两侧各积累起一定的正、负电荷,如图6.1.1(b)所示;随着金属板两侧电荷逐渐增多,金属板的两侧出现等量异号电荷,金属内部形成一个附加电场$\boldsymbol{E}'_0$,如图6.1.1(b)所示。在金属内部$\boldsymbol{E}'_0$起削弱$\boldsymbol{E}_0$的作用,当$E_0 > E'_0$时将一直会有自由电子的定向移动。随着$\boldsymbol{E}'_0$的增加,当附加电场与外电场处处相等,即导体内部电场强度处处为零时,在宏观上将不再有自由电子的定向移动;同时,达到静电平衡后,宏观上电子不在表面做定向移动,这也表明电场也会垂直于表面,电场在表面没有沿表面的切向分量。**导体达到静电平衡后,电场的特点是:电场在导体内部处处为零,电场与导体表面垂直**。

根据电场特点,可以得到电势特性。连接导体内部任意两点,或者导体表面任意两点,根据电场特点会得到这两点间的电势差为零

$$U_{PQ} = \int_P^Q \boldsymbol{E} \cdot \mathrm{d}\boldsymbol{r} = 0 \tag{6.1.1}$$

在导体内部该式为零,是由于电场本身为零;在导体表面该式为零,是由于在表面电场与

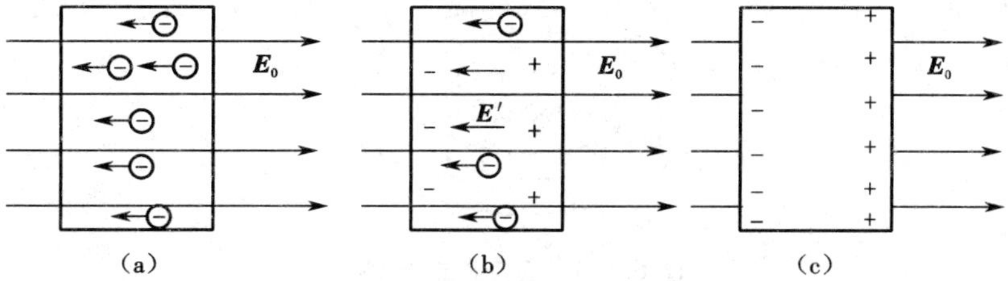


图6.1.1 静电平衡

表面垂直,因此 $\boldsymbol{E}\perp \mathrm{d}\boldsymbol{r}$,即 $\boldsymbol{E}\cdot \mathrm{d}\boldsymbol{r}=0$。因此,达到静电平衡后,电势特点是:**导体是等势体,导体表面是等势面。**

静电场有两个基本定理,一个是环路定理,另一个是高斯定理。环路定理告诉我们,静电场是保守场,可以引入电势,或者说电势引入的基础是环路定理,因此前边关于电势的讨论可以认为与环路定理有关。高斯定理告诉我们静电场是有源场,穿出一个闭合曲面的电通量等于闭合面内电量的代数和,也就是说,高斯定理与电荷的分布有关。在下面将看到,借助静电平衡时电场的分布特点,利用高斯定理我们可以知道导体达到静电平衡时电荷的分布特点:**导体内部没有净电荷,电荷分布在导体表面。**

## 6.1.2 静电平衡时导体上的电荷分布特征

(1)静电平衡时导体内部净电荷处处为零,电荷分布在表面。

这一规律可以应用高斯定理进行证明。如图6.1.2所示,在导体内部任意点作一个小的封闭曲面 $S$,由于静电平衡时导体内部电场强度处处为零,所以通过该封闭曲面的电通量为零,即

$$\oiint_S \boldsymbol{E}\cdot \mathrm{d}\boldsymbol{S}=\frac{\sum q}{\varepsilon_0}=\frac{\int_V \rho \mathrm{d}V}{\varepsilon_0}=0 \tag{6.1.2}$$

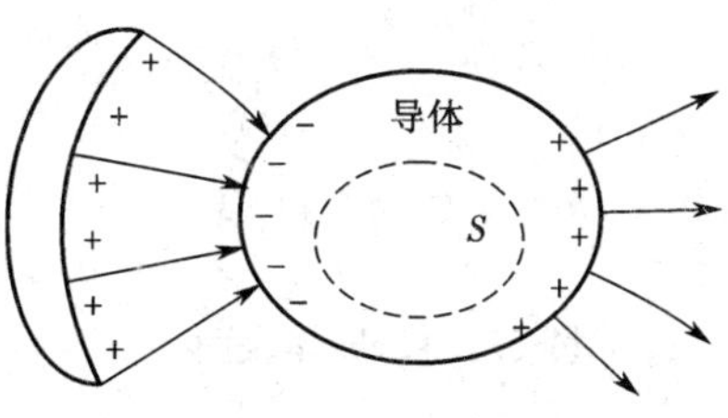


图6.1.2 导体内高斯面

此曲面内电荷的代数和也自然为零。由此可知整个导体内没有净电荷,电荷只能分布在导体表面。

若导体内部有不带电的空腔,则取如图6.1.3所示虚线表示的高斯面,因高斯面上任一点的场强为零,则可证明:在空腔内表面无净电荷。

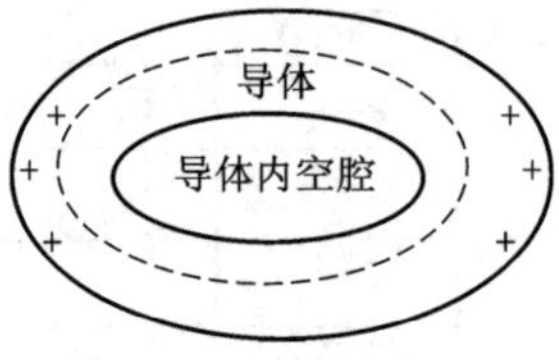


图 6.1.3　有空腔的导体

(2)处于静电平衡时,导体表面上各处的面电荷密度与该表面处的电场强度大小成正比。

如图 6.1.4 所示,在紧邻导体表面处取一点 $P$,以 $\boldsymbol{E}$ 表示该处的电场强度,通过 $P$ 点作一个平行于导体表面的小面积元 $\Delta S$,并以 $\Delta S$ 为底,通过 $P$ 点的导体表面法线为轴作一个圆筒,圆筒的另一底面在导体的内部。以 $\sigma$ 表示导体表面 $P$ 点附近的面电荷,根据高斯定理则有

$$\oiint_S \boldsymbol{E} \cdot \mathrm{d}\boldsymbol{S} = \frac{1}{\varepsilon_0}\sum q_i$$

又

$$\oiint_S \boldsymbol{E} \cdot \mathrm{d}\boldsymbol{S} = \iint_{上} \boldsymbol{E} \cdot \mathrm{d}\boldsymbol{S} + \iint_{下} \boldsymbol{E} \cdot \mathrm{d}\boldsymbol{S} + \iint_{侧} \boldsymbol{E} \cdot \mathrm{d}\boldsymbol{S} = E\Delta S$$

$$\sum q_i = \sigma \ \Delta S$$

故 $E\Delta S = \dfrac{\sigma\Delta S}{\varepsilon_0}$,因此有

$$E = \frac{\sigma}{\varepsilon_0} \tag{6.1.3}$$

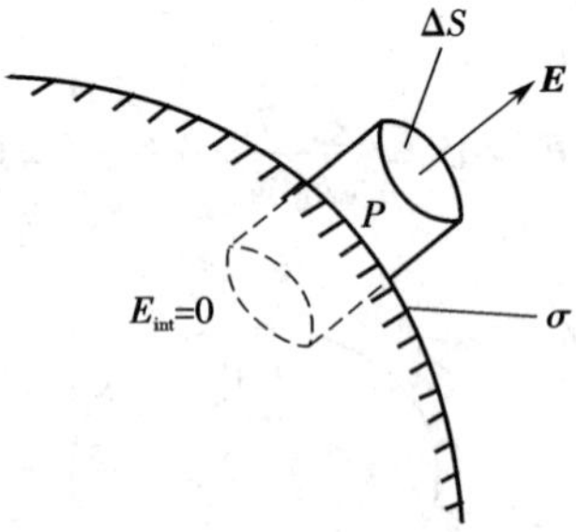


图 6.1.4　导体表面

此式表明,处于静电平衡时,导体表面的电场强度大小与面电荷密度的大小成正比。需要指出的是,电场是由导体上所有电荷产生的,电场强度是所有电荷的合电场强度。

(3)孤立导体处于静电平衡时,表面面电荷密度与表面的曲率半径成反比。

式(6.1.3)给出了导体表面电荷密度与表面附近电场强度之间的关系,但这些电荷在表面上又是如何分布的呢?

如图 6.1.5 所示,设有两个相距很远的导体球,半径分别为 $R_1$、$R_2$,用一根导线将其

连接起来。在静电平衡时，两球所带电荷量分别为 $q_1$ 和 $q_2$，电荷面密度分别为 $\sigma_1$、$\sigma_2$。由于两球相距很远，可以近似地认为它们是相互独立的导体，又由于导线连线，所以其电势相等，因此有

图 6.1.5　球形电荷

$$\varphi = \frac{1}{4\pi\varepsilon_0}\frac{q_1}{R_1} = \frac{1}{4\pi\varepsilon_0}\frac{q_2}{R_2}$$

显然，$\frac{q_1}{R_1} = \frac{q_2}{R_2}$，即导体球所带电量与它们的半径成正比。再根据 $q_1 = 4\pi R_1^2\sigma_1$、$q_2 = 4\pi R_2^2\sigma_2$，得到

$$\frac{\sigma_1}{\sigma_2} = \frac{R_2}{R_1} \tag{6.1.4}$$

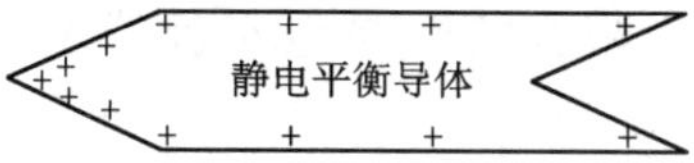

图 6.1.6

上式表示，导体球上电荷面密度与曲率半径成反比。需要指出的是，导体表面凸出的地方，曲率为正；表面凹进去的地方，曲率为负，如图 6.1.6 所示。

需要指出，式(6.1.4)只适用于孤立导体，如果将两球相互靠近，则因静电感应，电荷将向两球相背的区域移动，电荷会重新分布。达到平衡后，每个球面上曲率半径相同，但电荷密度则会不同。这说明对于非孤立导体，电荷密度与曲率半径的反比关系不再成立。

总之，电荷在导体表面上的具体分布，不仅与导体形状有关，而且还与外界条件有关。在曲率大的电荷密集区，有时电场强度可以大到足以电离其周围的空气，以至于形成尖端放电（见图 6.1.7）。高压电器的金属表面都加工成圆滑的表面，就是为了防止尖端放电。

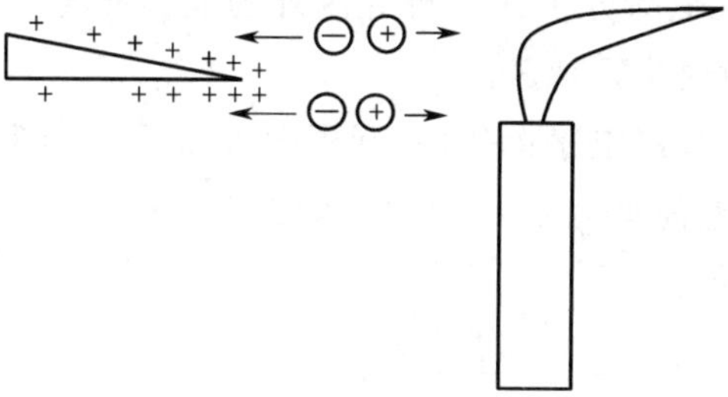

图 6.1.7　尖端放电

## 6.1.3　有导体存在时静电场的分析与计算

当达到静电平衡后，导体内部没有电场；表面处，电场会与导体表面垂直。从电势方面来说，达到静电平衡后，整个导体是等势体，表面是等势面。当处理有导体存在问题时，我们需要考虑导体的这些特点。下面是几个例题，具体来看一下怎么处理相关问题。

**例 6.1.1**　两块平行且面积相等的导体板，其面积 $S$ 比两板间距离 $d$ 的二次方大很

多,所带电荷量分别为 $Q_A$、$Q_B$,求静电平衡时两板各表面上的电荷面密度。

**解** 如图 6.1.8 所示,若 $A$ 板单独存在,$Q_A$分布在两个表面上。静电平衡时,导体内电场强度处处为零,将 $B$ 板移近 $A$ 板时,它们都将受到对方产生的电场的作用,电荷重新分布并达到平衡。此时导体板内部电场强度为零,电荷分布在 4 个表面上,根据电荷守恒,有

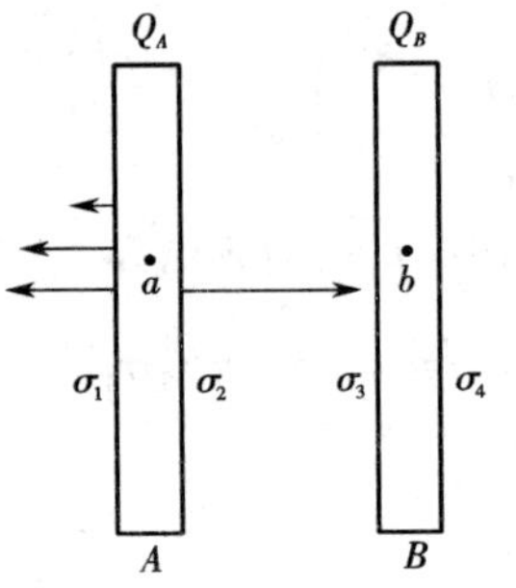


图 6.1.8 两个带电导体板

$$\sigma_1 S + \sigma_2 S = Q_A$$
$$\sigma_3 S + \sigma_4 S = Q_B$$

在两导体板内分别任取一点 $a$ 和 $b$,则 $a$ 点和 $b$ 点电场强度必然为零,由于导体板面积 $S$ 比两板间距离 $d$ 的二次方大很多,所以可以把导体板作为无限大均匀带电平板处理,于是有

$$E_A = \frac{\sigma_1}{2\varepsilon_0} - \frac{\sigma_2}{2\varepsilon_0} - \frac{\sigma_3}{2\varepsilon_0} - \frac{\sigma_4}{2\varepsilon_0} = 0$$

$$E_B = \frac{\sigma_1}{2\varepsilon_0} + \frac{\sigma_2}{2\varepsilon_0} + \frac{\sigma_3}{2\varepsilon_0} - \frac{\sigma_4}{2\varepsilon_0} = 0$$

通过以上 4 个方程求得

$$\sigma_1 = \sigma_4 = \frac{Q_A + Q_B}{2S}, \sigma_2 = -\sigma_3 = \frac{Q_A - Q_B}{2S}$$

可见,相对的两面总是带等量异号电荷,外侧带等量同号电荷。

**例 6.1.2** 有一带电荷量为 $Q$ 的球壳,其内外半径分别为 $R_1$、$R_2$,将一点电荷 $q$ 放在球心 $O$ 处。求:(1)球壳的电荷分布;(2)球壳内外的电场强度分布;(3)球壳内外的电势分布;(4)与壳内没有电荷时进行比较。

**解:**(1)根据高斯定理和静电平衡条件,球壳内表面 $S_1$ 上所带电荷量为 $-q$,再根据电荷守恒,外表面 $S_2$ 上所带电荷量为 $Q+q$,它们都均匀分布。

(2)根据高斯定理可得:

球壳空腔内部($0<r<R_1$):$E_1 = \frac{1}{4\pi\varepsilon_0}\frac{q}{r^2}$,方向沿径向。

导体内($R_1 \leqslant r \leqslant R_2$):$E_2 = 0$。

球壳外($r>R_2$):$E_3 = \frac{1}{4\pi\varepsilon_0}\frac{q+Q}{r^2}$,方向沿径向。

(3)根据电势的定义,则有:

球壳外($r>R_2$):$\varphi_3 = \int_r^\infty \boldsymbol{E}_3 \cdot \mathrm{d}\boldsymbol{r} = \int_r^\infty \frac{1}{4\pi\varepsilon_0}\frac{q+Q}{r^2}\mathrm{d}r = \frac{q+Q}{4\pi\varepsilon_0 r}$

导体内($R_1 \leqslant r \leqslant R_2$):$\varphi_2 = \int_r^\infty \boldsymbol{E} \cdot \mathrm{d}\boldsymbol{r} = \int_r^{R_2} \boldsymbol{E}_2 \cdot \mathrm{d}\boldsymbol{r} + \int_{R_2}^\infty \boldsymbol{E}_3 \cdot \mathrm{d}\boldsymbol{r}$

$$=0+\int_{R_2}^{\infty}\frac{1}{4\pi\varepsilon_0}\frac{q+Q}{r^2}\mathrm{d}r=\frac{q+Q}{4\pi\varepsilon_0 R_2}$$

球壳空腔内部$(0<r<R_1)$：$\varphi_1=\int_r^{\infty}\boldsymbol{E}\cdot\mathrm{d}\boldsymbol{r}=\int_r^{R_1}\boldsymbol{E}_1\cdot\mathrm{d}\boldsymbol{r}+\int_{R_1}^{R_2}\boldsymbol{E}_2\cdot\mathrm{d}\boldsymbol{r}+\int_{R_2}^{\infty}\boldsymbol{E}_3\cdot\mathrm{d}\boldsymbol{r}$

$$=\frac{q}{4\pi\varepsilon_0 r}-\frac{q}{4\pi\varepsilon_0 R_1}+\frac{q+Q}{4\pi\varepsilon_0 R_2}$$

(4)先分析球壳空腔内没有电荷$q$时的情况。用上述相同的方法可得，球壳内表面及导体中均无净电荷，$Q$均匀分布在外表面上。

电场强度分布：$E_1=E_2=0(0<r\leqslant R_2)$，$E_3=\dfrac{1}{4\pi\varepsilon_0}\dfrac{Q}{r^2}(r>R_2)$

电势分布：$\varphi_1=\varphi_2=\dfrac{1}{4\pi\varepsilon_0}\dfrac{Q}{R_2}(0<r\leqslant R_2)$，$\varphi_3=\dfrac{1}{4\pi\varepsilon_0}\dfrac{Q}{r}(r>R_2)$

可见，在导体球壳放入$q$后，不仅改变了球壳内的电荷、电场和电势分布，而且改变了球壳外部的电荷、电场和电势分布。

### 6.1.4　静电屏蔽

在静电场中，因导体的存在使某些特定区域不受电场影响的现象称为**静电屏蔽**。下面说明其原理。

如图6.1.9所示，一金属壳处于外电场中，当金属壳处于静电平衡时，其内部电场强度为零，使得空壳的内表面上没有净电荷，即金属壳内部与壳外的电场分布无关，起到了**屏蔽外部电场**的作用。应该指出，壳内电场强度之所以为零，是因为壳表面电荷分布发生了变化，即产生了感应电荷的缘故。这些重新分布的电荷在空壳内产生了电场，这正好抵消了外部电荷在壳内产生的电场。如果导体外的带电体改变了位置，那么导体壳外表面上的电荷分布也将发生变化，其结果是始终保持壳内的电场强度为零。

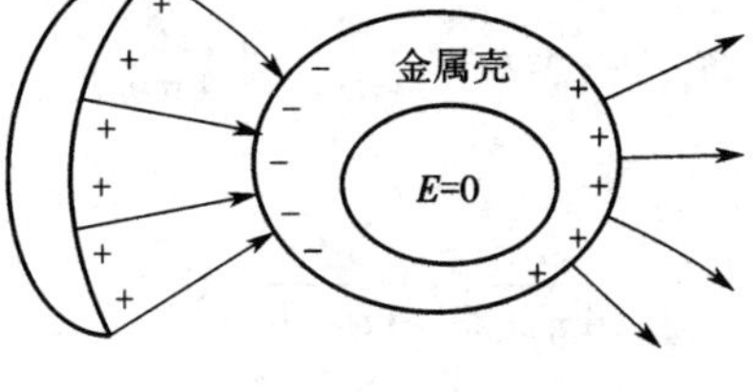


图6.1.9　静电屏蔽

如果导体空腔内包围有电荷，如图6.1.10所示，由于静电感应而在空腔导体壳的内外表面产生等量异号感应电荷。当腔内电荷变化时，空腔导体壳外部空间的电场也随之变化。为使空腔内电场对空腔外不产生影响，可以把空腔导体壳表面接地，此时，将外表面电荷全部导入地下，这样接地的导体外壳把内部电场对外界的影响隔绝了。这也是一种屏蔽作用，屏蔽内电场。

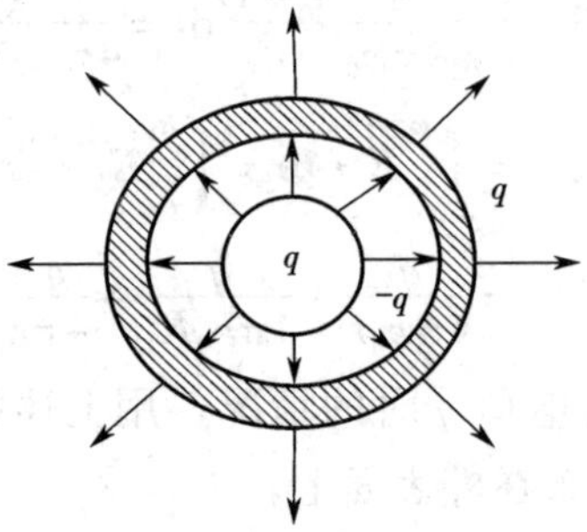


图 6.1.10　屏蔽内电场

**例 6.1.3**　一个半径为 $R$ 的接地导体球,距球心 $d$ 处有一点电荷 $q$,求导体球上感应电荷总量。

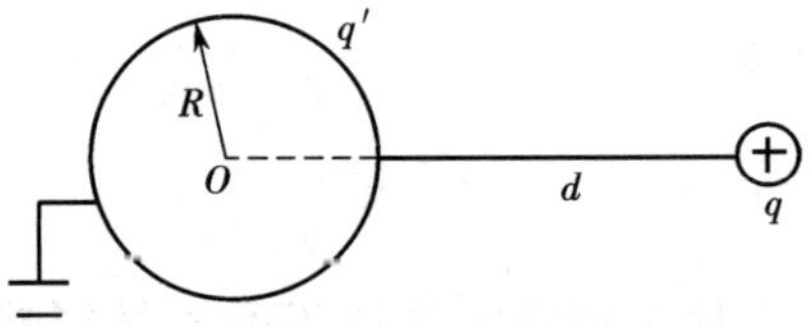


图 6.1.11　例 6.1.3 用图

**解**　$q$ 在球心产生的电势为

$$\varphi_1 = \frac{q}{4\pi\varepsilon_0 d}$$

设球面上感应电荷总量为 $q'$,$q'$在球心产生的电势

$$\varphi_2 = \int_S \frac{\sigma' \mathrm{d}S}{4\pi\varepsilon_0 R} = \frac{q'}{4\pi\varepsilon_0 R}$$

所以球心电势

$$\varphi = \varphi_1 + \varphi_2 = \frac{q}{4\pi\varepsilon_0 d} + \frac{q'}{4\pi\varepsilon_0 R}$$

因为球接地,所以球心电势 $\varphi = 0$,故

$$\frac{q}{4\pi\varepsilon_0 d} + \frac{q'}{4\pi\varepsilon_0 R} = 0$$

解得

$$q' = -\frac{R}{d}q$$

# 6.2　电容器

## 6.2.1　孤立导体电容

一个带电荷量为 $q$ 的导体，在静电平衡时具有一定的电势 $U$，理论和实践都已经证明，当增加导体所带电荷量时，其电势也随之增加，两者成正比关系，数学表达式为

$$C=\frac{q}{U} \tag{6.2.1}$$

式中，$C$ 为 $q$ 与 $U$ 之比，但却与 $q$ 无关，其值取决于导体的大小、形状等因素。$C$ 被定义为该孤立导体的电容，其物理意义为：孤立导体每升高单位电势所需的电荷量。电容没有负值，因为以无穷远处为电势零点时，导体带正电，则电势为正；导体带负电，则电势为负。国际单位制中，电容的单位是法拉，符号为 F。工程技术中常用的微法（μF）、皮法（pF），它们之间的关系为 $1\ \text{F}=10^6\ \mu\text{F}=10^{12}\ \text{pF}$。

**例 6.2.1** 求半径为 $R$ 的孤立导体球电容。

**解**　设该导体球所带电荷量为 $q$，则该球的电势

$$U=\frac{1}{4\pi\varepsilon_0}\frac{q}{R}$$

根据电容的定义则有

$$C=\frac{q}{U}=4\pi\varepsilon_0 R \tag{6.2.2}$$

由上式可以看出，导体的电容确实仅与导体的形状和尺寸有关，而与是否带电无关。电容是描述导体在单位电势下容纳电荷的能力，就像水杯中的水位升高单位高度时所需装入的水量，与水杯是否装水无关一样。

## 6.2.2　两个导体的电容器

孤立导体电容器，电场分布在外部空间。为了使电场局限在某一区域可以采用两个导体的电容器。电容的定义仍然是式(6.2.1)的形式，只是这时 $U$ 是两个导体的电势差。两个导体带等量异号电荷，$q$ 是一个导体带电量的大小。根据不同需要电容器有不同形状。下面列举几种常见的电容器。

1. 平行板电容器

由两块导体平板 $A$、$B$ 平行放置组成的导体系统称为平行板电容器。实验已证明，当两板面积 $S$ 比两板间距离 $d$ 的二次方大很多时，其电容基本不受外界导体或者带电体的影响。

如图 6.2.1 所示，令导体板 $A$、$B$ 所带电荷量分别为 $+q$、$-q$，则两板间的电势差

$$U_{AB}=\int_A^B \boldsymbol{E}\cdot \mathrm{d}\boldsymbol{l}=\frac{\sigma}{\varepsilon_0}d=\frac{qd}{\varepsilon_0 S}$$

所以

$$C=\frac{q}{U_{AB}}=\frac{\varepsilon_0 S}{d} \tag{6.2.3}$$

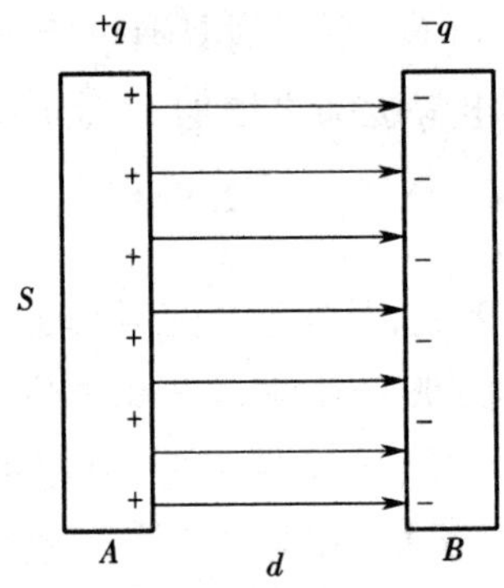


图 6.2.1　平行板电容器

式(6.2.3)说明,平行板电容器的电容在平行板间距 $d$ 不变的情况下,与其面积 $S$ 成正比;同理,在 $S$ 不变的条件下,与 $d$ 成反比。这是制作平行板电容器时必须遵循的两个基本规律。这个结论同时也说明,电容确实只与导体的形状和尺寸有关,而与是否带电无关。

2. 同心球电容器

如图 6.2.2 所示,由一个半径为 $R_A$ 的导电球 $A$ 和同心的半径为 $R_B$ 的导电球壳 $B$ 组成的导体系统为球形电容器。令 $A$ 带电荷量 $q$,$B$ 带电荷量 $-q$,则两球间的电势差

$$U_{AB}=\frac{q}{4\pi\varepsilon_0}\left(\frac{1}{R_A}-\frac{1}{R_B}\right)$$

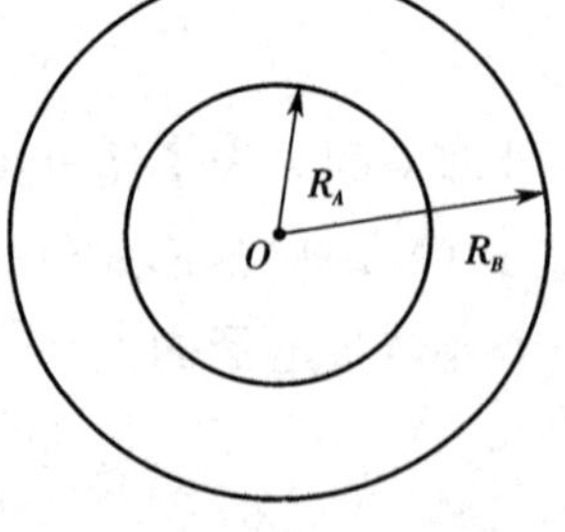


图 6.2.2　球形电容器

根据前面对电容器电容的定义,则球形电容器的电容

$$C=\frac{q}{U_{AB}}=4\pi\varepsilon_0\left(\frac{R_A R_B}{R_B-R_A}\right) \tag{6.2.4}$$

3. 同轴圆柱形电容器

同轴圆柱形电容器是由内外半径分别为 $R_A$、$R_B$ 的同轴圆柱形导体薄壳组成。如图 6.2.3 所示，当轴向长度 $L \gg (R_B - R_A)$ 时，这是一个理想的屏蔽系统。忽略边缘效应时，空腔部分的电场呈辐射状，由于球壳是封闭的，所以外部的导体或者带电体对空腔中的电场没有影响。

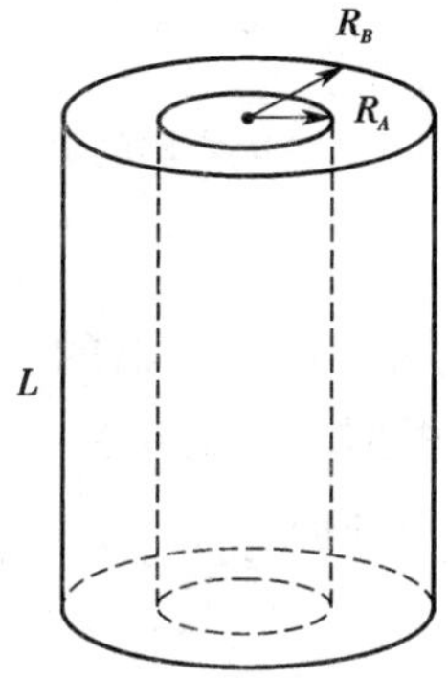


图 6.2.3　柱形电容器

假设圆柱导体电荷线密度为 $\lambda$，根据高斯定理可知，空腔内的电场强度方向沿垂直于轴向的矢径方向，而其大小 $E = \lambda/(2\pi\varepsilon_0 r)$，两导体间的电势差

$$U_{AB} = \int_A^B \boldsymbol{E} \cdot \mathrm{d}\boldsymbol{l} = \frac{q}{2\pi\varepsilon_0 L} \ln \frac{R_B}{R_A}$$

该电容器的电容

$$C = \frac{q}{U_{AB}} = \frac{2\pi\varepsilon_0 L}{\ln(R_B/R_A)} \tag{6.2.5}$$

单位长度的电容

$$C_0 = \frac{C}{L} = \frac{2\pi\varepsilon_0}{\ln(R_B/R_A)} \tag{6.2.6}$$

$C_0$ 在高频电路中是一个非常重要的参数，叫作分布电容。为了减少由于分布电容引起的电信号损失，就要通过提高 $R_B/R_A$ 的值来降低 $C_0$。

衡量一个电容器的性能有两个主要指标，一个是电容的大小，另一个是耐压能力。使用电容器时不能超过规定的耐压值，否则在电解质中就会产生过大的电场，从而使它有被击穿的危险。

4. 电容器的串联

在实际电路中当一个电容器的电容或耐压能力不能满足需求时，就把几个电容器连接起来使用，串联电容器如图 6.2.4 所示，这时各个电容器所带电荷量相等，也就是电容器组的总电荷量，总电压 $U$ 为各个电容器的电压之和。根据电容的定义可知

$$\frac{1}{C} = \frac{U}{Q} = \frac{U_1 + U_2 + \cdots + U_n}{Q} = \frac{1}{C_1} + \frac{1}{C_2} + \cdots + \frac{1}{C_n} = \sum_{i=1}^{n} \frac{1}{C_i} \tag{6.2.7}$$

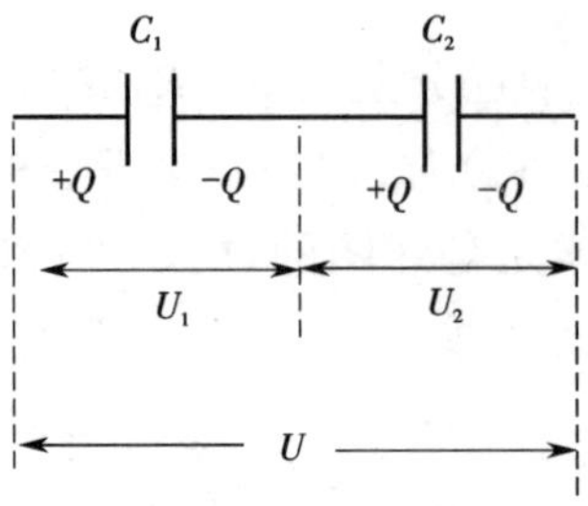


图6.2.4　电容器的串联

5. 电容器的并联

并联电容器如图6.2.5所示,这时各个电容器的电压相等,即都是总电压,而总电荷量$Q$是各电容器所带电荷量之和。根据电容的定义可知

$$C=\frac{Q}{U}=\frac{q_1+q_2+\cdots+q_n}{U}=C_1+C_2+\cdots+C_n=\sum_{i=1}^{n}C_i \tag{6.2.8}$$

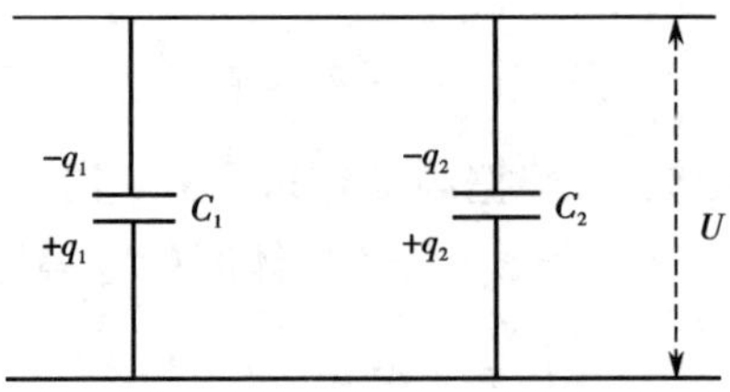


图6.2.5　电容器的并联

比较电容的两种连接方式可得到以下结论:

(1)并联时,总电容增大,但因每个电容器都是直接连接到电源上,电容器组的耐压能力受到耐压能力最低的那个电容器的限制;

(2)串联时,总电容比每个电容器的电容都要小,但因总电压分配到各个电容器上,电容器组的耐压能力得到了提高。

**例6.2.2**　平行板电容器的极板宽、长分别为$a$和$b$,间距为$d$,今将厚度为$t$,宽为$a$的金属板平行电容器极板插入电容器中,不计边缘效应,求电容与金属板插入深度$x$的关系。(板宽方向垂直纸面)

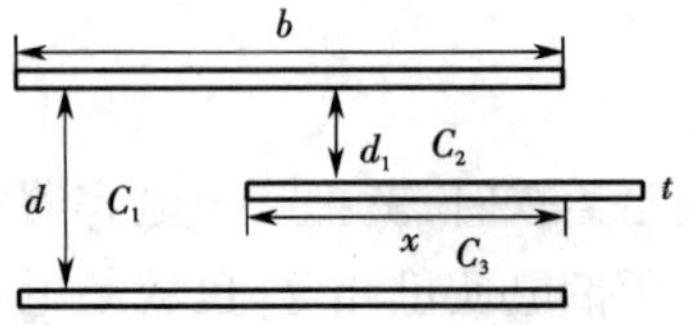


图6.2.6　例6.2.2用图

**解**　各部分电容如图6.2.6所示,总电容为

$$C=C_1+C'=C_1+\frac{C_2C_3}{C_2+C_3}$$

$$=\frac{\varepsilon_0 a(b-x)}{d}+\frac{\dfrac{\varepsilon_0 ax}{d_1}\cdot\dfrac{\varepsilon_0 ax}{d-t-d_1}}{\dfrac{\varepsilon_0 ax}{d_1}+\dfrac{\varepsilon_0 ax}{d-t-d_1}}$$

$$=\frac{\varepsilon_0 a(b-x)}{d}+\frac{\varepsilon_0 ax}{d-t}=\frac{\varepsilon_0 a}{d}\left(b+\frac{tx}{d-t}\right)$$

# 6.3　静电能

## 6.3.1　电荷系的静电能*

点电荷 $q$ 在外电场中任一点所具有的电势能

$$W_e=q\varphi \tag{6.3.1}$$

值得注意的是，电势能属于电荷 $q$ 与场源电荷共有，是一种相互作用能。在国际制单位制中，能量的单位是焦耳，符号为 J。在微观世界，还常用另一种能量单位电子伏特，符号为 eV，1 eV 表示一个电子通过 1 V 电势差时电场力做的功。

下面推导点电荷系的能量公式。首先，相距 $r$ 的两个点电荷 $q_1$、$q_2$的相互作用能

$$W_{12}=\frac{q_1q_2}{4\pi\varepsilon_0 r} \tag{6.3.2}$$

由于 $U_2=q_1/4\pi\varepsilon_0 r$ 表示点电荷 $q_1$在点电荷 $q_2$所在点产生的电势，上式可以写为

$$W_{12}=q_2\varphi_2 \tag{6.3.3}$$

将 $W_{12}$写成对称的形式则有

$$W_{12}=\frac{1}{2}(q_1\varphi_1+q_2\varphi_2) \tag{6.3.4}$$

三个点电荷组成的点电荷系的相互作用能

$$\begin{aligned}W&=\frac{q_1q_2}{4\pi\varepsilon_0 r_{21}}+\frac{q_1q_3}{4\pi\varepsilon_0 r_{31}}+\frac{q_2q_3}{4\pi\varepsilon_0 r_{32}}\\&=\frac{1}{2}(q_1\varphi_1+q_2\varphi_2+q_3\varphi_3)\end{aligned} \tag{6.3.5}$$

式中，$\varphi_1$、$\varphi_2$、$\varphi_3$分别为 $q_1$、$q_2$、$q_3$所在处由其他电荷所产生的电势。

把这一结果推广到由 $n$ 个点电荷组成的电荷系，则该电荷系具有的相互作用能

$$W_e=\frac{1}{2}\sum_{i=1}^{n}q_i\varphi_i \tag{6.3.6}$$

根据式(6.3.6)可知，一个连续带电体的静电能

$$W_e=\frac{1}{2}\int_V\varphi\mathrm{d}q \tag{6.3.7}$$

这一能量也称为带电体的自能。由于电荷元 d$q$ 无限小，$\varphi$ 为带电体上所有电荷在电荷元 d$q$ 所在处的电势。在很多实际情况中，往往需要单独考虑电荷系中某一电荷的行为而将该电荷从电荷系中分离出来，电荷系中其他电荷所产生的电场对该电荷来说就是外电场了。

**例 6.3.1**　求均匀带电球面的静电能。设球面半径为 $R$，总电荷量为 $Q$。

**解** 带电球面是个等势面,以无限远处为电势零点,则该球面电势 $\varphi=\dfrac{Q}{4\pi\varepsilon_0 R}$,静电能

$$W=\frac{1}{2}\int_V \varphi \mathrm{d}q=\frac{1}{2}\int_V \frac{Q}{4\pi\varepsilon_0 R}\mathrm{d}q=\frac{Q}{8\pi\varepsilon_0 R}\int_V \mathrm{d}q=\frac{Q^2}{8\pi\varepsilon_0 R}$$

这就是均匀带电球面的静电能。

### 6.3.2 静电场的能量

现代科学关于场的观点认为,静电能储存在电场当中。下面从电容器的能量得到电场的能量。

1. 电容器的电能

设想给一个电容器充电,场中储存的能量等于充电时电源所做的功,这个功是由电源消耗其他形式的能量来完成的。电容器充电时,在电源的作用下把正电荷元 d$q$ 不断地从 $B$ 导体移动到 $A$ 导体,如图 6.3.1 所示。若在时间 $t$ 内,从 $B$ 导体向 $A$ 导体移动了电荷 $q(t)$ ,这时两导体的电势差

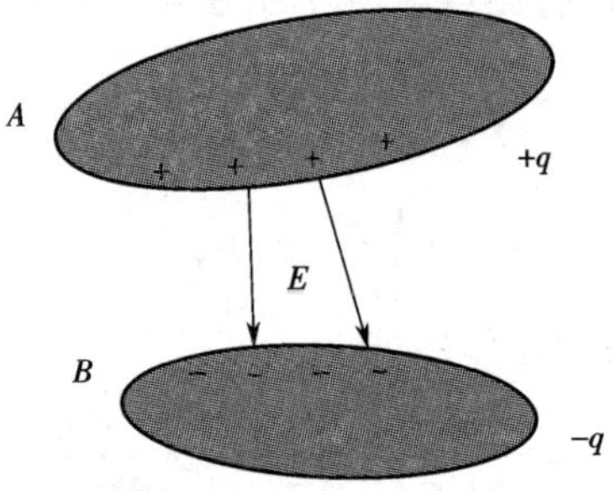


图 6.3.1 电容器

$$U(t)=\frac{q(t)}{C} \tag{6.3.8}$$

若继续从 $B$ 导体向 $A$ 导体移动电荷 d$q$,则需做功

$$\mathrm{d}W_e=U(t)\mathrm{d}q=\frac{q(t)}{C}\mathrm{d}q$$

这样,从开始导体上没有电荷到带电荷量为 $Q$ 时,电源所做的功

$$W_e=\int \mathrm{d}W_e=\int_0^Q U(t)\mathrm{d}q=\frac{Q^2}{2C}$$

由于 $Q=CU$,所以上式又可以写为

$$W_e=\frac{1}{2}CU^2=\frac{1}{2}QU \tag{6.3.9}$$

式中,$U$ 为导体上带电荷量 $Q$ 时两导体间的电势差。

2. 静电场的能量、能量密度

根据能量守恒定律可知，电容器的电场中储存的能量 $W$ 就等于这个功的数值，即

$$W_e=\frac{Q^2}{2C}=\frac{1}{2}CU^2=\frac{1}{2}QU \tag{6.3.10}$$

对于平行板电容器，如果忽略边缘效应，两极板间的电场是均匀的。把 $U=Ed$，$C=\dfrac{\varepsilon_0 S}{d}$代入式(6.3.10)，可得

$$W_e=\frac{1}{2}\varepsilon_0E^2Sd=\frac{1}{2}\varepsilon_0E^2V \tag{6.3.11}$$

式中，$V$ 为电容器中电场所充满的空间的体积。所以，电场能量密度

$$w_e=\frac{W_e}{V}=\frac{1}{2}\varepsilon_0E^2 \tag{6.3.12}$$

由此可得出静电场总能量

$$W_e=\iiint w_e\mathrm{d}V \tag{6.3.13}$$

从上式可以看出，只要空间存在着电场，电场中就储存着能量。这个结果虽然是从平行板电容器中的均匀电场这个特例推导出来的，但它是普遍成立的。

**例 6.3.2**　有一半径为 $a$、带电荷量为 $q$ 的导体球。求它所产生的电场中储存的静电能。

**解**　该导体球所产生的静电场具有球对称性，大小为 $E=\dfrac{1}{4\pi\varepsilon_0}\dfrac{q}{r^2}$，由于电场的球对称性，可以取体积元 $\mathrm{d}V$ 为一球壳，则 $\mathrm{d}V=4\pi r^2\mathrm{d}r$，该球壳中储存的静电能

$$\mathrm{d}W_e=w_e\mathrm{d}V=\frac{1}{2}\varepsilon_0E^2\cdot 4\pi r^2\mathrm{d}r=\frac{q^2}{8\pi\varepsilon_0 r^2}\mathrm{d}r$$

整个电场中储存的能量

$$W_e=\int\mathrm{d}W_e=\int_a^{\infty}\frac{q^2}{8\pi\varepsilon_0 r^2}\mathrm{d}r=\frac{q^2}{8\pi\varepsilon_0 a}$$

## 6.4　电介质中的电场

电介质指绝缘体。把电介质置于静电场中会发生电极化现象，极化后的电介质会反过来影响电场的分布。下面先对电介质的极化过程进行描述。

### 6.4.1　电介质的极化

1. 电介质对电容器电容的影响

以平行板电容器为例(忽略其边缘效应)。设平行板电容器电容为 $C_0$，两极板分别带电荷量 $+Q$、$-Q$，电势差为 $U_0$，极板间的电场强度大小为 $E_0$，则有 $Q=C_0U_0$，$U_0=E_0d$。

将某种均匀电介质置于电容器中并充满整个空间。实验表明,两极板间的电势差减小了,也就是说介质中的电场减弱了。设放入介质后两极板间的电势差为 $U$,则

$$\frac{U_0}{U}=\varepsilon_r \tag{6.4.1}$$

式中,$\varepsilon_r$ 为介质的**相对介电常数**,是个无量纲的量,反映的是介质的某种电学性质,每种介质的 $\varepsilon_r$ 都不相同,但均大于1。表6.4.1列出了几种常见电介质的相对介电常数。

**表6.4.1　几种常见电介质的相对介电常数**

| 电解质 | 相对介电常数 $\varepsilon_r$ | 电解质 | 相对介电常数 $\varepsilon_r$ |
| --- | --- | --- | --- |
| 真空 | 1 | 云母 | 6 ~ 7 |
| 空气(0) | 1.000 59 | 陶瓷 | 5.7 ~ 6.3 |
| 水(20) | 80.2 | 玻璃 | 5.5 ~ 7.0 |
| 纸 | 2.5 | 二氧化钛 | 173 |
| 硫磺 | 4 | 煤油 | 2.0 |
| 蜡 | 8.8 | 聚乙烯 | 2.26 |

放入电介质后电容器中的电场变成

$$E=\frac{U}{d}=\frac{U_0}{\varepsilon_r d}=\frac{E_0}{\varepsilon_r} \tag{6.4.2}$$

上式表示,介质中的电场被减小为真空中电场的 $1/\varepsilon_r$。设放入电介质后电容器的电容为 $C$,则有

$$Q=CU=C_0U_0=C_0U\varepsilon_r$$

即

$$C=\varepsilon_r C_0 \tag{6.4.3}$$

需要说明的是,虽然上述结果是由平行板电容器得出的规律,但结果对于其他类型的电容器同样适用。

2. 电介质极化的微观图像

电介质由原子分子构成,原子分子内部有正负电荷。在外电场的作用下,正负电荷有微小的移动,负电荷向一个方向移动,正电荷向另一个方向移动,使原来电中性的介质呈现出极性,这种现象称为**介质的极化**。为了描述介质的极化过程,可以将一个原子或者分子当做一个电偶极子。

根据分子结构的不同,可把电介质分为两类:一类是**有极分子**电介质,另一类是**无极分子**电介质。**无极分子**是指在没有外电场时,正负电荷的中心重合,电偶极矩是零,不呈现电性,这样的分子有 He、$CH_4$ 等;**有极分子**是指在没有外场时,分子的正负电荷中心不重合,如 HCl、$H_2O$、$NH_3$ 等,电偶极矩不是零,由于分子不规则的热运动,电偶极矩取向杂乱无章,所以由该分子组成的电介质宏观上对外也不显示电性。

由于两种电介质微观结构不同,其极化过程也不尽相同。如图 6.4.1 所示,无极分子在外电场 $\boldsymbol{E}_0$作用下,正负电荷中心发生相对位移, 形成电偶极子,电偶极矩 $\boldsymbol{p}$ 与外电场 $\boldsymbol{E}_0$方向一致,这种电偶极矩叫作诱导电偶极矩,这种极化称为**位移极化**。对于有极分子,介质中每一个分子本身都可以当做一个电偶极子,有着固定的电偶极矩。在外场的作用下,电偶极子都会受到力矩($\boldsymbol{M}=\boldsymbol{P}\times\boldsymbol{E}$)的作用,在此力矩的作用下,分子的电偶极矩向外电场方向转动, 因而称为**取向极化**。无论是哪种介质,极化以后会在表面出现正负电荷,这部分电荷称为**极化电荷(或者束缚电荷)**。外电场越强,极化电荷越多, 极化程度越高。极化电荷产生的电场叫做**极化电场**或者**束缚电场**,一般用 $\boldsymbol{E}'$表示。空间的总电场是极化电场与外电场的叠加 $\boldsymbol{E}=\boldsymbol{E}_0+\boldsymbol{E}'$。介质极化后,会被略微拉长,如图 6.4.1(c)所示。图中实线是介质的原始大小,虚线表示的是极化后加长的部分。极化电荷穿出了原来的介质层到了外面,使介质略微变长。

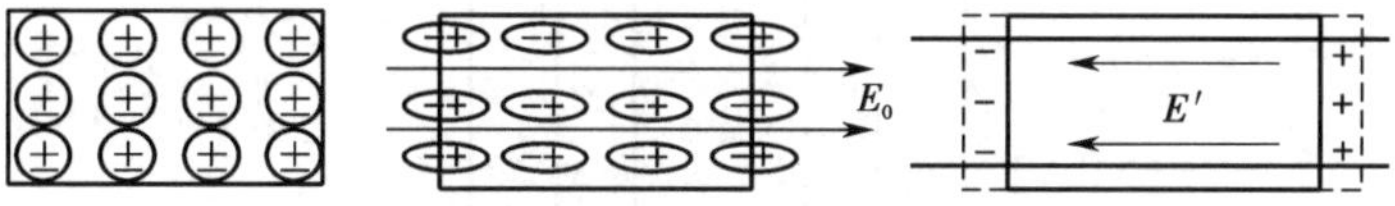


图 6.4.1　电解质的极化

需要指出的是,有极分子构成的电介质同样存在位移极化,但取向极化比位移极化要大得多(约一个数量级),所以有极分子介质的极化主要是取向极化。当外电场是高频场时,由于分子的惯性,取向极化跟不上电场的变化,主要极化机制便成为位移极化。

3. 极化强度与极化电荷密度的关系

在电介质中,任取一宏观小体积 $\Delta V$,当外电场存在时,电介质被极化,此时小体积中的分子电偶极矩 $\boldsymbol{p}_{分}$ 矢量和将不为零,即 $\sum \boldsymbol{p}_{分}\neq 0$。可以用单位体积中分子电偶极矩的矢量和来表示电介质的极化程度:

$$\boldsymbol{P}=\frac{\sum \boldsymbol{p}_{分}}{\Delta V} \tag{6.4.4}$$

$\boldsymbol{P}$ 叫作电极化强度,单位为 $C/m^2$。为了得到极化电荷与极化强度的关系,考虑介质均匀极化的情况。这种情况下,介质内部电偶极子向同一个方向排列,首尾相接,内部极化电荷为零,极化电荷在表面。如图 6.4.2 所示,在电介质中任取一长度为 $l$、底面积为 $\Delta S$ 的圆柱体,在圆柱体两底面的极化电荷面密度分别为 $-\sigma'$和 $+\sigma'$。把介质圆柱体看作一个大的电偶极子,总电偶极矩

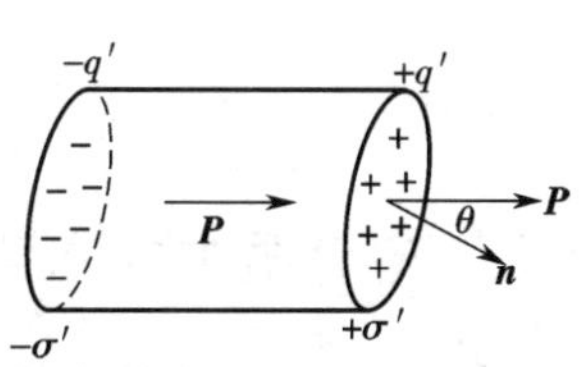


图 6.4.2　柱形介质

$$p=\sigma'\Delta Sl \tag{6.4.5}$$

另外,根据极化强度也可以得到介质圆柱的总电偶极矩

$$P\Delta V = Pl\Delta S\cos\theta \tag{6.4.6}$$

因此

$$\sigma' = P\cos\theta = \boldsymbol{P}\cdot\boldsymbol{n} \tag{6.4.7}$$

## 6.4.2 介质内的电场强度

电场对电介质有极化作用,反过来,极化后的电介质又会对电场产生什么样的影响呢?

如图6.4.3所示,平行板电容器两极板 $A$、$B$ 分别带有电荷量 $+Q$、$-Q$,电荷面密度分别为 $+\sigma$、$-\sigma$,激发的电场大小为 $E_0$;在其中充入电介质后,介质的两个表面分别出现极化电荷密度为 $+\sigma'$、$-\sigma'$,相应激发的极化电场为 $E'$,因此电介质中的电场是两者的叠加,令电介质中的电场强度为 $E$,则有

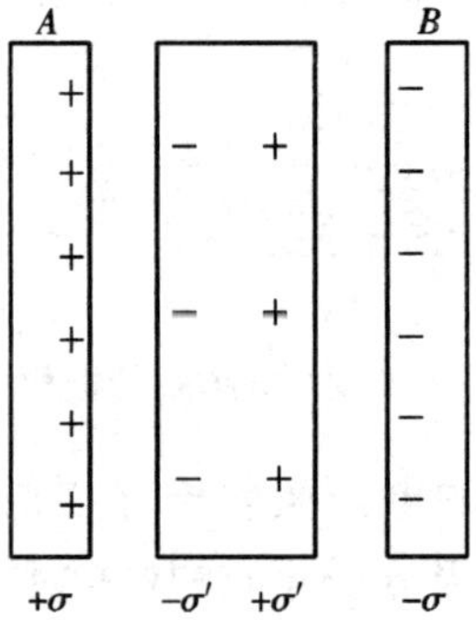


图6.4.3 电场中的介质

$$E = E_0 - E' = \frac{\sigma}{\varepsilon_0} - \frac{\sigma'}{\varepsilon_0} = \frac{1}{\varepsilon_0}(\sigma - \sigma')$$

实验证明,电介质中的场强是原电场强度的 $1/\varepsilon_r$ 倍,即

$$E = \frac{E_0}{\varepsilon_r} = \frac{\sigma}{\varepsilon_0\varepsilon_r} = \frac{\sigma}{\varepsilon} \tag{6.4.8}$$

式中,$\varepsilon$ 为介质的介电常数,$\varepsilon = \varepsilon_0\varepsilon_r$,其量纲与 $\varepsilon_0$ 相同。由此可得电介质表面的极化电荷面密度与自由电荷密度之间的关系为

$$\sigma' = \left(1 - \frac{1}{\varepsilon_r}\right)\sigma \tag{6.4.9}$$

## 6.4.3 电介质中的高斯定理

在第5章中讨论的高斯定理只给出了自由电荷在真空中的情形,下面讨论电场中存在电介质的情况。电介质中的电场强度和极化强度矢量分别满足

$$\oint\!\!\oint_S \boldsymbol{E}\cdot d\boldsymbol{S} = \frac{1}{\varepsilon_0}(Q_0 + Q')$$

$$\oint\!\!\oint_S \boldsymbol{P}\cdot d\boldsymbol{S} = -Q'$$

这里 $Q_0$ 是导体上的自由电荷，$Q'$代表介质上的束缚电荷（或者极化电荷）。

对于第二个式子做如下说明。从介质表面的极化电荷面密度式（6.4.7），可得介质表面面积微元 dS 所带的束缚电荷量为 $dq' = \sigma' dS = \boldsymbol{P} \cdot \boldsymbol{n} dS = \boldsymbol{P} \cdot d\boldsymbol{S}$，根据图 6.4.1（c），这实际上是穿过介质表面附近面积元 dS 的束缚电荷的电荷量。设想介质内部有一个闭合曲面，那么穿出该闭合曲面的束缚电荷量就是$\oiint_S \boldsymbol{P} \cdot d\boldsymbol{S}$。由于介质是电中性的，所以该闭合面内部的束缚电荷的电量就是 $Q' = -\oiint_S \boldsymbol{P} \cdot d\boldsymbol{S}$，这正是上边的第二个式子。

定义**电位移矢量**$\boldsymbol{D} = \varepsilon_0 \boldsymbol{E} + \boldsymbol{P}$，由以上两式可得

$$\oiint_S \boldsymbol{D} \cdot d\boldsymbol{S} = Q_0 \tag{6.4.10}$$

该式就是介质中的高斯定理。对于线性均匀各向同性介质，有极化规律 $\boldsymbol{P} = \chi_e \varepsilon_0 \boldsymbol{E}$，$\boldsymbol{D} = \varepsilon_0 \varepsilon_r \boldsymbol{E}$。常数$\chi_e$ 叫作极化率，$\varepsilon_r = 1 + \chi_e$ 就是相对介电常数。如果极化率不是常数，这样的介质叫作非均匀介质；如果极化强度不是与电场强度的一次幂成正比，那么这样的介质是非线性介质；如果极化强度的方向与电场强度的方向不一样，这样的介质叫作各向异性介质。6.4.2 节中讲的介质实际上是线性均匀各向同性介质。

电场线是从正电荷出发止于负电荷，这里说的电荷既包括自由电荷又包括极化电荷；而电位移线是从正自由电荷出发，止于负自由电荷。真空中电位移矢量与电场的关系为 $\boldsymbol{D} = \varepsilon_0 \boldsymbol{E}$。利用这一关系，电场的能量密度（6.3.12）式可以写成

$$w_e = \frac{1}{2} \boldsymbol{D} \cdot \boldsymbol{E} \tag{6.4.11}$$

此式适用于任意情况，即使有介质存在也是对的。有介质时，电容器的电容是真空的 $\varepsilon_r$ 倍，读者大家可以重复式（6.3.10）到式（6.3.12）的推导，以验证式（6.4.11）的正确性。

**例 6.4.1**　如图 6.4.4 所示，一平行板电容器中有厚度为 $d_1$的介质，相对介电常数是 $\varepsilon_r$，真空部分是 $d_2$，极板面积为 $S$，求该电容器的电容。

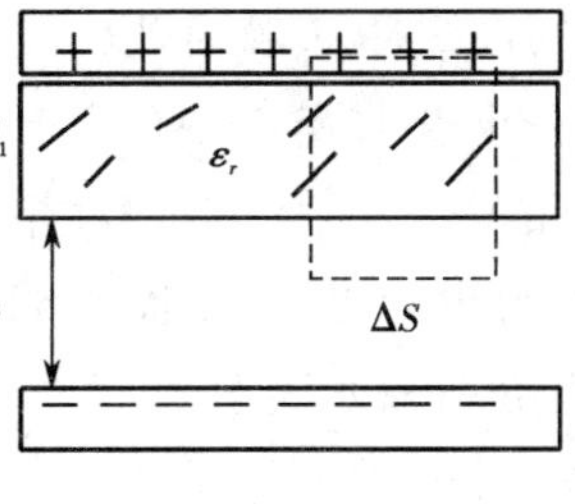


图 6.4.4　例 6.4.1 用图

**解**　设两极板分别带有电荷量 $+q$、$-q$，自由电荷的面密度为 $+\sigma$、$-\sigma$，介质中的电场强度为 $E_1$，真空部分电场强度为 $E_2$，作如图 6.4.4 所示的圆柱形高斯面，上底面在导体中，下底面在相对介电常数为 $\varepsilon_r$ 介质中，底面积为 $\Delta S$，轴线与 $E_1$ 平行。根据高斯定理则有

$$\oint\!\!\!\oint_S \boldsymbol{D}\cdot \mathrm{d}\boldsymbol{S}=D\Delta S=\Delta S\sigma$$

故

$$D=\sigma,\quad E_1=\frac{\sigma}{\varepsilon_0\varepsilon_{\mathrm{r}}},\quad E_2=\frac{\sigma}{\varepsilon_0}$$

两极板间的电势差

$$U_{AB}=\int_L \boldsymbol{E}\cdot \mathrm{d}\boldsymbol{l}=E_1d_1+E_2d_2=\frac{\sigma}{\varepsilon_0}\left(\frac{d_1}{\varepsilon_{\mathrm{r}}}+d_2\right)$$

所以电容

$$C=\frac{q}{U_{AB}}=\frac{\varepsilon_0 S}{\dfrac{d_1}{\varepsilon_{\mathrm{r}}}+d_2}=\frac{\varepsilon_0\varepsilon_{\mathrm{r}}S}{d_1+\varepsilon_{\mathrm{r}}d_2}$$

## 习　　题

6-1　根据导体的静电平衡条件,当一个带电导体达到静电平衡时(　　)。

(A)导体内任一点与其表面上任一点的电势差为零

(B)表面曲率较大处电势较高

(C)导体内部的电势比导体表面的电势高

(D)表面上电荷密度较大处电势较高

6-2　真空中有一组带电导体,某一导体表面处电荷面密度为 $\sigma$,该表面附近的场强大小 $E=\sigma/\varepsilon_0$,其中 $E$ 是(　　)。

(A)该处无穷小面元上电荷产生的场强

(B)该导体上全部电荷在该处产生的场强

(C)这一组导体的所有电荷在该处产生的

(D)以上说法都不对

6-3　当一个导体带电时,下列陈述中正确的是(　　)。

(A)表面上电荷密度较大处电势较高　　(B)表面上曲率较大处电势较高

(C)表面上每点的电势均相等　　(D)导体内有电力线穿过

6-4　在一个绝缘的导体球壳的中心放一点电荷 $q$,则球壳内、外表面上电荷均匀分布。若使 $q$ 偏离球心,则表面电荷分布情况为(　　)。

(A)内、外表面仍均匀分布

(B)内表面均匀分布,外表面不均匀分布

(C)内、外表面都不均匀分布

(D)内表面不均匀分布,外表面均匀分布

6-5　在一点电荷产生的电场中,以点电荷处为球心作一球形封闭高斯面,电场中有对球心不对称的电介质存在,则(　　)。

(A)高斯定理成立,并可用其求出封闭面上各点的场强

(B)即使电介质对称分布,高斯定理也不成立

(C)高斯定理成立,但不能用其求出封闭面上各点的电场强度

(D)高斯定理不成立

6-6　在某静电场中作一封闭曲面 $S$。若有 $\oint\!\!\oint_S \boldsymbol{D}\cdot \mathrm{d}\boldsymbol{S}=0$,则 $S$ 面内必定(　　)。

(A)没有自由电荷　　(B)既无自由电荷,也无束缚电荷

(C)自由电荷的代数和为零　　(D)自由电荷和束缚电荷的代数和为零

6-7　一平行板电容器充电后与电源断开,再将两极板拉开,则电容器上的(　　)。

(A)电荷增加　　(B)电荷减少　　(C)电容增加　　(D)电压增加

6-8　将接在电源上的平行板电容器的极板间距拉大,将会发生什么样的变化?(　　)

(A)极板上的电荷增加　　(B)电容器的电容增大

(C)两极间的场强减小　　(D)电容器储存的能量不变

6-9　一个大平行板电容器水平放置,两极板间的一半空间充有各向同性均匀电介质,另一半为空气,如图所示。当两极板带上恒定的等量异号电荷时,其正确的结果是(　　)。

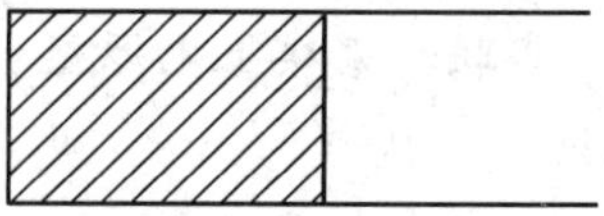


题6-9图

(A)极板左半边电荷面密度大　　(B)极板左半边电介质内电场强度大

(C)极板右半边电荷面密度大　　(D)极板左半边电介质内电场强度小

6-10　真空中带电的导体球面和带电的导体球体,若它们的半径和所带的电荷量都相等,则球面的静电能 $W_1$ 与球体的静电能 $W_2$ 之间的关系为(　　)。

(A) $W_1>W_2$　　(B) $W_1=W_2$　　(C) $W_1<W_2$　　(D)不能确定

6-11　空气平板电容器与电源相连接。现将极板间充满油液,比较充油前后电容器的电容 $C$、电压 $U$ 和电场能量 $W$ 的变化为(　　)。

(A) $C$ 增大,$U$ 减小,$W$ 减小　　(B) $C$ 增大,$U$ 不变,$W$ 增大

(C) $C$ 减小,$U$ 不变,$W$ 减小　　(D) $C$ 减小,$U$ 减小,$W$ 减小

6-12　一空气平行板电容器充电后与电源断开,然后在两极间充满某种各向同性均匀电介质,比较充入电介质前后的情形,以下说法正确的是(　　)。

(A) $E$ 增大,$C$ 增大,$\Delta U$ 增大,$W$ 增大　　(B) $E$ 减小,$C$ 增大,$\Delta U$ 减小,$W$ 减小

(C)$E$减小,$C$增大,$\Delta U$增大,$W$减小　　(D)$E$增大,$C$减小,$\Delta U$减小,$W$增大

6-13　一个带正电的导体$B$靠近一个不带电的绝缘体$A$时,导体$A$的电势将(　　)。

(A)升高　　(B)降低

(C)不变　　(D)变化与否不能确定

6-14　如果在平行板电容器的两极板间平行地插入一块与极板面积相等的电介质板,则由于电介质的插入及其相对于极板所放位置的不同,对电容器电容的影响为(　　)。

(A)使电容减小,但与电介质板的位置无关

(B)使电容减小,且与电介质板的位置有关

(C)使电容增大,但与电介质板的位置无关

(D)使电容增大,且与电介质板的位置有关

6-15　一均匀带电球体带电荷量为$Q$,球体外罩一个内、外半径分别为$r$和$R$的同心金属球壳。若以无限远处为电势零点,则在金属球壳$r<R'<R$的区域内(　　)。

(A)$E=0,U=0$　　(B)$E=0,U\neq0$　　(C)$E\neq0,U\neq0$　　(D)$E\neq0,U=0$

6-16　一空气平板电容器,充电后把电源断开,这时电容器中储存的能量为$W_0$。然后在两极板间充满相对电容率为$\varepsilon_r$的各向同性均匀电介质,则该电容器中储存的能量$W$为(　　)。

(A)$W=\varepsilon_r W_0$　　(B)$W=\dfrac{W_0}{\varepsilon_r}$　　(C)$W=(\varepsilon_r+1)W_0$　　(D)$W=W_0$

6-17　两空气电容器$C_1$和$C_2$串联起来接上电源充电。充满后将电源断开,再把一电介质板插入$C_1$中,如图所示,则(　　)。

(A)$C_1$极板上电荷增加,$C_2$极板上电荷减少

(B)$C_1$极板上电荷减少,$C_2$极板上电荷增加

(C)$C_1$极板上电荷增加,$C_2$极板上电荷增加

(D)$C_1$极板上电荷不变,$C_2$极板上电荷不变

6-18　两空气电容器$C_1$和$C_2$并联以后接电源充电,在电源保持连接的情况下,在$C_1$中插入一电介质板,如图所示,则(　　)。

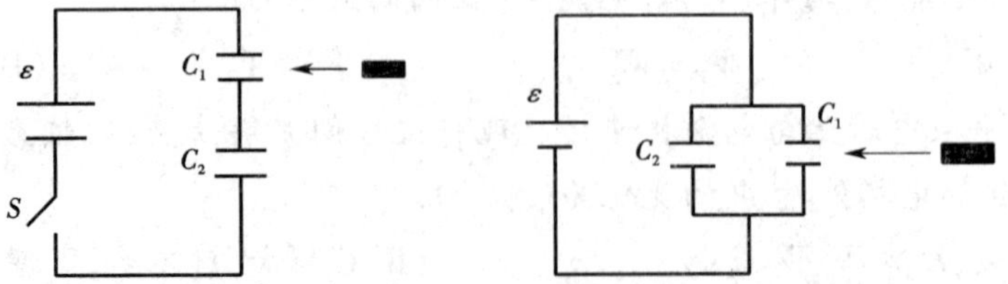


题6-17图　　题6-18图

(A)$C_1$极板上电荷不变,$C_2$极板上电荷减少

(B)$C_1$极板上电荷不变,$C_2$极板上电荷增加

(C) $C_1$ 极板上电荷增加，$C_2$ 极板上电荷不变

(D) $C_1$ 极板上电荷减少，$C_2$ 极板上电荷不变

6-19　一金属球壳的内外半径分别为 $R_1$、$R_2$，带电荷量为 $Q$，在球心处有一点电荷 $q$，则球壳外表面上的电荷面密度__________。

6-20　如图所示，电荷面密度为 $\sigma_1$ 的带电无限大板 $A$ 旁边有一带电导体 $B$，今测得导体表面靠近 $P$ 点处的电荷面密度为 $\sigma_2$，则 $P$ 点处的场强__________；导体表面靠近 $P$ 点处的电荷元 $\sigma_2\Delta S$ 所受的电场力__________。

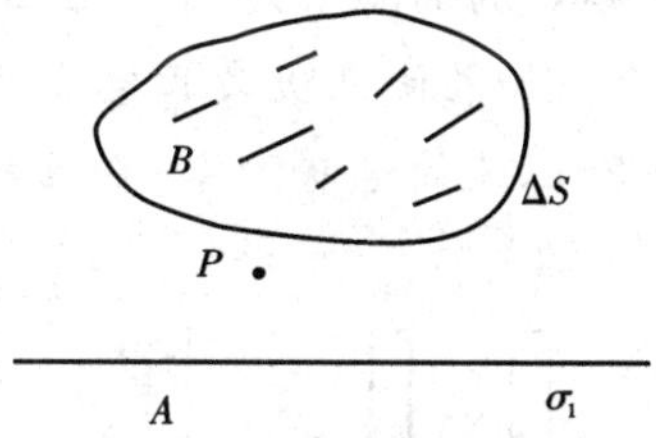


题6-20图

6-21　一个半径为 $R$ 的各向同性均匀电介质球，相对介电常量为 $\varepsilon_r$，球内均匀地分布着体密度为 $\rho$ 的自由电荷，则球心与无穷远处的电势差为__________。

6-22　一平行板空气电容器，极板面积为 $S$，间距为 $d$，接通电源并保持电压恒定为 $U$。若将极板距离拉开一倍，则电容器中的静电能改变量为__________。

6-23　金属球壳的内外半径分别 $r$ 和 $R$，其中心置一点电荷 $q$，则金属球壳的电势为__________。

6-24　半径为 $r$ 的导体球原来不带电，在离球心为 $R(R>r)$ 的地方放一个点电荷 $q$，则该导体球的电势为__________。

6-25　位于边长为 $l$ 的正三角形三个顶点上的点电荷电荷量分别为 $q$、$2q$ 和 $-4q$，这个系统的静电能为__________。

6-26　有一半径为 $R$ 的均匀带电球体，若球体内、外电介质的电容率相等，此时球内的静电能与球外的静电能之比为__________。

6-27　在半径为 $R$ 的导体球壳薄壁附近与球心相距为 $d\ (d>R)$ 的 $P$ 点处，放一点电荷 $q$，如图所示，求：

(1) 球壳表面感应电荷在球心 $O$ 处产生的电势和场强；

(2) 空腔内任一点的电势和场强；

(3) 若将球壳接地，计算球壳表面感应电荷的总电量。

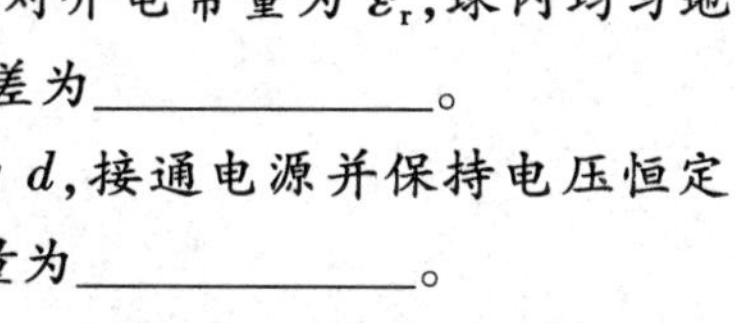


题6-27图

6-28　一内半径为 $a$、外半径为 $b$ 的金属球壳，带有电荷 $Q$，在球壳空腔内距离球心 $r$ 处有一点电荷 $q$。设无限远处为电势零点，试求：

(1) 球壳内外表面上的电荷；

(2)球心 $O$ 点处,由球壳内表面上电荷产生的电势;

(3)球心 $O$ 点处的总电势。

6-29　一半径为 $a$、带有正电荷 $Q$ 的导体球,球外有一内半径为 $b$、外半径为 $c$ 的不带电同心导体球壳。设无限远处为电势零点,试求内球和外壳的电势。

6-30　一空气平行板电容器,两极板面积均为 $S$,板间距离为 $d$($d$ 远小于极板线度),在两极板间平行地插入一面积也是 $S$,厚度为 $t$($t<d$)的金属片。(1)试求电容 $C$ 的值;(2)金属片放在两极板间的位置对电容值有无影响?

6-31　三个平行金属板 $A$、$B$ 和 $C$ 的面积都是 200 $\text{cm}^2$,$A$ 和 $B$ 相距 4.0 mm,$A$ 与 $C$ 相距 2.0 mm,$B$、$C$ 都接地,如图所示。如果使 $A$ 板带正电 $3.0\times10^{-7}$C,略去边缘效应,问 $B$ 板和 $C$ 板上的感应电荷各是多少?以地的电势为零,则 $A$ 板的电势是多少?

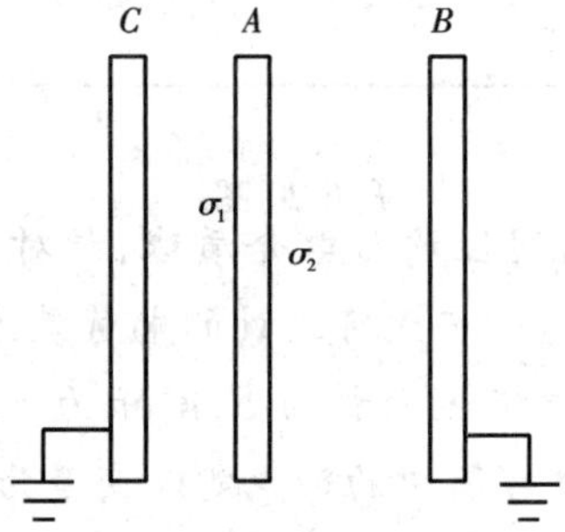


题6-31图

6-32　半径为 $R$ 的介质球,相对介电常量为 $\varepsilon_r$,其自由电体荷密度 $\rho=\rho_0(1-r/R)$,式中 $\rho_0$ 为常量,$r$ 是球心到球内某点的距离,试求:(1)介质球内的电位移和场强分布;(2)场强最大处的 $r$ 值。

6-33　一空气平行板电容器,极板面积 $S=0.2\ \text{m}^2$,间距 $d=1.0$ cm,充电使其两板电势差 $U_0=3\times10^3$ V,然后断开电源,再在两极板间充满介质,最后两板间电压降至 $1\times10^3$ V,试计算:(1)原空气电容器电容 $C_0$;(2)每一极板上所带电量 $Q$;(3)两板间原电场强度 $E_0$;(4)放入介质后的电容和两板间场强 $E$;(5)介质极化后每一面上的极化电荷 $Q'$;(6)介质的相对介电常数 $\varepsilon_r$。

6-34　电容值为 100 pF 的平板电容器与 50 V 电源相接,若平板的面积为 100 $\text{cm}^2$,其中充满 $\varepsilon_r=6$ 的云母片,求:(1)云母中的电场强度;(2)金属板上的自由电荷;(3)介质表面的极化电荷。

6-35　如图所示,一空气平行板电容器,极板面积为 $S$,两极板之间距离为 $d$,其中平行地放有一层厚度为 $t$($t<d$)、相对介电常量为 $\varepsilon_r$ 的各向同性均匀电介质。略去边缘效应,试求其电容值。

6-36　一平行板电容器,极板间距离为 10 cm,其间有一半充以相对介电常量 $\varepsilon_r=10$ 的各向同性均匀电介质,其余部分为空气,如图所示。当两极间电势差为 100 V 时,试分别求空气中和介质中的电位移矢量和电场强度矢量。

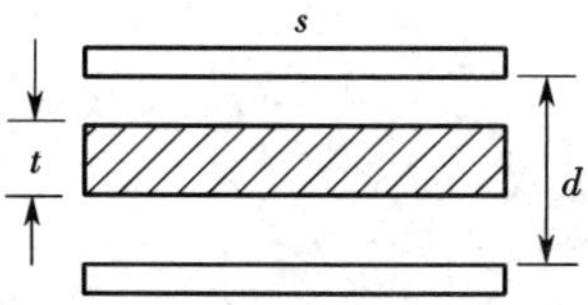


题6-35图

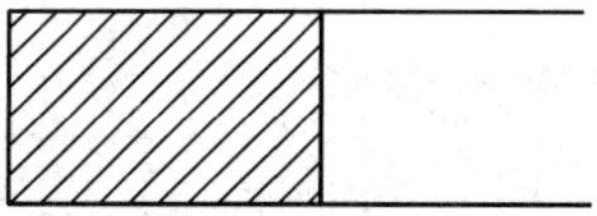

题6-36图

6-37　一平行板电容器的极板面积 $S=1\ \mathrm{m}^2$，两极板夹着一块厚度 $d=5$ mm 的同样面积的玻璃板。已知玻璃的相对介电常量 $\varepsilon_r=5$。电容器充电到电压 $U=12$ V 以后切断电源。求把玻璃板从电容器中抽出来外力需做多少功。（真空介电常量 $e_0=8.85\times10^{-12}\ \mathrm{C^2/(N\cdot m^2)}$）

6-38　柱形电容器由两个同轴的圆柱面构成，长度均为 l，半径分别为 $R_1$ 和 $R_2$（$R_2>R_1$），且 $l\gg R_2-R_1$，两柱面之间充有介电常数 $\varepsilon$ 的均匀电介质。当两圆柱面分别带等量异号电荷 $Q$ 和 $-Q$ 时，求：

（1）在半径 $r$ 处（$R_1<r<R_2$，厚度为 dr，长为 $l$ 的圆柱薄壳中任一点的电场能量密度和整个薄壳中的电场能量；

（2）电介质中的总电场能量；

（3）圆柱形电容器的电容。

# 第7章　恒定磁场

人们对磁现象的认识有非常悠久的历史。春秋战国时期人们就已经知道天然磁石之间相互吸引的现象,并发明了用以指引方向的指南针。到了现代文明社会,磁现象更是充满每一个角落。如人们随身携带的银行卡、家庭中烹饪菜肴的电磁炉、出门乘坐的磁悬浮列车、记录和存储信息的电脑硬盘等,这些都与物体磁性有关。

物体磁性的来源与电流或电荷运动有着密切关系。在静止电荷周围存在着电场,如果电荷在运动,那么在它们周围不仅有电场,而且有磁场。磁场和电场、万有引力场一样,也是物质的一种形态。当电荷运动形成稳恒电流时,在它周围激发的磁场也是稳恒的,即不随时间变化。本章首先从稳恒电流的基本磁现象出发引入描述磁场的基本物理量磁感应强度,然后介绍电流产生磁场的基本规律——毕奥(J. B. Biot)-萨伐尔(F. Savart)定律、反映磁场性质的两条基本定理——磁场的高斯(J. C. F. Gauss)定理及安培(A. M. Ampère)环路定理、磁场对运动电荷和载流导线的作用,最后介绍有磁介质存在时稳恒磁场的基本性质和规律。

磁场和电场虽然是两种不同的场,但在探讨思路和研究方法上却有类似之处。因此,读者在学习时可随时对照静电学中的有关内容,通过类比和借鉴,更好地掌握本章内容。

## 7.1　恒定电流

### 7.1.1　电流　电流强度

电流是由电荷运动形成的,形成电流的带电粒子称为**载流子**。在不同的导电体内,载流子并不一定都相同。例如,在金属中载流子是带负电的电子,在电解液和气态导体中载流子是正、负离子和电子,在半导体中载流子是带负电的电子和带正电的“空穴”。

以金属为例讨论电流的形成,金属可以认为是由自由电子和正离子组成的。正离子构成金属的晶格,而自由电子则在晶格之间作无规则的热运动。无外电场时,电子沿各方向运动的概率是相等的,电子热运动的平均速度为零,不形成电流。当导体两端存在电势差时,导体内部有电场存在,这时自由电子都将受到与电场方向相反的作用力。因此每个电子除了原来不规则的热运动之外,还要在电场的反方向上附加一个运动——漂移运动。大量电子的漂移运动表现为电子的定向运动,就形成了电流。

电荷在不导电的空间，如真空或极稀薄气体中的有规则运动所形成的电流，叫作**运流电流**。这里讨论的是离子或自由电子相对于导体的定向运动，这种由离子或自由电子相对于导体作定向运动形成的电流称为传导电流。传导电流形成的条件为：

(1)导体内有可移动的电荷，即载流子；

(2)导体两端有电势差。

在金属导体内，自由电子定向移动的方向是由低电势到高电势。但在历史上，人们把正电荷移动的方向定义为电流的方向，因而电流的方向与自由电子移动的方向相反。设有一导体，横截面积为 $S$，若在时间间隔 $dt$ 内，通过截面 $S$ 的电荷为 $dq$，则在导体中的**电流强度** $I$ 为单位时间内通过横截面 $S$ 的电量，即

$$I=\frac{dq}{dt} \tag{7.1.1}$$

如果电流不随时间而改变，则称这种电流为**恒定电流**。在国际单位制中，电流的单位为安培，简称安(A)。应当指出，电流是标量，不是矢量。人们常说的“电流方向”是指“等效而成的正电荷”的流向。

### 7.1.2　电流密度

很多情况下，电流在导体内的分布是不均匀的。为精确地描述电流的分布规律，需要引入一个物理量，这个物理量就是**电流密度**。电流密度 $\boldsymbol{J}$ 是矢量，其大小和方向规定如下：导体中任一点电流密度 $\boldsymbol{J}$ 的方向规定为该点正电荷的运动方向，$\boldsymbol{J}$ 的大小等于在单位时间内通过该点且垂直于正电荷运动方向的单位面积的电荷。

如图7.1.1所示，在某点 $P$ 处取一面积元 $dS$，使该面积元的法线矢量 $\boldsymbol{e}_n$ 与电荷的运动方向(电流密度 $\boldsymbol{J}$ 的方向)成 $\alpha$ 角。如设在 $dt$ 时间内有正电荷 $dq$ 通过面积元 $dS$，则根据上述对电流密度的定义，可得 $P$ 点处电流密度的大小

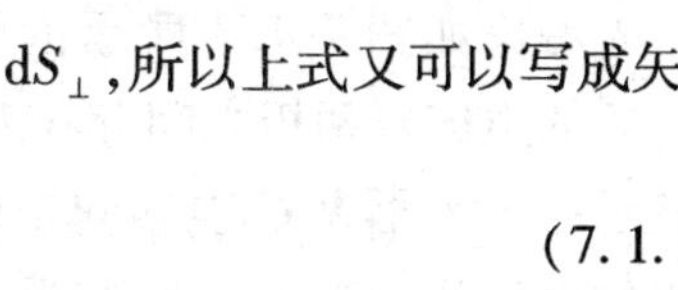

图7.1.1　电流密度

$$J=\frac{dq}{dt\,dS\cos\alpha}=\frac{dI}{dS\cos\alpha} \tag{7.1.2}$$

式中，$dS\cos\alpha$ 为面积元 $dS$ 在垂直于电流密度方向的投影 $dS_{\perp}$，所以上式又可以写成矢量的内积形式，即电流微元可表示为

$$dI=J\,dS_{\perp}=\boldsymbol{J}\cdot d\boldsymbol{S} \tag{7.1.3}$$

通过任意有限截面 $S$ 的电流

$$I=\iint_S \boldsymbol{J}\cdot d\boldsymbol{S} \tag{7.1.4}$$

对于金属导体，电流密度矢量和自由电子数密度与电子的漂移速度之间有定量的对应关系。在金属中，载流子是自由电子，这些电子在正离子组成的金属晶格中作无规则运动，运动过程中它们不断地和正离子作无规则的碰撞。在没有外电场作用的情况下，

电子的这种无规则运动不可能形成电流;当有外电场的作用时,每个电子都受到电场力的作用,形成相对于晶格的定向移动。这样,自由电子除了原来的无规则运动之外,还要加上相对于晶格的定向移动,这个定向移动的平均速度又叫**漂移速度**。

在图 7.1.2 中,设导体中自由电子数密度为 $n$,每个电子的漂移速度为 $\boldsymbol{u}$。在导体内取一面积元 $\mathrm{d}\boldsymbol{S}$,使面积元 $\mathrm{d}\boldsymbol{S}$ 与 $\boldsymbol{u}$ 垂直。在时间间隔 $\mathrm{d}t$ 内,通过面积元 $\mathrm{d}S$ 的所有电子分布在一个长为 $u\mathrm{d}t$、底面积为 $\mathrm{d}S$ 的圆柱体内。显然,通过面积元 $\mathrm{d}S$ 的电子数目为 $nu\mathrm{d}t\mathrm{d}S$,电子的电量的绝对值为 $e$,由此可求得通过面积元 $\mathrm{d}S$ 的电流强度

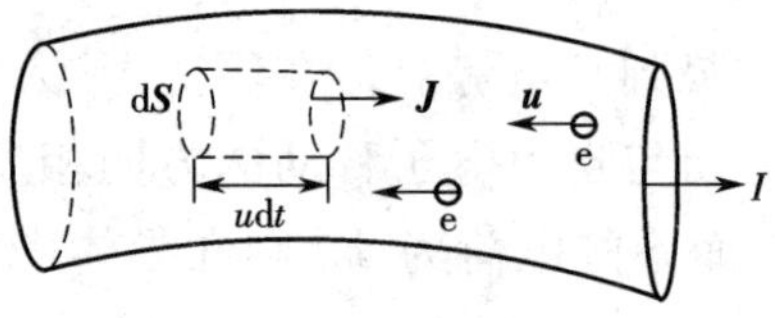

图 7.1.2　电流与电子漂移速度

$$\mathrm{d}I = enu\mathrm{d}S \tag{7.1.5}$$

由于面积元与电子漂移速度垂直,根据电流密度的定义式(7.1.2)有

$$J = enu \tag{7.1.6}$$

上式即金属导体内的电流密度 $J$ 与自由电子漂移速率 $u$ 和电子数密度 $n$ 的关系,它表明电流密度与漂移速率和电子数密度成正比。式(7.1.6)对一般导体或半导体也成立,只是需要将式中的电子电量换成相应的载流子的电荷量,同时把自由电子的漂移速度换成载流子的平均定向运动速率。

晶格对电子运动的阻挡就产生了电阻。对于一个电阻率为 $\rho$、长为 $\mathrm{d}l$、截面积为 $\mathrm{d}S$ 的导线,其电阻的大小 $R=\rho\mathrm{d}l/\mathrm{d}S$,流过的电流 $\mathrm{d}I=J\mathrm{d}S$,电阻上的电压 $\mathrm{d}V=E\mathrm{d}l$。该段电路的欧姆定律是 $\mathrm{d}V=R\mathrm{d}I$,将电阻、电流、电压的形式代入,得到

$$J = E/\rho = \sigma E$$

该式称为欧姆定律的微分形式。式中,$\sigma=1/\rho$ 叫作**电导率**。欧姆定律的微分形式表明,电场引起了电流。

## 7.1.3　电源　电动势

不难设想,若在导体两端维持恒定的电势差,那么导体中就会有恒定的电流流过。怎样才能维持恒定的电势差呢?

先考虑如图 7.1.3 所示的电容器放电过程。由于充电后的电容器两极之间存在着电势差,当用导线把如图所示的电容器两极连接起来时,导线中有电流通过,两极的电荷迅速减少。电容器放电过程中所产生的电流是非常短暂的,也就是说不能形成持续的电流。要产生恒定的电流,必须设法使流到负极上的正电荷重新回到正极板上去,这样就可以在极板上保持恒定的电荷分布,在导体内产生恒定的电场。

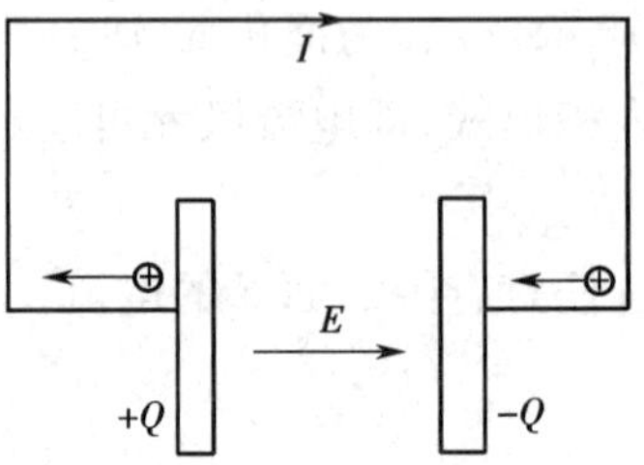

图 7.1.3　电容器放电

由于电极之间的电场方向是由高电势的正极指向低电势的负极,要使正电荷由负极

回到正极，靠静电力不可能实现，只能是其他类型的力使正电荷逆静电场运动。这种与静电场力类型不同的力，称为**非静电力 $\boldsymbol{F}_{ne}$**。非静电力$\boldsymbol{F}_{ne}$的具体形式随电源的不同而不同，例如化学电池中的非静电力是一种化学作用，发电机中的非静电力是一种电磁作用。

能够提供非静电力而把其他形式的能转化为电能的装置称为**电源**。在电源内部，非静电力做功，使电荷逆着电场力的方向运动，返回电势较高的起始位置，从而维持电流线的闭合性。如图7.1.4所示，正是电源内部可以提供非静电力作用，使正电荷能逆着电场线回到正极，才使得两极板上维持恒定的电荷分布，从而产生恒定的电场，形成恒定电流。在电源外的部分（外电路），电流是由正极流向负极的；而在电源内部（称为内电路），电流由负极流向正极。

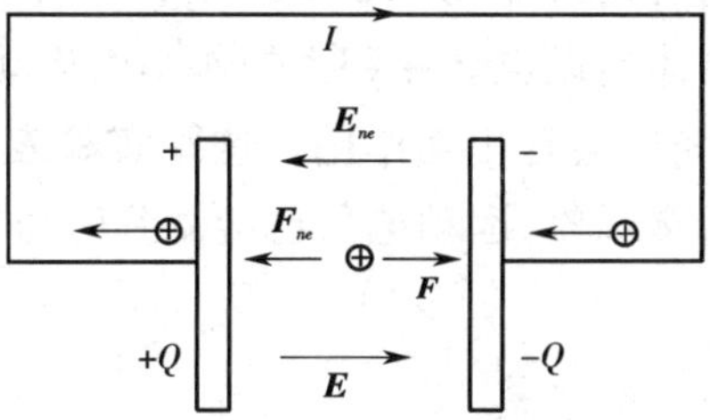


图7.1.4　电源的作用

从能量角度来看，电源是一种能将其他形式的能量转化为电路中的电能的装置。为了描述不同电源把其他形式的能量转化为电能的本领大小，引入一个新的物理量——电动势。在电源内，单位正电荷从负极移到正极的过程中，非静电力做的功叫作电源的**电动势**。电动势的这个定义说明，某个电源的非静电力移动单位电荷时所做的功越多，这个电源把其他形式的能量转化为电能的本领也越强。电动势大小可以用公式表示为

$$\varepsilon = \frac{W}{q} \tag{7.1.7}$$

上式中，$W$ 表示非静电力对电荷 $q$ 所做的功，$\varepsilon$ 表示电源的电动势。在国际单位制中，电动势的单位是伏特（V），与电势的单位相同。它的大小完全取决于电源本身的性质，而与外电路无关。

非静电力移动电荷做功的过程，可以等效为电荷在一种“非静电场”的作用下由负极向正极的移动过程。非静电场可以用非静电场强 $E_{ne}$来描述。于是，式(7.1.7)中电源电动势可以表示为

$$\varepsilon = \frac{W}{q} = \int_{\text{电源内}} \boldsymbol{E}_{ne} \cdot \mathrm{d}\boldsymbol{l} \tag{7.1.8}$$

若电路各处都有非静电力，则要对整个回路积分，式(7.1.8)变成

$$\varepsilon = \oint_{L} \boldsymbol{E}_{ne} \cdot \mathrm{d}\boldsymbol{l} \tag{7.1.9}$$

式(7.1.8)说明电源电动势的大小等于把单位正电荷从负极经电源内部移至正极时非静

电力所做的功。电动势是一个标量,但为了分析问题的方便,通常把电源内部电势升高的方向,即非静电力的方向,叫作电动势的“方向”。

## 7.2 毕奥-萨伐尔定律

### 7.2.1 磁场、磁感应强度

人们曾经认为磁和电是两类截然分开的现象,直到19世纪初,才发现磁现象与电现象之间的密切关系。1819—1820年间,丹麦科学家奥斯特发现,放置在通电直导线周围的磁针会受到力的作用而发生偏转(见图7.2.1)。1820年,法国物理学家安培进一步研究发现,载流导线或线圈在磁体附近也会受到力的作用而运动(见图7.2.2),其后又发现载流导线之间或载流线圈之间也会有相互作用。这些实验表明,磁现象和电荷的运动是密切联系的,电荷运动会产生磁现象,运动电荷也会受到磁力的作用。

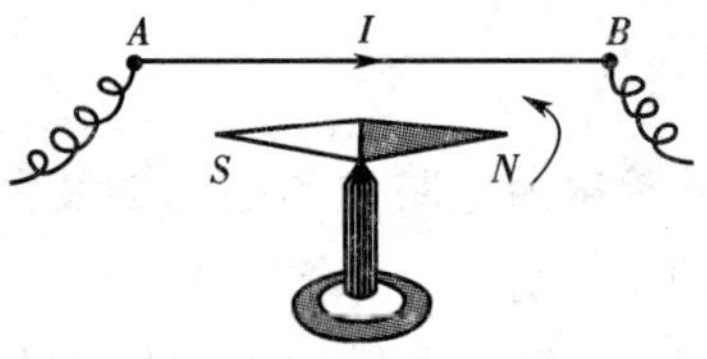


图7.2.1 在载流导线附近,磁针发生偏转

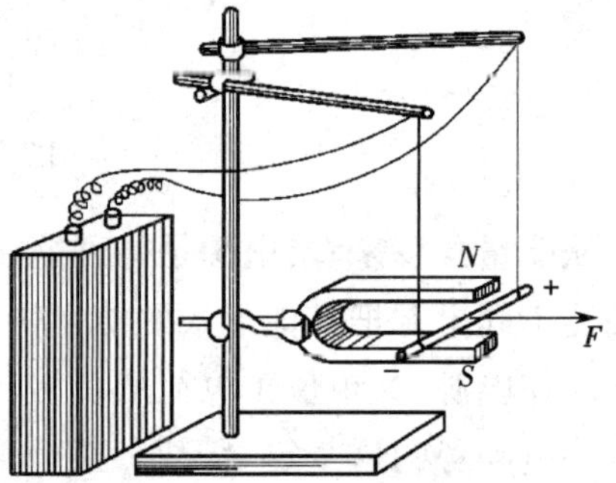


图7.2.2 磁铁对载流导线的作用

为了解释磁的本质,1822年,安培提出了著名的分子电流假说:**一切磁现象的根源是电流**。安培设想原子或者分子中有电流存在。现在知道,原子中有原子核和绕原子核运动的电子,而电子绕原子核不断地旋转就形成了电流,这与安培的设想是一致的,这样的电流应该就是安培设想的**分子电流**。每一个分子电流相当于一个小磁铁,小磁铁的两个磁极对应于分子回路电流的正反两个面,因此两种磁极不能单独存在。现代的研究表明,电子内部也有某种运动,称为**自旋**,对物质的磁性也有重要影响。

与静止电荷间的相互作用类似,磁体或电流之间的相互作用也是通过一种场——磁场来传递的。磁体或电流在其周围的空间产生磁场,磁场对任何置于其中的其他磁体或电流施加作用力,这是磁场的基本性质之一。

磁场是一个矢量场,与电场类似,需要引入一个物理量——**磁感应强度**来描述磁场,用$\boldsymbol{B}$表示。磁场中某点处$\boldsymbol{B}$的方向由该处磁针N极所指的方向来确定,其大小可以用运动试验电荷$q$来获得。实验表明,当实验电荷$q$以速度$\boldsymbol{v}$沿垂直于$\boldsymbol{B}$的方向运动时,它

所受的力 $F_{\perp}$ 与 $qv$ 成正比,且对于磁场中的某一定点来说,该比值是确定的。把这个比值规定为磁场中该点的磁感应强度 $\boldsymbol{B}$ 的大小,即

$$B=\frac{F_{\perp}}{qv} \tag{7.2.1}$$

若磁场中各点的磁感应强度均不随时间变化,则这种磁场称为**稳恒磁场**。若磁场中某一区域内各点的磁感应强度都相同,那么该区域的磁场称为**匀强磁场**。在国际单位制中,磁感应强度 $\boldsymbol{B}$ 的单位为 N·s/(C·m)或者 N/(A·m),称为特斯拉,用 T 表示,即

$$1\mathrm{T}=1\ \mathrm{N/(A\cdot m)} \tag{7.2.2}$$

磁感应强度 $\boldsymbol{B}$ 的另一常用单位为高斯,用 Gs 表示,二者的换算关系是 $1\mathrm{T}=10^4\mathrm{Gs}$。

## 7.2.2　毕奥－萨伐尔定律

与静电场中求带电体电场强度的方法类似,为了求得任意电流所产生的磁场的磁感应强度 $\boldsymbol{B}$,可以把一载流导线看成由无数个电流元连接而成。电流元可用矢量 $I\mathrm{d}\boldsymbol{l}$ 来表示,$\mathrm{d}\boldsymbol{l}$ 表示在载流导线上所取的线元矢量,其方向为电流方向,$I$ 为导线中的电流。这样,任意形状的线电流在空间某点所激发的磁场的磁感应强度 $\boldsymbol{B}$ 就等于该导线的所有电流元在该点所激发的磁场的磁感应强度 $\mathrm{d}\boldsymbol{B}$ 的矢量和。那么,电流元 $I\mathrm{d}\boldsymbol{l}$ 与它所激发的磁感应强度之间的关系如何呢?

19 世纪 20 年代,法国物理学家毕奥和萨伐尔等人对载流导线产生的磁场做了大量的研究,并在法国数学家拉普拉斯的帮助下,总结得到了电流元产生磁场的磁感应强度的数学表达式,称为毕奥－萨伐尔定律。

如图 7.2.3 所示,在载流导线上任取一电流元 $I\mathrm{d}\boldsymbol{l}$,在真空中某点 $P$ 处的磁感应强度 $\mathrm{d}\boldsymbol{B}$ 的大小与电流元 $I\mathrm{d}\boldsymbol{l}$ 的大小成正比,与电流元 $I\mathrm{d}\boldsymbol{l}$ 到 $P$ 点的矢量 $\boldsymbol{r}$ 间的夹角 $\theta$ 的正弦成正比,而与电流元到 $P$ 点的距离 $r$ 的平方成反比,即

$$\mathrm{d}B=\frac{\mu_0}{4\pi}\cdot\frac{I\mathrm{d}l\sin\theta}{r^2} \tag{7.2.3}$$

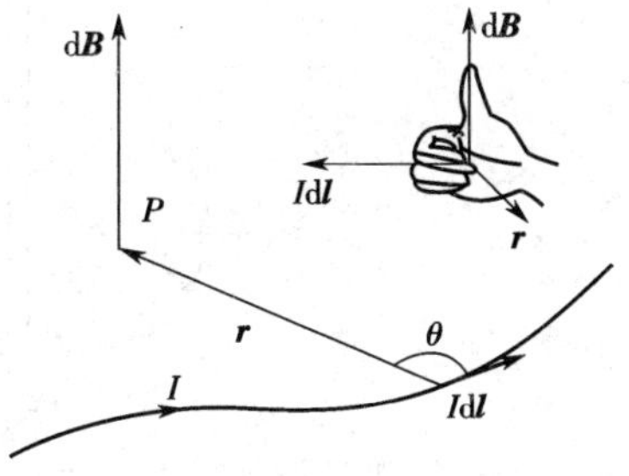


图 7.2.3　毕奥－萨伐尔定律

式中,$\mu_0=4\pi\times10^{-7}\mathrm{N/A^2}$,称为真空磁导率。电流元在 $\boldsymbol{P}$ 点产生的磁感应强度的方向总是垂直于 $\mathrm{d}\boldsymbol{l}$ 和 $\boldsymbol{r}$ 构成的平面,并沿 $I\mathrm{d}\boldsymbol{l}\times\boldsymbol{e}_r$ 的方向,因此毕奥－萨伐尔定律的矢量形式表达式为

$$\mathrm{d}\boldsymbol{B}=\frac{\mu_0}{4\pi}\cdot\frac{I\mathrm{d}\boldsymbol{l}\times\boldsymbol{e}_r}{r^2} \tag{7.2.4}$$

式中 $\boldsymbol{e}_r=\dfrac{\boldsymbol{r}}{r}$,是电流元指向 $P$ 点方向上的单位矢量。整个载流导线在点 $P$ 产生的磁感应强度,等于各电流元在点 $P$ 产生的磁感应强度的矢量和,即

$$\boldsymbol{B}=\frac{\mu_0}{4\pi}\int_l \frac{I\mathrm{d}\boldsymbol{l}\times\boldsymbol{e}_r}{r^2} \tag{7.2.5}$$

应该指出,毕奥－萨伐尔定律是以实验为基础,经过科学抽象而得到的。它不能直接用实验来验证。然而应用式(7.2.5)计算各种形状的电流分布所激发的磁感应强度 $\boldsymbol{B}$ 的结果与实验结果相符,这就证明了式(7.2.3)的正确性。

应用毕奥－萨伐尔定律可以计算不同电流分布所产生磁场的磁感应强度。解题一般步骤如下:

(1)根据已知电流的分布与待求场点的位置,选取合适的电流元 $I\mathrm{d}\boldsymbol{l}$;

(2)根据电流的分布与磁场分布的特点来选取合适的坐标系;

(3)根据所选择的坐标系,按照毕奥－萨伐尔定律写出电流元产生的磁感应强度 $\mathrm{d}\boldsymbol{B}$;

(4)由叠加原理求出整个载流导线在场点的磁感应强度 $\boldsymbol{B}$ 的分布;

(5)一般说来,需要将磁感应强度的矢量积分变为标量积分,并选取合适的积分变量,来统一积分变量。

下面应用毕奥－萨伐尔定律来计算几种电流的磁场分布。

1. 载流直导线的磁场

如图7.2.4所示,设在真空中有一段长为 $L$、载有电流 $I$ 的直导线,求距直导线为 $a$ 处任意一点 $P$ 的磁感应强度 $\boldsymbol{B}$。

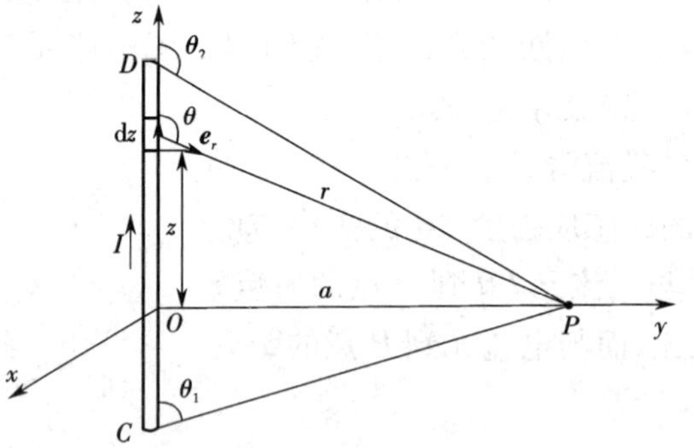


图7.2.4 载流直导线的磁场

首先建立如图所示的坐标系,在载流直导线上,任取一电流元 $I\mathrm{d}z$,由毕奥－萨伐尔定律得元电流在 $P$ 点产生的磁感应强度大小

$$\mathrm{d}B=\frac{\mu_0}{4\pi}\cdot\frac{I\mathrm{d}z\sin\theta}{r^2}$$

磁感应强度方向为垂直纸面向里。所有电流元在 $P$ 点产生的磁场方向相同,所以求总磁感应强度的积分为标量积分,即

$$B=\int_L \mathrm{d}B=\frac{\mu_0}{4\pi}\int_L \frac{I\mathrm{d}z\sin\theta}{r^2}$$

由图可知，$z=a\cot(\pi-\theta)=-a\cot\theta$，$\mathrm{d}z=\dfrac{a\mathrm{d}\theta}{\sin^2\theta}$，$r^2=\dfrac{a^2}{\sin^2\theta}$。将以上各式代入积分式，取积分下限为 $\theta_1$，上限为 $\theta_2$，整理后得

$$B=\frac{\mu_0}{4\pi}\int_{\theta_1}^{\theta_2}\frac{I\sin\theta\mathrm{d}\theta}{a}=\frac{\mu_0 I}{4\pi a}(\cos\theta_1-\cos\theta_2)$$

讨论：当载流直导线为无限长，即 $\theta_1=0$、$\theta_2=\pi$ 时，$P$ 点的磁感应强度 $\boldsymbol{B}$ 的大小

$$B=\frac{\mu_0 I}{2\pi a}$$

可见，载流无限长直导线周围任一点的磁感应强度 $\boldsymbol{B}$ 的大小与该点到导线的垂直距离 $a$ 的一次方成反比。对于长度为 $L$ 的直导线，在 $a\ll L$ 时，上式也近似成立。

思考：若载流直导线为半无限长，即 $P$ 位于导线一端附近处时，其磁感应强度 $\boldsymbol{B}$ 的大小将是多少？若 $P$ 点位于载流直导线的延长线上或就在载流直导线上时，其磁感应强度 $\boldsymbol{B}$ 的大小又将是多少？

2. 载流圆线圈轴线上的磁场

如图 7.2.5 所示，在真空中有一半径为 $R$ 的圆环载流导线，通过的电流强度为 $I$，试求通过圆心并垂直于圆形导线平面的轴线上任意一点 $P$ 的磁感应强度。

在载流圆线圈上任取一电流元 $I\mathrm{d}\boldsymbol{l}$，设该电流元到 $P$ 点的位矢为 $\boldsymbol{r}$，有关系 $I\mathrm{d}\boldsymbol{l}\perp\boldsymbol{r}$。根据毕奥－萨伐尔定律，电流元在 $P$ 点产生的磁感应强度 $\mathrm{d}\boldsymbol{B}$ 的大小

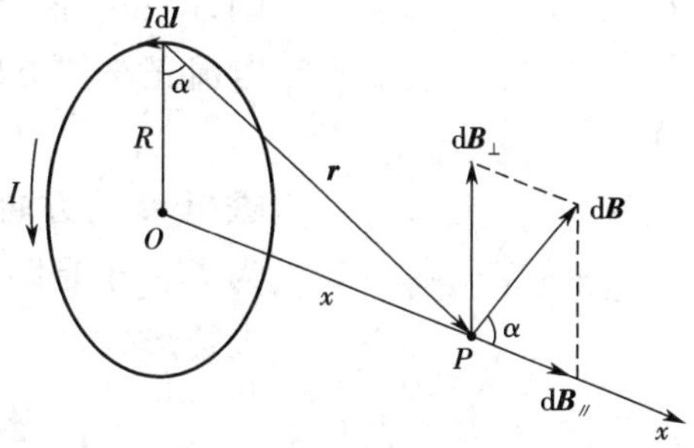

图 7.2.5　载流圆线圈轴线上的磁场

$$\mathrm{d}B=\frac{\mu_0}{4\pi}\cdot\frac{I\mathrm{d}l\sin 90^\circ}{r^2}=\frac{\mu_0}{4\pi}\cdot\frac{I\mathrm{d}l}{r^2}$$

由图可知，$x=r\sin\alpha$，则

$$\mathrm{d}B=\frac{\mu_0}{4\pi}\cdot\frac{I\mathrm{d}l}{x^2}\sin^2\alpha$$

由圆线圈对称性可知，所有电流元在 $P$ 点产生的磁感应强度 $\mathrm{d}\boldsymbol{B}$ 在与 $x$ 轴垂直方向的分量 $\mathrm{d}B_\perp$ 总和为零，故只需计算 $P$ 点处平行于 $x$ 轴的磁感应分量 $\mathrm{d}B_{/\!/}$ 的总和，即可得出总磁感应强度 $B$ 的大小：

$$B=\oint\mathrm{d}B_{/\!/}=\oint\mathrm{d}B\cos\alpha=\frac{\mu_0}{4\pi}\cdot\frac{I}{x^2}\sin^2\alpha\cos\alpha\oint\mathrm{d}l$$

由几何关系有 $\cos\alpha=\dfrac{R}{\sqrt{R^2+x^2}}$，$\sin^2\alpha=\dfrac{x^2}{R^2+x^2}$，$\oint\mathrm{d}l=2\pi R$，代入上式，整理得

$$B=\frac{\mu_0}{2}\cdot\frac{R^2 I}{(R^2+x^2)^{\frac{3}{2}}}$$

磁感应强度 $\boldsymbol{B}$ 的方向与电流的环绕方向满足右手螺旋定则。

讨论:(1)当 $x=0$ 时,可得圆心处的磁感应强度

$$B=\frac{\mu_0 I}{2R}$$

(2)当 $x \gg R$ 时,$(R^2+x^2)^{3/2} \approx x^3$,则

$$B=\frac{\mu_0 I R^2}{2x^3}$$

考虑到圆电流的面积为 $S=\pi R^2$,上式可写成

$$B=\frac{\mu_0 I S}{2\pi x^3}$$

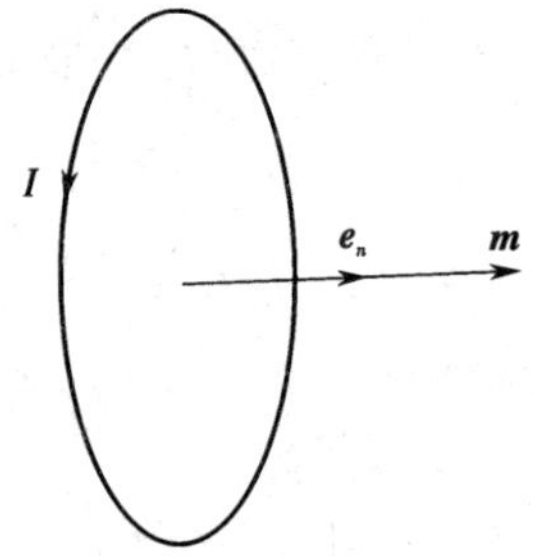

图 7.2.6　磁矩

现引入磁矩 $\boldsymbol{m}$ 的概念来描述载流线圈的性质。如图 7.2.6 所示,有一平面圆电流,其面积为 $S$,电流为 $I$,$\boldsymbol{e}_n$ 为圆电流平面的单位正法线矢量,它与电流 $I$ 的流向呈右手螺旋定则,即右手四指顺着电流流动方向回转时,大拇指的指向为圆电流正法线方向。定义圆电流的磁矩

$$\boldsymbol{m}=IS\boldsymbol{e}_n$$

磁矩 $\boldsymbol{m}$ 的方向与圆电流单位正法线矢量 $e_n$ 的方向相同,大小为 $IS$。于是距离圆心 $x$ 处的磁感应强度的表达式可写成如下矢量形式

$$\boldsymbol{B}=\frac{\mu_0 IS\boldsymbol{e}_n}{2\pi x^3}=\frac{\mu_0 \boldsymbol{m}}{2\pi x^3}$$

一个线圈又称为**磁偶极子**,线圈的磁矩也是磁偶极子的**磁偶极矩**,简称**磁矩**。载流线圈的磁场类似于一个小磁针的磁场,线圈磁矩的正向和反向相当于小磁针的 N 极指向和 S 极指向。

3. 载流直螺线管中的磁场

绕在圆柱面上的螺线形线圈叫作螺线管。设在真空中有一个直密绕螺线管,即整个螺线管可以近似地看成一系列半径相同的圆线圈同轴密排而成,绕线的螺距可以忽略。如图 7.2.7 所示,设螺线管半径为 $R$,长度为 $L$,单位长度内绕有 $n$ 匝线圈,总匝数为 $N$,线圈中电流为 $I$。试求其管内轴线上一点 $P$ 处的磁感应强度 $\boldsymbol{B}$。

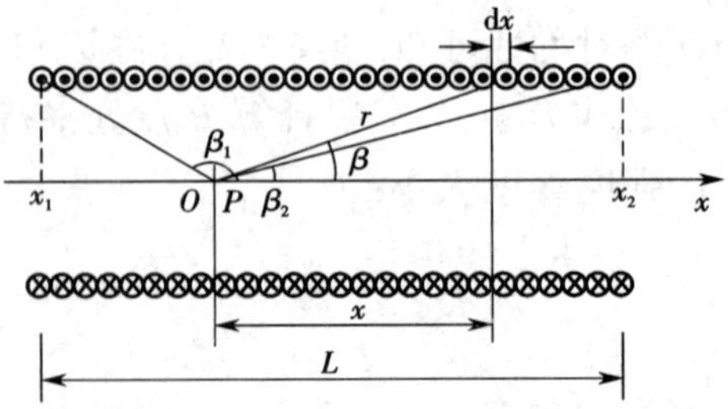

图 7.2.7　载流直螺线管中的磁场

以 $P$ 为原点,沿轴线方向建立 $Ox$ 坐标轴。由于直螺线管为密绕的,所以每匝线圈可近似看作闭合的圆电流,$P$ 点的磁感应强

度可以看成各匝线圈在该点产生的磁感应强度的矢量和。在螺线管上距 $P$ 点为 $x$ 处取一段 $dx$,则可将其看作 $dI=I\cdot n dx$ 的圆电流。应用载流圆线圈轴线上的磁场的结论,可得其在 $P$ 点的磁感应强度

$$dB=\frac{\mu_0}{2}\cdot\frac{nIR^2 dx}{(R^2+x^2)^{\frac{3}{2}}}$$

方向沿 $x$ 轴正向。整个螺线管在 $P$ 点的磁感应强度

$$B=\int dB=\int_{x_1}^{x_2}\frac{\mu_0}{2}\frac{nIR^2 dx}{(R^2+x^2)^{\frac{3}{2}}}$$

由图可得

$$x=R\cot\beta$$

于是

$$dx=-R\csc^2\beta d\beta$$

代入上式得

$$B=-\int_{\beta_1}^{\beta_2}\frac{\mu_0 nI}{2}\sin\beta d\beta=\frac{\mu_0 nI}{2}(\cos\beta_2-\cos\beta_1)$$

讨论:(1)无限长螺线管:因 $L\to\infty$,$\beta_1=\pi$,$\beta_2=0$,轴线上磁场大小 $B=\mu_0 nI$。可见,无限长螺线管轴线上的磁场是均匀的。这一结论不仅适用于轴线上,而且适用于螺线管内各点,即无限长螺线管内的磁场是均匀的,磁感应强度的大小均为 $\mu_0 nI$,方向与轴线平行。

(2)半无限长螺线管的一端:因 $\beta_1=\pi$,$\beta_2=\frac{\pi}{2}$,或者 $\beta_1=\frac{\pi}{2}$,$\beta_2=0$,故有 $B=\frac{1}{2}\mu_0 nI$。可见,半无限长螺线管轴上端点处的磁感应强度为无限长螺线管内磁感应强度的一半。长螺线管($L\gg R$)轴线上的磁场分布情况如图7.2.8所示。

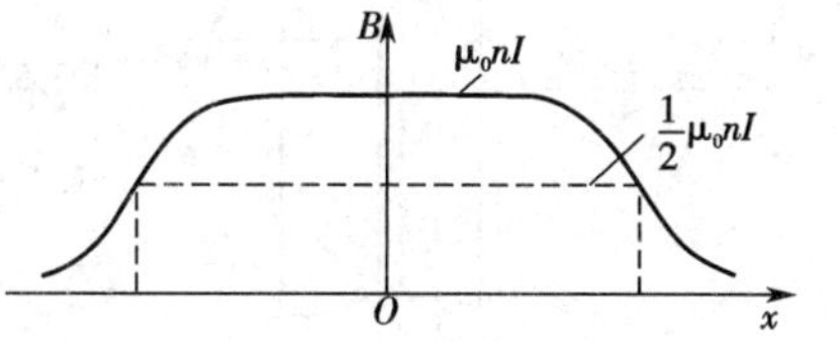

图7.2.8　长直螺线管轴线上的磁场分布

**例7.2.1**　如图7.2.9所示,一内外半径分别为 $R_1$ 和 $R_2$ 的薄圆环均匀带正电,电荷面密度为 $\sigma$,以角速度 $\omega$ 绕通过环心且垂直于环面的轴转动。求:(1)环心处的磁场;(2)等效磁矩。

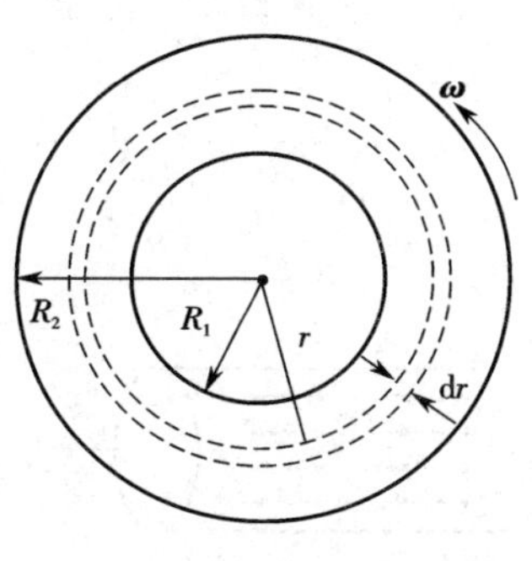

图7.2.9　例7.2.1图

**解**　(1)可将圆环分成许多同心的细圆环。考虑其上任一半径为 $r$、宽为 $dr$ 的细圆环(见图7.2.9),该细环所带电荷量

$$dq=\sigma\cdot 2\pi r dr$$

当圆环以角速度 $\omega$ 转动时,该细环等效于一载流圆线圈,其电流

$$\mathrm{d}I=\frac{\omega}{2\pi}\mathrm{d}q=\sigma\omega r\mathrm{d}r$$

应用圆电流在圆心处的磁场公式,可得细环在环心 $O$ 处的磁场

$$\mathrm{d}B=\frac{\mu_0\mathrm{d}I}{2r}=\frac{\mu_0\sigma\omega}{2}\mathrm{d}r$$

于是整个圆环转动在环心 $O$ 处的磁场

$$B=\int_{R_1}^{R_2}\mathrm{d}B=\frac{\mu_0\sigma\omega}{2}(R_2-R_1)$$

$\boldsymbol{B}$ 的方向垂直纸面向外。

(2)细环转动形成的圆电流的磁矩

$$\mathrm{d}m=\mathrm{d}I\cdot S=\sigma\omega r\mathrm{d}r\cdot\pi r^2=\sigma\omega\pi r^3\mathrm{d}r$$

整个圆环转动形成的电流的等效磁矩

$$m=\int\mathrm{d}m=\int_{R_1}^{R_2}\sigma\omega\pi r^3\mathrm{d}r=\frac{1}{4}\sigma\omega\pi(R_2^4-R_1^4)$$

**例 7.2.2** 如图 7.2.10 所示,一无限长、宽为 $a$ 的薄金属板,其电流强度为 $I$ 并均匀分布。试求在板平面内距板一边为 $b$ 的 $P$ 点的磁感应强度 $\boldsymbol{B}$。

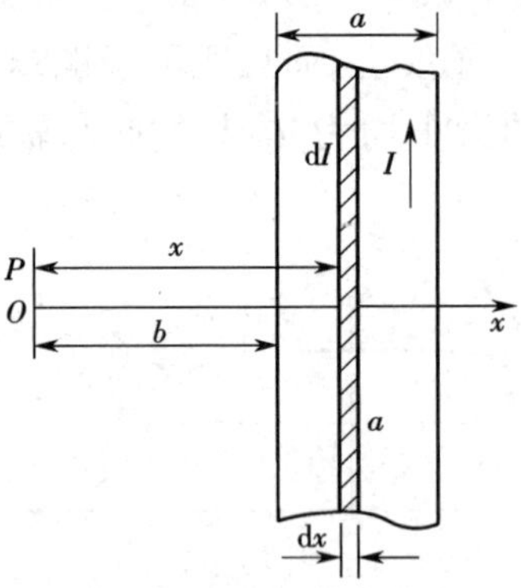


图 7.2.10 例 7.2.2 图

**解** 取 $P$ 为原点,$x$ 轴过平板所在平面且与板边垂直。在 $x$ 处取窄条,视为无限长载流导线,它在 $P$ 点产生的 $\mathrm{d}\boldsymbol{B}$ 方向为垂直纸面向外,其大小

$$\mathrm{d}B=\frac{\mu_0\mathrm{d}I}{2\pi x}=\frac{\mu_0 I\mathrm{d}x}{2\pi ax}(\text{均匀分布})$$

所有这样的窄条在 $P$ 点的 $\mathrm{d}\boldsymbol{B}$ 方向均相同,所以求 $\boldsymbol{B}$ 的大小可用下面代数积分:

$$B=\int\mathrm{d}B=\int_b^{b+a}\frac{\mu_0 I\mathrm{d}x}{2\pi ax}=\frac{\mu_0 I}{2\pi a}\ln\frac{b+a}{b}$$

若载流金属板非常窄,则 $a\ll b$,则磁感应强度为 $B=\frac{\mu_0 I}{2\pi b}$。

## 7.2.3 匀速运动电荷的磁场

从微观上讲,电流元产生的磁场 $\mathrm{d}\boldsymbol{B}$,实际上是电流元内作定向运动的电荷共同产生的。如图 7.2.11 所示,设有一电流元 $I\mathrm{d}\boldsymbol{l}$,其截面积为 $S$,电流元中作定向运动的电荷的体密度为 $n$,每个电荷的电量为 $q$,定向运动的速度为 $\boldsymbol{v}$,则此电流元的电流 $I=nqvS$,根据毕奥 - 萨伐尔定律有

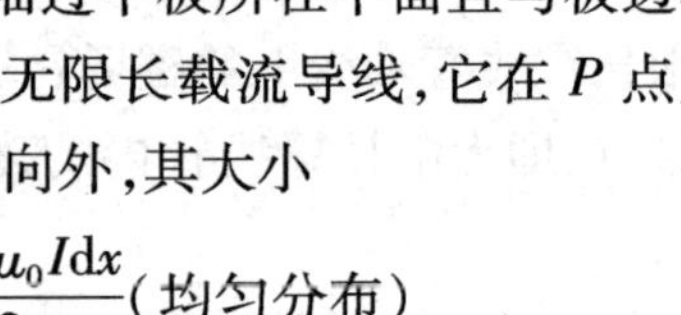


图 7.2.11 电流元中的运动电荷

$$dB = \frac{\mu_0}{4\pi} \cdot \frac{I d\boldsymbol{l} \times \boldsymbol{e}_r}{r^2} = \frac{\mu_0}{4\pi} \cdot \frac{nSq dl \boldsymbol{v} \times \boldsymbol{e}_r}{r^2} \tag{7.2.6}$$

因电流元中带电粒子数 $dN = nSdl$，所以一个以速度 $\boldsymbol{v}$ 运动的电荷在距它为 $r$ 处产生的磁感应强度

$$B = \frac{dB}{dN} = \frac{\mu_0}{4\pi} \cdot \frac{q\boldsymbol{v} \times \boldsymbol{e}_r}{r^2} \tag{7.2.7}$$

$\boldsymbol{B}$ 方向垂直于 $\boldsymbol{v}$ 和 $\boldsymbol{r}$ 组成的平面向里，可由右手螺旋定则确定，与运动电荷的正负有关。如果粒子带正电，即 $q>0$，则 $\boldsymbol{B}$ 的方向沿 $\boldsymbol{v}\times\boldsymbol{e}_r$ 的方向；如果粒子带负电，即 $q<0$，则 $\boldsymbol{B}$ 的方向沿 $\boldsymbol{v}\times\boldsymbol{e}_r$ 的反方向，如图 7.2.12 所示。

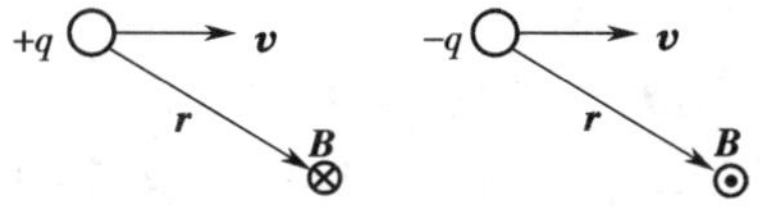

图 7.2.12　运动电荷磁场的方向

## 7.3　磁场中的高斯定理

### 7.3.1　磁感应线、磁通量

在静电场中，可以用电场线来形象描述电场的分布情况；与此类似，在稳恒磁场中也可以用磁场线来形象描述磁场的分布情况。磁场线也称磁感应线。规定：

(1)磁感应线上任一点切线的方向即为磁感应强度 $\boldsymbol{B}$ 的方向；

(2)磁感应强度 $\boldsymbol{B}$ 的大小可用磁感应线的疏密程度表示。

图 7.3.1(a)、(b)、(c)分别是载流长直导线、圆电流、载流长螺线管等典型电流的磁感应线分布的示意图。从该图中几种典型载流导线可以看出，磁感应线的绕行方向与电流流向都遵守右手螺旋定则。磁感应线有如下特性：

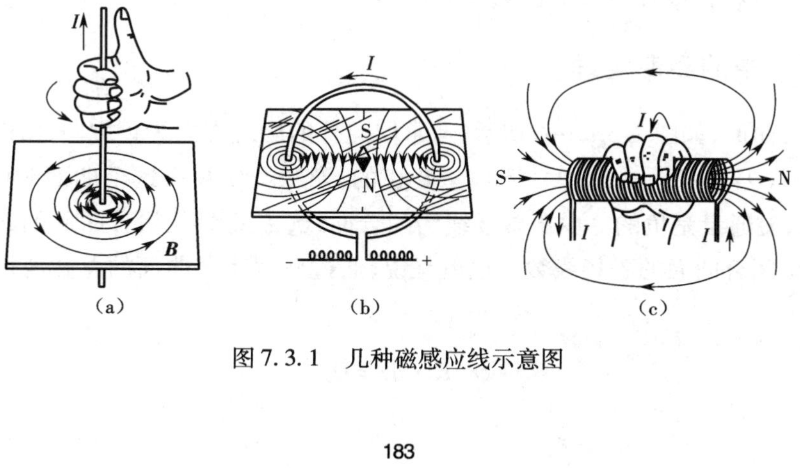

图 7.3.1　几种磁感应线示意图

(1)磁感应线是环绕电流的闭合曲线,没有起点,也没有终点,没有磁单极子存在;

(2)任意两条磁感应线不相交,这一性质与电场线相同。

为了使磁感应线能够定量地描述磁场的强弱,规定:通过某点上垂直于磁感应强度 $\boldsymbol{B}$ 方向的单位面积的磁感应线条数,在数值上等于该点磁感应强度 $\boldsymbol{B}$ 的大小。这样,磁场较强的地方,磁感应线就较密;磁场较弱的地方,磁感应线就较疏。在均匀磁场中,磁感应线是一组间隔相等的同方向平行线。

在磁场中磁感应强度对面积的积分称为穿过该面的**磁通量**,用 $\boldsymbol{\Phi}_{\mathrm{m}}$ 表示,数值上等于穿过该曲面的磁场线条数,如图7.3.2(a)所示。为了计算穿过任意曲面 $S$ 的磁通量,需将曲面 $S$ 分割成无限多个面积元。任取一个面积元 $\mathrm{d}S$,根据磁场线的定义,穿过该面积元的磁通量,即磁场线条数

$$\mathrm{d}\Phi_{\mathrm{m}} = B\mathrm{d}S\cos\theta = \boldsymbol{B}\cdot\mathrm{d}\boldsymbol{S} \tag{7.3.1}$$

式中,$\theta$ 是面积元 $\mathrm{d}\boldsymbol{S}$ 的法向单位矢量 $\boldsymbol{e}$ 与磁感应强度 $\boldsymbol{B}$ 之间的夹角,$\mathrm{d}\boldsymbol{S}=\mathrm{d}S\boldsymbol{e}_n$ 是面积元矢量。对上式积分,可得到穿过整个曲面 $S$ 的磁通量,其大小

$$\Phi_{\mathrm{m}} = \iint_S B\mathrm{d}S\cos\theta = \iint_S \boldsymbol{B}\cdot\mathrm{d}\boldsymbol{S} \tag{7.3.2}$$

如果曲面 $S$ 是一闭合曲面,如图7.3.2(b)所示,则穿过曲面 $S$ 的磁通量

$$\Phi_{\mathrm{m}} = \oiint_S B\mathrm{d}S\cos\theta = \oiint_S \boldsymbol{B}\cdot\mathrm{d}\boldsymbol{S} \tag{7.3.3}$$

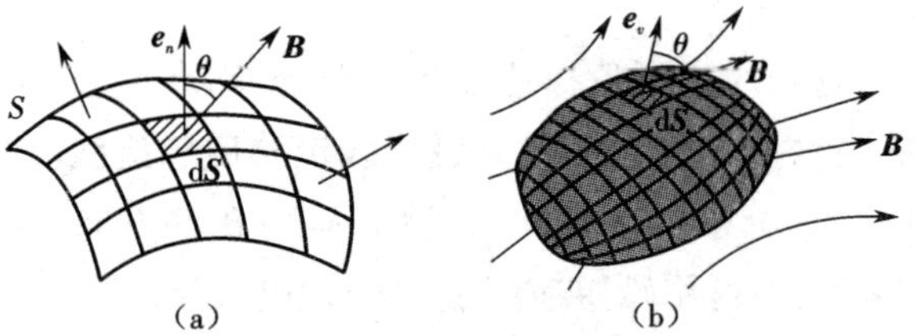


图7.3.2 磁通量

在国际单位制中,磁感应强度 $\boldsymbol{B}$ 的单位是特斯拉;面积 $S$ 的单位是平方米;磁通量 $\boldsymbol{\Phi}_{\mathrm{m}}$ 的单位是韦伯,其符号为Wb,$1\ \mathrm{Wb}=1\ \mathrm{T}\cdot\mathrm{m}^2$。

## 7.3.2 磁场中的高斯定理

对于闭合曲面,如图7.3.2(b)所示,通常取向外的法线方向为正方向,所以磁场线穿出这个曲面时($\theta<\pi/2,\cos\theta>0$),磁通量是正的;而磁场线穿入这个曲面时($\pi/2<\theta<\pi,\cos\theta<0$),磁通量是负的。由于磁场线为闭合曲线,因此穿入闭合曲面的磁场线数必然等于穿出该闭合曲面的磁场线数。也就是说,通过任意闭合曲面的总磁通量必然等于零,即

$$\oiint_S \boldsymbol{B}\cdot\mathrm{d}\boldsymbol{S}=0 \tag{7.3.4}$$

这就是真空中磁场的高斯定理。它是表明磁场基本性质的重要方程之一。虽然其形式与静电场的高斯定理相似,但二者有本质上的区别。在静电场中,由于自然界有独立存在的自由电荷,所以通过某一闭合曲面的电通量可以不为零,说明静电场是有源场。在磁场中,因自然界没有单独存在的磁极,所以**通过任一闭合曲面的磁通量必恒等于零**,说明**磁场是无源场**。

## 7.4　安培环路定理及其应用

在静电场中,电场强度 $\boldsymbol{E}$ 的环量(沿任一闭合回路的线积分)恒等于零,即 $\oint_L \boldsymbol{E}\cdot \mathrm{d}\boldsymbol{l}=0$,它反映了静电场是保守场的性质。对于稳恒磁场,磁感应强度 $\boldsymbol{B}$ 沿任一闭合回路的线积分 $\oint_L \boldsymbol{B}\cdot \mathrm{d}\boldsymbol{l}$($\boldsymbol{B}$ 的环量)等于什么呢?

### 7.4.1　安培环路定理

根据毕奥－萨伐尔定律可以得出:磁感应强度 $\boldsymbol{B}$ 沿任何闭合路径环路积分的值,等于穿过该环路所有电流强度的代数和的 $\mu_0$ 倍,其数学表达式为

$$\oint_L \boldsymbol{B}\cdot \mathrm{d}\boldsymbol{l}=\mu_0\sum_i I_i \tag{7.4.1}$$

上式称为磁场的安培环路定理。该定理表明**磁场是有旋场**。下面以无限长载流直导线的磁场来验证上述定理。

设真空中有一无限长载流直导线,电流为 $I$,垂直纸面向外,如图7.4.1所示。由于无限长载流直导线的磁感应线是以直导线为圆心的一系列同心圆,其环绕方向与电流 $I$ 方向呈右手螺旋关系。现在垂直于导线的平面内任取一闭合路径 $L$ 且包围该电流,则磁感应强度沿该闭合路径的环路积分为

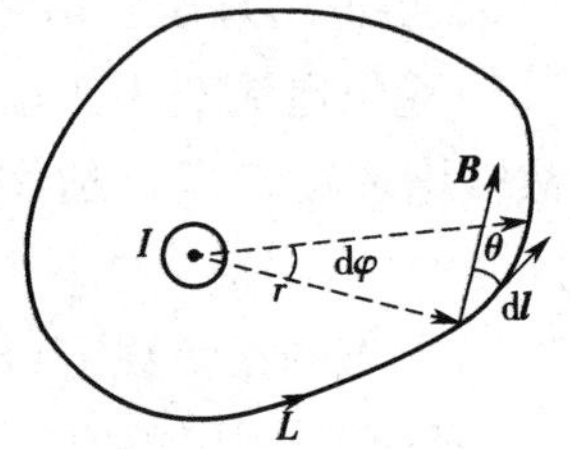

图7.4.1　长直导线磁场中的环路积分

$$\oint_L \boldsymbol{B}\cdot \mathrm{d}\boldsymbol{l}=\oint_L B\cos\theta\,\mathrm{d}l \tag{7.4.2}$$

式中,$\theta$ 为路径上的线元 $\mathrm{d}\boldsymbol{l}$ 与该处磁感应强度 $\boldsymbol{B}$ 的夹角。由几何关系知

$$\cos\theta\,\mathrm{d}l=r\mathrm{d}\varphi \tag{7.4.3}$$

式中,$r$ 为线元到直导线的距离。将 $B=\mu_0 I/(2\pi r)$ 代入上式,有

$$\oint_L \boldsymbol{B}\cdot \mathrm{d}\boldsymbol{l}=\int_0^{2\pi}\frac{\mu_0 I}{2\pi r}\cdot r\mathrm{d}\varphi=\mu_0 I \tag{7.4.4}$$

如果在上面的推导中,假定回路绕行方向不变,而电流反向,则 $\boldsymbol{B}$ 与 $\mathrm{d}\boldsymbol{l}$ 的夹角变为 $\theta+\pi$,这时

$$\boldsymbol{B}\cdot d\boldsymbol{l}=B\cdot dl\cos(\theta+\pi)=-\mu_0 I=\mu_0(-I) \tag{7.4.5}$$

这时可以认为,对回路来讲电流是负的。

式(7.4.4)是从闭合回路包围一个电流得出的结论,假如闭合回路包围的是多个电流,那么综合上面的推导也可以证明:在真空的稳恒磁场中,磁感应强度 $\boldsymbol{B}$ 沿任何闭合路径的环路积分的值,等于穿过该环路所有电流强度的代数和的 $\mu_0$ 倍,其数学表达式为式(7.4.1)。它是电流和磁场之间的基本规律之一。

现在再考虑垂直于直导线平面内的闭合路径 $L$ 不包围电流的情形。如图 7.4.2 所示,若从直导线引两条切线,将路径 $L$ 分为 $L_1$ 和 $L_2$ 两部分,则

$$\oint_L \boldsymbol{B}\cdot d\boldsymbol{l}=\int_{L_1}\boldsymbol{B}\cdot d\boldsymbol{l}+\int_{L_2}\boldsymbol{B}\cdot d\boldsymbol{l}=\frac{\mu_0 I}{2\pi}\left(\int_{L_1}d\varphi+\int_{L_2}d\varphi\right)=\frac{\mu_0 I}{2\pi}(\varphi-\varphi)=0 \tag{7.4.6}$$

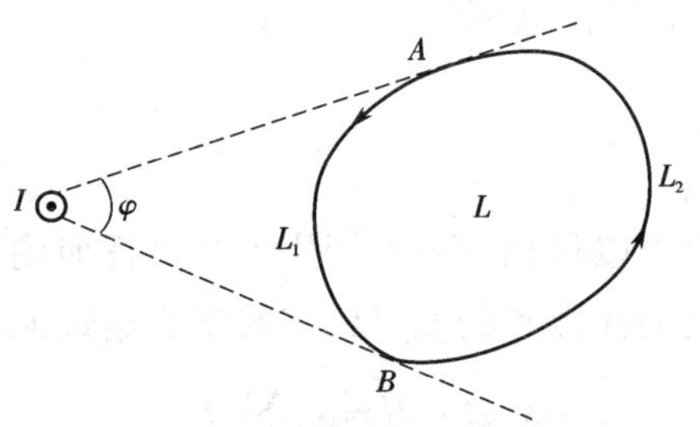


图 7.4.2　闭合路径不包围电流时的环路积分

可见,当闭合路径不包围电流时,$\boldsymbol{B}$ 的环路积分为零。

为了更好地理解安培环路定理,有以下几点需要说明。

(1)稳恒电流对于任意形状的闭合回路均适用安培环路定理。稳恒磁场本身是闭合的,故安培环路定理仅适用于闭合的载流导线,而对于任意设想的一段载流导线则不成立。

(2)电流的正负规定:若电流流向与积分回路的绕向满足右手螺旋关系,则式中的电流取正值;反之则取负值。

如图 7.4.3 所示,在纸平面内有两个闭合回路 $C_1$ 和 $C_2$,垂直于纸面内的电流分别为 $I_1$、$I_2$、$I_3$、$I_4$ 和 $I_5$,于是对闭合回路 $C_1$,$\boldsymbol{B}$ 的环量为

$$\oint_L \boldsymbol{B}\cdot d\boldsymbol{l}=\mu_0(I_2-I_1)$$

而对于闭合回路 $C_2$,$\boldsymbol{B}$ 的环量则为

$$\oint_L \boldsymbol{B}\cdot d\boldsymbol{l}=\mu_0(I_2+I_4-I_1-I_3)$$

(3)$\oint_L \boldsymbol{B}\cdot d\boldsymbol{l}$ 只与闭合回路所包围的电流有关,若闭合回路内没有包围电流或者包围电流的代数和等于零,总有$\oint_L \boldsymbol{B}\cdot d\boldsymbol{l}=0$。但是,路径上磁感应强度 $\boldsymbol{B}$ 是闭合路径内外

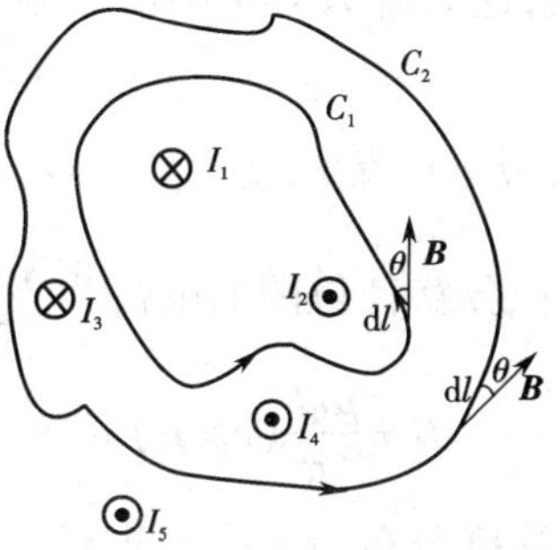


图 7.4.3　安培环路定理

电流产生的磁场的叠加。

(4)稳恒磁场的性质与静电场不同,磁场中 $\boldsymbol{B}$ 的环量一般不等于零,**稳恒磁场是涡旋场**;而静电场 $\boldsymbol{E}$ 的环量等于零,**静电场是保守场**。

综合稳恒磁场的高斯定理和环路定理,可知**稳恒磁场是无源有旋场**。

## 7.4.2　安培环路定理的应用

安培环路定理对于研究稳恒磁场有重要意义。应用安培环路定理,计算一些具有一定对称性的电流分布的磁感应强度十分方便。计算时,首先用磁场叠加原理对载流体的磁场作对称性分析;然后根据磁场的对称性和特征,设法找到满足上述条件的积分路径(使 $\boldsymbol{B}$ 可提到积分号外);最后利用定理公式求磁感应强度。下面举例讨论几种情况的磁场分布,说明安培环路定理的应用。

**例 7.4.1**　如图 7.4.4(a)所示,有一无限长载流圆柱导体,截面半径为 $R$,电流在截面内均匀分布,电流为 $I$,试求圆柱导体内外的磁场分布。

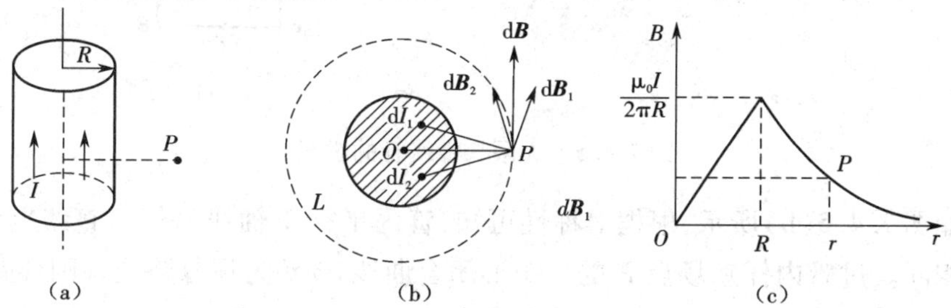


图 7.4.4　无限长均匀载流圆柱导体的磁场

**解**　由于电流分布有轴对称性,而且圆柱体很长,所以磁场对圆柱导体轴线同样是有对称性的。磁场线是在垂直于轴线平面内以该平面与轴线交点为圆心的一系列同心圆,如图 7.4.4(b)所示。因此可以选取通过场点 $P$ 的圆作为积分回路,圆的半径为 $r$,使电流方向与积分回路绕行方向满足右手螺旋定则。在每一个圆周上,$\boldsymbol{B}$ 的大小是相同的,方向与每点的 $\mathrm{d}\boldsymbol{l}$ 的方向相同,这时有 $\boldsymbol{B}\cdot\mathrm{d}\boldsymbol{l}=B\mathrm{d}l$。利用安培环路定理,对半径为 $r(r\leqslant R)$ 的环路有

$$\oint_L \boldsymbol{B}\cdot\mathrm{d}\boldsymbol{l}=\int_L B\mathrm{d}l=B\cdot 2\pi r=\mu_0\sum_i I_i$$

对于圆柱体外部一点,闭合积分路径包围的电流为 $\sum_i I_i=I$,可得

$$B=\frac{\mu_0 I}{2\pi r}(r>R)$$

结果表明,在圆柱体外部磁感应强度分布与无限长直载流导线的磁感应强度分布相同。

对于圆柱体内部一点,闭合积分路径包围的电流为总电流 $I$ 的一部分。由于电流均匀分布,所以闭合路径包围的电流

$$I'=\sum_i I_i=\frac{I}{\pi R^2}\pi r^2=\frac{r^2}{R^2}I$$

于是有

$$B=\frac{\mu_0}{2\pi r}\cdot\frac{r^2}{R^2}I=\frac{\mu_0 rI}{2\pi R^2}(r\leqslant R)$$

结果表明,在圆柱体内部,磁感应强度 $\boldsymbol{B}$ 的大小与 $r$ 成正比。

综上所述结果,可得图7.4.4(c)所示的图线,它给出 $\boldsymbol{B}$ 值大小随 $r$ 变化的情况。

**例7.4.2** 如图7.4.5(a)所示,设无限长载流密绕螺线管中通有电流 $I$,单位长度上的匝数为 $n$,试求载流螺线管内外的磁场分布。

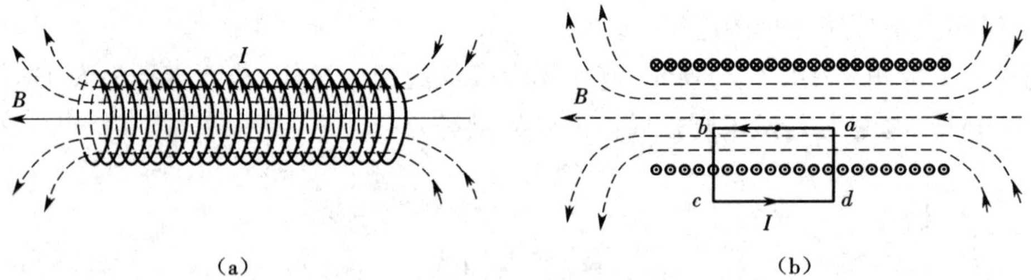


图7.4.5 无限长螺线管的磁场

**解** 如图7.4.5(b)所示,根据对称性可知,管内平行于轴线上任一直线上各点的磁感应强度相同。过管内任意场点 $P$ 的一矩形闭合曲线 $abcd$ 为积分路径 $l$,则环路 $ab$ 段的 $\mathrm{d}\boldsymbol{l}$ 方向与磁场 $\boldsymbol{B}$ 的方向一致,即 $\boldsymbol{B}$ 与 $\mathrm{d}\boldsymbol{l}$ 的夹角为0,故在 $ab$ 段上,$\boldsymbol{B}\cdot\mathrm{d}\boldsymbol{l}=B\mathrm{d}l$;在环路 $cd$ 段上,$\boldsymbol{B}=0$,则 $\boldsymbol{B}\cdot\mathrm{d}\boldsymbol{l}=0$;在环路 $bc$ 段和 $da$ 段上,管内部分 $\boldsymbol{B}$ 与 $\mathrm{d}\boldsymbol{l}$ 垂直,管外部分 $\boldsymbol{B}=0$,都有 $\boldsymbol{B}\cdot\mathrm{d}\boldsymbol{l}=0$。因此,沿此闭合路径 $l$,磁感应强度 $\boldsymbol{B}$ 的环流为

$$\int_L \boldsymbol{B}\cdot\mathrm{d}\boldsymbol{l}=\int_a^b \boldsymbol{B}\cdot\mathrm{d}\boldsymbol{l}+\int_b^c \boldsymbol{B}\cdot\mathrm{d}\boldsymbol{l}+\int_c^d \boldsymbol{B}\cdot\mathrm{d}\boldsymbol{l}+\int_\mathrm{d}^a \boldsymbol{B}\cdot\mathrm{d}\boldsymbol{l}=\int_a^b \boldsymbol{B}\cdot\mathrm{d}\boldsymbol{l}=B\cdot\overline{ab}$$

螺线管上每单位长度有 $n$ 匝线圈,通过每匝的电流是 $I$,则闭合路径所围绕的总电流为 $n\overline{ab}I$。根据右手螺旋定则,其方向是正的。由安培环路定理 $B\cdot\overline{ab}=\mu_0 n\cdot\overline{ab}\cdot I$,有

$$B=\mu_0 nI$$

此结果表明,管内中间部分的磁场是均匀的。

**例 7.4.3**　如图 7.4.6 所示,设真空中有一螺绕环,环上均匀密绕 $N$ 匝线圈,环的平均半径为 $R$,线圈中电流为 $I$,求螺绕环的磁场分布。

**解**　根据对称性分析,环内磁感应强度为一系列以螺绕环轴线为圆心的同心圆。在同一磁感应线上,$\boldsymbol{B}$ 大小相等,方向沿磁感应线的切线方向。如图 7.4.6 所示,以螺绕环中心为圆心,以 $r$ 为半径在螺绕环内($R_1<r<R_2$)作一与螺绕环同轴的圆形闭合路径。根据安培环路定理可得

$$\oint_L \boldsymbol{B}\cdot \mathrm{d}\boldsymbol{l}=B\cdot 2\pi r=\mu_0 NI$$

则在螺绕环内部,磁感应强度大小

$$B=\frac{\mu_0 NI}{2\pi r}$$

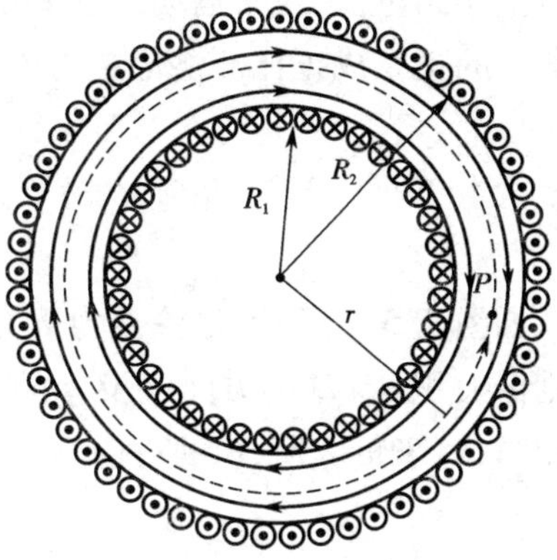


图 7.4.6　螺绕线管的磁场

可见,螺绕环内任意点处的磁感应强度随距环心的距离而变,即螺绕环内的磁场是不均匀的。用 $R$ 表示螺绕环的平均半径,当 $R\gg R_2-R_1$ 时,可近似认为环内任一与环共轴的同心圆的半径 $R\approx r$,则上式可变换为

$$B=\mu_0\frac{N}{2\pi R}I=\mu_0 nI$$

式中,$n=N/(2\pi R)$,为环上单位长度所绕的匝数。因此,当螺绕环的平均半径比环的内外半径之差大得多时,管内的磁场可视为均匀的,计算公式与长螺线管相同。

再分析螺绕环外的磁场分布。类似地,在环外取一圆形闭合回路,因穿过它的总电流为零,由安培环路定理可得

$$\oint_L \boldsymbol{B}\cdot \mathrm{d}\boldsymbol{l}=B\cdot 2\pi r=0$$

上述结果表明,当 $R\gg R_2-R_1$ 时,密绕螺绕环内部的磁场可近似看成均匀的,环外无磁场。

# 7.5　带电粒子在磁场和电场中的运动及其应用

## 7.5.1　洛伦兹力

带电粒子在磁场中运动时受到磁场的作用力,这种磁场对运动电荷的作用力叫作**洛伦兹力**。7.2 节中已经指出,当带电粒子沿磁场方向运动时,作用在带电粒子上的洛伦兹力为零;带电粒子的运动方向与磁场方向相垂直时,所受洛伦兹力最大,记作 $\boldsymbol{F}_{\perp}$。其

值为

$$F_{\perp}=qvB \tag{7.5.1}$$

并且磁力 $\boldsymbol{F}_{\perp}$、电荷运动速度 $\boldsymbol{v}$ 和磁感应强度 $\boldsymbol{B}$ 三者相互垂直。

一般情况下,运动的带电粒子在磁场中某点所受到的洛伦兹力 $\boldsymbol{F}$ 的大小,与粒子所带电量 $q$ 的量值、粒子运动速度 $\boldsymbol{v}$ 的大小、该点处磁感应强度 $\boldsymbol{B}$ 的大小以及 $\boldsymbol{B}$ 与 $\boldsymbol{v}$ 之间夹角 $\theta$ 的正弦成正比。洛伦兹力 $\boldsymbol{F}$ 的大小

$$F=qvB\sin\theta \tag{7.5.2}$$

洛伦兹力 $\boldsymbol{F}$ 的矢量表达式为

$$\boldsymbol{F}=q\boldsymbol{v}\times\boldsymbol{B} \tag{7.5.3}$$

如图7.5.1所示,洛伦兹力 $\boldsymbol{F}$ 的方向垂直于 $\boldsymbol{v}$ 和 $\boldsymbol{B}$ 构成的平面,其指向按右手螺旋定则由矢积 $\boldsymbol{v}\times\boldsymbol{B}$ 的方向以及 $\boldsymbol{q}$ 的正负来确定:对于正电荷,$\boldsymbol{F}$ 的方向与矢积 $\boldsymbol{v}\times\boldsymbol{B}$ 的方向相同;对于负电荷,$\boldsymbol{F}$ 的方向与矢积 $\boldsymbol{v}\times\boldsymbol{B}$ 的方向相反。

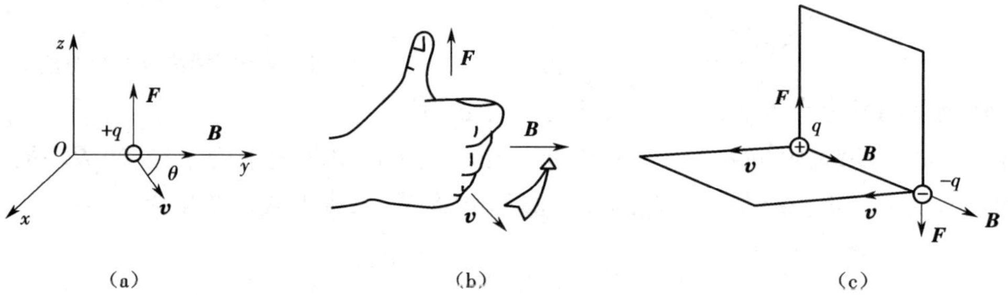


图7.5.1 洛伦兹力的方向

由于运动电荷在磁场中所受的洛伦兹力的方向始终与运动电荷的速度垂直,所以洛伦兹力只能改变运动电荷的速度方向,不能改变运动电荷速度的大小。也就是说,**洛伦兹力只能使运动电荷的运动路径发生弯曲,但对运动电荷不做功**。这是洛伦兹力的一个重要特性。

**例7.5.1** 宇宙射线中的一个质子以速率 $v=1.0\times10^{7}\,\mathrm{m/s}$ 竖直进入地球磁场内,试估算作用在这个质子上的磁力有多大。(地面附近磁感应强度约为 $B=0.3\times10^{-4}\,\mathrm{T}$。)

**解** 已知质子所带电荷量 $q=1.6\times10^{-19}\,\mathrm{C}$,按照洛伦兹力公式,可算出磁场对质子的作用力

$$\begin{aligned}F&=qvB\sin\theta=1.6\times10^{-19}\times1.0\times10^{7}\times0.3\times10^{-4}\times\sin 90^{\circ}\\&=4.8\times10^{-17}\,\mathrm{N}\end{aligned}$$

这个力约是质子重力($mg=1.6\times10^{-26}\,\mathrm{N}$)的$10^{9}$ 倍。因此,当讨论微观带电粒子在磁场中的运动时,一般可以忽略重力的影响。

## 7.5.2 带电粒子在磁场中的运动

带电粒子在电场或者磁场中运动时,受到的电场力和磁场力分别为

$$\boldsymbol{F}_{\mathrm{e}} = q\boldsymbol{E} \tag{7.5.4}$$

$$\boldsymbol{F}_{\mathrm{m}} = q\boldsymbol{v} \times \boldsymbol{B} \tag{7.5.5}$$

如果电场和磁场同时存在,则带电粒子所受的力应为电场力和洛伦兹力的和,即

$$\boldsymbol{F} = \boldsymbol{F}_{\mathrm{e}} + \boldsymbol{F}_{\mathrm{m}} = q\boldsymbol{E} + q\boldsymbol{v} \times \boldsymbol{B} \tag{7.5.6}$$

下面讨论带电粒子在均匀磁场中的运动情形。

如果有一个带电粒子电荷为 $q$,质量为 $m$,以初速度 $\boldsymbol{v}$ 进入磁感应强度为 $\boldsymbol{B}$ 的均匀磁场中。根据 $\boldsymbol{v}$ 与 $\boldsymbol{B}$ 之间的方向关系,分三种情况讨论带电 粒子在磁场中的运动。

(1)粒子的初速度 $\boldsymbol{v}$ 与磁场平行或反平行,即 $\boldsymbol{v}/\!/\boldsymbol{B}$,磁场对运动粒子的作用力 $\boldsymbol{F}=0$,带电粒子作速度为 $\boldsymbol{v}$ 的匀速直线运动,不受磁场的影响。

(2)粒子的初速度 $\boldsymbol{v}$ 与磁场垂直,即 $\boldsymbol{v}\perp\boldsymbol{B}$,带电粒子所受的洛伦兹力大小为 $F=qvB$,方向与速度 $\boldsymbol{v}$ 垂直。所以,洛伦兹力只能改变速度的方向,不改变速度的大小。带电粒子进入磁场后,将作匀速圆周运动,洛伦兹力提供了向心力,如图 7.5.2 所示。

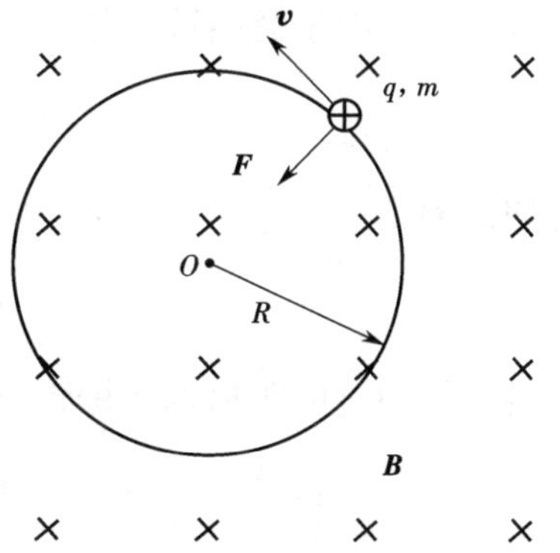


图 7.5.2　带电粒子在均匀磁场中作圆周运动

由牛顿第二运动定律,得

$$qvB = m\frac{v^2}{R} \tag{7.5.7}$$

所以圆轨道半径

$$R = \frac{mv}{qB} \tag{7.5.8}$$

从式(7.5.8)可以看出,粒子运动半径 $R$ 与带电粒子的速率成正比,与磁感应强度 $\boldsymbol{B}$ 的大小成反比。粒子运动一周所需的时间,即回旋周期

$$T = \frac{2\pi R}{v} = \frac{2\pi}{v}\cdot\frac{mv}{qB} = \frac{2\pi m}{qB} \tag{7.5.9}$$

带电粒子在单位时间内运行的周数,即频率

$$f = \frac{1}{T} = \frac{qB}{2\pi m} \tag{7.5.10}$$

从式(7.5.9)和式(7.5.10)可以看出,回旋周期 $T$、频率 $f$ 与带电粒子的速率和回旋半径无关,只与磁感应强度 $\boldsymbol{B}$ 有关。

(3)带电粒子的速度 $\boldsymbol{v}$ 与磁场 $\boldsymbol{B}$ 之间的夹角为 $\theta$ 时,可以把速度 $\boldsymbol{v}$ 分解为平行于磁感应强度 $\boldsymbol{B}$ 的分量 $\boldsymbol{v}_{/\!/}$ 和垂直于磁感应强度 $\boldsymbol{B}$ 的分量 $\boldsymbol{v}_{\perp}$,如图 7.5.3(a)所示,它们的大小分别为

$$v_{/\!/} = v\cos\theta \tag{7.5.11}$$

$$v_{\perp} = v\sin\theta \tag{7.5.12}$$

若带电粒子在平行于磁场 $\boldsymbol{B}$ 的方向或其反方向运动,有 $F_{/\!/}=0$,则带电粒子作匀速直线

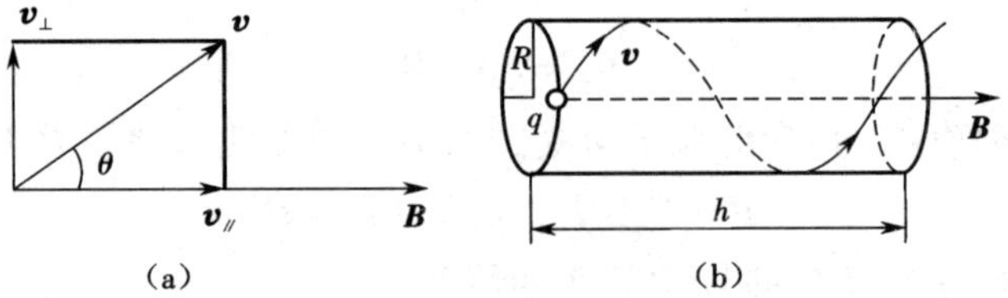


图7.5.3　螺旋运动

运动;若带电粒子在垂直于磁场 $\boldsymbol{B}$ 的方向运动,有 $F_\perp = qvB\sin\theta$,则带电粒子在垂直于 $\boldsymbol{B}$ 的平面内作匀速圆周运动。

当两个分量同时存在时,带电粒子同时参与两个运动,结果粒子作螺旋线向前运动,轨迹是螺旋线。粒子的回转半径

$$R = \frac{mv_\perp}{qB} \tag{7.5.13}$$

粒子的回旋周期

$$T = \frac{2\pi R}{v_\perp} = \frac{2\pi m}{qB} \tag{7.5.14}$$

粒子回转一周前进的距离称为螺距,螺距

$$h = v_{/\!/}T = \frac{2\pi mv\cos\theta}{qB} \tag{7.5.15}$$

式(7.5.15)表明,螺距 $h$ 与 $v_\perp$ 无关,只与 $v_{/\!/}$ 成正比。

## 7.5.3　利用电场与磁场控制带电粒子运动的实例

### 1. 磁聚焦——磁透镜原理

由式(7.5.15)可知,当 $\theta$ 很小时,$\cos\theta\approx1$,$h\approx2\pi mv/(qB)$。从磁场中某点发射一束很窄的带电粒子流时,如果它们的速率大小相近,则这些粒子沿磁场方向的 $v_{/\!/}$ 近似相等。尽管它们在作不同半径的螺旋线运动,但其螺距是近似相等的。每转一周,粒子又会重新汇聚在一起,这种现象称为磁聚焦,如图7.5.4所示。在实际中用得更多的是短线圈产生的非均匀磁场的磁聚焦作用,这种线圈称为磁透镜。它在电子显微镜中起了与透镜相类似的作用。

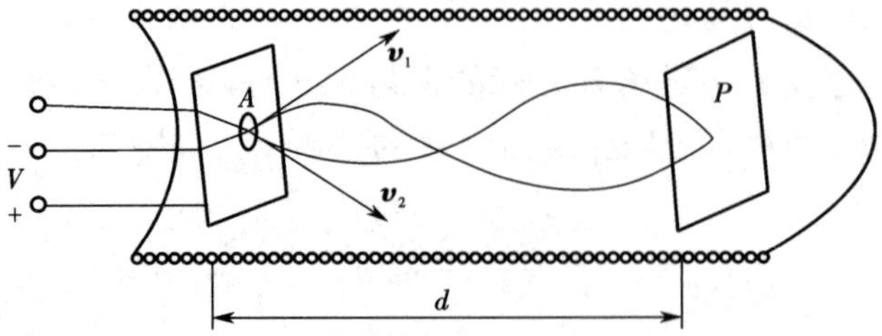


图7.5.4　磁聚焦

2. 磁镜原理

下面来分析一带电粒子在非均匀磁场中的运动情况。如图 7.5.5 所示，带电粒子在磁场中作螺旋运动的回旋半径 $R$ 和 $B$ 成反比，即磁场越强，回转半径越小。这样一来，在强磁场中，整个带电粒子的运动便被约束在一条磁感应线附近的很小范围内作螺旋运动。也就是说，带电粒子回转轨道中心（称为引导中心）只能沿磁感应线作纵向运动，而不能横越它。可以证明，带电粒子由较弱的磁场区域进入较强的磁场区域（$B$ 增加），它的横向动能 $\frac{1}{2}mv_{\perp}^2$ 也要按比例增加，然而洛伦兹力不做功，带电粒子的总动能 $\frac{1}{2}m(v_{\perp}^2+v_{/\!/}^2)$ 也不变，于是纵向动能 $\frac{1}{2}mv_{/\!/}^2$ 必然减小，即 $v_{/\!/}$ 减小。若某个区域磁场变得足够强，$v_{/\!/}$ 还有可能变为零，这时引导中心沿磁感应线的运动被抑制，而后沿反方向运动。带电粒子的这种运动形式就像光线遇到镜面发生反射一样，所以通常把这种由弱到强的磁场分布叫作磁镜。如图 7.5.6 所示，用两个电流方向相同的线圈产生一个中央弱、两端强的磁场，对其中的带电粒子来说，相当于两端各有一面磁镜，于是带电粒子就被局限在一定范围内作往返运动而无法逃出，这种磁场位形通常称为磁瓶。

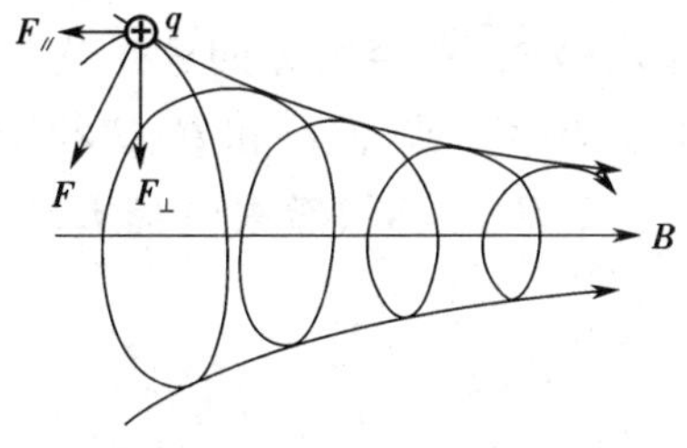


图 7.5.5　在非均匀磁场中带电粒子的受力

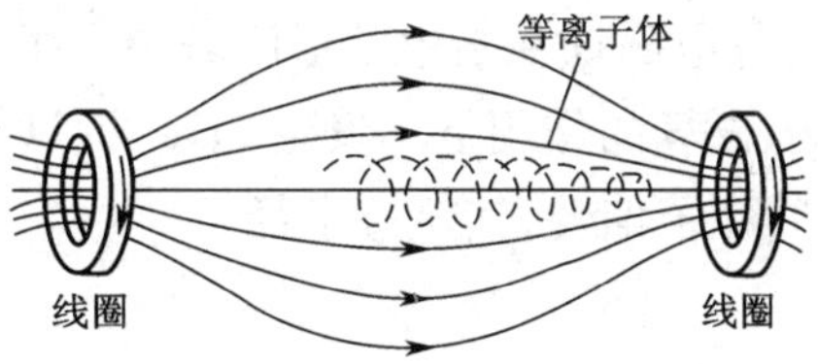


图 7.5.6　磁约束

人类生活的地球磁场也具有中间弱、两极强的特点，是一个天然的磁镜捕集器，如图 7.5.7 所示，在一定的空间范围内，形成环绕地球的辐射带——范·阿仑辐射带。辐射带有内、外两个，分别在距地面几千千米和 $2\times10^4$ km 的高空，内辐射带中主要是高能质子，外辐射带中主要是高能电子。对人类来说，地磁场这顶“保护伞”至关重要。从太阳发出的强大的带电粒子流（通常叫太阳风），会受到地磁场的作用发生偏转而不直射地球。否则，在这种高能粒子的轰击下，地球的大气成分可能不是现在的样子，生命也将无法存在。

3. 汤姆逊的阴极射线实验和电子的发现

1897 年，汤姆逊（Joseph John Thomson，1856—1940 年，英国）做了测量阴极射线粒子荷质比的实验，由此发现了电子。阴极射线是在高电压下从金属制成的真空管阴极发射出来的，是在研究低压气体放电时发现的。阴极射线具有从阴极表面垂直射出、会引起化学反应、有热效应、能传递动量等性质，并且这些性质与阴极的材料无关。1894 年，汤姆逊测出阴极射线的速度比光速小三个数量级，断定阴极射线是带负电的粒子流，否定

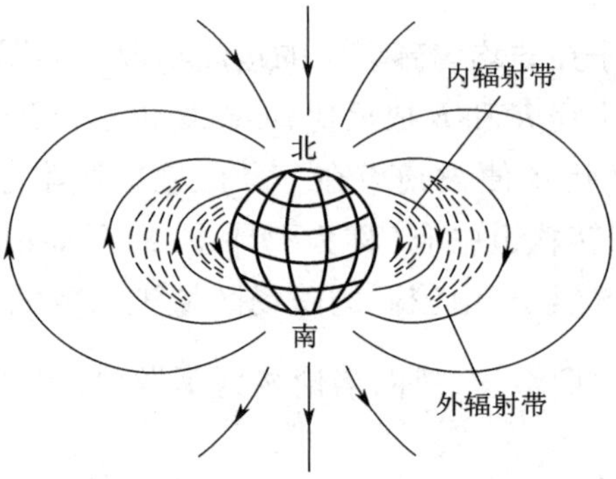


图 7.5.7　地球磁场——范·阿仑辐射带

了阴极射线是电磁波的看法。

汤姆逊测量阴极射线粒子荷质比的实验装置如图 7.5.8 所示。玻璃管内抽成真空，阳极 $A$ 和阴极 $C$ 之间维持数千伏电压,管内残存气体的离子撞击阴极引起的二次发射产生阴极射线。阳极 $A$ 是紧固在玻璃管中的接地金属环,$B$ 是另一接地金属环,$A$ 和 $B$ 中央的小孔使得在 $C$ 和 $A$ 之间加速的粒子通过小孔后形成窄束,打在玻璃管另一端荧光屏的中央 $P$ 点,形成光斑。玻璃管中央的 $D$ 和 $E$ 是电容器两极板,在竖直方向产生均匀电场 $\boldsymbol{E}$,管外电磁铁在图中圆形区域内产生垂直纸面的均匀磁场 $\boldsymbol{B}$。调节 $\boldsymbol{E}$ 和 $\boldsymbol{B}$,使粒子束在电场、磁场的作用下不发生偏转,即满足 $eE = evB$ 或 $v = E/B$。然后,撤去电场 $\boldsymbol{E}$,保留磁场 $\boldsymbol{B}$,粒子偏转,其轨迹半径

$$R = \frac{mv}{eB} \tag{7.5.16}$$

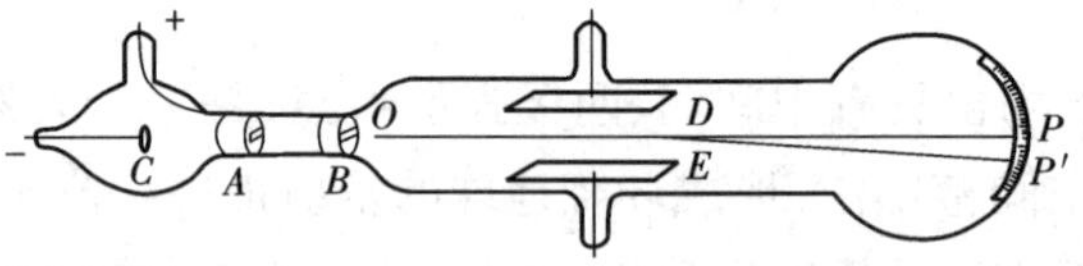


图 7.5.8　汤姆逊的阴极射线实验装置

由以上关系,得

$$\frac{e}{m} = \frac{E}{RB^2} \tag{7.5.17}$$

测量出 $\boldsymbol{E}$、$\boldsymbol{B}$、$R$,得出的阴极射线粒子的荷质比 $e/m$ 比氢离子的荷质比大千余倍。汤姆逊采用不同金属材料制成阴极,并在放电管中充入不同气体,测出的阴极射线粒子的荷质比都很接近。他还测量了光电效应带电粒子以及炽热金属发出的带电粒子的荷质比,结果也都相近,从而发现了电子。电子的发现、原子结构模型的建立,还使人们对物质的电磁性质以及种种相关问题的研究有了更可靠的内在依据。

**例 7.5.2**　质谱仪是测量同位素质量和相对含量的仪器,种类很多,其一的构造原理

如图 7.5.9 所示。离子源 $P$ 产生的离子经过窄缝 $S_1$ 和 $S_2$ 之间的电场加速后射入滤速器，滤速器中的电场 $\boldsymbol{E}$ 和磁场 $\boldsymbol{B}$ 都垂直于离子速度 $\boldsymbol{v}$，且 $\boldsymbol{E} \perp \boldsymbol{B}$。通过滤速器的离子接着进入均匀磁场 $\boldsymbol{B}_0$ 中，沿着半圆周运动后到达照相底片上形成谱线。若测出谱线 $A$ 到入口 $S_0$ 的距离为 $x$，试证明相应的离子质量

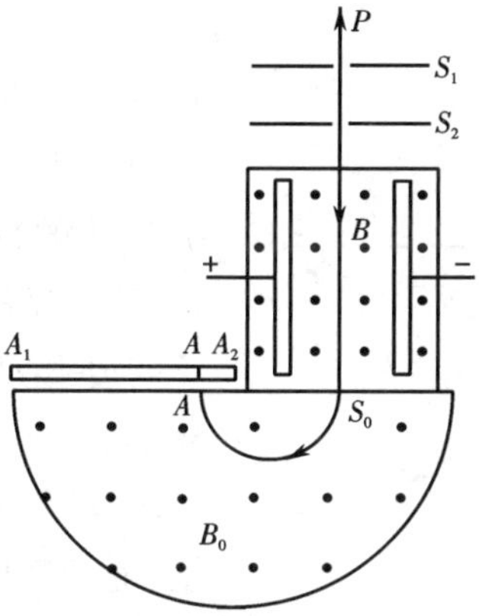


图 7.5.9　质谱仪工作原理图

$$m = \frac{qB_0B}{2E}x$$

**证**　(1)速度选择器：为使离子沿原方向前进通过窄缝 $S_0$，离子所受电场力与洛伦兹力应平衡，即 $qE = qvB$，故通过滤速器的离子的速率 $v = E/B$。

(2)质谱分析：离子在底片上的谱线 $A$ 与入口 $S_0$ 的距离 $x$ 等于离子在磁场 $\boldsymbol{B}_0$ 圆周运动的直径，即

$$x = 2R = \frac{2mv}{qB_0} = \frac{2mE}{qB_0B}$$

故

$$m = \frac{qB_0B}{2E}x$$

质谱仪中，$\boldsymbol{E}$、$\boldsymbol{B}$ 和 $\boldsymbol{B}_0$ 均固定，当离子所带电量 $q$ 相同时，由 $x$ 即可确定离子质量 $m$。通常的元素都有若干个质量不同的同位素，在质谱仪底片上会形成若干条谱线，由谱线位置可以确定同位素的质量，由谱线浓黑程度可以确定同位素的相对含量。

## 7.5.4　霍尔效应

当通有电流的导体或半导体板置于与电流方向垂直的磁场中时，在垂直于电流和磁场方向会产生横向电势差。这种现象是 1879 年美国物理学家霍尔对铜箔做实验时发现的，称为**霍尔效应**。该电势差称为霍尔电势差($U_H$)。

实验表明，霍尔电势差 $U_H$ 大小与磁感应强度 $B$、电流 $I$ 均成正比，而与导体板厚度 $d$ 成反比，即

$$U_{\mathrm{H}}=R_{\mathrm{H}}\frac{IB}{d} \tag{7.5.18}$$

式中,$R_{\mathrm{H}}$ 为霍尔系数,它是仅仅与导体材料有关的常数。霍尔效应可以用洛伦兹力来解释。以金属导体为例,其载流子为自由电子,设自由电子数密度为 $n$,漂移速度为 $\boldsymbol{v}_{\mathrm{d}}$,则 $I=env_{\mathrm{d}}db$,可得

$$v_{\mathrm{d}}=\frac{I}{endb} \tag{7.5.19}$$

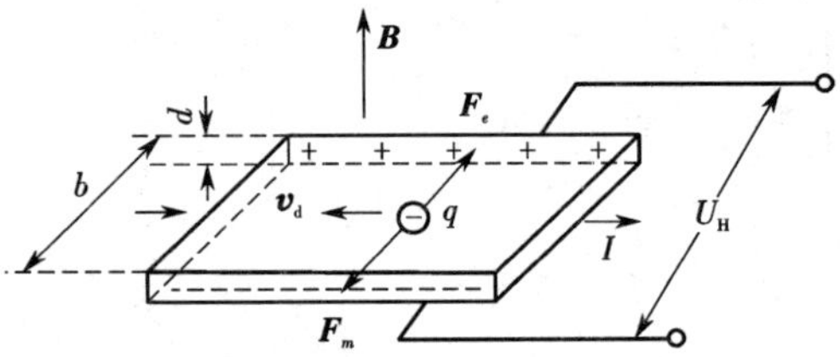

图 7.5.10　霍尔效应

如图 7.5.10 所示,向左漂移的电子受到了向外的洛伦兹力 $\boldsymbol{F}_m$ 作用,其值 $F_m=qv_{\mathrm{d}}B$。在洛伦兹力作用下,导体板内的电子向外移动,从而使导体板的内、外侧面分别有正、负电荷的积累,从而在内外侧面之间建立起电场强度为 $\boldsymbol{E}$ 的电场,于是,电子就要受到一个与洛伦兹力方向相反的电场力 $\boldsymbol{F}_{\mathrm{e}}$。随着在内外侧面上电荷的积累,$\boldsymbol{F}_{\mathrm{e}}$ 也不断增大。当两个力平衡时,体系达到稳定状态,此时自由电子不再偏转而定向漂移,于是有

$$ev_{\mathrm{d}}B=-e\frac{U_{\mathrm{H}}}{b} \tag{7.5.20}$$

可得

$$U_{\mathrm{H}}=-Bv_{\mathrm{d}}b \tag{7.5.21}$$

将式(7.5.18)和式(7.5.19)代入上式,得

$$R_{\mathrm{H}}=-\frac{1}{ne} \tag{7.5.22}$$

若载流子是正电荷,则霍尔系数 $R_{\mathrm{H}}=1/(nq)$。式(7.5.22)表明,测量霍尔系数 $R_{\mathrm{H}}$,可以确定载流子浓度 $n$,半导体内载流子浓度远小于金属,所以半导体的霍尔系数比金属大得多。由于半导体内载流子浓度受温度、杂质和其他因素影响很大,所以霍尔效应为研究半导体载流子浓度的变化提供了重要方法。根据霍尔系数的正负,还可以判断载流子所带电荷的符号,确定半导体的导电类型(电子型或空穴型)。霍尔效应还用于测量磁场,测量直流或交流电路中的电流和功率,转换信号(如把直流电转换成交流电并进行调制,放大直流或交流信号)等。利用多种半导体材料制成的霍尔元件具有结构简单可靠、使用方便、成本低廉等优点,广泛应用于测量技术、电子技术、自动化技术等方面。

# 7.6　磁场对载流导线的作用

## 7.6.1　安培力

导线中的电流是电子作定向运动形成的。当把载流导线置于磁场中时，运动的载流子要受到洛伦兹力的作用，所以载流导线在磁场中受到的磁力本质上是在洛伦兹力作用下，导体中作定向运动的电子与金属导体中晶格上的正离子不断碰撞，把动量传给了导体，从而使整个载流导体在磁场中受到磁力的作用。

如图7.6.1(a)所示，在平行纸面向下的均匀磁场中的载流导线上取一电流元$I\mathrm{d}\boldsymbol{l}$，此电流元与磁感应强度$\boldsymbol{B}$之间的夹角为$\varphi$。假设电流元中自由电子的定向漂移速度为$\boldsymbol{v}$，且$\boldsymbol{v}$与磁感应强度$\boldsymbol{B}$之间的夹角为$\theta$，则$\theta=\pi-\varphi$。电流元中的每一个自由电子受到的洛伦兹力的大小均为$F_m=evB\sin\theta$。由于电子带负电，这个力的方向为垂直纸面向里。若电流元的截面积为$S$，单位体积内有$n$个自由电子，则电流元中的自由电子数为$nS\mathrm{d}l$。这样，此电流元所受的力等于这些电子所受洛伦兹力的总和。由于作用在每个电子上的力的大小及方向都相同，所以磁场作用于电流元上的力

$$\mathrm{d}F=F_m nS\mathrm{d}l=evB\sin\theta\, nS\mathrm{d}l=nevS\mathrm{d}lB\sin\theta \tag{7.6.1}$$

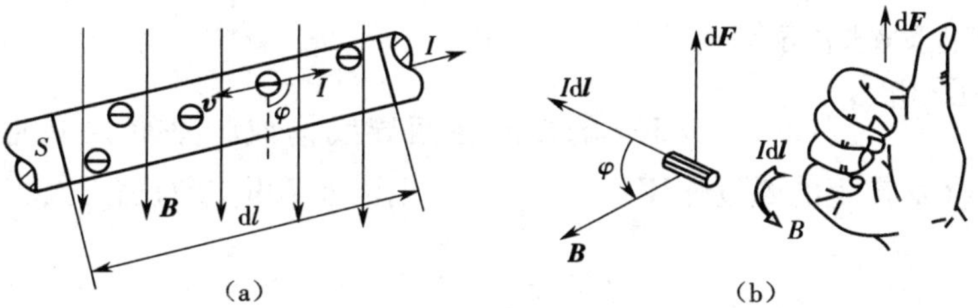


图7.6.1　磁场对电流元的作用力

由于通过导线的电流$I=nevS$，且$\sin\theta=\sin\varphi$，故上式可写成

$$\mathrm{d}F=I\mathrm{d}lB\sin\varphi \tag{7.6.2}$$

上式表明：**磁场对电流元$I\mathrm{d}\boldsymbol{l}$作用的力，在数值上等于电流元的大小、电流元所在处磁感应强度大小以及电流元$I\mathrm{d}\boldsymbol{l}$和磁感应强度$B$之间夹角$\varphi$的正弦的乘积**。这个规律叫作**安培定律**。磁场对电流元作用的力，通常叫作**安培力**。安培力的方向可以如下判定：如图7.6.1(b)所示，**右手四指由$I\mathrm{d}l$经小于180°的角弯向$B$，这时大拇指的指向就是安培力的方向**。

安培定律用矢量式表示为

$$\mathrm{d}\boldsymbol{F}=I\mathrm{d}\boldsymbol{l}\times\boldsymbol{B} \tag{7.6.3}$$

对于任意形状的载流导线$L$，在磁场中所受的安培力就等于其上各电流元所受安培力的

矢量和,即为

$$\boldsymbol{F}=\int_L \mathrm{d}\boldsymbol{F}=\int_L I\mathrm{d}\boldsymbol{l}\times\boldsymbol{B} \tag{7.6.4}$$

如果有一长为 $l$,通以电流为 $I$ 的直导线,放在磁感应强度为 $\boldsymbol{B}$ 的均匀磁场中,由上面的公式可以得出载流导线所受力的大小

$$F=IlB\sin\varphi \tag{7.6.5}$$

力 $\boldsymbol{F}$ 的方向垂直于直导线和磁感应强度所组成的平面,$\varphi$ 为电流的流向与 $\boldsymbol{B}$ 之间的夹角。由上式可以看出,当 $\varphi=0$,即通过导线的电流流向和 $\boldsymbol{B}$ 的方向相同时,载流导线所受的力为零;当 $\varphi=\pi/2$,即电流流向和 $\boldsymbol{B}$ 的方向垂直时,载流导线所受的力最大,为 $F=IlB$。

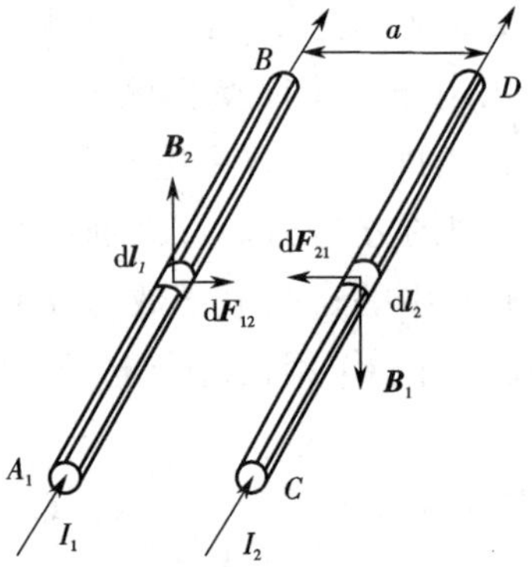


图 7.6.2　两平行长直载流导线间的相互作用力

两载流导线间的相互作用力,实质上是一载流导线的磁场对另一载流导线的作用力。如图 7.6.2 所示,设两导线间的距离为 $a$,分别通有同向电流 $I_1$ 和 $I_2$。根据长直电流的磁场公式,导线 $AB$ 在导线 $CD$ 处产生的磁场

$$B_1=\frac{\mu_0 I_1}{2\pi a} \tag{7.6.6}$$

由安培力公式,导线 $CD$ 上电流元 $I_2\mathrm{d}\boldsymbol{l}_2$ 受到的磁力大小

$$\mathrm{d}F_{21}=\frac{\mu_0 I_1 I_2}{2\pi a}\mathrm{d}l_2 \tag{7.6.7}$$

$\mathrm{d}F_{21}$ 的方向在两导线构成的平面内并垂直指向导线 $AB$。同理,导线 $CD$ 产生的磁场作用在导线 $AB$ 的电流元 $I_1\mathrm{d}\boldsymbol{l}_1$ 上的磁力大小

$$\mathrm{d}F_{12}=\frac{\mu_0 I_1 I_2}{2\pi a}\mathrm{d}l_1 \tag{7.6.8}$$

方向与 $\mathrm{d}\boldsymbol{F}_{21}$ 的方向相反。由上面的分析可知,单位长度导线所受磁力大小

$$f=\frac{\mathrm{d}F_{21}}{\mathrm{d}l_2}=\frac{\mathrm{d}F_{12}}{\mathrm{d}l_1}=\frac{\mu_0 I_1 I_2}{2\pi a} \tag{7.6.9}$$

当两平行长直导线通有同向电流时,其间磁相互作用力是吸引力;通有反向电流时,是排斥力。在国际单位制中,电流强度的单位“安培”就是根据上式定义的。设在真空中两无限长平行直导线相距 1.0 m,通以大小相等的电流。如果导线每米长度的作用力为 $2\times10^{-7}$ N,则每根导线上的电流强度就规定为 1 A。

**例 7.6.1**　如图 7.6.3 所示,在均匀磁场 $\boldsymbol{B}$ 中有一半径为 $R$ 的半圆形导线,通有电流 $I$,磁场的方向与导线平面垂直,求该导线受到的磁力。

**解**　如图 7.6.3 所示,取坐标系 $xOy$,在导线上任取一电流元 $I\mathrm{d}\boldsymbol{l}$,它受到的磁力

$$\mathrm{d}\boldsymbol{F}=I\mathrm{d}\boldsymbol{l}\times\boldsymbol{B}$$

$\mathrm{d}\boldsymbol{F}$ 的大小 $\mathrm{d}F=BI\mathrm{d}l$,$\mathrm{d}\boldsymbol{F}$ 的方向沿半径背离圆心。

由于各电流元所受磁力方向不同,所以应将 d$\boldsymbol{F}$ 分解为两个分量 d$F_x$ 和 d$F_y$。由对称性可知各电流元所受磁力的 $x$ 方向的分力相互抵消,即

$$F_x = \int \mathrm{d}F_x = 0$$

所以合磁力的大小

$$F = F_y = \int \mathrm{d}F\sin\theta = \int BI\mathrm{d}l\sin\theta$$

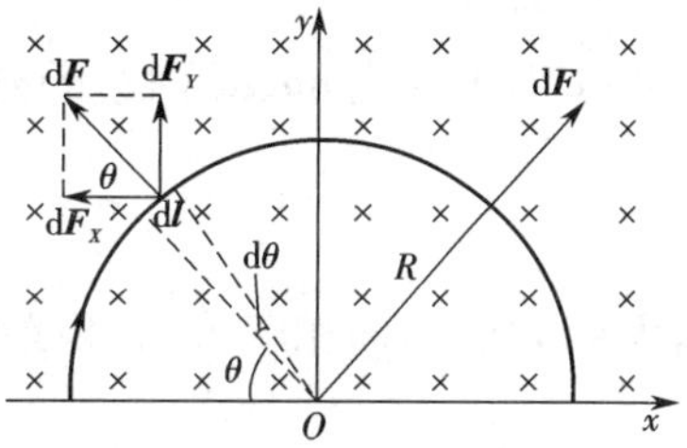


图 7.6.3　磁场中半圆形载流导线

将 d$l = R$d$\theta$ 代入上式,可得

$$F = \int_0^{\pi} BIR\mathrm{d}\theta\sin\theta = 2BIR$$

$\boldsymbol{F}$ 的方向沿 $Oy$ 轴正向竖直向上。

不难看出,上述结果与连接半圆导线的起点和终点的直导线 $ab$ 所受磁力相同。可以证明,这个结论具有普遍意义,即**在均匀磁场中,任意形状的平面载流导线所受磁力等于连接导线的起点和终点的载流直导线受到的磁力,或者均匀磁场中任意闭合电流的受力为零**。

## 7.6.2　磁力矩

在磁电式电流计和直流电动机内,一般都有处在磁场中的线圈。当线圈中有电流通过时,它们将在磁场的作用下发生转动,因而讨论磁场对载流线圈的作用有重要的实际意义。

如图 7.6.4 所示,在磁感应强度为 $\boldsymbol{B}$ 的匀强磁场中,有一刚性矩形载流线圈 $abcd$,边长分别为 $l_1$ 和 $l_2$,线圈通过的电流为 $I$,方向如图所示,磁感应强度 $\boldsymbol{B}$ 的方向沿水平方向,与线圈平面成 $\varphi$ 角。现分别求磁场对 4 个载流导线边的作用力。

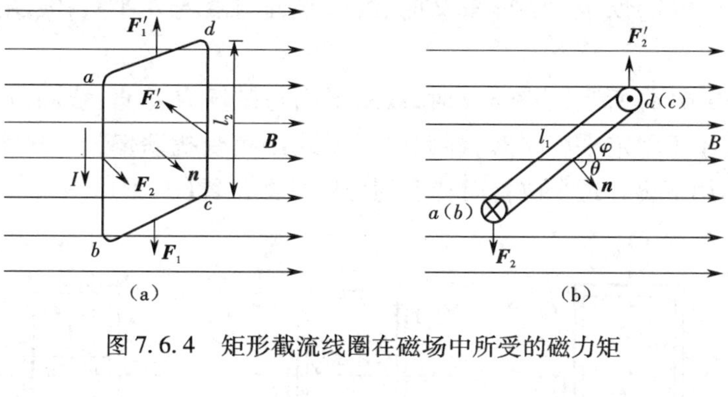


图 7.6.4　矩形截流线圈在磁场中所受的磁力矩

由式(7.6.5),作用在导线 $bc$、$ad$ 两边的力

$$F_1 = BIl_1\sin\varphi \tag{7.6.10}$$

$$F'_1 = BIl_1\sin(\pi - \varphi) \tag{7.6.11}$$

两者大小相等,方向相反,且在同一直线上,相互抵消。故对于线圈来说,它们的合力及

合力矩都为零。

而作用于导线 $ab$、$cd$ 两边的磁场力大小分别为

$$F_2 = BIl_2 \tag{7.6.12}$$

$$F'_2 = BIl_2 \tag{7.6.13}$$

两者大小相等,方向相反,但作用线不在一条线上。所以线圈(其力臂为 $l_1\cos\varphi$)所受磁力矩

$$M = F_2 l_1 \cos\varphi \tag{7.6.14}$$

又因为 $\theta = \pi/2 - \varphi$,所以 $\cos\varphi = \sin\theta$,因此线圈所受有磁力矩

$$M = F_2 l_1 \cos\varphi = BIl_2 l_1 \sin\theta = BIS\sin\theta \tag{7.6.15}$$

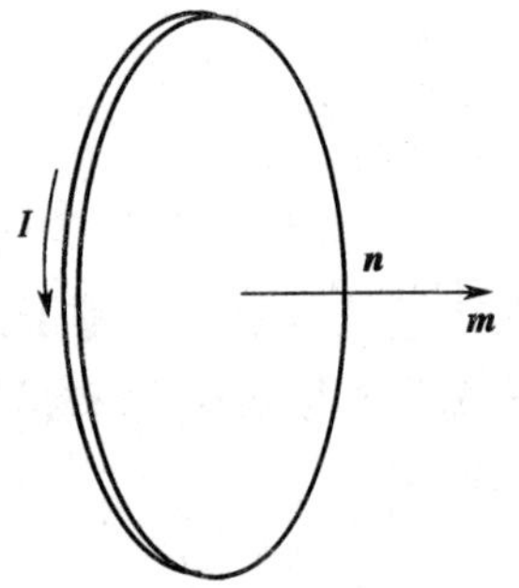


图 7.6.5　线圈的正法线

式中,$S = l_1 l_2$ 是矩形线圈的面积,$\theta$ 是线圈正法线方向 $\boldsymbol{n}$(规定 $\boldsymbol{n}$ 的方向与线圈电流的方向之间满足右手螺旋关系,即四指与电流方向相同,大拇指方向即为法线方向,如图 7.6.5 所示)与磁感应强度 $\boldsymbol{B}$ 之间的夹角。当线圈有 $N$ 匝时,线圈所受的磁力矩

$$M = NBIS\sin\theta \tag{7.6.16}$$

根据磁矩 $\boldsymbol{m}$ 的概念,定义线圈磁矩 $\boldsymbol{m} = \boldsymbol{IS} = NIS\boldsymbol{n}$。因此,引入磁矩后,上式可以写成矢量形式:

$$\boldsymbol{M} = \boldsymbol{m} \times \boldsymbol{B} \tag{7.6.17}$$

力矩 $\boldsymbol{M}$ 的大小 $M = mB\sin\theta$,方向由磁矩 $\boldsymbol{m}$ 与 $\boldsymbol{B}$ 的矢量积确定。

式(7.6.17)虽然是从矩形线圈推导出来的,但可以证明对任意形状的平面载流线圈都成立。下面分几种情况讨论:

(1)如图 7.6.6(a)所示,当 $\theta = 0$ 时,线圈平面与磁场 $\boldsymbol{B}$ 垂直,线圈所受的磁力矩 $M = 0$,此时线圈处于稳定平衡状态;

(2)如图 7.6.6(b)所示,当 $\theta = \pi/2$ 时,线圈平面与磁场 $\boldsymbol{B}$ 平行,线圈所受的磁力矩最大,$M_{max} = ISB$。

(3)如图 7.6.6(c)所示,当 $\theta = \pi$ 时,线圈平面与磁场 $\boldsymbol{B}$ 垂直,线圈所受的磁力矩 $M = 0$,这时线圈处于不稳定平衡状态,即此时只要线圈稍受扰动偏过一极小角度,线圈就会在磁力矩的作用下离开这个位置而转动到稳定平衡位置($\theta = 0$)上来。

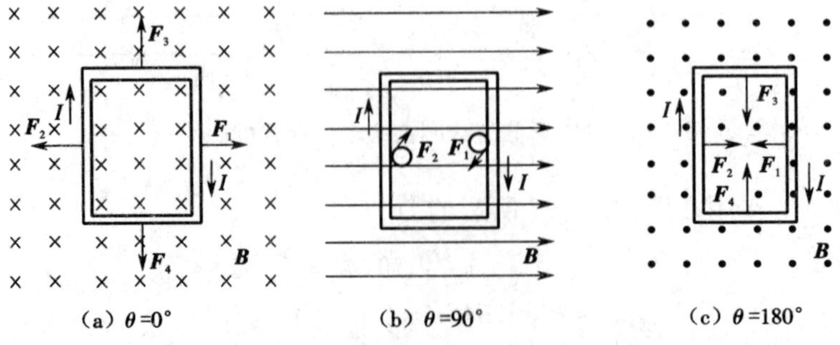


(a) $\theta$=0°　　(b) $\theta$=90°　　(c) $\theta$=180°

图 7.6.6　载流线圈法线方向与磁场方向成不同角度时所受的磁力矩

### 7.6.3 磁力的功

载流导线或载流线圈在磁力和磁力矩的作用下运动时，磁力就要做功。下面从两个特例出发，导出磁力做功的一般公式。

1. 载流导线在磁场中运动时磁力所做的功

设在磁感应强度为 $\boldsymbol{B}$ 的均匀磁场中，有一载流闭合回路 $abcda$，其中 $ab$ 长度为 $l$，可以沿 $da$ 和 $cb$ 滑动，如图7.6.7所示。设 $ab$ 滑动时，回路中电流不变，则载流导线 $ab$ 在磁场中所受的安培力 $\boldsymbol{F}$ 的大小 $F=IBl$，方向向右，在 $\boldsymbol{F}$ 的作用下将向右运动。当由初始位置 $ab$ 移动到位置 $a'b'$ 时，磁力 $\boldsymbol{F}$ 所做的功

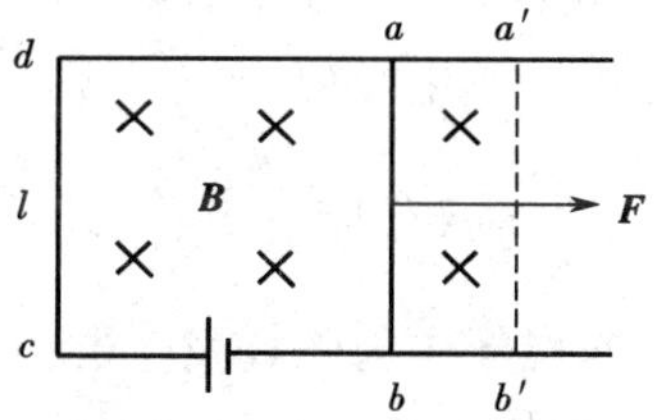


图7.6.7 磁力对载流导线的功

$$W=F\cdot\overline{aa'}=IBl\cdot\overline{aa'}=BI\cdot\Delta S=I\Delta\Phi \tag{7.6.18}$$

该式说明，**当载流导线在磁场中运动时，若电流保持不变，磁力所做的功等于电流乘以通过回路所包围面积内磁通量的增量**，即磁力所做的功等于电流乘以载流导线在移动中所切割的磁感应线数。

2. 载流线圈在磁场内转动时磁力所做的功

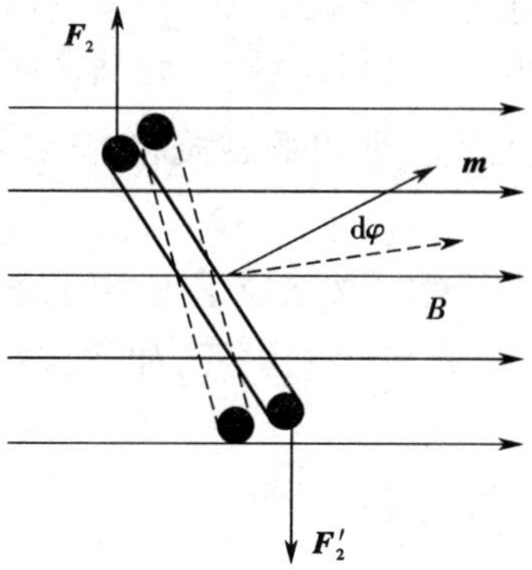


图7.6.8 线圈转动

如图7.6.8所示，设载流线圈在均匀磁场中作顺时针转动，若设法使线圈中电流维持不变，线圈所受磁力矩 $M=BIS\sin\varphi$。当线圈转过小角度 $\mathrm{d}\varphi$ 时，使线圈法向 $\boldsymbol{n}$ 与磁感应强度 $\boldsymbol{B}$ 之间的夹角由 $\varphi$ 变为 $\varphi+\mathrm{d}\varphi$，磁力矩所做的元功

$$\begin{aligned}\mathrm{d}W&=-M\mathrm{d}\varphi=-BIS\sin\varphi\mathrm{d}\varphi=BIS\mathrm{d}(\cos\varphi z)\\&=I\mathrm{d}(BS\cos\varphi)\end{aligned}$$

式中的负号表示磁力矩做正功时将使 $\varphi$ 减小，$\mathrm{d}\varphi$ 为负值。由于 $BS\cos\varphi$ 为通过线圈的磁通量，所以 $\mathrm{d}(BS\cos\varphi)$ 表示线圈转过 $\mathrm{d}\varphi$ 后磁通量的增量。所以有 $\mathrm{d}W=I\mathrm{d}\Phi$。

当线圈从 $\varphi_1$ 转到 $\varphi_2$ 时，磁力矩所做的总功

$$W=\int_{\Phi_1}^{\Phi_2}I\mathrm{d}\Phi=I(\Phi_2-\Phi_1)=I\Delta\Phi \tag{7.6.19}$$

式中，$\Phi_1$ 和 $\Phi_2$ 分别为线圈在 $\varphi_1$ 和 $\varphi_2$ 时通过线圈的磁通量。所以，**磁力所做的功等于电流乘以线圈转动时磁通量的增量。**

## 7.7 磁场中的磁介质

前面讨论的都是真空中运动电荷及电流所产生的磁场,而在实际磁场中一般都存在着各式各样的磁介质。与电场中的电介质由于极化而影响电场类似,磁场与磁介质之间也有相互作用。处于磁场中的磁介质产生磁化,磁化的磁介质也会产生附加磁场,从而对原磁场产生影响。

### 7.7.1 磁介质

在磁场中与磁场发生相互作用,反过来影响原来磁场的物质称为**磁介质**。实验表明,不同磁介质对磁场的影响是不同的。设真空中某点的磁感应强度为 $\boldsymbol{B}_0$,磁介质由于磁化而产生的附加磁感应强度为$\boldsymbol{B}'$,则磁介质中磁感应强度 $\boldsymbol{B}$ 为 $\boldsymbol{B}_0$ 和 $\boldsymbol{B}'$的矢量和,即

$$\boldsymbol{B}=\boldsymbol{B}_0+\boldsymbol{B}' \tag{7.7.1}$$

附加磁感应强度 $\boldsymbol{B}'$的方向和大小随磁介质的不同而不同。根据 $\boldsymbol{B}'$与 $\boldsymbol{B}_0$方向之间的关系,磁介质可分为下面三类。

(1)顺磁质。顺磁质的附加磁感应强度 $\boldsymbol{B}'$与 $\boldsymbol{B}_0$同向,使得 $B>B_0$,如氧、铝、铂、铬等。

(2)抗磁质。抗磁质的附加磁感应强度 $\boldsymbol{B}'$与 $\boldsymbol{B}_0$反向,使得 $B<B_0$,如铜、铋、氢等。

实验指出,无论是顺磁质还是抗磁质,附加磁感应强度 $\boldsymbol{B}'$的值要比 $\boldsymbol{B}_0$的值小得多(通常只有 $\boldsymbol{B}_0$ 的十万分之几),它对原来磁场的影响比较微弱,所以顺磁质和抗磁质统称为弱磁性物质。

(3)铁磁质。铁磁质的附加磁感应强度 $\boldsymbol{B}'$与 $\boldsymbol{B}_0$同向,附加磁感应强度 $\boldsymbol{B}'$的值要比 $\boldsymbol{B}_0$的值大得多,即 $B'\gg B_0$。这类磁介质能够显著地增强磁场,称为铁磁质,如铁、钴、镍及其合金等。

通常定义 $B$ 与 $B_0$ 的比值为该磁介质的相对磁导率,用 $\mu_r$ 表示,即

$$\mu_r=\frac{B}{B_0} \tag{7.7.1}$$

所以,对于顺磁质,$B>B_0$,$\mu_r>1$;对于抗磁质,$B<B_0$,$\mu_r<1$;对于铁磁质,$B\gg B_0$,$\mu_r\gg1$。

### 7.7.2 磁介质的磁化强度

顺磁质和抗磁质的磁化特性决定于物质的微观结构。物质分子中任何一个电子都同时参与两种运动,即环绕原子核的轨道运动和电子本身的自旋运动。这两种运动都能够产生磁效应。电子轨道运动相当于一个圆电流,具有一定的轨道磁矩。电子自旋运动,也有自旋磁矩。一个分子中所有的电子轨道磁矩和自旋磁矩的矢量和称为分子的固有磁矩,可以看成一个等效的圆形分子电流产生的。**每一个分子当做一个磁偶极子或者**

线圈，其磁矩 $\boldsymbol{m}=i\boldsymbol{S}$，$i$ 是分子电流，$\boldsymbol{S}$ 是分子电流所包围的面积。

研究表明，当没有外磁场时，抗磁质的分子磁矩为零，顺磁质的分子磁矩不为零（称为分子**固有磁矩**）。但是，由于分子的热运动，这些分子电流的流向是杂乱无章的。在磁介质中的任一宏观体积中，分子磁矩相互抵消，如图 7.7.1(a)所示。因此，在无外磁场时，不论是抗磁质还是顺磁质，对外都不显磁性。

将磁介质放到磁场 $\boldsymbol{B}_0$ 中，磁介质将受到下面两种作用。

(1)分子固有磁矩将受到外磁场 $\boldsymbol{B}_0$ 的磁力矩作用，使各个分子磁矩都有转向外磁场的方向排列的趋势，这样各个分子磁矩将沿外磁场 $\boldsymbol{B}_0$ 方向产生附加的磁场 $\boldsymbol{B}'$，如图 7.7.1(b)所示。

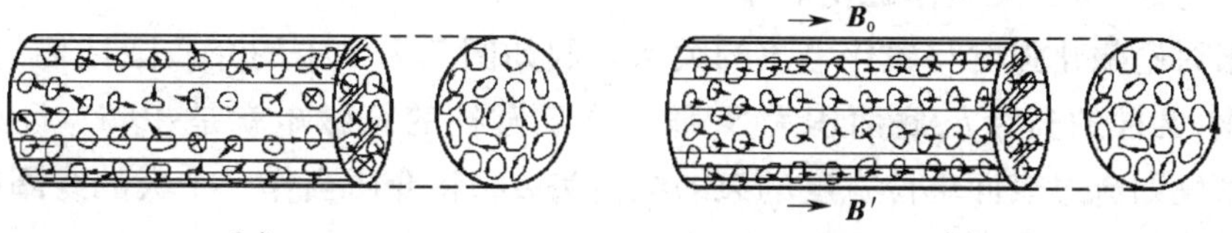


图 7.7.1 顺磁质中分子磁矩的取向

(2)外磁场 $\boldsymbol{B}_0$ 将使各个分子固有磁矩发生变化，即对每一个分子产生一个附加的磁矩。可以证明，不论外磁场的方向如何，总是产生一个与外磁场方向相反的附加磁矩，结果会产生一个与外磁场方向相反的 $\boldsymbol{B}'$。

顺磁质的分子固有磁矩不为零，加上外磁场后，会引起与外磁场反向的附加分子磁矩。但是，由于顺磁质的分子固有磁矩一般要比附加磁矩大得多，因而在顺磁质内可以忽略不计。所以，顺磁质在外磁场中的磁化主要取决于分子磁矩的转向作用，即顺磁质产生的附加磁场总是与外磁场方向相同。

抗磁质的分子固有磁矩为零，加上外磁场 $\boldsymbol{B}'$ 后，分子磁矩的转向效应不存在，所以外磁场引起的附加磁矩是产生附加磁场的唯一原因。因而抗磁质产生的磁场总是与外磁场反向。

抗磁性是一切磁介质的特性。顺磁质也具有这种抗磁性，只不过在顺磁质中，抗磁性的效应较顺磁性要小。因此，在研究顺磁质的磁化时，可以不考虑抗磁性。

由上面的讨论可以看出，磁介质的磁化实质上是分子磁矩的取向以及在外磁场作用下产生附加磁矩的作用。无论哪种作用，磁介质磁化后都产生了磁矩。因此，可以用磁介质中单位体积内的分子磁矩的矢量和来描述磁介质磁化的程度，单位体积内的分子磁矩的矢量和称为**磁化强度**，用 $\boldsymbol{M}$ 表示。以 $\sum \boldsymbol{m}_i$ 表示体积元 $\Delta V$ 体积内所有分子磁矩的矢量和，则有

$$\boldsymbol{M}=\frac{\sum \boldsymbol{m}_i}{\Delta V} \tag{7.7.2}$$

式中,$\Delta V$是体积元体积,$\boldsymbol{m}_i$是体积元内的第$i$个分子的磁矩。在国际单位制中,磁化强度的单位是A/m。

### 7.7.3 磁介质中的安培环路定理

如图7.7.1(b)所示,介质磁化后,分子电流趋向同一个方向,要么都趋向顺时针,要么都趋向逆时针旋转流动。分子磁矩趋向于向同一个方向排列。**如果介质均匀磁化,那么各个分子的磁矩完全转向同一个方向,分子电流都是顺时针或者逆时针旋转流动**。这种情况下,在介质内部分子电流相互抵消,但是在表面或者对于介质最外部分子,分子电流不能相互抵消,会形成一层面电流。这些电流不能自由流动,所以叫作**束缚电流**,又由于是磁化产生的,所以又叫作**磁化电流**。

现在来讨论磁化强度与磁化电流的关系。假如图7.7.1中的介质圆柱均匀磁化,磁化强度为$M$,圆柱的高为$h$,底面积为$S$,那么介质圆柱的总磁矩就是$MhS$。设束缚电流的面电流密度即流过表面单位宽度的束缚电流为$\alpha_M$,将介质当作一个大的线圈或者磁偶极子,其总磁矩为$(\alpha_M h)S$。两种算法的总磁矩相等,得到

$$MhS = (\alpha_M h)S$$

故

$$M = \alpha_M \tag{7.7.3}$$

磁化强度的大小等于磁化电流面密度。磁化强度和电流密度都是矢量。如图7.7.2(a)所示,如果介质均匀磁化后,磁矩向右,那么电流会顺时针流动。磁化强度、面积的外法向和磁化电流面密度有如下矢量关系:

$$\boldsymbol{M} = \boldsymbol{n} \times \boldsymbol{\alpha}_M \tag{7.7.4}$$

一般情况下,磁化强度与磁化电流有如下关系

$$\oint_L \boldsymbol{M} \cdot \mathrm{d}\boldsymbol{l} = I_M \tag{7.7.5}$$

式中,$I_M$是磁化电流强度。利用均匀磁化后的介质圆柱,选择一个矩形回路(如图7.7.2(b)所示,两个边与侧面平行,两个边与侧面垂直。与表面平行的两个边,一个在介质内部,一个在介质外部),可以验证这一关系。

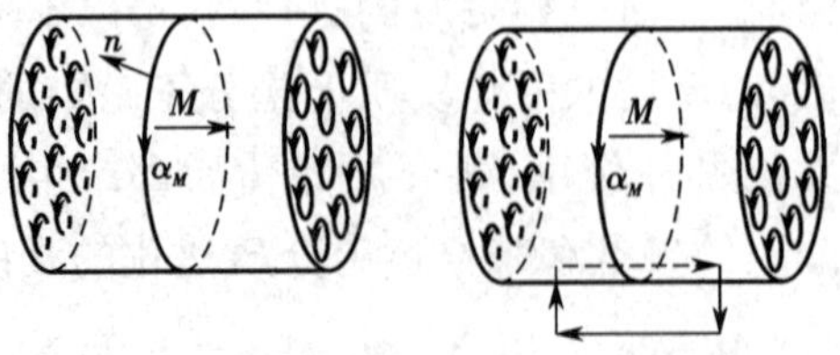


图7.7.2

由于磁化强度沿介质圆柱的轴向,如图7.7.2(b)所示,矩形回路的左右两边与磁化

强度垂直,因此 $\boldsymbol{M}\cdot\mathrm{d}\boldsymbol{l}=0$;又由于磁化强度只存在于介质内部,所以对于矩形回路在介质外部的一个边,也有 $\boldsymbol{M}\cdot\mathrm{d}\boldsymbol{l}=0$,因此磁化强度沿矩形回路的积分只有介质内部的部分不为零

$$\oint_L \boldsymbol{M}\cdot\mathrm{d}\boldsymbol{l}=Ml=\boldsymbol{\alpha}_M l=I_M$$

这正是式(7.7.5)的结果,这里 $l$ 是矩形回路在介质内部一边的长度。对于一般的情况,可以作如下分析。假如一个分子的分子电流是 $i_0$,式(7.7.5)右边的磁化电流或者束缚电流可以写成 $I_M=Ni_0$,整数 $N$ 是与回路铰链的即回路穿过的分子电流的个数。一般的情况也是如此,磁化强度对闭合回路的积分等于与该回路铰链的,也就是该回路穿过的磁化电流的大小,即式(7.7.5)。

有介质存在后,安培环路定律为

$$\oint_L \boldsymbol{B}\cdot\mathrm{d}\boldsymbol{l}=\mu_0(I_f+I_M) \tag{7.7.6}$$

定义

$$\left.\begin{aligned} \boldsymbol{H}&=\frac{\boldsymbol{B}}{\mu_0}-\boldsymbol{M}\\ \boldsymbol{B}&=\mu_0\boldsymbol{H}+\mu_0\boldsymbol{M}\end{aligned}\right\} \tag{7.7.7}$$

利用(7.7.5)式和(7.7.6)式,可得

$$\oint_L \boldsymbol{H}\cdot\mathrm{d}\boldsymbol{l}=I_f \tag{7.7.8}$$

这里 $\boldsymbol{H}$ 叫作磁场强度,其环路积分只与穿过该环路的自由电流有关。而磁感应强度的环路积分与自由电流和磁化电流都有关系。**因为自由电流和磁化电流都会产生磁场,所以磁感应强度才真正代表了磁场的强度。**

对于线性、均匀、各项同性介质,磁化规律为

$$\left.\begin{aligned} \boldsymbol{M}&=\chi_m\boldsymbol{H}\\ \boldsymbol{B}&=\mu_0\mu_r\boldsymbol{H}\\ \mu_r&=1+\chi_m\end{aligned}\right\} \tag{7.7.9}$$

常数 $\chi_m$ 叫作磁化率。对于这种介质,知道了磁场强度、磁感应强度和磁化强度中的任何一个就可以知道其他两个。顺磁质和抗磁质基本属于这种介质。

如果无限长的直螺线管中充满介质,那么由式(7.7.8)可得磁场强度,进一步由式(7.7.9)得到磁场强度和磁感应强度

$$\left.\begin{aligned} H&=nI_f\\ B&=\mu_0\mu_r H=\mu_0\mu_r nI_f\end{aligned}\right\} \tag{7.7.10}$$

### 7.7.4　铁磁质

铁磁质是一类性能特殊的磁介质,表现在它磁化后能产生很强的磁感应强度。铁磁

质还具有以下两个性质。

(1)铁磁质的磁导率(及磁化率)不是恒量,而且随外加铁磁质上的磁场强度 $\boldsymbol{H}$ 变化而变化,具有复杂的关系。对顺磁质和抗磁质来说,其相对磁导率都近似等于1,而且是一般为不随外磁场而改变的常量。铁磁质的相对磁导率 $\mu_r \gg 1$,一般可以达到 $10^2 \sim 10^4$,而且随外磁场而变化。

(2)在外磁场撤除后,仍能保留部分磁性。

铁磁质常用于电机、电气设备、电子器件等。

1. 铁磁质的磁化特性

铁磁质的磁化规律通常用以下实验方法测定,如图7.7.3所示,将待测的铁磁质做成闭合环填充在螺绕环内。设螺绕环单位长度上的匝数为 $n$,通过的电流为 $I_0$,则磁介质内磁场强度的大小 $H=nI_0$,因而由 $n$ 和 $I_0$ 可以确定 $\boldsymbol{H}$。至于磁感应强度 $\boldsymbol{B}$,一般用一个与冲击电流计 $G$ 相连接的、套在螺绕环上的次级线圈来测量,用反向开关 $S$ 使螺绕环中的电流 $I_0$ 反向。在反向的过程中,根据电磁感应原理,在次级线圈中将产生一个感应电动势,并在其中引起瞬时的感应电流。用冲击电流计测出由此引起的迁移电荷量就可以确定 $\boldsymbol{B}$。试验时,不断改变 $I_0$ 值,测出相应的 $\boldsymbol{B}$ 和 $\boldsymbol{H}$,从而确定磁介质的磁化规律。

假设磁介质环在磁场强度 $H=0$ 时未处于磁化状态,即 $B=0$,在 $B-H$ 图(图7.7.4)中,这个状态对应于坐标原点 $O$。当磁场强度 $H$ 由零逐渐增大时,$B$ 也从零增大。开始时,$B$ 增大得比较慢($B-H$ 曲线上 $OA$ 段),然后经过一段急剧增长过程($AF$ 段),又缓慢下来($FS$ 段)。当 $H$ 再继续增大时,$B$ 几乎不再增大,说明磁介质的磁化已到达饱和状态。曲线 $OAFS$ 叫作**起始磁化曲线**。由于磁化曲线不是直线,磁导率 $\mu=B/H$ 和相对磁导率 $\mu_r=\mu/\mu_0$ 都不是恒量。如果在磁化达到饱和以后使磁化强度减小,则 $B$ 也减小,但不是沿曲线 $SO$ 减小,而是沿曲线 $SR$ 减小。当 $H=0$ 时,$B=B_r$(曲线上 $R$ 点)。在没有外磁场的条件下,铁磁质的磁感应强度 $B_r$ 叫作**剩余磁感应强度**,简称**剩磁**。有剩磁的磁介质,就是通常所说的永久磁石。如果使 $H$ 再从零反向增大,则 $B$ 继续减小。当反向磁场强度 $H$ 的值等于 $H_c$ 时,$B$ 变为零(曲线上 $C$ 点)。这个 $H$ 的值 $H_c$ 叫作**矫顽力**,其含义是消除剩磁所需的外部作用。当反向磁场强度 $H$ 的值继续增大时,铁磁质将反向磁化,并且很快磁化到饱和状态(曲线上 $S'$ 点)。此后若使反向磁场强度的值减小到零,然后又沿正方向增大,$B$ 将沿 $S'R'C'S$ 曲线变化,形成闭合曲线 $SRCS'R'C'S$,称为磁滞回线。

实验指出,当铁磁质在交变磁场作用下反复磁化时要发热。这表明有能量损耗,该能量是由磁化场的电流电源供给的。这种因铁磁质反复磁化而发生的能量损失叫作**磁滞损耗**。理论和实践都表明,磁滞回线所包围的面积越大,磁滞损耗也越大。在电气设备中,这种损耗十分有害,必须尽量使它减小。

2. 铁磁材料

实验证明,不同铁磁材料的磁滞回线有很大不同。如图7.7.5所示,根据矫顽力的大小或磁滞回线形状的不同,铁磁材料可分为软磁材料、硬磁材料和矩磁材料。

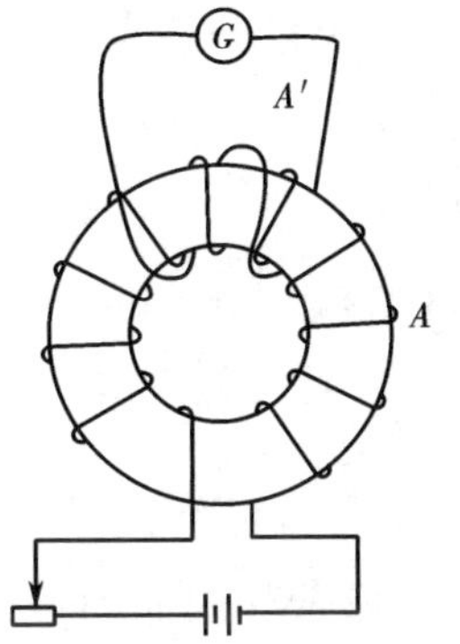


图7.7.3　环状铁芯被磁化

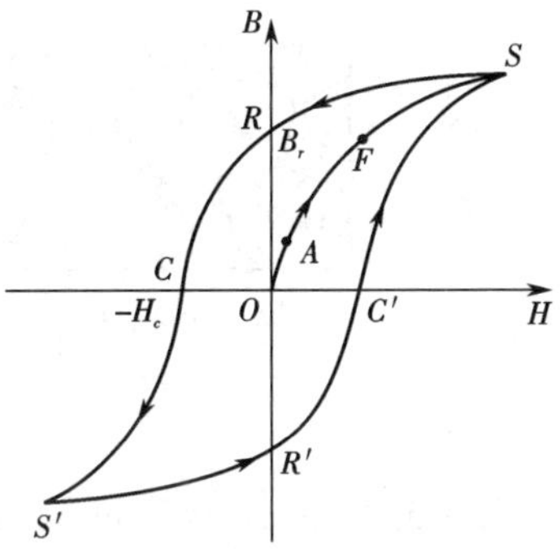


图7.7.4　铁磁质的起始磁化曲线和磁滞回线

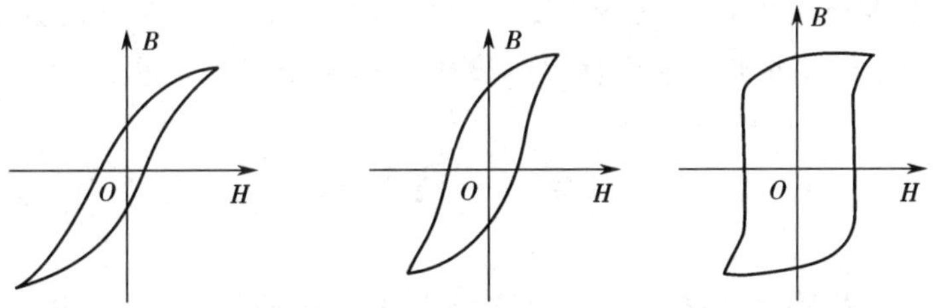


（a）软磁材料　（b）硬磁材料　（c）矩磁材料

图7.7.5　不同铁磁质的磁滞回线

软磁材料如软铁、硅钢、坡莫合金等，特点是：材料的矫顽力小，容易磁化，也容易退磁。软磁材料的磁滞回线细而窄，所包围的面积小，因而磁滞损耗小，适用于交变磁场中，常用做变压器、继电器、电磁铁、电动机和发电机的铁芯等。

硬磁材料如碳钢、钕铁硼合金等，特点是：材料的矫顽力大，剩磁大。硬磁材料的磁滞回线粗而宽，磁滞损耗大。这种材料磁化后能保留很强的磁性，适用于制造各种类型的永久磁体、扬声器等。

矩磁材料如锰镁铁氧体、锂锰铁氧体等，磁滞回线接近于矩形，特点是剩磁接近饱和值。若矩磁材料在不同方向的外磁场下磁化，当电流为零时，总是处于两种剩磁状态，因此可用做计算机的“记忆”元件，或用于自动控制技术等方面。

3. 磁畴

铁磁质的起因可以用“磁畴”理论来解释。如图7.7.6所示，在铁磁质内存在着无数个自发磁化的小区域，称为**磁畴**。磁畴的体积为 $10^{-12} \sim 10^{-9}\,\text{cm}^3$。在每个磁畴中，所有原子的磁矩全都向着同一个方向排列整齐。在未磁化的铁磁质中，由于热运动，各磁畴的磁矩取向是无规则的，因此整块铁磁质在宏观上对外不显示磁性。当在铁磁质内加外磁场并逐渐增大外磁场时，磁畴将发生变化。这时磁矩方向与外磁场方向接近的磁畴逐渐增大，而方向相反的磁畴逐渐减小。最后，当外加磁场加大到一定程度后，所有磁畴的磁矩方向都指向同一方向,这时磁介质就达到饱和状态。

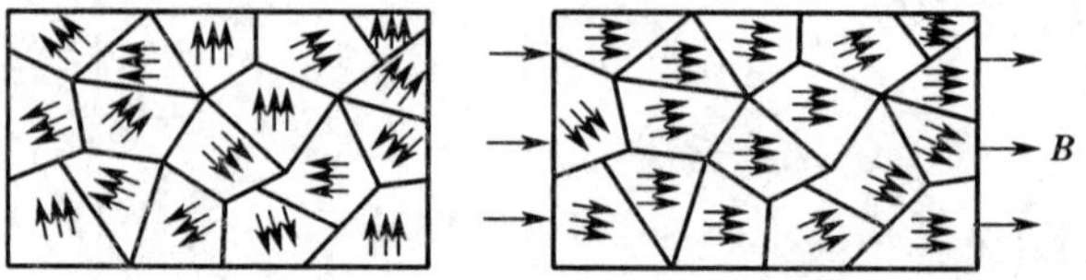


(a) 无外磁场　　(b) 有外磁场

图 7.7.6　磁畴

在外加磁场去除后,铁磁质将重新分裂为许多磁畴。但由于掺杂和内应力等原因,各磁畴之间存在摩擦阻力,使磁畴并不能回复到原来杂乱排列的状态,因而表现出磁滞现象。当外磁场去除后,铁磁质仍能保留部分磁性。

当铁磁质的温度升高到某一临界温度时,分子热运动加剧,磁畴就会瓦解,从而使铁磁质的磁性消失,成为顺磁质。这个临界温度称为居里温度或居里点。

## 习　题

7-1　如图所示,无限长直导线在 $P$ 处弯成半径为 $R$ 的圆,当通以电流 $I$ 时,在圆心 $O$ 点的磁感应强度大小等于(　　)。

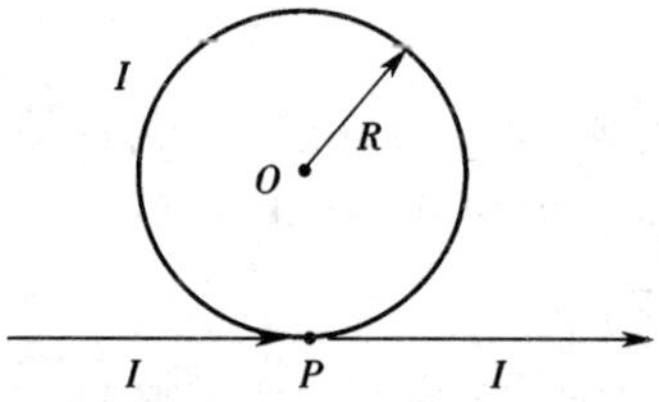


题 7-1 图

(A) $\frac{\mu_0 I}{2\pi R}$

(B) $\frac{\mu_0 I}{4R}$

(C) $\frac{\mu_0 I}{2R}\left(1-\frac{1}{\pi}\right)$

(D) $\frac{\mu_0 I}{4R}\left(1+\frac{1}{\pi}\right)$

7-2　两个载有相等电流 $I$ 的半径为 $R$ 的圆线圈,一个处于水平位置,一个处于竖直位置,两个线圈的圆心重合,则在圆心 $O$ 处的磁感应强度大小为(　　)。

(A)0

(B)$\mu_0 I/2R$

(C)$\sqrt{2}\mu_0 I/2R$

(D)$\mu_0 I/R$

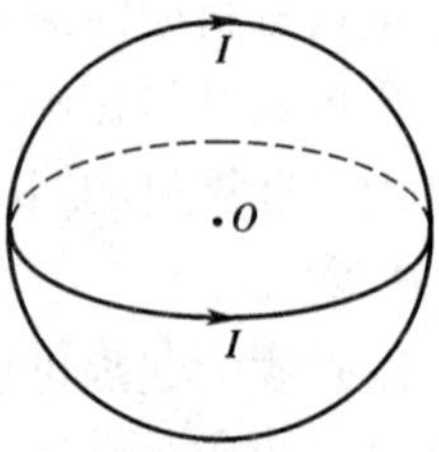


题 7-2 图

7-3　一个圆形回路 1 及一个正方形回路 2,圆的直径和正方形回路的边长相等,二者中通有大小相等的电流,它们在各自中心产生的磁感应强度的大小之比 $B_1/B_2$ 为(　　)。

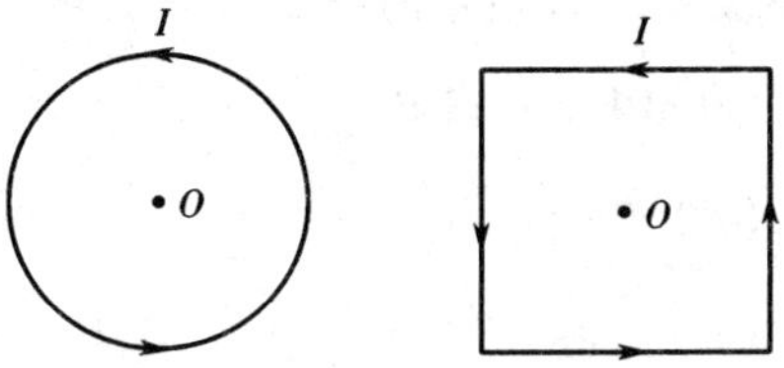


题7-3图

(A)0.90　　(B)1.00　　(C)1.11　　(D)1.22

7-4　如图所示，在无限长载流直导线附近作一球形闭合曲面$S$，当球面$S$向长直导线靠近时，关于穿过球面$S$的磁通量$\boldsymbol{\Phi}$和面上各点的磁感应强度$B$的说法正确的是(　　)。

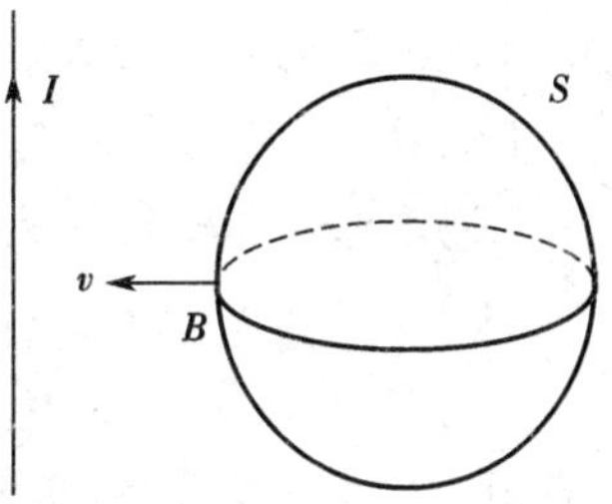


题7-4图

(A)$\boldsymbol{\Phi}$增大，$B$也增大

(B)$\boldsymbol{\Phi}$不变，$B$也不变

(C)$\boldsymbol{\Phi}$增大，$B$不变

(D)$\boldsymbol{\Phi}$不变，$B$增大

7-5　磁场的高斯定理$\oint\!\!\oint_S \boldsymbol{B}\cdot \mathrm{d}\boldsymbol{S}=0$，说明(　　)。

(A)穿入闭合曲面的磁感应线的条数必然等于穿出的磁感应线的条数

(B)穿入闭合曲面的磁感应线的条数不等于穿出的磁感应线的条数

(C)一根磁感应线可以终止在闭合曲面内

(D)一根磁感应线不可能完全处于闭合曲面内

7-6　对于安培环路定律$\oint_L \boldsymbol{B}\cdot \mathrm{d}\boldsymbol{l}=\mu_0\sum I$，在下面说法中正确的是(　　)。

(A)$\boldsymbol{B}$只是由穿过闭合环路的电流所激发，与环路外的电流无关

(B)$\sum I$是环路内、外电流的代数和

(C)安培环路定律只在具有高度对称的磁场中才成立

(D)只有磁场分布具有高度对称性时，才能用它直接计算磁感应强度的大小

7-7　在圆形电流的平面内取一同心圆形环路，由于环路内无电流穿过，所以$\oint_L \boldsymbol{B}\cdot \mathrm{d}\boldsymbol{l}=0$，由此可知(　　)。

(A)圆形环路上各点的磁感应强度为零

(B)圆形环路上各点的磁感应强度方向垂直于环路平面

(C)圆形环路上各点的磁感应强度方向指向圆心

(D)圆形环路上各点的磁感应强度方向为该点的切线方向

7-8　取一闭合积分回路$L$，使三根载流导线穿过$L$所围成的面，如图所示。现改变

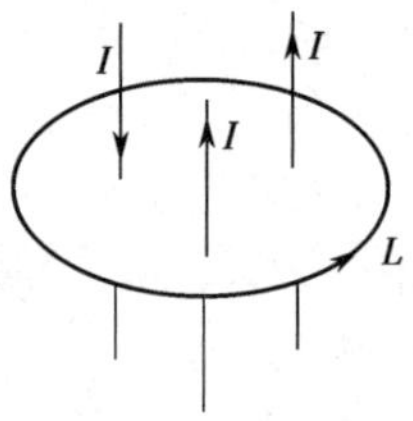


题7-8图

三根导线之间的相互间隔,但不越出积分回路,则(　　)。

(A)回路 $L$ 内的 $\sum I$ 不变,$L$ 上各点的 $B$ 不变

(B)回路 $L$ 内的 $\sum I$ 不变,$L$ 上各点的 $B$ 改变

(C)回路 $L$ 内的 $\sum I$ 改变,$L$ 上各点的 $B$ 不变

(D)回路 $L$ 内的 $\sum I$ 改变,$L$ 上各点的 $B$ 改变

7-9　一无限长直圆柱体,半径为 $R$,沿轴向均匀流有电流,如图所示。设圆柱体内($r<R$)的磁感应强度大小为 $B_1$,圆柱体外($r>R$)的磁感应强度大小为 $B_2$,则有(　　)。

(A)$B_1$、$B_2$均与 $r$ 成正比

(B)$B_1$、$B_2$均与 $r$ 成反比

(C)$B_1$与 $r$ 成反比,$B_2$与 $r$ 成正比

(D)$B_1$与 $r$ 成正比,$B_2$与 $r$ 成反比

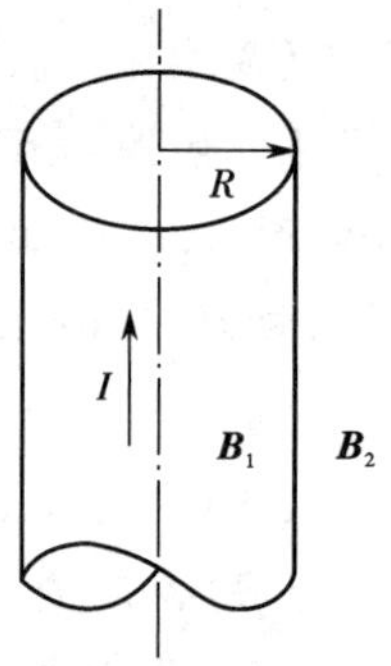


题7-9图

7-10　载电流为 $I$、磁矩为 $\boldsymbol{P}_m$ 的线圈,置于磁感应强度为 $\boldsymbol{B}$ 的均匀磁场中,若 $\boldsymbol{P}_m$ 与 $\boldsymbol{B}$ 方向相同,则通过线圈的磁通 $\Phi$ 与线圈所受磁力距 $\boldsymbol{M}$ 的大小为(　　)。

(A)$\Phi=IBP_m, M=0$　　(B)$\Phi=BP_m/I, M=0$

(C)$\Phi=IBP_m, M=BP_m$　　(D)$\Phi=BP_m/I, M=BP_m$

7-11　在均匀磁场中,有两个平面线圈平行放置,其面积 $A_1=2A_2$,通有电流 $I_1=2I_2$,它们所受最大磁力矩之比 $M_1/M_2$ 等于(　　)。

(A)1　　(B)2　　(C)4　　(D)$\frac{1}{4}$

7-12　如图所示,无限长直载流导线与正三角形载流线圈在同一平面内,若长直导线固定不动,则载流三角形线圈将(　　)。

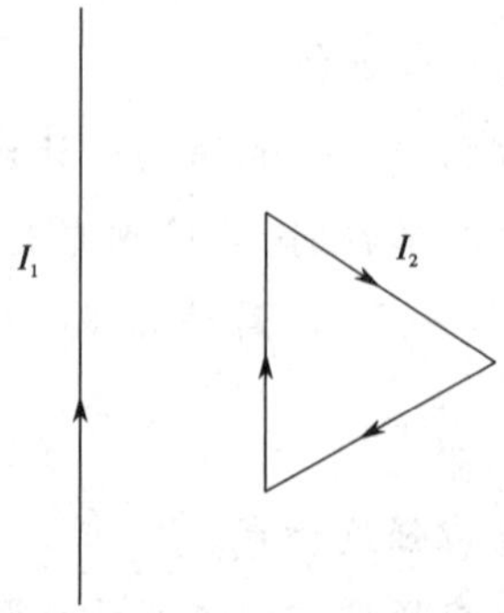


题7-12图

(A)向着长直导线平移　　(B)离开长直导线平移

(C)转动　　(D)不动

7-13　在均匀磁场中放置三个面积相等且通过相同电流的线圈：一个是矩形，一个是正方形，另一个是三角形，如图所示。下列叙述中正确的是(　　)。

(A)正方形线圈受到的合磁力为零，矩形线圈受到的合磁力最大

(B)三角形线圈受到的最大磁力矩为最小

(C)三线圈所受的合磁力矩和最大磁力矩均为零

(D)三线圈所受的最大磁力矩均相等

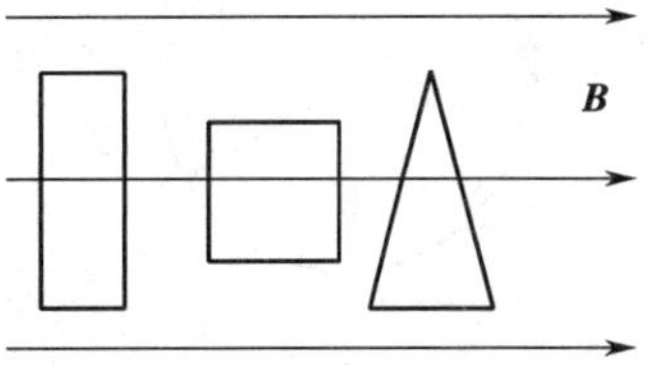

题 7-13 图

7-14　有一半径为 $R$ 的单匝圆线圈，通以电流 $I$，若将该导线弯成匝数 $N=2$ 的平面圆线圈，导线长度不变，并通以同样的电流，则线圈中心的磁感应强度和线圈的磁矩分别是原来的(　　)。

(A)4 倍和 1/8　　(B)4 倍和 1/2　　(C)2 倍和 1/4　　(D)2 倍和 1/2

7-15　两个电子同时由两电子枪射出，它们的初速度与均匀磁场垂直，速率分别为 $2v$ 和 $v$，经磁场偏转后(　　)。

(A)第一个电子先回到出发点　　(B)第二个电子先回到出发点

(C)两个电子同时回到出发点　　(D)两个电子都不能回到出发点

7-16　有一由 $N$ 匝细导线绕成的平面正三角形线圈，边长为 $a$，通有电流 $I$，置于均匀外磁场 $\boldsymbol{B}$ 中。当线圈平面的法向与外磁场同向时，线圈所受到的磁力矩大小为(　　)。

(A)$\sqrt{3}Na^2IB/2$　　(B)$\sqrt{3}Na^2IB/4$　　(C)$\sqrt{3}Na^2IB\sin60°$　　(D)0

7-17　一直径为 2.0 cm、匝数为 300 匝的圆线圈，放在 $5\times10^{-2}$ T 的磁场中，当线圈内通过 10 mA 的电流时，磁场作用于线圈的最大磁力矩为(　　)。

(A)4.7 N·m　　(B)$4.7\times10^{-2}$ N·m

(C)$4.7\times10^{-5}$ N·m　　(D)$4.7\times10^{-4}$ N·m

7-18　一个载流线圈磁矩的大小取决于(　　)。

(A)线圈的长度　　(B)线圈所围的面积

(C)导线本身的横截面积　　(D)线圈所在处的磁感应强度

7-19　运动电荷受洛伦兹力后，其动能、动量的变化情况是(　　)。

(A)动能守恒　　(B)动量守恒

(C)动能、动量都守恒　　(D)动能、动量都不守恒

7-20　运动电荷垂直进入均匀磁场后，下列各量中不守恒是(　　)。

(A)动量　　(B)关于圆心的角动量

(C)动能　　(D)电荷与质量的比值

7-21　如图所示，一电子在垂直于一均匀磁场方向作半径为 $R$ 的圆周运动，电子的速度为 $\boldsymbol{v}$，忽略电子产生的磁场，则此轨道内所包围面积的磁通量为(　　)。

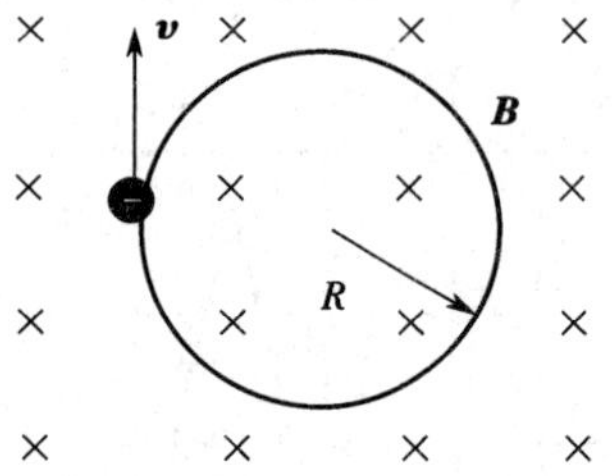


题7-21图

(A) $\frac{\pi mv}{eR^2}$

(B) $\frac{\pi v}{emR}$

(C) $\frac{\pi mv}{eR}$

(D) $\frac{\pi mvR}{e}$

7-22　按照玻尔的氢原子理论,电子在以质子为中心、半径为 $R$ 的圆形轨道上运动。如果把这样一个原子放在均匀的外磁场中,并使电子轨道平面与磁场垂直(如图所示)。在 $R$ 不变的情况下,电子轨道运动的角速度与未放入磁场前相比较,将(　　)。

(A)增大

(B)减小

(C)不变

(D)只改变方向

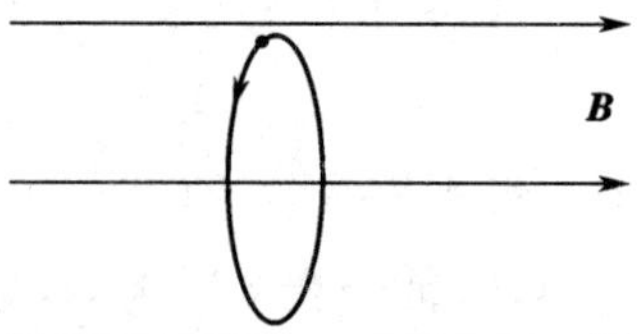


题7-22图

7-23　一个半导体薄片置于如图所示的磁场中,薄片通有方向向右的电流 $I$,则此半导体两侧的霍尔电势差(　　)。

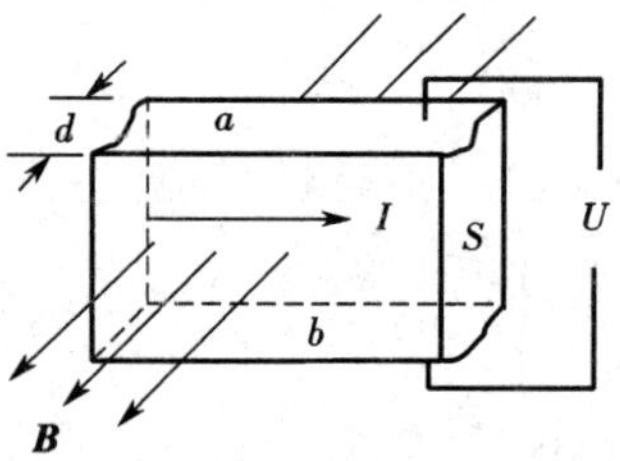


题7-23图

(A)电子导电,$\varphi_a < \varphi_b$

(B)电子导电,$\varphi_a > \varphi_b$

(C)空穴导电,$\varphi_a > \varphi_b$

(D)空穴导电,$\varphi_a = \varphi_b$

7-24　一个通有电流 $I$ 的导体,厚度为 $d$,横截面积为 $S$,放在磁感应强度为 $\boldsymbol{B}$ 的匀强磁场中,磁场方向如图所示。现测得导体上下两面电势差为 $U_H$,则此导体的霍尔系数为(　　)。

(A) $R_H = \frac{U_H d}{IB}$

(B) $R_H = \frac{IBU_H}{Sd}$

(C) $R_H = \frac{U_H S}{IBd}$

(D) $R_H = \frac{IU_H S}{Bd}$

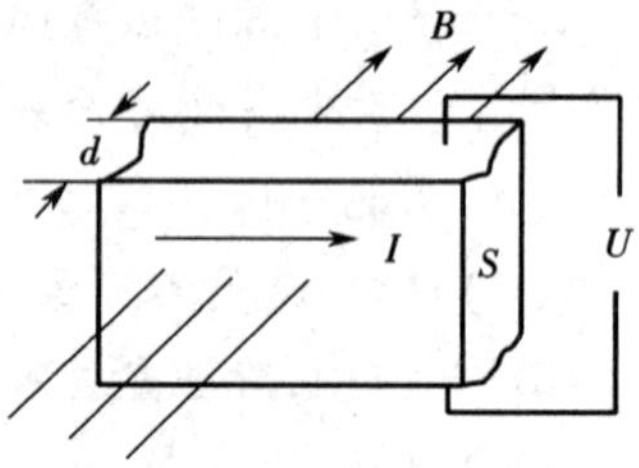


题7-24图

7-25　如图所示,处在某匀强磁场中的载流金属导体块中出现霍耳效应,测得两底面 $M$、$N$ 的电势差为 $U_M - U_N = 0.3 \times 10^{-3}$ V,则图中所加匀强磁场的方向为(　　)。

(A)竖直向上　　(B)竖直向下　　(C)水平向前　　(D)水平向后

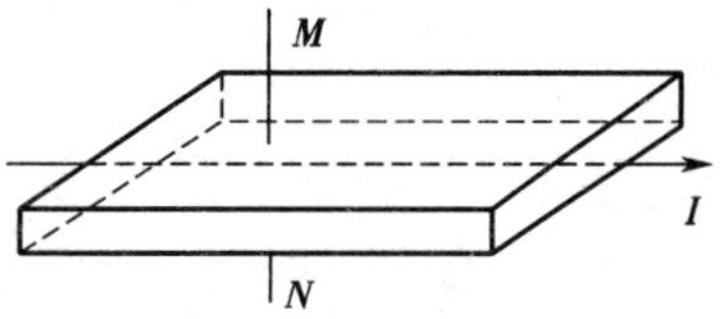


题 7-25 图

7-26　磁介质有三种，用相对磁导率 $\mu_r$ 表征它们各自的特性时（　　）。

(A) 顺磁质 $\mu_r>0$，抗磁质 $\mu_r<0$，铁磁质 $\mu_r\gg1$

(B) 顺磁质 $\mu_r>1$，抗磁质 $\mu_r=1$，铁磁质 $\mu_r\gg1$

(C) 顺磁质 $\mu_r>1$，抗磁质 $\mu_r<1$，铁磁质 $\mu_r\gg1$

(D) 顺磁质 $\mu_r<0$，抗磁质 $\mu_r<1$，铁磁质 $\mu_r>0$

7-27　两种不同磁性材料做的小棒，分别放在两个磁铁的两个磁极之间，小棒被磁化后在磁极间处于不同的方位，如图所示，则（　　）。

(A) $a$ 棒是顺磁质，$b$ 棒是抗磁质

(B) $a$ 棒是顺磁质，$b$ 棒是顺磁质

(C) $a$ 棒是抗磁质，$b$ 棒是顺磁质

(D) $a$ 棒是抗磁质，$b$ 棒是抗磁质

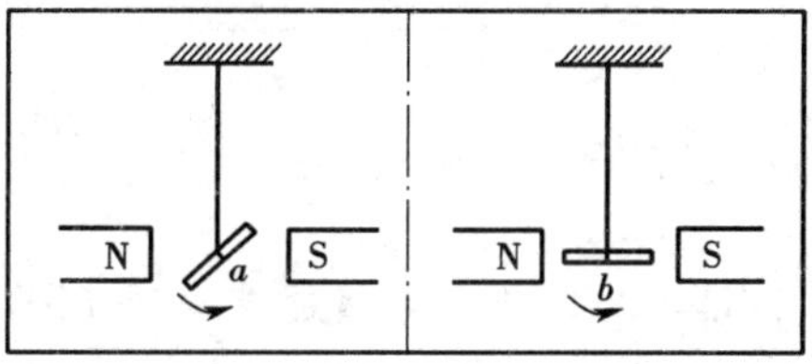


题 7-27 图

7-28　在一根通有电流 $I$ 的长直导线旁，与之共面地放着一个长、宽各为 $a$ 和 $b$ 的矩形线框，线框的长边与载流长直导线平行，且二者相距为 $b$，如图所示。在此情况下，线框内的磁通量__________。

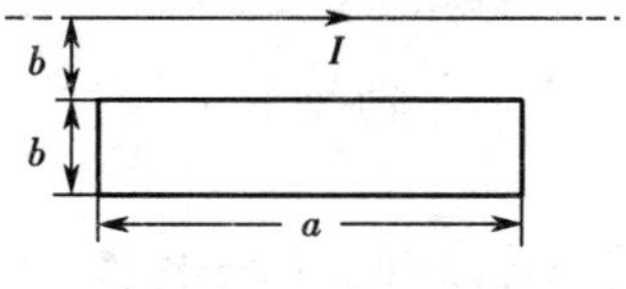


题 7-28 图

7-29　在磁感应强度为 $\boldsymbol{B}$ 的均匀磁场中作一半径为 $r$ 的半球面 $S$，$S$ 边线所在平面的法线方向单位矢量 $\boldsymbol{n}$ 与 $\boldsymbol{B}$ 的夹角为 $\alpha$，如图所示，则通过半球面 $S$ 的磁通量为__________。

7-30　已知均匀磁场，其磁感应强度 $B=2.0\ \mathrm{Wb/m^2}$，方向沿 $x$ 轴方向，如图所示。则通过图中 $abOc$ 面的磁通量为__________，通过图中 $bedO$ 面的磁通量为__________，通过图中 $acde$ 面的磁通量为__________。

7-31　电流 $I$ 均匀流过半径为 $R$ 的圆形长直导线，则单位长直导线通过图中所示剖面的磁通量 $\Phi=$__________。

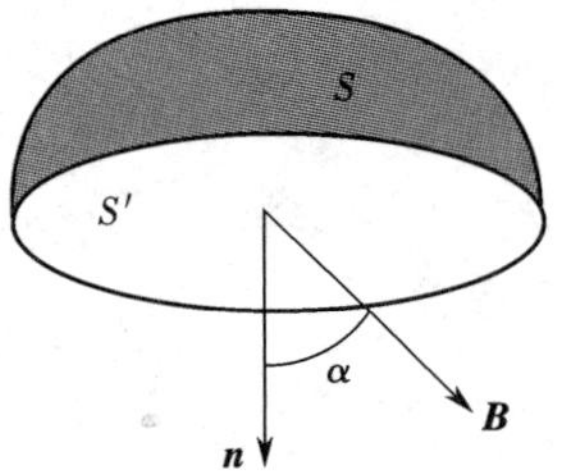


题7-29图

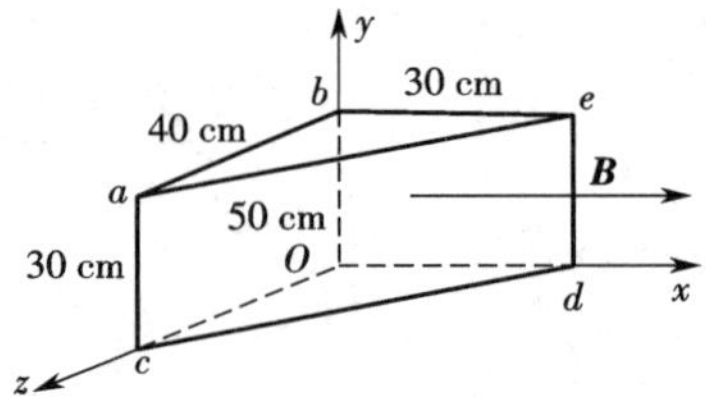


题7-30图

7-32　如图所示,磁感强度 $\boldsymbol{B}$ 沿闭合曲线 $L$ 的环流 $\oint_L \boldsymbol{B}\cdot d\boldsymbol{l}=$ ________。

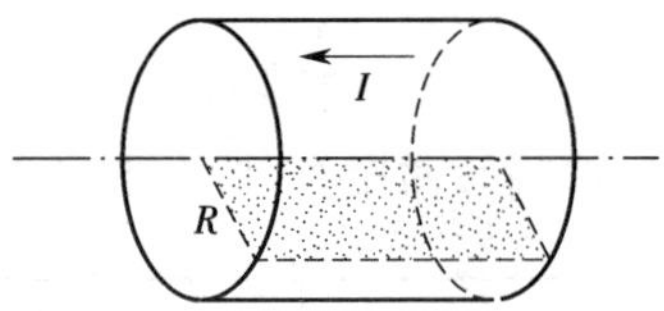


题7-31图

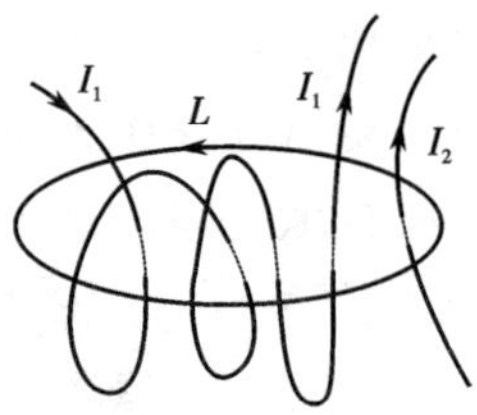


题7-32图

7-33　两根长直导线通有电流 $I$,如图所示有三种环路;在三种情况下,$\oint \boldsymbol{B}\cdot d\boldsymbol{l}$ 分别为________(对于环路 $a$)、________(对于环路 $b$)、________(对于环路 $c$)。

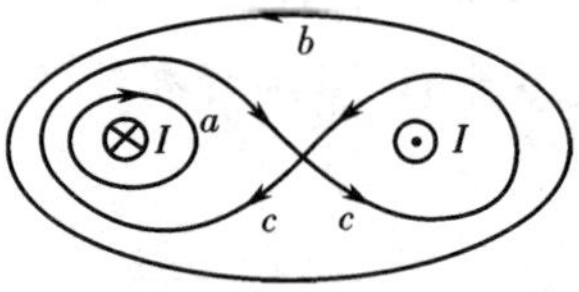


题7-33图

7-34　如图所示,在真空中有一半径为 $a$ 的 $\frac{3}{4}$ 圆弧形的导线,其中通以稳恒电流 $I$,导线置于均匀外磁场 $\boldsymbol{B}$ 中,且 $\boldsymbol{B}$ 与导线所在平面垂直,则该载流导线 $\overset{\frown}{bc}$ 所受的磁力大小为________。

7-35　半径为 $R$、通有稳恒电流 $I$ 的四分之一圆弧形载流导线 $\overset{\frown}{bc}$,按图示方向置于均匀外磁场 $\boldsymbol{B}$ 中,该导线所受安培力的大小为________,方向为________。

7-36　一个半径为 $R$、电荷面密度为 $\sigma$ 的均匀带电圆盘,以角速度 $\boldsymbol{\omega}$ 绕过圆心且垂直于盘面的轴线旋转。今将其放在磁感应强度为 $\boldsymbol{B}$ 的均匀外磁场中,磁场的方向垂直于轴线。若在距盘心为 $r$ 处取一宽为 $dr$ 的圆环,则通过该圆环的电流 $dI=$ ________,该电流所受磁力矩的大小 $dM=$ ________,圆盘所受合力矩的大小 $M=$ ________。

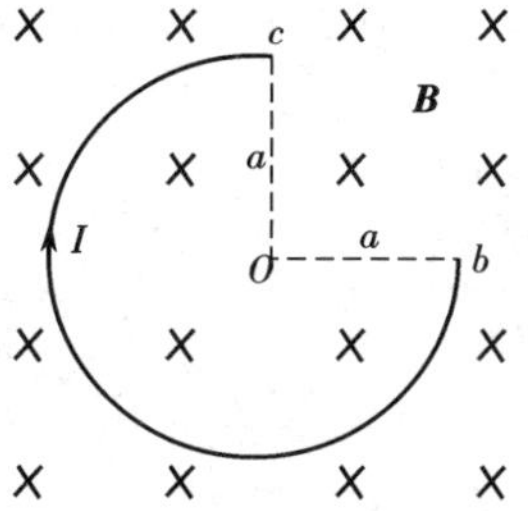


题 7-34 图

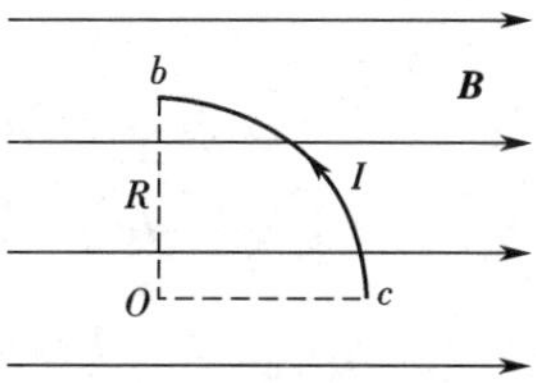


题 7-35 图

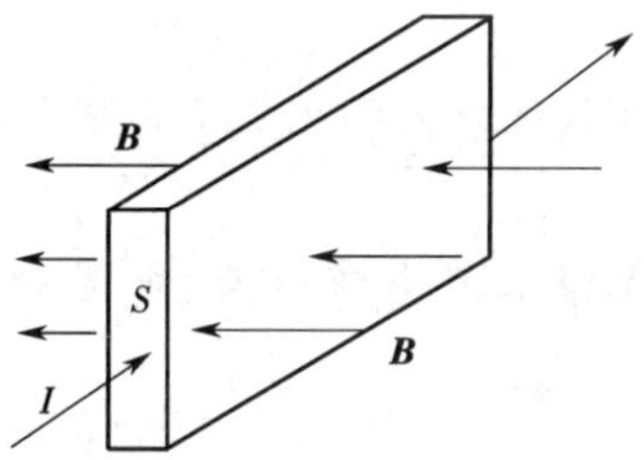


题 7-37 图

7-37　截面积为 $S$，截面形状为矩形的直金属条中通有电流 $I$。金属条放在磁感应强度为 $\boldsymbol{B}$ 的匀强磁场中，$\boldsymbol{B}$ 的方向垂直于金属条的左、右侧面（如图所示）。在图示情况下，金属条的上侧面将积累__________电荷。

7-38　$A$、$B$ 两个电子都垂直于磁场方向射入一均匀磁场而作圆周运动。$A$ 电子的速率是 $B$ 电子的两倍，设 $R_A$ 和 $R_B$ 分别是电子 $A$ 和 $B$ 的轨道半径，$T_A$ 和 $T_B$ 分别为它们各自的运动周期，则两电子的轨道半径之比 $R_A : R_B =$__________，周期之比 $T_A : T_B =$__________。

7-39　按照经典模型，基态原子中的电子绕原子核运动的圆周轨道半径为 $5.29 \times 10^{-11}$ m，频率为 $6.58 \times 10^{15}$ Hz。由此可知，电子轨道运动的磁矩为__________。

7-40　无限长直导线折成 V 形，顶角为 $\theta$，置于 $xOy$ 平面内，一个角边与 $x$ 轴重合，如图所示。当导线中有电流 $I$ 时，求 $y$ 轴上一点 $P(0,a)$ 处的磁感应强度的大小和方向。

7-41　一载有电流 $I$ 的长直导线弯折成如图所示的状态，$CD$ 为 1/4 圆弧，半径为 $R$，圆心 $O$ 在 $AC$、$EF$ 的延长线上，求 $O$ 点处的磁感应强度大小和方向。

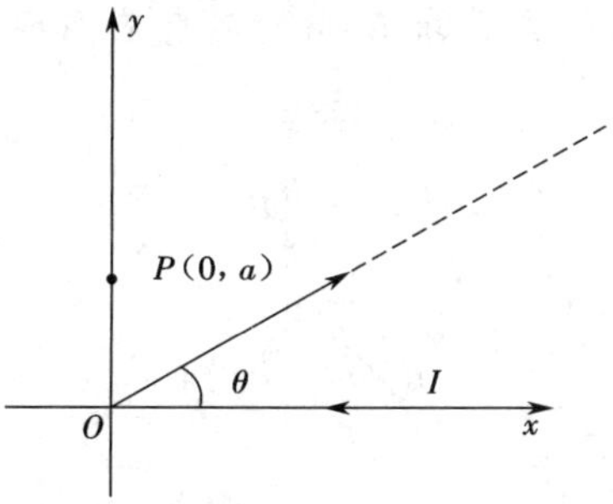


题 7-40 图

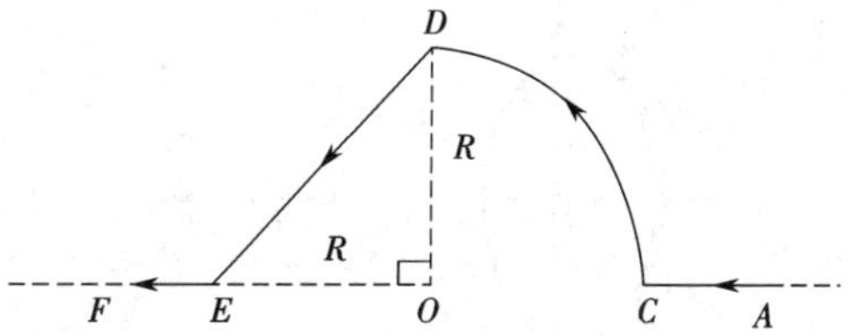


题 7-41 图

7-42　一弯曲的载流导线在同一平面内，形状如图所示（$O$ 点是半径为 $R_1$ 和 $R_2$ 的两个半圆弧的共同圆心，电流自无穷远来到无穷远去），求 $O$ 点磁感应强度的大小和方向。

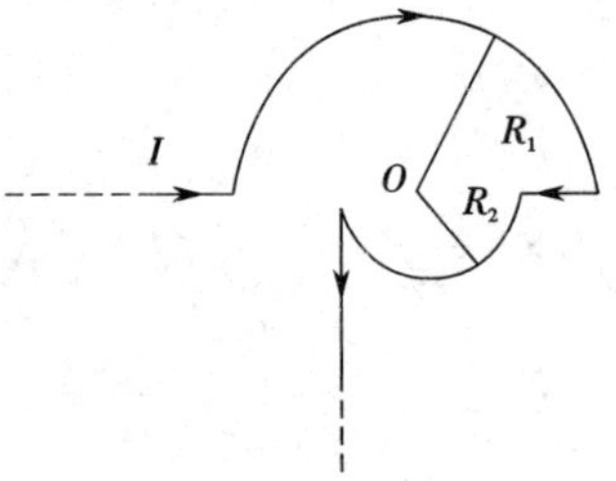


题7-42图

7-43　如图所示,一半径为$R$的无限长半圆柱面导体,沿长度方向的电流$I$在柱面上均匀分布,求中心轴线$OO'$上的磁感应强度的大小。

7-44　如图所示,半圆形电流在$xOz$平面内,且与两半无限长直电流垂直,求圆心$O$点的磁感应强度。

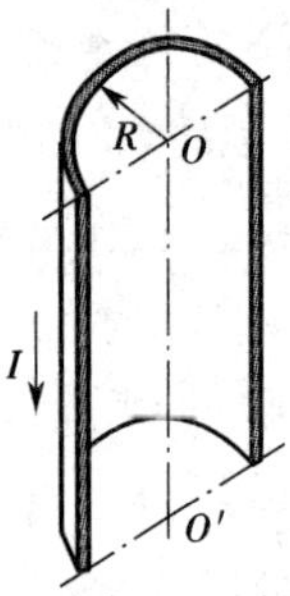


题7-43图

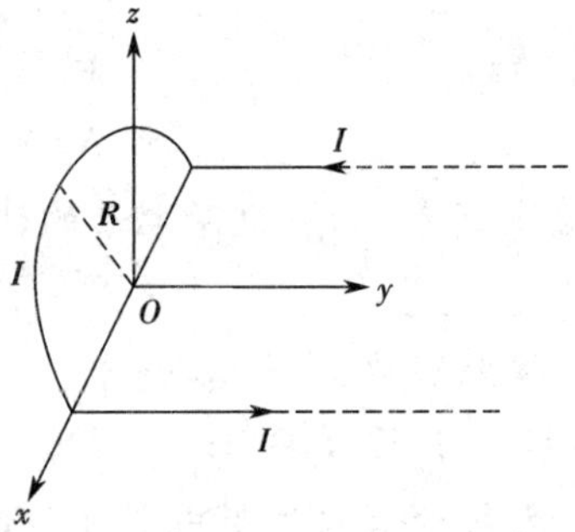


题7-44图

7-45　半径为$R$的薄圆盘均匀带电,电荷面密度为$\sigma$,令此盘绕通过盘心且垂直盘面的轴线作匀速转动,角速度为$\omega$,求盘心处的磁感应强度的大小和旋转圆盘的磁矩。

7-46　一长直导线弯成如图所示的形状,导线中通以电流$I$,求$O$点的磁感应强度大小和方向。

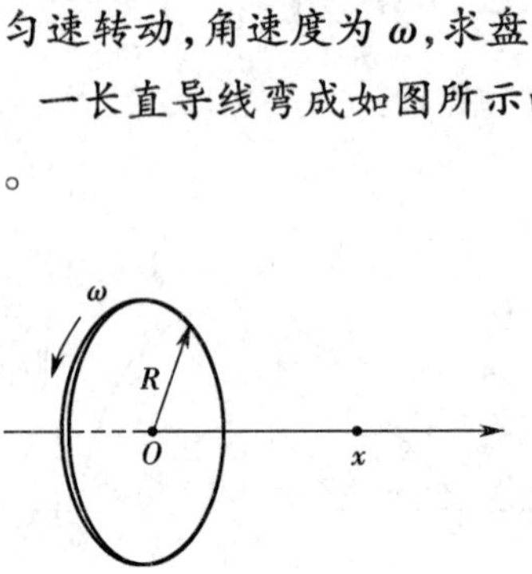


题7-45图

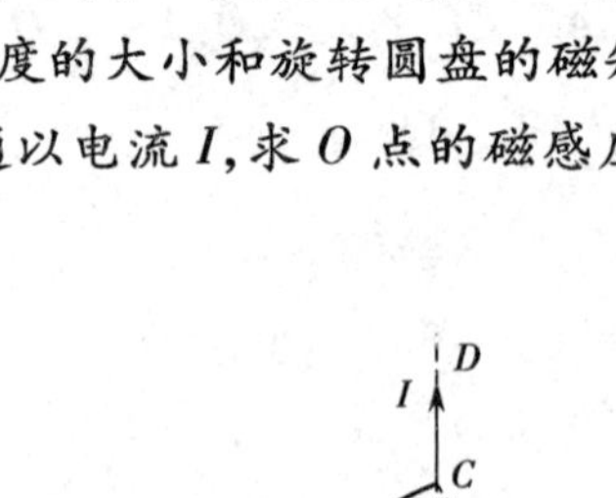


题7-46图

7-47　如图所示,一无限长直导线通有电流$I=10$ A,在一处折成夹角$\theta=60°$的折线。求角平分线上与导线的垂直距离均为 $r=0.1$ cm 的 $P$ 点处的磁感应强度。

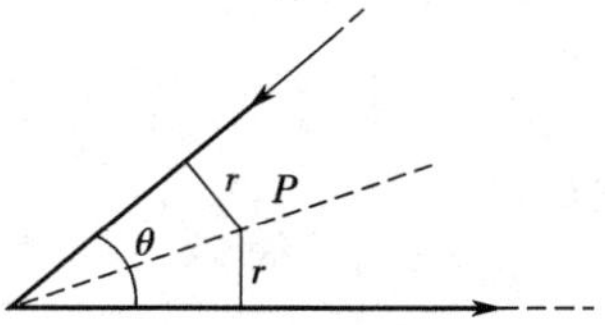


题7-47图

7-48　有一无限长圆筒，内半径为 $R_1$，外半径为 $R_2$，沿轴向通有恒定电流，均匀分布，电流密度为 $J$，求磁感应强度分布。

7-49　一长直同轴电缆，内导线是一导体圆柱体（半径为 $a$），外导线是同轴的导体圆管（内、外半径分别为 $b$、$c$）。使用时，电流 $I$ 从一导体流去，从另一导体流回，设电流都是均匀分布在导体的横截面上。求：导体圆柱内（$r<a$）、两导体之间（$a<r<b$）、导体圆筒内（$b<r<c$）以及电缆外（$r>c$）各点处磁感应强度的大小。

7-50　一无限长直线电流 $I_1$ 旁边有一段与之垂直且共面的电流 $I_2$，载流 $I_2$ 的导线长度为 $L$，其一端离无限长直线电流的距离也是 $L$，如图所示。试求电流 $I_1$ 作用在电流 $I_2$ 上的磁场力。

7-51　如图所示，一根长直导线载有电流为 $I_1$，矩形回路上的电流为 $I_2$，计算作用在回路上的合力。

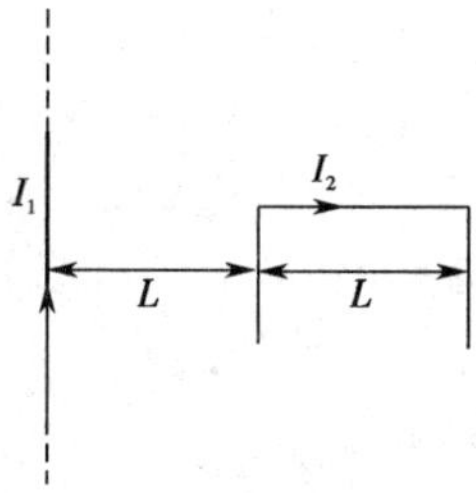


题7-50图

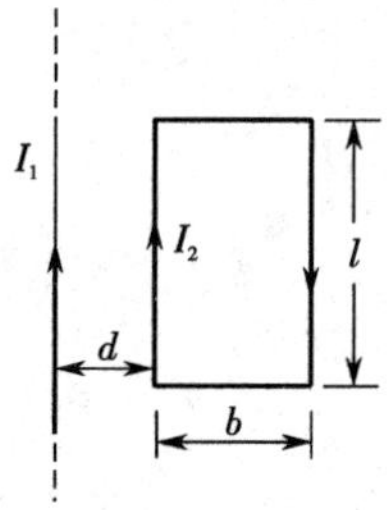


题7-51图

7-52　如图所示，长直电流 $I_1$ 附近有一等腰直角三角形线框，通以电流 $I_2$，二者共面. 求△$ABC$ 的各边所受的磁场力。

7-53　半径 $R=0.1$ m 的半圆形闭合线圈，载有 $I=10.4$ A 的电流，放在磁感应强度大小为 0.50 T 的均匀外磁场中，磁场方向与线圈平行，如图所示。求

(1)线圈的磁矩；

(2)线圈受到的磁力矩。

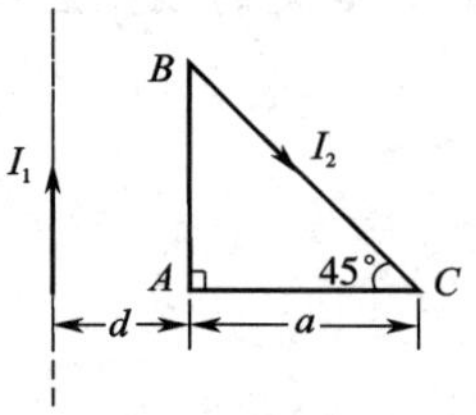


题7-52图

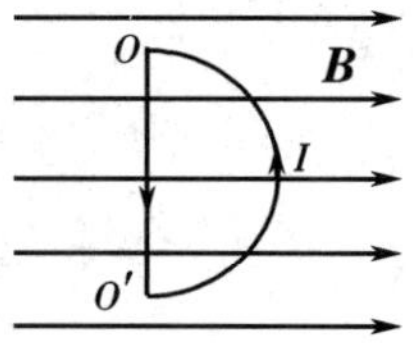


题7-53图

7-54　已知半径之比为2∶1的两载流圆线圈各自在其中心处产生的磁感应强度相等,求当两线圈平行放在均匀外场中时,两圆线圈所受磁力矩大小之比.

# 第8章　电磁感应

上海磁悬浮列车设计时速430 km/h,现在实际运行时速约301 km/h,转弯处半径达8 000 m,肉眼观察几乎是一条直线,最小的半径也达1 300 m。磁悬浮列车上装有电磁体,铁轨底部则安装线圈。通电后,地面线圈产生的磁场极性与列车上的电磁体极性总保持相同,两者“同性相斥”,排斥力使列车悬浮起来。铁轨两侧也装有线圈,交流电使线圈变为电磁体。它与列车上的电磁体相互作用,使列车前进。

法拉第(Michael Faraday,1791—1867),英国伟大的实验物理学家和化学家。他创造性地提出场的思想,磁场这一名称是法拉第最早引入的。他是电磁理论的创始人之一,于1831年发现电磁感应现象,后又相继发现电解定律、物质的抗磁性和顺磁性以及光的偏振面在磁场中的旋转等现象。

1820年,奥斯特通过实验发现了电流的磁效应之后不久,英国实验物理学家法拉第即于1821年重复了奥斯特和安培的实验。1824年,他提出了“磁能否产生电的想法”。经过不懈的努力,终于在1831年取得了突破性的进展,发现了电磁感应现象。后经麦克斯韦等人的工作,给出了电磁感应定律的数学表达式。电磁感应现象的发现进一步揭示了自然界电现象和磁现象之间的联系,为麦克斯韦电磁场理论的建立奠定了坚实的基础,并且还标志着新的技术革命和工业革命即将到来,使现代电力工业、电工和电子技术得以建立和发展。

## 8.1　法拉第电磁感应的基本定律

### 8.1.1　电磁感应现象

1831年8月29日,法拉第首次发现处在随时间而变化的电流附近的闭合回路中有感应电流产生。在兴奋之余,他又做了一系列实验,用不同的方式证明电磁感应现象的存在及其规律。下面探讨两个简单的实验,为讨论法拉第电磁感应定律作准备。

**实验一** 图8.1.1所示为一连接到灵敏电流计上的导电线圈。由于不包含电源,电路中没有电流。当朝着线圈移动条形磁体,则电路中会突然出现电流。当磁体停止移动时,电流就消失。如果再把磁体移开,电流又突然重新出现,但沿相反方向。如果试验一段时间,会将发现下述现象:

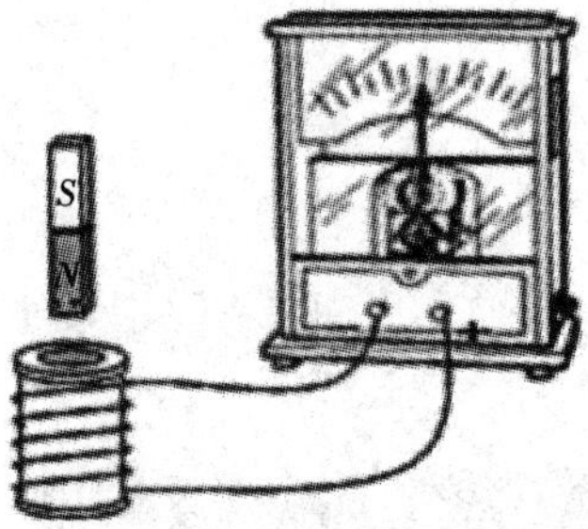

图8.1.1 实验一

(1)只有当线圈与磁体之间有相对运动时(一个必须相对于另一个运动)电流才出现,当它们之间的相对运动停止时电流就消失;

(2)较快的运动产生较大的电流;

(3)如果磁体的N极移向线圈时引起逆时针的电流,N极移开时引起顺时针的电流,S极移向线圈或从线圈移开时也引起电流,但都沿相反的方向。

**实验二** 如图8.1.2所示,用一个通电圆线圈替换实验一中的条形磁铁。当合上右边线圈中的开关,在左边回路中电流计突然并短暂地显示一电流;随后断开开关,又一个突然而短暂的电流出现在左边线圈中,但沿相反的方向。只有当右边线圈中的电流正在变化(接通或断开)时,左边回路中才产生电流,有电流意味着有电源或者电动势出现。

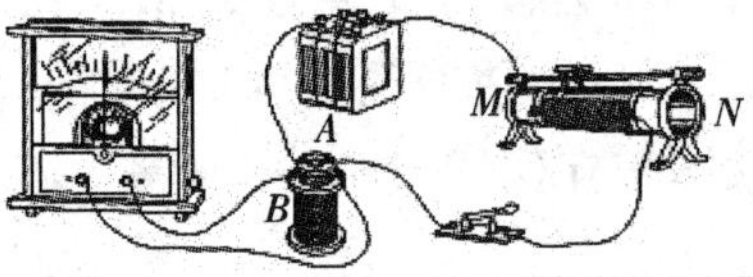

图8.1.2 实验二

很明显,当某些物理量变化时才会出现上述实验现象——但这“某些物理量”究竟是什么?法拉第认识到,使穿过线圈的**磁场的量**(可以用穿过线圈的磁场线的条数加以形象化,即磁通量)发生变化,能在线圈中感应出电动势和电流。所以,可以将实验现象形象化地描述为:当穿过图8.1.1和图8.1.2中左边线圈磁场线的条数变化时,线圈中就感应出电动势。

在线圈中产生的电流叫作**感应电流**(induction current);在线圈回路中出现电流,表明线圈中有电动势,这种在线圈回路中由于磁通量的变化而引起的电动势叫作**感应电动势**(induction electromotive);产生感应电流和感应电动势的过程叫作**电磁感应**(electromagnetic induction)。

在实验一(见图8.1.1)中,条形磁铁向下运动时,穿过线圈的磁场线数目增加。这个增量显然使电子在线圈中移动(感应电流),并为它们的运动提供能量(感应电动势)。当磁体停止运动时,穿过线圈的磁场线数目不再变化,感应电流和感应电动势也就消失了。

在实验二(见图8.1.2)中,开关断开(无电流)时,没有磁场线通过,而接通右边线圈中的电流时,增大的电流在该线圈周围即左边线圈处建立增大的磁场。因此,穿过左边线圈的磁场线数目增加。如同在实验一中那样,穿过该线圈的磁场线数目增加显然会在那里感应出电流和电动势。当右边线圈中电流达到最终的稳定值时,穿过左边线圈的磁场线数目不再变化,感应电流和感应电动势就消失了。

### 8.1.2　法拉第电磁感应定律

所有电磁感应实验及分析都表明:**当穿过闭合回路所围面积的磁通量发生变化时,不论这种变化是什么原因引起的,回路中都会出现感应电动势和感应电流,并且此感应电动势的大小等于通过导体回路的磁通量对时间的变化率**,即

$$\varepsilon=\frac{\mathrm{d}\Phi_{\mathrm{m}}}{\mathrm{d}t} \tag{8.1.1a}$$

这就是**法拉第电磁感应定律**(Faraday law of electromagnetic induction),上式为其数学表达式。

实际上用到的线圈常常是许多匝串联而成的,在这种情况下,整个线圈中产生的感应电动势应是每匝线圈中产生的感应电动势之和。如果回路有 $N$ 匝,而且通过每匝线圈的磁通量都是$\Phi_{\mathrm{m}}$,则

$$\varepsilon=N\frac{\mathrm{d}\Phi_{\mathrm{m}}}{\mathrm{d}t}$$

令$\Psi_{\mathrm{m}}=N\Phi_{\mathrm{m}}$,叫作穿过线圈的全磁通,也可称为通过线圈的**磁链**(magnetic flux linkage)。因此,法拉第电磁感应定律就可写成

$$\varepsilon=\frac{\mathrm{d}\Psi_{\mathrm{m}}}{\mathrm{d}t} \tag{8.1.1b}$$

如果回路的电阻为 $R$,那么回路中感应电流的大小

$$I=\frac{\varepsilon}{R}$$

从法拉第电磁感应定律的数学表达式可以看出,感应电动势是一个标量,但是电动势是有方向的。那么感应电动势的方向又是如何来表示的呢?

### 8.1.3　楞次定律

在图 8.1.3(a)中,磁铁 N 极靠近线圈,线圈回路中感应电动势的方向和回路的绕行方向相反,此时线圈中感应电流所激发的磁场与原磁场 $\boldsymbol{B}$ 的方向相反,它阻碍磁铁向线圈运动;在图 8.1.3(b)中,磁铁 N 极远离线圈,线圈回路中感应电动势的方向和回路的绕行方向相同,此时线圈中感应电流所激发的磁场与原磁场 $\boldsymbol{B}$ 的方向相同,它阻碍磁铁远离线圈运动。

综上所述,可以得出如下规律:**当穿过闭合回路所包围面积的磁通量发生变化时,在回路中就会有感应电流,此感应电流的方向总是使它自己所激发的磁场阻碍引起感应电流的磁通量的变化(增大或减小)**。或用另一种方式来表述:**闭合回路中感应电流激发的磁场总是用来反抗产生感应电流的原因**(反抗相对运动、磁场变化或线圈变形)。这就是 1834 年楞次根据大量实验总结出的一种直接判断感应电流及感应电动势方向的法

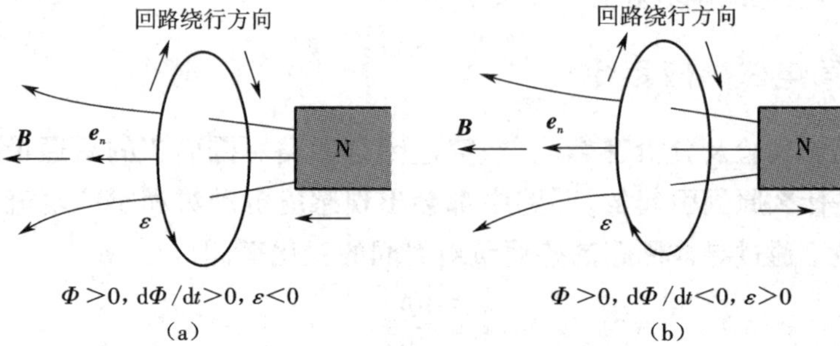


图 8.1.3　感应电动势方向的确定

则——**楞次定律(Lenz law)**。

讨论:用楞次定律解释为什么一个小的条形磁铁能悬浮在用超导材料做成的盘子上。

若利用正负号表示感应电动势的方向,应先规定导体回路 $L$ 的绕行方向。如图 8.1.3 所示,当回路中磁场线的方向和所规定回路的绕行方向满足右手螺旋关系时,磁通量 $\boldsymbol{\Phi}_m$ 是正值。这时,如果磁铁插入线圈时,穿过线圈回路的磁通量增大,即

$$\frac{d\boldsymbol{\Phi}_m}{dt}>0$$

由楞次定律可知,此时感应电动势的方向和回路的绕行方向相反,如图 8.1.3(a)所示,则 $\varepsilon<0$;如果将磁铁从线圈中抽出时,穿过线圈回路的磁通量减小,即

$$\frac{d\boldsymbol{\Phi}_m}{dt}<0$$

此时感应电动势的方向和回路的绕行方向相同,如图 8.1.3(b)所示,则 $\varepsilon>0$。于是法拉第电磁感应定律可以写成

$$\varepsilon=-\frac{d\boldsymbol{\Phi}_m}{dt}\left(\text{或 } \varepsilon=-\frac{d\boldsymbol{\Psi}_m}{dt}\right) \tag{8.1.1c}$$

式(8.1.1c)中的负号是楞次定律的数学表示,反映感应电动势的方向与磁通量变化率的关系。

**例 8.1.1**　交流发电机的原理。交流发电机及其输变电系统是由 N. 特斯拉和 G. 威斯汀豪斯于 1893 年研制完成的。当时,美国巨大的尼亚加拉水电站就采用了他们的交流发电机和输变电系统。从此,世界各国的电力工业得到迅猛发展,为第二次工业革命提供了强大的动力源。

右图为我国的长江三峡水电站的大坝。坝顶总长 3 035 m,坝顶高程 185 m,正常蓄水位 175 m,总库容 393 $\times10^8$ $m^3$,共装 26 台单容量为 70 万 kW 的发电机组。

在如图8.1.4所示的均匀磁场中，置有面积为$S$的可绕$OO'$轴转动的$N$匝线圈。若线圈以角速度$\boldsymbol{\omega}$作匀速转动。求线圈中的感应电动势。

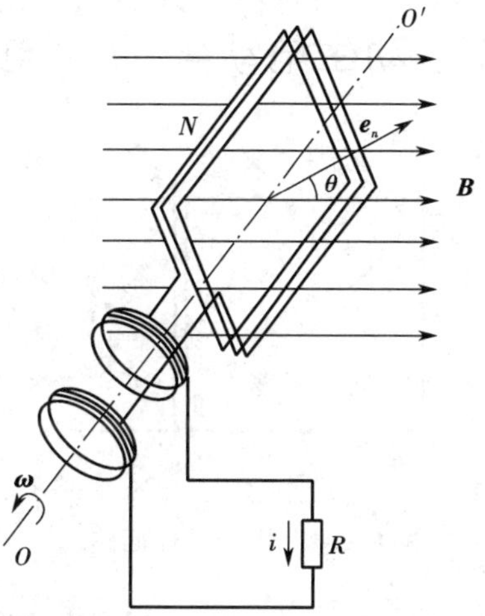

图8.1.4　例8.1.1用图

**解**　在$t=0$时，线圈平面的正法线$\boldsymbol{e}_n$的方向与磁感应强度$\boldsymbol{B}$的方向相同。那么，在$t$时刻，$\boldsymbol{e}_n$与$\boldsymbol{B}$之间的夹角$\theta=\omega t$。此时，穿过$N$匝线圈的磁链

$$\Psi_{\mathrm{m}}=N\Phi_{\mathrm{m}}=NBS\cos\theta=NBS\cos\omega t$$

由式(8.1.1c)可得线圈中的感应电动势

$$\varepsilon=-\frac{\mathrm{d}\Psi_m}{\mathrm{d}t}=NBS\omega\sin\omega t$$

式中$N$、$S$、$B$和$\omega$均是常量。令$\varepsilon_{\mathrm{m}}=NBS\omega$，上式改写为

$$\varepsilon=\varepsilon_m\sin\omega t$$

线圈单位时间转动的周数用$f$表示，所以有$\omega=2\pi f$。上式亦可写成

$$\varepsilon=\varepsilon_{\mathrm{m}}\sin 2\pi ft$$

由上述计算可知，在均匀磁场中，匀速转动的线圈内所建立的感应电动势是时间的正弦函数。$\varepsilon_{\mathrm{m}}$为感应电动势的最大值(图8.1.5(a))，叫作电动势的**幅值**。它与磁场的磁感应强度、线圈的面积、匝数$N$和转动的角速度成正比。

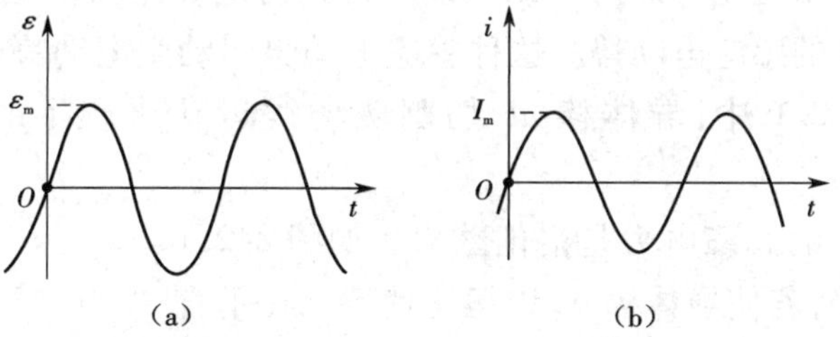

图8.1.5　感应电动势、感应电流变化曲线

当外电路的电阻$R$较之线圈的电阻$R_i$大得多，即$R\gg R_i$时，则根据欧姆定律，闭合回路中的感应电流

$$i=\frac{\varepsilon_{\mathrm{m}}}{R}\sin\omega t=I_{\mathrm{m}}\sin\omega t$$

式中，$I_{\mathrm{m}}=\varepsilon_{\mathrm{m}}/R$为感应电流的幅值[图8.1.5(b)]。可见，在均匀磁场中匀速转动的线圈内的感应电流也是时间的正弦函数。这种电流叫作**正弦交变电流**，简称**交流电**。

应当指出，这里分析的是交流发电机的基本工作原理。实际上大功率的交流发电机输出交流电的线圈是固定不动的，转动的部分则是提供磁场的电磁铁线圈(即转子)，它以角速度$\boldsymbol{\omega}$绕$OO'$轴转动，而形成所谓旋转磁场。这种结构的发电机是由特斯拉发明的。

## 8.2 动生电动势、感生电动势

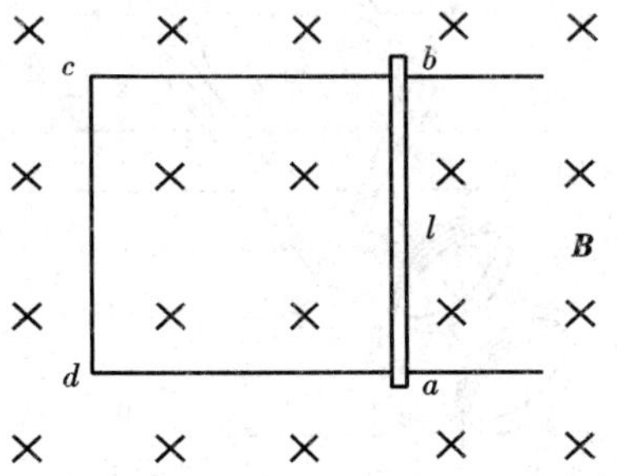

图 8.2.1 矩形导体回路

如图 8.2.1 所示,一矩形导体回路 $abcd$ 置于匀强磁场中,可动的边是一根长为 $l$ 的导体棒 $ab$,均匀磁场垂直纸面向里。可以通过几种方式在导体回路 $abcd$ 中产生感应电动势?这几种方式产生感应电动势的原因相同吗?产生的电动势大小分别为多少?方向如何?

### 8.2.1 动生电动势

如前所述,**电源**是一种能够把其他形式的能量转化为电能的装置。对于一个回路中的**电动势**,其大小等于单位正电荷沿闭合回路运动一周,**非静电力**所做的功,其数学表达式为

$$\varepsilon = \oint_L \boldsymbol{E}_{ne} \cdot \mathrm{d}\boldsymbol{l} \tag{8.2.1}$$

式中,$\boldsymbol{E}_{ne}$表示非静电场的电场强度。

式(8.1.1a)表明,穿过一个闭合导体回路的磁通量发生变化时,回路中就产生感应电动势。但引起磁通量变化的原因可以不同。首先讨论导体在恒定磁场中运动而由回路所围面积变化产生的感应电动势。这种感应电动势叫**动生电动势(motional electromotive force)**。在图 8.2.1 中,导体棒 $ab$ 切割磁场线运动时产生的电动势就是动生电动势。

产生动生电动势的非静电力是洛伦兹力。如图 8.2.1 所示的矩形导体回路,若使导体棒 $ab$ 以恒定速率 $v$ 在垂直于磁感应强度 $\boldsymbol{B}$ 的平面内,沿垂直于它自身的方向向右平移,棒内的自由电子被带着以同一速度 $\boldsymbol{v}$ 向右运动,因而每个电子都受到如图 8.2.2 所示的洛伦兹力,其表达式为

$$\boldsymbol{f} = -e\boldsymbol{v} \times \boldsymbol{B} \tag{8.2.2}$$

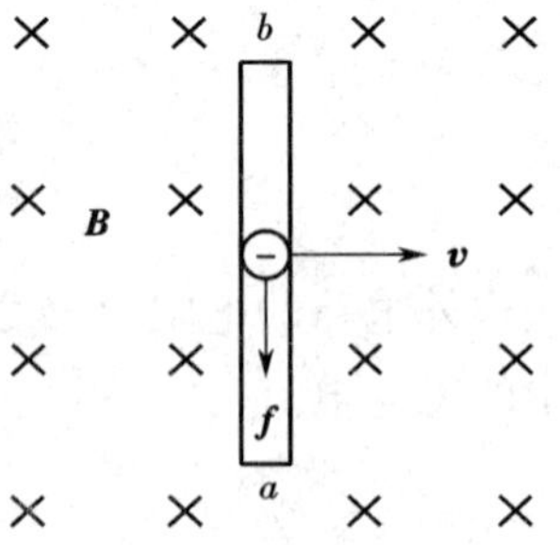

图 8.2.2 动生电动势与洛伦兹力

在洛伦兹力 $\boldsymbol{f}$ 的作用下,自由电子将沿着 $adcb$ 方向运动,即电流是沿着 $abcd$ 方向。此时单位正电荷所受到的非静电力

$$\boldsymbol{E}_{ne} = \frac{\boldsymbol{f}}{-e} = \boldsymbol{v} \times \boldsymbol{B}$$

于是,由电动势的定义式(8.1.2)可得动生电动势

$$\varepsilon = \oint_L (\boldsymbol{v} \times \boldsymbol{B}) \cdot \mathrm{d}\boldsymbol{l} \tag{8.2.3a}$$

用上式讨论图 8.2.1 所示的矩形导体回路产生的动生电动势。在该导体回路中只

有 $ab$ 段切割磁场线，所以电动势可表示为

$$\varepsilon=\int_a^b(\boldsymbol{v}\times\boldsymbol{B})\cdot\mathrm{d}\boldsymbol{l} \tag{8.2.3b}$$

$\boldsymbol{v}\times\boldsymbol{B}$ 的方向指向电势升高的方向，这里为由 $a$ 指向 $b$，与用楞次定律判断的方向相同；因为 $\boldsymbol{v}\times\boldsymbol{B}$ 的大小为 $vB$，方向与 $\mathrm{d}\boldsymbol{l}$ 平行，所以

$$(\boldsymbol{v}\times\boldsymbol{B})\cdot\mathrm{d}\boldsymbol{l}=vB\mathrm{d}l$$

式中，$v$、$B$ 均为常量。积分结果为 $\varepsilon=Blv$，与直接用法拉第电磁感应定律计算的结果相同。

如果不存在导体回路，在洛伦兹力作用下将使自由电子向 $a$ 端聚集，使 $a$ 端带负电，而 $b$ 端带正电，在导体中产生一静电场，静电场力与洛伦兹力方向相反，当二力平衡时电场强度 $\boldsymbol{E}=-\boldsymbol{v}\times\boldsymbol{B}$，两端的电势差 $U_{ba}=vBl$；这一段运动的导体相当于电源，$a$ 端为负极，$b$ 端为正极。

**例 8.2.1**　如图 8.2.3 所示，长度为 $L$ 的一根铜棒（它为某一闭合导体回路的一部分）在均匀磁场 $\boldsymbol{B}$ 中绕其一端 $O$ 以角速度 $\omega$ 作匀角速转动，且转动平面与磁场方向垂直，求铜棒两端的电势差。

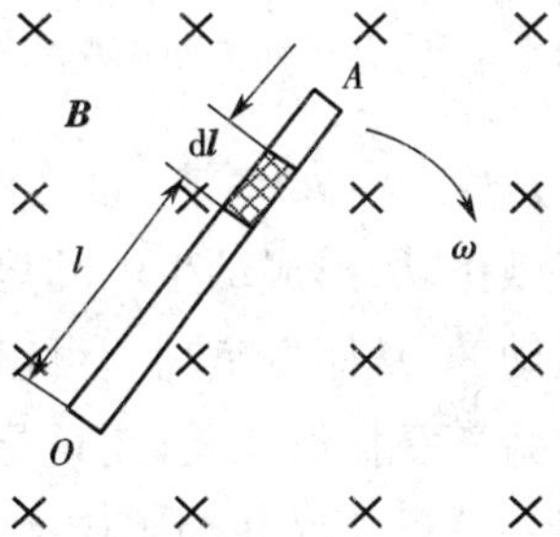

图 8.2.3　铜棒在均匀磁场中转动

**解**　由于铜棒在均匀磁场中作匀角速转动，所以棒上各处的线速度 $v$ 不同。在距 $O$ 点为 $l$ 处取一线元 $\mathrm{d}\boldsymbol{l}$，其速度大小 $v=\omega l$，利用式（8.2.3），铜棒上所产生的动生电动势

$$\begin{aligned}\varepsilon&=\int_O^A(\boldsymbol{v}\times\boldsymbol{B})\cdot\mathrm{d}\boldsymbol{l}=\int_O^L vB\sin\frac{\pi}{2}\cos 0\mathrm{d}l\\&=\frac{1}{2}\omega BL^2\end{aligned}$$

上式中 $\varepsilon>0$，表示电动势 $\varepsilon$ 的方向由 $O$ 指向 $A$，$O$ 点的电势低，$A$ 点的电势高，铜棒两端的电势差

$$U_{OA}=-\varepsilon=-\frac{1}{2}\omega BL^2$$

**例 8.2.2**　无限长直导线中通有电流 $I=10$ A，另一长 $l=0.2$ m 的金属棒 $AB$ 以 $v=2.0$ m/s 的速率平行于长直导线作匀速运动。两者同在纸面内，相互垂直，且棒的 $A$ 端与长直导线距离为 0.1 m，如图 8.2.4 所示。求棒中的动生电动势。

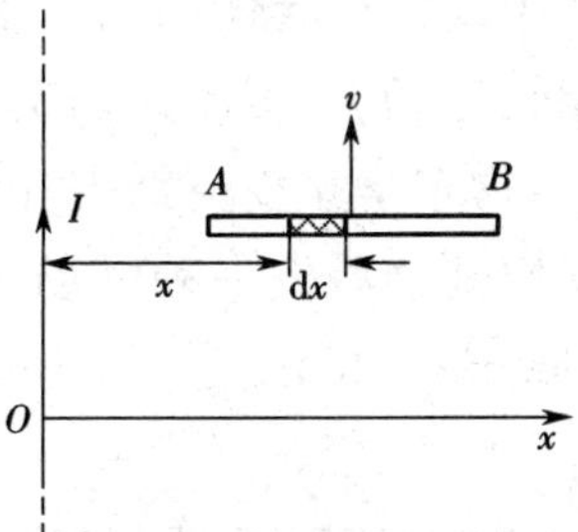

图 8.2.4　金属棒在非均匀磁场中运动

**解**　无限长载流直导线在空间任一点产生的磁感应强度的大小

$$B=\frac{\mu_0 I}{2\pi x}$$

这是一个非均匀场。所以需在金属棒上距长直导线 $x$ 处取线元 $\mathrm{d}x$,其所在位置处磁感应强度的方向垂直纸面向里,且与 $\boldsymbol{v}$ 的方向垂直,则金属棒中的动生电动势

$$\varepsilon = \int_A^B (\boldsymbol{v}\times\boldsymbol{B})\cdot \mathrm{d}\boldsymbol{l} = \int_A^B vB\sin\frac{\pi}{2}\cos\pi\mathrm{d}x = -\int_{0.1}^{0.3} v\frac{\mu_0 I}{2\pi x}\mathrm{d}x$$

$$= \frac{v\mu_0 I}{2\pi}\ln\frac{0.3}{0.1} = -4.4\times10^{-6}\ \mathrm{V}$$

式中的负号表示电动势的方向由 $B$ 指向 $A$。

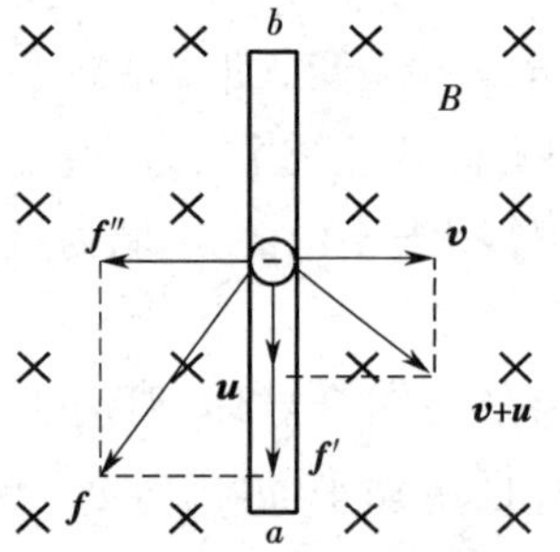


图 8.2.5　洛伦兹力不做功

也许会提出这样的问题:由于洛伦兹力与电荷的运动方向垂直,永远对电荷不做功,而这里又说动生电动势是由洛伦兹力做功引起的,两者是否矛盾呢?其实并不矛盾,这里的讨论只计及洛伦兹力的一部分。全面考虑的话,在运动导体中的电子不但具有导体本身的速度 $\boldsymbol{v}$,而且还有相对导体的定向运动速度 $\boldsymbol{u}$,如图 8.2.5 所示,正是电子的后一运动构成了感应电流。因此,电子所受的总洛伦兹力为

$$\boldsymbol{f} = -e(\boldsymbol{v}+\boldsymbol{u})\times\boldsymbol{B}$$

它与合速度$(\boldsymbol{v}+\boldsymbol{u})$垂直,总洛伦兹力不对电子做功。然而,$\boldsymbol{f}$ 的一个分量$\boldsymbol{f}' = -e\boldsymbol{v}\times\boldsymbol{B}$ 却对电子做正功,形成动生电动势;而另一个分量$\boldsymbol{f}'' = -e\boldsymbol{u}\times\boldsymbol{B}$,它的方向沿 $-\boldsymbol{v}$,它是阻碍导体运动的,从而做负功。可以证明,两个分量所做功的代数和等于零。因此,洛伦兹力的作用并不是提供能量,而只是传递能量,即外力克服洛伦兹力的一个分量$\boldsymbol{f}''$所做的功通过另一分量$\boldsymbol{f}'$转化为感应电流的能量。

### 8.2.2　感生电动势

与导体切割磁场线运动产生动生电动势不同,如图 8.2.1 所示的静止导体回路,当它包围的磁场发生变化时,随之磁通量也会发生变化,回路中会产生感应电动势。这样产生的感应电动势称为**感生电动势**(induced electromotive force)。

洛伦兹力产生动生电动势,产生感生电动势的非静电力是什么力?导体回路未动,没有电荷的定向运动,无洛仑兹力作用;移动静止电荷的力只能是电场力,但不是静电场力,所以这时的非静电力也只能是一种未被认识的电场力。英国物理学家麦克斯韦在分析了一些电磁感应现象之后,提出了如下假设:**变化的磁场在其周围会激发一种电场,这种电场叫作感生电场(induced electric field)或涡旋电场(eddy electric field)**。于是可知**产生感生电动势的非静电力是感生电场力**。

比较感生电场与静电场可知,它们都对电荷有力的作用,但也有显著的不同:(1)静电场存在于静止电荷周围的空间,而感生电场是由变化的磁场所激发;(2)静电场的电场线是起始于正电荷终止于负电荷,而感生电场的电场线是闭合的,它不是保守场。

以 $\boldsymbol{E}_i$ 表示感生电场的场强，由电动势的定义，感生电动势

$$\varepsilon = \oint_L \boldsymbol{E}_i \cdot \mathrm{d}\boldsymbol{l} \tag{8.2.4a}$$

对于变化的磁场，磁通量对时间的变化率可写为

$$\frac{\mathrm{d}\Phi_m}{\mathrm{d}t} = \frac{\mathrm{d}}{\mathrm{d}t}\iint_S \boldsymbol{B} \cdot \mathrm{d}\boldsymbol{S} = \iint_S \frac{\partial \boldsymbol{B}}{\partial t} \cdot \mathrm{d}\boldsymbol{S} \tag{8.2.4b}$$

式中，$S$ 是以回路 $L$ 为边界的曲面。联立式(8.2.4a)、式(8.2.4b)和式(8.1.1c)可得

$$\oint_L \boldsymbol{E}_i \cdot \mathrm{d}\boldsymbol{l} = -\iint_S \frac{\partial \boldsymbol{B}}{\partial t} \cdot \mathrm{d}\boldsymbol{S} \tag{8.2.5}$$

一般情况下，空间总电场 $\boldsymbol{E}$ 是静电场$\boldsymbol{E}_s$和感生电场$\boldsymbol{E}_i$的叠加，即

$$\boldsymbol{E} = \boldsymbol{E}_s + \boldsymbol{E}_i$$

而$\oint_L \boldsymbol{E}_s \cdot \mathrm{d}\boldsymbol{l} = 0$，所以式(8.2.5)变为

$$\oint_L \boldsymbol{E} \cdot \mathrm{d}\boldsymbol{l} = -\iint_S \frac{\partial \boldsymbol{B}}{\partial t} \cdot \mathrm{d}\boldsymbol{S} \tag{8.2.6}$$

式(8.2.6)是电磁学的基本方程之一，在后面的麦克斯韦方程组中还会提到。

**例 8.2.3**　半径为 $R$ 的圆柱形空间分布着均匀磁场，其横截面如图 8.2.6 所示。当磁感应强度 $\boldsymbol{B}$ 随时间以恒定速率$\partial B/\partial t$ 变化时，试求感生电场的分布。

**解　感生电场的电场线是处在垂直于轴线的平面内，以轴为圆心的一系列同心圆**。作以 $O$ 为圆心，$r$ 为半径的圆形闭合回路，回路上各点感生电场的场强大小相等，方向与回路相切。选取回路的正方向是顺时针，由式(8.2.6)有

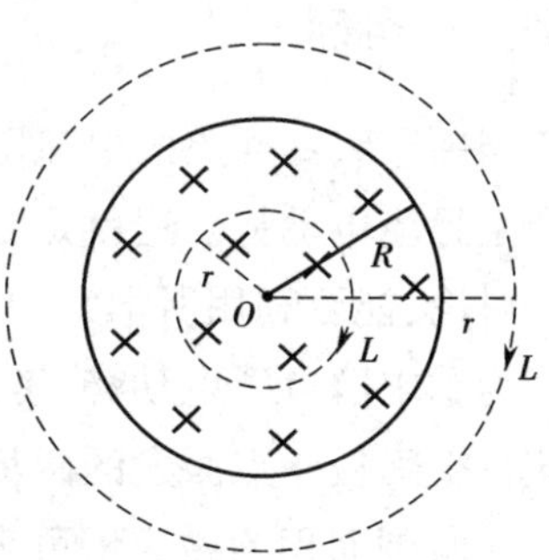

图 8.2.6　例 8.2.3 用图

$$\oint_L \boldsymbol{E} \cdot \mathrm{d}\boldsymbol{l} = E2\pi r = -\iint_S \frac{\partial \boldsymbol{B}}{\partial t} \cdot \mathrm{d}\boldsymbol{S} = -\frac{\partial B}{\partial t}\iint_S \mathrm{d}S$$

当 $r < R$ 时，

$$E2\pi r = -\frac{\partial B}{\partial t}\pi r^2$$

所以

$$E = -\frac{1}{2}r\frac{\partial B}{\partial t}$$

当$\partial B/\partial t > 0$ 时，$E < 0$，电场线方向是逆时针的；当$\partial B/\partial t < 0$ 时，$E > 0$，电场线方向是顺时针的。

当 $r > R$ 时，回路面积上只有 $\pi R^2$ 面积中有磁通量变化，于是有

$$E2\pi r = -\frac{\partial B}{\partial t}\pi R^2$$

所以

$$E = -\frac{R^2}{2r}\frac{\partial B}{\partial t}$$

讨论：如图 8.2.7 所示，磁感应强度为 $\boldsymbol{B}$ 的均匀磁场充满半径为 $R$ 的圆柱体内，有一

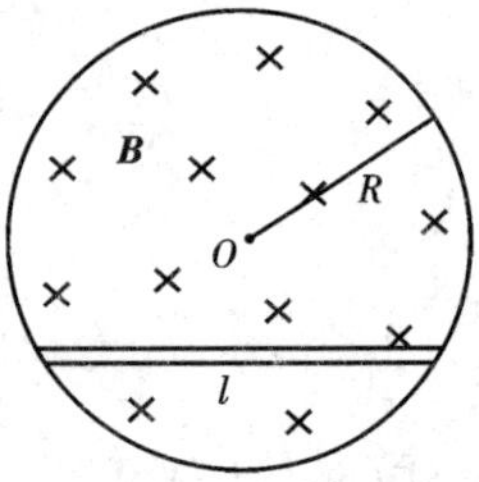

图8.2.7 讨论图

长为 $l$ 的金属棒放在该磁场中,如果 $\boldsymbol{B}$ 正以速率 $\mathrm{d}B/\mathrm{d}t$ 变化,试用两种方法证明:由变化磁场所产生并作用于棒两端的电动势等于$\frac{\mathrm{d}B}{\mathrm{d}t}\frac{l}{2}\sqrt{R^2-\left(\frac{l}{2}\right)^2}$。

## 8.3 自感、互感

由前边所学知识可知,不管以什么方式只要能使穿过闭合回路的磁通量发生变化,此闭合回路内就一定会有感应电动势产生。而引起磁通量变化的原因之一,是由于电流的变化引起的磁场的变化,因此,把感应电动势直接与电流的变化联系起来是有重要实际意义的。

如图8.3.1所示,在通有电流 $i_1$ 的闭合回路1的附近,有另一个通有电流 $i_2$ 的闭合回路2。若仅 $i_1$ 和 $i_2$ 之一发生变化,则在闭合回路1和闭合回路2中有感应电动势产生吗?若有,它们产生的原因相同吗?产生的感应电动势大小为多少?

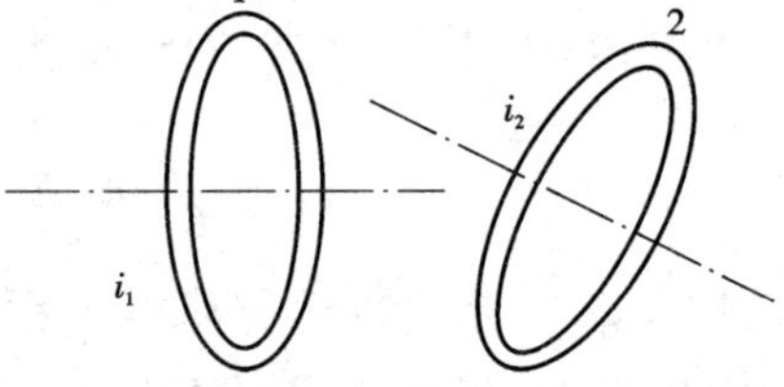

图8.3.1 两邻近的载流闭合回路

### 8.3.1 自感

当一个线圈回路的电流随时间变化时,通过该回路的磁通量发生变化,因而回路自身产生感应电动势。这就是**自感现象**。这时产生的感应电动势叫**自感电动势**。

讨论:能否利用所学知识设计一个演示实验来直观地说明自感现象?

为了求解自感电动势,考虑闭合回路1。其中的电流为$i_1$,根据毕奥-萨伐尔定律,此电流在空间任一点激发的磁场的磁感应强度都正比于$i_1$,即有$\boldsymbol{\Phi}_{\mathrm{m}}\propto B_1\propto i_1$。于是,穿过回路本身所围面积的磁通量可表示为

$$\boldsymbol{\Phi}_{\mathrm{m}}=L\,i_1 \tag{8.3.1}$$

式中比例系数 $L$ 称为回路的**自感系数**,简称**自感**(selfinductance),它取决于回路的大小、形状、线圈的匝数以及它周围的磁介质的磁导率。一般情况下,回路的形状、大小以及周围磁介质的磁导率都不随时间变化,则 $L$ 为一常量。在国际单位制中,自感系数的单位是亨利(H),更小的单位有毫亨(mH)、微亨(μH)。

根据电磁感应定律,由式(8.3.1)可求得自感电动势

$$\varepsilon_L=-\frac{\mathrm{d}\boldsymbol{\Phi}_m}{\mathrm{d}t}=-L\frac{\mathrm{d}i_1}{\mathrm{d}t} \tag{8.3.2}$$

式(8.3.2)中的负号是楞次定律的数学表示。它指出,自感电动势将反抗回路中电流的变化。也就是说,电流增加(或减少)时,自感电动势与原来电流的方向相反(或相同)。

通常,自感由实验测定,只是在某些简单的情形下才可由定义计算出来。

**例 8.3.1**　有一长直螺线管长为 $l$，横截面积为 $S$，线圈的总匝数为 $N$，管中磁介质的磁导率为 $\mu$，试求自感系数。

**解**　对于长直螺线管，当通有电流 $I$ 时，可以把管内的磁场近似看作是均匀的，其磁感应强度的大小

$$B=\mu nI=\mu\frac{N}{l}I$$

$\boldsymbol{B}$ 的方向与螺线管的轴线平行，因此，通过螺线管每一匝线圈的磁通量都为

$$\Phi_{\mathrm{m}}=BS=\mu\frac{N}{l}IS$$

通过长直螺线管的磁链

$$\Psi_{\mathrm{m}}=N\Phi_{m}=\mu\frac{N^2}{l}IS$$

由自感系数的定义 $L=\Psi_m/I$ 可得螺线管的自感系数

$$L=\frac{\Psi_m}{I}=\frac{\mu N^2S}{l}$$

如果将螺线管的体积表示为 $V=Sl$，则自感系数还可表示为

$$L=\frac{\mu N^2}{l^2}V=\mu n^2V$$

可见，自感系数只与螺线管本身的结构（$N$、$V$、$S$、$l$ 等）和周围磁介质（$\mu$）有关，而与通过螺线管的电流无关。

在工程技术和日常生活中，自感现象的应用是很广泛的，如无线电技术和电工中常用的扼流圈、日光灯上用的镇流器等就是实例。（能否解释一下镇流器的工作原理？）但是在有些情况下，自感现象会带来危害，必须采取措施予以防止。例如，在有较大自感的电网中，当电路突然断开时，由于自感而产生很大的自感电动势，在电网的电闸开关间形成一较高的电压，常常大到使空气被“击穿”而导电，产生电弧，对电网有损坏作用。又如，电机和强力电磁铁，在电路中都相当于自感很大的线圈，因此，在断开电路的瞬时，会在电路中出现暂态的过大电流，造成事故。为了减小这种危险，一般都是先增加电阻使电流减小，然后再断开电路。所以，大电流电力系统中的开关都附加有“灭弧”的装置。

## 8.3.2　互感

如图 8.3.1 所示的两个闭合导体回路，当其中之一的电流（$i_1$或$i_2$）随时间变化时，它周围的磁场也随时间变化，在它附近的导体回路（2 或 1）中也会产生感应电动势。这种现象称为**互感现象**，产生的感应电动势叫**互感电动势**。

在如图 8.3.1 所示的两个固定的闭合回路 1 和 2 中，若 1 中的电流$i_1$随时间变化，而在闭合回路 2 中产生互感电动势，用$\varepsilon_{21}$表示此电动势。下面说明$\varepsilon_{21}$与$i_1$的关系。

由毕奥－萨伐尔定律可知，电流$i_1$产生的磁场正比于$i_1$，因而它通过回路 2 所围面积

的磁通链$\Psi_{21}$也应该和$i_1$成正比,即

$$\Psi_{21}=M_{21}i_1 \tag{8.3.3}$$

上式中比例系数$M_{21}$叫作回路1对回路2的**互感系数**,简称**互感**(**mutual induction**),它取决于两个回路的几何形状、相对位置、各自的匝数以及它们周围磁介质的磁导率。对两个固定的回路线圈$L_1$和$L_2$来说,互感系数是一个常数。由法拉第电磁感应定律可得

$$\varepsilon_{21}=-\frac{\mathrm{d}\Psi_{21}}{\mathrm{d}t}=-M_{21}\frac{\mathrm{d}i_1}{\mathrm{d}t}$$

同理,若回路2中的电流$i_2$随时间变化,则在回路1中也会产生感应电动势$\varepsilon_{12}$。因为通过回路1所围面积的磁链$\Psi_{12}$应该与$i_2$成正比,即

$$\Psi_{12}=M_{12}i_2$$

则当$i_2$变化时,在回路1中产生的互感电动势

$$\varepsilon_{12}=-\frac{\mathrm{d}\Psi_{12}}{\mathrm{d}t}=-M_{12}\frac{\mathrm{d}i_2}{\mathrm{d}t}$$

上两式中的$M_{12}$叫回路2对回路1的互感系数。

现在用一个例子说明。对给定的一对线圈有

$$M_{12}=M_{21}=M$$

$M$就叫作这两个导体回路的互感系数,简称为**互感**。在国际单位制中,互感系数的单位也是亨利(H)。考虑两个同轴的长直螺线管,长度和截面积满足如下关系:

$$l_1>l_2,\quad S_1>S_2$$

当螺线管1通有电流时,其磁场穿过螺线管2的磁链以及相应的互感系数是

$$\Psi_{21}=B_1S_2N_2=\mu n_1i_1S_2n_2l_2=M_{21}i_1,M_{21}=\mu n_1n_2S_2l_2$$

当螺线管2通有电流时,其磁场穿过螺线管1的磁链以及相应的互感系数是

$$\Psi_{12}=B_2S_2n_1l_2=\mu n_2i_2S_2n_1l_2=M_{12}i_2,M_{12}=\mu n_1n_2S_2l_2$$

可以看到,两种情况下的互感系数相同。

讨论:能否总结一下求互感及互感电动势的规律?

**例8.3.2** 一长直螺线管,单位长度上的匝数为$n$。另一半径为$r$的圆环放在螺线管内,圆环平面与管轴垂直,如图8.3.2所示。求螺线管与圆环的互感系数。

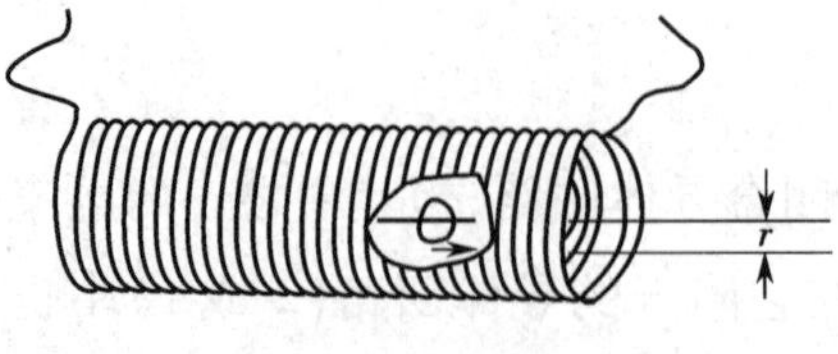


图8.3.2 计算螺线管与圆环的互感系数

**解** 设螺线管内通有电流$i_1$,螺线管内磁场大小为$B_1$,则$B_1=\mu_0 n\,i_1$,通过圆环的磁通量

$$\Phi_m = B_1 \pi r^2 = \mu_0 n i_1 \pi r^2$$

由定义式(8.3.3)得二者的互感系数

$$M = \frac{\Phi_m}{i_1} = \mu_0 n \pi r^2$$

讨论：如图 8.3.3(a)所示，真空中有一无限长直导线，与一长为 $l$、宽为 $b$ 的矩形线圈处在同一平面内，直导线与矩形线圈的长边平行，且相距为 $d$。求它们的互感。若将长直导线与矩形线圈按如图 8.3.3(b)放置，它们的互感又为多少？

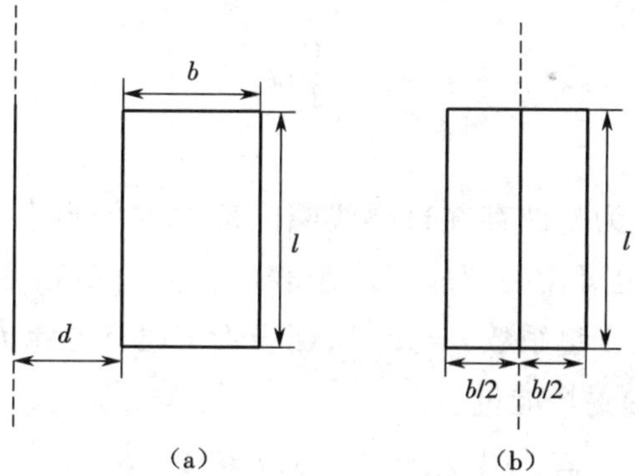


图 8.3.3　讨论图

## 8.4　磁场的能量

前面曾经讲过电容器充电后储存一定的能量，并且通过计算电容器充电过程外力克服静电力所做的功来获得这一能量，其值为

$$W_e = \frac{1}{2}\frac{Q^2}{C} = \frac{1}{2}QU = \frac{1}{2}CU^2$$

而且也可以说，储存在电容中的能量是储存在两极板之间电场中的，由此还得出了求解电场能量的一般方法。

类似地，一个通电的线圈也会储存一定的能量，其所储存的磁场能量可以通过电流建立过程中抵抗感应电动势做功来计算。

如图 8.4.1 所示，当线圈与电源接通时，由于自感，电路中的电流 $i$ 并不立刻由 0 变到稳定值 $I$，而要经过一段时间。在这段时间内，电路中的电流在增大，因而有反方向的自感电动势存在，外电源 $\varepsilon$ 不仅要供给电路中产生焦耳热的能量，而且还要反抗自感电动势 $\varepsilon_L$ 做功。下面计算在电路中建立电流 $I$ 的过程中，电源所做的这部分

图 8.4.1　含自感线圈的电路

额外的功。在 $dt$ 时间内,电源反抗自感电动势所做的功

$$dW = -\varepsilon_L i dt = L\frac{di}{dt} i dt = Li di$$

电流由 0 变到稳定值 $I$ 时,电源所做的总功

$$W = \int dW = \int_0^I Li di = \frac{1}{2}LI^2$$

电源做的功变为磁能储存于自感中,因此,自感为 $L$ 的线圈通有电流 $I$ 时所储存的磁场能量

$$W_m = \frac{1}{2}LI^2 \tag{8.4.1}$$

这就是自感磁能公式。

而这一能量也可以认为是储存在自感线圈内部的磁场当中。磁场是用磁感应强度来描述的,那么磁场能量也可用磁感应强度来表示。为简单起见,以长直螺线管为例来进行讨论。长直螺线管的自感系数 $L = \mu n^2 V$,螺线管中通有电流为 $I$ 时,管内磁场的磁感应强度 $B = \mu nI$,因此,管内磁场能量

$$W_m = \frac{1}{2}LI^2 = \frac{1}{2}\mu n^2 V\left(\frac{B}{\mu n}\right)^2 = \frac{B^2 V}{2\mu}$$

因为管内磁场是均匀分布的,因此,螺线管内**磁场能量密度**(单位体积内的磁场能量)

$$w_m = \frac{W_m}{V} = \frac{B^2}{2\mu}$$

对于各向同性的介质,由于 $B = \mu H$,上式又可以写成

$$w_m = \frac{B^2}{2\mu} = \frac{1}{2}\mu H^2 = \frac{1}{2}BH \tag{8.4.2}$$

式(8.4.2)虽然是由一个特例推导得出的,但可以证明它是普遍成立的。任意磁场所储存的总能量

$$W_m = \iiint_V w_m dV = \iiint_V \frac{B^2}{2\mu} dV = \iiint_V \frac{1}{2}BH dV \tag{8.4.3}$$

式中,$V$ 为整个磁场分布的空间。

**例 8.4.1** 如图 8.4.2 所示,同轴电缆中金属芯线的半径为 $R_1$,共轴金属圆筒的半径为 $R_2$,中间充以磁导率为 $\mu$ 的磁介质。若芯线与圆筒分别和电池两极相接,芯线与圆筒上的电流大小相等、方向相反。设可略去金属芯线内的磁场,求此同轴电缆芯线与圆筒之间单位长度上的磁场能量和自感。

**解** 由安培环路定理可求得同轴电缆芯线与圆筒之间距轴线为 $r$ 处的磁感应强度

$$B = \frac{\mu I}{2\pi r}$$

又由式(8.4.2)可得,在芯线与圆筒之间距轴线为 $r$ 处的磁场能量密度

$$w_m = \frac{B^2}{2\mu} = \frac{1}{2\mu}\left(\frac{\mu I}{2\pi r}\right)^2 = \frac{\mu I^2}{8\pi^2 r^2}$$

对单位长度的电缆，取一薄层圆筒形体积元（如图8.4.2(b)），其体积 $\mathrm{d}V = 2\pi r\mathrm{d}r$，代入式(8.4.3)，则单位长度同轴电缆的磁场能量

$$W_m = \iiint_V w_m \mathrm{d}V = \iiint_V \frac{1}{2}\frac{B^2}{\mu}\mathrm{d}V = \int_{R_1}^{R_2} \frac{\mu I^2}{8\pi^2 r^2} 2\pi r\mathrm{d}r$$

$$= \int_{R_1}^{R_2} \frac{\mu I^2}{4\pi r}\mathrm{d}r = \frac{\mu I^2}{4\pi}\ln\frac{R_2}{R_1}$$

由自感磁能公式(8.4.1)，可得单位长度同轴电缆的自感

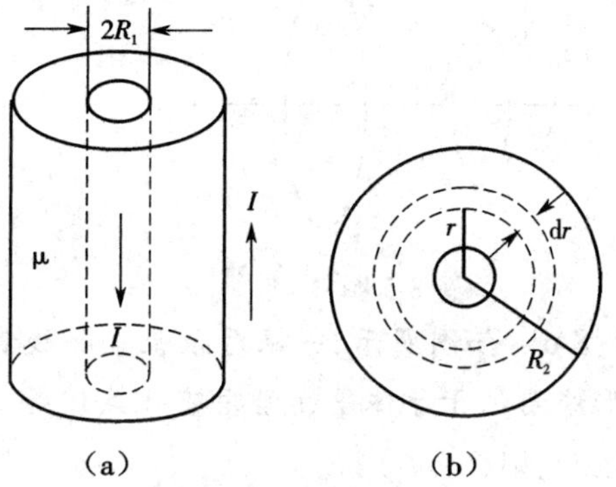


图8.4.2　同轴电缆

$$L = \frac{\mu}{2\pi}\ln\frac{R_2}{R_1}$$

这是求解自感系数的另一种方法。

## 习　题

8-1　若用条形磁铁竖直插入木质圆环，则在环中是否产生感应电流和感应电动势的判断是(　　)。

(A)产生感应电动势，也产生感应电流

(B)产生感应电动势，不产生感应电流

(C)不产生感应电动势，也不产生感应电流

(D)不产生感应电动势，产生感应电流

8-2　在有磁场变化着的空间内，如果没有导体存在，则该空间内(　　)。

(A)既无感应电场又无感应电流　　(B)既无感应电场又无感应电动势

(C)有感应电场和感应电动势　　(D)有感应电场无感应电动势

8-3　在有磁场变化着的空间里没有实体物质，则此空间中没有(　　)。

(A)电场　　(B)电力　　(C)感生电动势　　(D)感生电流

8-4　两根相同的磁铁分别以相同的速度同时插进两个尺寸完全相同的木环和铜环内，在同一时刻，通过两环包围面积的磁通量(　　)。

(A)相同

(B)不相同，铜环的磁通量大于木环的磁通量

(C)不相同，木环的磁通量大于铜环的磁通量

(D)因为木环内无磁通量，不好进行比较

8-5　面积分别为 $S$ 和 $2S$ 的两圆形线圈1、2如图放置，通有相同的电流 $I$。线圈1的电流所产生的通过线圈2的磁通量用 $\Phi_{21}$ 表示，线圈2的电流所产生的通过线圈1的磁

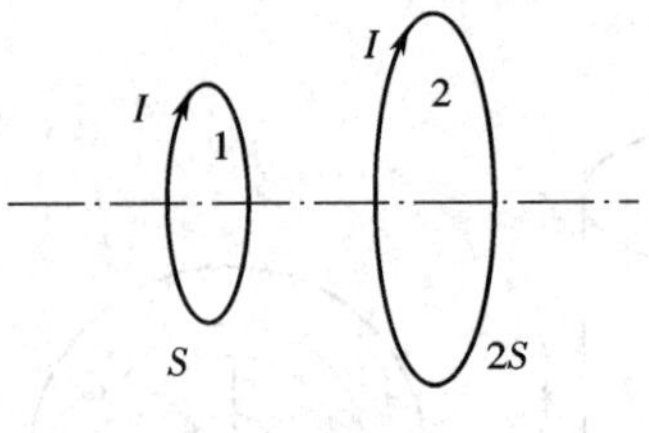


题8-5图

通量用$\Phi_{12}$表示,则$\Phi_{21}$和$\Phi_{12}$的大小关系为(　　)。

(A)$\Phi_{21}=2\Phi_{12}$

(B)$\Phi_{21}=\frac{1}{2}\Phi_{12}$

(C)$\Phi_{21}=\Phi_{12}$

(D)$\Phi_{21}>\Phi_{12}$

8-6　如图所示,一根无限长直导线载有电流$I$,一个矩形线圈位于导体平面沿垂直于载流导线方向以恒定速率运动,则(　　)。

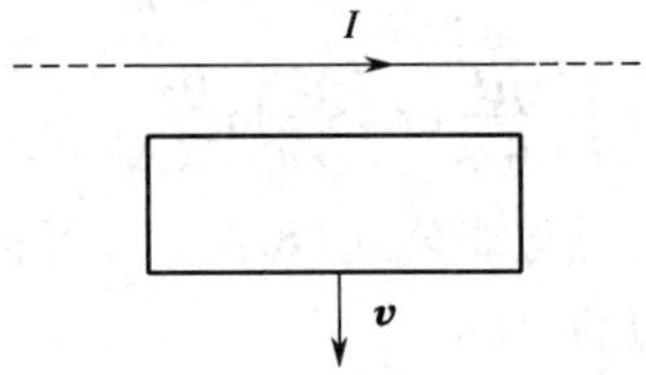


题8-6图

(A)线圈中无感应电流

(B)线圈中感应电流为顺时针方向

(C)线圈中感应电流为逆时针方向

(D)线圈中感应电流方向无法确定

8-7　下列概念正确的是(　　)。

(A)感生电场也是保守场

(B)感生电场的电场线是一组闭合曲线

(C)$\Phi_m=LI$,因而线圈的自感系数与回路的电流成反比

(D)$\Phi_m=LI$,回路的磁通量越大,回路的自感系数也一定大

8-8　在圆柱形空间内有一磁感应强度为$\boldsymbol{B}$的均匀磁场,如图所示。$\boldsymbol{B}$的大小以速率$\frac{\mathrm{d}B}{\mathrm{d}t}$变化。在磁场中有$A$、$B$两点,其中可放置直导线$\overline{AB}$和弯曲的导线$\widehat{AB}$,则(　　)。

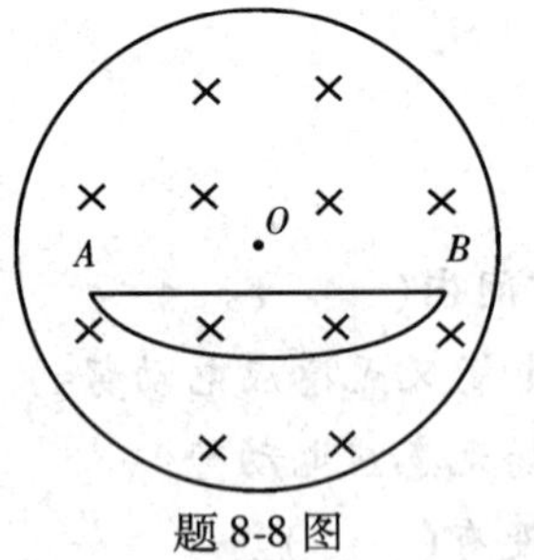


题8-8图

(A)电动势只在$\overline{AB}$导线中产生

(B)电动势只在$\widehat{AB}$导线中产生

(C)电动势在$\overline{AB}$和$\widehat{AB}$中都产生,且两者大小相等

(D)$\overline{AB}$导线中的电动势小于$\widehat{AB}$导线中的电动势

8-9　在某空间设置有两个线圈1和2,线圈1对线圈2的互感系数为$M_{21}$,而线圈2对线圈1的互感系数为$M_{12}$。若它们分别流过电流强度为$i_1$和$i_2$的变化电流,且$\left|\frac{\mathrm{d}i_1}{\mathrm{d}t}\right|=\left|\frac{\mathrm{d}i_2}{\mathrm{d}t}\right|$。下列判断正确的是(　　)。

(A)$M_{12}=M_{21},\varepsilon_{12}=\varepsilon_{21}$　　(B)$M_{12}\neq M_{21},\varepsilon_{12}\neq\varepsilon_{21}$

(C)$M_{12}=M_{21},\varepsilon_{12}>\varepsilon_{21}$　　(D)$M_{12}=M_{21},\varepsilon_{12}<\varepsilon_{21}$

8-10　有两个半径相同的圆形线圈,将它们的平面平行地放置。关于它们互感系数$M$的值,下列说法中错误的是(　　)。

(A)线圈的匝数越多,$M$ 越大

(B)两线圈靠得越近,$M$ 越大

(C)填充的磁介质的磁导率 $\mu$ 越大,$M$ 越大

(D)通以的电流值越大,$M$ 越大

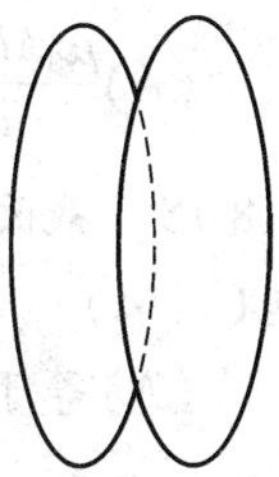

题8-10图

8-11 两个相距不太远的平面圆线圈,一线圈的轴线恰好通过另一线圈的圆心。怎样放置可使其互感系数近似为零?(　　)

(A)两线圈的轴线相互平行

(B)两线圈的轴线相互垂直

(C)两线圈的轴线成45°角

(D)两线圈的轴线成30°角

8-12 在自感为0.25 H的线圈中,当电流在$\frac{1}{16}$s内由2 A线性地减少到0时的感应电压为(　　)。

(A)2 V　　(B)4 V　　(C)8 V　　(D)16 V

8-13 关于一个螺线管自感系数 $L$ 的值,下列说法中错误的是(　　)。

(A)通以电流 $I$ 的值越大,$L$ 越大　　(B)单位长度的线圈匝数越多,$L$ 越大

(C)螺线管的半径越大,$L$ 越大　　(D)充有铁磁质的 $L$ 比真空的大

8-14 长为 $l$、截面积为 $S$ 的密绕长直空心螺线管单位长度上绕有 $n$ 匝线圈,当通有电流 $I$ 时,线圈的自感系数为 $L$。欲使其自感系数增大一倍,必须使(　　)。

(A)电流 $I$ 增大一倍　　(B)线圈长度增大一倍

(C)线圈截面积减小一半　　(D)线圈单位长度的匝数增加一倍

8-15 如图所示两个环形线圈 $a$、$b$ 互相垂直放置,当它们的电流 $I_1$、$I_2$ 同时发生变化时,必有下列情况发生(　　)。

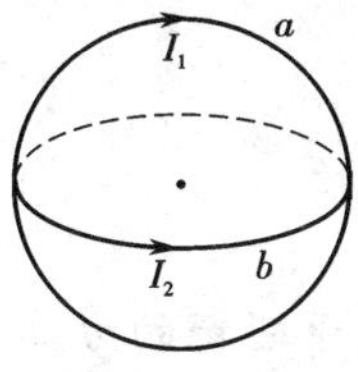


题8-15图

(A)$a$ 中产生自感电流,$b$ 中产生互感电流

(B)$b$ 中产生自感电流,$a$ 中产生互感电流

(C)$a$、$b$ 同时产生自感电流和互感电流

(D)$a$、$b$ 中只产生自感电流,不产生互感电流

8-16 用线圈的自感系数 $L$ 来表示载流线圈磁场能量的公式 $W_m=\frac{1}{2}LI^2$(　　)。

(A)只适用于无限长密绕螺线管

(B)只适用于单匝圆线圈

(C)只适用于一个匝数很多且密绕的螺绕环

(D)适用于自感系数一定的任意线圈

8-17 一长为 $l$、截面积为 $A$ 的载流长螺线管,绕有 $N$ 匝线圈,设电流为 $I$,则螺线管内的磁场能量近似为(　　)。

(A)$\frac{\mu_0 AI^2N^2}{l}$　(B)$\frac{\mu_0 AIN^2}{l^2}$　(C)$\frac{\mu_0 AI^2N^2}{2l}$　(D)$\frac{\mu_0 AI^2N^2}{2l^2}$

8-18　截面半径为 $r$ 的长直导线,均匀地通过电流 $I$,则该导线单位长度所储存的总磁能(　　)。

(A)等于 $4\pi rI$　(B)与 $r$ 无关　(C)等于 $\pi rI$　(D)等于 $2\pi rI$

8-19　如图所示,两根很长的平行直导线,其间距离为 $a$,与电源组成闭合回路。已知导线上的电流强度为 $I$,在保持 $I$ 不变的情况下将导线间的距离增大,则空间的(　　)。

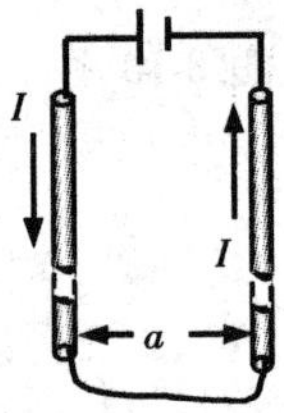

题 8-19 图

(A)总磁能增大

(B)总磁能减小

(C)总磁能不变

(D)总磁能的变化不能确定

8-20　下列说法中唯一错误的说法是(　　)。

(A)涡旋电场是无源场　(B)涡旋电场的电场线是闭合线

(C)涡旋电场可在导体中形成持续电流　(D)涡旋电场的场强依赖于导体的存在

8-21　静电场、恒定电流的电场、运动电荷的电场与感生电场(　　)。

(A)来源相同　(B)场方程的形式不同

(C)电场线形状相同　(D)场的性质相同

8-22　在感应电场中,电磁感应定律可以写成$\oint_L E_k \cdot dl = -\frac{d\Phi_m}{dt}$,式中 $E_k$ 为涡旋电场强度。由此表明(　　)。

(A)闭合曲线 $L$ 上 $E_k$ 处处相等

(B)涡旋电场是保守力场

(C)涡旋电场的电场线不是闭合曲线

(D)在涡旋电场中不能引进电势的概念

8-23　如图所示,金属杆 $AOC$ 以恒定速度 $\boldsymbol{v}$ 在均匀磁场 $\boldsymbol{B}$ 中沿垂直于磁场的方向运动,已知 $AO = OC = L$,杆中的动生电动势大小为________,其方向由________指向________。

8-24　半径为 $L$ 的均匀导体圆盘绕通过中心 $O$ 的垂直轴转动,角速度为 $\omega$,盘面与均匀磁场 $\boldsymbol{B}$ 垂直,如图所示。(1)图上 $Oa$ 线段中动生电动势的方向为________。

(2)填写下列电势差的值(设 $ca$ 段长度为 $d$):$U_a - U_O =$________;$U_a - U_b =$________;$U_a - U_c =$________。

8-25　引起动生电动势的非静电力是________力,引起感生电动势的非静电力是________力。

8-26　感生电场是由________产生的,它的电场线是________。

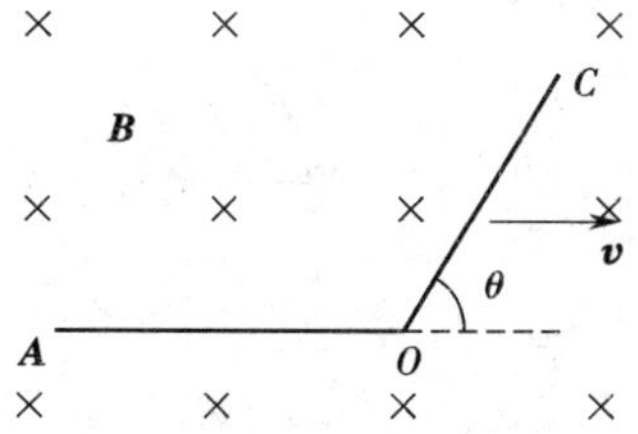

题 8-23 图

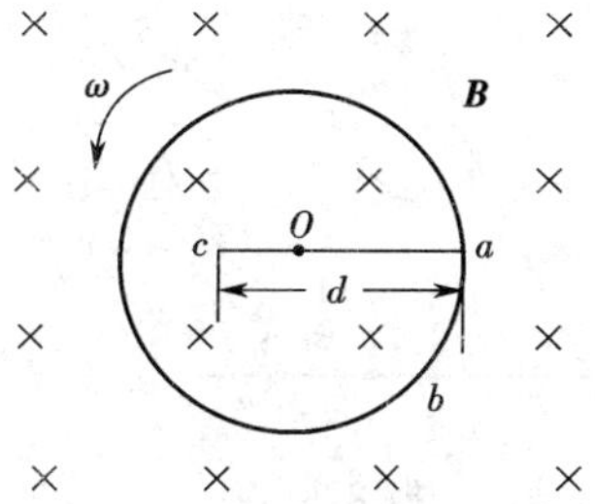

题 8-24 图

8-27　如图所示,一根无限长直导线绝缘地紧贴在矩形线圈的中心轴 $OO'$ 上,则直导线与矩形线圈间的互感系数为____________。

8-28　一自感系数为 0.25 H 的线圈,当线圈中的电流在 0.01 s 内由 2 A 均匀地减小到 0,线圈中的自感电动势的大小为____________。

8-29　一导线弯成半径为 4.0 cm 的圆环,当通有电流 100 A 时,其圆心处的磁场能量密度为____________。

8-30　真空中一根无限长直细导线通有电流 $I$,则距导线垂直距离为 $a$ 的空间某点处的磁能密度为____________。

8-31　求长度为 $L$ 的金属杆在均匀磁场 $\boldsymbol{B}$ 中绕平行于磁场方向的定轴 $OO$ 转动时的动生电动势。已知杆相对于均匀磁场 $\boldsymbol{B}$ 的方位角为 $\theta$,杆的角速度为 $\boldsymbol{\omega}$,转向如图所示。

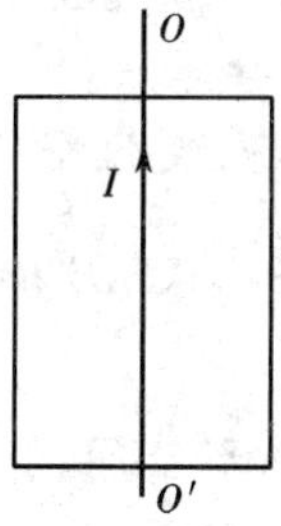

题 8-27 图

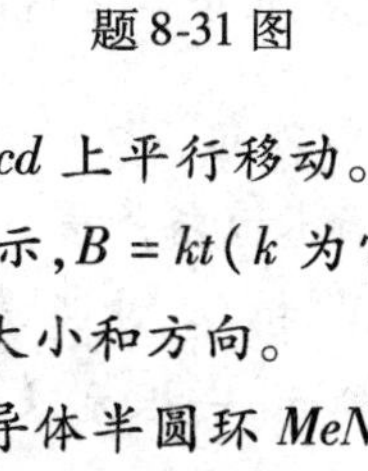

题 8-31 图

8-32　长度为 $l$ 的金属杆 $ab$ 以速率 $v$ 在导电轨道 $abcd$ 上平行移动。已知导轨处于均匀磁场 $\boldsymbol{B}$ 中,$\boldsymbol{B}$ 的方向与回路的法线成 60°角,如图所示,$B=kt$($k$ 为常数)。设 $t=0$ 时,杆位于 $cd$ 处,求任一时刻 $t$ 导体回路中感应电动势的大小和方向。

8-33　如图所示,载有电流 $I$ 的长直导线附近,放一导体半圆环 $MeN$ 与长直导线共面,且端点 $MN$ 的连线与长直导线垂直。半圆环的半径为 $b$,环心 $O$ 与导线相距 $a$。设半圆环以速度 $\boldsymbol{v}$ 平行导线平移。求半圆环内感应电动势的大小和方向。

8-34　导线 $ab$ 长为 $l$,绕过 $O$ 点的垂直轴以匀角速 $\boldsymbol{\omega}$ 转动,$aO=\dfrac{l}{3}$,磁感应强度 $\boldsymbol{B}$ 平行于转轴,如图所示。试求:(1) $ab$ 两端的电势差;(2) $a$、$b$ 两端哪一点电势高?

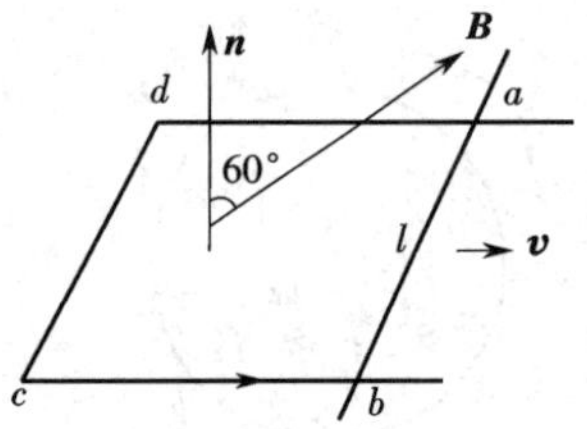


题 8-32 图

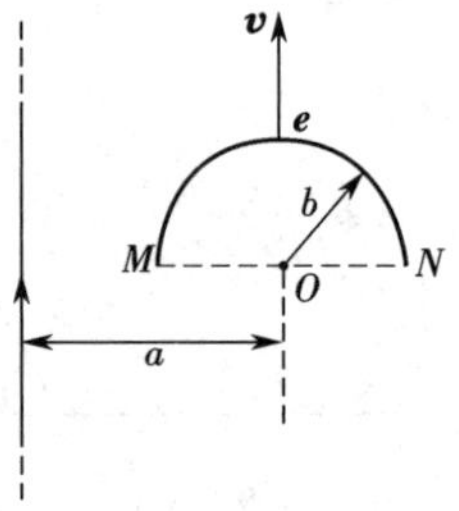


题 8-33 图

8-35　一长圆柱状磁场半径为 $R$,其磁场变化率$\frac{\mathrm{d}B}{\mathrm{d}t}$为正常数,并垂直纸面方向向里。(1)求圆柱内外感生电场的分布;(2)如$\frac{\mathrm{d}B}{\mathrm{d}t}=0.01\ \mathrm{T/s}$,$R=0.02\ \mathrm{m}$,求距圆柱中心 $r=0.05\ \mathrm{m}$ 处感生电场的大小和方向。

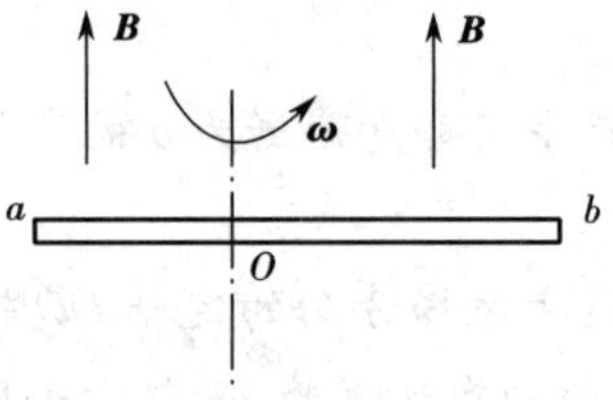


题 8-34 图

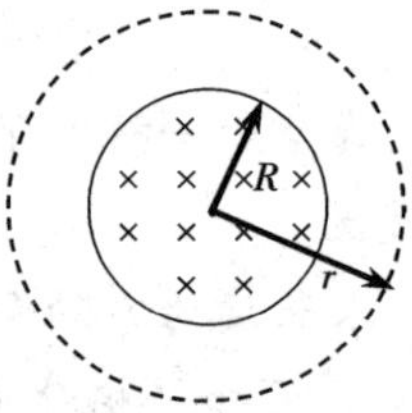


题 8-35 图

8-36　如图所示,半径为 $R$ 的无限长圆柱空间内有均匀磁场,变化率$\frac{\mathrm{d}B}{\mathrm{d}t}$为正常数,方向垂直纸面向里,在垂直磁场方向放置一根长为 $L$ 的金属棒 $AB$。求 $AB$ 棒上的感应电动势的大小和方向。

8-37　磁感应强度为 $\boldsymbol{B}$ 的均匀磁场充满一半径为 $R$ 的圆柱形空间,一金属杆放在图示位置,杆长为 $2R$,其中一半位于磁场内,另一半在磁场外。当$\frac{\mathrm{d}B}{\mathrm{d}t}>0$ 时,求杆两端的感应电动势的大小和方向。

8-38　两同轴长直螺线管,大管套着小管,半径分别为 $a$ 和 $b$,长度都是 $L(L\gg a, a>b)$,匝数分别为 $N_1$ 和 $N_2$,求互感系数 $M$。

8-39　如图所示,一根无限长的直导线载有交变电流 $i=I_0\sin\omega t$,它旁边有一长方形线圈 $ABCD$,长为 $l$,宽为 $b-a$,线圈和导线在同一平面内。求:(1)穿过回路 $ABCD$ 的磁通量 $\Phi_{\mathrm{m}}$;(2)互感系数;(3)回路 $ABCD$ 中的感应电动势。

8-40　用一根硬导线弯成半径为 $r$ 的一个半圆。令这半圆形导线在磁场中以频率 $f$ 绕图中半圆的直径旋转,如图所示。整个电路的电阻为 $R$。求感应电流的最大值。

8-41　一圆环形线圈 $a$ 由 $N_1$ 匝细线绕成,截面积半径为 $r$,放在另一个匝数为 $N_2$,半

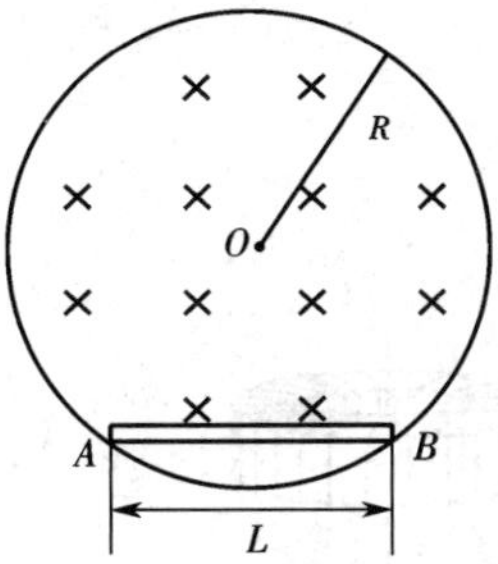


题 8-36 图

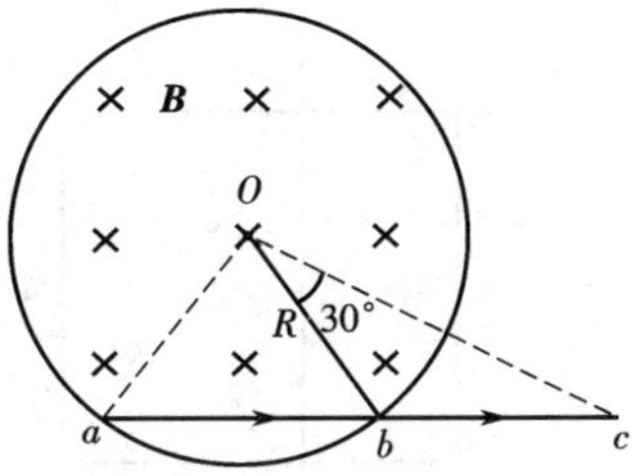


题 8-37 图

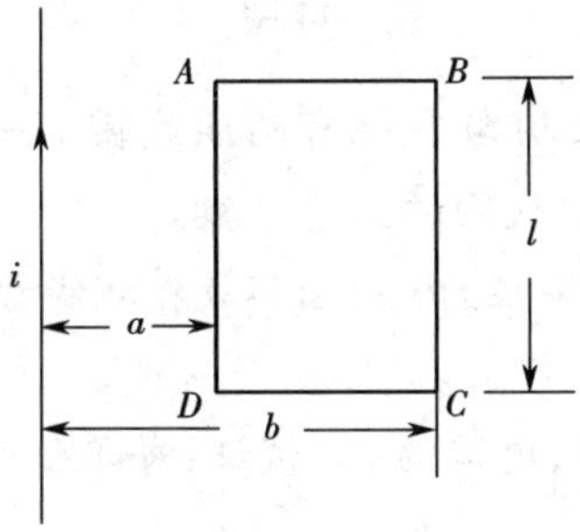


题 8-39 图

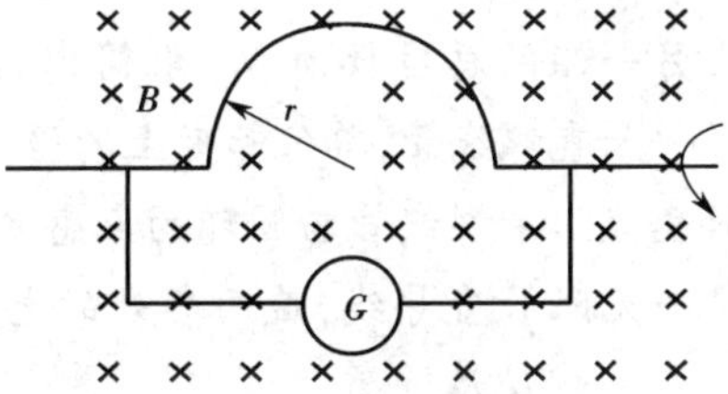


题 8-40 图

径为 $R$ 的圆环形线圈 $b$ 的中心，其中 $R \gg r$，两线圈同轴。求：(1) 两线圈的互感系数 $M$；(2) 当线圈 $a$ 中的电流以 $\dfrac{\mathrm{d}i}{\mathrm{d}t}$ 变化时，求线圈 $b$ 中的感生电动势。

8-42　两根平行无限长直导线相距为 $d$，载有大小相等方向相反的电流 $I$，电流变化率 $\mathrm{d}I/\mathrm{d}t = \alpha(\alpha > 0)$。一个边长为 $d$ 的正方形线圈位于导线平面内，与一根导线相距 $d$，如图所示。求线圈中的感应电动势，并说明线圈中的感应电流是顺时针还是逆时针方向。

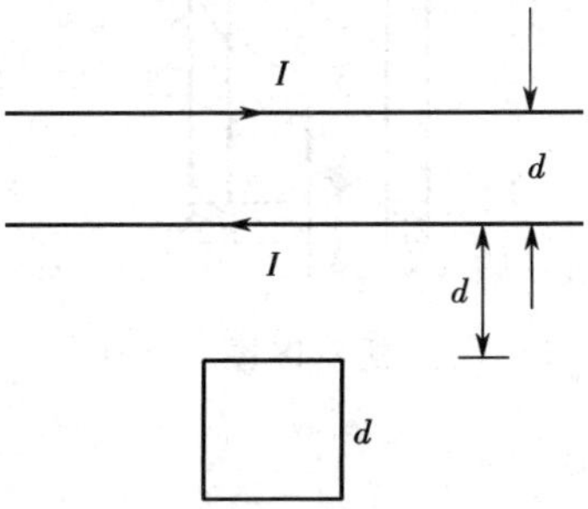


题 8-42 图

8-43　一无限长的直导线和一正方形的线圈如图所示放置。（导线与线圈接触处绝缘）求线圈与导线间的互感系数。

8-44　一截面为长方形的螺绕环，其尺寸如图所示，共有 $N$ 匝，求此螺绕环的自感。

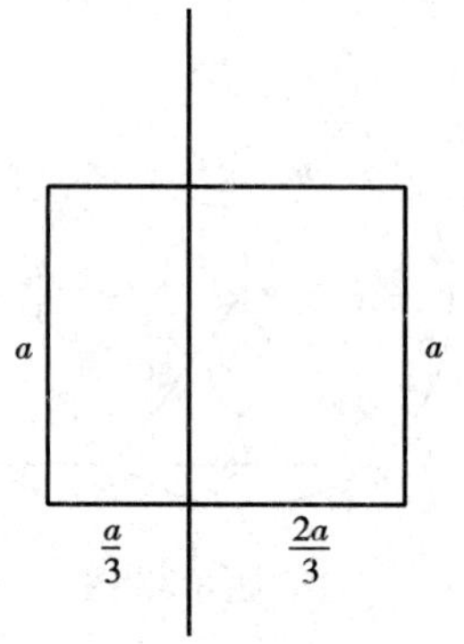


题 8-43 图

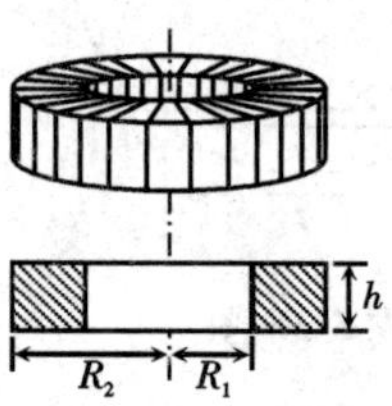


题 8-44 图

8-45　一个长为 $L$、截面半径为 $R$ 的圆柱形纸筒上均匀密绕有两组线圈。一组的总匝数为 $N_1$，另一组的总匝数为 $N_2$，求筒内为真空时两组线圈的互感系数。

8-46　一长直螺线管，单位长度上的匝数为 $n$，另一半径为 $r$ 的圆环放在螺线管内，圆环平面与管轴垂直。求螺线管与圆环的互感系数。

8-47　一无限长直导线，截面各处的电流密度相等，电流为 $I$。试证：每单位长度导线内所储藏的能量为 $\frac{\mu_0 I^2}{16\pi}$。

8-48　一个横截面为矩形的螺绕环，环芯材料的磁导率为 $\mu$，内、外半径分别为 $R_1$、$R_2$，环的厚度为 $b$，今在环上密绕 $N$ 匝线圈，通以交变电流 $I = I_0 \sin \omega t$，求螺绕环中磁场能量在一个周期内的平均值。($I_0$ 为常数，$\omega$ 为圆频率，计算此题时要考虑到横截面上的磁感应强度 $B$ 是不均匀的)。

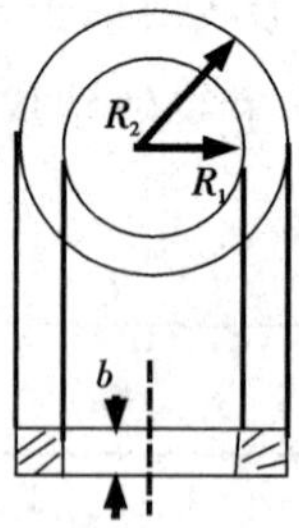


题 8-48 图

# 第9章　麦克斯韦方程组

## 9.1　位移电流与麦克斯韦方程组

詹姆斯·克拉克·麦克斯韦(James Clerk Maxwell,1831—1879)是继法拉第之后集电磁学大成的伟大科学家,于1873年出版了电磁场理论的经典巨著《电磁学通论》。1871年受聘为剑桥大学新设立的卡文迪许实验物理学教授,负责筹建卡文迪许实验室,1874年建成后担任这个实验室的第一任主任,直到1879年11月5日在剑桥逝世。麦克斯韦严谨的科学态度和科学研究方法是人类极其宝贵的精神财富。

到1831年,关于电磁现象的三个最基本的实验定律:库仑定律(1785年)、毕奥－萨伐尔定律(1820年)、法拉第电磁感应定律(1831年)都已被总结出来,法拉第的"电力线"和"磁力线"概念已发展成"电磁场概念"。场概念的产生,也有麦克斯韦的一份功劳,这是当时物理学中的一个伟大创举。正是场概念的出现,使当时许多物理学家得以从牛顿"超距观念"的束缚中摆脱出来,普遍接受了电磁作用和引力作用都是"近距作用"的思想。1855—1865年,麦克斯韦在全面审视库仑定律、毕奥－萨伐尔定律和法拉第电磁感应定律的基础上,把数学分析方法带进了电磁学的研究领域,由此导致了麦克斯韦电磁理论的诞生。爱因斯坦曾将麦克斯韦的工作描述为自牛顿之后最深刻和最富有成果。

通过前面的讨论,我们得到了真空中电场和磁场的如下基本定理:

$$\oint\!\!\!\!\oint_S \boldsymbol{E}\cdot \mathrm{d}\boldsymbol{S} = Q/\varepsilon_0 \tag{9.1.1}$$

$$\oint_L \boldsymbol{E}\cdot \mathrm{d}\boldsymbol{l} = -\frac{\mathrm{d}}{\mathrm{d}t}\iint_S \boldsymbol{B}\cdot \mathrm{d}\boldsymbol{S} \tag{9.1.2}$$

$$\oint\!\!\!\!\oint_S \boldsymbol{B}\cdot \mathrm{d}\boldsymbol{S} = 0 \tag{9.1.3}$$

$$\oint_L \boldsymbol{B}\cdot \mathrm{d}\boldsymbol{l} = \mu_0 I \tag{9.1.4}$$

定义真空中的电位移矢量 $\boldsymbol{D}=\varepsilon_0\boldsymbol{E}$ 和磁场强度 $\boldsymbol{H}=\boldsymbol{B}/\mu_0$,上述高斯定理和环路定理可以重新写成

$$\oint\!\!\!\!\oint_S \boldsymbol{D}\cdot \mathrm{d}\boldsymbol{S} = Q \tag{9.1.5}$$

$$\oint_L \boldsymbol{H}\cdot \mathrm{d}\boldsymbol{l} = I \tag{9.1.6}$$

式(9.1.1)和式(9.1.3)表示的分别是电场的高斯定理和磁场的高斯定理,这两个定理表明电场是有源场,而磁场是无源场;式(9.1.2)是法拉第电磁感应定律,该定律也表明变化的磁场会产生电场;式(9.1.4)是磁场的安培环路定理。

在静态或者稳恒情况下,法拉第电磁感应定律会退化为静电场的环路定理,此时电场和磁场是分开的,式(9.1.4)中的传导电流也形成闭合环路。但是在非稳恒情况下,传导电流是不闭合的。例如图9.1.1所示的电容器放电过程中,传导电流在电容器的内部中断,不再连续,不能形成闭合环路。这会引起一些问题。对于图9.1.1中的回路$L$,磁场强度的环路积分是一个固定的数值,但是如果选取不同的面积,电流会有不同的结果:如果面积是$S_1$则传导电流不是零;如果面积是$S_2$,传导电流就是零。这显然是自相矛盾的,这意味着,稳恒情况下的安培环路定理(9.1.4)应用到非稳恒情况时是不成立的。那么应该怎么去修改安培环路定理呢?人们应该去寻找在非稳恒情况下能够形成闭合环路的某种流,这样无论怎么选择面积,安培环路定理都是同一个结果,不会自相矛盾。

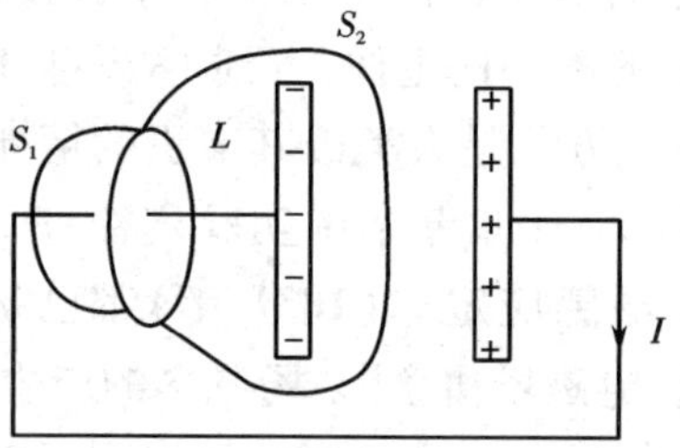


图9.1.1　位移电流引入示意图

在电容器的两个极板之间虽然没有传导电流,但是有电场。传导电流和电场都与极板上的电荷有关。根据定义,传导电流

$$I_C=\frac{\mathrm{d}q}{\mathrm{d}t} \tag{9.1.7}$$

在电容器的放电过程中,传导电流数值上是两个极板上电荷电量的变化率。电荷量的变化率等于传导电流。另一方面,极板间的电位移矢量等于极板上的电荷面密度,负极板上的电荷量可以写成

$$q_-=-\sigma S=-DS \tag{9.1.8}$$

也就是说,电量等于穿过面积$S_2$的电位移通量。将上式写成积分形式

$$q_-=\iint_S \boldsymbol{D}\cdot \mathrm{d}\boldsymbol{S} \tag{9.1.9}$$

该积分是对面积$S_2$进行积分。因此,负极板上电荷的增加率

$$\frac{\mathrm{d}q_-}{\mathrm{d}t}=\frac{\mathrm{d}\iint_S \boldsymbol{D}\cdot \mathrm{d}\boldsymbol{S}}{\mathrm{d}t} \tag{9.1.10}$$

此式右边是极板间电位移通量的时间变化率。式(9.1.10)中的电荷增加率和式(9.1.7)

中的传导电流应该相等,因此有结果:传导电流等于电容器极板间电通量的时间变化率。麦克斯韦将电通量的时间变化率叫作位移电流,即

$$I_D = \frac{\mathrm{d}}{\mathrm{d}t}\iint_S \boldsymbol{D} \cdot \mathrm{d}\boldsymbol{S} \tag{9.1.11}$$

可见传导电流加上位移电流可以构成闭合环路。因此,在非稳恒情况下,安培环路定理应该变成

$$\oint_L \boldsymbol{H} \cdot \mathrm{d}\boldsymbol{l} = I + \frac{\mathrm{d}}{\mathrm{d}t}\iint_S \boldsymbol{D} \cdot \mathrm{d}\boldsymbol{S} \tag{9.1.12}$$

该形式也称为**全电路的安培环路定理**。有必要说明的是,**位移电流不是通常意义上的电流,本质是变化的电通量,只是该量具有电流的量纲**。式(9.1.12)也表明,变化的电场会产生磁场。法拉第电磁感应定律(9.1.2)式显示变化的磁场会产生电场,电场和磁场相互激发会产生一种波,即**电磁波**(**electromagnetic wave**)。那么电磁波的速度是多少呢?下节会有详细的推导。这里用另外一种方式得到真空中电磁波的速度。在真空情况下,各方程中含有两个常数:真空介电常数和真空磁导率。真空中的光速应该由这两个常数决定。利用这两个常数确实可以组成一个具有速度量纲的常数

$$c = \frac{1}{\sqrt{\varepsilon_0 \mu_0}} \tag{9.1.13}$$

这是麦克斯韦在 1865 年预言的结果。在此之前 1856 年韦伯和柯尔劳施已通过实验,确定了这个常数的数值

$$c = 310\ 740\ 000\ \mathrm{m/s} \tag{9.1.14}$$

而在 1849 年和 1850 年,斐索和傅科分别测量了光速为 314 000 000 m/s 和 298 360 000 m/s,而电磁波波速(9.1.14)与之相当,从此以后人们知道了,**光也是一种电磁波**。1887 年,赫兹在实验室中产生了电磁波,直接验证了麦克斯韦理论的预言,也证实了麦克斯韦理论的正确性。方程(9.1.1)~(9.1.3),加上方程(9.1.12)就构成了描述电磁场的基本方程,现在叫作**麦克斯韦方程组**(**Maxwell equations**)。

**例题 9.1.1**　位移电流的计算。如果平行板电容器的极板是圆形的,并且半径是 $R$,极板上的电荷随时间变化 $q(t)$,求极板间的位移电流以及各处的磁场。

**解**　位移电流的大小

$$I_D = \frac{\mathrm{d}}{\mathrm{d}t}\iint_S \boldsymbol{D} \cdot \mathrm{d}\boldsymbol{S} = \frac{\mathrm{d}q}{\mathrm{d}t}$$

由于极板间没有传导电流,所以全电路的安培环路定律变成

$$\oint_L \boldsymbol{H} \cdot \mathrm{d}\boldsymbol{l} = I + \frac{d}{\mathrm{d}t}\iint_S \boldsymbol{D} \cdot \mathrm{d}\boldsymbol{S} = \frac{\mathrm{d}q}{\mathrm{d}t}$$

取一个圆形回路,回路的中心就是极板的中心,有

$$\oint_L \boldsymbol{H} \cdot \mathrm{d}\boldsymbol{l} = 2\pi r H = \frac{\mathrm{d}q}{\mathrm{d}t}$$

因此有

$$H=\frac{1}{2\pi r}\frac{\mathrm{d}q}{\mathrm{d}t}$$

其方向沿回路的切向。磁感应强度的大小

$$B=\mu_0 H=\frac{\mu_0}{2\pi r}\frac{\mathrm{d}q}{\mathrm{d}t}$$

当电容器极板上的电荷发生变化时,电容器的中间不仅存在电场,而且存在磁场。

## 9.2 麦克斯韦方程组的微分形式、电磁波

### 9.2.1 麦克斯韦方程组的微分形式

上节给出了麦克斯韦方程组的积分形式,本节给出其微分形式,并且讨论一种真空中的解。在(9.1.2)和(9.1.12)两个式子中,分别包含磁通量和电通量对时间的导数。如果积分区域保持不变,则时间求导可以直接对场进行,从而两式变成如下形式:

$$\oint_L \boldsymbol{E}\cdot \mathrm{d}\boldsymbol{l}=-\iint_S \frac{\partial \boldsymbol{B}}{\partial t}\cdot \mathrm{d}\boldsymbol{S} \tag{9.2.1}$$

$$\oint_L \boldsymbol{H}\cdot \mathrm{d}\boldsymbol{l}=\iint_S \boldsymbol{J}\cdot \mathrm{d}\boldsymbol{S}+\iint_S \frac{\partial \boldsymbol{D}}{\partial \mathrm{t}}\cdot \mathrm{d}\boldsymbol{S} \tag{9.2.2}$$

在式(9.2.2)中传导电流强度写成了电流密度对面积的积分。高斯定理(9.1.1)中的电荷写成电荷密度对空间体积的积分,有

$$\oiint_S \boldsymbol{D}\cdot \mathrm{d}\boldsymbol{S}=\iiint_V \rho \mathrm{d}V \tag{9.2.3}$$

$$\oiint_S \boldsymbol{B}\cdot \mathrm{d}\boldsymbol{S}=0 \tag{9.2.4}$$

为了方便,磁场的高斯定理也列在了这里。这四个方程是积分形式的麦克斯韦方程组,各方程的意义十分明确,**式(9.2.1)表明变化的磁场产生电场,式(9.2.2)表示的是传导电流和变化的电场产生磁场,式(9.2.3)的意义是电荷产生电场,式(9.2.4)指的是磁场是无源场**。

通过积分变换公式,可以将以上积分形式的方程都写成微分形式。对于一个矢量存在高斯公式

$$\oiint_S \boldsymbol{D}\cdot \mathrm{d}\boldsymbol{S}=\iiint_V \nabla\cdot \boldsymbol{D}\mathrm{d}V \tag{9.2.5}$$

式中 $\nabla=\boldsymbol{e}_x\frac{\partial}{\partial x}+\boldsymbol{e}_y\frac{\partial}{\partial y}+\boldsymbol{e}_z\frac{\partial}{\partial z}$,是矢量微分算符,它是一个矢量形式,但是每一个分量不是数,而是对相应坐标的导数。高斯公式(9.2.5)的意义是一个矢量对闭合面的积分等于散度对闭合面所包围体积的积分,即对闭合面的积分转化为了体积分。式(9.2.5)中的

矢量是任意一个矢量,不是特指电位移矢量。利用数学上的高斯公式得到高斯定理的微分形式为

$$\nabla \cdot \boldsymbol{D} = \rho \tag{9.2.6}$$

$$\nabla \cdot \boldsymbol{B} = 0 \tag{9.2.7}$$

电位移矢量的散度是自由电荷密度,而磁感应强度的散度总是零。电场是有源场,磁场是无源场,实际上是指场的散度是否为零。对于一个矢量,除了高斯公式之外,还存在斯托克斯公式

$$\oint_L \boldsymbol{E} \cdot \mathrm{d}\boldsymbol{l} = \iint_S (\nabla \times \boldsymbol{E}) \cdot \mathrm{d}\boldsymbol{S} \tag{9.2.8}$$

该式将一个矢量对闭合环路的积分转化为了旋度对环路所围面积的积分。同样地,式(9.2.8)中的矢量是任意一个矢量,不是特指电场强度矢量。利用数学上的斯托克斯公式,得到式(9.2.1)和式(9.2.2)的微分形式为

$$\nabla \times \boldsymbol{E} = -\frac{\partial \boldsymbol{B}}{\partial t} \tag{9.2.9}$$

$$\nabla \times \boldsymbol{H} = \boldsymbol{J} + \frac{\partial \boldsymbol{D}}{\partial t} \tag{9.2.10}$$

微分形式的第一式(9.2.9)清楚地表明变化的磁场会产生电场;第二式(9.2.10)明确显示,变化的电场会产生磁场。电场磁场相互激发会以波的形式在空间传播,这就是**电磁波**。

### 9.2.2　真空中的麦克斯韦方程组

考虑真空的情况

$$\left.\begin{aligned} \boldsymbol{D} &= \varepsilon_0 \boldsymbol{E} \\ \boldsymbol{H} &= \frac{\boldsymbol{B}}{\mu_0} \end{aligned}\right\} \tag{9.2.11}$$

进一步考虑不存在电荷和电流时,式(9.2.7)和式(9.2.9)保持不变,而式(9.2.6)和式(9.2.10)会变成

$$\nabla \cdot \boldsymbol{E} = 0 \tag{9.2.12}$$

$$\nabla \times \boldsymbol{B} = \mu_0 \varepsilon_0 \frac{\partial \boldsymbol{E}}{\partial t} \tag{9.2.13}$$

下面要推导关于磁感应强度的一个微分方程。对式(9.2.13)两边求旋度,并且利用

$$\nabla \times (\nabla \times \boldsymbol{B}) = \nabla(\nabla \cdot \boldsymbol{B}) - \nabla^2 \boldsymbol{B} = -\nabla^2 \boldsymbol{B} \tag{9.2.14}$$

$$\nabla \times \frac{\partial \boldsymbol{E}}{\partial t} = \frac{\partial \nabla \times \boldsymbol{E}}{\partial t} = -\frac{\partial^2 \boldsymbol{B}}{\partial t^2} \tag{9.2.15}$$

最后得到

$$\nabla^2 \boldsymbol{B} - \mu_0 \varepsilon_0 \frac{\partial^2 \boldsymbol{B}}{\partial t^2} = 0 \tag{9.2.16}$$

假设电场和磁场只是一个坐标,例如 $x$ 坐标的函数,可以验证此方程有解

$$\boldsymbol{B}=\boldsymbol{B}_0\cos(kx-\omega t+\varphi_B) \tag{9.2.17}$$

并且有关系

$$\frac{\omega}{k}=\frac{1}{\sqrt{\varepsilon_0\mu_0}}$$

对于空间给定的点,也就是坐标取一个定值,磁感应强度随时间周期性变化,代表一个振动。**物理量围绕某一数值往复变化,叫作振动**,这在第10章中会详细讲述。式(9.2.17)中,$\omega$ 叫作角频率,$k$ 称为波数。由于坐标可以取任意值,所以空间各个地方都在振动。如果开始 $t=0$ 的时候,坐标原点有一个振动 $\boldsymbol{B}=\boldsymbol{B}_0\cos(\varphi_B)$,那么一定时间后,其他地方也会具有这样的场强,即这一振动或者场传到了其他地方。**振动从一个地方向其他地方传播叫作波**。因此式(9.2.17)整体描述的是一个波,即**电磁波**。波的传播方向是 $X$ 轴方向。在式(9.2.9)的两边取旋度,也会得到电场强度的方程

$$\nabla^2\boldsymbol{E}-\mu_0\varepsilon_0\frac{\partial^2\boldsymbol{E}}{\partial t^2}=0 \tag{9.2.18}$$

同样,电场强度有以下形式的解

$$\boldsymbol{E}=\boldsymbol{E}_0\cos(kx-\omega t+\varphi_E) \tag{9.2.19}$$

在式(9.2.17)和式(9.2.19)中,小括号内的部分叫作波的**相位**。将式(9.2.17)和式(9.2.19)分别代入式(9.2.7)和式(9.2.12),得到

$$\boldsymbol{e}_x\cdot\boldsymbol{B}=0 \tag{9.2.20}$$

$$\boldsymbol{e}_x\cdot\boldsymbol{E}=0 \tag{9.2.21}$$

这两个式子表明,电场和磁场的振动方向与波的传播方向垂直,换句话说,**这里得到的电磁波是横波**。这里讨论的是没有边界的空间,同时不存在电荷和电流。如果空间有边界,或者存在电荷、电流,那么电磁波就会有纵波成份。这里的结果同时也表明,**电磁波可以脱离电荷、电流以及介质在空间独立传播**。

将式(9.2.17)和式(9.2.19)分别代入式(9.2.9),得到

$$k\boldsymbol{e}_x\times\boldsymbol{E}_0\sin(kx-\omega t+\varphi_E)=\omega\boldsymbol{B}_0\sin(kx-\omega t+\varphi_B) \tag{9.2.22}$$

由于任意时刻、任意地点该式都要成立,所以要求

$$\varphi_E=\varphi_B \tag{9.2.23}$$

$$\boldsymbol{k}\times\boldsymbol{E}_0=\omega\boldsymbol{B}_0\,(\boldsymbol{k}=k\boldsymbol{e}_X) \tag{9.2.24}$$

第一式意味着**电场和磁场的相位相同**,第二式意味着**传播方向、电场强度和磁感应强度构成右手直角坐标系**,如图9.2.1所示。电场在 $x$-$y$ 平面内振荡,磁场在 $z$-$x$ 平面内振荡。

接下来讨论波速。电磁波波函数式(9.2.7)和式(9.2.19)的时间周期和空间周期可以求出为

$$\left.\begin{aligned}T&=\frac{2\pi}{\omega}\\ \lambda&=\frac{2\pi}{k}\end{aligned}\right\} \tag{9.2.25}$$

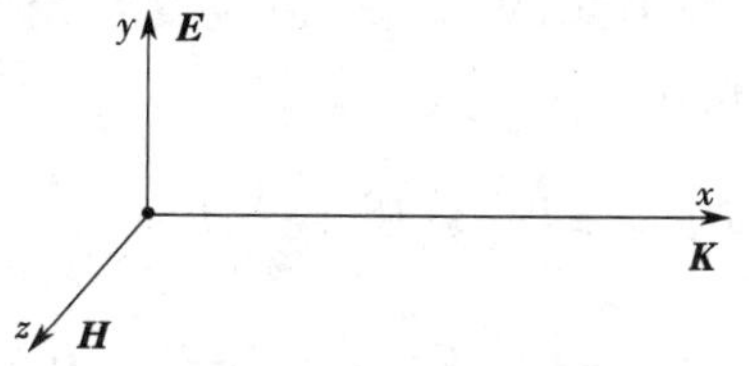


图9.2.1　电场、磁场和传播方向的关系

空间周期叫作**波长**。假如初始时刻原点有一个振动

$$\boldsymbol{E}=\boldsymbol{E}_0\cos\varphi_E \tag{9.2.26}$$

经过时间 $t$ 后传到了 $x$ 处

$$\boldsymbol{E}_0\cos\varphi_E=\boldsymbol{E}_0\cos(kx-\omega t+\varphi_E) \tag{9.2.27}$$

要求

$$kx-\omega t=0 \tag{9.2.28}$$

因此,波速

$$u=\frac{x}{t}=\frac{\omega}{k} \tag{9.2.29}$$

将式(9.2.19)代入式(9.2.18),有

$$u=\frac{\omega}{k}=\frac{1}{\sqrt{\varepsilon_0\mu_0}}=299\ 792\ 458\ \text{m/s}=c \tag{9.2.30}$$

这里电磁波的速度或者光速是一个常数,但是根据经典的速度变换关系,在不同的参考系中,物体的速度是不同的。这就产生了一个问题:上边的光速是哪个参考系中的光速?对这一问题的深入研究最终导致了狭义相对论的产生。

将式(9.2.17)和式(9.2.19)代入式(9.2.13),并利用关系式(9.2.30)得到电场强度与磁感应强度的大小关系

$$E=Bc \tag{9.2.31}$$

如果电磁波在均匀线性各向同性的介质中传播,则有

$$E=B/\sqrt{\varepsilon\mu}\quad(E\sqrt{\varepsilon}=H\sqrt{\mu}) \tag{9.2.32}$$

由于电磁波中既有电场,又有磁场,所以电磁波的能量由电场和磁场共同决定。以真空中的电磁波为例,其能量密度

$$\begin{aligned}w_{\text{em}}&=\frac{1}{2}\varepsilon_0E^2+\frac{1}{2\mu_0}B^2\\&=\frac{1}{2}\varepsilon_0E^2+\frac{1}{2}\mu_0H^2\end{aligned} \tag{9.2.33}$$

电磁波的传播过程也是能量从一个地方向另一个地方的流动过程。类似于电荷流动的电流密度,可以定义一个能流密度描述能量的流动:

$$S=w_{em}c \tag{9.2.34}$$

其方向是电磁波的传播方向。利用式(9.2.33)以及真空光速与介电常数和磁导率的关系式(9.2.30),能流密度可以写成

$$S = w_{em}c = \left(\frac{1}{2}\varepsilon_0 E^2 + \frac{1}{2\mu_0}B^2\right)\frac{1}{\sqrt{\varepsilon_0\mu_0}}$$

$$= \frac{1}{2}\sqrt{\varepsilon_0}E\frac{E}{\sqrt{\mu_0}} + \frac{1}{2}\sqrt{\mu_0}H\frac{H}{\sqrt{\varepsilon_0}} = EH \tag{9.2.35}$$

把电场强度和磁场强度都写成矢量,并且根据图9.2.1的方向关系,得到能流密度的矢量形式

$$\boldsymbol{S} = \boldsymbol{E} \times \boldsymbol{H} \tag{9.2.36}$$

该矢量也叫作坡印廷矢量,是描述电磁波性质的一个重要物理量。

在后边的狭义相对论学习中,将看到能量与质量有紧密的联系。根据狭义相对论,与能量式(9.2.33)对应的质量

$$m_{\text{em}} = \frac{w_{\text{em}}}{c^2} \tag{9.2.37}$$

相应的动量密度

$$\boldsymbol{g} = m_{\text{em}}\boldsymbol{c} = \frac{w_{\text{em}}}{c^2}\boldsymbol{c} = \frac{\boldsymbol{S}}{c^2} \tag{9.2.38}$$

光照射到物体上会对物体产生压力,称为光压,不过这种压力一般比较小。太阳光对地球的压力大约是 $5\times10^{-6}\ \text{N/m}^2$。

### 9.2.3 光的电磁理论

在17世纪,当人们对几何光学的规律有了初步认识之后,开始探索光的本性。17世纪的科学巨匠牛顿,也是光学大师。关于光的本性,牛顿是这样认为的:光是由一颗颗像小弹丸一样的机械微粒所组成的粒子流,发光物体接连不断地向周围空间发射高速直线飞行的光粒子流,一旦这些光粒子进入人的眼睛,冲击视网膜,就引起了视觉。这就是光的微粒说。牛顿用微粒说轻而易举地解释了光的直线传播、反射和折射现象。由于微粒说通俗易懂,又能解释常见的一些光学现象,所以很快获得了人们的承认和支持。

和牛顿同时代的荷兰物理学家惠更斯于1687年提出了与微粒说相对立的波动说。惠更斯认为光是一种机械波,是由发光物体振动引起,依靠一种特殊的叫作“以太”的弹性媒质来传播。波动说不但解释了几束光线在空间相遇不发生干扰而独立传播,而且解释了光的反射和折射现象,不过在解释折射现象时,惠更斯假设光在水中的速度小于在空气中的速度,这与牛顿的解释正好相反。孰是孰非,拉开了近代科学史上关于光究竟是粒子还是波动的激烈论争的序幕。

到19世纪初,托马斯·杨和菲涅尔等人研究了光的干涉、衍射现象。在微粒说看来,光的衍射现象是不可理解的。到了19世纪中叶,随着麦克斯韦电磁理论的出现,人

们知道了光就是电磁波后，建立起了光的电磁理论，光的微粒学说终被抛弃。

前面式(9.2.30)给出的是光在真空中的速度。如果光在均匀线性各向同性的介质中传播，只需作代换

$$\varepsilon_0 \to \varepsilon_r \varepsilon_0,\ \mu_0 \to \mu_r \mu_0 \tag{9.2.33}$$

就会得到光在介质中传播的速度

$$u = \frac{1}{\sqrt{\varepsilon_r \varepsilon_0 \mu_r \mu_0}} = \frac{c}{\sqrt{\varepsilon_r \mu_r}} \tag{9.2.34}$$

介质的折射率因此为

$$n = \sqrt{\varepsilon_r \mu_r} \tag{9.2.35}$$

麦克斯韦电磁理论的建立，将光、电和磁的研究统一在了一起。

## 9.3　电磁波的产生

按照波长或频率的顺序把电磁波排列起来，就是**电磁波谱**。如果把每个波段的频率由低至高依次排列的话，它们是工频电磁波、无线电波、红外线、可见光、紫外线、X射线及$\gamma$射线等。用波长来说，可见光的波长在400～760 nm之间，短波长区是紫光，波长再短就是紫外线；长波长区是红光，波长再长就是红外线。在后边的量子物理部分会看到，原子内部能量的变化会发射可见光、紫外线以及红外线等。X射线曾被称为伦琴射线，是由伦琴在1895年发现的，它的波长比紫外线更短，波长范围在0.04～5 nm之间。X射线是由原子中的内层电子受激发后产生的。$\gamma$射线是一种比X射线波长更短的电磁波，其波长范围在0.04 nm以下。$\gamma$射线来自于宇宙射线或由某些放射性元素在衰变过程中辐射出来。不同波长的电磁波由不同的过程产生，接下来看电容电感电路(LC电路)电磁振荡产生电磁波的过程，如图9.3.1所示。

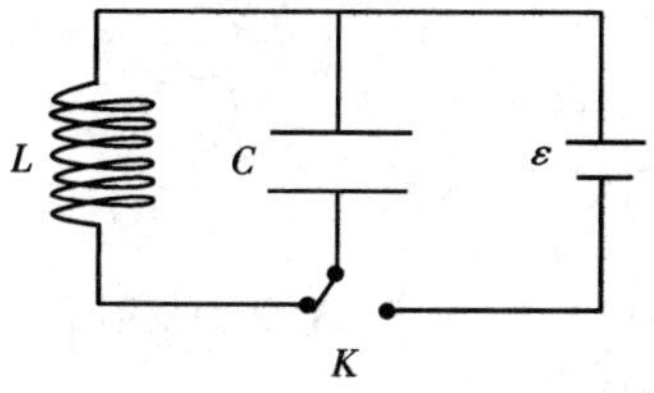


图9.3.1　LC电路充放电示意图

电容器通过自感线圈放电，由于自感作用总是阻碍电流的变化，所以电路里的电流不能立刻达到最大值，而是由零逐渐增大。这时，线圈周围的磁场逐渐增强，电容器里的电场因极板上电荷逐渐减少而逐渐减弱。这样，电路里的电场能逐渐转化为磁场能。当电容器放电完毕，$Q=0$时，电路中的电流达到最大值，电场能全部转化为磁场能。电容器放电完毕，由于自感作用，电路中仍然保持有原来方向的电流，但逐渐减弱，这样就使

电容器逐渐充电,不过两极所带的电荷符号都跟原来的相反。充电完毕,电流减小到零,磁场能全部转化为电场能。此后,上述过程反复地循环下去,在电路中就出现了**振荡电流**。这种电场和磁场的周期性变化叫作**电磁振荡**。设某一时刻电容器极板上的电量是 $q$, 则 LC 电路的中电荷变化规律是

$$-L\frac{\mathrm{d}i}{\mathrm{d}t}=\frac{q}{C} \tag{9.3.1}$$

方程左边是自感上的电动势,右边是电容上的电压。电流强度是

$$i=\frac{\mathrm{d}q}{\mathrm{d}t} \tag{9.3.2}$$

代入式(9.3.1),并考虑 $\omega=\frac{1}{\sqrt{LC}}$,得到电荷的方程

$$\frac{\mathrm{d}^2q}{\mathrm{d}t^2}+\omega^2q=0 \tag{9.3.3}$$

此方程的解为

$$q(t)=q_0\cos(\omega t+\varphi) \tag{9.3.4}$$

式中,$q_0$ 是电量的最大值。

在 LC 电路中,电容和电感都是集中性元件,电场能量集中在电容器中,而磁场能量集中在电感中,要让电磁场扩展到空间去,电路必须开放,如图 9.3.2 所示。最终 LC 振荡电路演化为一根天线,通过天线可以把电磁波发射到空间。天线发射电磁波具有如下特点:发射功率正比于频率的四次幂;沿天线方向没有发射,天线中垂线方向发射最强。如果把天线当做连接地球南北极的轴线,那么沿南北极方向没有发射,赤道面内辐射最强。

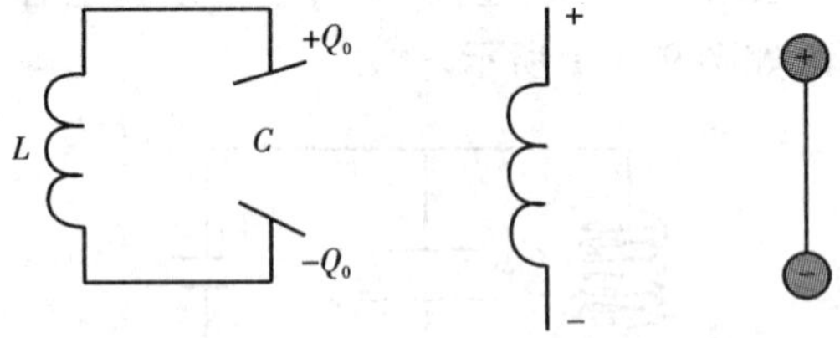


图 9.3.2 从 LC 电路到发射天线

## 习　题

9-1 设位移电流激发的磁场为 $\boldsymbol{B}_1$,传导电流激发的磁场为 $\boldsymbol{B}_2$,则有(　　)。

(A)$\boldsymbol{B}_1$、$\boldsymbol{B}_2$ 都是保守场　　(B)$\boldsymbol{B}_1$、$\boldsymbol{B}_2$ 都是涡旋场

(C)$\boldsymbol{B}_1$ 是保守场,$\boldsymbol{B}_2$ 是涡旋场　　(D)$\boldsymbol{B}_1$ 是涡旋场,$\boldsymbol{B}_2$ 是保守场

9-2 设位移电流与传导电流激发的磁场分别是 $\boldsymbol{B}_d$ 和 $\boldsymbol{B}_o$,则有(　　)。

(A) $\oiint \boldsymbol{B}_o \cdot \mathrm{d}\boldsymbol{S}=0, \oiint \boldsymbol{B}_d \cdot \mathrm{d}\boldsymbol{S}=0$　　(B) $\oiint \boldsymbol{B}_o \cdot \mathrm{d}\boldsymbol{S}\neq 0, \oiint \boldsymbol{B}_d \cdot \mathrm{d}\boldsymbol{S}\neq 0$

(C) $\oiint \boldsymbol{B}_o \cdot \mathrm{d}\boldsymbol{S}=0, \oiint \boldsymbol{B}_d \cdot \mathrm{d}\boldsymbol{S}\neq 0$　　(D) $\oiint \boldsymbol{B}_o \cdot \mathrm{d}\boldsymbol{S}\neq 0, \oiint \boldsymbol{B}_d \cdot \mathrm{d}\boldsymbol{S}=0$

9-3　在某空间,有静止电荷激发的电场 $\boldsymbol{E}_0$,又有变化磁场激发的电场 $\boldsymbol{E}_i$,选择一个闭合回路 $l$,则(　　)。

(A)一定有 $\oint \boldsymbol{E}_0 \cdot \mathrm{d}\boldsymbol{l}=0, \oint \boldsymbol{E}_i \cdot \mathrm{d}\boldsymbol{l}\neq 0$

(B)一定有 $\oint \boldsymbol{E}_0 \cdot \mathrm{d}\boldsymbol{l}\neq 0, \oint \boldsymbol{E}_i \cdot \mathrm{d}\boldsymbol{l}=0$

(C)可能有 $\oint \boldsymbol{E}_0 \cdot \mathrm{d}\boldsymbol{l}\neq 0$,一定有 $\oint \boldsymbol{E}_i \cdot \mathrm{d}\boldsymbol{l}\neq 0$

(D)一定有 $\oint \boldsymbol{E}_0 \cdot \mathrm{d}\boldsymbol{l}=0$,可能有 $\oint \boldsymbol{E}_i \cdot \mathrm{d}\boldsymbol{l}=0$

9-4　电荷激发的电场为 $\boldsymbol{E}_1$,变化磁场激发的电场为 $\boldsymbol{E}_2$,则有(　　)。

(A) $\boldsymbol{E}_1$、$\boldsymbol{E}_2$ 同是保守场　　(B) $\boldsymbol{E}_1$、$\boldsymbol{E}_2$ 同是涡旋场

(C) $\boldsymbol{E}_1$ 是保守场, $\boldsymbol{E}_2$ 是涡旋场　　(D) $\boldsymbol{E}_1$ 是涡旋场, $\boldsymbol{E}_2$ 是保守场

9-5　位移电流的本质是(　　)。

(A)电场　　(B)磁场　　(C)变化的磁场　　(D)变化的电场

9-6　麦克斯韦为完成电、磁场的统一而提出的两个假说是(　　)。

(A)涡旋电场和涡旋磁场　　(B)位移电流和位移电流密度

(C)位移电流和涡旋磁场　　(D)位移电流和涡旋电场

9-7　下列情况位移电流为零的是(　　)。

(A)电场不随时间变化　　(B)电场随时间而变化

(C)交流电路　　(D)在接通直流电路的瞬时

9-8　关于位移电流,下述四种说法哪一种说法正确?(　　)

(A)位移电流是由变化的电场产生的

(B)位移电流是由变化的磁场产生的

(C)位移电流的热效应服从焦耳-楞次定律

(D)位移电流的磁效应不服从安培环路定理

9-9　平行板电容器的电容 $C=20\ \mu\mathrm{F}$,两极板上电压变化率 $\dfrac{\mathrm{d}U}{\mathrm{d}t}=1.5\times 10^5\ \mathrm{V/s}$,若忽略边缘效应,则该电容器中的位移电流为____________。

9-10　麦克斯韦关于电磁场理论的两个基本假设是____________;____________。

9-11　真空圆形板电容器极板的半径为 $R$,两极板的间距为 $d$。若以恒定电流 $I$ 对电容器充电,则位移电流密度为____________。

9-12　反映电磁场基本性质和规律的麦克斯韦方程组的积分形式为

$\oiint_S \boldsymbol{D}\cdot \mathrm{d}\boldsymbol{S}=q$……………………①； $\oint_l \boldsymbol{E}\cdot \mathrm{d}\boldsymbol{l}=-\iint_S \frac{\partial \boldsymbol{B}}{\partial t}\cdot \mathrm{d}\boldsymbol{S}$……………………②；

$\oiint_S \boldsymbol{B}\cdot \mathrm{d}\boldsymbol{S}=0$……………………③； $\oint_l \boldsymbol{H}\cdot \mathrm{d}\boldsymbol{l}=\iint_S\left(\boldsymbol{j}+\frac{\partial \boldsymbol{D}}{\partial t}\right)\cdot \mathrm{d}\boldsymbol{S}$……………………④。

试判断下列结论是包含或等效于哪一个麦克斯韦方程式的，将你确定的方程式用代号填在相应结论后的空白处。

(1)电荷总伴随有电场：__________；

(2)静电场是保守场：__________；

(3)磁感线是无头无尾的：__________；

(4)变化的磁场一定伴随有电场：__________；

(5)感生电场是有旋场：__________；

(6)变化的电场总伴随有磁场：__________；

(7)电场线的头尾在电荷上：__________。

9-13　在没有自由电荷与传导电流的变化电磁场中$\oint \boldsymbol{H}\cdot \mathrm{d}\boldsymbol{l}=$________________；$\oint \boldsymbol{E}\cdot \mathrm{d}\boldsymbol{l}=$________________。

9-14　圆形板电容器极板的面积为$S$，两极板的间距为$d$。一根长度为$d$的极细导线在极板间沿轴线与极板相连。已知细导线的电阻为$R$，两极板间的电压为$U=U_0\sin(\omega t)$，求：(1)细导线中的电流；(2)通过电容器的位移电流；(3)通过极板外接线中的电流；(4)极板间离轴线为$r$处的磁感应强度。(设$r$小于极板半径)

9-15　平行板电容器的电容为$C=20.0\ \mu\mathrm{F}$，两板上的电压变化率为$\mathrm{d}U/\mathrm{d}t=1.50\times 10^5\ \mathrm{V/s}$，求该平行板电容器中的位移电流为多少。

9-16　如图所示，设平行板电容器内各点的交变电场强度$E=720\sin 10^5\pi t\ \mathrm{V/m}$，正方向规定如图。求：(1)电容器中的位移电流密度；(2)电容器内距中心轴线$r=0.01\ \mathrm{m}$的一点$P$，当$t=0$和$t=5\times 10^{-6}\ \mathrm{s}$时的磁感应强度的大小和方向。(不考虑传导电流产生的磁场)

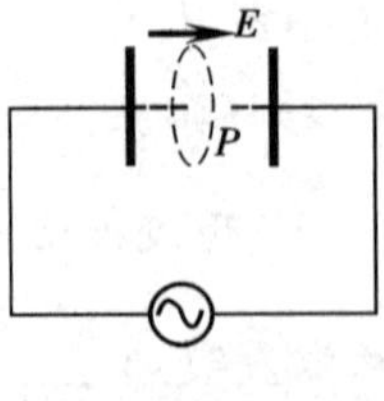


题9-16图

9-17　如图所示，电荷$+q$以速度$\boldsymbol{v}$向$O$点运动($+q$到$O$的距离用$x$表示)，以$O$点为圆心作一半径为$a$的圆，圆面与$\boldsymbol{v}$垂直，计算通过此圆面的位移电流。

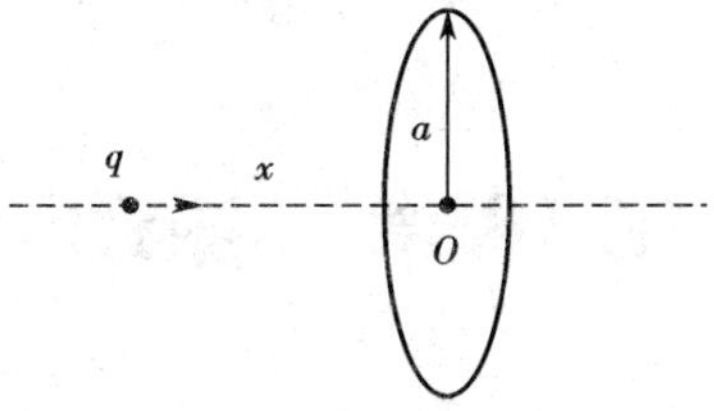


题9-17图

9-18　给电容为 $C$ 的平行板电容器充电，充电电流 $i=0.2\mathrm{e}^{-t}$(SI)。当 $t=0$ 时，电容器极板上无电荷。求：(1)极板间电压 $U$ 随时间 $t$ 变化的关系式；(2)$t$ 时刻极板间总的位移电流 $I_d$(忽略边缘效应)。

9-19 将半径 $R=0.10$ m 的两块圆板构成平行板电容器放在真空中。今对电容器匀速充电，使两极板间电场的变化率 $\frac{\mathrm{d}E}{\mathrm{d}t}=1.0\times10^{13}$ V/(m·s)。求两极板间的位移电流，并计算电容器内离两圆板中心连线 $r(r<R)$ 处的磁感应强度以及 $r=R$ 处的磁感应强度 $\boldsymbol{B}_R$。

9-20　由一个电容为4.0 μF的电容器和一个自感为10 mH的线圈组成的LC电路，当电容器上电荷的最大值 $Q=6.0\times10^{-5}$C 时，开始作无阻尼自由振荡。试求：(1)电场能量和磁场能量的最大值；(2)当电场能量和磁场能量相等时，电容器上的电荷量。

9-21　有一个很长的螺线管(可以当做无限长近似处理)，单位长度有 $n$ 匝，截面半径为 $a$，载有一随时间增加的电流 $i$，求：(1)在螺线管内距轴线为 $r$ 处一点的感应电场；(2)在这点的坡印廷矢量的大小和方向。

9-22　空间中存在一平面电磁波，该电磁波的波长是3.0 cm，电场强度的振幅是30 V/m，该电磁波的频率为多少？磁场强度的振幅为多少？对于一个垂直于传播方向的面积为0.5 $\mathrm{m}^2$ 的全吸收面，该电磁波的平均幅射压强是多大？

# 第 10 章 振动

基于运动形态,物质的运动可以分为机械运动、电磁运动、热运动等;基于运动形式,物质的运动又分为平动、转动和振动。其中,振动是物质的一种基本运动形式,是自然界最普遍的现象之一。最简单、最基本的振动是简谐振动,同时它也是最重要的振动,任何复杂的振动都可以认为是由许多简谐振动合成的。简谐振动的最基本特征是具有周期性。本章将重点研究简谐振动的运动规律。

## 10.1 简谐振动

### 10.1.1 弹簧振子的简谐振动

弹簧振子是用来演示简谐振动的理想化模型。如图 10.1.1 所示,一倔强系数为 $k$ 的轻弹簧,一端固定,另一端系有一质量为 $m$ 的物体,并放于光滑的水平面上,轻质弹簧的质量远小于物体质量,因此可以忽略,同时不考虑物体的形状和大小,把此力学系统称为**弹簧振子**。设弹簧的原长位置为平衡位置为 $O$,把物体由平衡位置向右或向左移开一段距离后释放,物体将在弹簧弹性力的作用下在平衡位置 $O$ 附近作往复自由振动,这个振动称为**简谐振动**。

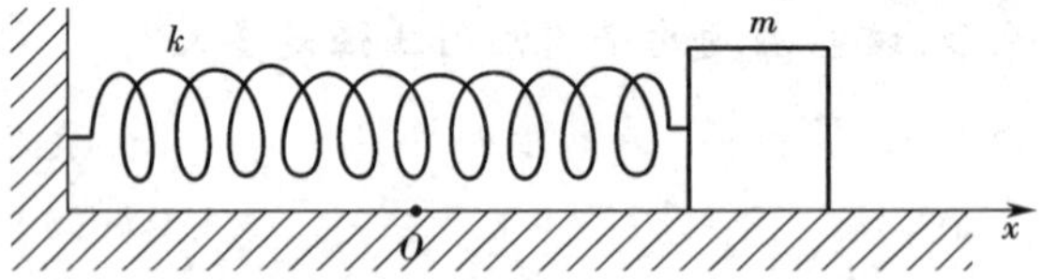


图 10.1.1 弹簧振子的简谐振动模型

为了描述物体的这种运动,沿水平方向建立一个坐标轴 $x$,取平衡位置 $O$ 为坐标轴 $x$ 的原点,轴的正方向向右。物体在运动中,处于任一位置 $x$ 处所受合力为弹簧的弹性力,考虑到该物体是在一维空间的运动,依据胡克定律,此弹性力可表示为

$$f = -kx \tag{10.1.1}$$

式中,$x$ 是物体相对平衡位置 $O$ 的位移,负号表示力与位移的方向相反。由上式可知,作简谐振动的物体所受到的合力与它离开平衡位置的位移大小成正比,且所受合力恒指向平衡位置,习惯上称这种力为线性回复力。线性回复力是物体作简谐振动的根本原因。

根据牛顿第二定律,物体运动的微分方程为

$$f = -kx = m\frac{d^2x}{dt^2}$$

或

$$\frac{d^2x}{dt^2} + \frac{k}{m}x = 0$$

如果令

$$k/m = \omega_0^2 \tag{10.1.2}$$

则

$$\frac{d^2x}{dt^2} + \omega_0^2 x = 0 \tag{10.1.3}$$

式中,$\omega_0$ 称为简谐振子的角频率、固有频率或简谐振动的圆频率。通常把该式叫作**简谐振动的动力学方程**,又称为弹簧振动运动方程的微分形式,为二阶常系数线性微分方程,其解为

$$x = A\cos(\omega_0 t + \varphi) \tag{10.1.4}$$

式中,$A$ 和 $\varphi$ 是两个待定常数,它从运动学方面描述了弹簧振子所遵从的规律,具体表明了位移 $x$ 和时间 $t$ 的函数关系。上式称为简谐振动的运动学表达式。如果物理量的运动能够写成类似式(10.1.3)所示的方程或者物理量与时间的关系可以表示成式(10.1.4)所示的余弦或正弦函数的形式,则该物理量必作简谐振动。

由式(10.1.4)可得,作简谐振动的物体的速度为

$$v = \frac{dx}{dt} = -\omega_0 A\sin(\omega_0 t + \varphi) \tag{10.1.5}$$

或写成

$$v = \omega_0 A\cos\left(\omega_0 t + \varphi + \frac{\pi}{2}\right)$$

速度变化与位移变化周期相同,但超前位移$\frac{\pi}{2}$位相,速度变化的幅值 $v_m = A\omega_0$。

加速度

$$a = \frac{dv}{dt} = -\omega_0^2 A\cos(\omega_0 t + \varphi) = \omega_0^2 A\cos(\omega_0 t + \varphi + \pi) \tag{10.1.6}$$

或

$$a = \frac{dv}{dt} = -\omega_0^2 x \tag{10.1.7}$$

加速度变化与位移变化周期性相同,但超前位移 $\pi$ 相位。加速度变化的幅值 $a_m = A\omega_0^2$。

由作简谐振动物体的运动表达式、速度和加速度可以清楚地看出,三者均随时间 $t$ 以余弦或正弦函数形式作周期性变化。图 10.1.2 所示为简谐振动的物体的 $x(t)$、$v(t)$ 与

$a(t)$图线,称为**振幅曲线**。

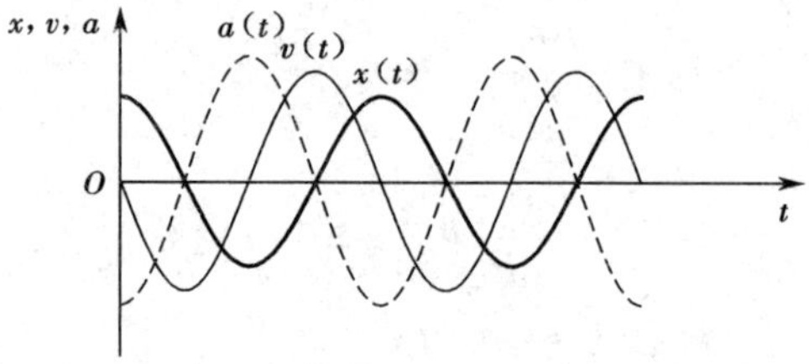


图10.1.2　简谐振动的位移、速度与加速度曲线

## 10.1.2　简谐振动的描述

1. 振幅 $A$

振幅是振动物体离开平衡位置的最大位移,反映了振动的强弱程度。在国际单位制中,振幅的单位为米(m)。

2. 周期 $T_0$

振动系统从一个状态出发,经一定时间后,又回到原有状态,称为完成了一次完全振动。完成一次完全振动所需的时间称为**周期**,用 $T_0$ 表示,单位是秒(s)。周期用来表征物体振动的快慢程度。

对于作简谐振动的物体来讲,$t$ 时刻的振动状态(包括振动位移和振动速度)与 $t+T_0$ 时刻的振动状态相同,即

$$x=A\cos(\omega_0 t+\varphi)=A\cos\left[\omega_0(t+T_0)+\varphi\right]$$

由于余弦函数的周期是 $2\pi$,所以

$$x=A\cos(\omega_0 t+\varphi)=A\cos\left[\omega_0(t+T_0)+\varphi+2\pi\right]$$

对比以上二式可得 $\omega_0 T_0=2\pi$,所以

$$T_0=2\pi/\omega_0 \tag{10.1.8}$$

将 $\omega_0=\sqrt{k/m}$ 带入该式,则弹簧振子的周期

$$T_0=2\pi\sqrt{m/k}$$

3. 圆频率 $\omega_0$

单位时间内所做的完全振动的次数,称为**频率**,用 $\nu_0$ 表示。频率的单位是为每秒($s^{-1}$),称为赫兹(Hz)。显然,频率与周期互成倒数,即 $\nu_0=\dfrac{1}{T_0}$。因此,弹簧振子振动的频率

$$\nu_0=\frac{1}{2\pi}\sqrt{k/m} \tag{10.1.9}$$

$\omega_0$ 称为**圆频率(或者角频率)**,其单位为弧度/秒(rad/s),是 $2\pi$ 秒时间内的振动次数。由以上讨论可知,$\omega_0$、$T_0$ 及 $\nu_0$ 相互有关,知道其中的一个量,就可以求出其他的两

个量。

弹簧振子的圆频率 $\omega_0$、周期 $T_0$ 和频率 $\nu_0$ 都与振动系统本身的性质(振动系数 $k$ 及物体质量 $m$)有关,因而 $\omega_0$、$T_0$ 及 $\nu_0$ 分别称为固有圆频率、固有周期和固有频率。

4. 相位($\omega_0 t+\varphi$)

物理量($\omega_0 t+\varphi$)称为简谐振动的**相位**。$\varphi$ 是 $t=0$ 时刻的相位,叫作简谐振动的**初相位**,简称初相。相位的单位是弧度(rad)。由式(10.1.4)和式(10.1.5)可看出,当振幅 $A$ 和圆频率 $\omega_0$ 一定时,振动物体在任一时刻 $t$ 的位移和速度都决定于**相位**。相位决定了作简谐运动的物体的运动状态,相位不同,物体的振动状态也不同。如在上述弹簧振子振动中,当相位($\omega_0 t+\varphi$) $=\frac{3}{2}\pi$ 时,$x=0$,$v=\omega_0 A>0$,说明这时物体恰处在平衡位置,但以速率 $\omega_0 A$ 向右运动。在振动的描述中,相位差是个重要概念,相位差反映了两个振动步调上的差异。

令 $t=0$ 时刻,$x=x_0$,$v=v_0$,代入式(10.1.4)及式(10.1.5)得

$$\left.\begin{aligned} x_0 &= A\cos\varphi \\ v_0 &= -\omega_0 A\sin\varphi \end{aligned}\right\} \tag{10.1.10}$$

可见,初相位 $\varphi$ 决定物体起始时刻的振动状态。由上两式得

$$\tan\varphi = -\frac{v_0}{\omega_0 x_0} \tag{10.1.11}$$

同样,利用式(10.1.10)得出

$$A=\sqrt{x_0^2+\frac{v_0^2}{\omega_0^2}} \tag{10.1.12}$$

以上结果表明,如果已知初位移 $x_0$ 和初速度 $v_0$,就能确定简谐振动的初相位和振幅,从而也就能够确定简谐振动的位移与时间的关系,即确定了该简谐振动。

**例题 10.1.1**　一弹簧振子,放在光滑的水平面上,设弹簧的倔强系数 $k=0.49$ N/m,振动物体的质量 $m=0.01$ kg。在初始时刻,物体处在 $x_0=-0.04$ m 处,且正以 $v_0=0.21$ m/s 的初速度沿 $x$ 轴正向运动,试求谐振子的运动表达式。

**解**　由简谐振动的运动表达式 $x=A\cos(\omega_0 t+\varphi)$ 知,本题的关键是求 $A$、$\omega_0$ 和 $\varphi$ 三个物理量。

振动系统的固有圆频率

$$\omega_0=\sqrt{k/m}=\sqrt{0.49/0.01}=7\ \text{rad/s}$$

振幅

$$A=\sqrt{x_0^2+\frac{v_0^2}{\omega_0^2}}=\sqrt{(-0.04)^2+\frac{(0.21)^2}{7^2}}=0.05\ \text{m}$$

初相

$$\varphi = \arctan\frac{-v_0}{\omega_0 x_0} = \arctan\frac{-0.21}{7\times(-0.04)} = 36°52' \text{或} 216°52'$$

考虑到初速度为正值,由初始条件 $0 < v_0 = -\omega_0 A\sin\varphi$ 得初相 $\varphi = 216°52'$或 3.79 rad,故谐振子的运动表达式为

$$x = 0.05\cos(7t + 3.79)\ \text{m}$$

**例题 10.1.2** 设想把图 10.1.1 所示的弹簧振子竖直悬挂起来,不计弹簧质量。

(1)证明弹簧振子的振动依然是简谐振动;

(2)在振子下端悬挂一质量为 $m$ 的物体后,弹簧伸长 $\Delta l$ = 9.8 cm。若 $t=0$ 时刻物体在平衡位置,正以速率 1 m/s 向上运动,求物体的运动表达式。

**解** (1)如图所示,设弹簧原长为 $l$,悬挂质量为 $m$ 的物体后,弹簧伸长 $\Delta l$,所以

$$k\Delta l = mg$$

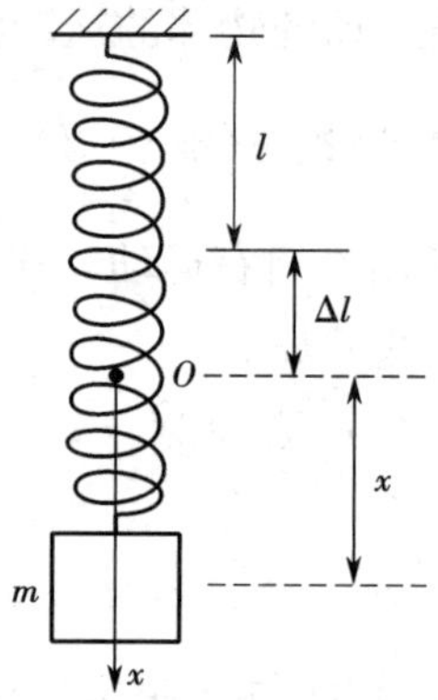


图 10.1.3 例题 10.1.2 图

图中 $O$ 为物体的平衡位置,现将物体向下拉一段距离后释放,使其沿竖直方向振动。在任一位置 $x$ 处,物体所受合力

$$F = mg - k(\Delta l + x)$$

或

$$F = -kx$$

可见,物体所受合力与位移 $x$ 的大小成正比,方向相反,与水平放置的弹簧振子在运动中受力特征相同。因此,该振子沿竖直方向的振动依然是简谐振动。

(2)振动系统圆频率

$$\omega_0 = \sqrt{k/m} = \sqrt{g/\Delta l} = \sqrt{\frac{9.8\times10^2}{9.8}} = 10\ \text{rad/s}$$

当 $t=0$ 时,$x_0=0$,由此得 $0 = A\cos\varphi$,解得 $\varphi = +\frac{\pi}{2}$或$-\frac{\pi}{2}$。又据图中选定的 $x$ 轴,$v_0<0$,由 $0 > v_0 = -\omega_0 A\sin\varphi$,$\varphi$ 应取 $+\frac{\pi}{2}$。振幅

$$A = \sqrt{x_0^2 + \frac{v_0^2}{\omega_0^2}} = \sqrt{0^2 + \frac{(-1)^2}{(10)^2}} = 0.1\ \text{m}$$

故运动表达式为

$$x = 0.1\cos(10t + \pi/2)\ \text{m}$$

上述通过一个在水平面上的弹簧振子的振动,引出简谐振动的概念,找出了它所遵循的力学规律。这些概念、规律以及研究方法具有普遍的意义。从广义上讲,对于一个物理体系,任何一个物理量(可以是力学的、电磁学的等)随时间遵从式(10.1.4)(或正弦函数形式)及式(10.1.3)所示的数学形式变化,此物理量就在作简谐振动。

例如图 10.1.4 所示 LC 振荡,在电源 $\varepsilon$、自感 $L$ 和电容 $C$ 组成的电路中,先把开关 $S$

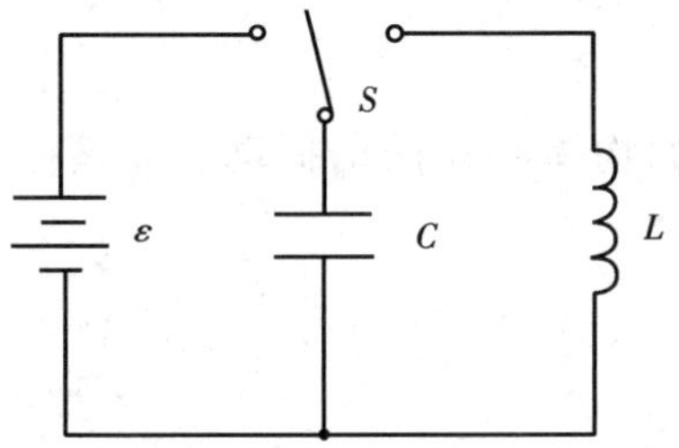

图 10.1.4　LC 振荡

扳到电源的一侧,使电容器充电,然后,再把 $S$ 扳到电源的另一侧,使电容器和线圈构成闭合回路。电容器将通过线圈放电。若不计所有电阻,按电磁学规律有

$$\frac{q}{C}=-L\frac{\mathrm{d}i}{\mathrm{d}t}=0\quad\left(i=\frac{\mathrm{d}q}{\mathrm{d}t}\right)$$

或

$$\frac{\mathrm{d}^2q}{\mathrm{d}t^2}+\frac{1}{LC}q=0$$

式中,$q$ 为电容极板上的瞬时电量,$i$ 为电路中的瞬时电流。

令 $\omega_0=\sqrt{1/LC}$ 则

$$\frac{\mathrm{d}^2q}{\mathrm{d}t^2}+\omega_0^2q=0$$

该式与式(10.1.3)具有相同的数学形式,故 $q$ 同样按着简谐振动的规律变化。求解上式得

$$q=Q_0\cos(\omega_0t+\varphi)$$

从而

$$i=I_0\sin\ (\omega_0t+\varphi),\quad I_0=-Q\omega_0$$

圆频率 $\omega_0$ 同样是由该振荡电路的性质(电容 $C$ 和电感 $L$)决定的,即 $LC$ 振荡是一个非力学的简谐振动。

此外,将一个可视为质点的小球系于一根质量可忽略不计、不可伸长的细绳下端,将细绳上端固定,如图 10.1.5 所示。当细绳处于垂直方向时,小球处于平衡位置,将小球略微偏离原位置,使得细绳与竖直方向成一较小角度 $\theta$,释放后小球在重力的切向分力的作用下,将会左右摆动起来,称为单摆。由于 $\theta$ 很小(一般在 5°以内),重力的切向分力与 $\theta$ 成正比,方向指向平衡位置,与弹簧振子的弹性回复力十分相似,可以称为准弹性力。分析小球的切向运动,有

$$-mg\sin\theta=ma_\tau$$

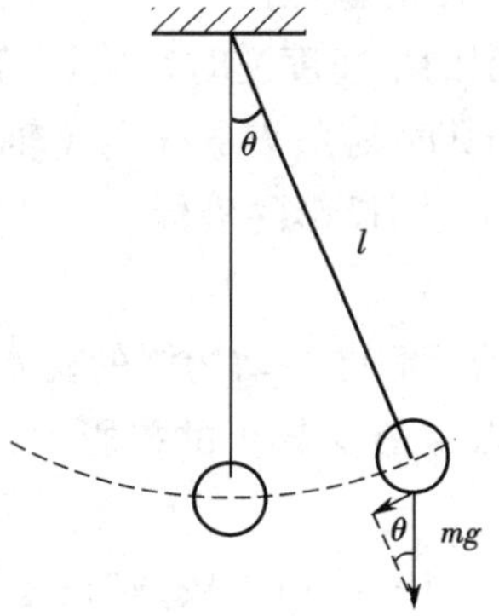

图 10.1.5　单摆

切向加速度 $a_\tau=l\beta=l\dfrac{\mathrm{d}^2\theta}{\mathrm{d}t^2}$,考虑到摆角 $\theta$ 较小,有 $\sin\theta\approx\theta$,代入上式,整理后可以得到单摆的动力学方程

$$\frac{\mathrm{d}^2\theta}{\mathrm{d}t^2}+\frac{g}{l}\theta=0$$

此式称为单摆的动力学方程,其形式上同样是一个二阶常系数线性微分方程,相应的运动表达式为

$$\theta=\theta_{\mathrm{m}}\cos(\omega_0t+\varphi)$$

式中,$\omega_0=\sqrt{\frac{g}{l}}$为单摆振动的固有频率。

因此,通过分析可知,受弹性力或者准弹性力作用的物体必作简谐振动。简谐振动系统的能量守恒。

### 10.1.3 简谐振动的图示法——旋转矢量法

利用图示法可以更加直观地表示简谐振动。如图10.1.6所示,以时间$t$为横坐标轴,位移$x$为纵坐标轴,可将式(10.1.4)中简谐振动的$x(t)$函数关系描绘出来,称为振动曲线。从图中可以直观地了解振动状态的周期性变化规律、振幅、不同时刻的振动状态,测量或计算出振动的周期、频率等。简谐振动还可以用旋转矢量来表示。

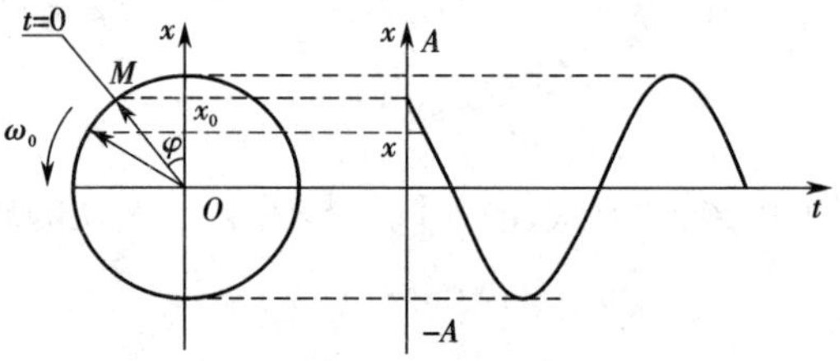


图10.1.6 用旋转矢量的投影表示简谐振动

如图10.1.6所示,设物体沿$x$轴作简谐振动,运动表达式为

$$x=A\cos(\omega_0 t+\varphi) \tag{10.1.13}$$

自$x$轴的原点作一模等于简谐振动的振幅$A$的矢量$\boldsymbol{A}$。令矢量$\boldsymbol{A}$绕原点$O$在图面内以恒定的角速度逆时针旋转,其角速度的大小与简谐振动的圆频率$\omega_0$相同。并设开始时($t=0$时刻),矢量$\boldsymbol{A}$与$x$轴之间的夹角等于振动的初相位$\varphi$。这时,矢量$\boldsymbol{A}$的端点$M$在$x$轴上的投影的坐标

$$x_0=A\cos\varphi \tag{10.1.14}$$

它恰是简谐振动物体的初始位移。在任一时刻$t$,矢量$\boldsymbol{A}$与$x$轴的夹角变为$\omega_0 t+\varphi$,$\boldsymbol{A}$的端点$M$在$x$轴上的投影$P$的坐标

$$x=A\cos(\omega_0 t+\varphi) \tag{10.1.15}$$

与式(10.1.4)比较,它正是沿$x$轴作简谐振动的物体在$t$时刻相对于原点的位移。可见,当矢量$\boldsymbol{A}$在绕$O$匀速转动时,矢量端点$M$在$x$轴上的投影的运动就是简谐振动,矢量$\boldsymbol{A}$称为**旋转矢量或振幅矢量**。这种表示简谐振动的方法叫作简谐振动的旋转矢量表示法。任一时刻$t$,矢量$\boldsymbol{A}$与$x$轴间夹角$\omega_0 t+\varphi$为简谐振动$t$时刻的相位。矢量$\boldsymbol{A}$旋转一周,相当于简谐振动的物体在$x$轴上完成了一次完全振动,而矢量$\boldsymbol{A}$旋转一周所用时间就是简谐振动的周期。另外,由端点的线速度$v_m$在$x$轴上的投影也可以描述简谐振动物体的加速度随时间的变化情况,由端点的向心加速度$a_m$在$x$轴上的投影也可以描述简谐振动物体的加速度随时间的变化情况。旋转矢量表示法是一种直观、形象的方法,在分析简谐振动的初相位及简谐振动的合成时常常用到。

**例题 10.1.3**　图 10.1.7 为简谐振动的振动曲线，求简谐振动的运动表达式。

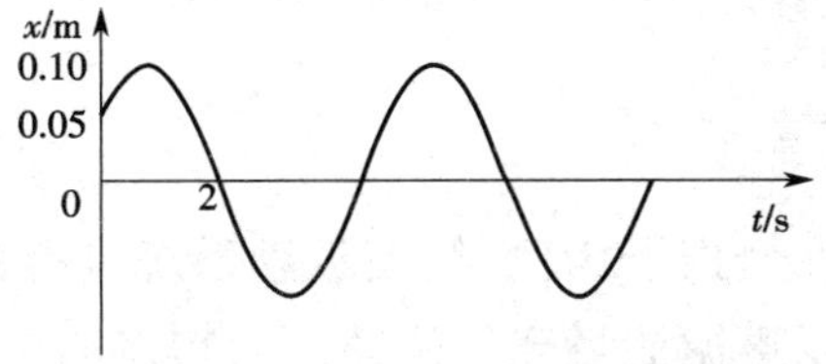


图 10.1.7　振动曲线

**解**　由振动曲线知 $A=0.1\ \text{m}$，$x_0=0.05\ \text{m}$。由初始条件 $x_0=A\cos\varphi$，得 $0.05=0.1\cos\varphi$，故

$$\varphi=\pm\frac{\pi}{3}$$

又 $t=0$ 时，$v_0=-A\omega_0\sin\varphi$，由图知 $v_0>0$，要求 $\sin\varphi<0$，所以，

$$\varphi=-\frac{\pi}{3}$$

根据振动曲线，画出旋转矢量图，在 $t=0\sim2\ \text{s}$ 时间内，矢量 $\boldsymbol{A}$ 转过的角度

$$\Delta\varphi=\frac{\pi}{3}+\frac{\pi}{2}=\frac{5\pi}{6}$$

$\boldsymbol{A}$ 旋转的角度，即简谐振动的圆频率

$$\omega_0=\frac{5\pi/6}{2}=\frac{5\pi}{12}\ \text{rad/s}$$

运动表达式为

$$x=0.1\cos\left(\frac{5\pi}{12}t-\frac{\pi}{3}\right)\ \text{m}$$

**例题 10.1.4**　一简谐振动的表达式为

$$x=0.2\cos\left(\pi t+\frac{\pi}{4}\right)\ \text{m}$$

求：(1) $t=0$ 时刻与 $t=1\ \text{s}$ 时刻的相位，并画出二时刻旋转矢量的位置；(2) 借助旋转矢量表示法，并画出振动曲线。

**解**　(1) 由运动方程求得 $t=0$ 时刻，相位移 $\pi/4$。$t=1\ \text{s}$ 时刻，相位移 $5\pi/4$。旋转矢量位置如图 10.1.8 所示。

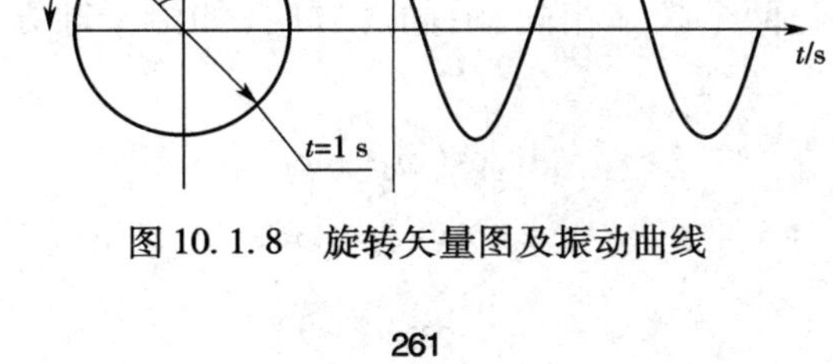


图 10.1.8　旋转矢量图及振动曲线

(2) 利用旋转矢量法绘制振动曲线,如图10.1.8所示,旋转矢量 $\boldsymbol{A}$ 不同时刻 $x$ 轴上的投影代表各时刻振子的位移。

### 10.1.4 简谐振动的能量

振动系统具有能量,以弹簧振子为例,简谐振动系统具有弹性势能和动能。简谐振动又称无阻尼自由振动,所以遵循能量守恒定律。当物体的位移为 $x$,速度为 $v$ 时,系统的弹性势能 $E_p$ 和动能 $E_k$ 分别为

$$E_p = \frac{1}{2}kx^2 = \frac{1}{2}kA^2\cos^2(\omega_0 t + \varphi) \tag{10.1.16}$$

$$E_k = \frac{1}{2}mv^2 = \frac{1}{2}m\omega_0^2 A^2\sin^2(\omega_0 t + \varphi) = \frac{1}{2}kA^2\sin^2(\omega_0 t + \varphi) \tag{10.1.17}$$

从上面 $E_k$、$E_p$ 两式可以看出,它们均是时间的周期性函数,它们变化的周期是振动周期的一半。弹簧振子振动系统的总机械能

$$E = E_p + E_k = \frac{1}{2}m\omega_0^2 A^2 = \frac{1}{2}kA^2 = \text{恒量} \tag{10.1.18}$$

虽然弹簧振子的动能和势能随时间变化,但在任一时刻总的机械能都是恒量,且与振幅的平方成正比。这一结论对其他简谐振动也是适用的。振幅限制了简谐振动的运动范围,限制了振动系统总能量的大小。

此外,在每一个周期内,动能和势能的平均值是相等的,均等于总能量的一半:

$$\bar{E}_p = \frac{1}{T_0}\int_0^{T_0} E_p \mathrm{d}t = \frac{1}{T_0}\int_0^{T_0} \frac{1}{2}kA^2\cos^2(\omega_0 t + \varphi)\mathrm{d}t = \frac{1}{4}kA^2 \tag{10.1.19}$$

$$\bar{E}_k = \frac{1}{T_0}\int_0^{T_0} E_k \mathrm{d}t = \frac{1}{T_0}\int_0^{T_0} \frac{1}{2}kA^2\sin^2(\omega_0 t + \varphi)\mathrm{d}t = \frac{1}{4}kA^2 \tag{10.1.20}$$

## 10.2 简谐振动的合成

实际问题中,经常会遇到两个或两个以上振动的合成情况,例如,当两列声波同时传到空间某处时,那里空气质点就同时参与两个振动。根据力学中运动的叠加原理,该处质点所作的运动就是两个运动的合运动。一般情况下振动的合成问题比较复杂,下面研究一些基本的简谐振动合成现象。

### 10.2.1 同方向、同频率的简谐振动的合成

设某一物体同时参与两个频率相同、沿同一方向(如沿 $x$ 轴方向)的简谐振动,振动表达式分别为

$$\left.\begin{aligned} x_1 &= A_1\cos(\omega_0 t + \varphi_1) \\ x_2 &= A_2\cos(\omega_0 t + \varphi_2) \end{aligned}\right\} \tag{10.2.1}$$

式中，$A_1$、$A_2$和 $\varphi_1$、$\varphi_2$ 分别为两个简谐振动的振幅和初相位。按照叠加原理，物体的合振动的位移

$$x = x_1 + x_2 = A_1\cos(\omega_0 t + \varphi_1) + A_2\cos(\omega_0 t + \varphi_2) \tag{10.2.2}$$

利用三角函数或图示法能够求出合振动的结果。为了直观地得到结论，在此，用旋转矢量法求出合振动的位移 $x$。如图 10.2.1 所示，$\boldsymbol{A}_1$和 $\boldsymbol{A}_2$分别为两个分振动的振幅矢量。二者以相同的角速度 $\omega_0$ 绕原点旋转，它们的相对位置保持不变，因而合成矢量 $\boldsymbol{A}$ 的大小恒定，并且以同样的角速度旋转。$t$ 时刻合矢量 $\boldsymbol{A}$ 在 $x$ 轴上的投影 $x_1$和 $x_2$的代数和为 $x = x_1 + x_2$。故合矢量 $\boldsymbol{A}$ 在 $x$ 轴上投影 $x$ 为合振动的位移 $x$，其形式为

$$x = A\cos(\omega_0 t + \varphi) \tag{10.2.3}$$

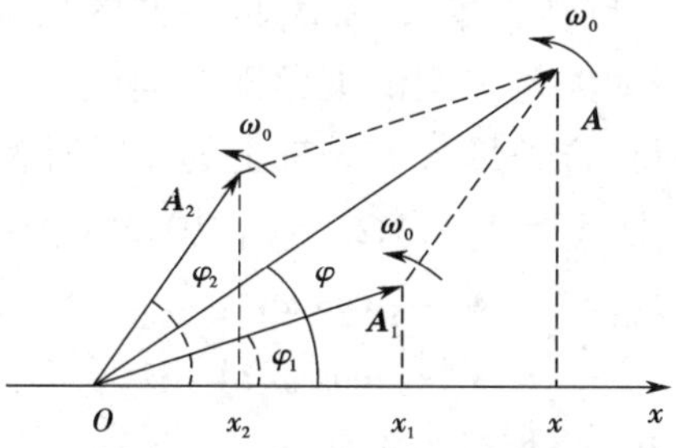


图 10.2.1　两个同方向、同频率简谐振动的合成示意图

可见，合振动仍是简谐振动，它的圆频率等于分振动的圆频率，合矢量 $\boldsymbol{A}$ 为合振动的旋转矢量，$\boldsymbol{A}$ 的模为合振动的振幅，$t = 0$ 时刻矢量 $\boldsymbol{A}$ 与 $x$ 轴的夹角 $\varphi$ 为合振动的初相位。由图 10.2.1，可以得到合振动的振幅

$$A = \sqrt{A_1^2 + A_2^2 + 2A_1A_2\cos(\varphi_2 - \varphi_1)} \tag{10.2.4}$$

合振动的初相位

$$\varphi = \arctan\frac{A_1\sin\varphi_1 + A_2\sin\varphi_2}{A_1\cos\varphi_1 + A_2\cos\varphi_2} \tag{10.2.5}$$

可以看出，合振幅 $A$ 不仅与两个分振动的振幅 $A_1$和 $A_2$有关，而且与两个合振动的相位差 $\Delta\varphi = \varphi_2 - \varphi_1$ 也有关。下面讨论经常用到的两种特殊情况。

(1) 当相位差 $\Delta\varphi = \varphi_2 - \varphi_1 = \pm 2k\pi (k = 0, 1, 2, \cdots)$ 时，则

$$A = \sqrt{A_1^2 + A_2^2 + 2A_1A_2} = A_1 + A_2 \tag{10.2.6}$$

合振动的振幅等于两个分振动的振幅之和，合振幅为最大，合成结果使振动加强。如果 $A_1 = A_2 = A_0$，则 $A = A_1 + A_2 = 2A_0$。

(2) 当相位差 $\Delta\varphi = \varphi_2 - \varphi_1 = \pm(2k+1)\pi (k = 0, 1, 2, \cdots)$ 时，则

$$A = \sqrt{A_1^2 + A_2^2 - 2A_1A_2} = |A_1 - A_2| \tag{10.2.7}$$

合振动的振幅等于两个分振动的振幅之差的绝对值，合振幅为最小，合成结果使振动减弱。如果 $A_1 = A_2 = A_0$，则 $A = |A_1 - A_2| = 0$。

当相位差 $\Delta\varphi$ 取上述以外其他值时,合振动的振幅介于 $A_1+A_2$ 与 $|A_1-A_2|$ 之间。可以进一步看到,当若干个同方向、同频率简谐振动合成时,合运动依然是频率不变的简谐振动。

### 10.2.2 同方向、不同频率简谐振动的合成

如果参与同一方向合成的两个分振动的频率不同,则结果比较复杂。设两个分振动的振动表达式为

$$\left.\begin{aligned} x_1 &= A_1\cos(\omega_1 t+\varphi_1) \\ x_2 &= A_2\cos(\omega_2 t+\varphi_2) \end{aligned}\right\} \tag{10.2.8}$$

这里,$\omega_1 \neq \omega_2$,由图 10.2.1 知,旋转矢量 $\boldsymbol{A}_1$ 和 $\boldsymbol{A}_2$ 以不同的角速度绕 $O$ 点旋转,二者相对位置随时间变化,即两个分振动矢量之间的夹角随时间变化。合矢量 $\boldsymbol{A}$ 的模,即合振动的振幅 $A$ 也随时间变化。可见,合矢量 $\boldsymbol{A}$ 在 $x$ 轴上的投影所表示的合振动不再是简谐振动。为简单起见,令 $\omega_2>\omega_1$,且 $A_1=A_2=A$,$\varphi_2=\varphi_1=0$,式(10.2.8)化简为

$$\left.\begin{aligned} x_1 &= A\cos \omega_1 t \\ x_2 &= A\cos \omega_2 t \end{aligned}\right\} \tag{10.2.9}$$

由图 10.2.2 可得出,任一时刻 $t$ 合振动的振幅

$$A_{合} = \left|2A\cos\frac{\omega_2-\omega_1}{2}t\right| \tag{10.2.10}$$

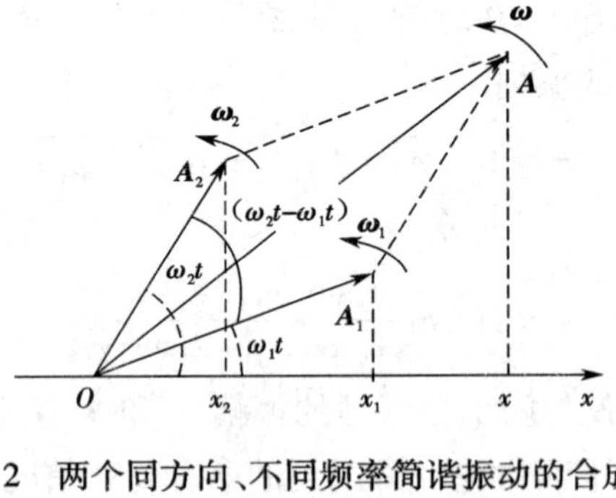


图 10.2.2　两个同方向、不同频率简谐振动的合成示意图

由于振幅恒正,所以上式右端取绝对值。显然,合振动的振幅随时间作周期性变化。合振动的振幅时而增大、时而减小的现象称为**拍**。合振幅变化的频率叫**拍频**,它是指单位时间内合振幅出现极大(或极小)的次数,拍频用 $\nu$ 表示。由式(10.2.10)不难求出,拍频 $\nu$ 与两个分振动的频率 $\nu_1$、$\nu_2$ 关系为

$$\nu = |\nu_2-\nu_1| \tag{10.2.11}$$

合振动的振动表达式为

$$x = x_1+x_2 = A\cos \omega_1 t + A\cos \omega_2 t = 2A\cos\left(\frac{\omega_2-\omega_1}{2}t\right)\cos\left(\frac{\omega_2+\omega_1}{2}t\right) \tag{10.2.12}$$

式中出现了两个随时间作周期性变化函数。当 $\omega_2$ 与 $\omega_1$ 值接近时，前面一个变化缓慢，反映了合振幅的变化，取绝对值后即上述讨论的式(10.2.10)；后面一个变化迅速，表明了合振动以$\frac{\omega_2+\omega_1}{2}$为角频率的振动情形，如图 10.2.3 所示。

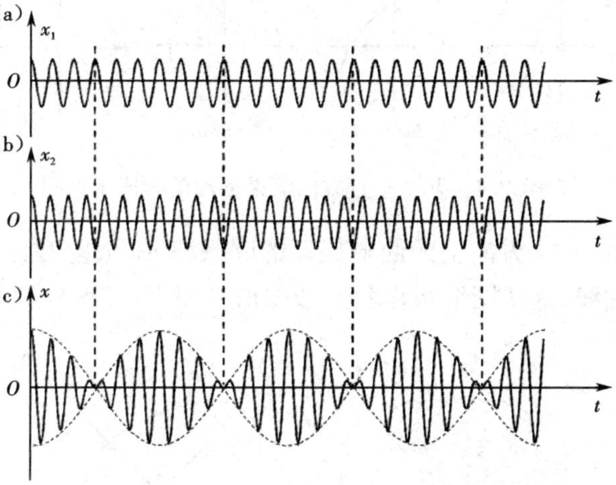


图 10.2.3　不同频率简谐振动的合成——拍

如果两个分振动的振幅不相同，即 $A_1 \neq A_2$，则合振动的振幅最小值不为零；如果是若干个同方向、不同频率简谐振动合成，其合振动的规律要复杂得多，振动可能是周期性的，也可能是非周期性的，视具体情况而定。实际应用中，可以利用拍频来测量波的频率、校正乐器等。

### 10.2.3　两个互相垂直方向的简谐振动的合成

两个垂直方向的简谐振动的合成又是什么情况呢？设某物体同时参与两个振动方向相互垂直的简谐振动，一个简谐振动沿 $x$ 轴方向，另一个沿 $y$ 轴方向，分振动的振动表达式分别为

$$\left.\begin{aligned} x &= A_1\cos(\omega_1 t+\varphi_1) \\ y &= A_2\cos(\omega_2 t+\varphi_2) \end{aligned}\right\} \tag{10.2.13}$$

为简单起见，假设 $\omega_1=\omega_2$，则质点合成运动的轨迹方程如下：

$$\frac{x^2}{A_1^2}+\frac{y^2}{A_2^2}-\frac{2xy}{A_1A_2}\cos(\varphi_2-\varphi_1)=\sin^2(\varphi_2-\varphi_1) \tag{10.2.14}$$

其轨迹为 $xy$ 面内的曲线(包括直线)，具体形状与相位差 $\Delta\varphi=\varphi_2-\varphi_1$ 有关。例如，$\Delta\varphi=\pi$ 时，物体的轨迹为直线；当 $\Delta\varphi=\pi/2$ 时，轨迹为 $xy$ 平面内的椭圆。利用旋转矢量可以画出合运动的轨迹形状。图 10.2.4 给出了 $\Delta\varphi$ 取某些值时合成运动的轨迹。

当 $\omega_1 \neq \omega_2$ 时，两个垂直方向简谐振动的合运动的轨迹是很复杂的。当 $x$ 方向上的

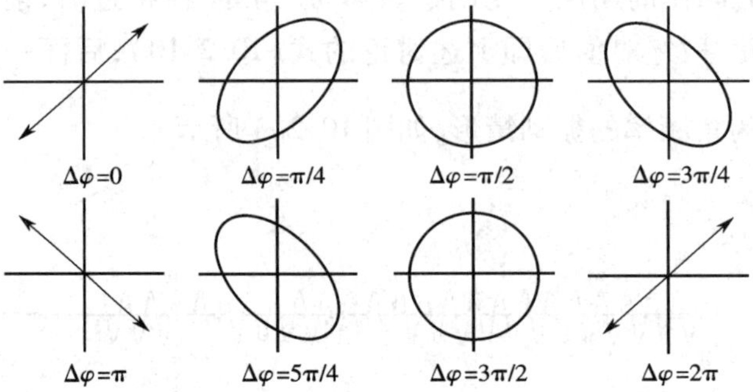


图 10.2.4　两个垂直方向简谐振动的合成示意图

简谐振动的圆频率 $\omega_1$ 与 $y$ 方向上的简谐振动的圆频率 $\omega_2$ 成整数比时,合成运动的轨迹是某种形式的封闭曲线,这些图形叫作利萨如图形。图 10.2.5 分别给出了频率为 2∶1与 3∶2的合成运动轨迹。

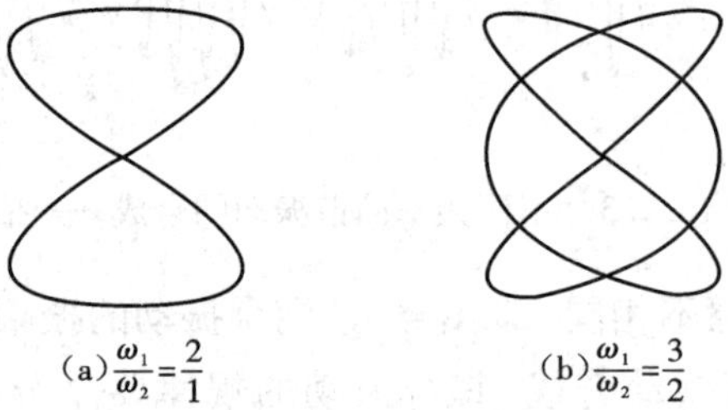


图 10.2.5　两个垂直方向简谐振动的合成示意图

在无线电技术中,利用利萨如图形测量电信号的频率。方法是:在示波器的两个垂直方向分别输入频率已知的电信号和待测频率的电信号,通过观察利萨如图形,能迅速求得电信号的待测频率。

## 10.3　阻尼振动、受迫振动、共振

### 10.3.1　阻尼振动

本章之前的讨论中,简谐振动是一种理想的振动。弹簧振子作简谐振动时,振幅保持不变,即质点只受到回复力的作用,因而整个力学系统机械能守恒。然而,任何实际的机械振动系统都免不了存在摩擦力、空气或液体的黏滞阻力等的作用。由于系统要克服阻力做功,振动系统的能量逐渐变成热运动的能量。此外,由于振动质点会引起周围质点的振动,使得能量向周围辐射而减少。基于上述原因,在无外界补充能量时,振动系统的能量将随时间不断减小。如前所述,振动的能量与振幅的平方成正比,因此,振动的振幅以及物体通过平衡位置时的速率也逐渐减小。我们把这种不断衰减的振动称为**阻尼**

**振动**,也称为**减幅振动**。

阻尼振动是复杂的运动,根据阻尼的大小可以分为欠阻尼、临界阻尼和过阻尼三种情况,可以通过其动力学方程进行分析讨论。本教材中,我们仅以图示的形式给出了阻尼较小情况下阻尼振动的位移 - 时间曲线(图 10. 3. 1)。实验及工程技术上,可以根据需要采取不同的方法来控制阻尼的大小,从而控制系统的振动情况。

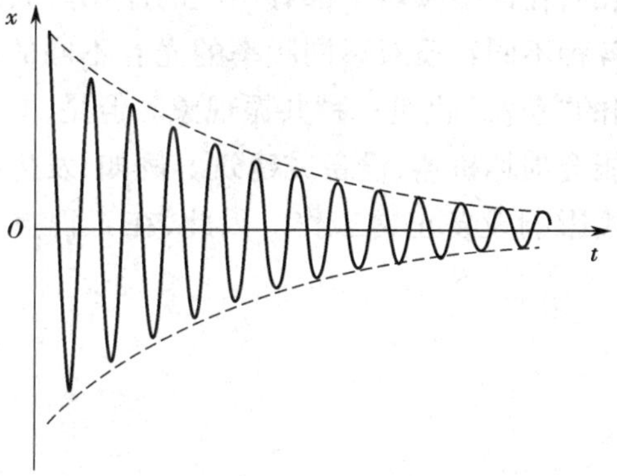


图 10. 3. 1　阻尼振动的位移 - 时间曲线

## 10. 3. 2　受迫振动、共振

如上所述,实际的振动都是阻尼振动。要使振动持续不断地进行下去,可以通过给系统施加周期性的外力,不断给系统补充能量来获得比较稳定的等幅振动。当系统的能量稳定时,振动系统便能作等幅振动。系统在周期性外力的作用下发生的振动叫**受迫振动**。例如,扬声器中纸盆的振动,声波的周期性压力使得耳膜产生的振动等都是受迫振动。这种周期性的外力叫驱动力。实验证明,受迫振动开始时的运动情况非常复杂。从能量观点看,此时驱动力所做的功往往大于阻尼消耗的能量,所以总的趋势是使振动系统的能量不断增加,振动的幅度增大;当受迫振动进入稳定的振动状态时,周期性的驱动力在一个周期内所做的功正好等于振动系统克服阻力所做的功,振幅不再增加,如图 10. 3. 2 所示。

受迫振动稳定后,振动的频率等于驱动力的频率。振幅和初相位不仅与驱动力有关,还与振动系统的固有圆频率 $\omega_0$ 及阻尼有关,与系统初始的运动状态无关。

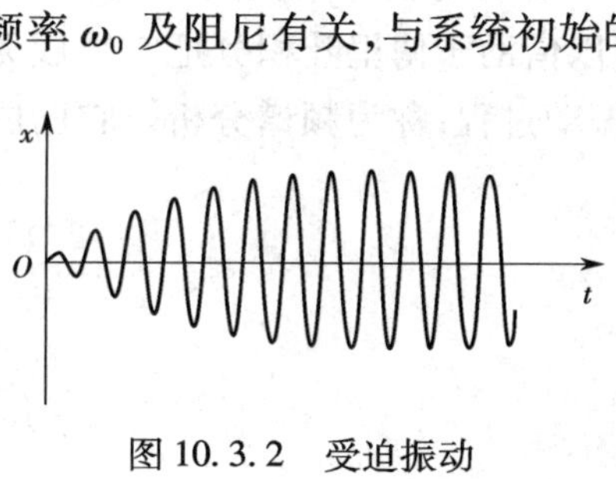


图 10. 3. 2　受迫振动

受迫振动的位移振幅随着驱动力频率的变化而变化,这种变化关系称为频率响应。可以通过计算得到,当驱动力的频率与系统的固有频率接近时,振动系统的振幅显著变大;驱动力频率为某一特定值时,受迫振动的振幅达到最大值,这种现象称为**共振**。此时驱动力的频率称为共振频率,外阻尼系数越小,共振频率越接近固有频率。进一步分析表明,发生共振时驱动力总是对系统做正功。

共振现象是非常普遍的,在许多领域中都有广泛的应用。天线和频道调谐器利用电信号的共振来接收信号,各种不同物质对不同频率的光有不同的吸收等,都涉及共振,我们在电视或科技馆里见到的“鱼洗”也是一种共振现象。但是,共振在一些情况下也会带来危害,共振振幅过大可能会损坏机器、设备或建筑。例如,发生在机械设备上的共振会使机件受损,严重时将直接影响设备正常工作。因此,在工程技术中如何防振与减振也是我们需要考虑的。

## 10.4 振动的分解

从之前的讨论可知,当两个频率相近的同方向简谐振动的合成结果是形成拍。若两个同方向简谐振动的频率并不相近,合振动将比较复杂。但是当两个同方向简谐振动的频率成简单整数比时,合振动仍将是周期性的运动。合振动的周期与那个频率较低的简谐振动的周期相等。如果振动不是两个,而是很多个,而且各分振动的频率都是其中某一个频率的整数倍,则上述结论仍然正确,即合运动任然是周期性运动,其振动频率等于那个频率最低的简谐振动的频率。与之相反,任何一个复杂的周期性振动都可以分解为一系列的简谐振动之和。这种把一个复杂的周期性的振动分解为许多简谐振动之和的方法通常称为谐振分析。

谐振分析的方法很多。就电磁振荡来说,不同的频率范围应采用不同的方法。为了迅速地测定出各种信号的谐振成分,还制造了专门的谐振分析仪,用它可以直接读出待测信号的谐振成分及相应的振幅。

除了实验测定外,傅里叶分析是一种常用的数学分析方法。它可以根据物理量与时间的函数关系进行数学分析,从而求出它所包含的各种简谐振动的频率、振幅和初相位。理论已证明,周期性振动都可以借助傅里叶级数分解成一系列不同频率、不同振幅的简谐振动之和;而非周期振动可以借助于傅里叶积分把它展成无数个频率连续分布的简谐振动。用简谐振动表示非谐振动过程,称为频谱分析。它已成为许多领域中的重要研究手段和方法。

# 习　题

10-1　已知某简谐运动的振动曲线如图所示，则此简谐运动的振动表达式（$x$ 的单位为 cm，$t$ 的单位为 s）为（　　）。

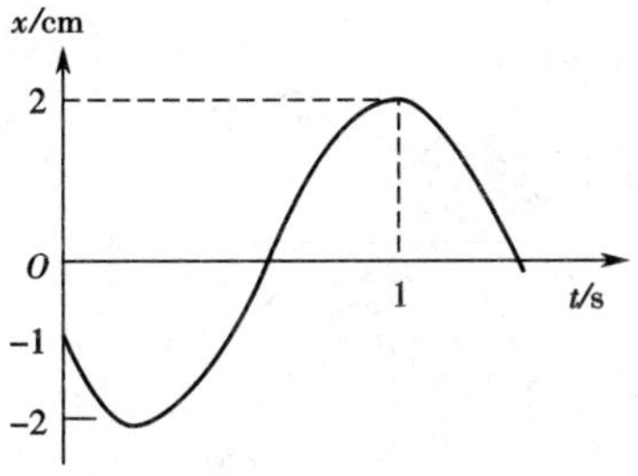

题 10-1 图

(A) $x=2\cos\left(\frac{2}{3}\pi t-\frac{2}{3}\pi\right)$

(B) $x=2\cos\left(\frac{2}{3}\pi t+\frac{2}{3}\pi\right)$

(C) $x=2\cos\left(\frac{4}{3}\pi t-\frac{2}{3}\pi\right)$

(D) $x=2\cos\left(\frac{4}{3}\pi t+\frac{2}{3}\pi\right)$

10-2　一质点作简谐振动，振动表达式为 $x=A\cos(\omega t+\varphi)$，则在 $t=\frac{T}{2}$（$T$ 为振动周期）时，质点的速度为（　　）。

(A) $-A\omega\sin\varphi$　(B) $A\omega\sin\varphi$　(C) $-A\omega\cos\varphi$　(D) $A\omega\cos\varphi$

10-3　一物体作简谐振动，其振动表达式为 $x=A\cos\left(\omega t+\frac{\pi}{4}\right)$，则在 $t=\frac{T}{2}$（$T$ 为振动周期）时，质点的加速度为（　　）。

(A) $-\frac{\sqrt{2}}{2}A\omega^2$　(B) $\frac{\sqrt{2}}{2}A\omega^2$　(C) $-\frac{\sqrt{3}}{2}A\omega^2$　(D) $\frac{\sqrt{3}}{2}A\omega^2$

10-4　某物体按余弦函数规律作简谐振动，它的初相位为 $\frac{3\pi}{2}$，则该物体振动的初始状态为（　　）。

(A) $x_0=0$，$v_0>0$　(B) $x_0=0$，$v_0<0$

(C) $x_0=0$，$v_0=0$　(D) $x_0=-A$，$v_0=0$

10-5　一个质点作简谐运动，振幅为 $A$，在起始时质点的位移为 $-\frac{A}{2}$，且向 $x$ 轴正方向运动，代表此简谐运动的旋转矢量为（　　）。

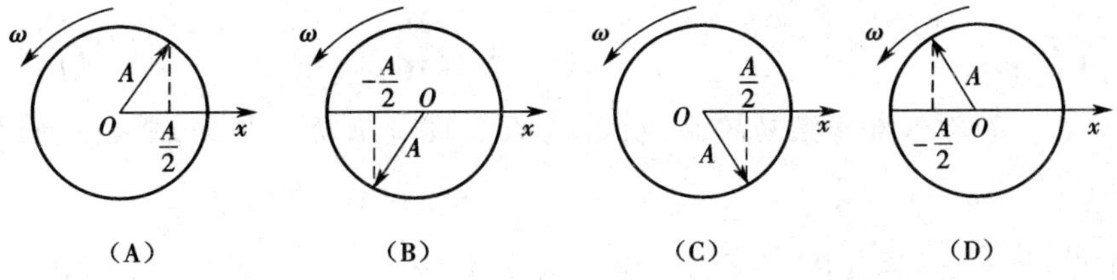

题 10-5 图

10-6　一简谐振动曲线如图所示,则振动周期为(　　)。

(A)2.62 s　　(B)2.40 s　　(C)0.42 s　　(D)0.38 s

10-7　如图所示,把单摆从平衡位置拉开,使摆线与竖直方向成 $\theta$ 角,然后放手任其作微小的摆动。若以放手时刻为开始观察的时刻,用余弦函数表示这一振动,则其振动的初相位为(　　)。

(A)$\theta$　　(B)$\frac{\pi}{2}$ 或 $\frac{3}{2}\pi$　　(C)0　　(D)$\pi$

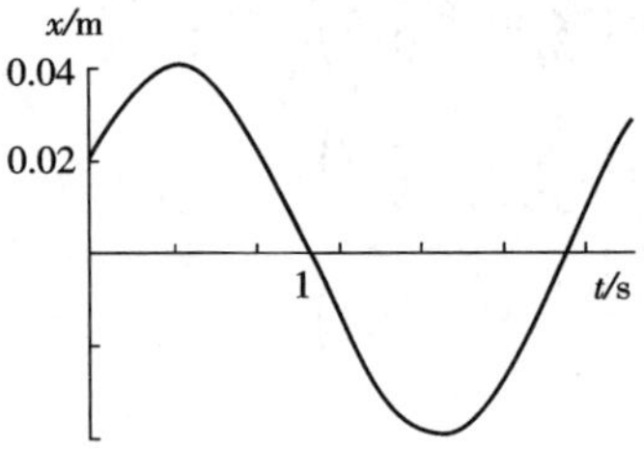

题 10-6 图

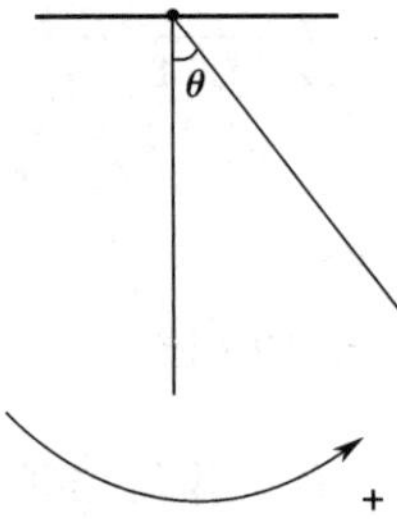

题 10-7 图

10-8　一个质点作简谐振动,周期为 $T$,当质点由平衡位置向 $x$ 轴正方向运动时,由平衡位置到二分之一最大位移这段路程所需要的最短时间为(　　)。

(A)$T/4$　　(B)$T/6$　　(C)$T/8$　　(D)$T/12$

10-9　已知一简谐振动系统的振幅为 $A$,该简谐振动动能为其最大值一半的位置是(　　)。

(A) $\pm\frac{1}{2}A$　　(B) $\pm\frac{\sqrt{2}}{2}A$　　(C) $\pm\frac{\sqrt{3}}{2}A$　　(D) $\pm A$

10-10　一弹簧振子作简谐振动,其振动表达式为 $x=A\cos(\omega t+\frac{1}{2}\pi)$,则该物体在 $t=0$ 时刻的动能与 $t=\frac{T}{8}$($T$ 为周期)时刻的动能之比为(　　)。

(A)1∶4　　(B)2∶1　　(C)1∶1　　(D)1∶2

10-11　一弹簧振子作简谐振动,当其偏离平衡位置的位移大小为振幅的1/4时,其动能为振动总能量的(　　)。

(A) $\frac{7}{16}$　　(B) $\frac{15}{16}$　　(C) $\frac{9}{16}$　　(D) $\frac{13}{16}$

10-12　图中是两个简谐振动的曲线,若这两个简谐振动可叠加,则合成的余弦振动的初相位为(　　)。

(A)$\frac{3\pi}{2}$　　(B)$\frac{\pi}{2}$　　(C)$\pi$　　(D)0

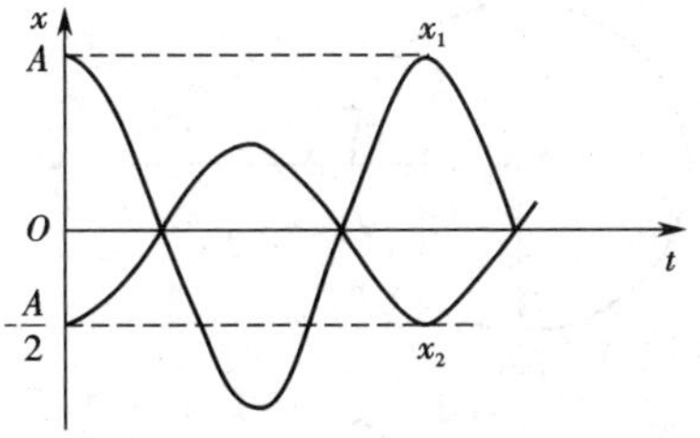


题 10-12 图

10-13　分振动表达式分别为 $x_1=3\cos(50\pi t+0.25\pi)$ 和 $x_2=4\cos(50\pi t+0.75\pi)$ (SI)则它们的合振动表达式为(　　)。

(A) $x=2\cos(50\pi t+0.25\pi)$　　(B) $x=5\cos(50\pi t)$

(C) $x=5\cos\left(50\pi t+\frac{\pi}{4}+\arctan\frac{4}{3}\right)$　　(D) $x=7$

10-14　一质点同时参与两个相互垂直的简谐振动,如果两振动的振动表达式分别为 $x=\cos(2\pi t+\pi)$ 和 $y=\sin(2\pi t)$ (SI),则该质点的运动轨迹是(　　)。

(A)直线　　(B)椭圆　　(C)抛物线　　(D)圆

10-15　一质点沿 $x$ 轴作简谐振动,平衡位置为 $x$ 轴原点,周期为 $T$,振幅为 $A$。

(1)若 $t=0$ 时质点过 $x=0$ 处且向 $x$ 轴正方向运动,则振动表达式为 $x=$________;

(2)若 $t=0$ 时质点在 $x=\frac{A}{2}$ 处且向 $x$ 轴负方向运动,则振动表达式为 $x=$________。

10-16　一质点沿 $x$ 轴作简谐振动,其振动表达式为 $x=4\cos(2\pi t-\frac{1}{3}\pi)$ cm。从 $t=0$ 时刻起,直到质点到达 $x=-2$ cm 处且向 $x$ 轴正方向运动的最短时间间隔为__________。

10-17　一个作简谐振动的质点,其振动表达式为 $x=5\times10^{-2}\cos(\pi t+\frac{3}{2}\pi)$。它从计时开始到第一次通过负最大位移所用的时间为__________。

10-18　一质点作简谐振动,频率为 2 Hz。如果开始时质点处于平衡位置,并以 $\pi$ m/s 的速率向 $x$ 轴的负方向运动,则该质点的振动表达式为__________。

10-19　质量为 0.01 kg 的质点作简谐振动,振幅为 0.1 m,最大动能为 0.02 J。如果开始时质点处于负的最大位移处,则质点的振动表达式为__________。

10-20　图中用旋转矢量法表示了一个简谐振动。旋转矢量的长度为 0.04 m,旋转角速度 $\omega=4$ rad/s。此简谐振动以余弦函数表示的振动表达式为 $x=$__________。

10-21　一弹簧振子系统具有 1.0 J 的振动能量,0.10 m 的振幅和 1.0 m/s 的最大速率,则弹簧的倔强系数为__________,振子的振动频率为__________。

10-22　如果两个同方向、同频率简谐振动的振动表达式分别为 $x_1=3\sin\left(10t+\frac{1}{3}\pi\right)$

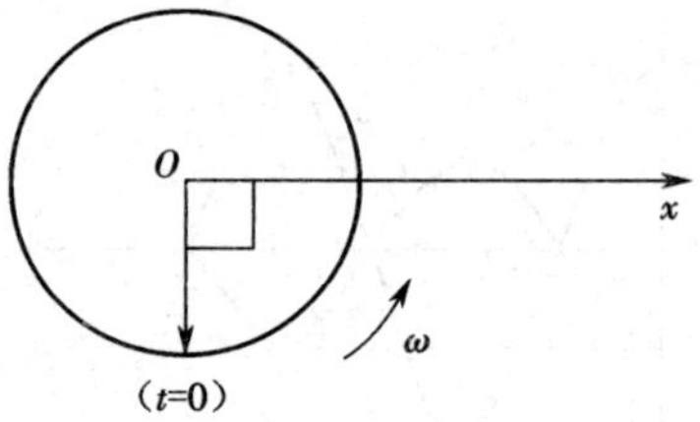


题10-20图

cm 和 $x_2=4\sin\left(10t-\frac{1}{6}\pi\right)$ cm,则它们的合振动振幅为__________。

10-23 如图所示为两个谐振动的振动曲线。若以余弦函数表示这两个振动的合成效果,则合振动的表达式为 $x=x_1+x_2=$__________。

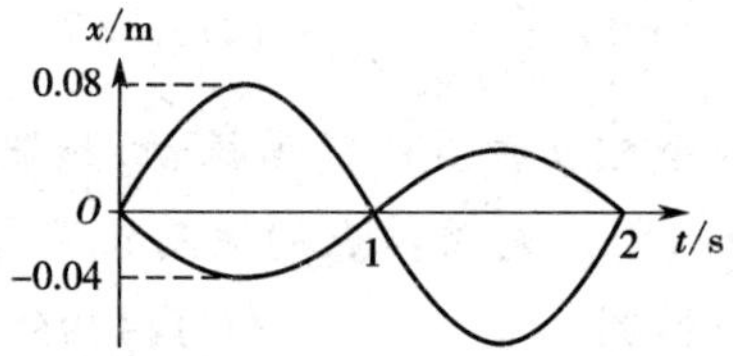


题10-23图

10-24 利萨如图形常用来对于未知频率和相位的测定,如图所示的两个不同频率、相互垂直的简谐振动合成图像,选水平方向为 $x$ 振动,竖直方向为 $y$ 振动,则该利萨如图形表明 $T_x:T_y=$__________。

10-25 某振动质点的 $x-t$ 曲线如图所示,试求:(1)运动方程;(2)点 $P$ 对应的相位。

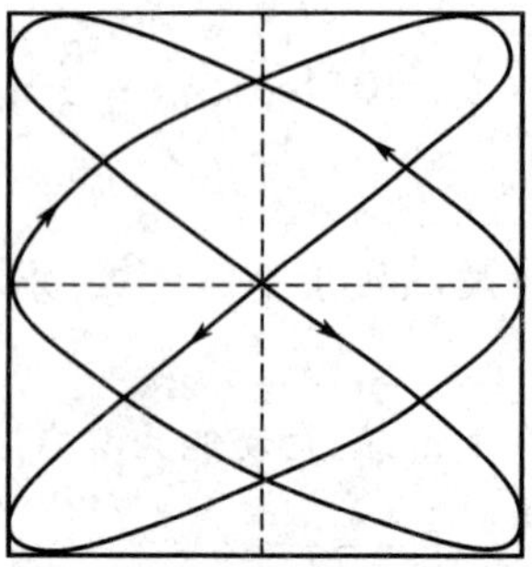

题10-24图

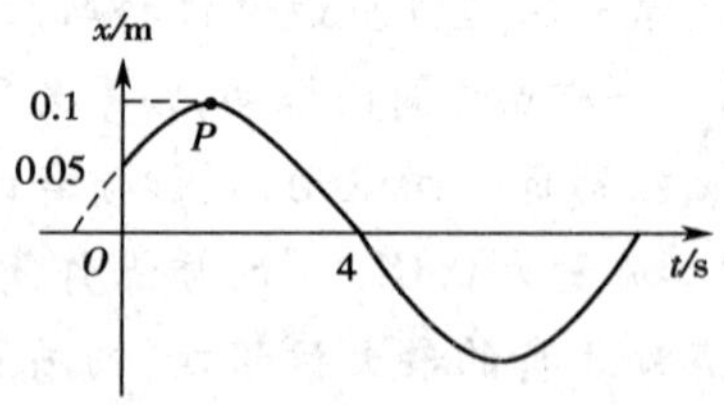


题10-25图

10-26 一质量为10 g的物体在 $x$ 方向作简谐振动,振幅为12 cm,周期为2 s。当 $t=0$ 时该物体位于 $x=6$ cm 处且向 $x$ 轴正方向运动。求:(1) 振动表达式;(2) $t=T/4$ 时物体的位置、速度和加速度;(3)物体从初位置到 $x=-6$ cm 处所需的最短时间。

10-27　作简谐振动的小球,速度的最大值 $v_{\max}=4\ \text{cm/s}$,振幅 $A=2\ \text{cm}$。若令速度具有正最大值的某时刻为计时点,求该小球运动的振动表达式和最大加速度。

10-28　一质量为 0.20 kg 的质点作简谐振动,其振动表达式为 $x=0.60\cos(5t-\pi/2)$(SI)。求:(1)质点的初速度;(2)质点在正向最大位移一半处所受的力。

10-29　已知一简谐振子的振动曲线如图所示,试由图求:(1)$a$、$b$、$c$、$d$、$e$ 各点的相位及到达这些状态的时刻 $t$(已知周期为 $T$);(2)振动表达式。

10-30　已知一简谐振子的振动曲线如图所示,求其振动表达式。

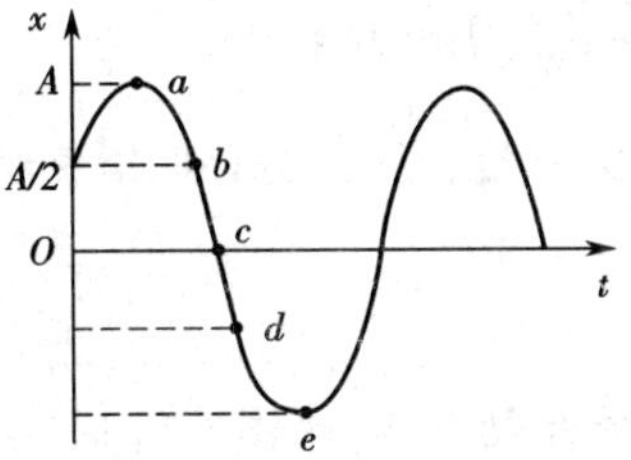


题 10-29 图

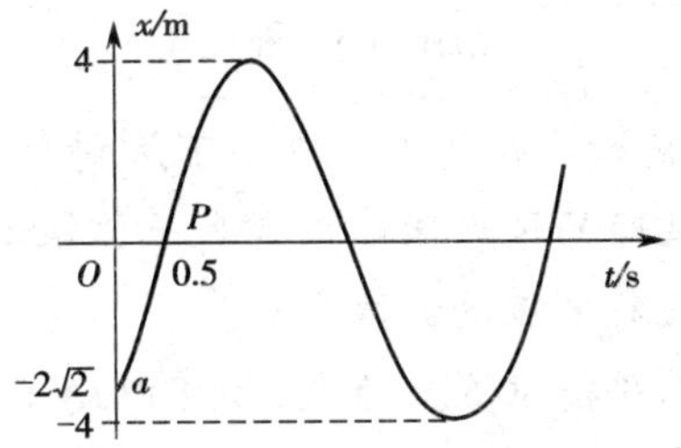


题 10-30 图

10-31　质量为 $10\times10^{-3}$ kg 的小球与轻弹簧组成的系统,按 $x=0.1\cos\left(8\pi t+\dfrac{2\pi}{3}\right)$(SI)的规律作简谐振动,求:(1)振动的周期、振幅和初相位及速度与加速度的最大值;(2)最大的回复力、振动能量、平均动能和平均势能,在哪些位置上动能与势能相等?

10-32　倔强系数为 $k_1$ 和 $k_2$ 的两根弹簧,与质量为 $m$ 的小球按图示的两种方式连接,试证明它们的振动均为简谐振动,并分别求出它们的振动周期。

(a)　　(b)

题 10-32 图

10-33　如图所示,有一水平弹簧振子,弹簧的倔强系数 $k=24$ N/m,重物的质量 $m=6$ kg。最初重物静止在平衡位置上,一水平恒力 $F=10$ N 向左作用于物体(不计摩擦),使之由水平位置向左运动了 0.05 m,此时撤去力 $F$。当重物运动到左方最远位置时开始计时,求该弹簧振子的振动表达式。

10-34　如图所示,在一平板下装有弹簧,平板上放一质量为 1.0 kg 的重物,若使平板在竖直方向上作上下简谐振动,周期为 0.50 s,振幅为 $2.0\times10^{-2}$ m。求:(1)平板到最低点时,重物对平板的作用力;(2)若频率不变,则平板以多大的振幅振动时,重物跳离平板?(3)若振幅不变,则平板以多大的频率振动时,重物跳离平板?

10-35　一轻弹簧的倔强系数为 $k$,其下端悬有一质量为 $M$ 的盘子。现有一质量为 $m$

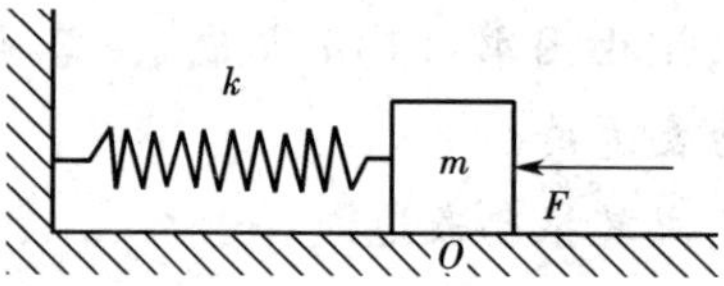

题 10-33 图

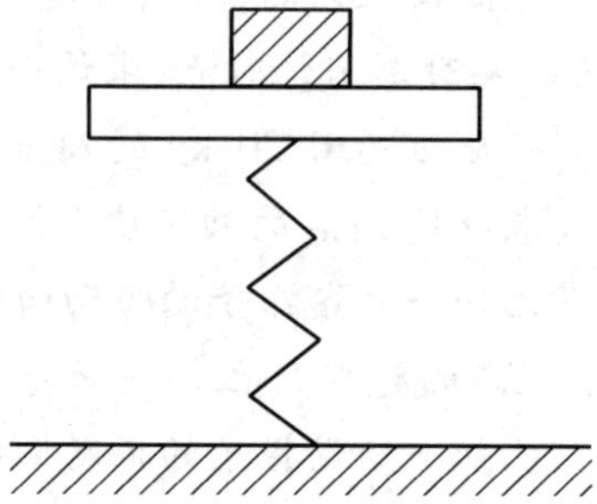
题 10-34 图

的物体从离盘底 $h$ 高度处自由下落到盘中并和盘子粘在一起，于是盘子开始振动。

(1)此时的振动周期与空盘子作振动时的周期有何不同？

(2)此时的振动振幅多大？

(3)取平衡位置为原点，位移以向下为正，并以弹簧开始振动时作为计时起点，求初相位并写出物体与盘子的振动表达式。

10-36　有一单摆，摆长 $l=1.0\ \text{m}$，摆球质量 $m=10\times10^{-3}\ \text{kg}$，当摆球处在平衡位置时，若给小球一水平向右的冲量 $F\Delta t=1.0\times10^{-4}\ \text{kg}\cdot\text{m/s}$，取打击时刻为计时起点($t=0$)，求振动的初相位和角振幅，并写出小球的振动表达式。

10-37　一质点同时参与两个在同一直线上的简谐振动，振动表达式为

$$\begin{cases}x_1=0.4\cos\left(2t+\dfrac{\pi}{6}\right)\\[2ex] x_2=0.3\cos\left(2t-\dfrac{5}{6}\pi\right)\end{cases}$$

试求合振动的振幅和初相位，并写出谐振表达式。

10-38　有两个同方向、同频率的简谐振动，其合振动的振幅为 0.20 m，相位与第一个振动的相位差为 $\dfrac{\pi}{6}$，已知第一振动的振幅为 0.173 m，求第二个振动的振幅以及第一、第二两振动的相位差。

10-39　三个同方向、同频率的简谐振动表达式分别为

$$\begin{cases}x_1=0.08\cos\left(314t+\dfrac{\pi}{6}\right)\\[2ex] x_2=0.08\cos\left(314t+\dfrac{\pi}{2}\right)\\[2ex] x_3=0.08\cos\left(314t+\dfrac{5\pi}{6}\right)\end{cases}$$

求：(1)合振动的圆频率、振幅、初相位及振动表达式；(2)合振动由初始位置运动到 $x=\dfrac{\sqrt{2}}{2}A$ 所需最短时间。($A$ 为合振动振幅)

# 第 11 章　波动

前一章讨论了振动是物体在空间某一区域的运动。波动是另一种常见的物质运动形式。振动的传播过程称为波动,简称波。机械振动在弹性介质中的传播称为机械波。机械波是人们最常见、最直观的波动过程,如水波、绳子上的波动等。本章通过对机械波的讨论,认识波的共同特性,如波的周期性、干涉、衍射现象等,并为下一步学习光波、物质波打下基础。

## 11.1　机械波的产生与传播

要产生机械波,首先要有波源的机械振动;其次,还要有能够传播机械波的弹性媒质。在弹性介质中,各质点之间都存在着弹性回复力的作用。当弹性介质中的任意一个质点因为受到外界扰动而离开平衡位置时,邻近质点就将对它作用一个弹性回复力,使它在自己的平衡位置附近振动起来。由于反作用力,这个质点也将给邻近的质点以弹性力的作用,使其邻近质点依次也在各自平衡位置附近振动起来。这样,弹性介质中的一个质点的振动会引起其他质点的振动,进而引起另一些质点的振动,依次下去,使得振动以一定的速度由近及远地传播,从而形成机械波。由此可见,波源和弹性媒质是产生机械波的两个必备条件。

振动方向与波的传播方向垂直的波叫作横波,振动方向与波的传播方向一致的波叫作纵波。在固体中既可以激起横波,又可以激起纵波,而气体中只能激起纵波。

在波的传播过程中,媒质中的各质点并不随波一起前进,而只是在各自的平衡位置附近振动。波动只是振动状态的传播。由于振动状态常用相位来描述,所以振动状态的传播也可以用相位的传播来描述。

为了形象地描述波的传播方向以及各质点间振动的相位关系,常用几何图形来表示波在空间的传播情况。在波传播的过程中,任一时刻媒质中的振动相位相同的点连成的曲面称为波面,也称为波阵面或同相面。在某一时刻,波传播到的最前面的波面称为该时刻的波前。很明显,波前也是一个同相面。

波面为球面的波称为球面波。波面为平面的波称为平面波,平面波也称为一维波。点波源在各向同性的介质中传播,形成的就是球面波,其波面是以点波源为球心的一系列球面。当球面波传播到离点波源很远的距离处时,在空间的某一个小区域内各相邻的球形波面可以近似看成相互平行的平面,因此可以认为是平面波。

沿波的传播方向作一些带箭头的线,称为波线。波线的指向表示波的传播方向。在各向同性的媒质中,波线恒与波面垂直。平面波的波线是垂直于波面的平行线。球面波的波线是沿半径方向的直线。分别如图 11.1.1 所示。

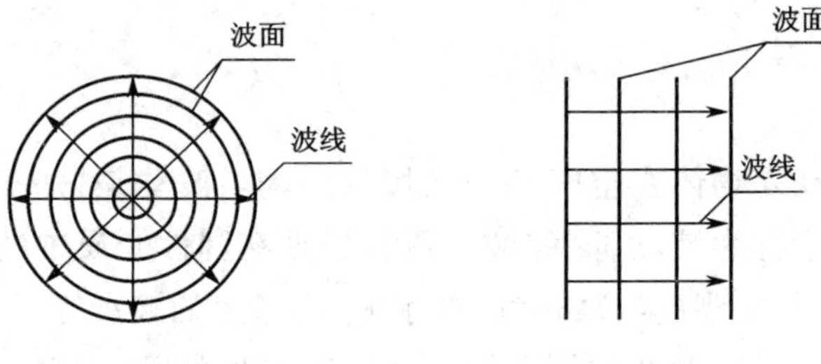


(a)球面波　　(b)平面波

图 11.1.1　波面与波线

沿着波线方向,后面的波面的振动相位总是落后于前面的波面的振动相位。有些波面,它们在同一时刻的相位正好相差 $2\pi$ 的整数倍,从而具有相同的振动状态,称为同相波面。相邻同相波面间的距离称为波长,用 $\lambda$ 表示。波长是表征波的空间周期性的物理量。波长倒数的 $2\pi$ 倍(即单位长度上波长数的 $2\pi$ 倍)称为波数,用 $k$ 表示,即 $k=\dfrac{2\pi}{\lambda}$。波数也是表征波的空间周期性的物理量。

波动传播一个波长所需要的时间称为波的周期,用 $T$ 表示。波的周期同时也是空间某个定点在振动过程中完成一次全振动所需要的时间。波的周期的倒数 $\dfrac{1}{T}$ 称为波的频率,用 $\nu$ 表示。波的频率表示单位时间(1 s)内波动传播的波长数。频率的 $2\pi$ 倍称为波的角频率,用 $\omega$ 表示,即 $\omega=2\pi\nu$。对于线性媒质,波的周期 $T$(或频率 $\nu$ 或角频率 $\omega$)与波源的振动周期 $T$(或频率 $\nu$ 或角频率 $\omega$)相同,与媒质无关。

沿波线方向,波动在单位时间内传播的距离称为波速(又称为相速度),用 $u$ 来表示。根据波长与周期的定义,可知波速

$$u=\frac{\lambda}{T}=\lambda\nu=\frac{\omega}{k} \tag{11.1.1}$$

波速表示振动状态传播的快慢程度。对于机械波,媒质中的波速与媒质的密度即媒质的弹性性质有关。

为了对波动过程有个更全面、深入的认识,下面讨论描述波动过程的数学表达式——波函数。

## 11.2　平面简谐波函数

简谐振动在弹性媒质中传播形成简谐波,平面简谐波是沿一个方向传播的简谐波,

所以它也叫一维简谐波。

下面以在"无限长"细绳上所传播的横波为例来建立一维简谐行波的波动方程。

将细绳拉直,细绳所在直线为 $x$ 轴。设细绳某处质元作角频率为 $\omega$ 的简谐振动,所形成沿 $x$ 方向的简谐波如图 11.2.1 所示。若在 $t=0$ 时刻,坐标原点 $O$ 处质元的位移为 $y_0$,振动速度为 $v_0$,由这些初始条件,可以求得坐标原点 $O$ 处质元振动的振幅 $A$ 和初相位 $\varphi$。于是,可以得到坐标原点 $O$ 处质元的振动表达式,亦即沿 $y$ 坐标轴,$O$ 处质元在 $t$ 时刻的位移 $y(0,t)$ 的表达式:

$$y(0,t)=A\cos(\omega t+\varphi) \tag{11.2.1}$$

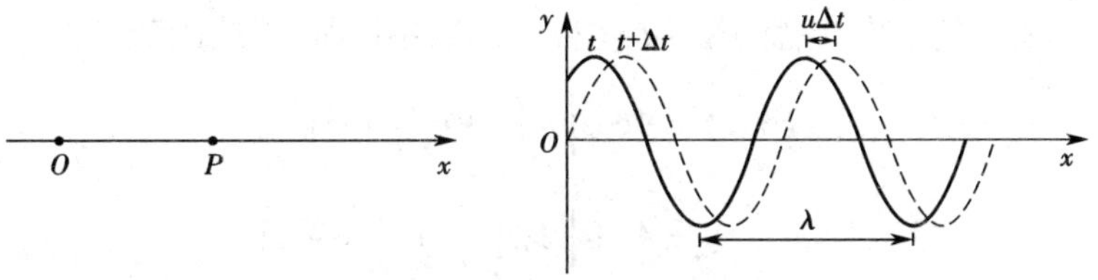


图 11.2.1　一维简谐行波

在 $t$ 时刻,距坐标原点 $O$ 的距离为 $x$ 的 $P$ 点的振动位移将是怎样的呢? $P$ 点的振动将与 $O$ 点的振动具有相同的振幅和角频率,只是相位比 $O$ 点滞后 $\omega\dfrac{x}{u}$。于是,得到 $P$ 点的振动表达式为

$$y(P,t)=A\cos\left[\omega\left(t-\frac{x}{u}\right)+\varphi\right] \tag{11.2.2}$$

如果 $P$ 为 $x$ 轴上的任意点,则坐标 $x$ 是变量,于是有

$$y(x,t)=A\cos\left[\omega\left(t-\frac{x}{u}\right)+\varphi\right] \tag{11.2.3}$$

$y(x,t)$ 是随空间坐标 $x$ 和时间变量 $t$ 两个变量而变化的方程,称为一维简谐波的波函数。

波函数是一个二元函数,其宗量 $\omega\left(t-\dfrac{x}{u}\right)+\varphi$ 决定坐标 $x$ 处质元在 $t$ 时刻的振动状态,称为波的相位。波函数既描述了 $x$ 轴上一系列质元的振动情况以及各质元之间的振动相位差,同时表示出随着时间的推移,波形沿着波的传播方向的运动情况,所以简单地说,波动过程是波形的移动过程。下面分几种情况讨论波函数所表达的物理意义。

(1) 当时间变量 $t$ 一定时,位移 $y(x,t)$ 仅为坐标 $x$ 的函数。例如当 $t=t_1$ 时,

$$\begin{aligned} y(x,t_1)&=A\cos\left(-\frac{\omega x}{u}+\omega t_1+\varphi\right)\\ &=A\cos\left[\frac{\omega x}{u}-(\omega t_1+\varphi)\right] \end{aligned} \tag{11.2.4}$$

式中,$\omega t_1+\varphi$ 为常量。

(2) 当坐标 $x$ 一定时,位移 $y(x,t)$ 仅为时间 $t$ 的函数。例如当 $x=x_1$ 时,

$$y(x_1,t)=A\cos\left(\omega t-\frac{\omega x_1}{u}+\varphi\right) \tag{11.2.5}$$

式中 $-\frac{\omega x_1}{u}+\varphi$ 为常量。此式为简谐振动表达式,表明坐标为 $x_1$处的质元作与坐标原点 $O$ 处质元同振幅、同频率的简谐振动,但是滞后原点$\frac{\omega x_1}{u}$相位。

同样,类比简谐振动的描述,通过对波函数 $y(x,t)$求导,可以得到 $x$ 坐标处的质元在 $t$ 时刻的振动速度 $v(x,t)$。通过对 $v(x,t)$求导,可以得到 $x$ 坐标处的质元在 $t$ 时刻的振动加速度 $a(x,t)$。

如果波沿 $x$ 轴的负方向传播,用 $-u$ 代替波函数中的 $u$,则波函数变为

$$y(x,t)=A\cos\left[\omega\left(t+\frac{x}{u}\right)+\varphi\right]$$

$$=A\cos\left[2\pi\left(\frac{t}{T}+\frac{x}{\lambda}\right)+\varphi\right] \tag{11.2.6}$$

**例题 11.1.1** 一平面简谐波以 400 m/s 的速度在均匀媒质中沿直线传播。已知波源的振动周期为 0.01 s,振幅为 0.01 m。设以波源振动经过平衡位置向正方向运动作为计时起点。

(1)以波源处为坐标原点写出波的波函数;

(2)计算距离波源 2 m 和 1 m 两点的振动相位差;

(3)写出媒质中质点的振动速度表达式。

**解** (1) 以波源传播方向为 $x$ 轴正方向,波源所在处为坐标原点 $O$。根据初始条件,写出波源处的振动表达式,然后进一步写出波函数。

由题意可知,初始时刻,振源离开平衡位置向正方向运动,即初相位为 $\varphi_0=-\frac{\pi}{2}$,故坐标原点的振动表达式为

$$y(0,t)=A\cos\left[2\pi\left(\frac{t}{T}-\frac{x}{u}\right)+\varphi_0\right]=0.01\cos\left(200\pi t-\frac{\pi}{2}\right)$$

所以波函数为

$$y(x,t)=0.01\cos\left[200\pi\left(t-\frac{x}{u}\right)-\frac{\pi}{2}\right]\text{ m}$$

$$=0.01\cos\left[200\pi\left(t-\frac{x}{400}\right)-\frac{\pi}{2}\right]\text{ m}$$

(2)将 $x_1=2$ m 和 $x_2=1$ m 分别代入已求得的波动方程中,得到此两点处质点的振动表达式分别为

$$y(2,t)=0.01\cos\left(200\pi t-\frac{3\pi}{2}\right)\text{ m}$$

$$y(1,t)=0.01\cos(200\pi t-\pi)\text{ m}$$

所以，距离波源 2 m 与 1 m 的两个位置处的相位差

$$\Delta\varphi = (200\pi t - \frac{3}{2}\pi) - (200\pi t - \pi) = -\frac{\pi}{2}$$

## 11.3　波的能量、能流、能流密度

在波的传播过程中，媒质中各质点都在各自的平衡位置附近振动。由于各质点具有振动速度，所以拥有振动动能；同时媒质要产生弹性形变，因而具有势能。随着波的传播，能量也由近及远传播，所以波的传播过程也是能量的传播过程。这是波动过程的一个重要特征。下面以一维简谐波为例，导出机械波的能量表达式。

### 11.3.1　波的能量

设一简谐波在密度为 $\rho$ 的弹性媒质中传播，波函数为

$$y = A\cos\omega\left(t - \frac{x}{u}\right) \tag{11.3.1}$$

在媒质中坐标 $x$ 处取一体积为 $\Delta V$ 的媒质元，其质量为 $\rho\Delta V$，在 $t$ 时刻，设媒质元的动能

$$\Delta E_{\mathrm{k}} = \frac{1}{2}\rho\Delta V\left(\frac{\partial y}{\partial t}\right)^2 = \frac{1}{2}\rho\Delta VA^2\omega^2\sin^2\omega\left(t - \frac{x}{u}\right) \tag{11.3.2}$$

可以证明（从略），它的形变势能

$$\Delta E_{\mathrm{p}} = \frac{1}{2}\rho\Delta VA^2\omega^2\sin^2\omega\left(t - \frac{x}{u}\right) \tag{11.3.3}$$

值得注意的是，在波动过程中，传播波的媒质元的动能和势能按着相同的规律变化着，即二者同时达到最大值，又同时减小到零并且总是相等。该媒质元的总能量

$$\Delta E = \Delta E_{\mathrm{k}} + \Delta E_{\mathrm{p}} = \rho\Delta VA^2\omega^2\sin^2\omega\left(t - \frac{x}{u}\right) \tag{11.3.4}$$

媒质元虽然按简谐振动的运动规律进行，但总能量不守恒，而是随时间变化。这是由于媒质元不是一个孤立的运动体系，与周围的媒质元间有着弹性联系。在波动过程中，该媒质元一方面从波源一侧吸收能量，另一方面又向远离波源一侧输出能量。每一个媒质元吸收的能量大于输出的能量时，它的能量增大；反之，能量减小。各媒质元都起着传递能量的作用，从这种意义上讲，波动是能量传递的一种形式。

单位体积内的能量

$$w = \frac{\Delta E}{\Delta V} = \rho A^2\omega^2\sin^2\omega\left(t - \frac{x}{u}\right) \tag{11.3.5}$$

$\varepsilon$ 称为简谐波的能量密度。能量密度在一个周期内的平均值叫作平均能量密度，其值

$$\bar{w} = \frac{1}{T}\int_0^T \varepsilon\,\mathrm{d}t = \rho A^2\omega^2\,\frac{1}{T}\int_0^T \sin^2\omega\left(t - \frac{x}{u}\right)\mathrm{d}t = \frac{1}{2}\rho A^2\omega^2 \tag{11.3.6}$$

## 11.3.2 能流和能流密度

单位时间内通过介质中某一面积上的能量叫作通过该面上的**能流**,如图11.3.1所示。取垂直于波速 $\boldsymbol{u}$ 的一面积 $S$,则单位时间内通过该面积上的平均能流

$$\bar{\boldsymbol{P}}=\bar{w}\boldsymbol{u}S \tag{11.3.7}$$

$\bar{w}$ 为波的平均能量密度。单位时间内通过垂直于波的传播方向上单位面积上的能量,叫作波的**能流密度**,其平均能流密度的大小

$$\bar{I}=\frac{\bar{P}}{S}=\bar{w}u=\frac{1}{2}\rho A^2\omega^2 u \tag{11.3.8}$$

平均能流密度通常称为**波的强度**。能流密度是矢量,方向与波的传播方向相同。因此,平均能流密度的矢量式为

$$\boldsymbol{I}=\bar{w}\boldsymbol{u} \tag{11.3.9}$$

而空间某点的瞬时能流密度的矢量式为

$$\boldsymbol{i}=\bar{w}\boldsymbol{u} \tag{11.3.9}$$

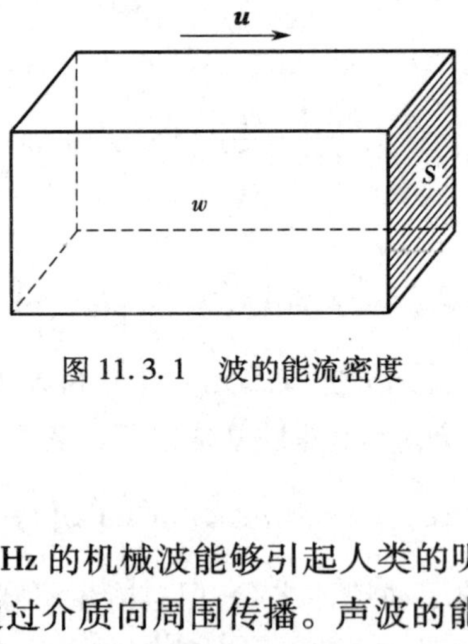


图11.3.1 波的能流密度

## 11.3.3 声强级

频率范围为20~20 000 Hz的机械波能够引起人类的听觉,叫作声波。声波是一种机械波,由声源振动产生并通过介质向周围传播。声波的能流密度叫**声波强度**,又称**声强**。**声强随频率的增加而增大**,其大小对人的正常听力有直接影响。恰好能引起听觉的最低声强叫听觉阈,恰好能引起痛觉的最低声强叫痛觉阈。当声波频率在1 000 Hz附近,声强在 $10^{-12}$ ~1 W/m² 区间时,正常听觉的人能感受到它。通常用下式说明声强的强弱,即

$$L=10\lg\frac{I}{I_0} \tag{11.3.10}$$

式中 $L$ 为**声强级**,单位叫分贝(dB)。$I_0=10^{-12}$ W/m²,称为参考声强,而 $I$ 是实际感觉到的声强。日常生活中一般声音为几十分贝,而接近正常人听觉的最大声强会使听觉能力减退。超声波是频率高于20 000 Hz的声波,可由超声波发生装置产生。其主要特性是具有良好的定向传播特性以及较强的穿透能力,在科学技术中得到广泛应用。例如,利

用超声波的定向传播特性可以进行超声探伤、测距、遥控及成像,利用其穿透能力强的特性可以进行超声切割加工等。此外,次声波是频率低于 20 Hz 的声波,它不容易被吸收,具有极强的穿透力,在火山爆发、地震、陨石溅落、大气湍流、雷暴以及沙暴等过程中都有次声波产生。

## 11.4　惠更斯原理和波的衍射、反射与折射

### 11.4.1　惠更斯原理

荷兰物理学家惠更斯于 1690 年提出:介质中任一波面的各点,都可以看作是发射次级子波的波源,其后任一时刻,这些次级子波的包迹就是新的波面,这一结论就称为惠更斯原理。

惠更斯原理对任何波动过程都是适用的,无论是机械波还是电磁波,不论这些波所经过的介质是均匀的还是非均匀的,是各向同性的还是各向异性的,只要知道某一时刻的波面,就能根据惠更斯原理用几何作图法来得到下一时刻的波面。因而,惠更斯原理在很广泛的范围内解决了波的传播问题。

下面以球面波和平面波为例说明惠更斯原理的应用。

如图 11.4.1(a)所示,设波动从波源 $O$ 出发,以速度 $\boldsymbol{u}$ 向四面八方传播,如果介质是各向同性的均匀介质,则波速 $\boldsymbol{u}$ 为常量。已知 $t$ 时刻的波面是以 $O$ 为球心,以 $R_1$ 为半径的球面 $S_1$。现在应用惠更斯原理,求出 $t+\Delta t$ 时刻的波面 $S_2$。按照惠更斯原理,同一波面上的各点都是发射次级子波的波源,所以,在波面 $S_1$ 上面选取多个点,以这些次级子波在波行进的前方的包迹面 $S_2$ 就是 $t+\Delta t$ 时刻的新波面。显然,$S_2$ 波面同样是以波源 $O$ 为球心的球面。

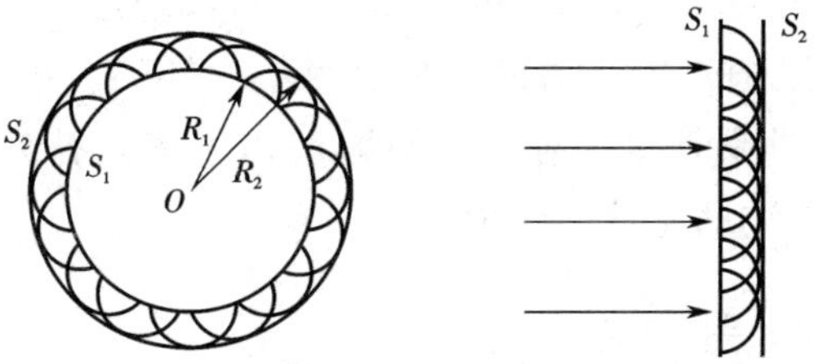


(a) 球面波　　(b) 平面波

图 11.4.1　用惠更斯原理求新波面

若已知平面波在某一时刻的波面 $S_1$,根据惠更斯原理,同样能够得到 $t$ 时刻以后的新波面 $S_2$,如图 11.4.1(b)所示。

只有当波在各向同性的均匀介质中传播时,用惠更斯原理求出的波面的几何形状才能保持不变。该结果也与实际相符。当波在不均匀介质或各向异性介质中传播时,同样

可以应用惠更斯原理求出波面,不过波面的几何形状和波的传播方向都可能发生变化。

### 11.4.2 波的衍射

当波在传播过程中遇到障碍物时,波的传播方向将会发生改变,并能绕过障碍物的边缘继续向前传播。波遇到障碍物后,其波面形状和波线方向发生变化的现象称为波的衍射。衍射现象是波动的重要特征之一。应用惠更斯原理可以很好地解释波的衍射现象。如11.4.2所示,当一平面波传播到障碍物$AB$上的一条狭缝时,根据惠更斯原理,缝上的各点都可看作是发射次级子波的波源,做出这些次级子波的包迹面,就可以得到新的波面。此时的波面已不再是原来那样的平面了,在靠近障碍物的边缘处,波面发生了弯曲,也就是波的传播方向发生了变化,波已经绕过了障碍物向前传播。如果障碍物的缝更窄些,衍射现象就会更显著。

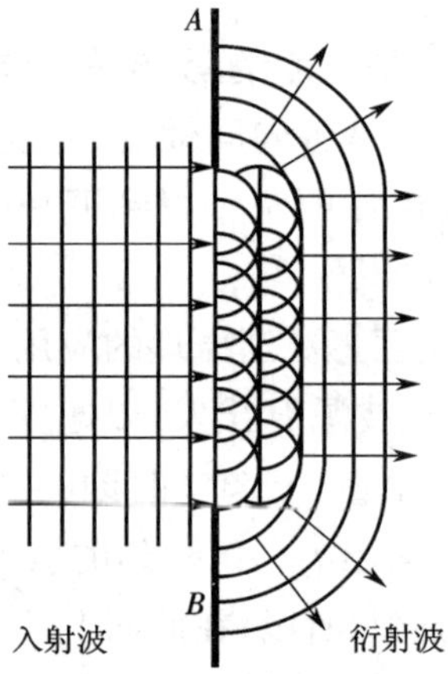


图11.4.2 波的衍射

惠更斯原理没有说明次级子波的强度分布,因而只能对波的传播作定性描述。实际上,在衍射现象中,经过衍射的波,各方向的强度是不一样的。惠更斯原理不能解释这种强度的分布,后来法国科学家菲涅尔对惠更斯原理作了重要补充,形成了惠更斯－菲涅尔原理。这部分内容将在波动光学中介绍。

### 11.4.3 波的反射与折射

当波从一种介质传播到另一种介质时,在两种介质的分界面上,波的传播方向要发生变化,产生反射和折射现象。根据实验结果,可以得到波的反射与折射定律。下面以惠更斯原理来说明这两条定律。

1. 波的反射

如图11.4.3所示,$MN$是两种介质的分界面。入射的平面波的波线用$I$表示,在不同时刻的波前位置分别为$OA$、$EB$等。它们与两种介质的接触点分别是$O$、$E$等点。当入

射波到达分界面的 $O'$时，由 $O$、$E$ 等点发出的次级子波的半径分别为 $OA'$、$EB'$等。因为是在同一种介质中传播，所以次级子波的传播速度与入射波的波速相同，因此几何关系上有 $OA'=O'A$，$EB'=O'B$。这些次级子波的波面包迹就是反射波的波前，它的波线就是反射波。由几何关系可知，入射角与反射角相等，即 $i=i'$，这就是反射定律。

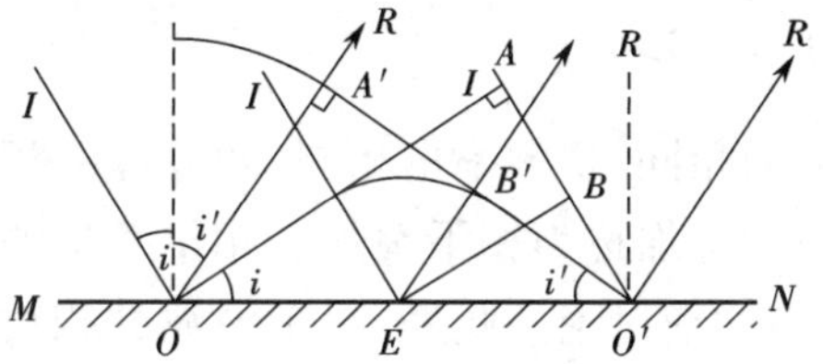


图 11.4.3　波的反射定律

2. 波的折射

如图 11.4.4 所示，$OA$ 是入射波的波面，$O'B$ 是折射波的波面，$O$ 到 $B$ 与 $A$ 到 $O'$的时间相同，由图中几何关系得到。

$$\frac{\sin i}{\sin\gamma}=\frac{AO'}{OB}=\frac{u_1 t}{u_2 t}=\frac{u_1}{u_2}$$

这就是折射定律。对于光波，$u_1=c/n_1$，$u_2=c/n_2$，故

$$n_1\sin i=n_2\sin\gamma$$

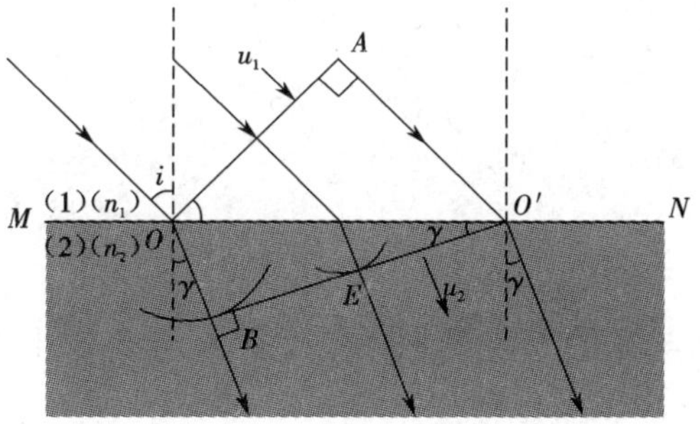


图 11.4.4　波的折射定律

# 11.5　波的干涉

## 11.5.1　波的叠加原理

实验表明，当 $n$ 列波在同一介质中传播并相遇时，各波的传播情况与未相遇时一样，仍保持各自的特性（频率、波长、振动方向与传播方向等）继续向前传播，即各波互不干扰，波的特性不因其他波的存在而改变，这称为波的独立传播原理。

在波的相遇处,各质点的振动是各个波在该处激起的振动的合成,即该点处质点的位移是各个波单独存在时所引起的位移的矢量和,这称为波的叠加原理。在日常生活中,总能见到波动遵从叠加原理的例子,例如我们能在嘈杂声中分辨出不同人的声音,手机信号的相互不干扰等。

### 11.5.2 简谐波的叠加与干涉

当两列简谐波的振动方向相同,角频率也相同,两波源的相位差恒定时,这两列简谐波称为相干波。此时两列波的叠加称为相干叠加。相干叠加的结果可以产生干涉现象。因此,本节将对相干叠加作出详细讨论。此外,只考虑波的相对强度,把波的强度表示成 $I=A^2$,其中 $A$ 表示简谐波的振幅。

两个相干波源 $S_1$ 与 $S_2$ 发出的波在空间相遇,如图 11.5.1 所示。设两个波源 $S_1$ 与 $S_2$ 的振动表达式分别为

$$y_{01}=A_1\cos(\omega t+\varphi_1) \tag{11.5.1}$$

$$y_{02}=A_2\cos(\omega t+\varphi_2) \tag{11.5.2}$$

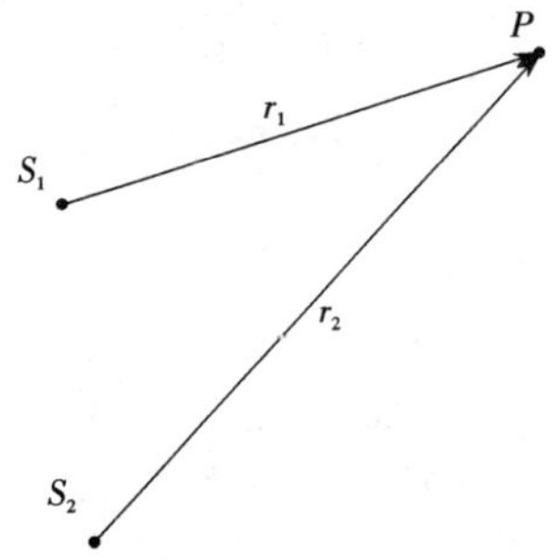


图 11.5.1 波的叠加

考察距离两波源分别为 $r_1$ 与 $r_2$ 的 $P$ 点的振动情况。$S_1$ 与 $S_2$ 发出的波在 $P$ 点引起的振动分别为

$$y_1=A_1\cos\left[\omega\left(t-\frac{r_1}{u}\right)+\varphi_1\right] \tag{11.5.3}$$

$$y_2=A_2\cos\left[\omega\left(t-\frac{r_2}{u}\right)+\varphi_2\right] \tag{11.5.4}$$

式中,$u$ 为介质中的波速。

根据波的叠加原理,$P$ 点的合振动将是以上两个分振动的合成。所以,波的叠加问题,对于空间某一固定点而言,实际是振动的合成问题。

根据两个同方向、同频率简谐振动的合成方法,$P$ 点在 $t$ 时刻的合振幅为

$$A=\sqrt{A_1^2+A_2^2+2A_1A_2\cos\Delta\varphi}$$

相位差 $\Delta\varphi$ 满足

$$\Delta\varphi=(\varphi_2-\varphi_1)-\frac{\omega}{u}(r_2-r_1)=(\varphi_2-\varphi_1)-\frac{2\pi}{\lambda}(r_2-r_1)$$

这里,$\varphi_2-\varphi_1$ 为初相位差,$\delta=r_2-r_1$ 则称为波程差。相位差或波程差仅与空间位置有关,与时间无关。

在相位差满足

$$\Delta\varphi=(\varphi_2-\varphi_1)-\frac{2\pi}{\lambda}(r_2-r_1)=\pm 2K\pi(K=0,1,2\cdots)$$

的地方,振幅最大,$A=A_1+A_2$,即相位差为 $2\pi$ 的整数倍的地方,振动加强,称为干涉相长或相长干涉。

在相位差满足

$$\Delta\varphi=(\varphi_2-\varphi_1)-\frac{2\pi}{\lambda}(r_2-r_1)=\pm(2K+1)\pi(K=0,1,2\cdots) \quad (11.5.5)$$

的地方,振幅最小,$A=|A_1-A_2|$,即相位差为 $\pi$ 的奇数倍的地方,振动减弱,称为干涉相消或相消干涉。

在相位差为其他值的地方,其振幅和强度介于上述两种情况之间。

如果两波源的初相位相同,即 $\varphi_1=\varphi_2$,则相干波的相位差 $\Delta\varphi$ 只决定于波程差 $\delta$。上述各式简化为

相长干涉:$\delta=r_2-r_1=\pm K\lambda(K=0,1,2\cdots)$

相消干涉:$\delta=r_2-r_1=\pm(2K+1)\dfrac{\lambda}{2}(K=0,1,2\cdots)$

上式表明,当两个初相位相同的相干波源发出的波在空间叠加时,凡是波程差满足波长的整数倍的地方,干涉加强;凡是波程差等于半波长的奇数倍的地方,干涉减弱。

图 11.5.2 表明,当两列相干波在空间叠加时,其合成波的强度在空间出现周期性的加强与减弱的稳定分布情况,称为波的干涉。

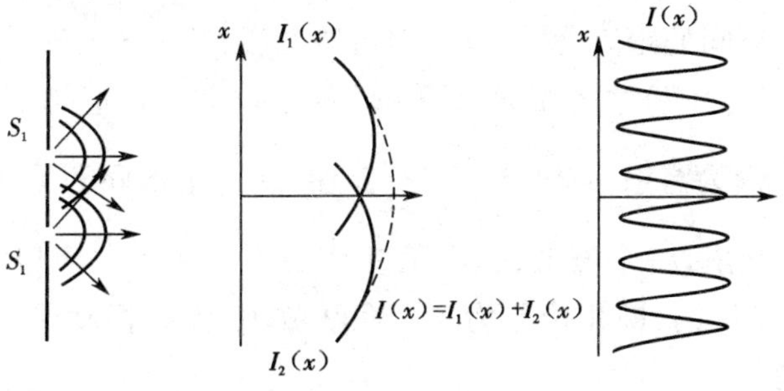


图 11.5.2　波的干涉

## 11.5.3　驻波

驻波是波的干涉的特例。两列传播方向相反的相干波相干叠加的结果就会形成驻

波。下面对这一情况作比较详细的讨论。

设有两列相干波,分别沿 $x$ 轴的正方向和负方向传播,为简单起见,进一步假设这两列波的振幅相同,初相位均为0。它们的表达式分别为

$$y_1 = A\cos\left(\omega t - \frac{2\pi}{\lambda}x\right)$$

$$y_2 = A\cos\left(\omega t + \frac{2\pi}{\lambda}x\right)$$

其合成波的表达式为

$$y = y_1 + y_2 = A\left[\cos\left(\omega t - \frac{2\pi}{\lambda}x\right) + \cos\left(\omega t + \frac{2\pi}{\lambda}x\right)\right] \tag{11.5.6}$$

利用三角关系式,可以求出

$$y = 2A\cos\left(\frac{2\pi}{\lambda}x\right)\cos(\omega t) \tag{11.5.7}$$

上式就是驻波的表达式。式中 $\cos(\omega t)$ 表示简谐振动,而 $\left|2A\cos\left(\frac{2\pi}{\lambda}x\right)\right|$ 是该简谐波的振幅。其合成波表示介质中一种不传播的原地振动状态。各点都以相同的频率、不同的振幅作简谐振动。振动最大的各点称为驻波的波腹,对应 $\left|\cos\left(\frac{2\pi}{\lambda}x\right)\right| = 1$ 的各点,即 $\frac{2\pi}{\lambda}x = \pm K\pi(K = 0,1,2\cdots)$,因此波腹的位置为 $x = \pm K\frac{\lambda}{2}(K = 0,1,2,\cdots)$。振幅最小的各点称为波节,对应 $\left|\cos\left(\frac{2\pi}{\lambda}x\right)\right| = 0$ 的各点,即 $\frac{2\pi}{\lambda}x = \pm(2K+1)\frac{\pi}{2}(K = 0,1,2\cdots)$,因此波节的位置为 $x = \pm(2K+1)\frac{\lambda}{4}(K = 0,1,2,\cdots)$。因此,可以算出,相邻的两个波节或相邻两个波腹之间的距离都是 $\frac{\lambda}{2}$。这为研究人员提供了一种测量波长的方法。即只要测出驻波中相邻两个波腹或波节间的距离,就可以确定行波的波长。

进一步分析,式(11.5.7)中的振动因子虽然都是 $\cos(\omega t)$,但是不能认为驻波中各点的相位都是相同的。因为有系数 $2A\cos\left(\frac{2\pi}{\lambda}x\right)$ 存在,即对应不同的 $x$ 值,系数存在正负的变化。可以计算出,每经过一个波节,其数值变化一次正负号。所以相邻波节间是同相位的,波节两侧是反相位的,即相位差为 $\pi$。在驻波中,没有振动状态或相位的传播,也没有伴随能量的传播。

图11.5.3为驻波的形成过程。其中虚线表示两列相向传播的波,实线表示合成的驻波。图中依次表示了0、$\frac{T}{8}$、$\frac{T}{4}$、$\frac{3T}{8}$、$\frac{T}{2}$ 等时刻,各质点的分位移和合位移。从图中可以看出,每一时刻,驻波都具有一定的波形,此波形既不向右移动,也不向左移动,各点以确定的振幅在各自的平衡位置附近振动,没有振动状态的传播,所以严格讲,驻波是一种特

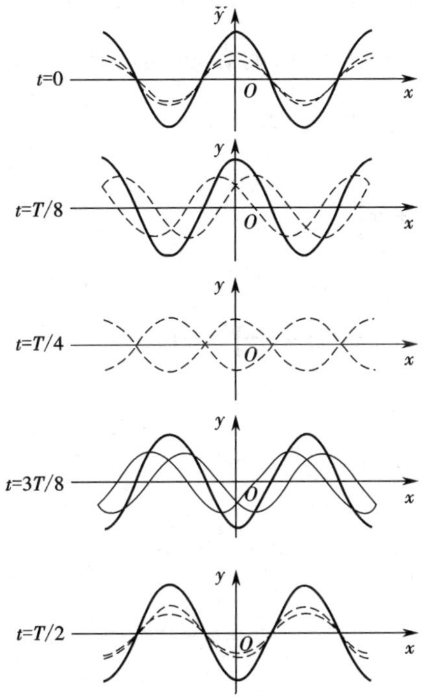


图 11.5.3 驻波的形成

殊的振动。

图 11.5.4 是用电动音叉在细绳上产生驻波的示意图。由音叉在细绳中引起向右传播的波和在 $B$ 点反射后向左传播的波合成的结果。改变细绳的张力，就能改变波在细绳上的传播速度。当这一速度和音叉的频率正好使得绳长 $AB$ 为半波长的整数倍时，在绳子上就能够产生驻波。

这里需要强调的是，在这一实验里，在反射点 $B$ 处的细绳是固定不动的，因而此处只能是波节。从振动的合成来考虑，这意味着此处的入射波与反射波的相位正好相反，即反射波存在了 $\pi$ 的相位突变。由于 $\pi$ 的相位突变对应半个波长的波程差，因此这种入射波在反射时发生的反相位现象也称之为**半波损失**。入射波在两种介质分界处反射时是否发生半波损失，与波的种类、两种介质的性质以及入射角的大小有关。在垂直入射时，它由介质的密度和波速的乘积 $\rho u$ 决定。相对来讲，$\rho u$ 较大的介质称为波密媒质，$\rho u$ 较小的介质称为波疏媒质。当波从波疏媒质垂直入射到波密媒质时，反射波有半波损失，形成的驻波在界面处出现波节。反之，当波从波密媒质垂直入射到波疏媒质时，反射波没有半波损失，形成的驻波在界面处出现波腹。当波在自由端反射时，没有相位突变，形成的驻波在此处形成波腹。

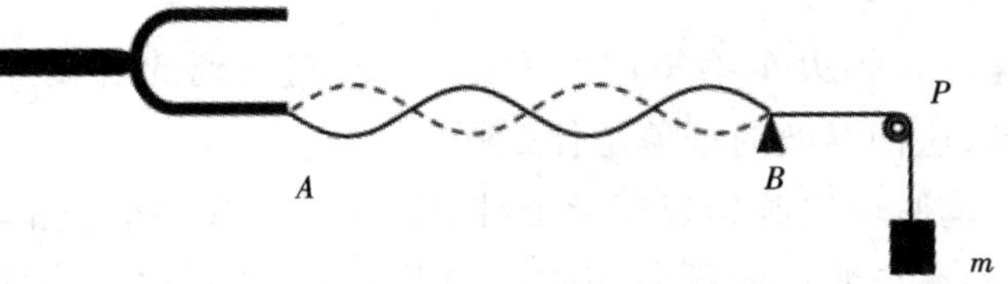


图 11.5.4 绳子上的驻波

驻波只是特殊的振动，因此，对于一种产生驻波的物体，也有其固有频率，只是其相应的固有频率不只一个，而是有许多个。驻波的现象有许多实际应用，如利用驻波测量波长，进一步确定波的速度。除此之外，乐器的发声也服从驻波原理。

**例题 11.5.1** 一列入射波的波函数为 $y_1 = A\left[\cos 2\pi\left(\frac{t}{T}+\frac{x}{\lambda}\right)\right]$，它在 $x=0$ 处发生反射，反射点为一波节。求：(1) 反射波的波动方程；(2) 合成波的波动方程；(3) 各波腹的位置。

**解** (1) 由题意可知,反射波在反射点处有半波损失,反射波沿 $x$ 轴正方向传播,入射波在 $O$ 点的振动表达式为 $y_{10}=A\cos 2\pi\dfrac{t}{T}$,反射波在 $O$ 点的振动表达式为 $y_{20}=A\cos\left(2\pi\dfrac{t}{T}+\pi\right)$,得到反射波的波动方程为

$$y_2=A\cos\left[2\pi\left(\frac{t}{T}-\frac{x}{\lambda}\right)+\pi\right]$$

(2)驻波方程

$$\begin{aligned}y&=y_1+y_2=A\cos\left[2\pi\left(\frac{t}{T}+\frac{x}{\lambda}\right)\right]+A\cos\left[2\pi\left(\frac{t}{T}-\frac{x}{\lambda}\right)+\pi\right]\\&=2A\sin\left(2\pi\frac{x}{\lambda}\right)\cos\left(2\pi\frac{t}{T}+\frac{\pi}{2}\right)\end{aligned}$$

(3)其波腹位置由$\dfrac{2\pi}{\lambda}x=\pm(2K+1)\dfrac{\pi}{2}$决定,解得

$$x=(2K+1)\frac{\lambda}{4}\quad(K=0,1,2\cdots)$$

## 11.6 多普勒效应

### 11.6.1 声波的多普勒效应

实际中,当高速行驶的火车鸣笛迎面而来时,人们听到的音调变高;当其鸣笛远去时,听到的音调变低,这种声波的现象是什么呢?

之前的讨论中,均假设波源和观察者相对于媒质处于相对静止的状态,在此情况下,观察者收到的波的频率与波源的频率相同。如果波源(或观察者或两者)相对于媒质运动,此时,观察者接收到的波的频率与波源发出的频率就不再相同。这种由于观察者(或波源,或两者)相对于媒质运动,而使得观察者接收到的频率发生变化的现象,称为多普勒效应。

假定波源和观察者在同一直线上运动。波源相对于媒质的运动速度用 $v_S$ 来表示,并规定波源向着观察者运动时 $v_S$ 取正值,波源远离观察者运动时 $v_S$ 取负值;观察者相对于媒质的运动速度用 $v_R$ 来表示,并规定观察者向着波源运动时 $v_R$ 取正值,观察者远离波源运动时 $v_R$ 取负值。静止媒质中的波速用 $u$ 表示,波源的频率和观察者接收到的波的频率分别用 $\nu_S$ 和 $\nu_R$ 表示。

1. 波源静止($v_S=0$),观察者以速度 $v_R$ 运动

如同 11.6.1 所示,当观察者向着静止的波源 $S$ 运动时,观察者在单位时间内接收到的完整的波长的数目将比他静止时接收到的多。波源发出的波相对于媒质的速度 $u$,观察者相对于静止媒质的速度为 $v_R$,方向与 $u$ 相反,则波相对于观察者的速度为 $u+v_R$,相

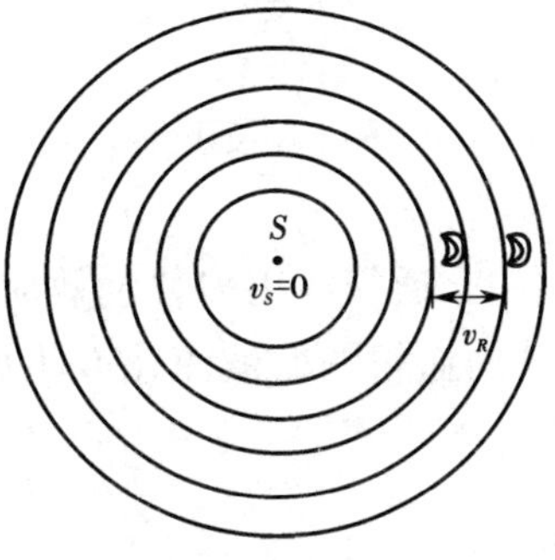


图 11.6.1　波源静止观察者运动时的多普勒效应

对于观察者的波长为 $\lambda$，存在如下关系：

$$\lambda\nu_R = u + v_R$$

而在静止媒质中，有

$$\lambda\nu_S = u$$

从而观察者接收到的频率

$$\nu_R = \frac{u + v_R}{u}\nu_S = \left(1 + \frac{v_R}{u}\right)\nu_S \qquad (11.6.1)$$

这表明，当观察者向着波源运动时，接收到的频率大于波源的频率；当观察者相对于媒质以速度 $v_R$ 远离波源运动时，观察者接收到的频率小于波源的频率。

2. 观察者相对于介质静止（$v_R = 0$），波源以速度 $v_S$ 运动

当波源 $S$ 运动，波相对于观察者的波长 $\lambda_R$ 不再等于波源静止时的波长 $\lambda$。这是由于波源运动时，它所发出的相邻的两个同相位的振动状态是在不同地点发出的，相隔距离为 $v_S T_S$，$T_S$ 为波源的振动周期。如果波源向着观察者运动，波源 $S$ 开始振动经过一个周期后，波前进了一个波长 $\lambda = uT_S$ 的距离，但是在这一时间内，波源也前进了一段距离 $v_S T_S$ 到达 $S'$ 点。此时，媒质中的波长也就是相对于观察者的波长为

$$\lambda_R = \lambda - v_S T_S = (u - v_S)T_S = \frac{u - v_S}{\nu_S}$$

波相对于观察者的速度为 $u$，故有

$$\lambda_R \nu_R = u$$

由以上二式，得到观察者接收的频率

$$\nu_R = \frac{u}{u - v_S}\nu_S \qquad (11.6.2)$$

在这种情况下，观察者接收到的频率大于波源的频率。当波源远离观察者运动时，观察者接收到的频率小于波源的振动频率。

3. 波源与观察者同时相对于媒质运动

当波源和观察者同时运动时，观察者接收的频率

$$\nu_R = \frac{u + v_R}{u - v_S}\nu_S \tag{11.6.3}$$

当波源和观察者互相趋近时,式中的 $v_R$ 和 $v_S$ 取正值;当波源和观察者相互远离时,二者均取负值。

多普勒效应的应用很广。例如交通警察用多普勒效应监测车辆行驶速度;用多普勒效应制成的流量计,可以测量人体内血管的血液流速或工矿企业管道中污水以及有悬浮物的液体的流速等。

### 11.6.2 光波的多普勒效应

电磁波(光波)也有多普勒效应。和机械波不同的是,电磁波的传播不需要媒质,因此只是光源和接收器的相对速度决定接收器的接收频率。利用相对论可以证明,当光源和接收器在同一直线运动时,接收器的频率

$$\nu_R = \sqrt{\frac{1 + \frac{v}{c}}{1 - \frac{v}{c}}}\nu_S \tag{11.6.4}$$

式中,$c$ 表示真空中的波速。当光源趋近接收器运动时,$v$ 取正;当光源远离接收器运动时,$v$ 取负。由此可知,当光源远离接收器运动时,接收到的频率 $\nu_R$ 小于光源的发射频率 $\nu_S$,因此波长变长,出现“红移”现象,即移向光谱中的红色一端。

光的多普勒效应在天体物理学中有许多重要应用。例如,利用多普勒效应在天文观测中将来自其他星球的光谱与地球上相同元素的光谱进行比较,发现这些星球光谱几乎都发生了红移,说明星体正在远离地球而去。这一结果成为宇宙演变的“宇宙大爆炸”理论的基础。

## 习　题

11-1　当 $x$ 为某一定值时,波动表达式 $y = A\cos 2\pi\left(\frac{t}{T} - \frac{x}{\lambda}\right)$ 所反映的物理意义是(　　)。

(A)表示某时刻的波形　　(B)说明能量的传播

(C)表示 $x$ 处质点的振动规律　　(D)表示各质点振动状态的分布

11-2　若一平面简谐波的波动表达式为 $y = A\cos(bt - cx)$,式中 $A$、$b$、$c$ 为正值常量,则(　　)。

(A)波速为 $c$　　(B)周期为 $\frac{1}{b}$　　(C)波长为 $\frac{2\pi}{c}$　　(4)角频率为 $\frac{2\pi}{b}$

11-3　一平面简谐横波沿着 $Ox$ 轴传播。若在 $Ox$ 轴上的两点相距 $\frac{\lambda}{8}$(其中 $\lambda$ 为波

长)，则在波的传播过程中，这两点振动速度的(　　)。

(A)方向总是相同　　　　(B)方向有时相同有时相反

(C)方向总是相反　　　　(D)大小总是不相等

11-4　一简谐波沿 $Ox$ 轴正方向传播，$t=0$ 时刻波形曲线如图所示，其周期为 2 s。则 $P$ 点处质点的振动速度 $v$ 与时间 $t$ 的关系曲线为(　　)。

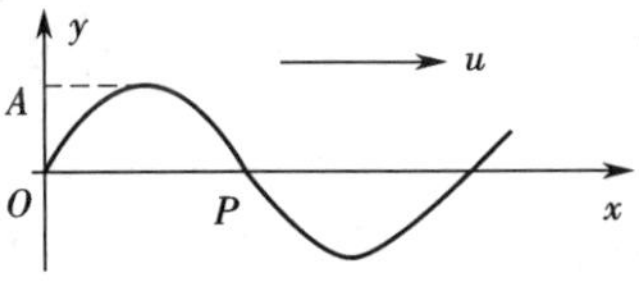

题11-4图

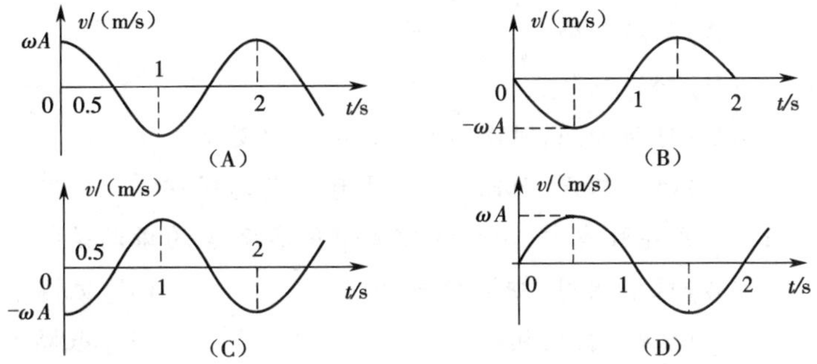


11-5　当波函数 $y=20\cos\pi(2.5t+0.01x)$ cm 的平面波传到 $x=100$ cm 处时，该处质点的振动速度为(　　)。

(A) $50\sin(2.5\pi t)$ cm/s　　　　(B) $-50\sin(2.5\pi t)$ cm/s

(C) $50\pi\sin(2.5\pi t)$ cm/s　　　　(D) $-50\pi\sin(2.5\pi t)$ cm/s

11-6　平面简谐机械波在弹性介质中传播时，在传播方向上某介质元在负的最大位移处，则它的(　　)。

(A)动能为零，势能最大　　　　(B)动能为零，势能为零

(C)动能最大，势能最大　　　　(D)动能最大，势能为零

11-7　一平面简谐波在弹性介质中传播，在介质元从最大位移处回到平衡位置的过程中(　　)。

(A)它的势能转换成动能

(B)它的动能转换成势能

(C)它从相邻的一段介质元中获得能量，其能量逐渐增大

(D)它把自己的能量传给相邻的一段介质元，其能量逐渐减小

11-8　人耳能分辨同时传来的不同声音，这是由于(　　)。

(A)波的反射和折射　　　　(B)波的干涉

(C)波的独立传播特性　　　　(D)波的强度不同

11-9　两列波在空间 $P$ 点相遇，若在某一时刻观察到 $P$ 点合振动的振幅等于两波的振幅之和，则这两列波(　　)。

(A)一定是相干波　　　　(B)不一定是相干波

(C)一定不是相干波　　　　(D)一定是初相位相同的相干波

11-10　$S_1$ 和 $S_2$ 是波长均为 $\lambda$ 的两列相干波的波源，相距 $\frac{3}{4}\lambda$，$S_1$ 的相位比 $S_2$ 超前

$\frac{\pi}{2}$。两波单独传播时,在过 $S_1$ 和 $S_2$ 的直线上各点的强度相同,不随距离变化,且两波的强度都是 $I_0$,则在 $S_1$、$S_2$ 连线上 $S_1$ 外侧和 $S_2$ 外侧各点,合成波的强度分别是(　　)。

(A)$4I_0$,$4I_0$　　(B)0,0　　(C)0,$4I_0$　　(D)$4I_0$,0

11-11　已知两相干波源所发出的波的相位差为 π,到达某相遇点 $P$ 的波程差为半波长的两倍,则 $P$ 点的合成情况是(　　)。

(A)始终加强

(B)始终减弱

(C)时而加强,时而减弱,呈周期性变化

(D)时而加强,时而减弱,没有一定的规律

11-12　在驻波中,两个相邻波节间各质点的振动是(　　)。

(A)振幅相同,相位相同　　(B)振幅不同,相位相同

(C)振幅相同,相位不同　　(D)振幅不同,相位不同

11-13　两列完全相同的余弦波左右相向而行,叠加后形成驻波。下列叙述中,不是驻波特性的是(　　)。

(A)叠加后,有些质点始终静止不动

(B)叠加后,波形既不左行也不右行

(C)两静止而相邻的质点之间的各质点的相位相同

(D)振动质点的动能与势能之和不守恒

11-14　平面正弦波 $x=4\sin(5\pi t+3\pi y)$ 与下面哪一列波相叠加后能形成驻波?(　　)。

(A)$y=4\sin 2\pi\left(\frac{5t}{2}+\frac{3x}{2}\right)$　　(B)$y=4\sin 2\pi\left(\frac{5t}{2}-\frac{3x}{2}\right)$

(C)$x=4\sin 2\pi\left(\frac{5t}{2}+\frac{3y}{2}\right)$　　(D)$x=4\sin 2\pi\left(\frac{5t}{2}-\frac{3y}{2}\right)$

11-15　波函数为 $y_1=0.01\cos(100\pi t-x)$ m 和 $y_2=0.01\cos(100\pi t+x)$ m 的两列波叠加后,相邻两波节之间的距离为(　　)。

(A)0.5 m　　(B)1 m　　(C)π m　　(D)2π m

11-16　一平面简谐波在弹性媒质中传播,研究其中一个质点,下列说法正确的是(　　)。

(A)若该质点位于负的最大位移处,其动能为零,势能最大

(B)该质点的机械能总是守恒的

(C)该质点在最大位移处的势能最大,在平衡位置的势能最小

(D)该质点的动能和势能总是相等

11-17　如图所示,有距离为 $\lambda/2$ 的两相干波源 $S_1$、$S_2$,若在 $S_1$、$S_2$ 的连线上 $S_1$ 外侧(即 $S_1$ 左侧)各点干涉相消,则(　　)。

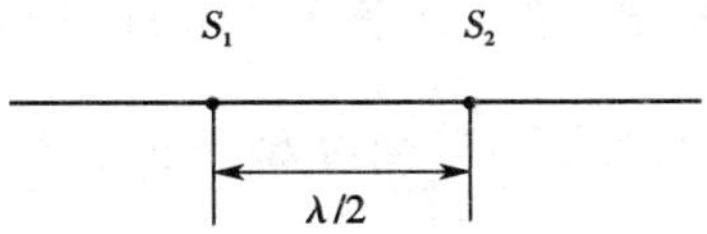


题11-17图

(A)在连线上 $S_2$ 外侧的各点干涉相消　　(B)在连线上 $S_2$ 外侧的各点干涉加强

(C)在 $S_1$、$S_2$ 之间各点干涉加强　　(D)在 $S_1$、$S_2$ 之间各点干涉相消

11-18　频率为 500 Hz 的波，其波速为 350 m/s，相位差为 $2\pi/3$ 的两点间距离为________。

11-19　已知一平面简谐波的表达式为 $y = A\cos(at - bx)$（$a$、$b$ 均为正值常量），则波沿 $X$ 轴传播的速度为________。

11-20　一平面简谐波，波速为 6.0 m/s，振动周期为 0.1 s，则波长为________。

11-21　已知波源的振动周期为 $4.00\times10^{-2}$ s，波的传播速度为 300 m/s，波沿 $X$ 轴正方向传播，则位于 $x_1 = 10.0$ m 和 $x_2 = 16.0$ m 的两质点振动相位差为________。

11-22　一驻波表达式为 $y = 2A\cos(2\pi x/\lambda)\cos(\omega t)$，则 $x = -\lambda/2$ 处质点的振动表达式是________；该质点的振动速度表达式是________。

11-23　两相干波源 $S_1$ 和 $S_2$ 的振动表达式分别是 $y_1 = A\cos(\omega t + \varphi)$ 和 $y_2 = A\cos(\omega t + \varphi)$，$S_1$ 距 $P$ 点 3 个波长，$S_2$ 距 $P$ 点 4.5 个波长。设波传播过程中振幅不变，则两波同时传到 $P$ 点时的合振幅是________。

11-24　一驻波表达式为 $y = A\cos(2\pi x)\cos(100\pi t)$。位于 $x_1 = 1/8$ m 处的质元 $P_1$ 与位于 $x_2 = 3/8$ m 处的质元 $P_2$ 的振动相位差为________。

11-25　在弦线上有一驻波，其表达式为 $y = 2A\cos\dfrac{2\pi x}{\lambda}\cos(2\pi\nu t)$，两个相邻波节之间的距离是________。

11-26　一平面简谐波沿 $x$ 轴正向传播，已知其波函数为：$y = 0.05\cos(10\pi t - 4\pi x)$ (SI)，求：(1)波的振幅、波长、周期、波速；(2)质元振动的最大速率；(3)质元振动的最大加速度。

11-27　一平面简谐波在 $t = 0$ 时刻的波形图如图所示，求：(1)该波的波动表达式；(2) $P$ 点处质点的振动函数。

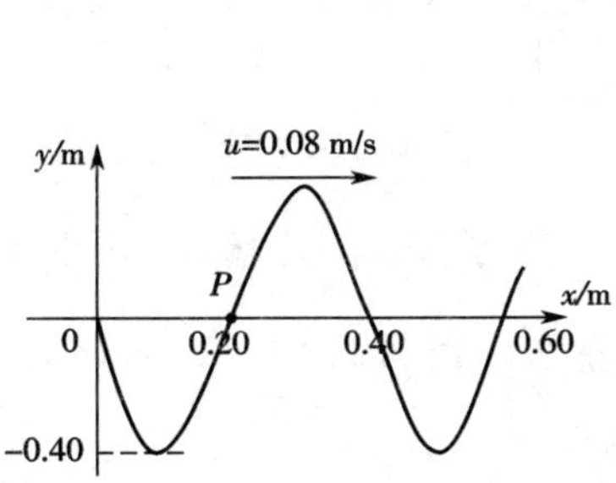


题11－27图

11-28　一简谐波,振动周期 $T=\frac{1}{2}$s,波长 $\lambda=10$ m,振幅 $A=0.1$ m。在 $t=0$ 时刻,波源振动的位移恰好为正方向的最大值。若坐标原点和波源重合,且波沿 $OX$ 轴正方向传播,求:(1)此波的表达式;(2) $t_1=\frac{T}{4}$时刻,$x_1=\frac{\lambda}{4}$处质点的位移;(3) $t_2=\frac{T}{4}$时刻,$x_1=\frac{\lambda}{4}$处质点的振动速度。

11-29　一简谐波沿 $x$ 轴正向传播,波长 $\lambda=4$ m,周期 $T=4$ s,已知 $x=0$ 处质点的振动曲线如图所示。(1)写出 $x=0$ 处质点的振动方程; (2)写出波的表达式。

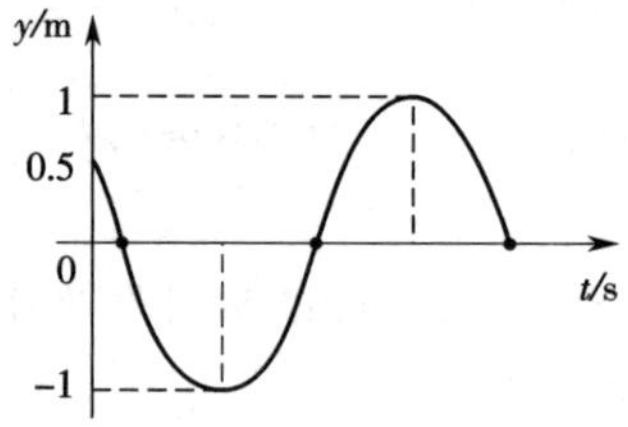


题 11-29 图

11-30　一列平面简谐波在介质中以波速 $u=5$ m/s 沿 $x$ 轴正向传播,原点质元的振动曲线如图所示,求波函数。

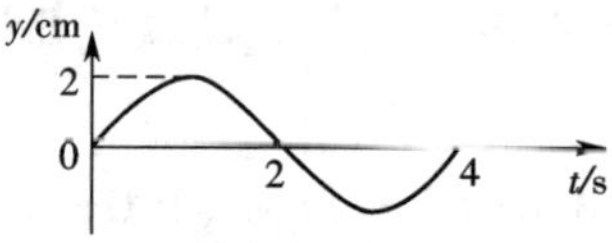


题 11-30 图

11-31　如图所示为一平面简谐波在 $t=0$ 时刻的波形图,设此简谐波的频率为 250 Hz,且此时质点 $P$ 的运动方向向下,求:(1)该波的波动方程;(2)在距原点为 100 m 处质点的振动位移与振动速度表达式。

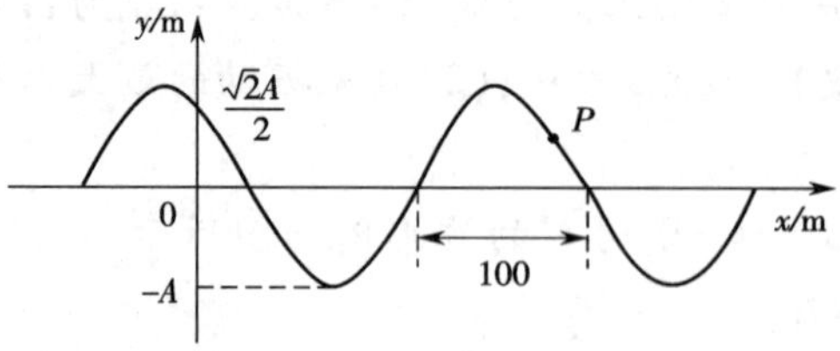


题 11-31 图

11-32　一平面简谐波沿 $Ox$ 轴的负方向传播,波长为 $\lambda$,$t=0$ 时刻,$P$ 点处质点的振动规律如图所示。(1)求 $P$ 处质点的振动函数;(2)求此波的波函数。若图中 $d=\frac{\lambda}{2}$,求坐标原点 $O$ 处质点的振动函数。

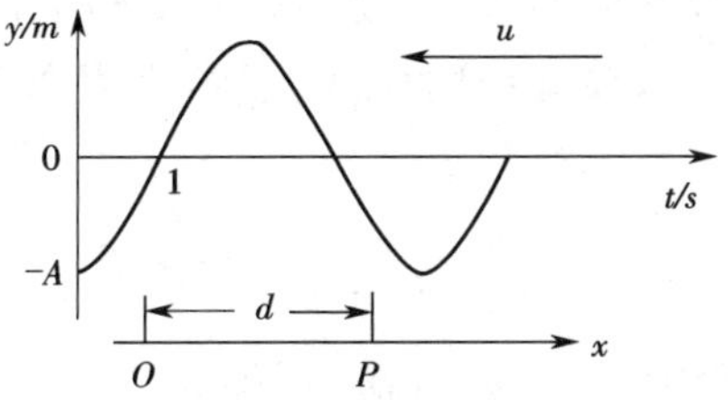


题11-32图

11-33　已知波的波函数为 $y=A\cos[\pi(4t-2x)]$。

(1)写出 $t=4.2$ s 时各波峰位置的坐标表示式,并计算此时离原点最近的波峰的位置,该波峰何时通过原点?

(2)画出 $t=4.2$ s 时的波形曲线。

11-34　一平面波在介质中以速度 $u=20$ m/s 沿 $x$ 轴负方向传播。已知在传播路径上的某点 $A$ 的振动方程为 $y=3\cos(4\pi t)$。

(1)如以 $A$ 点为坐标原点,写出波函数;

(2)写出传播方向上 $B$、$C$、$D$ 点的振动表达式;

(3)如以距 $A$ 点 5 m 处的 $B$ 点为坐标原点,写出波函数。

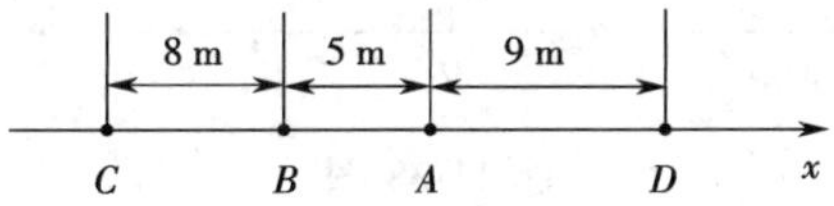


题11-34图

11-35　一波源作简谐振动,周期为 $\frac{1}{100}$ s,振幅 $A=0.01$ m,经平衡位置向正方向运动时作为计时起点,设此振动以 $u=400$ m/s 的速度沿 $x$ 轴正向传播,求:

(1)波函数;

(2)距波源 16 m 处和 20 m 处的质点的振动函数和初相;

(3)距波源 15 m 和 16 m 的两点的相位差。

11-36　如图所示,$B$、$C$ 为两个振动方向相同的平面简谐波的波源,其振动表达式分别为 $y_1=0.02\cos(2\pi t)$ 和 $y_2=0.02\cos(2\pi t+\pi)$。若两列波在 $P$ 点相遇,$BP=0.40$ m,$CP=0.50$ m,波速为 0.20 m/s,求:(1)两列波在 $P$ 点的相位差;(2)$P$ 点合振动的振幅。

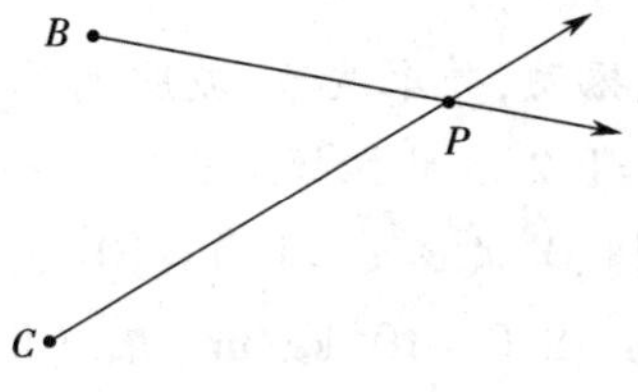


题11-36图

11-37　如图所示,两振动方向相同的平面简谐波波源分别位于 $A$、$B$ 点。设它们的相位相同,频率均为 $\nu=30$ Hz,波速 $u=0.50$ m/s。求点 $P$ 处两列波的相位差。

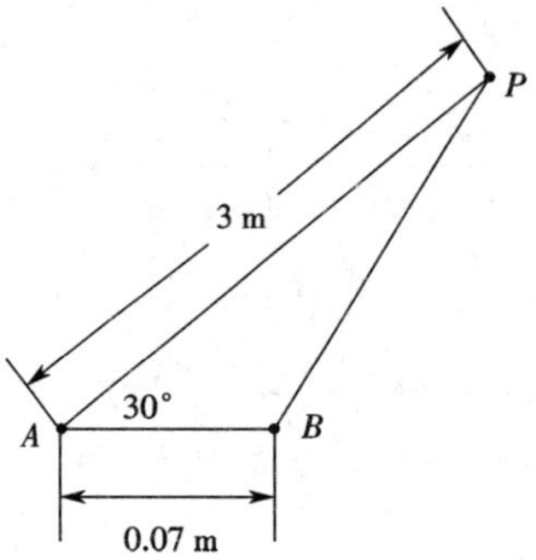


题 11-37 图

11-38　如图所示,两相干波源 $S_1$ 与 $S_2$ 相距 5 m,其振幅相等,频率都是 100 Hz,相位差为 $\pi$,波在媒质中的传播速度为 400 m/s,试以 $S_1S_2$ 连线为坐标轴 $x$,以 $S_1S_2$ 连线中点为原点,求 $S_1S_2$ 间因干涉而静止的各点的坐标。

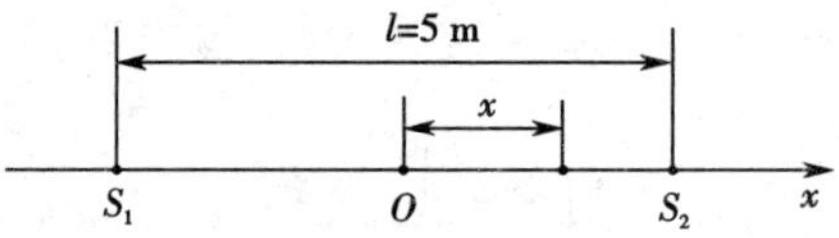


题 11-38 图

11-39　$S_1$ 与 $S_2$ 为两相干波源,相距 1/4 个波长,$S_1$ 比 $S_2$ 的相位超前 $\pi/2$。问 $S_1$、$S_2$ 连线上在 $S_1$ 外侧各点的合成波的振幅如何?在 $S_2$ 外侧各点的振幅如何?

11-40　两列波在一根很长的细绳上传播,它们的波函数分别为:$y_1=0.2\cos[2\pi(t-x)]$,$y_2=0.2\cos[2\pi(t+x)]$,式中 $x$ 以米计,$t$ 以秒计。

(1)试证明绳子将作驻波式振动;

(2)求出波节和波腹的位置;

(3)求出波腹处的振幅;

(4)求出 $x=\dfrac{1}{6}$ m 处的振幅。

11-41　两列波在一根很长的细绳上传播,它们的波函数分别为:$y_1=0.06\cos(\pi x-4\pi t)$,$y_2=0.06\cos(\pi x+4\pi t)$。

(1)试证明绳子将作驻波式振动,并求波节、波腹的位置;

(2)波腹处的振幅多大?$x=1.2$ m 处振幅多大?

11-42　有一波在介质中传播,其波速 $u=1.0\times10^3$ m/s,振幅 $A=1.0\times10^{-4}$ m,频率 $\nu=1.0\times10^3$ Hz,若介质的密度 $\rho=8.0\times10^2$ kg/m$^3$,求:(1)该波的能流密度;(2)1 min 内垂直通过 0.4 m$^2$ 面积的总能量。

11-43　频率为300 Hz、波速为330 m/s的平面简谐波在直径为16.0 cm的管道中传播,能流密度为$10.0\times10^{-3}$ J/(s·$m^2$)。求:(1)平均能量密度;(2)最大能量密度;(3)两相邻同相位波面之间的总能量。

11-44　火车以90 km/h的速度行使,其汽笛的频率为500 Hz。一个人站在铁轨旁,当火车从他身边驶过时,他听到的汽笛声的频率变化是多大?设空气中声速为340 m/s。

(提示:频率变化=当火车向站立者驶近时他听到的汽笛声的频率$\nu_1$-当火车驶离站立者时他听到的汽笛声的频率$\nu_2$)

11-45　两列火车$A$和$B$分别以20 m/s和25 m/s的速度行使,$A$火车的司机听到自己的汽笛声频率为120 Hz(空气中声速为340 m/s),

(1)当$A$、$B$两车相向而行时,求$B$火车的司机听到的$A$火车的汽笛声频率;

(2)若此时恰好有速度为15 m/s的风沿$A$车向$B$车吹来,再求$B$车的司机听到的$A$车的汽笛声频率。(提示:当有风时,声速将改变)

# 第12章　波动光学

波动光学是光学的重要组成部分,本章从光的波动性出发,介绍光传播过程中的基本特征,包括光的干涉、衍射和偏振。

光波是电磁波,通常意义上的光指的是可见光,即能引起人视觉的电磁波。它的频率在 $3.9\times10^{14}\sim7.5\times10^{14}$ Hz 之间,相应地真空中的波长在 0.76 μm 到 0.4 μm 之间。不同频率的光给人以不同颜色的感觉,频率由大到小给出从紫到红的各种颜色。

## 12.1　光的干涉

光波也服从叠加原理,满足一定条件的两束光叠加时,在叠加区域内光的强度或明暗有稳定的分布,这种现象称为光的干涉,干涉现象是光的波动性的体现。本节讨论光的干涉规律,包括干涉条件和明暗条纹分布的规律。特别指出在分析两束光或多束光的相干叠加时仍然可以采用机械波相干叠加的思想,即有一定相位差的同方向、同频率的振动叠加可以用有一定夹角的振幅矢量叠加求得。

### 12.1.1　相干光

光的干涉和波的干涉一样,要获得稳定的干涉强度分布,需要满足**相干条件**:振动方向相同(或者振动方向有相同的成分),频率相同,相位差恒定。满足相干条件的两束光称为**相干光**。为什么室内用两个灯泡照明时,墙上不出现明暗条纹的稳定分布呢?这和普通光源的发光机理有关。光源发光是大量分子或原子自发地从高能态向低能态跃迁时发射的电磁波。这一跃迁时间很短,约 $10^{-8}$ s,这也是一个原子一次发光所持续的时间。一次发光只能发出一段长度有限、频率一定和振动方向一定的光波,称之为一个波列,因此原子发光是断续的。在普通光源内,有非常多的原子在发光,各原子的发光完全是独立的、互不相关的,各次发出的波列的频率、初相位和振动方向不尽相同。由于初相位和振动方向不可能保持恒定,因而即使是两个频率相同的单色光源或同一光源的两部分发的光叠加时,合振幅也不可能稳定,也就不可能产生稳定的光强强弱分布的干涉现象了。

那么如何用普通光源获得相干光呢?其基本原理是把光源上同一点发的光分成两部分,这两部分光实际上都来自于同一原子的同一次发光,它们是满足相干条件的相干光。如图 12.1.1 所示,把光分成两部分的方法有两种,一种是图(a)所示的分波面法,叫做杨氏双缝干涉；另一种是图(b)所示的分振幅法，叫做薄膜干涉(图中的 $n_1$，$n_2$，$n_3$ 分别是光在各区域的折射率)，后边我们将详细说明这两种干涉。以上是利用普通光源产生相干光的方法，现代的干涉实验已多用激光作为光源了。激光的发光面上各点发出的光都是频率相同、振动方向相同而且同相的相干波，因此将一束激光直接分成两束叠加起来就可产生明显的干涉现象。

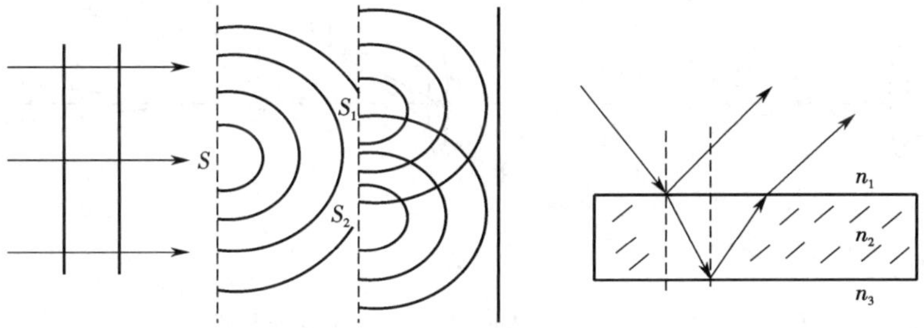


（a）分波面法　　（b）分振幅法

图 12.1.1　相干光

## 12.1.2　光程

为了方便比较光经过不同介质时引起的相位差，引入光程的概念。光在介质中传播时，通过路程 $r$ 时，光振动相位落后的值

$$\varphi = \frac{2\pi}{\lambda_n} r \tag{12.1.1}$$

同一束光在不同介质中频率相同而波长不同。介质中的波长 $\lambda_n$ 和真空中的波长 $\lambda$ 的关系为

$$\lambda_n = \frac{\lambda}{n} \tag{12.1.2}$$

式中，$n$ 是介质的折射率。将此关系代入式(12.1.1)，可得

$$\varphi = \frac{2\pi}{\lambda} nr \tag{12.1.3}$$

$nr$ 为光在真空中传播的路程。可见，同一频率的光在折射率为 $n$ 的介质中通过 $r$ 的路程引起的相位落后和在真空中通过 $nr$ 的路程引起的相位落后相同。$nr$ 称为**光程**。引入光程概念后，就可以统一地用光在真空中的波长 $\lambda$ 来计算相位的变化。

在干涉和衍射装置中，经常要用到透镜，下面简单说明理想情况下或近轴条件下通过透镜的各光线的等光程性。平行光通过透镜后，各光线会聚于透镜焦面上一点，形成一亮点，如图 12.1.2 所示。这说明，会聚点处各光线是同相的。平行光的等相位面是与光线垂直的，因而从入射平行光的任一与光线垂直的平面算起，直到会聚点，各光线的光程是相等的。即图中从 $A$、$B$、$C$ 到 $F(F')$ 或从 $a$、$b$、$c$ 到 $F(F')$ 的三条光线的光程都是相等的。

等光程性可简单作如下解释。如图12.1.2(a)中,$AaF$ 和 $CcF$ 在空气中传播的路径长,在透镜中传播的路径短;而 $BbF$ 在空气中传播的路径短,在透镜中传播的路径长。由于透镜的折射率大于空气的折射率,折算成光程后,各光线光程相等。也就是说,透镜可改变光的传播方向,但不附加光程差。图12.1.2(c)中,物点 $S$ 到像点 $S'$ 之间的各光线也是等光程的。

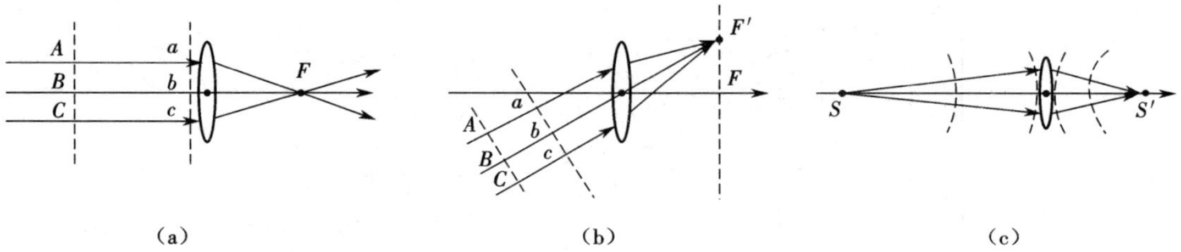


图12.1.2　通过透镜的各光线的等光程性

## 12.1.3　杨氏双缝干涉

托马斯·杨在1801年成功完成了光的干涉实验,首次通过实验肯定了光的波动性,在光学史上具有里程碑的意义。图12.1.1(a)为他的实验原理图,单色普通光源后放一小孔屏,小孔足够小时,可看作光取自光源上一点,接着在其后放一双孔屏,将取自光源一点上的光分成两束,其相干性分析如下:由单孔 $S$ 处光源的相位可得到,双孔 $S_1$ 和 $S_2$ 处两光源的相位

$$\varphi_{S_1}=\varphi_S(t)-\frac{2\pi}{\lambda}\overline{SS_1},\quad \varphi_{S_2}=\varphi_S(t)-\frac{2\pi}{\lambda}\overline{SS_2}$$

两光源的相位差

$$\varphi_{S_2}-\varphi_{S_1}=\frac{2\pi}{\lambda}(\overline{SS_2}-\overline{SS_1})$$

可见,虽然 $S_1$ 和 $S_2$ 处两光源的相位是随时间变化的,但两光源的相位差却不随时间变化,只与 $\overline{SS_1}$ 和 $\overline{SS_2}$ 两距离有关。若双孔 $S_1$ 和 $S_2$ 关于单孔 $S$ 对称,则两光源为同相光源。另外,双孔 $S_1$ 和 $S_2$ 处两光源取自光源上一点,为同一原子的同一次发光,因而振动方向相同。综上分析,由双孔 $S_1$ 和 $S_2$ 发出的两束光是相干光。现在的类似实验一般用狭缝代替小孔,因而叫杨氏双缝干涉实验。

杨氏双缝干涉示意图如图12.1.3所示,从垂直纸面的细直线光源 $S$ 发出的光照射在相互平行的双缝 $S_1$、$S_2$ 上,双缝对称分布在单缝的两侧,$\overline{SS_1}=\overline{SS_2}$。双缝间距用 $d$ 表示,双缝屏到接收屏的距离用 $D$ 表示,条纹位置用 $x$ 表示,其中 $D\gg d$,$D\gg x$,满足近轴条件,在接收屏上可观察到明暗相间的等间距直条纹强度分布。

下面讨论接收屏上明、暗干涉条纹的分布规律。如图12.1.3所示,由 $S_1$、$S_2$ 到屏上任意点 $P$ 的光程可表示为

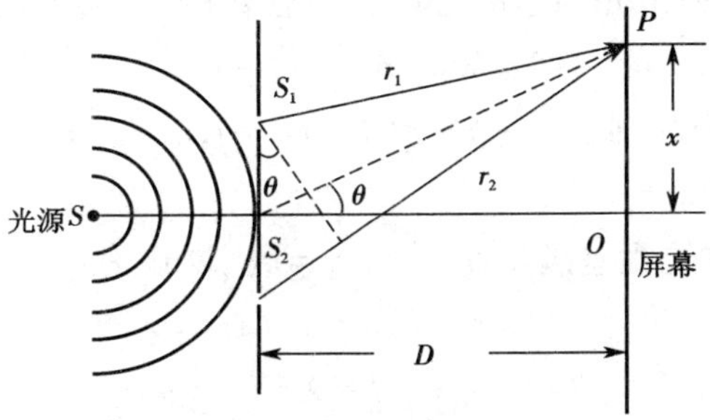


图 12.1.3　杨氏双缝干涉示意图

$$\left.\begin{aligned} r_1^2 &= D^2 + \left(x - \frac{d}{2}\right)^2 \\ r_2^2 &= D^2 + \left(x + \frac{d}{2}\right)^2 \end{aligned}\right\} \tag{12.1.4}$$

两式相减得

$$r_2^2 - r_1^2 = 2dx$$

即

$$(r_2 - r_1)(r_2 + r_1) = 2dx$$

由于实验中 $D \gg d$,$D \gg x$,取 $r_2 + r_1 \approx 2D$,则 $P$ 点处两光的光程差

$$\delta = r_2 - r_1 = \frac{dx}{D} \tag{12.1.5}$$

此光程差也可以近似写为 $d\sin\theta$,在近轴情况下,角度 $\theta$ 很小,有结果 $\sin\theta \approx \tan\theta = x/D$。由于涉加强和减弱的条件:$\delta = k\lambda$ 为干涉加强,$\delta = (2k+1)\dfrac{\lambda}{2}$为干涉减弱,即为明、暗条纹满足的条件,得接收屏上明条纹的位置

$$x_k = k\frac{D\lambda}{d} \tag{12.1.6}$$

暗条纹的位置

$$x_k = (2k+1)\frac{D\lambda}{2d} \tag{12.1.7}$$

其中,$k = 0, \pm 1, \pm 2, \cdots$ 为明条纹级次。由式(12.1.6)和式(12.1.7)不难得出,相邻的明条纹或相邻的暗条纹之间的距离

$$\Delta x = x_{k+1} - x_k = \frac{D\lambda}{d} \tag{12.1.8}$$

当用复色光进行双缝干涉实验时,由于波长不同,条纹位置不同,接收屏上将出现彩色条纹分布。除零级条纹外,其他各级明条纹均是彩色的,波长短的在靠近零级一侧出现,波长长的在远离零级一侧出现。

**例题 12.1.1**　杨氏双缝干涉实验在空气中观察,入射光波长为 $\lambda$。若在 $S_2$缝上覆盖厚为 $h$、折射率为 $n$ 的透明介质,则原来的零级明条纹将移至何处?若移至原来的第 $k$ 级明纹处,则介质厚度 $h$ 为多少?

**解** 从 $S_1$、$S_2$发出的相干光到达屏上任意一点 $P$ 的光程差为：

$$\delta=(r_2-h+nh)-r_1$$

对零级明条纹需满足 $\delta=0$，因此 $(r_2-h+nh)-r_1=0$，故 $r_1-r_2=(n-1)h>0$，所以原来的零级明条纹将向下移动。

原来的第 $k$ 级明条纹光程差满足 $\delta=r_2-r_1=k\lambda$，所以有

$$(n-1)h=|k|\lambda$$

则得

$$h=\frac{|k|\lambda}{n-1}$$

此例题中 $(n-1)h$ 为加入介质层前后两路光光程差的改变量，即

$$\Delta\delta=\delta_2-\delta_1=[(r_2-h+nh)-r_1]-(r_2-r_1)=(n-1)h$$

正是由于光程差的改变使得条纹发生了移动，原来位于 $O$ 点的零级明纹移动到了 $P$ 点 $k$ 级明纹处，其他条纹也随之移动。观察 $P$ 点或其他位置时，将看到 $k$ 条条纹移过。光程差的改变量 $\Delta\delta$ 和条纹移动的条数 $k$ 之间存在如下关系式：

$$\Delta\delta=k\lambda \tag{12.1.9}$$

### 12.1.4 薄膜干涉

本节开始讨论用分振幅法获得相干光产生干涉的实验，最典型的是薄膜干涉，平常看到的油膜或肥皂膜在光照下产生的彩色花纹就是薄膜干涉的结果。本部分将讨论厚度不均匀的薄膜表面的等厚干涉和厚度均匀的无穷远处的等倾干涉两种情况。

1. 等厚干涉

一种观察薄膜等厚干涉的装置是一个放在空气中的劈尖形状的介质薄片或膜，简称劈尖。它的两个表面是平面，其间有一个很小的夹角 $\theta$。实验时单色平行光近乎垂直地入射到劈尖上，离得很近的两条光线，一条经上表面折射后进入劈尖，经下表面反射后由上表面折射出去，与另一条光线在上表面的反射光在表面处相交，由于这两条光线来自光源上的同一点源，它们一定是相干光。如图 12.1.4 所示的劈尖装置和光路图。

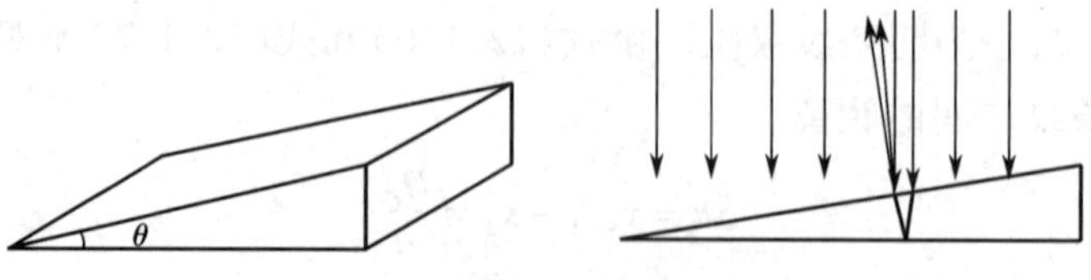


图 12.1.4 劈尖干涉实验装置示意图

从薄膜上、下表面反射的光在膜的上表面附近相遇而发生干涉，当观察薄膜表面时就会看到干涉条纹。以 $h$ 表示入射点处膜的厚度，由于 $\theta$ 角很小，在膜上表面处光的入射点和上、下表面反射光相交的点几乎重合在一起，则上、下表面反射光在上表面相遇时的光程差

$$\delta \approx 2nh + \frac{\lambda}{2} \tag{12.1.10}$$

式中,$2nh$ 是光线在薄膜中经过了 $2h$ 的几何路程引起的,$\lambda/2$ 是反射时产生的**半波损失**引起的附加光程差。与机械波一样,光在两个介质的交界处发生反射也可以发生**半波损失:当光从光疏介质(折射率较小)入射到光密介质(折射率较大)时,反射光会有相位 $\pi$ 的改变,对应的光程差是二分之一真空波长,即 $\lambda/2$。**

由于各处膜厚不同,所以光程差也不同,在满足

$$\delta = 2nh + \frac{\lambda}{2} = k\lambda \quad (k = 1,2,3\cdots) \tag{12.1.11}$$

处形成相长干涉,出现明条纹;在满足

$$\delta = 2nh + \frac{\lambda}{2} = (2k+1)\frac{\lambda}{2} \quad (k = 0,1,2\cdots) \tag{12.1.12}$$

处形成相消干涉,出现暗条纹,其中 $k$ 是条纹级次。由于光程差和膜厚对应,因此薄膜上表面同一级次的一条明或暗条纹与薄膜的一条等厚线对应,这样形成的干涉因而被称为等厚干涉。由于劈尖的等厚线是平行于棱边的直线,所以等厚条纹是一些与棱边平行的明、暗相间的直条纹。由式(12.1.11)和(12.1.12)可得,明条纹处的薄膜厚度

$$h_k = \frac{(2k-1)\lambda}{4n} \tag{12.1.13}$$

暗条纹处的薄膜厚度

$$h_k = \frac{k\lambda}{2n} \tag{12.1.14}$$

则相邻两明条纹或两暗条纹对应的薄膜厚度之差

$$\Delta h = h_{k+1} - h_k = \frac{\lambda}{2n} \tag{12.1.15}$$

如图 12.1.5 所示,可分析得出相邻明(或暗)条纹之间的距离 $\Delta l$ 与劈尖角 $\theta$ 的关系为 $\Delta h = \frac{\lambda}{2n} = \Delta l \tan\theta \approx \Delta l\theta$,解得

$$\Delta l = \frac{\lambda}{2n\theta} \tag{12.1.16}$$

可见,劈尖干涉形成的干涉条纹是等间距的,条纹间距 $\Delta l$ 与劈尖角 $\theta$ 有关,$\theta$ 越大,条纹间距 $\Delta l$ 越小,$\theta$ 大到一定程度后,条纹就密不可分了,所以,干涉条纹只能在劈尖角很小时才能观察到。已知折射率 $n$ 和波长 $\lambda$,测出条纹间距 $\Delta l$,可求得劈尖角 $\theta$。在工程上,常利用这一原理测定细丝直径、薄片厚度等,还可利用等厚条纹的特点检验工件的平整度。

**例题 12.1.2**　把金属细丝夹在两块平玻璃板之间,形成空气劈尖,金属丝和棱边间距离 $D = 28.88$ mm。用波长 $\lambda = 589.3$ nm 的钠黄光垂直照射,测得 30 条明条纹之间的总距离为 4.295 mm,求金属丝的直径 $d$。

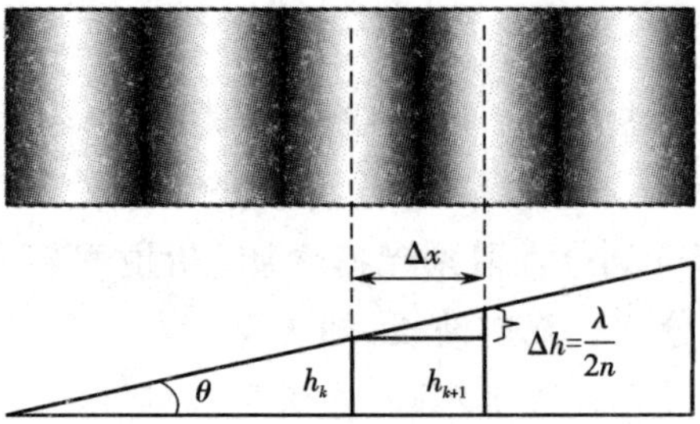


图 12.1.5　劈尖干涉条纹

**解**　空气劈尖 $n=1$,由几何关系有 $d=D\tan\theta\approx D\theta$。相邻明条纹之间的距离 $\Delta x$ 与劈尖角 $\theta$ 的关系为 $\Delta x=\dfrac{\lambda}{2\theta}$,则有

$$d=D\frac{\lambda}{2\Delta x}=28.88\times\frac{589.3\times10^{-9}}{2\times\dfrac{4.295\times10^{-3}}{30-1}}=5.746\times10^{-2}\text{mm}$$

另一典型的等厚干涉装置是牛顿环,如图 12.1.6 所示,在一块平板玻璃上放一曲率半径很大的平凸透镜,两者之间形成一空气膜层,平行光垂直入射时,可观察到以接触点 $O$ 为中心明暗相间的同心圆环状的等厚干涉条纹,称为牛顿环。牛顿环是由透镜下表面的反射光和平板玻璃上表面反射光干涉形成的,两束反射光光程差的计算与劈尖相同。明、暗条纹满足的条件为

$$\text{明环:}\quad \delta\approx2h+\frac{\lambda}{2}=k\lambda\quad(k=1,2,3\cdots)\tag{12.1.17}$$

$$\text{暗环:}\quad \delta\approx2h+\frac{\lambda}{2}=(2k+1)\frac{\lambda}{2}\quad(k=0,1,2\cdots)\tag{12.1.18}$$

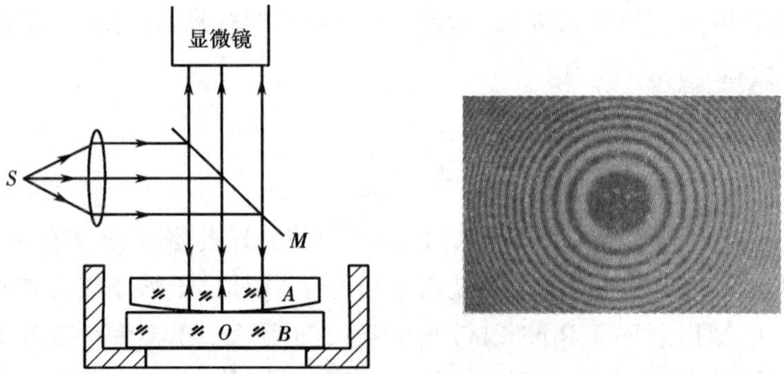


图 12.1.6　牛顿环实验装置和实验结果

明、暗环处对应的薄膜厚度为

$$\left.\begin{aligned}&\text{明环：}\quad h_k=\frac{(2k-1)\lambda}{4}\\&\text{暗环：}\quad h_k=\frac{k\lambda}{2}\end{aligned}\right\}\tag{12.1.19}$$

由图 12.1.7 所示，得$r^2=R^2-(R-h)^2=2Rh-h^2$，由于 $R\gg h$，可将 $h^2$从式中略去，得到$r^2=2Rh$，可见 $r^2$和 $h$ 成正比，因而条纹呈现中间疏、边缘密的特点。各级明、暗环半径和 $R$ 的关系为

$$\text{明环：}\quad r=\sqrt{\frac{(2k-1)R\lambda}{2}}\quad (k=1,2,3\cdots)\tag{12.1.20}$$

$$\text{暗环：}\quad r=\sqrt{kR\lambda}\quad (k=0,1,2\cdots)\tag{12.1.21}$$

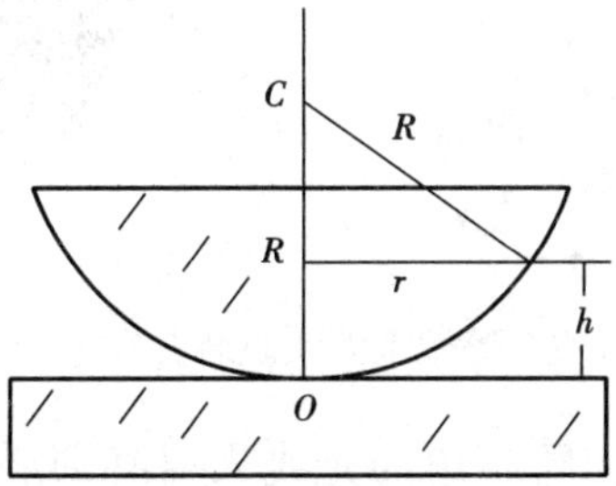


图 12.1.7　牛顿环半径计算示意图

在已知波长 $\lambda$ 的情况下，通过测量条纹半径 $r$ 可得到透镜的曲率半径 $R$。牛顿环也可观察透射光形成的干涉条纹，这些条纹的明暗情况和反射光的明暗恰相反。利用牛顿环可检测透镜表面的平整度。

2. 等倾干涉

另一种常见的薄膜干涉是等倾干涉，如图 12.1.8 所示，如果使一条光线以入射角 $i_1$ 斜入射到置于真空中的厚度 $h$ 均匀的薄膜上，薄膜上、下表面的反射光相平行，它们只能在无穷远处相交而发生干涉。为了观察干涉条纹，利用透镜将其会聚在焦平面上。

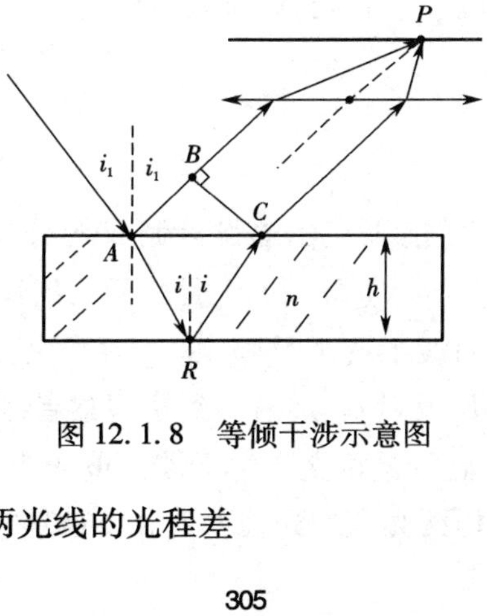


图 12.1.8　等倾干涉示意图

光线到达会聚点 $P$ 时，两光线的光程差

$$\delta = n(\overline{AR} + \overline{RC}) - \overline{AB} + \frac{\lambda}{2} \tag{12.1.22}$$

式中,$\frac{\lambda}{2}$是半波损失引起的附加光程差。经过变换,最后得光程差

$$\delta = 2h\sqrt{n^2 - \sin^2 i_1} + \frac{\lambda}{2} \tag{12.1.23}$$

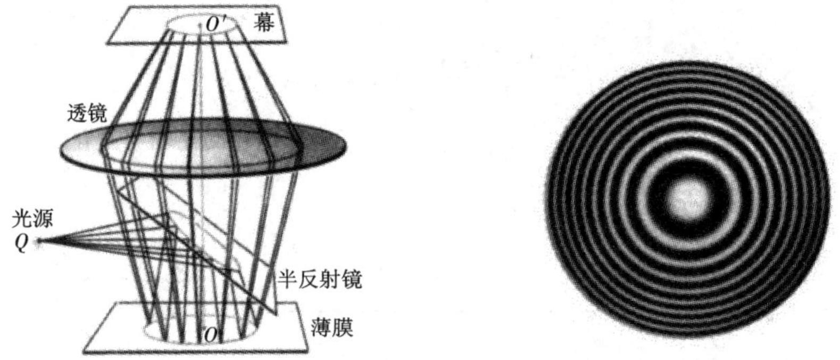


图 12.1.9　等倾干涉实验装置和干涉条纹

此式表明,光程差取决于倾角,相同倾角的光线入射到薄膜上,经膜上、下表面反射后的两光线具有相等的光程差,形成同一级次的一根条纹,因而称为等倾干涉。观察等倾干涉的实验装置如图 12.1.9 所示,点光源发出的各方向光线,以相同倾角入射到膜上的光线是在同一圆锥面上的,它们在薄膜上、下表面的反射光经透镜会聚后在焦平面上形成一个圆环。因此,等倾干涉条纹是明暗相间的同心圆环。明环满足条件:

$$\delta = 2h\sqrt{n^2 - \sin^2 i_1} + \frac{\lambda}{2} = k\lambda \quad (k = 1, 2, 3, \cdots) \tag{12.1.24}$$

暗环满足条件:

$$\delta = 2h\sqrt{n^2 - \sin^2 i_1} + \frac{\lambda}{2} = (2k+1)\frac{\lambda}{2} \quad (k = 1, 2, 3, \cdots) \tag{12.1.25}$$

值得一提的是透镜焦点处,即圆环中心处,对应入射角 $i_1 = 0$,此时光程差最大,条纹级次最高。

### 12.1.5　迈克耳孙干涉仪

迈克尔孙干涉仪是一百多年前迈克尔孙设计制成的分振幅法产生双光束干涉的仪器,其装置和光路如图 12.1.10 所示。$M_1$ 和 $M_2$是平面反射镜,$M_2$固定,$M_1$ 可前后移动和改变角度。$G_1$是分光板,后表面镀半透半反膜,将入射光束分成振幅近于相等的透射光束和反射光束。反射光束经 $M_1$ 反射 $G_1$ 透射后到达观察者,透射光束经 $M_2$ 反射 $G_2$ 透射 $G_1$ 反射后到达观察者,两光在此位置相交产生干涉。玻璃板 $G_2$称为补偿板,其作用是使两束光均三次通过玻璃板,这样两光束的光程差就和在玻璃板中的光程无关了。

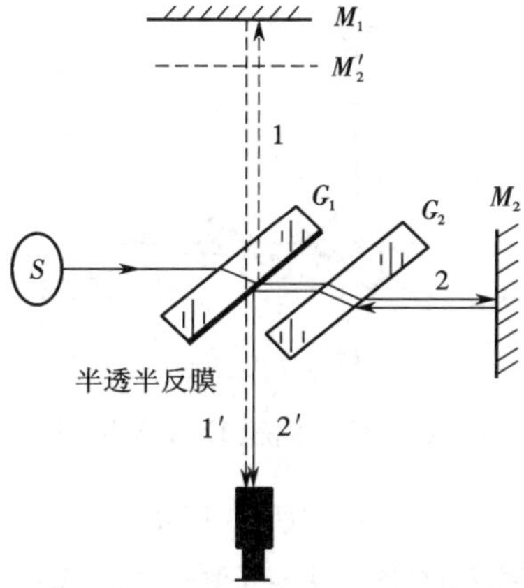


图 12.1.10　迈克尔孙干涉仪装置和光路图

通过半透半反膜，在 $M_1$ 附近形成 $M_2$ 的一虚像 $M'_2$，两光束可看作由 $M_1$ 和 $M'_2$ 反射来的一样。因而干涉产生的图样可看作 $M_1$ 和 $M'_2$ 之间的空气膜两表面反射光形成的。当 $M_1$ 和 $M_2$ 严格垂直时，$M_1$ 和 $M'_2$ 间形成厚度均匀的空气膜层，可观察到等倾条纹。改变 $M_1$ 角度，形成空气劈尖，可观察到等厚条纹。移动 $M_1$，空气膜层厚度改变，可方便地观察膜厚度变化时等倾干涉和等厚干涉条纹的变化，如图 12.1.11 所示。

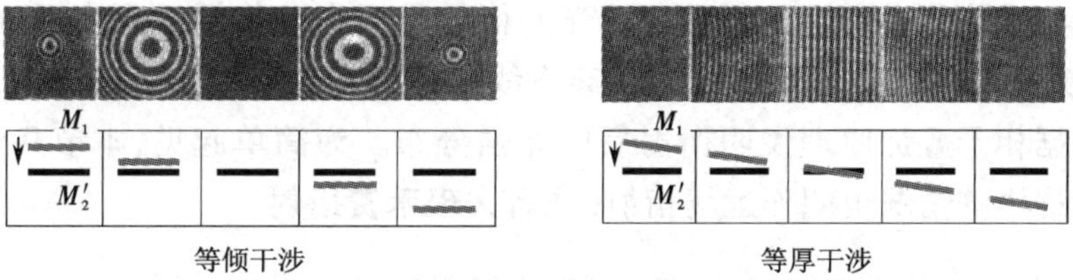


图 12.1.11　迈克尔孙干涉仪条纹示意图

迈克尔孙干涉仪的主要特点是两相干光束在空间上完全分开，并且可通过移动反射镜或在光路中插入介质的方法改变光程差，这就使干涉仪具有广泛的用途，如测长度、测折射率和测波长等。

假设迈克尔孙干涉仪处在真空中，两臂的长度分别是 $d_1$、$d_2$，则两束光的光程差

$$\delta = 2(d_1 - d_2) \tag{12.1.26}$$

这里不用计入半波损失，因为对于迈克尔孙干涉仪来说，两束光是从同一种介质向另一折射率相同的介质入射，要么同时没有半波损失，要么同时有半波损失，不影响两束光的光程差。

**例题 12.1.3**　当把折射率 $n = 1.54$ 的玻璃板放入迈克耳孙干涉仪的一臂时，观察到 20 条条纹的移动。已知照明光源的波长 $\lambda = 589.3\ \text{nm}$，求玻璃板的厚度。

**解**　如图 12.1.12，玻璃板放入后，光程差改变量

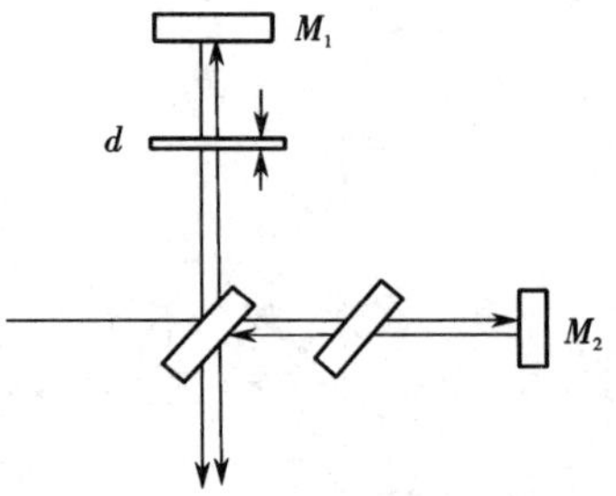


图 12.1.12 例题 12.1.3 用图

$$\Delta\delta = 2(n-1)d$$

由光程差的改变量 $\Delta\delta$ 和条纹移动的条数 $k$ 之间的关系 $\Delta\delta = k\lambda$ 得

$$2(n-1)d = k\lambda$$

所以有

$$d = \frac{k\lambda}{2(n-1)} = \frac{20\times 589.3\times 10^{-9}}{2\times(1.54-1)} = 1.091\times 10^{-5}\,\mathrm{m}$$

$$= 1.091\times 10^{-2}\,\mathrm{mm}$$

## 12.2 光的衍射

光波是电磁波,也会产生衍射现象。光的衍射是指光在传播过程中遇到障碍物时,能绕过障碍物边缘而进入几何阴影内,偏离直线传播的现象。本节讨论光的衍射现象的规律,并且根据相干叠加原理说明衍射后的光强分布。为简单起见,本节只讨论平行光入射的情形,这样的情况也叫作远场衍射(或者**夫琅禾费衍射**)。

### 12.2.1 光的衍射现象与惠更斯-菲涅耳原理

用激光照射障碍物,很容易演示光的衍射现象。如图 12.2.1 所示,用激光照射狭缝和针孔,可在屏上观察到明暗相间的衍射图样。用肉眼也可以观察到光的衍射现象,如果你眯着眼看远处发光的灯泡时,就会看到它向上向下发出长的光芒;五指并拢,使指缝与日光灯平行,透过指缝看发光的日光灯,也会看到明暗条纹。这些都是光的衍射现象。

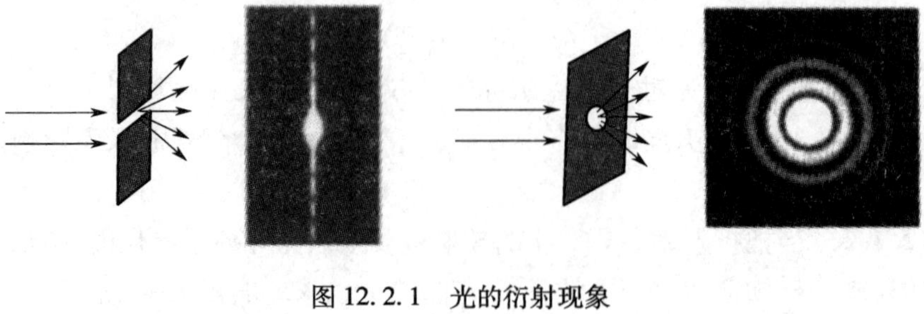

图 12.2.1 光的衍射现象

根据观察方式的不同，通常把衍射分成两类，如图 12.2.2 所示。当光源和观察屏（或二者之一）离开衍射屏的距离有限时，称为菲涅耳衍射或近场衍射；当光源和观察屏都离衍射屏无限远时，称为夫琅禾费衍射或远场衍射。在实验室中可以使用透镜，将光源和接收屏都放在透镜焦面处，透镜焦面的衍射图样即为夫琅禾费衍射图样。透镜的作用相当于把光源和观察屏都推到了无限远处。

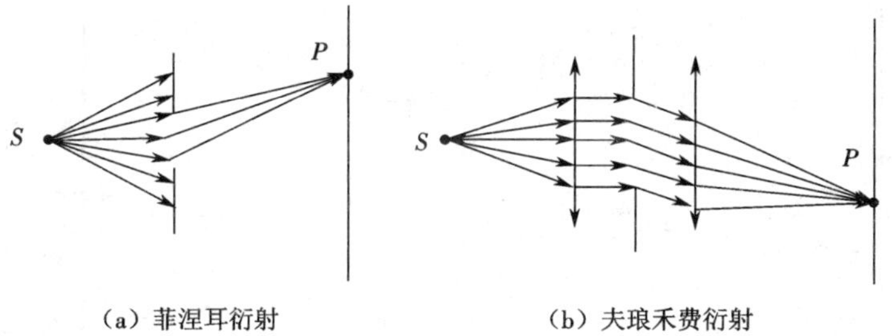


图 12.2.2　衍射分类

对于衍射的理论分析，前面提到的惠更斯原理，可以定性分析光偏离直线传播的问题，但不能给出衍射强度分布。为了说明衍射强度分布，菲涅耳补充了该理论。菲涅耳将相干叠加的概念引入到惠更斯原理中，形成**惠更斯－菲涅耳原理**。该原理指出，**波前上各点都可看作是发射子波的波源，衍射场中某点的振动是各子波波源发射的子波在该点引起的振动的相干叠加**。具体地利用惠更斯－菲涅耳原理计算衍射图样的强度分布时，要考虑子波的振幅和相位与传播距离和传播方向的关系。这种计算对菲涅耳衍射相当复杂，而对夫琅禾费衍射则相对容易些。为了简单起见，本节主要讨论夫琅禾费衍射。

## 12.2.2　单缝夫琅禾费衍射

图 12.2.3 所示为单缝夫琅禾费衍射。来自所有子波波源同方向的衍射光线经透镜后会聚于透镜焦面上一点。按照惠更斯－菲涅耳原理，透镜焦面上某点的振幅是狭缝处波阵面上所有面元在该点引起的振动振幅的矢量和，为了避免数学上的复杂计算，下面介绍用菲涅耳半波带法，来处理衍射问题。

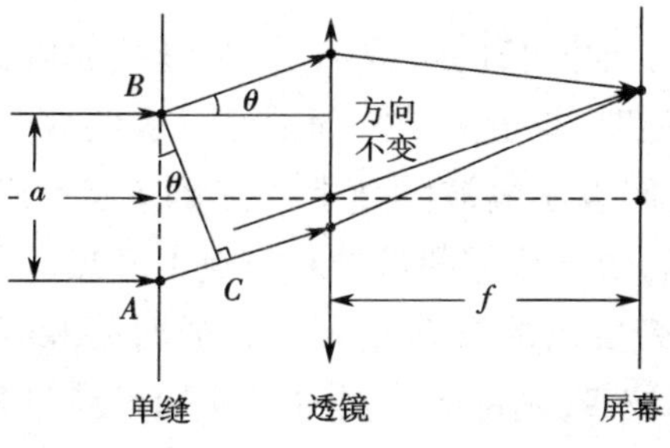


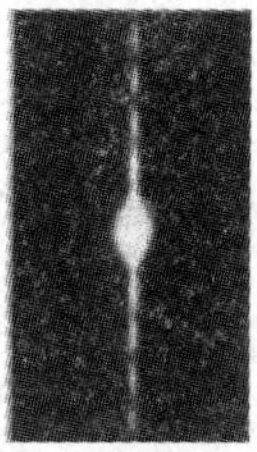

图 12.2.3　单缝夫琅禾费衍射和衍射图样

如图 12.2.4 所示,平行光正入射到狭缝上,狭缝处的波阵面上各子波波源是同相的,各子波在 $P$ 点处产生振动的相位关系由各子波源到 $P$ 点的光程来决定。过 $B$ 点作垂直于该光束的平面 $BC$,由薄透镜的等光程性,该面上各点到 $P$ 的光程相等。因而只需考虑各光线由 $AB$ 到 $BC$ 的光程即可。

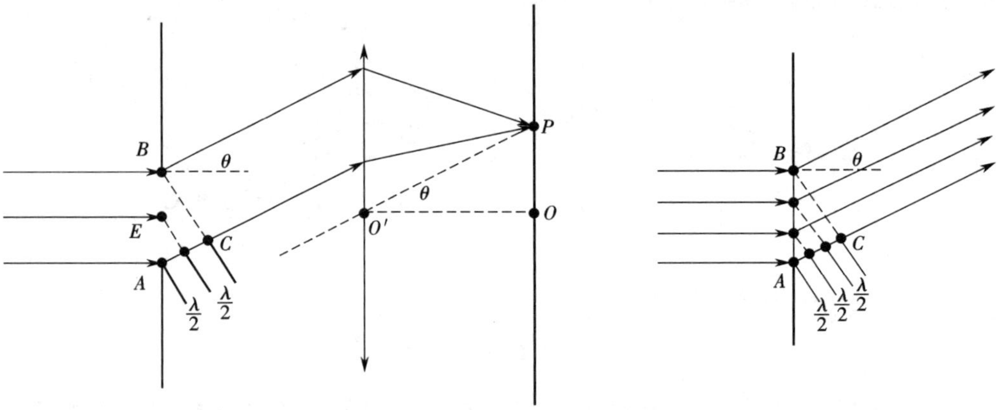


(a) 两个半波带　　(b) 三个半波带

图 12.2.4　半波带法示意图

当衍射角 $\theta=0$ 时,各衍射光线光程差为零,通过透镜后会汇聚在透镜焦点处,这就是中央明纹(或零级明纹)中心的位置,所有子波振幅同相叠加,该处光强最大,即中央 $O$ 点是亮条纹中心。

当衍射角 $\theta$ 不为零时,单缝上下两边缘处衍射光线间的光程差是 $\delta=\overline{AC}$,用半波长分割此光程差,将使单缝处的波阵面分成许多等宽度的长条带,而相邻两带上的对应点,例如每条带的最下点、中点或最上点发出的光的光程差为半个波长。这样的条带称为**半波带**,利用这样的半波带来分析衍射图样的方法叫半波带法。图 12.2.4 显示的是分成两个半波带。衍射角 $\theta$ 不同,光程差不同,分出的半波带的个数也就不同。半波带的个数由下式决定:

$$\overline{AC}=\overline{AB}\sin\theta=a\sin\theta=K\frac{\lambda}{2} \tag{12.2.1}$$

式中 $K$ 就是半波带的数目。当 $AC$ 等于半波长的奇数倍时,单缝处波阵面恰好分成奇数个半波带。当 $AC$ 等于半波长的偶数倍时,单缝处波阵面恰好分成偶数个半波带。

对于各子波的振幅,这样来考虑:假设单缝波阵面上各点到 $P$ 点的距离看成近似相等,即各子波在 $P$ 点的振幅近似相等。由于相邻两带的对应点上发出的子波在 $P$ 点的光程差是 $\lambda/2$,相差为 $\pi$,因而相邻两波带发出的振动在 $P$ 点合成时将相互抵消。这样,如果单缝处波阵面恰好被分成偶数个半波带,则由于一对对相邻的半波带发的光都在 $P$ 点相抵消,所以合振幅为零,$P$ 点为暗条纹中心。如果单缝处波阵面恰好被分为奇数个半波带,则一对对相邻的半波带发的光在 $P$ 点相抵消后,还剩一个半波带发的光到达 $P$ 点,

这时 $P$ 点为明条纹的中心，而且衍射角 $\theta$ 越大，各半波带面积越小，明纹光强越小。对于任意其他衍射角，$AB$ 不能恰好分成整数个半波带时，衍射强度介于最明和最暗之间。

综上所述，平行光垂直单缝入射时，单缝衍射明暗条纹的中心位置满足：

暗条纹中心：　$$a\sin\theta = 2k\frac{\lambda}{2} = k\lambda \quad (k = \pm 1, \pm 2, \pm 3\cdots) \tag{12.2.2}$$

明条纹中心(近似)：　$$a\sin\theta = (2k+1)\frac{\lambda}{2} \quad (k = \pm 1, \pm 2, \pm 3\cdots) \tag{12.2.3}$$

中央明条纹中心：　$$\theta = 0 \tag{12.2.4}$$

单缝衍射光强分布如图 12.2.5 所示。可见，衍射强度各极大的光强是不相同的，中央明纹光强最大，其他明纹光强迅速下降。

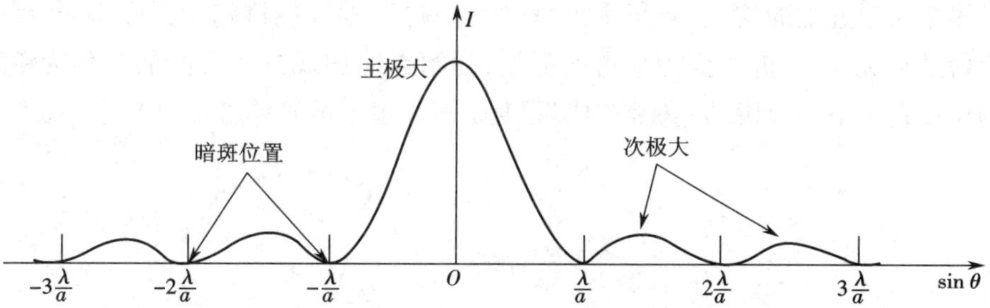


图 12.2.5　单缝衍射光强曲线

按图 12.2.6 所示，可计算明纹的宽度。两个一级暗纹间的距离即为中央明纹的宽度。中央明纹的半角宽度

$$\theta \approx \sin\theta_1 = \frac{\lambda}{a} \tag{12.2.5}$$

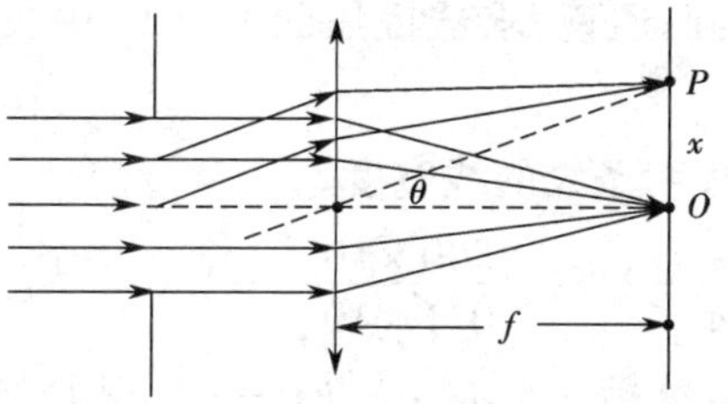


图 12.2.6　条纹位置计算示意图

以 $f$ 表示透镜的焦距，则透镜焦面上中央明纹的线宽度

$$\Delta x = 2f\tan\theta_1 \approx 2f\sin\theta_1 = 2f\frac{\lambda}{a} \tag{12.2.6}$$

其他相邻暗纹间的距离为其他明纹的宽度，约为中央明纹宽度的一半。

由式(12.2.6)可见，明纹的宽度正比于波长 $\lambda$，反比于缝宽 $a$，这一关系称为衍射反比律。缝越窄，$\Delta x$ 越大，衍射越显著；缝越宽，$\Delta x$ 越小，衍射越不明显。当缝宽 $a \gg \lambda$ 时，各级条纹向中央靠拢,密集得无法分辨,只显出一条明纹,即单缝光源通过透镜所成的几何像。由此可见,光的直线传播是光的波长比透光孔或缝的线度小很多时,衍射现象不显著的情形,所以几何光学是波动光学在$\frac{\lambda}{a}\to 0$时的极限情形。

下面说明干涉和衍射的区别。从本质上讲,两者并无区别,都是光的相干叠加。习惯上,干涉总是指分立的有限多个光束的相干叠加,而衍射总是指波阵面上连续的无穷多个子波发出的光波的相干叠加,两者常常是同时出现的。如双缝干涉实际是两个缝发出的两光束的干涉和每个缝自身发出的光的衍射的综合效果。双缝干涉的振幅可用两个振幅矢量按照位相差的夹角合成得到,而单缝衍射的振幅则用无穷多个大小趋于零的振幅矢量合成得到。图12.2.7(a)表示的是两个矢量的叠加,反映了双缝干涉的情况;图12.2.7(b)显示的是多个矢量叠加的情况,当每个矢量的大小趋于零且数目趋于无限多时,反映的就是单缝衍射的情况,此时折线变为平滑的弧线,起始点的切线方向之间的夹角为单缝两边缘光线的位相差。下一节讲的光栅衍射实际上是多光束干涉和单缝衍射的综合效果。

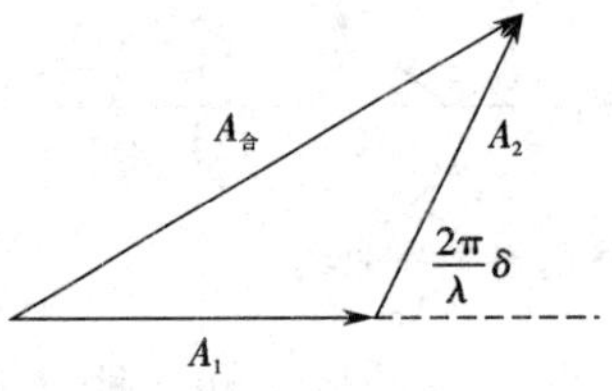


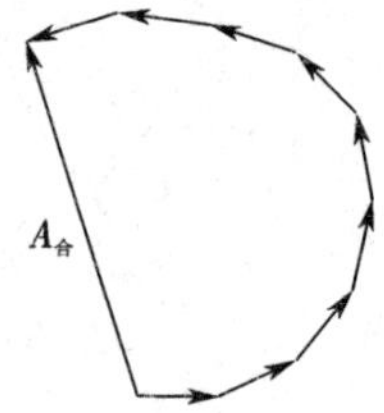


图12.2.7 干涉和衍射振幅矢量叠加示意图

**例题12.2.1** 用波长$\lambda=500$ nm的单色平行光垂直照射一宽度$a=0.1$ mm的狭缝,在缝后放置一焦距$f=1$ m的凸透镜,求透镜焦面上:(1)中央明条纹的线宽度;(2)第3级暗条纹的位置。

**解** (1)透镜焦面上中央明条纹的线宽度

$$\Delta x=2f\frac{\lambda}{a}=2\times 1\times\frac{500\times 10^{-9}}{0.1\times 10^{-3}}=1\times 10^{-2}\ \text{m}=1\ \text{cm}$$

(2)方法1:第3级暗条纹满足$a\sin\theta=k\lambda=3\lambda$,其位置可由图12.2.6几何关系得到:

$$x_3=f\tan\theta\approx f\sin\theta=f\frac{3\lambda}{a}=1\times\frac{3\times 500\times 10^{-9}}{0.1\times 10^{-3}}=1.5\times 10^{-2}\ \text{m}=1.5\ \text{cm}$$

方法2:由单缝衍射的光强分布可知,第3级暗条纹到光轴的距离为1.5倍的中央明条纹的线宽度,因而

$$x_3=1.5\Delta x=1.5\times 1=1.5\ \text{cm}$$

## 12.2.3　光学仪器的分辨本领

平行光通过圆孔衍射后会聚到透镜焦面上形成圆孔的夫琅禾费衍射图样，它是一系列明暗相间的同心圆环条纹，如图 12.2.8 所示。由第一暗环所包围的中央亮斑称为**艾里斑**，它的光强约占整个入射总光强的 84%。理论计算给出，中央亮斑对透镜中心的半角宽度 $\theta_1$

$$\theta_1 = 1.22\frac{\lambda}{D} \tag{12.2.7}$$

式中，$D$ 是圆孔的直径，$\lambda$ 是入射单色光的波长。

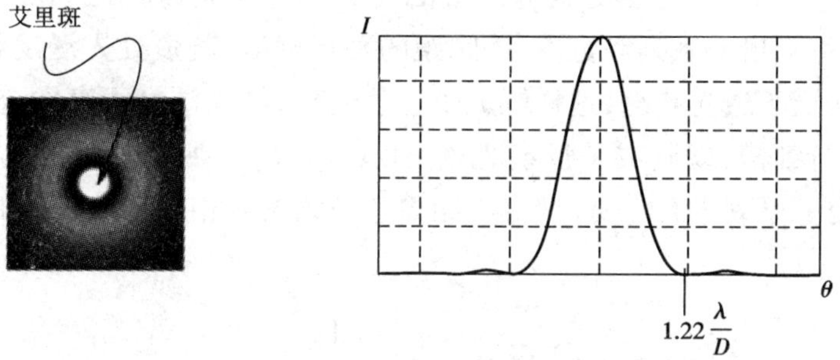


图 12.2.8　夫琅禾费圆孔衍射强度分布图

成像光学系统，如望远镜、显微镜、照相机和人眼等，都存在圆孔衍射现象，这样点物不再成点像，而是形成衍射斑，这将直接影响成像质量，使仪器的分辨能力也受到了限制。两个点物或一个物体上的两个物点经光学仪器后形成的两个衍射斑是非相干叠加的，如果两个衍射斑距离太近，强度的非相干叠加可能会导致只有一个强度中心，这样光学仪器就分辨不出两个物点了，如图 12.2.9 所示。

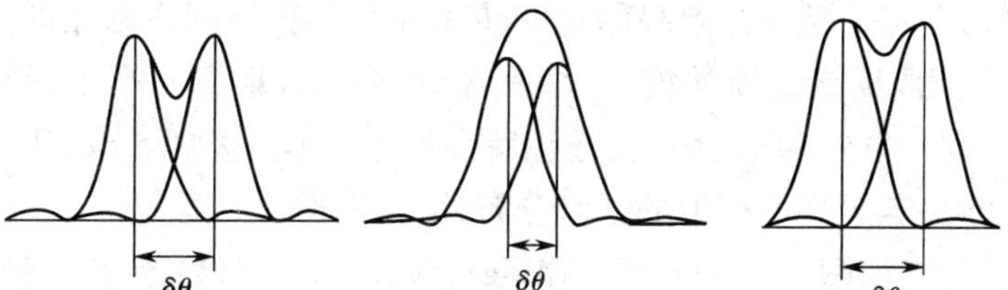


图 12.2.9　瑞利判据

怎样才算能分辨？瑞利提出了一个标准，称为瑞利判据。它指出当两个物点所成的两个衍射斑，一个艾里斑的中心正好位于另一个艾里斑的边缘时，两物点恰好能被光学仪器所分辨。此时非相干叠加的强度中谷、峰比约为 0.735。

恰能分辨时，两物点对透镜中心的张角称为最小分辨角，用 $\delta\theta_m$ 表示。由瑞利判据

可得

$$\delta\theta_m = \theta_1 = 1.22\,\frac{\lambda}{D} \tag{12.2.8}$$

此式表明,最小分辨角 $\delta\theta_m$ 的大小与仪器的孔径 $D$ 成反比,与入射波长 $\lambda$ 成正比,这为人们指出了提高仪器分辨本领的途径。例如,天文望远镜采用直径很大的透镜提高分辨本领;显微镜采用短波照明提高分辨率,如电子显微镜用电子束照明,分辨率大大高于光学显微镜。

### 12.2.4 光栅衍射

大量平行的等间距、等宽度的狭缝形成的光学元件叫光栅。在一块平板玻璃上,用金刚石刀或电子束刻出一系列等宽度、等间距的平行刻痕,刻痕处光漫反射,相当于不透光部分,未刻处相当于透光狭缝,这样制成了透射光栅;在光洁度很高的金属表面刻出一系列等间距的平行细槽,就制成了反射光栅,如图 12.2.10 所示。简易的光栅可用照相的方法制造,印有一系列平行等宽度、等间距黑色条纹的照相底片就是透射光栅。

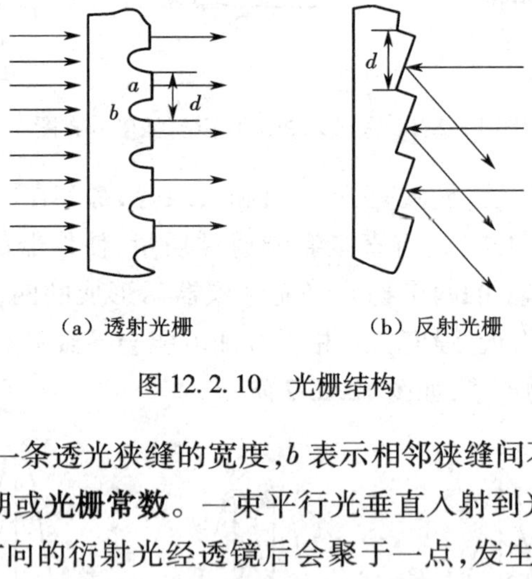


(a) 透射光栅　　(b) 反射光栅

图 12.2.10　光栅结构

用 $a$ 表示光栅上每一条透光狭缝的宽度,$b$ 表示相邻狭缝间不透光部分的宽度,$a+b=d$ 称为光栅的空间周期或**光栅常数**。一束平行光垂直入射到光栅上,经各缝时发生衍射,来自不同缝的同一方向的衍射光经透镜后会聚于一点,发生干涉。因而各缝自身的衍射和缝间的干涉决定了光栅衍射的强度分布,下面根据这一思想进行分析。

先考虑缝间干涉,如图 12.2.11 所示,$N$ 条缝发出 $N$ 束光波,在 $P$ 点的叠加就成了**多光束干涉**,$N$ 个矢量叠加即为 $N$ 缝干涉结果。多光束干涉可以用图 12.2.7(b)来理解,相邻两个矢量之间的夹角对应相邻两缝两列波的相位差。当合成的振幅是零时对应暗点,当合成的振幅不是零时对应亮点。在衍射角为 $\theta$ 时,光栅上相邻两缝发出的光到达 $P$ 点时的光程差都是相等的。由图 12.2.11 知,这一光程差 $\delta = d\sin\theta$。由振动的叠加可知,在衍射角满足

$$d\sin\theta = k\lambda \quad (k=0,\pm1,\pm2,\cdots) \tag{12.2.9}$$

的方向上,所有缝发出的光到达 $P$ 点时都是同相的,即相位差是零,所以它们将发生相长

干涉,形成明条纹。值得注意的是,这时图12.2.7(b)中各个矢量夹角是零,因此$P$点的合振幅是一条缝光振幅的$N$倍,光强为$N^2$倍。也就是说,光栅多光束干涉形成的明纹亮度比单缝衍射的明纹亮度大多了。这些明纹光强的极大值叫**主极大**,决定主极大位置的(12.2.9)式叫作**光栅公式**。当衍射角取其他数值时,合成波的振幅可能是零,也可能不是零。不是零时的亮度中心没有主极大亮,称为**次极大**。

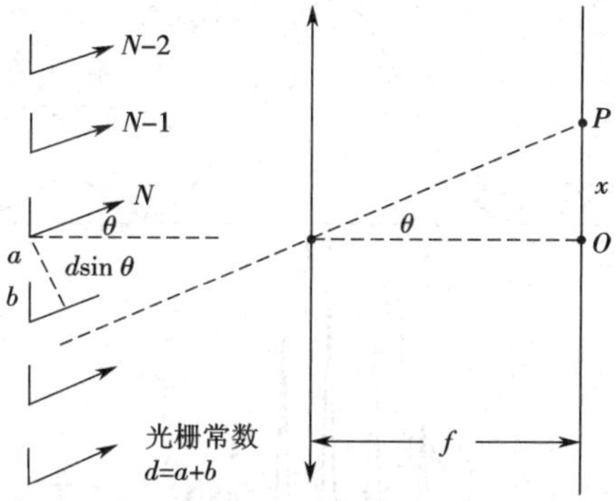


图12.2.11 光栅缝间干涉

光栅衍射的一个明显特征是:主极大明纹很窄。以中央明纹为例,它出现在$\theta=0$处。在稍偏过一点的$\theta'$方向,考虑整块缝光栅,宽度为$Nd$如果最上面一条光线和最下面一条光线的光程差正好等于波长$\lambda$,即$Nd\sin\theta'=\lambda$时,按照半波带法,则光栅上、下两半宽度内对应光线到达会聚点时都是反相的,相干叠加后总光强为零。由上式得$\theta'\approx\sin\theta'=\dfrac{\lambda}{Nd}$,中央明纹的角宽度$2\theta'\approx\dfrac{2\lambda}{Nd}$。由光栅公式可求得中央明纹中心到第一级明纹中心的角距离$\theta_1\approx\sin\theta_1=\dfrac{\lambda}{d}$。由于$N$很大,所以中央明纹的宽度要比它和第一级明纹的间距小很多。对其他明纹分析也是一样的。

在两个主极大之间有$N-1$个光强为零的位置,这些位置对应光栅最上面一条光线和最下面一条光线的光程差正好等于波长整数倍的方向,即$Nd\sin\theta'=k\lambda,k=1,2,\cdots,(N-1)$。在这些零点之间的光强不为零,这些地方对应**次极大**。但由于光叠加时总有许多缝的光干涉相消,因而次极大强度比主极大小得多。综上,光栅多光束干涉的结果是在几乎黑暗的背景上出现了一系列又细又亮的明纹。光强分布曲线如图12.2.12(a)所示。

图12.2.12(a)中的光强分布曲线是假设各方向由单缝射出的光强一样得出的。实际上,由于衍射,不同方向单缝射出的光强随衍射角增大而减小,如图12.2.12(b)所示。因而不同方向的主极大强度要受衍射光强的影响,即各主极大光强要受单缝衍射的调制。多光束干涉和单缝衍射共同决定了光栅衍射的光强分布,如图12.2.12(c)所示。

还应指出的是,由于单缝衍射的光强分布在某些$\theta$值时为零,所以,如果主极大出现

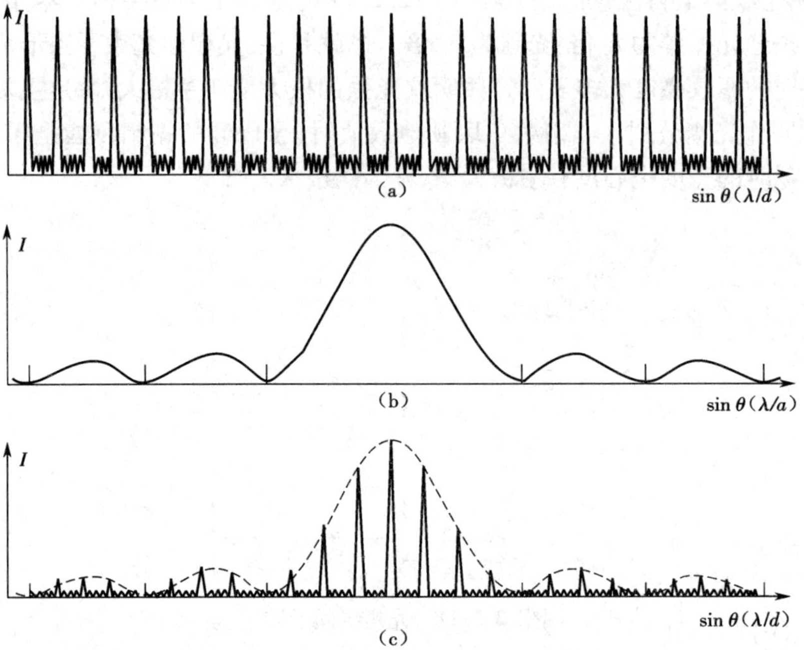


图 12.2.12　光强分布曲线

在这些 $\theta$ 值处,这些主极大将消失。这种衍射调制的特殊结果叫**缺级现象**。所缺级次由 $d$ 和 $a$ 决定。多缝干涉主极大满足

$$d\sin\theta = k\lambda \quad (k=0,\ \pm1,\ \pm2,\cdots)$$

而单缝衍射零点满足

$$a\sin\theta = k'\lambda \quad (k'=\pm1,\ \pm2,\ \pm3\cdots)$$

如果某一 $\theta$ 角同时满足这两个方程,则 $k$ 级主极大缺级。两式相比,可得

$$k=\frac{d}{a}k' \quad (k'=\pm1,\ \pm2,\ \pm3\cdots) \tag{12.2.10}$$

例如,当 $\frac{d}{a}=4$ 时,则缺 $k=\pm4,\ \pm8,\cdots$ 等主极大。

**例题 12.2.2**　波长为 600 nm 的单色平行光垂直入射到光栅上,第 2 级明纹出现在 $\sin\theta=0.3$ 处。问:(1)光栅常数 $d$ 是多少?(2)最多能看到第几级明纹?(3)假定 $b=3a$,实际可观察到几条明纹?

**解**　(1)由光栅公式 $d\sin\theta=k\lambda$,得

$$d=\frac{k\lambda}{\sin\theta}=\frac{2\times600\times10^{-9}}{0.3}=4\times10^{-6}\,\text{m}=4\ \mu\text{m}$$

(2)衍射角 $\theta$ 最大为 $90°$,因此理想情况下,最高级次对应 $\theta=90°$ 方向(实际中看不到),即

$$k=\frac{d}{\lambda}=\frac{4\times10^{-6}}{600\times10^{-9}}=6.67$$

取整 $k=6$，因而最多能看到第 6 级明纹。

(3)由 $b=3a$，得 $d=a+b=4a$，满足

$$k=\frac{d}{a}k'=4k'\quad(k'=\pm1,\pm2,\pm3\cdots)$$

这些级次出现缺级，因而 $k=\pm4$ 级不存在，则实际可观察到明纹为

$$k=0,\pm1,\pm2,\pm3,\pm5,\pm6$$

共 11 条明纹。

**例题 12.2.3**　白光的范围大致在 400 ~ 760 nm 之间，设白光垂直入射到 600 刻线/mm 的光栅上。(1)求第 1 级光谱的张角；(2)证明：对任何光栅，当白光垂直入射时，第 2 级光谱与第 3 级光谱发生重叠。

**解**　(1)第 1 级光谱的张角为 $\lambda=400$ nm 和 $\lambda'=760$ nm 两波长的一级主极大对应的衍射角 $\theta_1$ 和 $\theta_1'$ 之差。由光栅公式 $d\sin\theta=k\lambda$，取 $k=1$，可得

$$\theta_1=\arcsin\frac{\lambda}{d}=\arcsin(400\times10^{-9}\times600\times10^{-3})=13.88°$$

$$\theta'_1=\arcsin\frac{\lambda}{d}=\arcsin(760\times10^{-9}\times600\times10^{-3})=27.13°$$

所以，张角 $\Delta\theta=|\theta_1-\theta'_1|=13.25°$。

(2)由光栅公式 $d\sin\theta=k\lambda$，$\lambda=400$ nm 的三级主极大对应的衍射角

$$\theta=\arcsin\frac{3\lambda}{d}=\arcsin\left(\frac{3\times400\times10^{-9}}{d}\right)$$

$\lambda'=760$ nm 的二级主极大对应的衍射角

$$\theta'=\arcsin\frac{2\lambda}{d}=\arcsin\left(\frac{2\times760\times10^{-9}}{d}\right)$$

可见，无论 $d$ 取何值，总有 $\theta<\theta'$，$\lambda=400$ nm 的三级落在 $\lambda'=760$ nm 的二级之内，即对任何光栅，当白光垂直入射时，第 2 级光谱与第 3 级光谱发生重叠。

## 12.2.5　X 射线衍射

X 射线是 1895 年由伦琴发现的，故又称伦琴射线。图 12.2.13 所示为伦琴射线管的结构示意图，图中 G 是抽成真空的玻璃泡，其中有密封的电极 K 和 A。K 是发射电子的热阴极，A 是阳极，又称对阴极。两极间加数万伏高电压，阴极发射的电子在强电场的作用下加速，高速电子碰撞阳极时，就从阳极发出 X 射线。

X 射线是一种波长很短的电磁波，波长在 0.01 ~ 10 nm 之间。由于其波长太短，用普通光栅观察不到其衍射现象。而晶体的晶格常数和 X 射线波长相比拟，晶体中粒子规则排列的结构正好是一种适合 X 射线的天然的三维空间光栅。1912 年德国物理学家劳厄

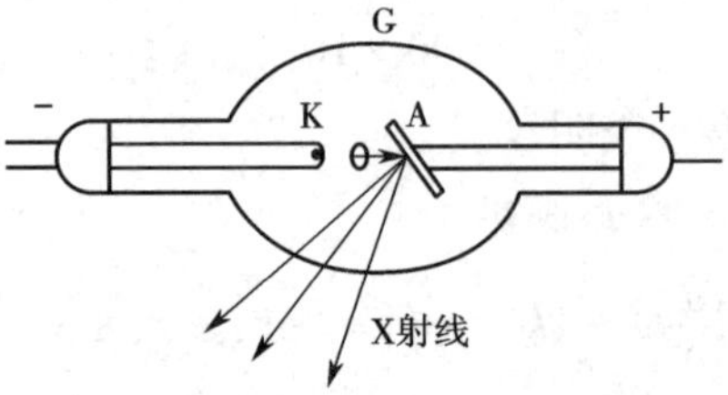


图 12.2.13　X 射线管结构示意图

对此进行了实验,第一次成功地获得了 X 射线的衍射图样。

下面介绍英国物理学家布拉格父子提出的 X 射线通过晶体产生衍射现象的一种解释方法,这种方法是研究 X 射线在晶体表面上反射时的干涉,此方法依据的理论比较简单。当 X 射线照射到晶体上时,晶体中每一个粒子都是发射子波的衍射中心,向各个方向发射子波,这些子波相干叠加就形成衍射图样。

晶体由一系列平行晶面组成,相邻晶面间的距离称为晶面间距,用 $d$ 表示。如图 12.2.14 所示,当一束波长为 $\lambda$ 的 X 射线以掠射角 $\theta$ 入射到晶面上时,同一晶面上子波的干涉,在符合反射定律的方向上得到强度最大的 X 射线。但由于各晶面上子波的干涉,这一强度也随掠射角 $\theta$ 的改变而改变。相邻两晶面反射的两条 X 射线干涉加强的条件是

$$2d\sin\theta = k\lambda \quad (k=1,2,3\cdots) \tag{12.2.11}$$

此式称为布拉格公式,也称布拉格定律。

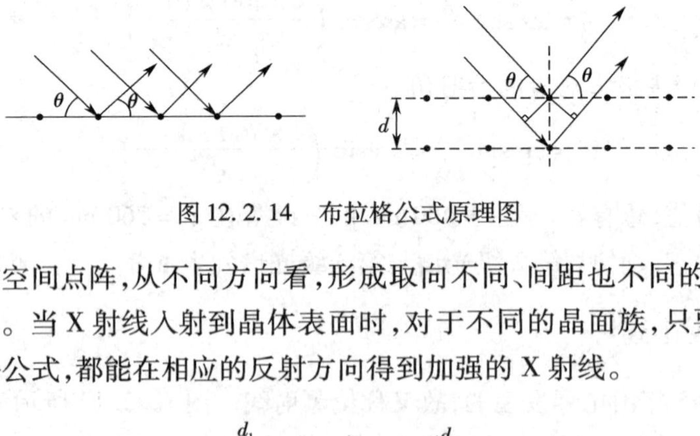


图 12.2.14　布拉格公式原理图

对于晶体的空间点阵,从不同方向看,形成取向不同、间距也不同的许多晶面族,如图 12.2.15 所示。当 X 射线入射到晶体表面时,对于不同的晶面族,只要掠射角和晶面间距满足布拉格公式,都能在相应的反射方向得到加强的 X 射线。

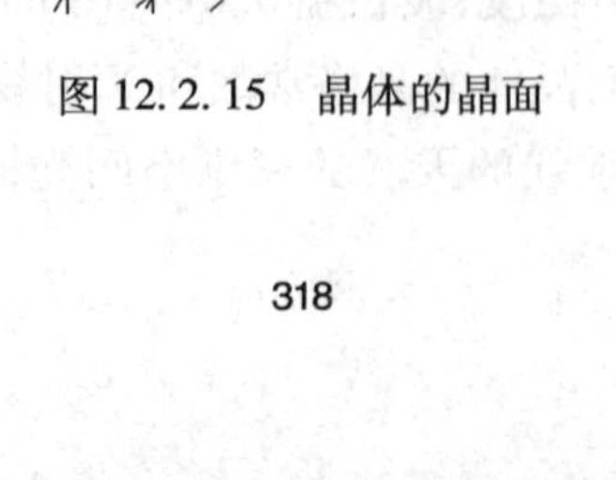


图 12.2.15　晶体的晶面

布拉格定律是X射线在晶体上衍射的基本定律,它的应用是多方面的。如果已知晶体的晶面间距$d$,就可以根据衍射实验测出的极大对应的掠射角$\theta$算出射线的波长$\lambda$,从而可以研究射线谱。反之,如用已知波长$\lambda$的X射线照射晶体,可由实验测出的极大对应的掠射角$\theta$算出晶面间距$d$,从而可以研究晶体的结构。这些研究在科学和工程技术上都是很重要的。

## 12.3　光的偏振

光波是电磁波,这种电磁波中起主要作用的是电场矢量,因此电场矢量又叫光矢量。在无界空间中传播的电磁波是横波,此时光波中光矢量的方向和光的传播方向垂直,光的这一基本特征叫光的**偏振现象**。在垂直于光的传播方向的平面内,光矢量可能有不同的振动状态,各种不同的振动状态通常称为光的**偏振态**。

### 12.3.1　光的偏振态

通常光的偏振状态分为五种:自然光、线偏振光、部分偏振光、圆偏振光和椭圆偏振光。下面分别加以说明。

1. 自然光

在垂直光传播方向的平面内,沿各方向振动的光矢量都有,且分布均匀,各方向振动的振幅相同,这种光称为**自然光**,又称**非偏振光**。自然光中各光矢量之间没有固定的相位关系。根据振动的分解原理,由自然光振动分布的均匀对称特征可知,可用任意方向两个相互垂直、振幅相等的光振动来表示自然光,这两个相互垂直的振动之间也没有固定的相位关系。如图12.3.1(c)所示,短直线表示平面内的振动,圆点表示垂直于平面的振动。以$I_0$表示自然光的强度,显然分解后的两垂直方向上光的强度均为$\frac{I_0}{2}$。普通光源,如太阳和白炽灯发出的光都是自然光。这是因为,在普通光源中有大量原子或分子在发光,这些光波列不仅初相随机,而且振动方向也是随机的,这样整个光源发出的光振动在垂直于传播方向的平面内就形成对称分布的情形了。

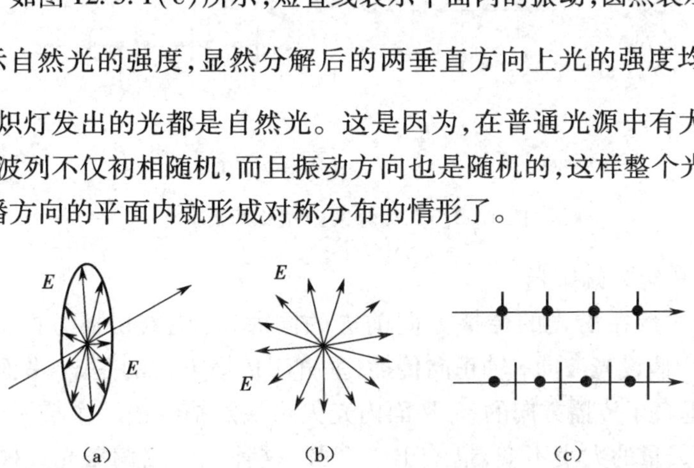


图12.3.1　自然光及其表示

2. 线偏振光

如果在光的传播过程中,光矢量只沿一个固定的方向振动,这种光叫**线偏振光或完全偏振光**。线偏振光的光矢量方向和传播方向构成的平面叫振动面。线偏振光的表示法如图12.3.2所示。

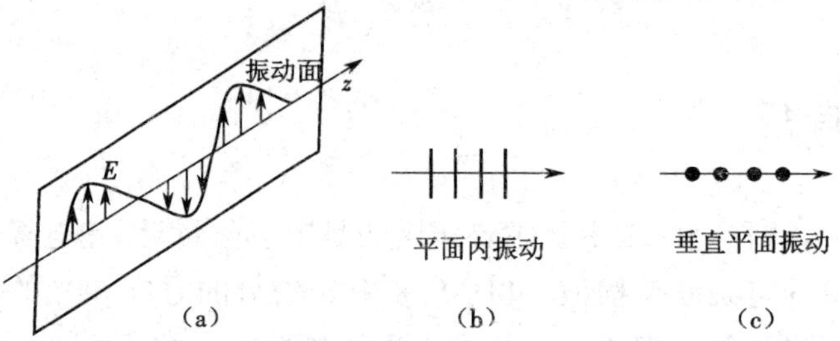


图12.3.2 线偏振光及其表示

3. 部分偏振光

**部分偏振光**是介于线偏振光和自然光之间的情形。在垂直于光传播方向的平面内各方向的振动都有,但它们振幅不同,各光矢量之间也没有固定的相位关系,如图12.3.3(a)所示。部分偏振光可在特定的两个相互垂直的方向上分解为振幅极大和极小的两个光振动,这两个相互垂直的振动之间没有固定的相位关系,通常可将部分偏振光看成是自然光和线偏振光的混合,如图12.3.3(b)所示。自然界中看到的很多光都是部分偏振光,如路面、水面的反射光。

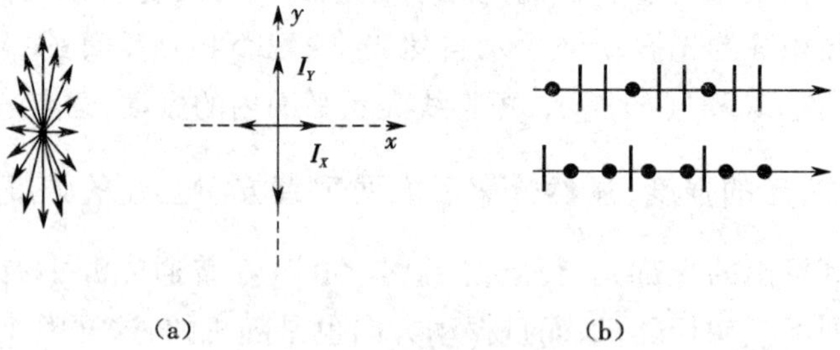


图12.3.3 部分偏振光及其表示

4. 圆偏振光和椭圆偏振光

有些光的光矢量在沿光的传播方向前进的同时,还绕着传播方向匀速旋转,如图12.3.4所示,其中假设光波向 $z$ 轴正向传播,垂直于传播方向的是 $xy$ 平面。如果光矢量的大小改变,在垂直于传播方向的 $xy$ 平面内光矢量端点描绘出一个椭圆,这种光叫**椭圆偏振光**。如果光矢量的大小不变,描绘出一个圆,这种光叫**圆偏振光**。根据光矢量旋转的方向不同,分为左旋光和右旋光。

根据两个相互垂直方向振动的合成规律,线偏振光、圆偏振光和椭圆偏振光都可看

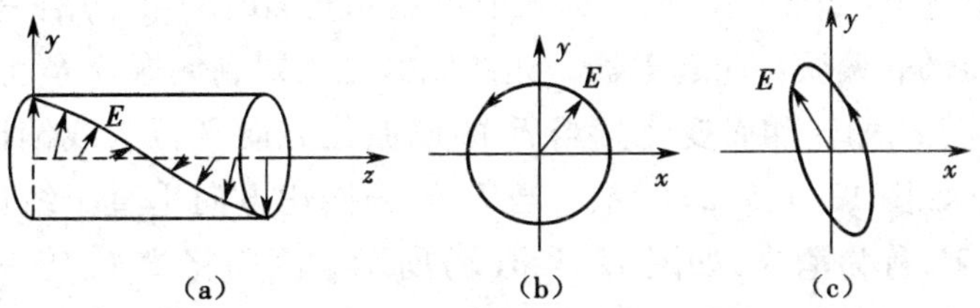


图 12.3.4　光矢量在垂直于传播方向的平面内旋转

成是两个有一定相位差的相互垂直方向上的振动合成，也可以说可将它们分解为有一定相位差的两个相互垂直的振动，即

$$\begin{aligned} E_x &= A_x\cos(\omega t) \\ E_y &= A_y\cos(\omega t+\phi) \end{aligned} \tag{12.3.1}$$

当 $\phi=0$ 或 $\pi$ 时，合成为线偏振光；当 $A_x=A_y$ 且 $\phi=\pm\dfrac{\pi}{2}$时，合成为圆偏振光；当 $A_x\neq A_y$ 或 $\delta\neq0$、$\pi$ 和 $\pm\dfrac{\pi}{2}$时，合成为椭圆偏振光，如图 12.3.5 所示。

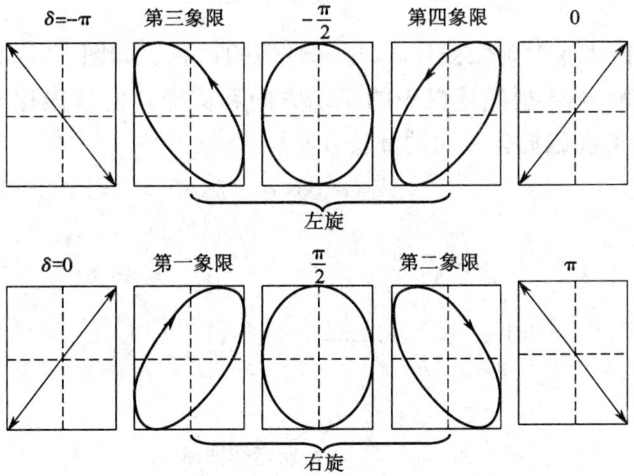


图 12.3.5　偏振光的分解与合成

## 12.3.2　线偏振光的获得和检验、马吕斯定律

有些晶体，如硫酸碘奎宁，具有二向色性，即可对某一方向振动的光矢量强烈吸收，而对垂直这一方向振动的光矢量吸收很少。依据这一性质可制成光学器件——**偏振片**，光入射到偏振片上时只允许某一特定方向偏振的光通过，这一方向称为偏振片的**偏振化方向**。

如图 12.3.6 所示，自然光垂直入射到偏振片 $P_1$ 上时，透过的光将成为线偏振光，而

且旋转偏振片 $P_1$ 出射的光强不变,始终为入射自然光光强的一半。用偏振片产生线偏振光时,这一过程叫**起偏**,偏振片叫**起偏器**。让线偏振光入射到偏振片 $P_2$ 上,这时如果旋转 $P_2$,透过的光强将随 $P_2$ 的转动而变化。当 $P_2$ 的偏振化方向平行于线偏振光的振动方向时,出射光强最强,如图 12.3.6(a)所示。当 $P_2$ 的偏振化方向垂直于线偏振光的振动方向时,出射光强为零,称为**消光**,如图 12.3.6(b)所示。因而将 $P_2$ 旋转一周,出射光强出现两次最强,两次消光,这种情况只有在入射光是线偏振光时才会发生,因而这种现象就是检验入射光是否为线偏振光的依据和方法。用偏振片检验光的偏振态时,这一过程叫**检偏**,偏振片叫**检偏器**。

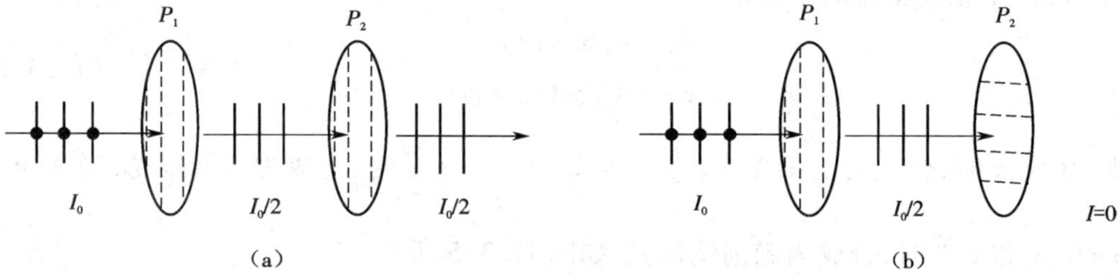


图 12.3.6 起偏和检偏

下面讨论线偏振光入射到偏振片后,出射光强的计算。如图 12.3.7 所示,以 $A_0$ 表示入射线偏振光的振幅,当入射线偏振光的振动方向和偏振片的偏振化方向夹角为 $\alpha$ 时,出射光的振幅 $A$ 为 $A_0$ 在偏振化方向的分量,即

$$A = A_0 \cos \alpha \tag{12.3.2}$$

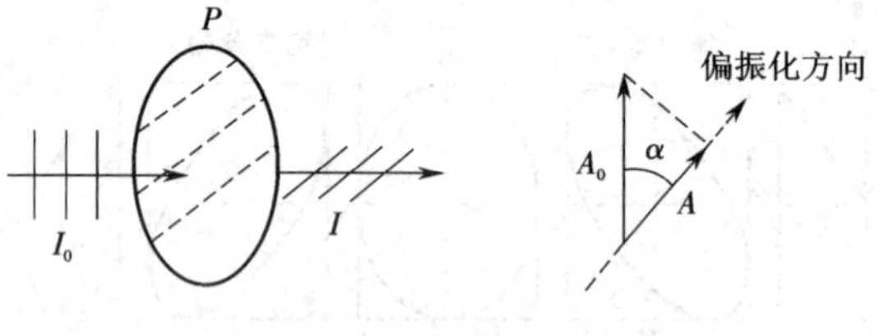


图 12.3.7 马吕斯定律图示

因此,出射光强

$$I = I_0 \cos^2 \alpha \tag{12.3.3}$$

该式称为**马吕斯定律**。可见,当 $\alpha = 0°$ 或 $180°$ 时,$I = I_0$,光强最大;而当 $\alpha = 90°$ 或 $270°$ 时,$I = 0$,没有光从偏振片透过,这就是两个消光位置;当 $\alpha$ 为其他值时,出射光强介于 0 和 $I_0$ 之间。偏振片的用途很广,如制成太阳镜和照相机的滤光镜等。

**例题 12.3.1** 如图 12.3.8 所示,在两块正交偏振片 $P_1$、$P_3$ 之间插入一块偏振片 $P_2$,光强为 $I_0$ 的自然光垂直入射于偏振片 $P_1$,求转动 $P_2$ 时,透过 $P_3$ 的光强 $I_3$ 与转角的关系。

**解** 如图 12.3.9 所示是各偏振片的偏振化方向的关系。

由马吕斯定律,有

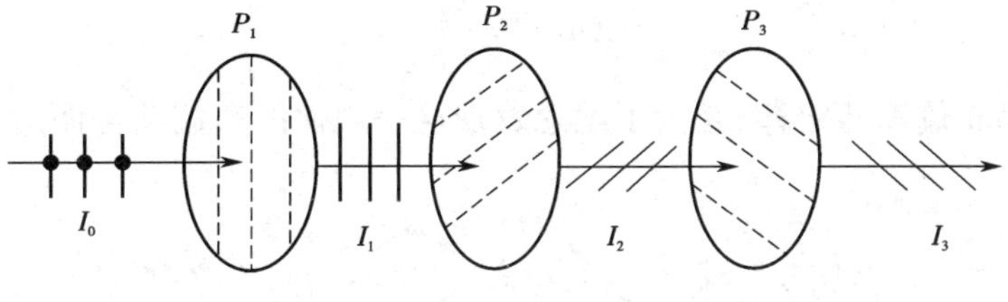


图12.3.8　例题12.3.1用图

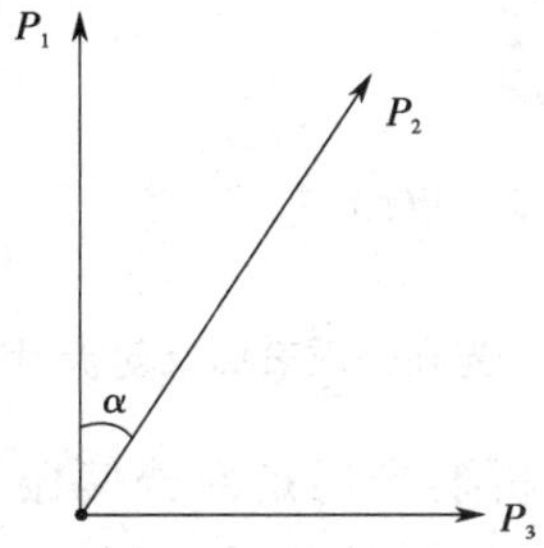


图12.3.9　偏振化方向的关系

$$I_2 = I_1\cos^2\alpha$$

$$I_3 = I_2\cos^2\left(\frac{\pi}{2} - \alpha\right) = I_1\cos^2\alpha\sin^2\alpha = \frac{1}{4}I_1\sin^2 2\alpha$$

自然光经偏振片后的光强$I_1 = \frac{1}{2}I_0$，所以，转动 $P_2$时，透过 $P_3$的光强 $I_3$与转角的关系为

$$I_3 = \frac{1}{8}I_0\sin^2 2\alpha$$

## 12.3.3　光在介质表面反射折射时的偏振、布儒斯特定律

自然光入射到两种介质的分界面时，一般情况下，反射光和折射光都是部分偏振光。在反射光中垂直入射面的光振动多于平行入射面的光振动，而折射中正好相反，如图12.3.10(a)所示。理论和实验都证明，反射光的偏振化程度和入射角有关。当入射角等于某一特定值 $i_B$时，反射光是光振动垂直入射面的线偏振光，这个特定的角 $i_B$称为**布儒斯特角**，也称**起偏角**，这就是**反射起偏**，如图12.3.10(b)所示。当光以布儒斯特角 $i_B$入射时，反射光线和折射光线相互垂直，即此时入射角 $i_B$ 与折射角 $\gamma$ 之和是 $\pi/2$，即

$$i_B + \gamma = \frac{\pi}{2} \tag{12.3.4}$$

根据折射定律，有

$$n_1\sin i_B = n_2\sin\gamma = n_2\cos i_B$$

故

$$\tan i_B = \frac{n_2}{n_1} \tag{12.3.5}$$

式(12.3.4)称为**布儒斯特定律**,是为了纪念发现这一规律的布儒斯特而命名的。

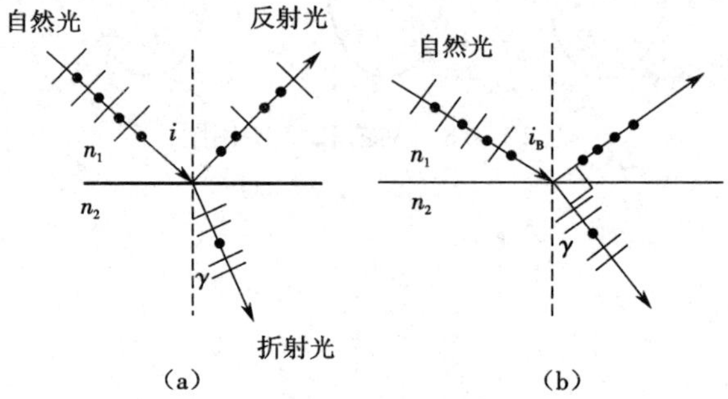


图 12.3.10 光在介质表面反射折射时的偏振

当光以布儒斯特角 $i_B$ 入射时,折射光仍是部分偏振光,且包含了全部的平行入射面的振动分量和大部分的垂直入射面的振动分量。所以,反射光虽然是线偏振,但光强较弱。例如,自然光从空气射向 $n_2=1.5$ 的玻璃时,反射光只占入射光中垂直振动分量的 15%。

为了增强折射光的偏振化程度,可以把许多平板玻璃装在一起,构成**玻片堆**,如图 12.3.11 所示。当自然光以布儒斯特角 $i_B$ 入射到玻片堆时,容易证明每一面的入射角均为布儒斯特角,每一面的反射光都是振动垂直入射面的线偏振光。这样经玻片堆后,入射光中垂直入射面的振动分量几乎全部被反射,出射光近似为振动平行入射面的线偏振光,这就是**折射起偏**。

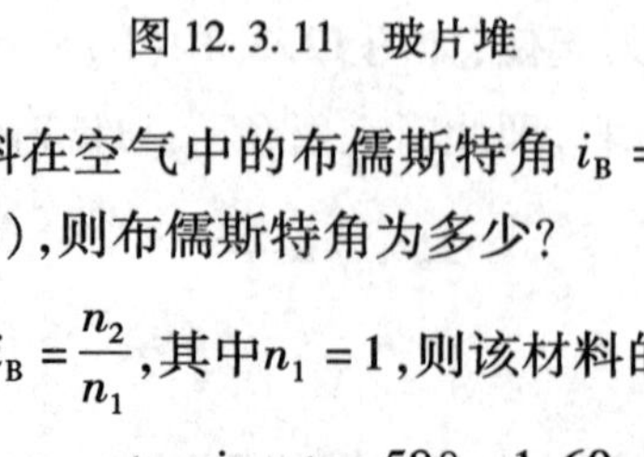


图 12.3.11 玻片堆

**例题 12.3.2** 已知某材料在空气中的布儒斯特角 $i_B=58°$,求它的折射率。若将它放在水中(水的折射率为 1.33),则布儒斯特角为多少?

**解** 由布儒斯特定律 $\tan i_B=\frac{n_2}{n_1}$,其中 $n_1=1$,则该材料的折射率

$$n_2=\tan i_B=\tan 58°=1.60$$

放在水中,布儒斯特角满足

$$\tan i_B = \frac{n_2}{n_1} = \frac{1.6}{1.33} = 1.2$$

故 $i'_B = 50.3°$。

光在介质的交界处还有一种**全反射**现象。当折射角是 90°时，光会完全反射到入射介质中。发生全反射时的入射角叫作**临界角** $i_c$。光从介质 1 入射到介质 2，临界角的正弦

$$\sin i_c = \frac{n_2}{n_1}$$

由于角度正弦的数值不能大于 1，所以全反射发生的条件是光从光密介质入射到光疏介质。这种情况下布儒斯特角的正切等于临界角的正弦。

## 12.3.4　双折射现象

晶体是各向异性介质，自然光入射到某些晶体上时，在晶体内部将出现两束折射光，这种现象叫作双折射。方解石（也叫冰洲石）和石英就是典型的双折射晶体。实验表明，晶体内部的两束折射光，一束遵循折射定律，称为**寻常光**，简称 o 光；另一束一般不遵循折射定律，称为**非常光**，简称 e 光，该光束一般不在入射面内，入射角 $i$ 的正弦和折射角 $\gamma$ 的正弦之比 $\sin i/\sin \gamma$ 随入射角 $i$ 变化，不再是一个常数。用检偏器检验，o 光和 e 光都是线偏振光，且振动方向相互垂直。

研究发现，晶体内部存在着某些特殊方向，光沿这些方向传播时，不发生双折射，这些特殊方向称为**晶体的光轴**。只有一个光轴的晶体称为单轴晶体，如方解石和石英。有两个光轴的称为双轴晶体，如云母和蓝宝石。本书仅讨论单轴晶体的情形。

双折射现象表明，o 光在晶体中沿各方向的传播速度和折射率是相同的。而对 e 光由于 $\sin i/\sin \gamma$ 的比值与方向有关，所以 e 光在晶体内部各方向的折射率不同，传播速度也随方向而变化。下面说明光在单轴晶体中的传播特点。如图 12.3.12 所示，假想在晶体内部有一点光源，由于晶体的各向异性的性质，在晶体内部将形成两组波面。一组是球面波，表示各方向传播速度相等，对应于寻常光，称为 o 光波面；另一组波面为旋转椭球面，表示传播速度与方向有关，对应于非常光，称为 e 光波面。由于两光沿光轴方向速度相等，所以两波面在光轴方向相切。在垂直光轴方向传播速度相差最大。寻常光的传播速度用 $v_o$ 表示，折射率用 $n_o$ 表示；非常光在垂直于光轴方向上的传播速度用 $v_e$ 表示，折射率用 $n_e$ 表示。$n_o$ 和 $n_e$ 称为晶体的主折射率，它们是晶体的两个重要参量。有些晶体 $v_o > v_e$，即 $n_o < n_e$，称为正晶体，如石英；有些晶体 $v_o < v_e$，即 $n_o > n_e$，称为负晶体，如方解石。

为了说明两线偏振光的振动方向，需定义主平面。在晶体中，某光线和光轴组成的平面叫作该光线的**主平面**。寻常光的振动方向垂直于其主平面，而非常光的振动方向则在它的主平面内。一般情况下，两光的主平面不重合，一般不能在一张图中画出两束光线。仅在特殊情况下，即光轴在入射面内时，两光的主平面以及入射面重合在一起，可在

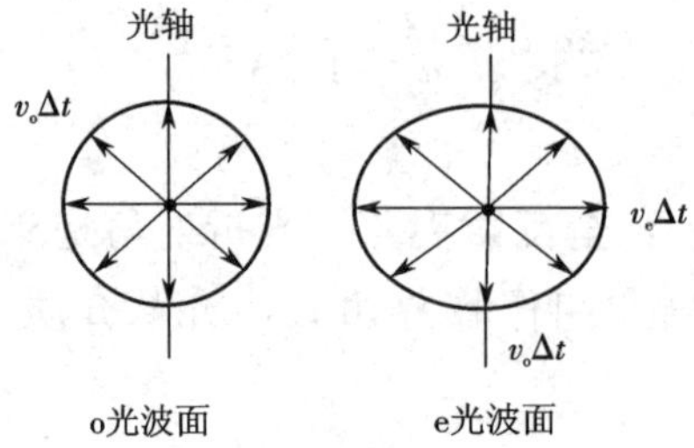


图 12.3.12　单轴晶体中的光波面($v_o < v_e$)

一张图中画出两光。

应用惠更斯作图法可以确定 o 光和 e 光的传播方向,从而说明双折射现象。自然光入射到晶体上时,波阵面上的每一点都可以作为子波源,向晶体内发出球面子波和椭球面子波,作子波的包络面,即可得到 o 光波面和 e 光波面,从入射点引向光波面与子波波面切点的方向就是 o 光和 e 光的传播方向,再由各自的主平面来确定振动方向。

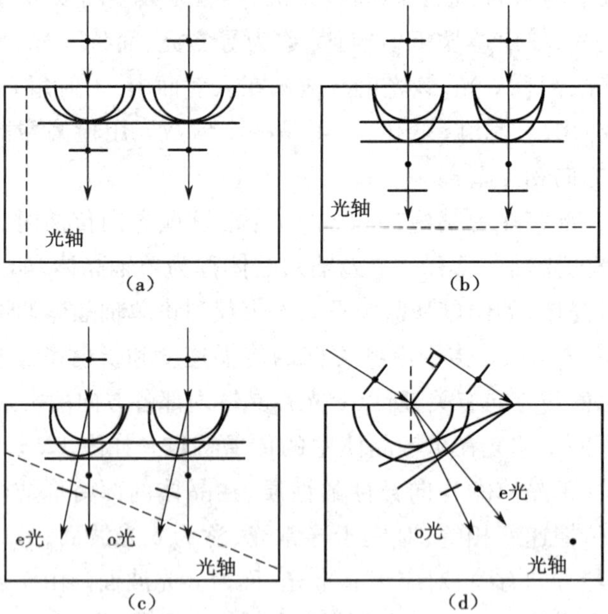


图 12.3.13　双折射晶体的惠更斯作图法

图 12.3.13 所示为以负晶体为例实际中常用的几种情形。图 12.3.13(a)为平行光垂直入射到晶体,光轴垂直界面的情况,两光在晶体内传播速度和方向均一样,不发生双折射。图 12.3.13(b)为平行光垂直入射到晶体,光轴平行界面且在入射面内的情况,两光在晶体内传播方向相同,不分开,但传播速度不同,沿垂直光轴的方向传播,传播速度分别为$v_o$和$v_e$,称为隐含双折射。图 12.3.13(c)为平行光垂直入射到晶体,光轴在入射面内但与界面既不平行也不垂直的情况,可见 o 光仍沿原方向传播,而 e 光偏离。图

12.3.13(d)为平行光斜入射到晶体，光轴垂直入射面的情况。这种情况下，o光的传播速度为$v_o$，e光的传播速度为$v_e$，对应折射率分别为$n_o$和$n_e$。在这一特殊情况下，光在晶体中的传播方向，也可以用折射定律求得：

$$\left.\begin{aligned}\frac{\sin i}{\sin \gamma_o}=n_o\\ \frac{\sin i}{\sin \gamma_e}=n_e\end{aligned}\right\} \tag{12.3.6}$$

## 12.3.5 双折射晶体光学器件

1. 晶体偏振器件

利用晶体的双折射，已经研制出许多精巧的复合棱镜，来实现起偏和检偏，下面以一种改进的尼科耳棱镜为例来说明。把方解石晶体按其长宽比为2.8∶1的比例磨制成如图12.3.14所示形状，此图为俯视图，也称为主截面，再按图中情形剖为两半，用折射率为1.550的加拿大树胶黏合起来，就制成一块棱镜。

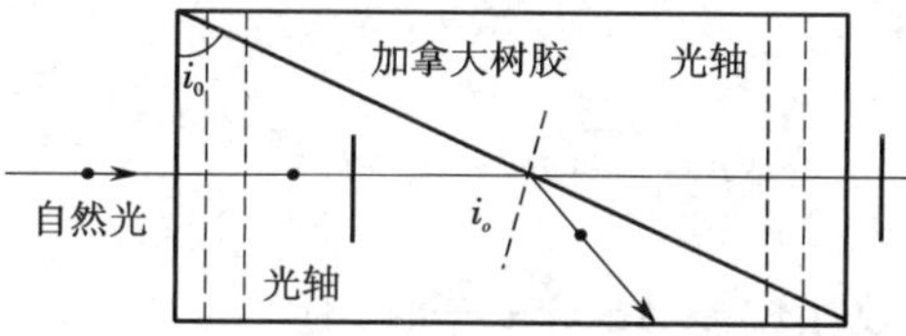


图12.3.14 一种改进的尼科耳棱镜

自然光入射到棱镜后，分为o光和e光。o光的折射率$n_o=1.658$，大于加拿大树胶的折射率$n=1.550$，而e光在垂直光轴方向上的折射率$n_e=1.486$，小于加拿大树胶的折射率。当两光入射到加拿大树胶表面时，对于e光来说，是由光疏介质向光密介质入射，可以进入加拿大树胶并穿透过它继续前进，最后从棱镜出射出来。但对o光来说，是由光密介质向光疏介质入射，且入射角大于全反射临界角，从而o光被全反射而偏折到侧面并被吸收。这样自然光经棱镜后变成振动方向在其主截面内的线偏振光，这就是起偏过程。

以线偏振光入射到棱镜，当入射线偏振光的振动方向在棱镜的主截面内时，可以透过棱镜而出射出去。当入射线偏振光的振动方向垂直棱镜的主截面时，则不能透过棱镜。这样，当某光入射到棱镜后，通过旋转棱镜观察出射光强变化，若有消光现象，就可断定入射光为线偏振光，这就是检偏过程。

2. 波片(相位延迟片)

在晶体上切割出如图12.3.15所示的一块，光轴平行于表面，即得到一块相位延迟片，也称波片。线偏振光垂直入射到其上时，在其内分解为o光和e光，它们的传播为前述的隐含双折射，两光传播方向相同但传播速度不同，对应折射率也不同。因而，通过厚

度为 $d$ 的波片时两光的相位延迟是不同的,出射时两光再以一定的相位差合成在一起。

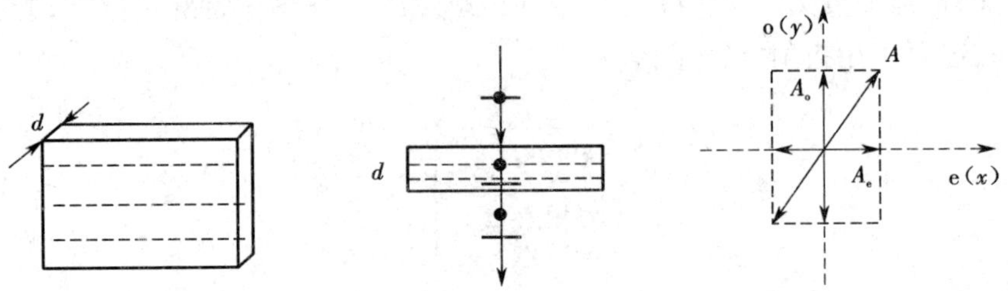


图 12.3.15　波片图示

通过波片后,o 光的相位延迟为

$$\varphi_o = \frac{2\pi}{\lambda} n_o d \tag{12.3.7}$$

e 光的相位延迟为

$$\varphi_e = \frac{2\pi}{\lambda} n_e d \tag{12.3.8}$$

则两光通过波片后增加的相差为

$$\Delta\varphi = \frac{2\pi}{\lambda}(n_o - n_e)d \tag{12.3.9}$$

当 $\Delta\varphi = (2k+1)\frac{\pi}{2}$,即等效相位差 $\Delta\varphi = \pm\frac{\pi}{2}$时,有

$$(n_o - n_e)d = (2k+1)\frac{\lambda}{4} \tag{12.3.10}$$

称为四分之一波片。圆偏振光和椭圆偏振光(长轴或短轴与波片光轴平行)通过四分之一波片后,两相互垂直振动相位差变为 0 或 π,成为线偏振光。而线偏振光通过四分之一波片后,出射光可以是圆偏振光或椭圆偏振光。

如果

$$(n_o - n_e)d = (2k+1)\frac{\lambda}{2} \tag{12.3.11}$$

则称该波片是这一波长的光的二分之一波片。二分之一波片会使 o 光和 e 光产生 ±π 的相位差。二分之一波片会使左旋的圆偏振光和椭圆偏振光变成右旋的圆偏振光和椭圆偏振光,当然也会使右旋的圆偏振光和椭圆偏振光变成左旋的圆偏振光和椭圆偏振光。

对于某种波长的光,如果 o 光和 e 光的光程差是真空波长的整数倍,则这样的波片叫作全波片。全波片不影响偏振状态。当不同波长的光通过波片时,同一个波片会起到不同的作用,只有全波片时相应波长的光的偏振状态不受影响。

# 习　　题

12-1　如图所示，$S_1$、$S_2$ 是两个相干光源，它们到 $P$ 点的距离分别为 $r_1$ 和 $r_2$。路径 $S_1P$ 垂直穿过一块厚度为 $t_1$、折射率为 $n_1$ 的介质，路径 $S_2P$ 垂直穿过一块厚度为 $t_2$、折射率为 $n_2$ 的另一介质，其余部分可看作真空。这两条光路的光程差等于（　　）。

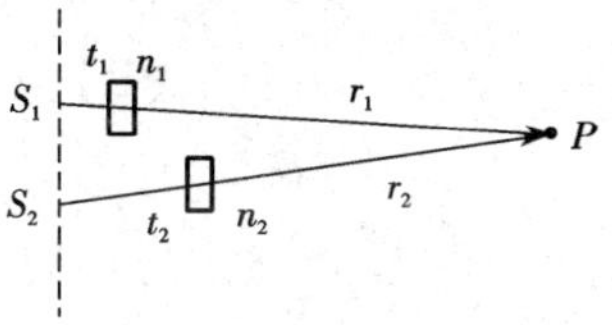


题 12-1 图

(A) $(r_2+n_2t_2)-(r_1+n_1t_1)$

(B) $[r_2+(n_2-1)t_2]-[r_1+(n_1-1)t_1]$

(C) $(r_2-n_2t_2)-(r_1-n_1t_1)$

(D) $n_2t_2-n_1t_1$

12-2　在相同的时间内，一束波长为 $\lambda$ 的单色光在空气中和在玻璃中（　　）。

(A) 传播的路程相等，走过的光程相等

(B) 传播的路程相等，走过的光程不相等

(C) 传播的路程不相等，走过的光程相等

(D) 传播的路程不相等，走过的光程不相等

12-3　两束平面平行相干光，每一束都以强度 $I$ 照射某一表面，彼此同相地并合在一起，则合光照在该表面的强度为（　　）。

(A) $I$　　(B) $2I$　　(C) $4I$　　(D) $\sqrt{2}I$

12-4　两个独立的白炽光源发出的两条光线，各以强度 $I$ 照射某一表面。如果这两束光线同时照射此表面，则合光照在该表面的强度为（　　）。

(A) $I$　　(B) $2I$　　(C) $4I$　　(D) $8I$

12-5　相干光是指（　　）。

(A) 振动方向相同、频率相同、相位差恒定的两束光

(B) 振动方向相互垂直、频率相同、相位差不变的两束光

(C) 同一发光体上不同部分发出的光

(D) 两个一般的独立光源发出的光

12-6　相干光波的条件是振动频率相同、相位相同或相位差恒定以及（　　）。

(A) 传播方向相同　　(B) 振幅相同

(C) 振动方向相同　　(D) 位置相同

12-7　在杨氏双缝实验中，若用白光作光源，干涉条纹的情况为（　　）。

(A)中央明纹是白色的 (B)红光条纹较密

(C)紫光条纹间距较大 (D)干涉条纹为白色

12-8 如图所示,在杨氏双缝实验中,若用一片能透光的云母片将双缝装置中的上面一个缝盖住,干涉条纹的变化情况是(    )。

(A)条纹间距增大 (B)整个干涉条纹将向上移动

(C)条纹间距减小 (D)整个干涉条纹将向下移动

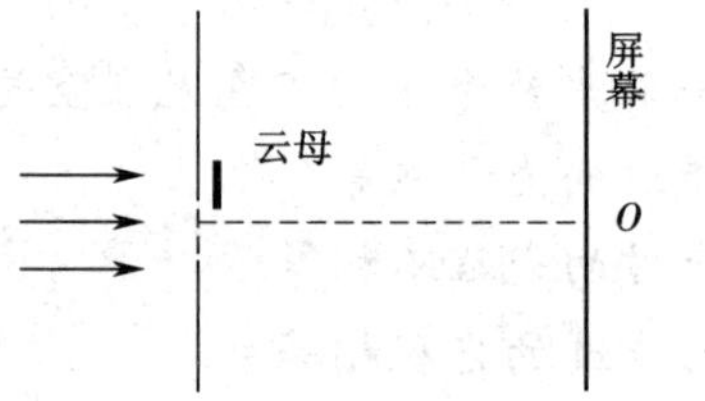


题12-8图

12-9 在保持入射光波长和缝屏距离不变的情况下,将杨氏双缝的缝距减小,则(    )。

(A)干涉条纹宽度将变大 (B)干涉条纹宽度将变小

(C)干涉条纹宽度将保持不变 (D)给定区域内干涉条纹数目将增加

12-10 用白光光源进行双缝实验,若用一个纯红色的滤光片遮盖一条缝,用一个纯蓝色的滤光片遮盖另一条缝,则(    )。

(A)干涉条纹的宽度将发生改变

(B)产生红光和蓝光的两套彩色干涉条纹

(C)干涉条纹的亮度将发生改变

(D)不产生干涉条纹

12-11 用波长可以连续改变的单色光垂直照射一劈形膜,如果波长逐渐变小,干涉条纹的变化情况为(    )。

(A)明纹间距逐渐减小,并背离劈棱移动

(B)明纹间距逐渐变小,并向劈棱移动

(C)明纹间距逐渐变大,并向劈棱移动

(D)明纹间距逐渐变大,并背向劈棱移动

12-12　两块平玻璃板构成空气劈尖，左边为棱边，用单色平行光垂直入射。若上面的平玻璃以棱边为轴，沿逆时针方向作微小转动，则干涉条纹的(　　)。

(A)间隔变小，并向棱边方向平移　　(B)间隔变大，并向远离棱边方向平移

(C)间隔不变，向棱边方向平移　　(D)间隔变小，并向远离棱边方向平移

12-13　根据第 $k$ 级牛顿环的半径 $r_k$、第 $k$ 级牛顿环所对应的空气膜厚 $d_k$ 和凸透镜之凸面半径 $R$ 的关系式 $d_k=\dfrac{r_k^2}{2R}$ 可知，离开环心越远的条纹(　　)。

(A)对应的光程差越大，故环越密　　(B)对应的光程差越小，故环越密

(C)对应的光程差增加越快，故环越密　　(D)对应的光程差增加越慢，故环越密

12-14　如图所示，一束平行单色光垂直照射到薄膜上，经上、下两表面反射的光束发生干涉。若薄膜的厚度为 $e$，且 $n_1 < n_2 > n_3$，$\lambda$ 为入射光在折射率为 $n_1$ 的介质中的波长，则两束反射光在相遇点的相位差为(　　)。

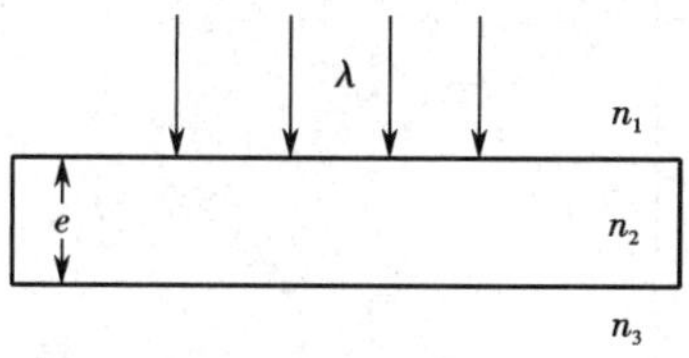


题 12-14 图

(A)$\dfrac{2\pi}{\lambda}\cdot\dfrac{n_2}{n_1}e$

(B)$\dfrac{4\pi}{\lambda}\cdot\dfrac{n_1}{n_2}e+\pi$

(C)$\dfrac{4\pi}{\lambda}\cdot\dfrac{n_2}{n_1}e+\pi$

(D)$\dfrac{4\pi}{\lambda}\cdot\dfrac{n_2}{n_1}e$

12-15　如图所示，用白光垂直照射厚度 $e=350$ nm 的薄膜，若膜的折射率 $n_2=1.4$，薄膜上面的介质折射率为 $n_1$，薄膜下面的介质折射率为 $n_3$，且 $n_1 < n_2 < n_3$，则反射光中可看到的加强光的波长为(　　)。

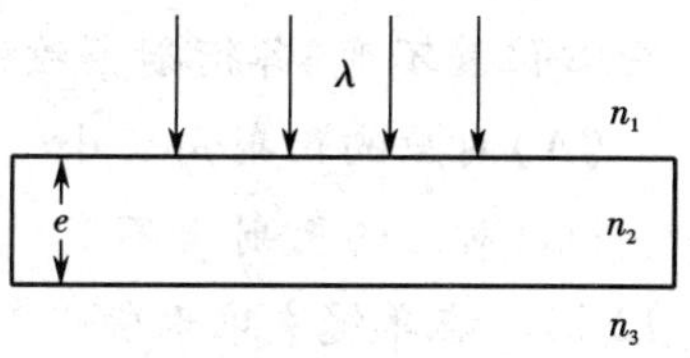


题 12-15 图

(A)450 nm

(B)490 nm

(C)690 nm

(D)553. 3 nm

12-16　如图所示，用波长为 $\lambda$ 的单色光照射双缝干涉实验装置，若将一折射率为 $n$、劈角为 $\alpha$ 的透明劈尖 $b$ 插入光线 2 中，则当劈尖 $b$ 缓慢向上移动时(只遮住 $S_2$)，屏 $C$ 上的干涉条纹(　　)。

(A)间隔变大，向下移动

(B)间隔变小,向上移动

(C)间隔不变,向下移动

(D)间隔不变,向上移动

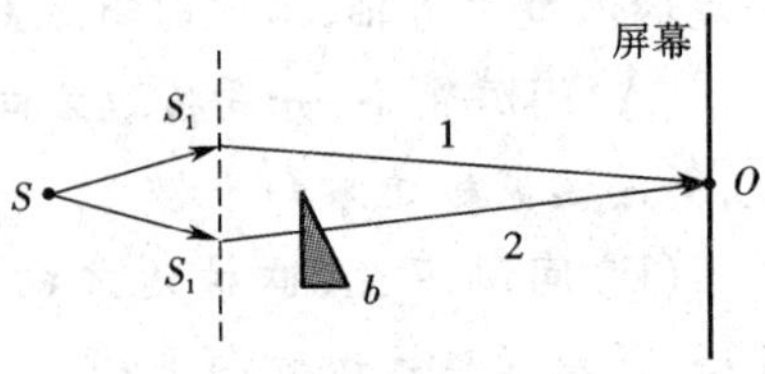

题 12-16 图

12-17 根据惠更斯-菲涅耳原理,若已知光在某时刻的波阵面为 $S$,则 $S$ 的前方某点 $P$ 的光强度取决于波阵面 $S$ 上所有面积元发出的子波各自传到 $P$ 点的(　　)。

(A)振动振幅之和　　(B)振动振幅之和的平方

(C)光强之和　　(D)振动的相干叠加

12-18 如图所示,波长为 $\lambda$ 的单色光垂直入射在缝宽为 $a$ 的单缝上,缝后紧靠着焦距为 $f$ 的薄凸透镜,屏置于透镜的焦平面上,若整个实验装置浸入折射率为 $n$ 的液体中,则在屏上出现的中央明纹宽度为(　　)。

(A)$\dfrac{f\lambda}{na}$　　(B)$\dfrac{f\lambda}{a}$　　(C)$\dfrac{2f\lambda}{na}$　　(D)$\dfrac{2nf\lambda}{a}$

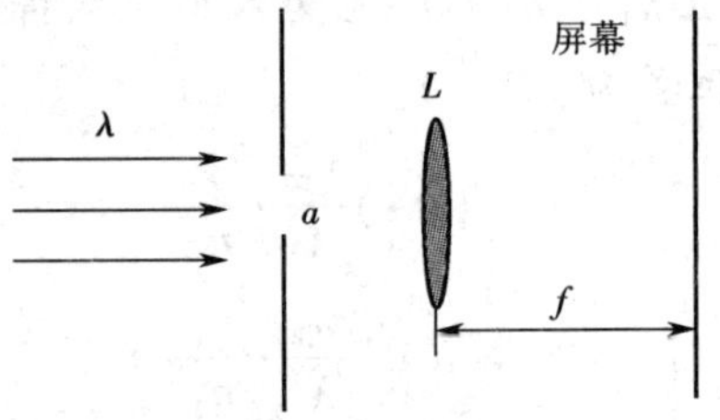

题 12-18 图

12-19 在单缝衍射中,若屏上的 $P$ 点满足 $a\sin\varphi=\dfrac{5}{2}\lambda$,则该点为(　　)。

(A)第2级暗纹　　(B)第5级暗纹　　(C)第2级明纹　　(D)第5级明纹

12-20 在单缝夫琅禾费衍射实验中,对给定的入射单色光,当缝宽变小时,除中央亮纹的中心位置不变,各衍射条纹(　　)。

(A)对应的衍射角变小　　(B)对应的衍射角变大

(C)对应的衍射角不变　　(D)光强也不变

12-21 在单缝夫琅禾费衍射实验中,若增大缝宽,其他条件不变,则中央明纹(　　)。

(A)宽度变小　　(B)宽度变大

(C)宽度不变,且中心强度也不变　　(D)宽度不变,但中心强度增大

12-22 一单缝夫琅禾费衍射实验装置如图所示,$L$ 为透镜,$E$ 为屏幕。当把单缝向右稍微移动一点时,衍射图样将(　　)。

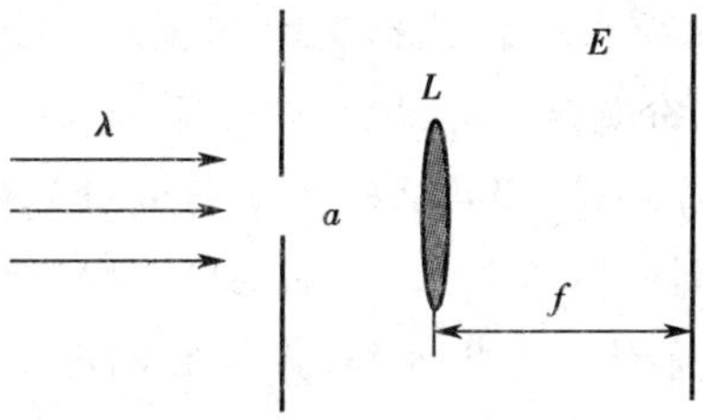


题 12-22 图

(A)向上平移

(B)向下平移

(C)不动

(D)消失

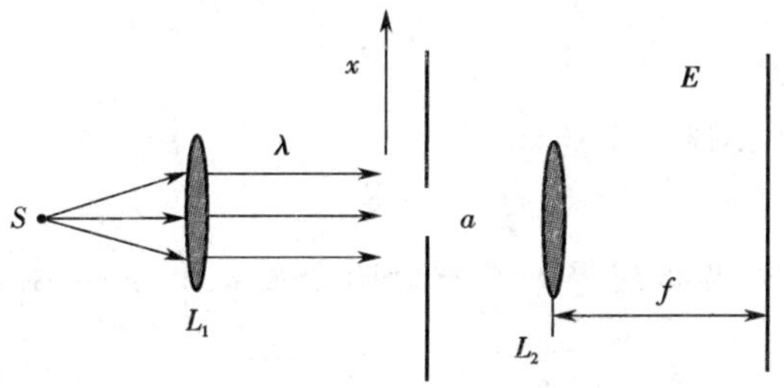


题 12-23 图

12-23　在图示的单缝夫琅禾费衍射实验中，将单缝 $K$ 沿垂直光的入射光($x$ 轴)方向稍微平移，则(　　)。

(A)衍射条纹移动，条纹宽度不变

(B)衍射条纹移动，条纹宽度变动

(C)衍射条纹中心不动，条纹变宽

(D)衍射条纹不动，条纹宽度不变

12-24　一衍射光栅由宽 300 nm、中心间距为 900 nm 的缝构成，当波长为 600 nm 的光垂直照射时，屏幕上最多能观察到的亮条纹数为(　　)。

(A)2 条　　(B)3 条　　(C)4 条　　(D)5 条

12-25　白光垂直照射到每厘米有 5 000 条刻痕的光栅上，若在衍射角 $\varphi=30°$ 处能看到某一波长的光谱线，则该光谱线所属的级次为(　　)。

(A)1　　(B)2　　(C)3　　(D)4

12-26　波长为 $\lambda$ 的单色光垂直入射于光栅常数为 $d$、缝宽 $a$、总缝数为 $N$ 的光栅上。取 $k=0,\pm1,\pm2,\cdots$，则决定出现主级大的衍射角 $\theta$ 的公式可写成(　　)。

(A)$Na\sin\theta=k\lambda$　　(B)$a\sin\theta=k\lambda$　　(C)$Nd\sin\theta=k\lambda$　　(D)$d\sin\theta=k\lambda$

12-27　一束白光垂直照射在一光栅上，在形成的同一级光栅光谱中，偏离中央明纹最远的是(　　)。

(A)紫光　　(B)绿光　　(C)黄光　　(D)红光

12-28　在光栅光谱中，假设所有的偶数级次的主极大都恰好在每缝衍射的暗纹方向上，因而实际上出现暗纹。那么光栅每个透光缝宽度 $a$ 和相邻两缝间不透光部分宽度 $b$ 的关系为(　　)。

(A)$a=b$　　(B)$a=2b$　　(C)$a=3b$　　(D)$b=2a$

12-29　一束平行光垂直入射在一衍射光栅上,当光栅常数 $a+b$ 为下列哪种情况时($a$ 为每条缝的宽度,$b$ 为不透光部分宽度),$k=3,6,9,\cdots$ 等级次的主极大均不出现?(　　)

(A)$a+b=2a$　　(B)$a+b=3a$　　(C)$a+b=4a$　　(D)$a+b=6a$

12-30　一束光垂直入射到一偏振片上,当偏振片以入射光方向为轴转动时,发现透射光的光强有变化,但无全暗情形。由此可知,其入射光是(　　)。

(A)自然光

(B)部分偏振光

(C)全偏振光

(D)不能确定其偏振状态的光

12-31　把两块偏振片紧叠在一起放置在一盏灯前,并使其出射光强变为零。当把其中一块偏振片旋转 180°时,出射光强的变化情况是(　　)。

(A)光强由零逐渐变为最大

(B)光强始终为零

(C)光强由零逐渐增为最大,然后由最大逐渐变为零

(D)光强始终为最大值

12-32　自然光以60°的入射角照射到不知其折射率的某一透明介质表面时,反射光为线偏振光,则(　　)。

(A)折射光为线偏振光,折射角为 30°

(B)折射光为部分线偏振光,折射角为 30°

(C)折射光为线偏振光,折射角不能确定

(D)折射光为部分线偏振光,折射角不能确定

12-33　自然光以布儒斯特角由空气入射到一玻璃表面上,则反射光是(　　)。

(A)在入射面内振动的完全线偏振光

(B)平行于入射面的振动占优势的部分偏振光

(C)垂直于入射面的振动的完全偏振光

(D)垂直于入射面的振动占优势的部分偏振光

12-34　如图所示,一束自然光由空气射向一块玻璃,入射角等于布儒斯特角 $i_B$,则界面 2 的反射光是(　　)。

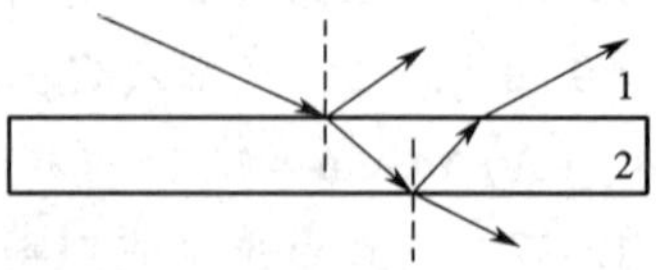

题 12-34 图

(A)自然光

(B)完全偏振光且光矢量的振动方向垂直于入射面

(C)完全偏振光且光矢量的振动方向平行于入射面

(D)部分偏振光

12-35　强度为 $I_0$ 的自然光经两个平行放置的偏振片后,透射光的强度变为 $\frac{I_0}{4}$。由此

可知，这两块偏振片的偏振化方向夹角是(　　)。

(A)30°　　(B)45°　　(C)60°　　(D)90°

12-36　一束光强为 $I_0$ 的自然光相继通过三块偏振片 $P_1$、$P_2$、$P_3$ 后，其出射光的强度 $I=\frac{I_0}{8}$。已知 $P_1$ 和 $P_3$ 的偏振化方向相互垂直。若以入射光线为轴转动 $P_2$，问至少要转过多少角度才能使出射光的光强度为零？(　　)

(A)30°　　(B)45°　　(C)60°　　(D)90°

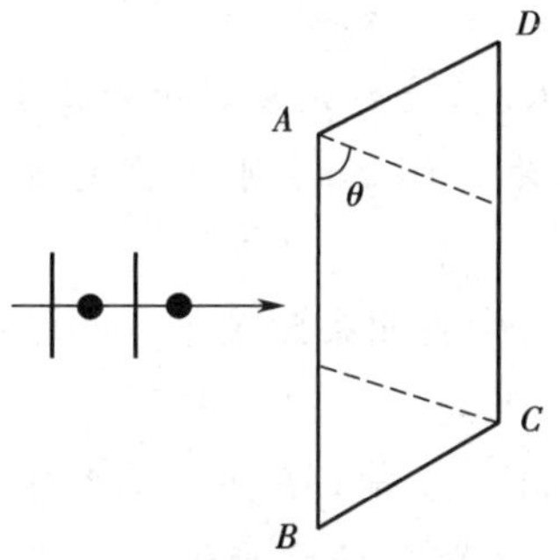

题 12-37 图

12-37　如图所示，$ABCD$ 是一块方解石的一个截面，$AB$ 垂直于纸面的晶体平面与纸面的交线。光轴的方向在纸面内与 $AB$ 成一锐角 $\theta$。一束平行的单色自然光垂直于 $AB$ 端面入射，在方解石内折射光分为 o 光和 e 光，o 光和 e 光的(　　)。

(A)传播方向相同，电场强度的振动方向相互垂直

(B)传播方向相同，电场强度的振动方向不相互垂直

(C)传播方向不同，电场强度的振动方向相互垂直

(D)传播方向不同，电场强度的振动方向不相互垂直

12-38　如图所示，一束自然光通过一偏振片后，射到一块方解石晶体上，入射角为 $i_B$。关于折射光，下列的说法正确的是(　　)。

(A)是 e 光，偏振化方向垂直于入射面

(B)是 e 光，偏振化方向平行于入射面

(C)是 o 光，偏振化方向平行于入射面

(D)是 o 光，偏振化方向垂直于入射面

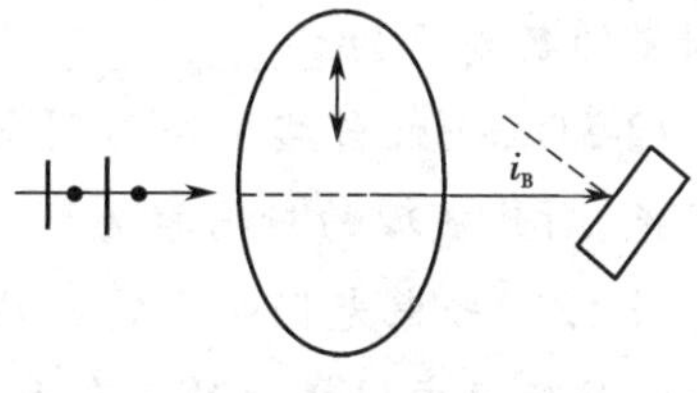

题 12-38 图

12-39　真空中波长 $\lambda=400$ nm 的紫光在折射率 $n=1.5$ 的介质中从 $A$ 点传到 $B$ 点时，光振动的相位改变了 $5\pi$，该光从 $A$ 到 $B$ 所走的光程为__________。

12-40　两条狭缝相距 2 mm，离屏 300 cm，用 600 nm 的光照射时，干涉条纹的相邻明纹间距为__________ mm。

12-41　将一块很薄的云母片($n=1.58$)覆盖在杨氏双缝实验中的一条缝上，这时屏幕上的中央明纹中心被原来的第 7 级明纹中心占据。如果入射光的波长 $\lambda=550$ nm，则该云母片的厚度为__________。

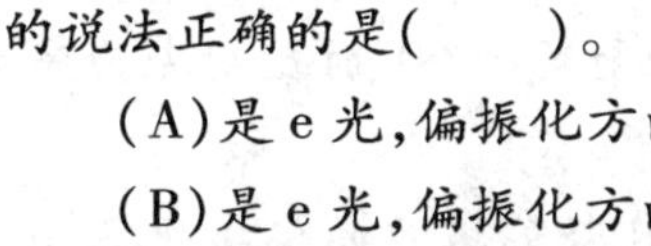

题 12-42 图

12-42　如图所示，在玻璃(折射率 $n_3=1.60$)表面镀一层 $MgF_2$(折射 $n_2=1.38$)薄膜作为增透膜。为了使波长为 500 nm 的光从空气(折射率 $n_1=1.00$)正入射时尽可能减少反射，$MgF_2$ 膜的最小厚度应是__________。

12-43　波长为$\lambda$的平行单色光垂直照射到劈尖薄膜上,劈尖角为$\theta$,劈尖薄膜的折射率为$n$,第$k$级明条纹与第$k+7$级明条纹的间距是__________。

12-44　若在迈克耳孙干涉仪的可动反射镜$M$移动0.620 mm的过程中,观察到干涉条纹移动了2300条,则所用光波的波长为__________。

12-45　在迈克耳孙干涉仪的一条光路中,放入一折射率为$n$,厚度为$d$的透明介质薄片,放入后,这条光路的光程改变了__________。

12-46　如果单缝夫琅禾费衍射的第1级暗纹发生在衍射角$\varphi=30°$的方位上,所用的单色光波长$\lambda=500$ nm,则单缝宽度为__________。

12-47　一束平行光束垂直照射到宽度为1.0 mm的单缝上,在缝后放一焦距为2.0 m的会聚透镜。已知位于透镜焦平面处的中央明纹的宽度为2.0 mm,则入射光波长为__________。

12-48　用半波带法讨论单缝衍射暗条纹中心的条件时,与中央明条纹旁第3个暗条纹中心相对应的半波带的数目是__________。

12-49　平行单色光垂直入射于单缝上,观察夫琅禾费衍射。若屏上$P$点处为第3级暗纹,则单缝处波面相应地可划分为__________个半波带。若将单缝宽度缩小一半,$P$点处将是__________级__________纹。

12-50　当自然光以58°角从空气射入到玻璃板表面上时,若反射光为线偏振光,则透射光的折射角为__________。

12-51　一束自然光入射到空气和玻璃的分界面上,当入射角为60°时反射光为完全偏振光,则此玻璃的折射率为__________。

12-52　一束光强为$I_0$的自然光垂直穿过两个偏振片,且两偏振片的偏振化方向成45°角,若不考虑偏振片的反射和吸收,则穿过两个偏振片后的光强为__________。

12-53　一束由自然光和线偏振光组成的混合光,让它垂直通过一偏振片。若以此入射光束为轴旋转偏振片,测得透射光强度的最大值是最小值的7倍。那么入射光束自然光和线偏振光的光强比为__________。

12-54　两个偏振片叠放在一起,强度为$I_0$的自然光垂直入射其上,不考虑偏振片的吸收和反射,若通过两个偏振片后的光强为$I_0/8$,则此两偏振片的偏振化方向间的夹角是__________。

12-55　一束自然光通过一偏振片后,射到一折射率为$\sqrt{3}$的玻璃片上,若转动玻璃片至某个位置时反射光消失,这时入射角$i$等于__________。

12-56　一束平面偏振光垂直射入方解石晶体,该偏振光的振动方向与主平面成30°角,则通过晶体后o光和e光的光强之比为__________。

12-57　在以下五个图中,$n_1$、$n_2$为两种介质的折射率,图中入射角$i_B=\arctan\frac{n_2}{n_1}$,$i\neq i_B$,试在图上画出实际存在的折射光线和反射光线,并用点或短线把振动方向表示出来。

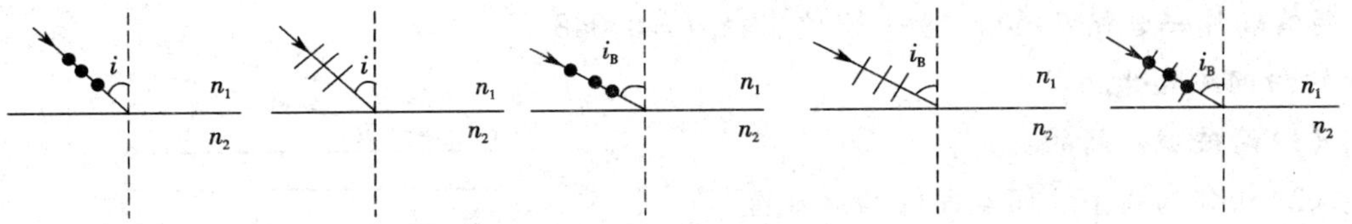


题 12-57 图

12-58　一束线偏振的平行光，在真空中波长为 589 nm，垂直入射到方解石晶体上，晶体的光轴和表面平行，如图所示。已知方解石晶体对此单色光的折射率 $n_o=1.658$，$n_e=1.486$。这晶体中的寻常光的波长 $\lambda_o=$__________，非寻常光的波长 $\lambda_e=$__________。

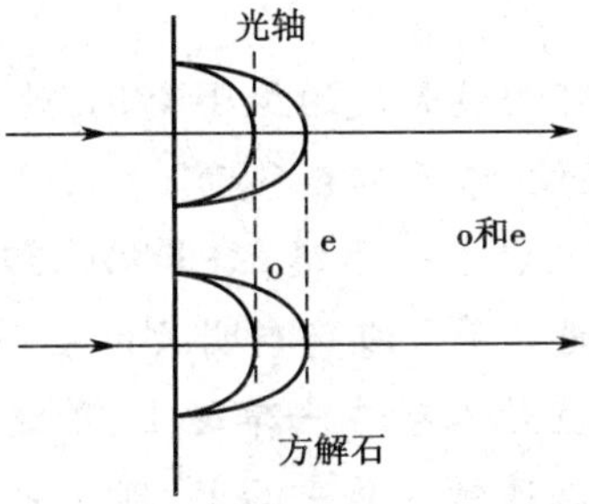


题 12-58 图

12-59　薄钢片上有两条紧靠的平行细缝，用波长 $\lambda=546.0$ nm 的平面光波正入射到钢片上，屏幕距双缝的距离为 $D=2.00$ m。现测得中央明条纹两侧的第五级明条纹间的距离 $\Delta x=12.0$ mm，求两缝间的距离。

12-60　用某透明介质膜盖在双缝干涉装置中的一条缝，此时，屏上零级明纹移至原来的第 5 条明纹处。若入射光波长为 589.3 nm，介质折射率 $n=1.58$。求此透明介质膜的厚度。

12-61　为测量在硅表面保护层 $SiO_2$ 的厚度，可将 $SiO_2$ 的表面磨成劈尖状，如图所示。现用波长 $\lambda=644.0$ nm 的镉灯垂直照射，一共观察到 8 条明纹，求 $SiO_2$ 的厚度。

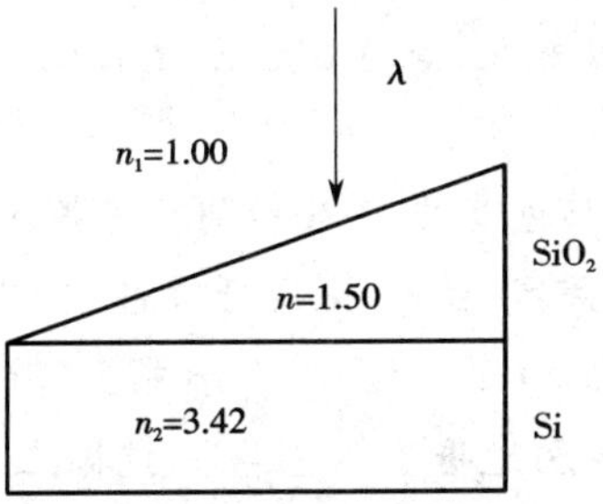


题 12-61 图

12-62　两块折射率为 1.60 的标准平面玻璃之间形成一个空气劈尖。用波长 $\lambda=600$ nm 的单色光垂直入射，产生等厚干涉条纹。假如要求在劈尖内充满 $n=1.40$ 的液体时，相邻明条纹间距比劈尖内是空气时的间距缩小 $\Delta l=0.5$ mm，问劈尖角 $\theta$ 应是多少？

12-63　如图所示，波长为 680 nm 的平行光垂直照射到 $L=0.12$ m 长的两块玻璃片

上,两玻璃片一边相互接触,另一边被直径 $d=0.048$ mm 的细钢丝隔开。求:

(1)两玻璃片间的夹角;

(2)相邻两明条纹间空气膜的厚度差;

(3)相邻两暗条纹的间距;

(4)在这 0.12 m 内呈现的明条纹条数。

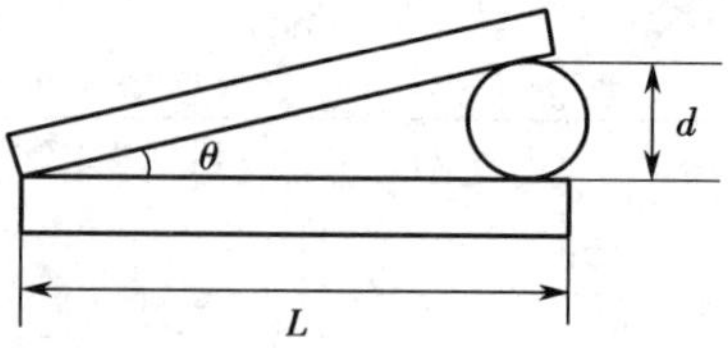


题 12-63 图

12-64　在垂直观察牛顿环的实验中,当透镜和玻璃之间为真空时第 10 个明环的直径为 $1.40\times10^{-2}$ m;当透镜和玻璃之间充以某种液体时,第 10 个明环的直径变为 $1.27\times10^{-2}$ m,求这种液体的折射率。

12-65　用迈克尔孙干涉仪可测量长度的微小变化,设入射光波长为 534.9 nm,等倾干涉条纹中心冒出了 1 204 条条纹,求反射镜移动的微小距离。

12-66　一单色平行光垂直入射于一单缝,若其第 3 级衍射明纹位置正好和波长为 600 nm 的单色光垂直入射该缝时的第 2 级衍射明纹位置一样,求该单色光的波长。

12-67　某种单色平行光垂直地入射在一单缝上,单缝的宽度 $a=0.15$ mm。缝后放一个焦距 $f=400$ mm 的凸透镜,在透镜的焦平面上,测得中央明条纹两侧的两个第 3 级暗条纹之间的距离为 8.0 mm,求入射光的波长。

12-68　一双缝,两缝间距为 0.1 mm,每缝宽为 0.02 mm,用波长为 480 nm 的平行单色光垂直入射双缝,双缝后放一焦距为 50 cm 的透镜。试求:(1)透镜焦平面上单缝衍射中央明条纹的宽度;(2)单缝衍射的中央明条纹包迹内双缝衍射明条纹的条数。

12-69　用一束具有两种波长的平行光垂直入射在光栅上,$\lambda_1=600$ nm,$\lambda_2=400$ nm,发现距中央明纹 5 cm 处 $\lambda_1$ 光的第 $k$ 级主极大和 $\lambda_2$ 光的第 $k+1$ 级主极大相重合,放置在光栅与屏之间的透镜的焦距 $f=50$ cm,试求:(1)上述的 $k$ 值;(2)光栅常量 $d$。

12-70　一衍射光栅,每厘米有 200 条透光缝,每条透光缝宽 $a=2\times10^{-3}$ cm,在光栅后放一焦距 $f=1$ m 的凸透镜。现以 $\lambda=600$ nm 的单色平行光垂直照射光栅,求:(1)透光缝 $a$ 的单缝衍射中央明区条纹宽度;(2)在透光缝 $a$ 的单缝衍射中央明纹区内主极大条数。

12-71　波长 $\lambda=600$ nm 的单色光垂直入射到一光栅上,测得第 2 级主极大的衍射角为 30°,且第 3 级是缺级。(1)光栅常量 $a+b$ 等于多少?(2)透光缝可能的最小宽度 $a$ 等于多少?(3)在选定了上述 $a+b$ 和 $a$ 之后,求在屏幕上可能呈现的全部主极大的级次。

12-72　波长为 600 nm 的单色光垂直入射在一光栅上,第 2、第 3 级主极大明纹分别出现在 $\sin\theta=0.2$ 及 $\sin\theta=0.3$ 处,第 4 级缺级,求:(1)光栅常数;(2)光栅上狭缝的宽度;(3)屏上一共能观察到的主极大明纹条数。

12-73　迎面开来的汽车,其两车灯相距为 1 m,汽车离人多远时,两灯刚能为人眼所分辨?(假定人眼瞳孔直径 $d$ 为 3 mm,光在空气中的有效波长 $\lambda=500$ nm)

12-74　已知天空中两颗星相对于一望远镜的角距离为 $4.84\times10^{-6}$ rad,它们都发出波长为 550 nm 的光，试问望远镜的口径至少要多大，才能分辨出这两颗星？

12-75　在 X 射线衍射实验中，用波长 0.095～0.130 nm 连续的 X 射线以 30°角入射到晶体表面。若晶体的晶格常数 $d=0.275$ nm，则在反射方向上有哪些波长的 X 射线形成衍射极大？

12-76　白光中包含了波长从 400～760 nm 之间的所有可见光谱，用白光垂直照射一光栅，每一级衍射光谱是否仍只有一条谱线？第 1 级衍射光谱和第 2 级衍射光谱是否有重叠？第 2 级和第 3 级情况如何？

12-77　以氢放电管发出的光垂直照射在某光栅上，在衍射角 $\theta=41°$ 的方向上看到 $\lambda_1=656.2$ nm 和 $\lambda_2=410.1$ nm 的谱线重合，求光栅常数的最小值是多少？

12-78　将三个偏振片叠放在一起，第二个与第三个的偏振化方向分别与第一个的偏振化方向成 30°和 90°角。(1) 强度为 $I_0$ 的自然光垂直入射到这一堆偏振片上，试求经每一偏振片后的光强和偏振状态；(2) 如果将第二个偏振片抽走，情况又如何？

12-79　有三个偏振片叠在一起，已知第一个偏振片与第三个偏振片的偏振化方向相互垂直。一束光强为 $I_0$ 的自然光垂直入射在偏振片上，已知通过三个偏振片后的光强为 $I_0/16$，求第二个偏振片与第一个偏振片的偏振化方向之间的夹角。

12-80　两偏振片组装成起偏和检偏器，当两偏振片的偏振化方向夹角成 30°时观察一普通光源，夹角成 45°时观察另一普通光源，两次观察所得的光强相等，求两光源光强之比。

12-81　水的折射率为 1.33，玻璃的折射率为 1.50，当光由水射向玻璃时，起偏角为多少？当光由玻璃射向水时，起偏角又是多少？这两个角度数值上的关系如何？

12-82　根据布儒斯特定律可测量不透明介质的折射率，今测得某釉质的起偏角为 58°，则该釉质的折射率为多少？

# 第13章　狭义相对论基础

近代物理包括狭义相对论和量子力学两部分,本章介绍狭义相对论。狭义相对论是由阿尔伯特·爱因斯坦(1879—1955)于1905年创立的。当时爱因斯坦还是一家瑞士专利事务所的普通职员。除了狭义相对论之外,当年爱因斯坦还发表了另外两篇著作:一篇是对布朗运动进行分析,藉此测量分子的大小;第二篇是对光电效应的解释,并因此获得诺贝尔奖。狭义相对论(special relativity)对牛顿力学的时空观念做出了巨大修改。

由狭义相对论导出的结果使人们对自然界各个方面的认识有了巨大的改变,然而这一理论只依赖于两个简单的假设:一个假设是所有的惯性参考系等价,物理规律在不同惯性参考系中应该具有相同的形式;另一个假设是真空中的光速在所有的惯性参考系中都相同。这两条简单的假设所导致的结果远远超出了人们的想象。这里举三个例子:(1)对于一个观察者同时发生的两件事,对于另外的观察者不一定是同时发生的;(2)不同观察者测量到的时间间隔或者空间长度可以有不同的结果;(3)为了使力学规律在不同惯性参考系中有相同的形式,牛顿力学中的能量动量形式必须加以修正。

狭义相对论对物理学的各个领域,如电磁理论、粒子物理等都产生了重要影响。接下来推导出的结果可能与人们日常的直观感受不尽相同,但这些结果得到了实验的检验,与实验是完全一致的。

## 13.1　经典力学及其困难

### 13.1.1　经典的相对运动理论

对于三个物体之间的相对运动速度,牛顿力学给出了如下结果:

$$\boldsymbol{v}_{AC} = \boldsymbol{v}_{AB} + \boldsymbol{v}_{BC} \tag{13.1.1}$$

该式表示物体 $A$ 相对于物体 $C$ 的速度等于物体 $A$ 相对于物体 $B$ 的速度与物体 $B$ 相对于物体 $C$ 的速度之和。如果一个人在飞驰的高铁上行走,那么人相对于大地的速度就可以由上式求出。假如高铁的速度是300 km/h,人在列车上行走的速度是5 km/h,那么当人向车头走去的时候,人相对于大地的速度就是305 km/h,当人向车尾走的时候,人相对于大地的速度是295 km/h。牛顿力学中物体之间的相对运动速度就是一种简单的相对运动理论。

古时候关于天体运动的地心说和日心说也包含了相对运动的思想。地心说认为所有的星体相对于地球运动,日心说认为太阳居于行星系的中心,地球和其他行星相对于太阳运动。伽利略认为地心说和日心说是等价的,地球和太阳都近似是惯性系,一切惯性系都是等价的。爱因斯坦的狭义相对论延续了惯性系等价的思想。爱因斯坦的广义相对论进一步发展,将非惯性系也包括在内,认为一切参考系都是等价的。

### 13. 1. 2　牛顿力学的时空观

牛顿力学的时空观是绝对时空观。在牛顿力学中时间不会因为运动而改变,在不同的参考系中时间只有一个,即时间是绝对的。同一物体的尺寸也不会因运动而改变,无论物体的速度有多大,物体的长宽高是不会发生改变的,因此空间也是绝对的。伽利略坐标变换完全反映了牛顿力学的绝对时空理论。

如图 13. 1. 1 所示,考虑两个相互作匀速直线运动的参考系 $K$ 和 $K'$,两个参考系用的时空坐标分别是$(x,y,z,t)$和$(x',y',z',t')$。初始时刻即 $t=t'=0$ 时,两个坐标系的原点和坐标轴完全重合,时间大于零后,$K'$向 $x$ 轴正向运动,速率是 $v$。一定时间 $\Delta t$ 后,$K$ 系中的观察者认为两个坐标系的原点之间的距离是 $v\Delta t$,而 $K'$系中的观察者认为两个坐标系的原点之间的距离是 $v\Delta t'$。不过在牛顿力学中认为两个坐标系中的时间是一样的,所以这两个距离一样。不难写出两个参考系坐标之间的关系为

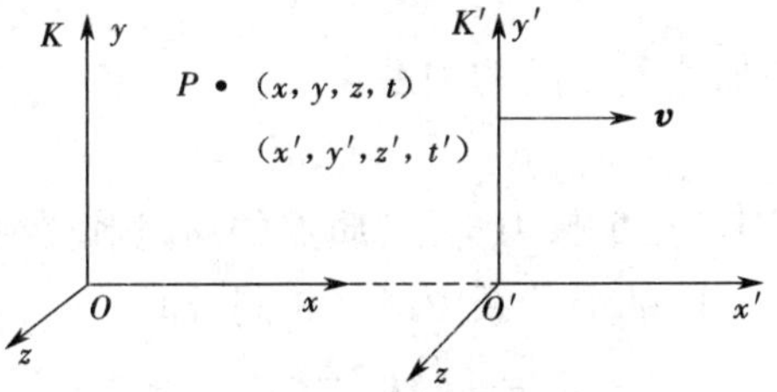


图 13. 1. 1　两个坐标系的关系

$$\left.\begin{aligned} x'&=x-vt \\ y'&=y \\ z'&=z \\ t'&=t \end{aligned}\right\} \tag{13.1.2}$$

这就是经典的时空坐标变换,也是伽利略变换。第四个式子 $t=t'$反映的当然就是绝对时间。从伽利略变换式(13. 1. 2)可以看出,如果一个参考系中有两个事件同时发生,那么其他的观察者也会认为这两个事件也是同时发生的,即同时性是绝对的。

那么怎么说明空间的绝对性呢? 这里首先研究一个问题:如何测量一个运动物体的长度? 对于一个运动的物体要得到其长度,必须用一个足够长的尺子,同时记下物体两端在尺子上的刻度。即,当 $\Delta t=t_2-t_1=0$ 时,$\Delta x=x_2-x_1$ 才是长度。反过来,当 $\Delta t'=t'_2-t'_1=0$ 时,$\Delta x'=x'_2-x'_1$ 才是长度。如果有一个木棒静止于 $K'$系中,沿 $X-X'$轴放置。

$K'$系中观察者容易测得木棒的长度 $\Delta x' = x'_2 - x'_1 = l_0$。利用伽利略变换的第一式得到

$$\Delta x' = \Delta x - v\Delta t \tag{13.1.3}$$

当 $\Delta t = t_2 - t_1 = 0$ 时,得到 $K$ 系中的长度 $l = \Delta x = \Delta x' = l_0$,两个参考系得到的长度是一样的,即空间是绝对的。

在下面的狭义相对论讨论中,长度的定义是一样的,即对于一个运动的物体需要同时记下物体两端的刻度。

### 13.1.3 牛顿力学的相对性原理

两个坐标系中的速度定义为

$$\left.\begin{aligned} u'_x = \frac{\mathrm{d}x'}{\mathrm{d}t'}, u'_y = \frac{\mathrm{d}y'}{\mathrm{d}t'}, u'_z = \frac{\mathrm{d}z'}{\mathrm{d}t'} \\ u_x = \frac{\mathrm{d}x}{\mathrm{d}t}, u_y = \frac{\mathrm{d}y}{\mathrm{d}t}, u_z = \frac{\mathrm{d}z}{\mathrm{d}t} \end{aligned}\right\} \tag{13.1.4}$$

对伽利略坐标变换两边进行时间求导,得到伽利略速度变换关系

$$\left.\begin{aligned} u'_x &= u_x - v \\ u'_y &= u_y \\ u'_z &= u_z \end{aligned}\right\} \tag{13.1.5}$$

再进一步对时间求导,得到加速度之间的关系

$$a'_x = a_x, a'_y = a_y, a'_z = a_z \tag{13.1.6}$$

即两个参考系的加速度相同。在牛顿力学中,质点的质量和受到的力在不同的惯性系中是相同的,因此牛顿定律在不同的惯性系中形式相同,即

$$\boldsymbol{F} = m\boldsymbol{a}, \boldsymbol{F}' = m\boldsymbol{a}' \tag{13.1.7}$$

牛顿力学的相对性原理要求牛顿定律在不同的惯性系中形式相同,式(13.1.7)也可以说是牛顿力学相对性原理的数学表示。牛顿力学包含两个结论:各个惯性系等价,牛顿力学定律在不同的惯性系中形式相同。

### 13.1.4 电磁理论与伽利略变换的矛盾

在19世纪中期,英国科学家麦克斯韦得到了描述电磁场普遍规律的方程,这组方程以后被称为麦克斯韦方程组。麦克斯韦方程组的一个重要结论是电磁波在真空中的速度是一个常数。从伽利略变换式(13.1.5)知道,如果一个参考系中的速度是一个数值,那么在另外的参考系中就不会是这一数值。因此根据伽利略变换,应该存在一个特殊的参考系,在这一参考系中光速是麦克斯韦方程组给出的常数,而在其他参考系中光速会改变。但是实验与这样的预期不一致。

1887年,阿尔伯特·迈克尔孙(1852—1931)和爱德华·莫雷(1838—1923)进行了著名的迈克尔孙-莫雷实验。迈克尔孙-莫雷的实验结果显示,地球上的光速就是麦克

斯韦方程组给出的结果。其他的一些实验也表明，任何参考系中真空中的光速都是麦克斯韦方程组给出的光速，没有差异。这里举一个例子——双星观测试验。双星是指两个成对的、质量相差不大的恒星，它们各自绕着它们的公共质心转动。双星中的每一个星体运动时，有时向地球而来，有时远离地球而去。但是天文观测表明，星体发出的光对地球来说具有同样大小的速度，也就是说，双星发出的光的速度与星体的运动无关。总之，所有的观测表明，任何参考系中真空中的光速都是麦克斯韦方程组给出的常数。这样，电磁理论与伽利略变换就有了矛盾。爱因斯坦认为，特殊参考系是根本没有的，一切参考系都是等价的，伽利略变换或者牛顿力学需要做出改变。

现在对迈克耳孙－莫雷实验做一个简单介绍。19 世纪的物理学家为了解释麦克斯韦的电磁理论与伽利略变换的矛盾，曾假设空间充满一种没有质量且不流动的弹性介质“以太”(ether)，电磁波被看成“以太”的振动。相对于“以太”静止的参考系就代表绝对静止的参考系。在此参考系中的电磁现象具有特殊性质，从而导致惯性坐标系对于描述电磁现象是不均等的论点。

1887 年迈克耳孙和莫雷根据他们的设想，如果存在以太，而且以太又完全不为地球运动所带动，那么地球对于以太的运动速度就是地球的绝对速度，利用地球的绝对运动速度和光速在方向上的不同，应该在所设计的迈克耳孙干涉仪实验中得到某种预期的结果，从而求得地球相对于以太的绝对速度。

假设迈克耳孙干涉仪的两个臂长相等，都是 $l$，整个装置在以太中以速度 $v$ 运动，并且仪器的一臂沿运动方向。对于运动方向上一臂中的那一束光，往返过程中相对装置的速度分别为 $c \pm v$，往返的时间因此为

$$t = \frac{l}{c-v} + \frac{l}{c+v} \approx \frac{2l}{c}\left(1 + \frac{v^2}{c^2}\right) \tag{13.1.8}$$

而对于与运动方向垂直的那条臂，光走过的路程是一个直角三角形的斜边，速度为 $c$，如图 13.1.2 所示。图中 $v$ 表示的方向是仪器装置运动的方向，迈克耳孙干涉仪的一臂沿此方向，迈克耳孙干涉仪的另一臂垂直于此方向。在垂直于运动方向的一臂中，光信号相对于装置的速度为 $\sqrt{c^2 - v^2}$，光束往返的时间

$$t = \frac{2l}{\sqrt{c^2 - v^2}} = \frac{2l}{c}\left(1 + \frac{v^2}{2c^2}\right)$$

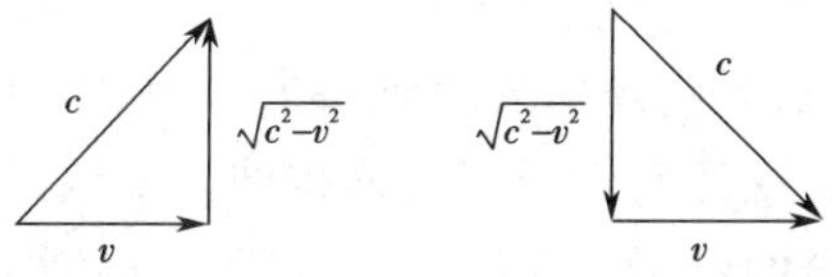


图 13.1.2　速度合成

由于两臂中的光速相对于地球的速度各不相同，所以它们虽然行经相等的臂长，但所需

的时间是不一样的,这种时间上的差异将造成光程差

$$\delta = c \cdot \Delta t = l\frac{v^2}{c^2} \tag{13.1.9}$$

如果再把仪器旋转90°,使两臂中的光速相对于地球的速度发生变化,它们通过两臂的时间差也随之发生变化,必然引起干涉条纹的相对移动。代入数据 $l=10$ mm,$\lambda=500$ nm,选取 $v=3\times10^4$ m/s 即地球相对于太阳的公转速度,得到条纹的移动数

$$\Delta N = \frac{2\delta}{\lambda} = 2l\frac{v^2}{\lambda c^2} = 0.4 \tag{13.1.10}$$

仪器的测量精度 $\Delta N = 0.01$。但是迈克耳孙和莫雷在不同地理条件、不同季节条件下多次进行实验,却始终看不到干涉条纹的移动,原本为验证以太参考系而进行的实验,却得出否定以太参考系的证据。实验结果显示,地球上的光速就是麦克斯韦方程组给出的结果。

## 13.2 洛伦兹变换与狭义相对论的时空观

### 13.2.1 狭义相对论的两个基本假设

下面介绍支撑起狭义相对论的两个基本假设。这两个假设都是惯性参考系中的观察者看到的结果。之所以称为狭义相对论,就是因为这里的理论适用于惯性系这些特殊参考系中的观察者。狭义相对论的基本假设(基本原理)如下。

(1)相对性原理:在任何一个惯性参考系中,物理规律的形式相同,简单地说就是所有的惯性系等价。关于物理规律的形式相同,这里举一个例子。地球上抛出去的物体走抛物线,相对于地球作匀速运动的火车上抛出去的物体也走抛物线,也就是在不同的惯性系中物理规律形式相同。狭义相对论的这一原理是牛顿力学相对性原理的直接推广。这里需要强调的是,牛顿力学中的相对性原理只要求力学规律或者牛顿定律在所有的惯性系中形式相同,而狭义相对论中的相对性原理所要求的不仅仅是力学规律。

(2)光速不变原理:真空中的光速在所有的惯性参考系中都相同,与观察者和光源的运动无关。由麦克斯韦电磁理论知道,真空中的光速 $c=\frac{1}{\sqrt{\mu_0\varepsilon_0}}$,近似值常写为 $3\times10^8$ m/s。爱因斯坦认为,如果电磁理论或者麦克斯韦方程组在不同的惯性系中都正确,那么真空中的光速在任何参考系、在任何方向都应该相同。爱因斯坦在写出这一假设时也许不知道迈克耳孙-莫雷实验的结果,但是迈克耳孙-莫雷实验是对这一假设的有力支持。

这一原理的一个直接结果是物体的运动速度不可能达到真空中的光速。设想这样一种情况:有一个作为惯性系的宇宙飞船相对于地球上的一个观察者以真空光速飞行。

如果飞船发出一束光，那么地球上的观察者看这一光束的速度也是真空光速。这样，地球上的观察者会看到，飞船和光束会在一起而不分开，因为地球上的观察者看飞船和光束以同样的速度运动。但是，对于飞船上的观察者而言，依据光速不变原理，光束的速度依然是真空光速，所以光束会离开飞船而去。这就造成了矛盾结果，所以一个物体的速度不会达到真空中的光速。后面有关狭义相对论的坐标变换以及因果律的讨论也将会看到类似结果。爱因斯坦在 16 岁时曾经设想与光束一起飞行，不过几年之后他意识到这是不可能的。

### 13.2.2　洛伦兹变换（狭义相对论的坐标变换）

利用狭义相对论的两个基本原理可以得到相对论的坐标变换。下面提供一种简单的推导方式。如图 13.2.1，两个观察者同时观察 $K$ 系的坐标原点，坐标分别为

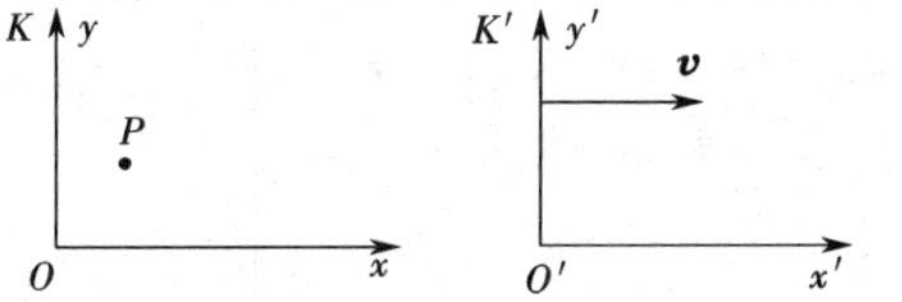


图 13.2.1　两个参考系上的坐标系

$$x=0,x'=-v\Delta t' \tag{13.2.1}$$

由此可以得到一个简单关系

$$x=\gamma'(x'+v\Delta t') \tag{13.2.2}$$

式中，$\gamma'$是一个从参考系 $K'$到参考系 $K$ 的变换系数。对于 $K'$系的坐标原点，两个参考系观察的坐标分别为

$$x'=0,x=v\Delta t \tag{13.2.3}$$

据此也可以得到一个关系

$$x'=\gamma(x-v\Delta t) \tag{13.2.4}$$

式中，$\gamma$ 是一个从参考系 $K$ 到参考系 $K'$的变换系数。根据相对性原理，应该有

$$\gamma'=\gamma \tag{13.2.5}$$

当两个坐标系的原点重合时，从原点向 $X$ 轴正向发射一个光信号。根据光速不变原理，两个参考系中看到光信号的速度相同，都是真空中的光速。因此，光信号前端的坐标分别为

$$\left.\begin{aligned} x'&=ct' \\ x&=ct \end{aligned}\right\} \tag{13.2.6}$$

将式(13.2.6)代入式(13.2.2)和式(13.2.4)，并利用关系式(13.2.5)，得到变换系数

$$\gamma=\frac{1}{\sqrt{1-\dfrac{v^2}{c^2}}} \tag{13.2.7}$$

将式(13.2.2)代入式(13.2.4),或者将式(13.2.4)代入式(13.2.2),可以得到时间的变换关系。再考虑到垂直运动方向的坐标不发生变化,最后得到时空的变换关系为

$$\left.\begin{aligned} x' &= \gamma(x - vt) \\ y' &= y \\ z' &= z \\ t' &= \gamma\left(t - \frac{v}{c^2}x\right) \end{aligned}\right\} \tag{13.2.8}$$

该变换称为洛伦兹变换,由洛伦兹(Hendrik Antoon Lorentz,1853—1928)发表于1904年。在1904年,洛伦兹发现,当把麦克斯韦的电磁场方程组用伽利略变换从一个参考系变换到另一个参考系时,真空中的光速将不是一个不变的量,从而导致对不同惯性系的观察者来说,麦克斯韦方程组及各种电磁效应可能是不同的。为了解决这个问题,洛伦兹提出了另一种变换公式,即洛伦兹变换。洛伦兹变换的反变换是

$$\left.\begin{aligned} x &= \gamma(x' + vt') \\ y &= y' \\ z &= z' \\ t &= \gamma\left(t' + \frac{v}{c^2}x'\right) \end{aligned}\right\} \tag{13.2.9}$$

与伽利略变换相比,洛伦兹变换的显著特点是不同坐标系中的时间不再是一样的,并且时间和空间处于同等地位,联合在一起变换。时间和空间合在一起构成四维时空。当 $v \ll c$ 时,因子 $\gamma$ 变成1,洛伦兹变换成为伽利略变换。

无论是洛伦兹变换还是洛伦兹反变换,其中都有一个因子 $\gamma$,如果参考系的相对运动速率大于真空中的光速,该因子会变成虚数,失去意义。因此,参考系的速率或者物体的运动速度,不可以超过真空中的光速。

用洛伦兹变换可以直接验证关系

$$x^2 + y^2 + z^2 - c^2t^2 = x'^2 + y'^2 + z'^2 - c^2t'^2 \tag{13.2.10}$$

当 $x^2 + y^2 + z^2 - c^2t^2 = 0$ 或者 $x^2 + y^2 + z^2 = c^2t^2$ 时,必有 $x'^2 + y'^2 + z'^2 - c^2t'^2 = 0$ 或者 $x'^2 + y'^2 + z'^2 = c^2t'^2$。对于洛伦兹变换,$x^2 + y^2 + z^2 = c^2t^2$ 是一个不变式,由此可以得到结论:$x^2 + y^2 + z^2 = c^2t^2$ 和 $x'^2 + y'^2 + z'^2 = c^2t'^2$ 同时成立。

### 13.2.3 狭义相对论的速度变换

两个坐标系中的速度定义是式(13.1.4)。根据洛伦兹变换式(13.2.8)得到狭义相对论的速度变换

$$
\left.\begin{aligned}
u'_x &= \frac{\mathrm{d}x'}{\mathrm{d}t'} = \frac{u_x - v}{1 - u_x v/c^2} \\
u'_y &= \frac{\mathrm{d}y'}{\mathrm{d}t'} = \frac{u_y}{\gamma(1 - u_x v/c^2)} \\
u'_z &= \frac{\mathrm{d}z'}{\mathrm{d}t'} = \frac{u_z}{\gamma(1 - u_x v/c^2)}
\end{aligned}\right\} \tag{13.2.11}
$$

其反变换是

$$
\left.\begin{aligned}
u_x &= \frac{\mathrm{d}x}{\mathrm{d}t} = \frac{u'_x + v}{1 + u'_x v/c^2} \\
u_y &= \frac{\mathrm{d}y}{\mathrm{d}t} = \frac{u'_y}{\gamma(1 + u'_x v/c^2)} \\
u_z &= \frac{\mathrm{d}z}{\mathrm{d}t} = \frac{u'_z}{\gamma(1 + u'_x v/c^2)}
\end{aligned}\right\} \tag{13.2.12}
$$

速度的变换形式上比较复杂,似乎也看不出什么明显的规律。不过也有一个特点,那就是垂直于相对运动方向的速度 $u_y$、$u_z$ 的变换会与相对运动方向的速度 $u_x$ 有关。这样的速度变换会保持光速不变。在非相对论近似下,爱因斯坦的相对论速度变换回到伽利略的速度变换。

**例题 13.2.1**　如图 13.2.2 所示,设地球是 $K$ 系,以速度 $\boldsymbol{v}$ 飞行的飞船是 $K'$ 系。$K'$ 系上有一光源 $S$ 向各方向发射光信号,在地球上看光束(1)和(2)的速度分别是多少?

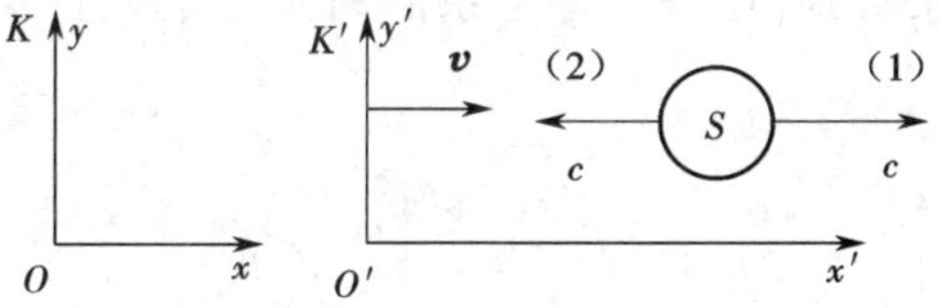


图 13.2.2　例题 13.2.1 用图

**解**　对于光束(1),$u'_x = c$,地球上看该光束的速度

$$u_x = \frac{u'_x + v}{1 + u'_x v/c^2} = \frac{c + v}{1 + v/c} = c$$

对于光束(2),$u'_x = -c$,地球上看该光束的速度

$$u_x = \frac{u'_x + v}{1 + u'_x v/c^2} = \frac{-c + v}{1 - v/c} = -c$$

光速都保持不变。

**例题 13.2.2**　在地面上观察有两个飞船分别以 $+0.9c$ 和 $-0.9c$ 的速度相向飞行。按照经典的伽利略变换,两艘飞船的相对速度是 $+0.9c + 0.9c = 1.8c$,超过真空中的光速。按照狭义相对论的速度变换,求一飞船相对于另一飞船的速度。

**解** 设大地是 $K$ 系,以速度 $v=+0.9c$ 飞行的飞船是 $K'$系。另一艘飞船在 $K$ 系中的速度是 $u_X=-0.9c$。由洛伦兹的速度变换,得到此飞船在 $K'$系中的速度是

$$u'_x=\frac{u_x-v}{1-u_xv/c^2}=\frac{-0.9c-0.9c}{1+0.9^2}=-0.994c$$

按照经典的伽利略变换,一艘飞船测量另一艘飞船的速度会超过真空中的光速。但是,按照狭义相对论的速度变换,两艘飞船的相对速度不会超过真空中的光速。

### 13.2.4 狭义相对论的时空观

就像经典的时空理论反映在伽利略变换中一样,相对论的时空理论存在于洛伦兹变换中。狭义相对论的时空理论有三个典型结果,分别是同时的相对性、时间延缓和长度收缩。下面逐一进行说明。

首先来分析**同时**(simultaneity)的相对性。在经典力学中,不同参考系的时间是一样的,因此同时是绝对的。但是在洛伦兹变换中,不同参考系的时间不再相同,因此同时性不再是绝对的。

可以用一个理想试验(thought experiment)来理解同时性的相对性。如图 13.2.3 所示,假设 $K'$系是一列火车,在车厢的中间位置有一个光源 $S$,向车厢的前部 $A_2$ 和后部 $A_1$ 同时发出光波。在车厢上的观察者看来,光信号同时到达车厢的前部和后部,因为光信号走过相同的距离。但是在 $K$ 系中的观察者看来,光信号到达车厢后部走过更短的距离,因为光信号向后走的时候,车还向前走。所以在 $K$ 系中的观察者看来,光信号会先到达车尾,后到达车头。大家看到,在一个参考系同时发生的两件事,在另一个参考系不一定同时发生。

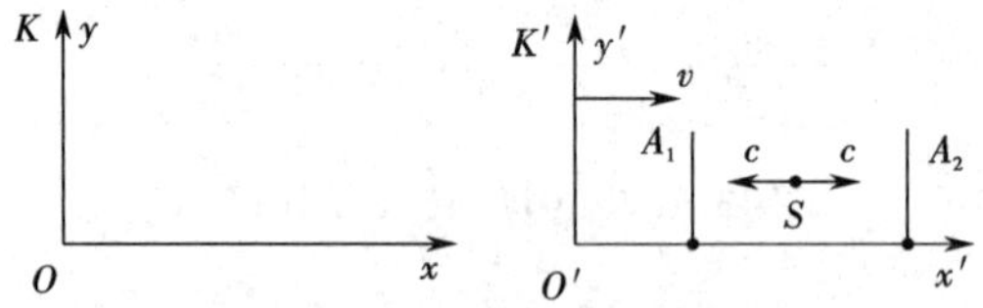


图 13.2.3 同时性的相对性

**例题 13.2.3** 参考系 $K$ 中有两个事件同时发生,这两个事件的空间间距是 $\Delta x$,求 $K'$ 中的时间间隔。

**解** 已知条件 $\Delta x=x_2-x_1$,$\Delta t=t_2-t_1=0$,利用洛伦兹变换,得到

$$\Delta t'=\gamma\left(\Delta t-\frac{v}{c^2}\Delta x\right)=-\gamma\frac{v}{c^2}\Delta x\neq 0 \tag{13.2.13}$$

在 $K'$系中两个事件不同时发生,所以同时不是绝对的,而是相对的。如果 $\Delta x=0$,那么在其他参考系看来,两个事件也会是同时发生的。也就是说,只有同时同地发生的事件,在其他观察者看来也会是同时发生的。

**例题13.2.4** 北京和上海直线相距1 000 km,在某一时刻两地同时起飞一架飞机。

(1)如果一艘飞船以 $v=9$ km/s 速度由北京向上海方向飞行,飞船上的观察者看哪里的飞机先起飞?

(2)如果有另一艘飞船以 $v=9$ km/s 速度由上海向北京方向飞行,结果如何?

**解** 设大地是 $K$ 系,飞船是 $K'$系。已知条件 $\Delta x=x_2-x_1$,$\Delta t=t_2-t_1=0$。

(1)坐标轴由北京指向上海,北京的飞机起飞是事件1,上海的飞机起飞是事件2。利用洛伦兹变换,得到

$$\Delta t'=t'_2-t'_1=\gamma\left(\Delta t-\frac{v}{c^2}\Delta x\right)=-10^{-7}\ \text{s}$$

时间间隔小于零表明,第二个事件先发生,也就是说上海的飞机先起飞。

(2)坐标轴由上海指向北京,上海的飞机起飞是事件1,北京的飞机起飞是事件2。结果与前一种情况相反,飞船上的观察者认为北京的飞机先起飞。

接下来分析**时间延缓**或者**时间膨胀(time dilation)**的意义。由于洛伦兹变换中,不同参考系的时间不再相同,所以一个参考系中持续的时间,在另外的参考系看来时间的持续长度可能会不同。考虑这样一个问题:在 $K'$参考系有一个静止的时钟,走过了时间 $\Delta\tau$,问在 $K$ 系中的观察者看来经过了多长时间?

这一问题的已知条件是 $\Delta t'=\Delta\tau$ 和 $\Delta x'=0$,求 $\Delta t$ 是多少。利用洛伦兹反变换式(13.2.9)的第四式,可以得到

$$\begin{aligned}\Delta t&=\gamma\left(\Delta t'+\frac{v}{c^2}\Delta x'\right)=\gamma\Delta t'\\&=\frac{\Delta t'}{\sqrt{1-\frac{v^2}{c^2}}}=\frac{\Delta\tau}{\sqrt{1-\frac{v^2}{c^2}}}>\Delta\tau\end{aligned}\qquad(13.2.14)$$

上式意味着运动的钟看起来走得慢了,这就是时间延缓效应。这里 $\Delta\tau$ 叫作静止时间或者固有时间,是相对于时钟静止的观察者感受到的时间。相对时钟运动的观察者觉得时间变长了或者膨胀了,所以这一效应也叫作时间膨胀。当然如果时钟静止于 $K$ 系中,也会得到类似的结论。

**例题13.2.5** 一飞船以 $v=0.98c$ 的速度远离地球而去,站在地球上的人挥了一下手,用了0.6 s的时间。问飞船上的人看,地球上的人挥手用了多长时间?

**解** 设地球是 $K$ 系,飞船是 $K'$系。已知条件是 $\Delta x=0$,$\Delta t=0.5$ s,根据洛伦兹反变换得到飞船上观察到的挥手时间

$$\Delta t'=\frac{\Delta t-v\Delta x/c^2}{\sqrt{1-v^2/c^2}}=\frac{0.5}{\sqrt{1-0.98^2}}=2.5\ \text{s}$$

这实际上是时间膨胀的结果。

**例题13.2.6** 微观粒子 π 介子是一种不稳定的粒子,其固有寿命是 $\tau=2.6\times10^{-8}$ s。今有一束 π 介子,在实验室中测得其速度 $v=0.99c$。

(1)按照经典物理,π 介子可以在大地上通过多长的距离?

(2)按照相对论,结果又如何?

(3)与 π 介子一起运动的观察者如何解释相关结果?

**解** (1)按照经典物理,π 介子能够走过的距离

$$S_c = v\tau = 0.99 \times 3 \times 10^8 \times 2.6 \times 10^{-8} = 7.72\ \text{m}$$

(2)按照狭义相对论,π 介子的寿命延长了,能够走过的距离

$$S_r = \frac{v\tau}{\sqrt{1 - v^2/c^2}} = \frac{7.72}{\sqrt{1 - 0.99^2}} = 54.75\ \text{m}$$

(3)与 π 介子一起运动的观察者认为 π 介子的寿命没有变化,但是地面距离有长度收缩效应。

下面讲述孪生子佯谬问题。内容是这样的:有一对双生兄弟,一个登上一宇宙飞船作长程太空旅行,而另一个则留在地球。根据狭义相对论的时间延缓效应,地球上的人会认为旅行者回到地球后,他比留在地球的兄弟更年轻。同样地,飞船上的人看地球上的人,也会认为地球上的人生命延长了,地球上的兄弟会更年轻。如果飞船上的人最后回到地球上,那么到底谁的生命延长了呢?或者谁看起来更加年轻呢?这就是著名的孪生子问题。为了解释孪生子问题,我们必须认识到,两个孪生子并不是在所有的方面都相同。待在地球上的人,可以近似认为总是处于惯性系中,而去旅行的人并非如此。出去旅行的人为了完成离开、返回,最后回到地球上,必须相对于地球有加速度。因此出去旅行的人所在的参考系是远离惯性系的,是非惯性系。也就是说,两个孪生子的物理情景并不相同。系统地处理有加速度的参考系问题是广义相对论的研究内容。经过仔细分析可以知道,出去旅行又返回的人确实比一直待在地球上的人年轻了。如果飞船没有加速或者减速运动,是不会再回到地球上的,两个孪生子到底谁更年轻也就无法进行比较。

在本小节的最后,来看狭义相对论的另一个重要时空结果:**长度收缩(length contraction)**或者叫作**洛伦兹收缩**。考虑这样一个问题:一把直尺在 $K$ 系中沿 $X$ 轴方向静止放置,问 $K'$系中的观察者看长度是多少?在 $K'$系中观察需要同时记下直尺两端的坐标。

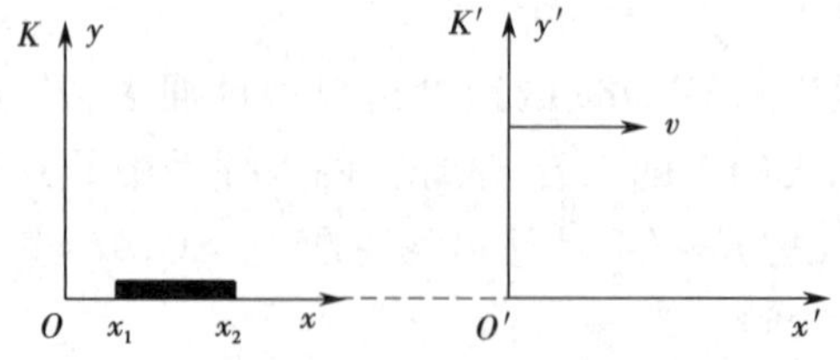


图 13.2.4 长度收缩

这一问题的已知条件是 $\Delta x = x_2 - x_1 = l_0$ 和 $\Delta t' = t'_2 - t'_1 = 0$。根据洛伦兹反变换式(13.2.9)的第一式,得到

$$\Delta x = \gamma(\Delta x' + v\Delta t') \tag{13.2.15}$$

代入已知条件后,其结果

$$\Delta x' = \Delta x/\gamma = l_0\sqrt{1-\frac{v^2}{c^2}} < l_0 \tag{13.2.16}$$

运动的物体在运动方向上看起来缩短了,这叫作长度收缩,或者洛伦兹收缩。为了解释迈克耳孙-莫雷实验的结果,洛伦兹于 1892 年提出了长度收缩的思想,并于 1895 年给出了准确公式。

如果在另一个坐标系上固定一直尺,会得到类似的结果。当观察者相对于直尺静止时观察到时长度称为**固有长度**或者**静止长度**。沿直尺长度方向运动的观察者看,长度变短了或者收缩了。就图 13.2.3 所描述的情况,火车上看光信号到达车头和车尾是同时的,即 $\Delta t' = t'_2 - t'_1 = 0$。在地面上观察,这两个事件的时间间隔是

$$\Delta t = \gamma\left(\Delta t' + \frac{v}{c^2}\Delta x'\right) = \gamma\,\frac{v}{c^2}\Delta x' = \gamma\,\frac{v}{c^2}l_0 \tag{13.2.17}$$

对于地面观察者,这两个事件不是同时发生的,所以地面观察者得到的空间间隔

$$\Delta x = \gamma(\Delta x' + v\Delta t') = \gamma l_0 \tag{13.2.18}$$

就不是长度。地面观察者认为,光信号先到达车尾,过了一段时间后才到达车头,在这段时间内车向前行进的距离是车速与时间间隔的乘积,因此地面观察者认为车厢的长度是

$$\Delta x - v\Delta t = \gamma l_0 - v\gamma\,\frac{v}{c^2}l_0 = l_0\sqrt{1-\frac{v^2}{c^2}} \tag{13.2.19}$$

这与长度收缩公式一致。

长度收缩与时间膨胀这两个结论是有一定关系的,可以从一个结果推出另一个结果。首先来看怎么由时间膨胀得到长度收缩。如图 13.2.5 所示,假设 $K'$ 系的坐标原点有一个时钟,那么该参考系中的观察者认为该时钟从直尺的左端到右端的运动时间是固有时间 $\Delta t' = \Delta\tau$。另一个参考系 $K$ 系中的观察者感到的时间与固有时间之间符合时间膨胀关系 $\Delta t = \gamma\Delta t' = \gamma\Delta\tau$。由于时钟或者参考系 $K'$ 相对于参考系 $K$ 的运动速度是 $v$,所以两个参考系 $K'$ 和 $K$ 中的观察者得到的直尺长度 $l = v\Delta t' = v\Delta\tau$ 和 $l_0 = v\Delta t$ 满足关系

$$l = v\Delta\tau = v\,\frac{\Delta t}{\gamma} = \frac{l_0}{\gamma} = l_0\sqrt{1-\frac{v^2}{c^2}} \tag{13.2.20}$$

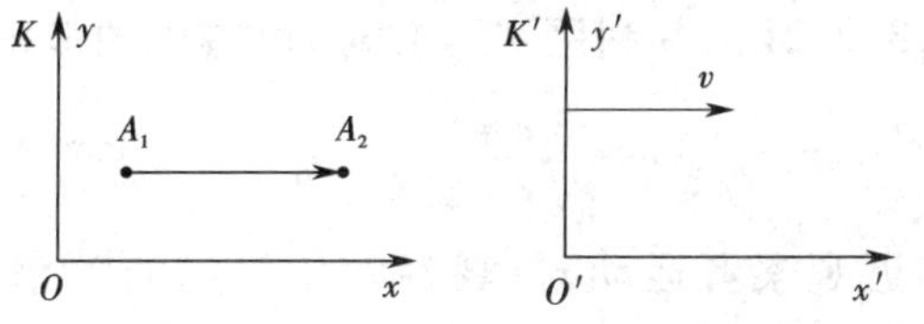


图 13.2.5 因果律

这正是长度收缩的结果。反过来,由长度收缩也可以得到时间膨胀的结论。两个参考系 $K'$ 和 $K$ 中的观察者认为时钟走过直尺的时间分别为 $\Delta t' = \Delta\tau = l/v$ 和 $\Delta t = l_0/v$。在式

(13.2.20)的两边分别除以两个参考系的相对运动速度$v$,不难得到时间膨胀关系。所以长度收缩和时间膨胀之间是有密切关系的。

**例题 13.2.7** 一米尺沿长度方向以$0.6c$的速度向一观测者运动,问直尺通过观测者需要多长时间?

**解** 根据长度收缩效应,观测者测得直尺的长度

$$l = l_0\sqrt{1 - v^2/c^2} = 1 \times \sqrt{1 - 0.6^2} = 0.8\ \text{m}$$

直尺通过观测者时间

$$\Delta t = \frac{l}{v} = \frac{0.8}{0.6 \times 3 \times 10^8} = 4.0 \times 10^{-7}\ \text{s}$$

**例题 13.2.8** 一个观测者以$2.4 \times 10^8$ m/s的速度接近一个边长$a = 50$ cm的立方体,求观测者测得的立方体的体积。

**解** 立方体的固有体积$V_0 = a^3$。根据长度收缩效应,观测者相对于立方体运动时只在相对运动方向上有收缩,垂直方向上没有收缩,因此观测者测得的体积

$$V = V_0\sqrt{1 - v^2/c^2} = 0.50^3 \times \sqrt{1 - 0.6^2} = 0.075\ \text{m}^3$$

观测者接近或者离开任何一个物体都会有类似的收缩效应存在。

下面讨论光的多普勒效应。第10章给出了光的多普勒效应的公式,但是没有进行推导,现在利用狭义相对论的时间膨胀公式导出光的多普勒效应公式。假设参考系$K'$是一列运动的火车,参考系$K$是火车站的站台。火车进站时向站台上的观察者发出频率为$\nu_0$的光波,要讨论的是站台上的观察者看光波的频率是多少。

假设$T$是$K$系中测得光源发出两个波峰的时间间隔。在此时间内,波峰向前移动了$cT$的距离,而波源向前移动了$vT$的距离。相继两波峰之间的距离,也就是波长$\lambda = (c - v)T$。因此,站台上的观察者测得的光的频率

$$\nu = \frac{c}{\lambda} = \frac{c}{(c - v)T} \tag{13.2.21}$$

假设$T_0$是在相对于波源静止的$K'$系中测得的同一地点相继发出两个波峰的时间间隔,也就是说$T_0$是固有时间。由时间膨胀公式可得

$$T = \frac{T_0}{\sqrt{1 - v^2/c^2}} \tag{13.2.22}$$

将式(13.2.22)代入式(13.2.21),并利用$T_0 = 1/\nu_0$,可得光的多普勒效应公式

$$\nu = \sqrt{\frac{c + v}{c - v}}\nu_0 > \nu_0 \tag{13.2.23}$$

这一结果表示,当光源接近观察者运动时,观察者接收到的频率大于光源的发射频率。频率差$\Delta\nu = \nu - \nu_0$叫作多普勒频移(Doppler shift)。如果光源远离观察者而去,上式中的相对运动速率要改变符号,结果是

$$\nu = \sqrt{\frac{c - v}{c + v}}\nu_0 < \nu_0 \tag{13.2.24}$$

这时观察者看到的频率要小于光源的发射频率。

可见光是频率处在一定范围内的电磁波,凡是电磁波都会有多普勒效应。电磁波的多普勒效应在交通管理中常用于测量汽车的运动速度。雷达测速仪通过处理发射电磁波和从车辆反射回来的电磁波的频率差别来确定车的速度。在气象学中,用同样的技术可以测量大气中气流的流速。光的多普勒效应在天文学的研究中也非常重要。天文学家发现,来自遥远星系的光明显存在向长波方向频移的红移现象。

通过上面的讨论可以看到,在狭义相对论中,洛伦兹变换是最基本的关系式,狭义相对论的运动学结论和时空性质,如同时性的相对性、长度收缩、时间延缓、速度变换公式、相对论多普勒效应等都可以从洛伦兹变换中直接得出。

最后讨论物体的最大运动速度问题。从式(13.2.7)看,参考系的相对运动不能达到真空中的光速,否则该因子就会变成无限大或者虚数,使洛仑兹变换不能成立。这样的结论与因果律是一致的。自然界中有一些规律,无论什么样的理论都要遵守。因果律就是这样一个规律。因果律是指:如果一个事件是另一个事件的原因,那么一定原因在前,结果在后,无论哪个观察者观察都是一样的结果。如图 13.2.5 所示,观察一个物体或者信号从 $A_1$ 点运动到 $A_2$ 点。对于所有的观察者来说,物体都应该先从 $A_1$ 出发,之后到达 $A_2$,用时间差来写就是

$$\left.\begin{aligned}\Delta t = t_2 - t_1 > 0 \\ \Delta t' = t'_2 - t'_1 > 0\end{aligned}\right\} \tag{13.2.25}$$

式(13.2.25)可以认为是因果律的数学表达式。在式(13.2.25)中,两个参考系中的时间间隔同时大于零,当然也可以同时小于零,只要符号相同就与因果律一致。在牛顿力学中,时间是绝对的,在不同的参考系中时间是相同的,不同参考系中时间间隔的符号都是相同的,也就是说牛顿力学自然与因果律是一致的。在狭义相对论中,时间不再绝对,怎么满足因果律呢?接下来对这一问题进行分析。

在 $K$ 系中的观察看,物体的速度

$$u = \frac{\Delta x}{\Delta t} = \frac{x_2 - x_1}{t_2 - t_1} \tag{13.2.26}$$

这里假设物体匀速运动。运用洛伦兹变换式(13.2.8)的第四式,得到

$$\begin{aligned}\Delta t' &= \gamma\left(\Delta t - \frac{v}{c^2}\Delta x\right) = \gamma \Delta t\left(1 - \frac{v}{c^2}\frac{\Delta x}{\Delta t}\right) \\ &= \gamma \Delta t\left(1 - \frac{uv}{c^2}\right)\end{aligned} \tag{13.2.27}$$

两个参考系的时间间隔符号相同,要求

$$1 - \frac{uv}{c^2} > 0 \tag{13.2.28}$$

与此等价的形式是

$$uv < c^2 \tag{13.2.29}$$

如果参考系 $K'$就建立在运动的物体上,则有结论

$$u = v < c \tag{13.2.10}$$

这一结果表明,因果律要求参考系的速度以及一般物体的速度不能达到真空中的光速。当然信号的速度最大可以是真空中的光速,因为光信号就是以真空中的光速传播的。这里的结论是:如果两个事件具有因果关系,那么联系它们的信号速度不会超过真空中的光速,事件发生的先后次序也不会因为观察者的不同而改变。相反,如果两个事件没有因果关系,那么联系它们的信号的速度可以超过真空中的光速,事件的先后次序也可能因为观察者的不同而不同。

下面举一个例子。在 $t$ 时刻北京有一列火车要开出车站,在 $t+\Delta t$ 时刻上海有一架飞机要起飞。这两个事件之间没有因果关系,如果用一个假想的信号联系这两个事件,则假想信号的速度是式(13.2.26),其中 $\Delta x$ 是北京和上海之间的距离。当 $\Delta t$ 取不同数值时,这一速度可以是任何值。当 $\Delta t$ 取零时,这一速度甚至可以是无限大。令大地是 $K$ 系,观察者所在的参考系是 $K'$系,并且 $K'$系由北京向上海飞行,那么 $K'$系中的观察者看到的时间差就是式(13.2.27)。由于这时假想的信号的速度可以大于光速($u>c$),甚至可以是无限大,所以只要两个参考系的相对运动速度 $v$ 不是特别小,$K'$系中的时间间隔 $\Delta t'$与 $K$ 系中的时间间隔 $\Delta t$ 的符号就可以相反,事件发生的次序也就可以出现颠倒。

除了光子之外,自然界还有静止质量近似为零的粒子,如中微子。关于中微子的质量问题可以参考粒子数据团队(Particle Data Group)发表的粒子数据表(Chinese Physics C40(2016)100001)。2011 年,意大利物理学家发现了一种超光速的中微子,如果实验数据确凿无误,爱因斯坦的相对论将会受到挑战。此次实验由位于意大利中部山区的格兰萨索国家实验室(LNGS)与位于瑞士日内瓦的欧洲核子研究中心(CERN)合作进行,实验结果是基于对 16 111 次中微子测量事件的观察。实验结果显示,中微子的速度以 40 322.58 分之一超出光速,为现实中宇宙速度的极限。但是稍后发现,该实验是测量人员的技术失误,中微子并没有真的超越真空光速在运动。这也从另一个方面说明了狭义相对论结论的正确性。

## 13.3 相对论力学基础

在牛顿力学中,一个质点的动量是质点质量与其运动速度的乘积 $\boldsymbol{p}=m_0\boldsymbol{v}$,作用在质点上的外力等于动量的时间变化率:$\boldsymbol{F}=\mathrm{d}\boldsymbol{p}/\mathrm{d}t$。在牛顿力学或者经典力学中,质量是常数,不会因为物体的运动而改变。牛顿力学中的坐标变换是伽利略变换。在伽利略变换下,牛顿第二定律在任何惯性参考系中的形式相同,或者说具有不变性。前面给出了狭义相对论的坐标变换和时空观,接下来讨论狭义相对论的动力学。在狭义相对论中,坐标变换是洛伦兹变换,不再是伽利略变换,因此牛顿第二定律的形式也会有所变化。

## 13.3.1　物体的相对论质量和动量

在狭义相对论中，伽利略变换被洛仑兹变换所取代。为了使牛顿第二定律在不同的惯性系中仍然具有相同的形式，有两种选择，一种是改变动量的形式，另一种是改变牛顿第二定律 $\boldsymbol{F}=\mathrm{d}\boldsymbol{p}/\mathrm{d}t$ 的形式。要改变牛顿第二定律的形式比较复杂，该变成什么形式难以有一个简单的思路和结果。在前面的讨论中，在时间膨胀和长度收缩公式中都有因子 $\gamma$。把非相对论的长度除以该因子就是相对论的长度收缩，把非相对论的时间间隔乘以该因子就是相对论的时间膨胀。

牛顿力学的动量乘以因子 $\gamma$，得到物体的相对论动量

$$\boldsymbol{p}=\frac{m_0\boldsymbol{v}}{\sqrt{1-v^2/c^2}} \tag{13.3.1}$$

在这种情况下，牛顿第二定律依然可以写成 $\boldsymbol{F}=\mathrm{d}\boldsymbol{p}/\mathrm{d}t$。定义如下的**相对论质量**(relativistic mass)：

$$m=\frac{m_0}{\sqrt{1-v^2/c^2}} \tag{13.3.2}$$

式中，$m_0$ 是与物体保持相对静止的观察者测得的物体质量，简称**静止质量**(static mass)。相对论质量也称为物体的动质量，与物体的运动速度有关。定义相对论质量后，相对论动量可以写成类似于经典力学中的形式 $\boldsymbol{p}=m\boldsymbol{v}$。如果把牛顿力学的动量除以因子 $\gamma$，得到物体的相对论动量：$\boldsymbol{p}=m_0\boldsymbol{v}\sqrt{1-v^2/c^2}$。如果粒子以真空光速运动，该式给出的动量是零，显然不合理。所以，可能的相对论动量形式应该是式(13.3.1)。狭义相对论中，动量的严格形式确实是式(13.3.1)。在电动力学或者专门的相对论书籍中都有论述，这里不再赘述。

**例题 13.3.1**　假设某一粒子的速率 $v=0.98c$，其相对论质量是其静止质量的多少倍？

**解**　根据定义，粒子的相对论质量

$$m=\frac{m_0}{\sqrt{1-\dfrac{v^2}{c^2}}}=\frac{m_0}{\sqrt{1-\dfrac{(0.98\,c)^2}{c^2}}}=5m_0$$

即粒子的相对论质量是其静止质量的 5 倍。

## 13.3.2　相对论动能

在牛顿力学中，一个质点的动能 $E_\mathrm{k}=\dfrac{1}{2}m_0v^2$。在狭义相对论中，物体的动能又会是什么形式呢？下面进行一些说明和推导。设想狭义相对论情况下动能定理仍然成立，由此可以推出相对论情况下的物体动能。设初始时物体静止，因此初始速度和动能都是 0。

假设物体沿一个方向即 $X$ 方向运动,物体的相对论动能

$$E_k = \int_0^x F\mathrm{d}x = \int_0^x \frac{\mathrm{d}p}{\mathrm{d}t}\mathrm{d}x = \int_0^p v\mathrm{d}p \tag{13.3.3}$$

经过一定的运算,可以得到相对论动能

$$E_k = mc^2 - m_0c^2 \tag{13.3.4}$$

表面上看,一个质点的相对论动能与经典动能完全不同。但是当质点的速率远远小于真空中的光速时,质点的相对论动能会变成经典动能。将 $v^2/c^2$ 当做小量,利用级数展开,质点的相对论动能变成

$$\begin{aligned} E_k &= \frac{m_0c^2}{\sqrt{1-\frac{v^2}{c^2}}} - m_0c^2 \\ &= m_0c^2\left[\left(1+\frac{1}{2}\frac{v^2}{c^2}+\frac{3}{8}\frac{u^4}{c^4}+\cdots\right)-1\right] \\ &= \frac{1}{2}m_0v^2 + \frac{3}{8}m_0\frac{u^4}{c^2}+\cdots \end{aligned} \tag{13.3.5}$$

第一项正是经典动能,其他项是对经典动能的相对论修正。如果忽略掉相对论的修正项,则质点的相对论动能变成经典动能。

**例题 13.3.2** 在什么速度下粒子的动能等于它的静止**能量**?

**解** 由相对论动能公式 $E_k = mc^2 - m_0c^2$

而且 $E_k = m_0c^2$

联立两式,得到相对论质量是静止质量的两倍,即 $m = 2m_0$,进而得到此时粒子速度 $v = \frac{\sqrt{3}}{2}c = 2.6 \times 10^8$ m/s。

## 13.3.3 物体的总能量和质能关系

在牛顿力学和狭义相对论中动能的形式完全不同,但都是描述物体运动时的能量。在狭义相对论中,爱因斯坦还提出了一个新的概念:物体的相对论**总能量**。总能量是怎么定义的呢?在狭义相对论的动能表达式中 $E_k = mc^2 - m_0c^2$,$m_0c^2$ 和 $mc^2$ 都具有能量的量纲,分别与静止质量和相对论质量相对应,分别叫作**静止能量**(**static energy**)和**总能量**(**total energy**)。将相对论动能表达式改写成 $mc^2 = E_k + m_0c^2$,此式表示总能量是静止能量 $m_0c^2$ 与动能 $E_k$ 之和。

总之,在狭义相对论中,一个质点的相对论总能量和静止能量分别为

$$\left.\begin{aligned} E &= E_k + m_0c^2 = mc^2 \\ E_0 &= m_0c^2 \end{aligned}\right\} \tag{13.3.6}$$

质点总能量和静止能量与质点的相对论质量和静止质量分别有了紧密联系,这些结果称为质能关系(mass-energy relation)。质能关系表明有质量就会有能量,反过来有能量

也就会有质量。

**例题 13.3.3**　一电子以 $v=0.99c$（$c$ 为真空中光速）的速率运动。试求：(1) 电子的总能量；(2)电子的经典力学的动能与相对论动能之比。（电子静止质量 $m_e=9.11\times10^{-31}$ kg）

**解**　(1)电子的总能量

$$E=mc^2=m_ec^2/\sqrt{1-v^2/c^2}=5.8\times10^{-13}\,\text{J}$$

(2)电子的经典力学动能

$$E_{0\text{k}}=\frac{1}{2}m_ev^2=4.01\times10^{-14}\,\text{J}$$

电子的相对论动能是

$$E_\text{k}=mc^2-m_ec^2=4.99\times10^{-13}\,\text{J}$$

电子的经典动能与相对论动能之比

$$E_{0\text{k}}/E_\text{k}=8.04\times10^{-2}$$

**例题 13.3.4**　(1)如果将电子由静止加速到速率为 0.1 $c$，需对它做多少功？(2)如果将电子由速率为 $0.8c$ 加速到 $0.9c$，又需对它做多少功？

**解**　(1) 由相对论动能定理：

$$W_{ab}=\int_a^b\boldsymbol{F}\cdot\text{d}\boldsymbol{r}=m_bc^2-m_ac^2=m_0c^2\left[\frac{1}{\sqrt{1-(v_b/c)^2}}-\frac{1}{\sqrt{1-(v_a/c)^2}}\right]$$

将 $v_a=0, v_b=0.1c$ 代入得到

$$W_{ab}=m_0c^2\left[\frac{1}{\sqrt{1-0.1^2}}-1\right]=0.005m_0c^2=4.095\times10^{-16}\,\text{J}\approx2.56\text{ kev}$$

(2)将 $v_a=0.9c, v_b=0.99c$ 代入原式，则

$$W_{ab}=m_0c^2\left(\frac{1}{\sqrt{1-0.99^2}}-\frac{1}{\sqrt{1-0.9^2}}\right)=4.7946m_0c^2=3.93\times10^{-13}\,\text{J}$$

$$\approx2.46\times10^3\text{ keV}$$

**例题 13.3.5**　有 $A$、$B$ 两个静止质量都是 $m_0$ 的粒子，分别以 $v_1=v, v_2=-v$ 的速度相向运动，在发生完全非弹性碰撞后合并为一个粒子。求碰撞后粒子的速度和静止质量。

**解**　在实验室参考系中，设碰撞前两粒子的质量分别 $m_1$ 和 $m_2$，碰撞后粒子的质量为 $M$，速度为 $V$，于是，根据动量守恒和质量守恒定律可得

$$m_1v_1+m_2v_2=MV \quad ①$$

$$m_1+m_2=M \quad ②$$

由于

$$m_1v_1+m_2v_2=\frac{m_0v}{\sqrt{1-\left(\frac{v}{c}\right)^2}}+\frac{m_0(-v)}{\sqrt{1-\left(\frac{-v}{c}\right)^2}}=0$$

代入①式得 $V=0$，故碰撞后静止质量

$$M = m_1 + m_2 \frac{2m_0}{\sqrt{1-\left(\frac{v}{c}\right)^2}}$$

## 13.3.4 质量亏损和结合能

把原子核外边的电子电离需要能量,这些能量在化学上叫作电离能。电离能的大小描述了电子与原子核结合的紧密程度,这里也叫作结合能(binding energy)。把原子核中的质子或者中子打出来需要更大的能量,说明原子核的结合能要比电子与原子核之间的结合能大很多。利用狭义相对论的质能关系可以算出物体的结合能。

根据相对论的质量与能量的关系 $E = mc^2$, $E_0 = m_0c^2$,质量与能量紧密联系在一起,质量的变化意味着能量的变化,能量的变化也意味着质量的变化。如果两个或多个物体结合在一起,质量发生了减少(称为质量亏损)

$$\Delta m = m_{ABC\cdots} - (m_A + m_B + m_C + \cdots)$$

根据质能关系,同时会有能量放出

$$\Delta E = \Delta m\ c^2 \tag{13.3.7}$$

这些能量就是结合能,因为要使结合体回到原来的分离状态,需要提供这么多能量将结合体分离。下面通过两个例题分析质量变化与能量变化的关系。

**例题 13.3.6** 中微子衰变放出的能量。中子在原子核内时是稳定的,但是自由的中子是不稳定的,大约 15 min 后会发生衰变,过程如下

$$n \to p + e^- + \bar{v}_e$$

这里 $n$、$p$、$e^-$、$\bar{v}_e$ 分别代表中子、质子、电子和反电子中微子。如果中微子的静止质量可以忽略,计算这一过程的质量亏损和释放出的能量。

**解** 各微观粒子的静止质量是

$$m_n = 1.674\ 95 \times 10^{-27}\,\mathrm{kg}$$

$$m_p = 1.672\ 65 \times 10^{-27}\,\mathrm{kg}$$

$$m_e = 9.109 \times 10^{-31}\,\mathrm{kg}$$

这一衰变过程的质量亏损

$$\Delta m = m_n - (m_p + m_e) = 1.39 \times 10^{-31}\ \mathrm{kg}$$

释放出的能量

$$\Delta E = \Delta m\ c^2 = 1.39 \times 10^{-30} \times (3 \times 10^8)^2 = 1.25 \times 10^{-13}\ \mathrm{J}$$

**例题 13.3.7** 对于如下的氘核聚变成氦核的轻核的原子核聚变反应,计算反应过程的质量亏损和氦核的结合能:

$${}_1^2\mathrm{H} + {}_1^2\mathrm{H} \to {}_2^4\mathrm{He}$$

**解** 氘核的静止质量

$$m_0({}_1^2\mathrm{H}) = 3.343\ 7 \times 10^{-27}\,\mathrm{kg}$$

氦核的静止质量为

$$m_0({}_2^4\text{He}) = 6.6425 \times 10^{-27}\ \text{kg}$$

因此，质量亏损

$$\Delta m = 4.5 \times 10^{-29}\ \text{kg}$$

对应的能量变化

$$\Delta E = \Delta m\ c^2 = 4.05 \times 10^{-12}\ \text{J}$$

这实际上是反应过程中放出的能量。如果要将氦核打碎重新变成两个氘核，需要提供这么多能量，这些能量就是结合能。

### 13.3.5　动量与能量的关系

在牛顿力学中，动量和动能有简单的关系 $E_k = p^2/(2m_0)$，其中动量 $\boldsymbol{p} = m_0\boldsymbol{v}$。利用相对论的能量和动量形式，可以导出如下的能量与动量关系（energy-momentum relation）：

$$E^2 = p^2c^2 + m_0^2c^4 \tag{13.3.8}$$

这也是狭义相对论的一个重要结果。注意，在式（13.3.8）中，能量是相对论的总能量。

在后边的量子力学（quantum mechanics）中，会涉及光的粒子性，与光对应的粒子叫作光子。研究发现，光子的能量 $E = h\nu$，其中 $\nu$ 是光的频率，$h = 6.626 \times 10^{-34}\ \text{J}\cdot\text{s}$ 是普朗克常数。光子也以真空中的光速运动，因此光子没有静止质量。利用式（13.3.8），对于光子有以下结果：

$$\left.\begin{aligned} m_0 &= 0 \\ E &= pc \end{aligned}\right\} \tag{13.3.9}$$

光子的动量

$$p = E/c \tag{13.3.10}$$

光具有动量，当光照射到物体上时动量发生改变，会对物体产生压力，只是这种压力很小而已。关于光的动量在第 9 章中曾有所讨论。

在量子物理中，静止质量不为零的粒子（如电子、质子等），通常称为物质粒子（material particle）或者实物粒子。

**例题 13.3.8**　一个质量为 $M$ 的静止粒子，衰变为两个静止质量为 $m_1$ 和 $m_2$ 的粒子，求这两个粒子的动能。

**解**　令两粒子的动能分别为 $E_{k_1}$ 与 $E_{k_2}$，由相对论能量守恒得到

$$Mc^2 = E_{k_1} + E_{k_2} + m_1c^2 + m_2c^2 \tag{①}$$

由相对论动量和能量的关系 $E^2 = p^2c^2 + m_0^2c^4 = (E_k + m_0c^2)^2$ 得到

$$p^2 = \frac{E_k^2}{c^2} + 2m_0E_k$$

由相对论动量守恒得到

$$\frac{E_{k_1}^2}{c^2}+2m_1E_{k_1}=\frac{E_{k_2}^2}{c^2}+2m_2E_{k_2} \quad ②$$

联立①、②两式解得

$$E_{k1}=\frac{c^2}{2M}[(M-m_1)^2-m_2^2]$$

$$E_{k2}=\frac{c^2}{2M}[(M-m_2)^2-m_1^2]$$

**例题 13.3.9** 如果X射线的波长是0.1 nm,计算X射线对应光子的能量、动量和相对论质量。

**解** 光子的能量

$$E=h\nu=\frac{hc}{\lambda}=\frac{6.626\times10^{-34}\times3\times10^8}{0.1\times10^{-9}}=1.989\times10^{-15}\ \text{J}$$

光子的动量

$$p=\frac{E}{c}=\frac{1\ 989\times10^{-15}}{3\times10^8}=6.63\times10^{-24}\text{kg}\cdot\text{m/s}$$

光子的相对论质量

$$m=\frac{E}{c^2}=\frac{1.989\times10^{-15}}{(3\times10^8)^2}=2.21\times10^{-32}\text{kg}$$

X射线的波长仅为可见光波长的几千分之一,光子的能量却比可见光光子的能量大几千倍。就质量而言,X射线对应的光子的相对论质量已经比较小,可见光对应的光子的相对论质量更小,仅为X射线光子的几千分之一。

**例题 13.3.10** 太阳光照射到地球上的平均强度 $I\approx1\ 000\ \text{W/m}^2$,求太阳光对地面的平均压强。

**解** 光子的动量 $p=E/c$,如果光照射到大地上不反射而被大地吸收,光子动量的变化就是 $\Delta p=p=E/c$。如果每秒有 $n$ 个光子入射,那么每秒钟总动量的变化就是 $n\Delta p=nE/c=I/c$。这也是光对大地的平均压强,即

$$\frac{I}{c}=\frac{10^3}{3\times10^8}=3.3\times10^{-6}\text{N/m}^2$$

相对于宏观物体之间的压强,这一数值极其微小,可以忽略。例如,一个体重50 kg的人站在一个1 m² 的平板上,不计平板的质量,人的重力对大地产生的压强约为500 N/m²。光压近似是该数值的亿分之一。但是在大尺度的宇宙空间太阳光的压力也许会起一定的作用,例如有人认为彗星长长的尾巴有一部分来自于太阳光施加的压力。其他的压力来自于太阳风中的微观粒子等。

# 习　题

13-1　狭义相对论的相对性原理告诉我们(　　)。

(A)描述一切力学规律,所有惯性系等价

(B)描述一切物理规律,所有惯性系等价

(C)描述一切物理规律,所有非惯性系等价

(D)描述一切物理规律,所有参考系等价

13-2　光速不变原理指的是(　　)。

(A)在任何媒质中光速都相同

(B)任何物体的速度不能超过光速

(C)任何参考系中光速不变

(D)一切惯性系中,真空中光速为一相同值

13-3　下面说法中,唯一正确的是(　　)。

(A)经典力学时空观集中反映在洛伦兹变换上

(B)由于运动时钟变慢,所以宇航员出发前要先把手表拨快一些

(C)无论用多大的力,作用多长时间,也不可能把地面上的物体加速到光速

(D)公式 $E=mc^2$ 说明质量和能量可以互相转换

13-4　在惯性系 $S$ 中同时又同地发生的事件 $A$、$B$,在任何相对于 $S$ 系运动着的惯性系中测量,(　　)。

(A) $A$、$B$ 可能既不同时又不同地发生　　(B) $A$、$B$ 可能同时而不同地发生

(C) $A$、$B$ 可能不同时但同地发生　　(D) $A$、$B$ 同时又同地发生

13-5　在洛伦兹变换下,相对论力学的不变量为(　　)。

(A)加速度　　(B)空间长度

(C)质点的静止质量　　(D)时间间隔

13-6　一长度 $l=5$ m 的棒静止在 $S$ 系中,棒与 $OX$ 轴的夹角为30°。现有 $S'$ 系以 $v=\frac{1}{2}c$ 相对于 $S$ 系沿 $OX$ 轴运动,则在 $S'$ 系的观察者测得此棒与 $O'X'$ 的夹角约为(　　)。

(A)25°　　(B)33°　　(C)45°　　(D)30°

13-7　两相同的米尺,分别静止于两个相对运动的惯性参考系 $S$ 和 $S'$ 中。若米尺都沿运动方向放置,则(　　)。

(A) $S$ 系的人认为 $S'$ 系的尺要短些　　(B) $S'$ 系的人认为 $S$ 系的尺要长些

(C)两系的人认为两系的尺一样长　　(D) $S$ 系的人认为 $S'$ 系的尺要长些

13-8　在某地发生两事件,与该地相对静止的甲测得时间间隔为4 s,若相对于甲作匀速运动的乙测得的时间间隔为5 s,则乙相对于甲的运动速度为(　　)。

(A)$\frac{4}{5}c$　(B)$\frac{3}{5}c$　(C)$\frac{1}{5}c$　(D)$\frac{2}{5}c$

13-9　一根静止长度为1 m的尺子静止于惯性系$S$中,且与$Ox$轴方向成30°夹角。当观察者以速度$v$相对于$S$系沿$Ox$轴方向运动时,测出尺与$Ox$轴方向的夹角变为45°,他测出尺的长度为(　　)。

(A)1.0 m　(B)0.8 m　(C)0.6 m　(D)0.7 m

13-10　一光子以速度$c$运动,一人以0.99$c$的速度去追,此人观察到的光子速度大小为(　　)。

(A)0.1$c$　(B)0.01$c$　(C)$c$　(D)0.9$c$

13-11　一宇航员要到离地球5光年的星球去航行,如果宇航员希望把该路程缩短为3光年,则他所乘的火箭相对于地球的速度应是(　　)。

(A)$\frac{1}{2}c$　(B)$\frac{3}{5}c$　(C)$\frac{4}{5}c$　(D)$\frac{9}{10}c$

13-12　静止质量为$m_0$的物体,以0.6 $c$的速度运动,物体的总动能为静能的(　　)倍。

(A)$\frac{1}{4}$　(B)$\frac{1}{2}$　(C)1　(D)$\frac{1}{3}$

13-13　将静质量为$m_0$的静止粒子加速到0.6$c$所需做的功为(　　)。

(A)0.15 $m_0c^2$　(B)0.25 $m_0c^2$　(C)0.35 $m_0c^2$　(D)0.45 $m_0c^2$

13-14　一个电子运动速度为0.99$c$,它的动能是(　　)。(已知电子的静止能量为0.511 MeV)

(A)3.5 MeV　(B)4.0 MeV　(C)3.1 MeV　(D)2.5 MeV

13-15　一长度$l=5$ m的棒静止在$S$系中,且棒与$OX$轴成30°角。$S'$系以$v=\frac{1}{2}c$相对于$S$系沿$OX$轴运动,则在$S'$系的观察者测得此棒的长度约为________。

13-16　边长为$a$的正方形薄板静止于惯性系$S$的$XOY$平面内,且两边分别与$X$、$Y$轴平行。今有惯性系$S'$以0.8$c$($c$为光速)的速度相对于$S$系沿$x$轴作匀速直线运动,则从$S'$系测得薄板的面积为________。

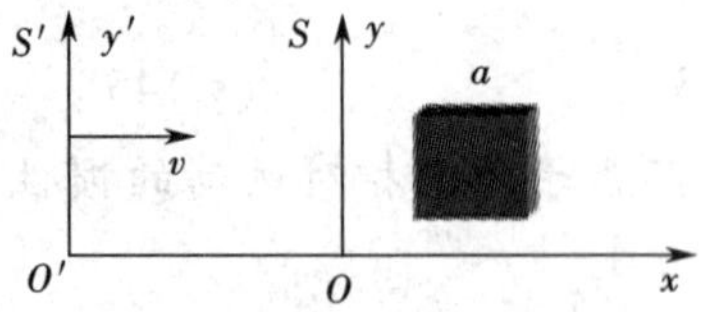


题13-16图

13-17　两个光子反向运动,它们的速度均为$c$,则其中一个光子测得另一个光子的速度大小为________。

13-18　在惯性系 $S$ 中，测得某两事件发生在同一地点，时间间隔为 4 s，在另一惯性系 $S'$ 中，测得这两事件的时间间隔为 6 s，它们的空间间隔是____________。

13-19　$S$ 系与 $S'$ 系是坐标轴相互平行的两个惯性系，$S'$ 系相对于 $S$ 系沿 $Ox$ 轴正方向匀速运动，一根刚性尺静止在 $S'$ 系中并与 $O'x'$ 轴成 30°角。今在 $S$ 系中观察得此尺与 $Ox$ 轴成 45°角，则 $S'$ 系相对于 $S$ 系运动的速度为____________。

13-20　飞船 $A$ 中的观察者测得飞船 $B$ 正以 0.4 $c$ 的速率尾随而来，一地面站测得飞船 $A$ 的速率为 0.5 $c$，则地面站测得飞船 $B$ 的速率为____________。

13-21　某种介子静止时的寿命是 $10^{-8}$ s，如它在实验室中的速率为 $2\times10^{8}$ m/s，在它的一生中能飞行____________ m。

13-22　与观察者甲相对静止的 $Oxy$ 平面有一个圆形物体，另一观察者乙相对于观察者甲以 0.8 $c$ 的速率平行于 $Oxy$ 平面作匀速直线运动。观察者乙测得这一图形为一椭圆，其面积是 7.2 $cm^2$，则观察者甲测得的该物体面积是____________。

13-23　一个电子用静电场加速到动能为 0.25 MeV，此时电子的质量约为静质量的__________倍。

13-24　观察者甲以 $\frac{4}{5}c$ 的速度（$c$ 为真空中光速）相对于观察者乙运动，若甲携带一长度为 $l$、截面积为 $S$、质量为 $m$ 的棒，这根棒安放在运动方向上，则：(1) 甲测得此棒的密度为____________；(2) 乙测得此棒的密度为____________。

13-25　静止质量为 $m_0$ 的物体，以 0.6 $c$ 的速度运动，物体的总动能为静能的________倍。

13-26　当一颗子弹以 $0.6c$（$c$ 为真空中的光速）的速率运动时，其运动质量与静质量之比为____________。

13-27　某核电站年发电量为 100 亿度，它等于 $36\times10^{15}$J 的能量，如果这是由核材料的全部静止能转化产生的，则需要消耗的核材料的质量为____________。

13-28　某物体运动速率为 $0.8c$ 时，物体的质量为 $m$，则其动能为____________。

13-29　一电子以 0.99 $c$ 的速率运动，则该电子的总能量是__________ J，电子的经典力学动能与相对论动能之比是__________。

13-30　一观测者测得运动着的米尺长 0.5 m，问此米尺以多大的速度接近观测者？

13-31　一飞船以 $9\times10^{3}$ m/s 的速率相对于地面（假设地面为惯性系）匀速飞行。若飞船上的钟走了 5 s 的时间，用地面上的钟测量是经过了多少时间？

13-32　一静止面积 $S_0=100$ $m^2$、面密度为 $\sigma_0$ 的正方形板，若观测者以 $u=0.6$ $c$ 的速度沿其对角线运动，求：(1) 所测得图形的形状与面积；(2) 面密度之比 $\frac{\sigma}{\sigma_0}$。

13-33　一米尺静止在 $S'$ 系中，长度为 $l_0$，并与 $X'$ 轴成 30°角。若在 $S$ 系中测得该米尺与 $X$ 轴成 45°角，则 $S'$ 相对于 $S$ 系的速度为多大？$S$ 系中测得该米尺的长度是多少？

13-34　一位旅客在星际旅行中打了 5.0 min 的瞌睡，如果他乘坐的宇宙飞船是以

0.98 $c$ 的速度相对于太阳系运动的，那么，太阳系中的观测者会认为他睡了多长时间？

13-35　实验室测得一质子的速率为 0.995 $c$，求该质子的质量、总能量、动量和动能。(质子的静质量为 $1.673\times10^{-27}$ kg)

13-36　甲相对乙以 0.6 $c$ 的速率运动，求：

(1) 甲携带质量为 1 kg 的物体，乙测得该物体的质量是多少？

(2) 甲、乙测得该物体的总能量各是多少？

13-37　如果一观测者测出电子的质量为 $2m_0$($m_0$ 为电子的静止质量)，问电子的速度是多大？

13-38　在什么速度下粒子的动量是其非相对论动量的两倍？在什么速度下粒子的动能等于它的静止能量？

13-39　要使电子的速率从 $v_1=1.2\times10^8$ m/s 增加到 $v_2=2.4\times10^8$ m/s 必须对它做多少功？(电子静止质量 $m_e=9.11\times10^{-31}$ kg)

# 第 14 章　量子力学基础

量子物理看上去距离人们的日常生活很遥远，但是实际上以量子物理为基础的仪器设备早已进入了人们的日常生活，例如激光器、电子计算机、核磁共振成像等。本章首先介绍量子力学的基本思想即波粒二象性，这是第 1 节到第 4 节的内容；第 5 节是玻尔用量子化的思想对氢原子的处理，这是标准的量子力学没有出现之前的早期量子论，现在称为旧量子论；第 6 节到第 10 节是关于标准量子力学的基本方程以及对一些典型问题的处理方法和结果。

## 14.1　黑体辐射与能量的量子化

### 14.1.1　热辐射

实验表明，只要物体的绝对温度不是零，就会发射电磁波，这种现象称为热辐射，并且不同温度下物体发出电磁波的成分不尽相同。

为了描述物体发射电磁波的本领，定义一个物理量——**辐出度**，用符号 $E(T)$ 表示。辐出度是单位时间内，从辐射源表面单位面积发射出的辐射能量，单位是 $\mathrm{W/m^2}$；对应某一特定波长的辐出度称为**单色辐出度**，用 $e(\lambda,T)$ 表示，其意义是单位时间内，从辐射源表面单位面积发射出的单位波长间隔的辐射能量。总辐出度与单色辐出度有以下关系

$$E(T)=\int_0^{\infty} e(\lambda,T)\,\mathrm{d}\lambda \tag{14.1.1}$$

单色辐出度多用在科学理论研究中，单一频率的波由于能量很少，实际测量和应用过程中很难探测到，所以辐射测温仪等都是测定一定范围波长内的辐出度。

物体在发射光波的同时也在吸收和反射照射到物体上的光波。假如照射到物体上的光是白光，而看到的物体颜色实际上是反射光的颜色，其他的成分被物体吸收掉了。如果物体呈现白色，则表明物体几乎不吸收任何波段的光波，光几乎被完全反射；如果物体呈现黑色，则表明物体吸收电磁波或者光波的本领很强，反射的能力很弱。描述物体吸收能力的物理量称为**吸收系数**，定义为吸收能量与入射能量的比值。**反射系数**是反射能量与入射能量的比值。吸收系数与反射系数之和是 1。物体的吸收系数与物体的温度和入射波的波长都有关系，波长在 $\lambda\rightarrow\lambda+\mathrm{d}\lambda$ 范围内的吸收系数叫作单色吸收系数，用符号 $a(\lambda,T)$ 表示。

通常,把**能够完全反射所有波长光波的物体叫作白体,白体的吸收系数 $a(\lambda,T)=0$;能够完全吸收所有波长光波的物体叫作黑体,黑体的吸收系数 $a(\lambda,T)=1$;介于二者之间的物体叫作灰体,灰体的吸收系数满足 $0<a(\lambda,T)<1$**。有一些物体只对某些波长或者某波段的光有明显的吸收,对其他波长吸收很少或者不吸收,这样的物体称为**选择性吸收体**。实际中,那些有色反光物就属于选择性吸收体。

黑体是一个理想的物理模型,它并不等同于黑色的物体,因为黑色的物体也会少量地反射电磁波,吸收系数不是绝对等于1。现实生活中,绝对的白体和绝对的黑体并不存在,但是可以设计出理想的黑体。例如,在一个不透明的空腔内,如果在腔壁上开一个小洞(如图14.1.1所示),那么射进小洞的光线,会在腔壁上经多次反射后被吸收,最终不能出来。这样的装置可以当做理想黑体或者绝对黑体。通常,即使阳光明媚的白天,人们观察建筑物留出的窗口时,会感觉到它们是黑暗的,就是因为进入屋内的光线经过多次的反射和吸收,几乎没什么光线从窗户反射出来的缘故。

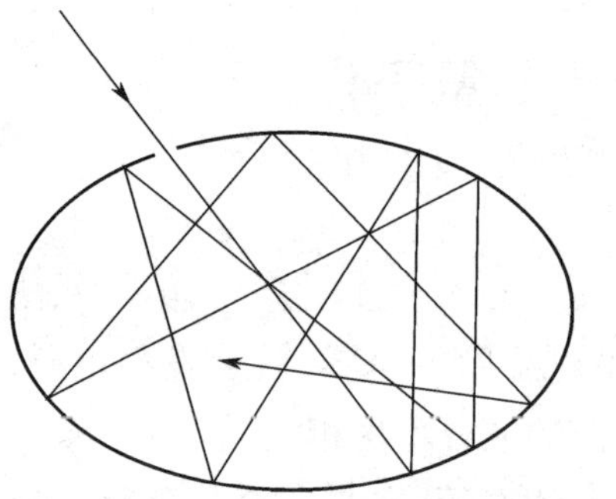

图14.1.1　理想黑体模型

研究表明,**吸收能力越强的物体,辐射本领也越强**。考虑一个密闭的容器内有多个物体存在,并且这些物体相互远离,经过一段时间以后,这些物体以及器壁可以达到相同的温度,即处于热平衡状态。这一现象表明,容器内的每一个物体在单位时间内吸收和辐射的能量相同。也就是说,相同温度条件下,辐出度大的物体,吸收系数也大;辐出度小的物体,吸收系数也小。1859年,德国物理学家基尔霍夫(G. R. Kirchoff, 1824—1887)将这一现象总结为一条定律:**相同温度条件下,任何物体的单色辐出度与吸收系数的比值都相同,都等于黑体的单色辐出度,即**

$$\frac{e_1(\lambda,T)}{a_1(\lambda,T)}=\frac{e_2(\lambda,T)}{a_2(\lambda,T)}=\cdots=e_0(\lambda,T) \tag{14.1.2}$$

**这里 $e_0(\lambda,T)$ 代表黑体的单色辐出度,它是波长和温度的函数**。由此可见,黑体的单色辐出度具有特殊的地位。这样,研究黑体辐射的规律就成为了一个中心课题。

## 14.1.2　黑体辐射

在19世纪末,德国的钢铁工业迅猛发展,许多德国的实验物理学家和理论物理学家都很关注对黑体辐射的研究。人们利用精巧的实验测出了如图 14.1.2 所示那样的黑体辐射曲线，同时还总结出了黑体辐射的两个重要规律，即斯特藩 - 玻尔兹曼定律和维恩位移定律。1879 年，斯特藩总结出了黑体辐出度与温度关系式：

$$E(T)=\sigma T^4 \tag{14.1.3}$$

式中 $\sigma=5.670\ 400\times10^{-8}\mathrm{W/(m^2\cdot K^4)}$，称为斯特藩常数。在 1884 年，玻尔兹曼从经典理论出发，也导出了同样的结果。因此，上式也叫作**斯特藩 - 玻尔兹曼定律**。到 1893 年，德国物理学家维恩从经典电磁理论和热力学出发导出了黑体辐射能谱峰值对应的波长 $\lambda_m$ 与黑体辐射温度的关系：

$$\lambda_m T=b \tag{14.1.4}$$

其中常数 $b=2.897\ 768\ 5\times10^{-3}\mathrm{m\cdot K}$。该结果称为**维恩位移定律**，常数 $b$ 称为维恩位移常量。不难发现，温度升高，能谱峰值对应的波长变短。

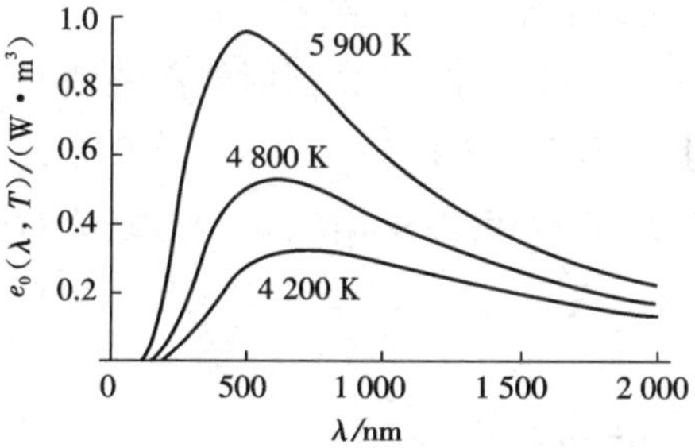


图 14.1.2　黑体辐射曲线

尽管以上两个规律与实验结果符合很好，但是人们在从理论上解释辐射能量随频率或者波长的变化规律时却遇到了极大的困难。1896 年，维恩假设辐射能谱分布与麦克斯韦速率分布相似，结合实验数据，得到了维恩辐射公式。维恩辐射公式在短波波段与实验符合较好，但在长波波段与实验相差很大。几乎在同一时期，瑞利和金斯根据经典电磁学理论和热力学的能量均分定理，研究密封空腔中的电磁场。考虑一个空腔，腔壁温度为 $T$，腔内真空，由于腔壁在任何温度下都辐射电磁波，因此腔内就建立了一电磁场，并且腔壁同电磁场将达到平衡。瑞利和金斯将器壁看作是一个由许多振子组成的系统，发出连续频率的电磁波，在此基础上得到了空腔辐射的辐出度按波长分布的瑞利 - 金斯公式。瑞利 - 金斯公式在长波情况下，同实验结果相符，但在短波范围，辐出度则迅速地单调上升，同实验结果矛盾。

## 14.1.3　普朗克的能量子理论

能否找出一个与实验相吻合的数学公式呢？德国物理学家普朗克在 1900 年确实得到了这样一个经验公式，现在称为普朗克公式：

$$e(\lambda,T)=\frac{2\pi hc^2}{\lambda^5}\frac{1}{e^{\frac{hc}{\lambda kT}}-1} \tag{14.1.5}$$

式中 $h=6.626\ 069\ 3\times10^{-34}\ \mathrm{J\cdot s}$ 是一个常数,与黑体的材料、性质和温度都无关。该常量叫作**普朗克常数**。在波长很大时,普朗克公式成为维恩辐射公式。假设波长很小时,由普朗克公式可以得到瑞利-金斯公式,并且普朗克公式与实验完全符合。现在已经知道了黑体辐射规律的数学表示,接下来的问题是怎么从理论上解释这一公式。

普朗克在得到这一公式时,修改了瑞利和金斯关于振子发出连续频率电磁波的假设,而作了如下新的假设:空腔器壁上的谐振子的能量不能连续变化,只能取一些分立值,这些分立值是最小能量 $\varepsilon$ 的整数倍,即 $\varepsilon,2\varepsilon,3\varepsilon,\cdots,n\varepsilon,\cdots$ 其中 $n$ 为正整数,而且假设频率为 $\nu$ 的谐振子的最小能量 $\varepsilon=hv$。此能量称为能量子。每一个振子的能量状态发生改变时,会吸收或者发出光波,发射和吸收的能量也只能是能量子的整数倍。

1900 年 12 月 14 日,普朗克在德国物理学会上正式提出了关于黑体辐射的公式。这一天也被后人定为量子论的诞生日。普朗克的这一发现成为了整个 20 世纪物理学的研究基础。现在,量子理论更是渗透到了各个研究领域。

**例题 14.1.1** 把以下物体当做黑体,计算辐射能谱峰值对应的波长 $\lambda_m$:(1)人体,温度设为 37 ℃;(2)太阳,温度设为 5 000 K。

**解** 根据维恩位移定律 $\lambda_m T=b$ 可以求出辐射能量峰值对应的波长,这里的常数 $b=2.897\ 768\ 5\times10^{-3}\ \mathrm{m\cdot K}$。

(1)对于人体,

$$\lambda_m=\frac{b}{T}=\frac{2.897\ 768\ 5\times10^{-3}}{37+273}\approx9.35\times10^{-6}\ \mathrm{m}=9\ 350\ \mathrm{nm}$$

这一波长位于远红外波段,人眼无法看见。

(2)对于太阳,

$$\lambda_m=\frac{b}{T}=\frac{2.897\ 768\ 5\times10^{-3}}{5\ 000}\approx0.5\ 796\times10^{-6}\ \mathrm{m}=579.6\ \mathrm{nm}$$

这一波长处于可见光的中心区域。

## 14.2 光电效应与光的波粒二象性

### 14.2.1 光电效应实验

**当光照射到金属上时,有电子从金属表面逸出,这一现象称为光电效应。**发射出来的电子叫作**光电子**。光电效应是德国物理学家赫兹在 1887 年发现的。光电效应的实验装置如图 14.2.1 所示。当在金属外面加一个闭合电路,加上正向电压时,这些逸出的光电子到达阳极便形成所谓的**光电流**。在入射光一定时,增大光电管两极的正向电压,提高光电子的动能,光电流会随之增大。但光电流不会无限增大,要受到光电子数量的约束,有一个最大值,这个值就是**饱和电流**。如果加上反向电压,则电流会减小。当反向电压增大到一定数值时，电流消失，这时的电压称为**遏止电压**。

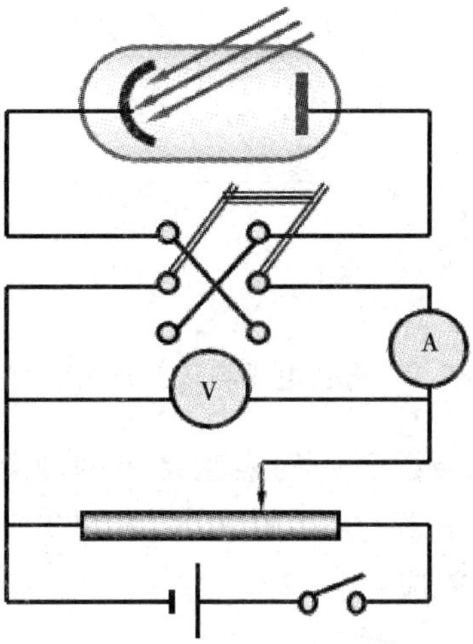


图 14.2.1　光电效应装置示意图

总体来说，光电效应的实验规律可以归纳为以下四条。

(1)光电子出现与否与照射金属所用光的强度没有直接关系。仅当照射物体的光频率不小于某个确定值时，物体才能发出光电子，这个频率叫作红限频率（或截止频率），相应的波长叫作红限波长。表 14.2.1 是一些金属的红限波长。

**表 14.2.1　一些金属的红限波长**　　nm

| 铯 | 钠 | 锌 | 银 | 铂 |
|---|---|---|---|---|
| 652 | 540 | 372 | 260 | 196 |

(2)光电子脱出物体时的初速度或者初动能和照射光的频率有关，而和发光强度无关，并且光电子的初始动能与入射光的频率有线性关系。对于不同金属，遏止电压 $U_0$ 与入射光频率 $\nu$ 的关系如图 14.2.2 所示。

(3)从实验知道，产生光电流的过程非常快，一般不超过$10^{-9}$s。光照停止，光电流也随之停止。这表明，光电效应是瞬时的。

(4)饱和电流与入射光的强度成正比，也就是说单位时间内从金属表面逸出的光电子数目与入射光的强度成正比。

以上四条，除了第四条可以用光的经典波动理论理解外，其他三条都无法用经典的光的波动理论加以解释。按照经典理论，只要入射光的强度足够大，一定能将电子从金属中打出，这与第一条的实验结果矛盾。按照经典理论，出射光电子能量应该与入射光的能量或者强度有关，这也与第二点的观察结果相违背。如果入射光的强度比较弱，则需要积累一段时间，当能量达到一定程度时，才会有光电子出现；事实是，无论光是强还

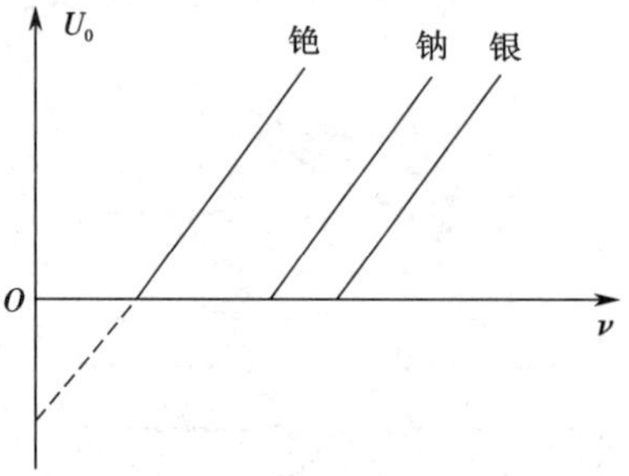


图 14.2.2　遏止电压与入射光频率的关系

是弱,光电子都会瞬间出现,这与第三条的实验结果相冲突。唯有第四条用经典理论是可以解释的,用强光照射,会有更多的电子获得足够多的能量从金属中逸出。综合来看,经典理论不足以完全解释光电效应。

## 14.2.2　爱因斯坦的光子假说

在普朗克的理论中,还是坚持认为电磁波在本质上是连续的,只是当它们与器壁振子发生能量交换时电磁能量才显示出量子性。爱因斯坦看出能量量子不是一个成功的数学公式,而是揭露光的本性的手段。爱因斯坦把量子性从辐射的机制引伸到光的本身上,认为光本身也是不连续的,光不仅在吸收和发射时是量子化的,而且光本身也是量子化的。具体来说,爱因斯坦认为,一束频率为 $\nu$ 的光是一束光子流,每个光子具有 $\varepsilon = h\nu$ 的能量。光电效应就是光子与电子碰撞的结果。根据能量守恒,可以写出以下等式:

$$h\nu = W + \frac{1}{2}mv^2 \tag{14.2.1}$$

这一等式的意义非常清楚,左边是入射光子的能量,右边第一项 $W$ 是将束缚在金属中的电子打出所需要的最小能量,称为逸出功,第二项是出射光电子的初始动能 $E_k = mv^2/2$,也是最大动能。方程的物理意义为:入射光子的能量,一部分用来克服束缚电子的势场做功,余下的就变成了电子的动能。该式也称为**爱因斯坦方程**。根据遏止电压的定义,**遏止电压**满足 $eU_0 = E_k$。

应用方程(14.2.1)容易理解光电效应的所有特点。首先,由于动能不能为负,所以要求

$$h\nu \geqslant W = h\nu_0 \tag{14.2.2}$$

换句话说,光子的频率应该大于 $\nu_0 = W/h$,这里的 $\nu_0$ 就是红限频率或者截止频率。其次,爱因斯坦方程本身就是光子频率与光电子初动能或者遏止电压的线性关系。最后,由于碰撞是瞬时的,只要光子的能量足够大,光电子就会马上出现,不需要时间的累积。当然,光强较强时,光子较多,光电子相应也会增多,光电流也随之加大。

**例 14.2.1**　金属铝的逸出功为 $6.72 \times 10^{-19}$ J,用波长 $\lambda = 0.2\ \mu$m 的光照射到铝表

面。试求:(1)铝的红限波长;(2)产生的光电子的最大初动能;(3)遏止电压。

**解**　(1)铝的截止频率 $\nu_0=W/h$,红限波长

$$\lambda_0=\frac{c}{\nu_0}=\frac{hc}{W}=\frac{6.63\times10^{-34}\times3\times10^8}{6.72\times10^{-19}}=0.296\ \mu\text{m}$$

(2)根据爱因斯坦光电效应方程 $h\nu=W+\frac{1}{2}mv^2$,可得产生的光电子的最大初动能

$$E_k=\frac{1}{2}mv^2=h\nu-W=\frac{6.63\times10^{-34}\times3\times10^8}{2.0\times10^{-7}}-6.72\times10^{-19}=3.23\times10^{-19}\ \text{J}$$

(3)遏止电压 $U_0$ 满足 $eU_0=E_k$,因此遏止电压

$$U_0=E_k/e=3.23\times10^{-19}/(1.6\times10^{-19})=2.0\ \text{V}$$

### 14.2.3　光的波粒二象性

光的双缝干涉、薄膜干涉、单缝(孔)衍射以及光栅衍射等现象使人们充分认识到了光的波动特性。这里,通过黑体辐射、光电效应的研究,使人们意识到光的粒子特性。那么,光究竟是什么呢?爱因斯坦认为,**光是波动性和粒子性的复合体,光具有波粒二象性。**光子的波动性与粒子性是光子本性在不同条件下的表现。波动性突出表现在其传播过程中,粒子性则突出表现在物体的电磁辐射与吸收、光子与物质的相互作用中。一般来说,频率越高、波长越短、能量越大的光子其粒子性越显著;而波长越长,能量越低的光子则波动性越显著。

前边关于光子的能量公式 $\varepsilon=h\nu$ 将光的粒子性质能量与波的性质频率联系了起来。作为一个粒子,光子也应该具有动量,这可以从相对论的能量与动量的关系出发进行讨论。在狭义相对论中,一个粒子的能量与其动量之间有关系 $\varepsilon^2=p^2c^2+m_0^2c^4$,式中 $m_0$ 是粒子的静止质量。对于光子,静止质量为零,因此有 $\varepsilon=pc$。由此得到光子的动量

$$p=\varepsilon/c=h\nu/c=h/\lambda \tag{14.2.3}$$

这里 $\lambda=c/\nu$ 是光的波长。该式将光的动量与波长联系了起来。这样光的粒子性和波动性由以下两式紧密联系在一起:

$$\left.\begin{aligned}\varepsilon&=h\nu\\p&=h/\lambda\end{aligned}\right\} \tag{14.2.4}$$

这两个式子左边的能量和动量描述粒子性,右边的频率和波长描述波动性。这两个关系也被称为**爱因斯坦关系**。

**例题 14.2.2**　对于波长 $\lambda=0.2\mu\text{m}$ 的光,计算光子的动量和能量。

**解**　根据波粒二象性的关系,可得一个光子的能量

$$\varepsilon=h\nu=\frac{hc}{\lambda}=\frac{6.63\times10^{-34}\times3\times10^8}{2.0\times10^{-7}}=9.95\times10^{-19}\ \text{J}$$

光子的动量大小为

$$p=\frac{h}{\lambda}=\frac{6.63\times10^{-34}}{2.0\times10^{-7}}=3.32\times10^{-27}\ \mathrm{kg\cdot m/s}$$

# 14.3 康普顿散射

## 14.3.1 实验现象

为了解释光电效应的实验结果,爱因斯坦提出了光子的概念。从逻辑上讲,光电效应就不能再看成是对光子概念的直接证实,还必须借助其他试验进一步验证光子理论。康普顿散射实验直接证实了光子的存在。

1923年,美国物理学家康普顿(A. H. Compton, 1892—1962)在研究X射线通过实物物质发生散射的实验时,发现了一个新的现象,即散射光中除了有原波长 $\lambda_0$ 的X光外,还产生了波长 $\lambda$ 大于 $\lambda_0$ 的X光,其波长的增量随散射角的不同而变化。这种现象称为康普顿效应(Compton effect)。按照经典理论,单色电磁波作用于散射体上时,引起散射体内电子的受迫振动,向各方向辐射同频率的电磁波。所以,经典理论解释频率不变的一般散射可以,但对康普顿效应不能做出合理的解释!康普顿借助爱因斯坦的光子理论,从光子与电子碰撞的角度出发对此实验现象进行了圆满地解释。

在具体的试验中,康普顿将0.071 nm的X射线投射到石墨上,然后在不同的角度测量被石墨分子散射的X射线强度。当 $\theta=0$ 时,只有等于入射频率的单一频率光。当 $\theta\neq0$(或45°、90°、135°)时,发现存在频率比入射光频率低的光,或者波长比入射光的波长长的光。

## 14.3.2 理论解释

康普顿认为,X射线与物质的作用实际上是X射线中的光子与物质中的电子碰撞的过程(如图14.3.1所示)。由于入射X光的能量很高,为 $10^4\sim10^5$ eV,同时电子的平均动能可以由热力学估算出,是 $kT$ 的数量级。在常温下,此能量约为 $10^{-2}$ eV,与X射线的能量相比是很小的,可以忽略,因此我们可以假设电子在碰撞前是静止的。这样康普顿散射过程就简化为X射线中的光子与静止电子的碰撞过程。

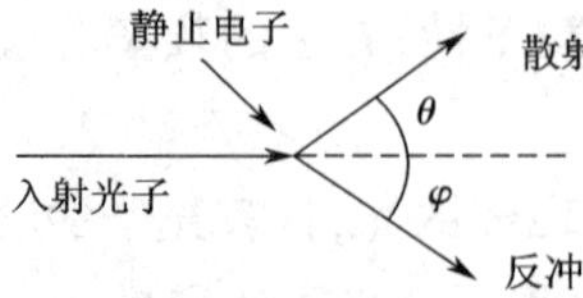


图14.3.1 光子与电子碰撞示意图

碰撞前,入射光子的能量和动量大小分别为

$$\varepsilon_0 = h\nu_0 = hc/\lambda_0, \quad p_0 = h/\lambda_0$$

静止电子的能量和动量分别为

$$E_0 = m_0c^2, \quad p_0 = 0$$

碰撞后，光子的动量和能量大小变成

$$\varepsilon = h\nu = hc/\lambda, \quad p = h/\lambda$$

电子的能量和动量大小成为

$$E = mc^2 = \frac{m_0c^2}{\sqrt{1 - v^2/c^2}}, \quad p = mv = \frac{mv}{\sqrt{1 - v^2/c^2}} \tag{14.3.1}$$

这里 $m_0$ 是电子的静止质量，$m$ 是电子的相对论质量。各个粒子的动量是矢量，方向是各个粒子的运动方向。碰撞过程中，能量和动量分别守恒。能量守恒的形式为

$$\frac{hc}{\lambda_0} + m_0c^2 = \frac{hc}{\lambda} + mc^2 \tag{14.3.2}$$

根据动量守恒，在入射光子方向和垂直入射光子方向分别可得

$$\frac{h}{\lambda_0} = \frac{h}{\lambda}\cos\theta + mv\cos\varphi \tag{14.3.3}$$

$$0 = \frac{h}{\lambda}\sin\theta - mv\sin\varphi \tag{14.3.4}$$

在方程(14.3.3)和(14.3.4)中消去角度 $\varphi$，可得关系

$$m^2v^2 = \left(\frac{h}{\lambda}\right)^2 + \left(\frac{h}{\lambda_0}\right)^2 - 2\frac{h^2}{\lambda\lambda_0}\cos\theta \tag{14.3.5}$$

注意到 $mv = p$ 是电子的动量大小，并且有关系

$$\begin{aligned} m^2v^2 &= p^2 = E^2/c^2 - m_0^2c^2 \\ &= m^2c^2 - m_0^2c^2 \end{aligned} \tag{14.3.6}$$

将式(14.3.2)中的质量 $m$ 代入上式，结合式(14.3.5)，最后得到散射光波长的改变量

$$\Delta\lambda = \lambda - \lambda_0 = 2\frac{h}{m_0c}\sin^2\frac{\theta}{2} \tag{14.3.7}$$

此式叫作**康普顿散射公式**。式中常数 $h/(m_0c)$ 是一个具有长度量纲的量，称为电子的康普顿波长，用符号 $\lambda_C$ 表示。将电子的静止质量、普朗克常数以及光速代入后得到

$$\lambda_C = \frac{h}{m_0c} = 0.002\ 43\ \text{nm} \tag{14.3.8}$$

与实验值 0.002 41 nm 是符合的。

综上所述，光子与静止电子碰撞时，把一部分能量传给了电子，因而光子的能量减少，频率降低，波长变长。理论推出的波长偏移量(14.3.7)也与实验结果定量地符合。因此，康普顿散射有力地证明了光的波粒二象性，而且还表明光子和微观粒子的相互作用过程遵守动量和能量守恒定律。

康普顿的学生、从中国赴美留学的吴有训对康普顿效应的进一步研究和检验有很大

贡献。吴有训证实了康普顿效应的普遍性。他测试了多种元素对X射线的散射曲线,结果都满足康普顿的量子散射公式,证实了康普顿散射公式的普适性。吴有训对康普顿效应最突出的贡献在于测定了X散射中变线、不变线的强度比率随散射物原子序数变化的曲线,证实并发展了康普顿的量子散射理论。

把光当做粒子,利用动量守恒和能量守恒定律,很好地解释了康普顿散射的实验结果。因此,康普顿效应可以说是对光子概念的直接证实。至此,关于光的波粒二象性,无论在理论上还是在实验上都被确定了下来。接下来的问题是:电子、质子等这些静止质量不为零的粒子会不会具有波动特性呢?这个问题留待下节物质波中去讨论。

**例题 14.3.1** 波长 $\lambda_0=0.02$ nm 的X射线与初始静止的自由电子碰撞,(1)在与入射方向成 $\theta=90°$ 角的方向上观察时,散射光波长相对于入射光波长的偏移量是多大?(2)反冲电子的动能是多大?(3)如果用可见光做康普顿散射实验,是否可以?

**解** (1)将 $\theta=90°$ 代入康普顿散射公式,得到

$$\Delta\lambda=\lambda-\lambda_0=2\frac{h}{m_0c}\sin^2\frac{\theta}{2}=\lambda_C=0.00243\ \text{nm}$$

(2)散射光的波长

$$\lambda=\lambda_0+\Delta\lambda=\lambda_0+\lambda_C=0.022\,43\ \text{nm}$$

电子的反冲动能等于光子的能量损失:

$$E_\text{k}=\frac{hc}{\lambda_0}-\frac{hc}{\lambda}=4.72\times10^{-17}\ \text{J}$$

(3)可见光的波长在400~760 nm的范围内,是波长改变量的几十万倍,所以很难发现波长的改变,所以用可见光做这一实验不合适。

## 14.4 物质波

### 14.4.1 德布罗意的物质波

在经典物理中,人们对两种物质进行了研究,一种是像电子、质子以及原子一样的实物粒子,另一种是场,例如电磁场、引力场等。光波实际上是电磁场的传播过程。通过前面的讨论已经知道,经典情况下表现出波动性的光,实际上具有波粒二象性。那么对于经典情况下表现出强烈粒子性的实物粒子,会不会也具有波粒二象性呢?

1923年,法国物理学家德布罗意最早想到了这个问题。德布罗意设想,具有波动性的光可以具有粒子性,那么对于实物粒子很可能也具有波动性。德布罗意进一步猜测,关于光子的两个爱因斯坦关系式,是否也适用于实物粒子呢?德布罗意将爱因斯坦关系推广到一般情况,对于所有物质有关系

$$\left.\begin{aligned}E&=h\nu=\hbar\omega\\p&=h/\lambda=\hbar k\end{aligned}\right\}\tag{14.4.1}$$

式中$\hbar=h/(2\pi)$，圆频率$\omega=2\pi\nu$，波数$k=2\pi/\lambda$。这两个式子称为**德布罗意关系**。式子左边的能量和动量描述粒子特征，而式子右边的波长和频率描述波动特征。如果这一猜想成立的话，实物粒子也同样具有波动性。这些波被称为**德布罗意波**，也叫**物质波**（matter wave）。

**例题 14.4.1**　各种实物粒子的速度是有限的（小于光速），对于给定的质量，许多粒子物质波的波长是很短的。计算以下物质粒子的物质波的波长：(1) 动能为 100 eV 的电子；(2) 在室温（17 ℃）下的氢原子；(3) 一颗质量为 10 g，以$v=300$ m/s 的速度射出的子弹。

**解**　物质波或者德布罗意波的波长$\lambda=h/p$。质量为$m$的粒子的动能$E_k=p^2/2m$，动量可以写为$p=\sqrt{2mE_k}$。因此，物质波的波长$\lambda=h/\sqrt{2mE_k}$，利用该公式能够计算不同粒子的物质波波长。

(1) 静止的电子，经过 100 V 的电压加速，就会获得 100 eV 的动能。电子的动能$E_k=100\ \text{eV}=1.6\times10^{-18}$ J，再利用普朗克常数$h=6.63\times10^{-34}$ J · s 和电子的质量$m_e=9.11\times10^{-31}$ kg 算出物质波的波长$\lambda=0.12$ nm，这一波长已落在 X 射线波段。

(2) 根据热力学，得到氢原子的动能

$$E_k=\frac{3}{2}kT$$

其中$k$是波尔兹曼常数，绝对温度$T=273+17=290$ K，计算出的物质波波长为 0.021 nm，处于 X 射线波段的短波的一端。

(3) 子弹的动量$p=mv=0.01\times300=3$ kg · m/s，它的波长是$2.21\times10^{-34}$ m。在$10^{-17}$ m 的线度下，电子仍像一个点。相比之下，子弹的波长小到实验难以测量的程度，波动效应可以忽略。

**例题 14.4.2**　低速运动的质子和$\alpha$粒子，若它们的 (1) 动量相同、(2) 动能相同，求它们的波长之比。（质子与$\alpha$粒子的质量之比为$m_p:m_\alpha=1/4$）

**解**　(1) 因为$\lambda=\dfrac{h}{p}$，由于动量相同，因此波长之比为$\dfrac{\lambda_p}{\lambda_\alpha}=1$。

(2) 由公式$\lambda=h/\sqrt{2mE_k}$，故波长之比$\dfrac{\lambda_p}{\lambda_\alpha}=\sqrt{\dfrac{m_\alpha}{m_p}}=\dfrac{2}{1}$。

### 14.4.2　物质波的实验验证

为了验证物质波的设想，1923 年，德布罗意提议做电子的衍射实验。1924 年，又提出用电子在晶体上做衍射实验。1927 年，美国贝尔实验室的物理学家戴维逊（Davisson）和革末（Germer）完成了电子在晶体上的衍射实验，直接证实了电子的波动特性。

戴维逊和革末研究了电子在普通镍靶上的散射，如图 14.4.1 所示。由于一次意外事故，镍靶被氧化。在将氧化物还原时，他们将多晶的镍处理成几个大的单晶。再进行电子散射时,竟观测到和X射线衍射类似的图像。X射线衍射图像的发现是X射线具有波动性的有力证明,电子散射时也发现了类似的图像,因此证明了电子具有波动性。

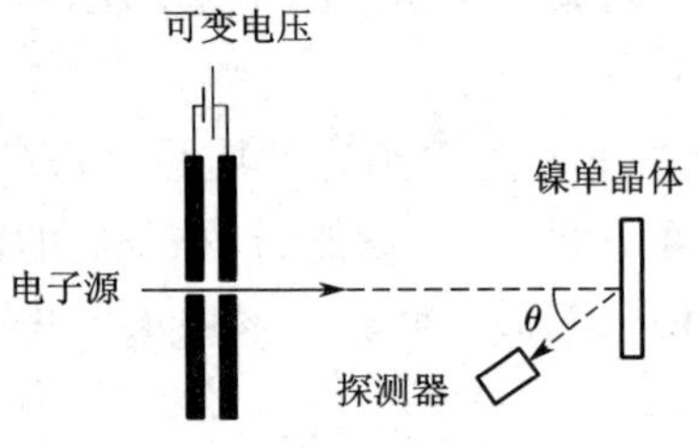


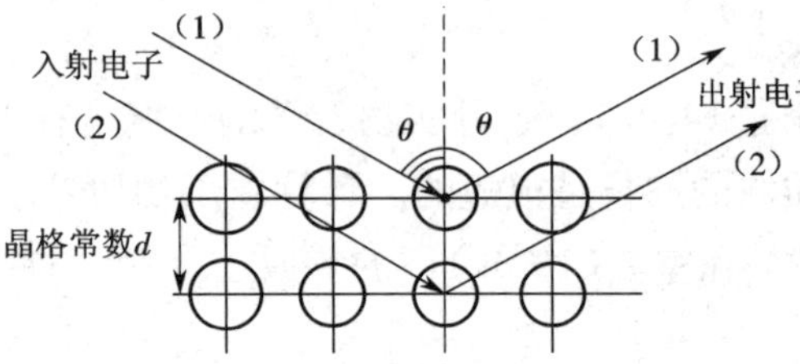


图14.4.1 戴维逊-革末晶格散射

同年,英国物理学家J.J.汤姆逊完成了电子束穿过多晶薄膜的衍射实验,也得到了和X射线衍射图像极其相似的照片。这两个著名的实验得出的电子的物质波波长和德布罗意公式计算的结果相符合,使德布罗意的假设得到了强有力的支持。此后,人们相继证实了原子、分子、中子等都具有波动性。德布罗意的设想最终都得到了完全的证实。这样,所有的物质都具有波粒二象性。

利用物质波的干涉现像,可以制作干涉仪。干涉仪是测量精度和灵敏度都非常高的精密仪器,干涉仪测量时使用的波长越短,测量精度和灵敏度就越高。用物质波替代光波做成的干涉仪,如用在宇宙飞船导航的陀螺仪上,其灵敏度比现在的激光陀螺仪还高出10亿倍。到20世纪70年代,人们已分别研制出电子和中子物质波干涉仪,在20世纪90年代又研制出原子物质波(波长更短)干涉仪。

### 14.4.3 物质波的意义

经典物理学中的电磁波具有明确的物理意义,电磁波的实质是电磁场的振荡。用量子概念的光子去理解,光强大的地方,光子出现的概率大;光强小的地方,光子出现的概率小。那么怎么去理解物质波呢?

在德布罗意提出物质波以后,人们曾经对它提出过各种各样的解释。到1926年,德国物理学家玻恩(1882—1970)提出了符合实验事实且后来为大家公认的统计解释:**物质波在某一地方的强度与粒子在该处出现的概率成正比。**按照玻恩的解释,物质波是一种概率波,粒子密处,波的强度大,粒子出现的概率大;粒子疏处,波的强度小,粒子出现的概率小。也就是说,波强$\propto$振幅平方$A^2\propto$粒子密度$\propto$概率。

# 14.5　氢原子光谱和玻尔的旧量子论

## 14.5.1　原子的有核结构模型

原子的有核结构模型是以电子的发现、α 粒子的散射为基础，由卢瑟福（Rutherford）于 1911 年提出的。

自从原子的概念出现以后，很长时间内人们认为原子就像一个小得不能再小的玻璃实心球，里面没有什么结构。但是电子的发现改变了这一切。1897 年 J. J. 汤姆逊（Joseph John Thomson，1856—1940）发现了电子。通常情况下，原子是不带电的，既然从原子中能跑出带负电的电子来，这说明原子内部还有结构，也说明原子里面还存在带正电的东西，它们应和电子所带的负电荷中和，使原子呈电中性。

根据当时的实验观测结果，科学家们发挥了丰富的想象力，提出了各种不同的原子模型。例如佩兰提出，原子的中心是一些带正电的粒子；开尔文和 J. J. 汤姆逊提出，原子是均匀带正电的球体，里面埋藏着带负电的电子。这个模型，电子分布在球体中很有点像葡萄干点缀在一块蛋糕里，很多人把该模型称为“葡萄干蛋糕模型”。

为了检验开尔文和 J. J. 汤姆逊提出的模型的正确性，1910—1911 年，卢瑟福与他的学生盖革（H. Geiger，1882—1945）和马斯登（E. Marsden，1889—1970）做了大量的 α 粒子轰击金箔的实验，如图 14.5.1 所示。α 粒子的质量约是电子质量的 7 360 倍。按照原子的“葡萄干蛋糕模型”，质量微小的电子分布在均匀的带正电的物质中，而像 α 粒子这样一颗重型炮弹轰击原子时，α 粒子将很容易穿过金箔，不会显著改变前进的方向。开始时，他们的观测结果和原子的“葡萄干蛋糕模型”符合得很好。α 粒子受金原子的影响稍微改变了方向，它的散射角度极小。但是，经过进一步的实验后，奇迹出现了！他们不仅观察到了散射的 α 粒子，而且观察到了被金箔反射回来的 α 粒子。卢瑟福进一步经过理论计算和深思熟虑后，提出了有核原子模型，正电荷处在原子的中心形成原子核，负电荷围绕正电荷旋转。这一模型就像行星围绕太阳旋转一样，因此也叫作原子的行星模型。

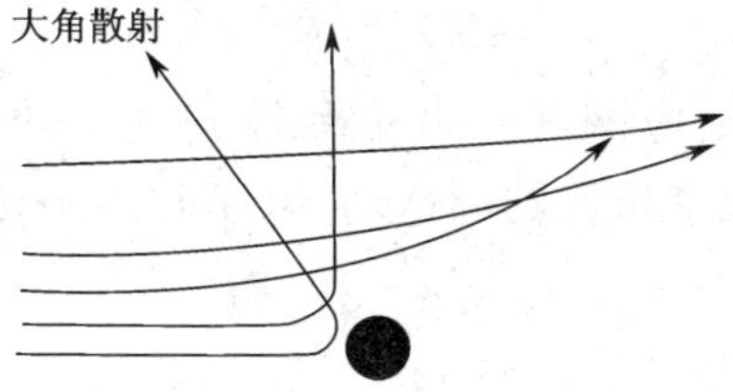


图 14.5.1　α 粒子散射示意图

### 14.5.2 氢原子光谱的实验结果

氢原子光谱是最简单的一种原子光谱,1885年瑞士的一位中学教师巴尔末(J. J. Balme, 1825—1898)在观察了氢原子的可见光谱图后,总结出了一个关于氢原子谱线波长的经验公式。继巴尔末之后,莱曼(Luman)、帕邢(Paschen)、布喇开(Bracket)等人又相继发现了分布在氢可见光区左右侧的紫外及红外光谱区的若干谱线系,它们可以用综合公式表示为

$$\tilde{\nu}=\frac{1}{\lambda}=R\left(\frac{1}{m^2}-\frac{1}{n^2}\right) \tag{14.5.1}$$

式中$m,n$都是正整数,而且$m<n$;$\tilde{\nu}$称为波数,即波长的倒数;常数$R=1.097\ 37\ 31\times10^7$ $\mathrm{m}^{-1}$称为氢原子的里德堡(J. R. Rydberg,1854—1919)常数。各个光谱系对应的整数$m$,$n$的取值如下:

莱曼系,$m=1,n=2,3,4,\cdots$;

巴尔末系,$m=2,n=3,4,5,\cdots$;

帕邢系 $m=3,n=4,5,6,\cdots$;

布喇开系 $m=4,n=5,6,7,\cdots$

玻尔在卢瑟福原子模型基础上,加上普朗克的量子概念,成功解释了氢原子的光谱规律。

### 14.5.3 玻尔的旧量子论

1913年玻尔提出的氢原子理论是首个关于原子结构的量子理论。这里先不管玻尔理论的具体内容,而先利用现在已有的知识,看看怎么来分析相关问题。根据爱因斯坦的光子概念,从式(14.5.1)出发,可以得到氢原子每条谱线对应的光子能量应该是

$$\varepsilon=h\nu=\frac{hc}{\lambda}=Rhc\left(\frac{1}{m^2}-\frac{1}{n^2}\right) \tag{14.5.2}$$

根据能量守恒,光子的能量应该等于氢原子发光前的能量$E_1$和发光后的能量$E_2$的差,即

$$\varepsilon=E_1-E_2 \tag{14.5.3}$$

根据动量守恒,原子发射光子时应该有反冲现象,不过这一效应非常小,这里忽略掉了原子的反冲动能。假设电子绕原子核作圆周运动,电子和原子核之间的相互作用力由牛顿定律给出。牛顿定律为

$$\frac{mv^2}{r}=\frac{e^2}{4\pi\varepsilon_0 r^2} \tag{14.5.4}$$

式中$v$是电子的速率。经典情况下,电子绕原子核运动的能量

$$E=\frac{1}{2}mv^2-\frac{e^2}{4\pi\varepsilon_0 r}=-\frac{e^2}{8\pi\varepsilon_0 r}<0 \tag{14.5.5}$$

考虑到氢原子能量的负值性,比较式(14.5.2)和式(14.5.3)不难发现,氢原子的能量可以写成如下形式:

$$E_n = -\frac{Rhc}{n^2} \tag{14.5.6}$$

能量 $E$ 的下脚标 $n$ 表示能量与整数 $n$ 有关。能量只能取分离的数值:$E_1, E_1/4, E_1/9$ 等。这一系列分离的能量称为**能级**。当 $n=1$ 时,$E_1 = -13.6$ eV。这是氢原子的最低能级,对应的状态简称**基态**;$n \geqslant 2$ 时的状态叫作**激发态**。例如,$n=2$, 3 的状态分别称为第一激发态和第二激发态。氢原子的能量是分离的,也称为量子化的。

如果让式(14.5.5)和式(14.5.6)中的能量相等,会有以下电子圆周运动半径的量子化结果:

$$r_n = \frac{e^2}{8\pi\varepsilon_0 Rhc} n^2 \tag{14.5.7}$$

与能量的下脚标一样,半径的下脚标表示半径与整数 $n$ 有关。这些半径称为原子的玻尔半径。当 $n=1$ 时,$r_1 = a$ 叫作第一玻尔半径。与此同时,也可以得到电子运动的角动量

$$L = rmv = \frac{n}{2}\sqrt{\frac{me^4}{8(\pi\varepsilon_0)^2 Rhc}} \tag{14.5.8}$$

角动量也是分离的,或者量子化的。上式右方根号下的各个常数都是已知的,代入可以得到以下简洁结果:

$$\frac{1}{2}\sqrt{\frac{me^4}{8(\pi\varepsilon_0)^2 Rhc}} = \frac{h}{2\pi} \tag{14.5.9}$$

因而,角动量

$$L = rmv = n\frac{h}{2\pi} \tag{14.5.10}$$

对上面分析可做以总结。首先利用爱因斯坦的光子概念,得到了氢原子能量量子化的结果式(14.5.6)。然后假设电子绕原子核的运动仍然遵从牛顿运动定律,得到了电子轨道半径和角动量的量子化结果式(14.5.7)和式(14.5.10)。这些实际上就是玻尔理论的基本内容。综上所述,玻尔理论包含以下三条假设。

(1)原子中电子运动轨道量子化假设:电子只能在一些特定的轨道上运行而不辐射电磁波。这时原子处于稳定状态,简称**定态**(stationary state)。

(2)原子能级的跃迁假设:原子从一个定态跃迁到另一个定态时,原子辐射一定频率的光子,光子的能量由这两种定态的能量差决定,用数学式子表示就是式(15.5.4)。

(3)角动量的量子化假设:轨道运动的角动量必须满足式(14.5.10)。

在上面的分析过程中,是从氢原子光谱的实验结果出发的。如果从以上三个假设出发就可以反过来推出氢原子光谱的实验结果。读者自己可以尝试一下。

玻尔理论发表之后的 1914 年,德国物理学家弗兰克(James Franck,1882—1964)和赫兹(Gustar Hertz,1887—1975)在研究中发现电子与原子发生非弹性碰撞时能量的转移

是量子化的。他们的精确测定表明,电子与汞原子碰撞时,电子损失的能量严格地保持4.9 eV,即汞原子只接收4.9 eV的能量。这些实验显示原子内部确实存在分离的能级。弗兰克和赫兹的实验研究完全独立于光谱研究的方法支持了玻尔理论。

将量子体系的能级画出,并加上可能的跃迁,这样的图形叫作光谱图。氢原子的光谱图如图14.5.2所示。对于氢原子,低能级之间的能级间距比较大。随着能级的升高,能级间距逐渐变小。当$n\to\infty$时,能级变成连续的。以上提到的莱曼谱系、巴尔末谱系、帕邢谱系和布喇开谱系分别对应高能态向$n=1,2,3,4$能态的跃迁。

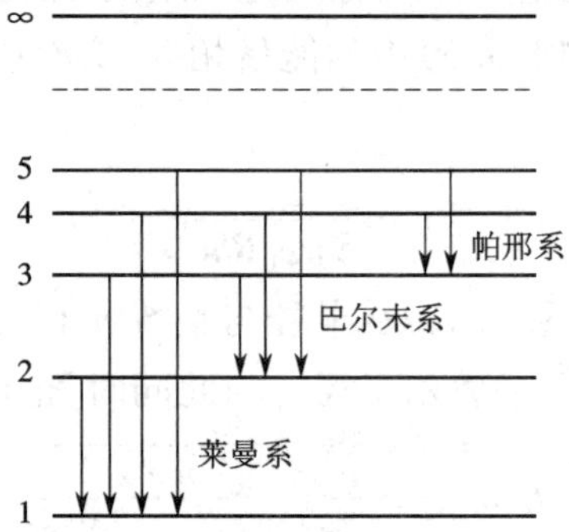


图14.5.2　氢原子光谱图

玻尔理论成功地解释了氢原子和类氢离子(如$Li^{2+}$、$Be^{3+}$等)的光谱频率和结构,但是依然存在不足。这个理论本身仍是以经典理论为基础,但其结果又与经典理论相抵触。它只能解释氢原子以及类氢离子(如$Li^{2+}$等)的光谱,把理论用于其他原子时,理论与实验结果不符,且不能求出谱线的强度及相邻谱线之间的宽度。造成这些缺陷的主要原因是,在波尔理论中仍然把微观粒子(如电子、原子核等)看作是经典力学中的质点,把经典力学规律强加于微观粒子上(如轨道概念等)。

尽管如此,玻尔理论的提出,打破了经典物理学一统天下的局面,开启了揭示微观世界基本特征的序幕,为系统量子理论的建立起到了推动作用。这是一种了不起的创举。爱因斯坦评价:玻尔的电子壳层模型是思想领域中最高的音乐神韵。但是,要建立更符合微观粒子运动规律的理论,就要建立新的理论体系。

**例题14.5.1**　氢原子光谱的莱曼系和巴尔末线系中,最短波长的光对应的光子能量分别是多少?

**解**　光子的波长最短意味着能量最大,因此这两种谱线分别对应从量子数无限大到基态和第一激发态的跃迁,能量分别是13.6 eV和3.4 eV。

**例题14.5.2**　欲使氢原子发射莱曼系(由各激发态跃迁到基态所发射的谱线构成)中波长为121.6 nm的谱线,应传给基态氢原子的最小能量是多少?

**解**　这一光线对应的光子能量是10.2 eV,正好是氢原子基态和第一激发态的能量差,所以需要提供的最小能量是10.2 eV。

# 14.6　物质波的波函数

## 14.6.1　自由粒子的波函数

为了理解物质波的波函数,这里先研究最简单的情况,即自由粒子。对于自由粒子,它的总能量 $E$ 和动量 $\boldsymbol{p}$ 都是不变的,与它联系的物质波的频率 $\boldsymbol{\nu}$ 和波长 $\boldsymbol{\lambda}$ 也是不变的,因此,与自由粒子相联系的物质波应该是单色平面波,故可用简谐行波的波函数来表示。上一章讲到,物质波的强度代表粒子在空间出现的概率,所以波函数也称为**概率幅**。对于自由粒子,在空间各处出现的概率应该相同,因此自由粒子物质波的形式应该是复数形式:

$$\Phi(x,t) = A\mathrm{e}^{-i2\pi(\nu t - x/\lambda)} \tag{14.6.1}$$

相应的概率即概率幅的绝对值平方 $|\Phi(x,t)|^2 = A^2$ 是常数,即自由粒子在空间各处出现的概率相同。利用德布罗意关系,自由粒子的波函数能够进一步写成

$$\begin{aligned}\Phi(x,t) &= A\mathrm{e}^{-i2\pi(Et - xp)/h}\\ &= A\mathrm{e}^{-i(Et - xp)/\hbar} = A\mathrm{e}^{i(px - Et)/\hbar}\end{aligned} \tag{14.6.2}$$

式中 $\hbar = h/(2\pi)$。按照狭义相对论,粒子的能量是静止能量与动能之和,即

$$E = m_0c^2 + E_{\mathrm{k}} \tag{14.6.3}$$

代入式(14.6.2),得到

$$\Phi(x,t) = A\mathrm{e}^{i(px - E_{\mathrm{k}}t)/\hbar}\mathrm{e}^{-im_0c^2t/\hbar} \tag{14.6.4}$$

在非相对论的情况下,粒子的静止能量或者静止质量不发生变化,因此波函数中的因子 $\mathrm{e}^{-im_0c^2t/\hbar}$ 是固定的,其他部分是变化的。把波函数的其他部分写成

$$\psi(x,t) = A\mathrm{e}^{i(px - E_{\mathrm{k}}t)/\hbar} \tag{14.6.5}$$

在非相对论情况下,式(14.6.4)和式(14.6.5)的波函数只差一个固定的相位因子 $\mathrm{e}^{-im_0c^2t/\hbar}$,二者描述的概率分布完全相同,即二者是等价的。今后只讨论非相对论的情况,也就是说,只研究波函数式(14.6.5)。该式中的波函数很容易推广到三维情况,即

$$\psi(\boldsymbol{r},t) = A\mathrm{e}^{i(\boldsymbol{p}\cdot\boldsymbol{r} - E_{\mathrm{k}}t)/\hbar} \tag{14.6.6}$$

就像经典波的波函数描述了经典波的特性一样,物质波的波函数也描述了物质波的特性,同时也给出了相应粒子的状态。例如,如果知道了自由粒子的波函数就知道了自由粒子的相应信息(如动量和能量等)。因此,**波函数又是描述微观粒子状态的函数,简称态函数。**

## 14.6.2　态叠加原理

经典物理中,光波或声波遵守态叠加原理,即两列经典波 $y_1$ 与 $y_2$ 线性相加($y = y_1 + y_2$)也是一列波,波的干涉就是用波的叠加原理加以说明的。

量子力学的波函数也符合叠加原理。如果 $\psi_1$ 与 $\psi_2$ 是体系的可能状态,那么它们的线性迭加态 $\psi_1+\psi_2$ 也是这个体系的一个可能状态。这一结果称为**态叠加原理**。物质波的干涉和衍射实验(如前面讲到的戴维逊-革末实验、汤姆逊的衍射和干涉试验等)已经证实了波函数叠加原理的正确性。波函数符合叠加原理说明波函数满足的方程是线性的。

### 14.6.3 不确定原理

下面利用电子的单缝衍射说明量子力学的一个重要结论——不确定原理。如图 14.6.1 所示,电子垂直入射到狭缝上。电子的单缝衍射在屏幕上也会形成衍射条纹。根据波的惠更斯原理,狭缝的每一点都是产生新的次级波的波源,每一个点产生的波实际上都是球面波。但是狭缝到屏幕的距离远远大于狭缝的宽度,所以向某一个方向行进的波可以近似用前面讲的平面波代替。不同点的波在屏幕上相遇而干涉会形成类似于光的狭缝衍射一样的条纹。例如,中央为零级亮纹,而中央亮纹的半角宽为

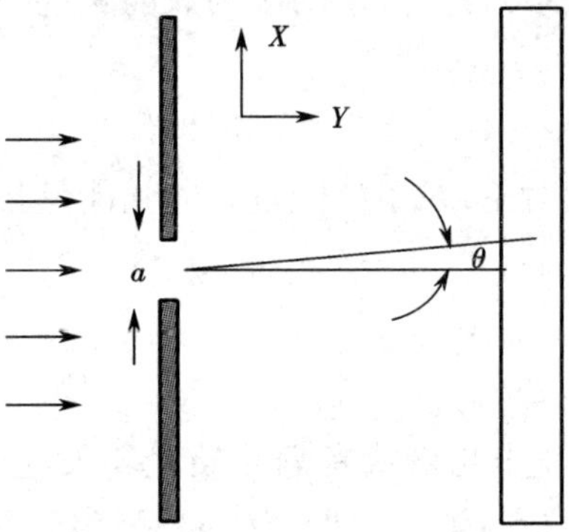


图 14.6.1 电子的单缝衍射

$$\sin\theta=\lambda/a \tag{14.6.7}$$

其中 $\lambda$ 是入射电子的德布罗意波波长,相应的动量大小 $p=h/\lambda$。入射电子的动量只有 $y$ 分量,没有 $x$ 分量。由于波的衍射效应,电子穿过狭缝后,可以有 $x$ 方向的动量。对于到达中央亮纹边沿的电子,$x$ 方向的动量

$$p_x=p\sin\theta=\frac{h}{\lambda}\frac{\lambda}{a}=\frac{h}{a} \tag{14.6.8}$$

而到达亮纹中心的电子,$x$ 方向的动量为零,所以动量的不确定区间是

$$\Delta p_x=p_x-0=\frac{h}{a} \tag{14.6.9}$$

在 $x$ 方向穿过狭缝时,坐标的不确定度 $\Delta x=a$。因此对于零级亮纹,坐标和动量不确定度的乘积是

$$\Delta x\Delta p_x=h \tag{14.6.10}$$

值得注意的是,该乘积是一个绝对常数。如果考虑到其他亮纹,电子动量不确定度会大于式(14.6.9)中给出的数值,这样式(14.6.10)变成

$$\Delta x \Delta p_X \geqslant h \tag{14.6.11}$$

该关系称为海森堡**不确定关系**,是海森堡在1927年得到的。不确定关系是量子力学的一个十分重要的结果。该关系表明,坐标确定时,动量的不确定度变大;而当动量确定时,坐标的不确定度变大。例如,在单缝衍射实验中,当缝宽趋于零时,衍射效应变强,动量的不确定度变大;而上面讲到的自由粒子,动量是确定的,粒子可以在空间任何一个地点出现,即坐标的不确定度趋于无限大。

除了 $x$ 方向的不确定关系外,还有 $y$ 和 $z$ 方向的不确定关系

$$\Delta y \Delta p_y \geqslant h \Delta z \Delta p_z \geqslant h \tag{14.6.12}$$

这些不确定关系表明,无法将一个粒子的坐标和动量同时确定。式(14.6.11)和式(14.6.12)的结果是定性分析得到的。严格的量子力学计算对这些结果有些修正:

$$\begin{aligned} \Delta x \Delta p_x &\geqslant \hbar/2 \\ \Delta y \Delta p_y &\geqslant \hbar/2 \\ \Delta z \Delta p_z &\geqslant \hbar/2 \end{aligned} \tag{14.6.13}$$

除了坐标与动量之间的不确定关系外,时间和能量之间也有类似的不确定关系

$$\Delta \tau \ \ \Delta E \geqslant \hbar/2 \tag{14.6.14}$$

其中 $\Delta\tau$ 表示时间间隔,$\Delta E$ 是能量不确定度。实验发现处于激发态的原子是不稳定的,经过一定时间 $\Delta\tau$ 后,会自发地向低能态跃迁,这样激发态的能级就不是单一的一个数值,而是有一定的宽度,发射出的光线也就不是单一频率,这些结果与实验都是一致的。

**例题 14.6.1** 如果电子被限制在边界 $x$ 与 $x+\Delta x$ 之间,$\Delta x = 0.05$ nm,则电子动量 $X$ 分量的不确定量近似地是多少?

**解** 根据不确定度 $\Delta x \Delta p \geqslant h$,有

$$\Delta p \geqslant \frac{h}{\Delta x} = \frac{6.626\times10^{-34}}{0.05\times10^{-9}} \approx 1.33\times10^{-23}\ \text{kg}\cdot\text{m/s}$$

## 14.7 薛定谔方程

微观粒子的基本属性不能用经典观念和理论确切描述。

量子力学用波函数描述微观粒子的运动状态,波函数绝对值的平方代表概率分布。波函数满足的方程叫作薛定谔方程,是量子力学的基本方程。薛定谔(E. Schröding, 1897—1961),奥地利人,因发现量子力学的基本方程而获得了1933年度诺贝尔物理学奖。

### 14.7.1 波函数的标准条件

从上节的讨论可以看到,描述物质波的波函数 $\psi(\boldsymbol{r},t)$ 应该是复数,某一时刻在空间

某处发现粒子的概率正比于波函数 $\psi(\boldsymbol{r},t)$ 与其复数共轭 $\psi^*(\boldsymbol{r},t)$ 的乘积。另外,发现粒子的概率与某点附近区域体积的大小有关,所以在体积 $dV = dxdydz$ 内发现粒子的概率正比于

$$|\psi|^2 dV = \psi^* \psi dV \tag{14.7.1}$$

对于某个粒子,要么出现在空间的这个区域,要么出现在另一个区域。换句话说,在整个空间找到这个粒子的概率是100%,所以有

$$\int |\psi|^2 dV = 1 \tag{14.7.2}$$

此式称为波函数的**归一化条件**。满足此式的波函数称为**归一化波函数**。经典波的振幅具有实际意义,例如机械波的振幅代表位移等,因此不存在归一化问题。波函数归一化后,波函数绝对值的平方就是概率密度,式(14.7.1)表示粒子出现在小体积中的概率。

在给定的时刻,粒子在空间某处出现的概率必须是一个确定的数值,因此波函数 $\psi(\boldsymbol{r},t)$ 应该是单值和有限的。此外,概率不会在某处发生突变,因此波函数也要求是连续的。总之,**物质波的波函数应该是单值、有限和连续的。**这就是波函数要满足的标准条件。为了做到统一化,对于求出的波函数还要求归一化。

### 14.7.2 量子力学的基本方程——薛定谔方程

对于作非相对论运动的粒子,动能与动量的关系为

$$E = \frac{p^2}{2m} \tag{14.7.3}$$

对于自由粒子,动能就是其总能量,所以去掉了动能中的下脚标 k。由于后边主要讨论的是非相对论情况,习惯上仍然用 $E$ 表示非相对论粒子的机械能,或者非相对论的总能量。在式(14.7.3)的两边乘以自由粒子波函数 $\psi(x,t) = Ae^{i(Px - Et)/\hbar}$,有

$$E\psi(x,t) = \frac{p^2}{2m}\psi(x,t) \tag{14.7.4}$$

这不是一个真正的数学方程。对于自由粒子的波函数,可以验证以下关系:

$$\left.\begin{aligned} E\psi &= i\hbar\frac{\partial\psi}{\partial t} \\ p\psi &= -i\hbar\frac{\partial\psi}{\partial x} \end{aligned}\right\} \tag{14.7.5}$$

利用这两个关系,式(14.7.4)能够进一步写成

$$i\hbar\frac{\partial}{\partial t}\psi(x,t) = \frac{1}{2m}\left(-i\hbar\frac{\partial}{\partial x}\right)^2\psi(x,t) \tag{14.7.6}$$

这是一个确实的数学方程。容易验证,自由粒子的波函数是该方程的解。在得到该方程的过程中,用到了关系式(14.7.5),这相当于作了代换

$$\left.\begin{aligned} E &\to i\hbar\frac{\partial}{\partial t} \\ p &\to -i\hbar\frac{\partial}{\partial x} \end{aligned}\right\} \tag{14.7.7}$$

作了此代换后，经典的能量和动量分别变成了对时间和空间的导数。这一过程也叫作量子化过程。不难将方程(14.7.6)推广到三维情况，即

$$i\hbar\frac{\partial}{\partial t}\psi(\boldsymbol{r},t) = -\frac{\hbar^2\nabla^2}{2m}\psi(\boldsymbol{r},t) \tag{14.7.8}$$

其中

$$\nabla^2 = \frac{\partial^2}{\partial x^2} + \frac{\partial^2}{\partial y^2} + \frac{\partial^2}{\partial z^2}$$

是拉普拉斯算符。将以上做法推广，可以得到有外场情况下的薛定谔方程。如果粒子在一维势场 $V(x,t)$ 中运动，能量 $E = p_X^2/(2m) + V(x,t)$，则一维薛定谔方程为

$$i\hbar\frac{\partial}{\partial t}\psi(x,t) = \left[-\frac{\hbar^2}{2m}\frac{\partial^2}{\partial x^2} + V(x,t)\right]\psi(x,t) \tag{14.7.9}$$

对于三维势场中的运动，薛定谔方程为

$$i\hbar\frac{\partial}{\partial t}\psi(\boldsymbol{r},t) = \left[-\frac{\hbar^2\nabla^2}{2m} + V(\boldsymbol{r},t)\right]\psi(\boldsymbol{r},t) \tag{14.7.10}$$

以上建立量子力学薛定谔方程的过程不能认为是推导方程，只是一种说明，说明怎么从经典的能量动量关系和自由粒子的波函数推测出量子力学的方程。在得到量子力学方程的过程中，要经过式(14.7.7)的代换，经典的物理量变成了算符，此过程叫作**量子化**。这里的量子化，能量变成了对时间坐标的导数，动量变成了对空间坐标的导数，而空间坐标$(x,y,z)$保持不变。薛定谔方程实质上是一种基本假设，不能从其他更基本的原理或方程推导出来，它的正确性要由它推出的结论是否符合实验来检验。

### 14.7.3　一维定态薛定谔方程的求解

如果一维势场 $V(x,t)$ 不含时间，那么一维薛定谔方程(14.7.9)能够用以下的方式进行求解。此时，波函数可以写成空间函数和时间函数的乘积

$$\psi(x,t) = \psi(x)\varphi(t) \tag{14.7.11}$$

代入方程(14.7.9)，整理后得到

$$\frac{i\hbar}{\varphi(t)}\frac{\mathrm{d}\varphi(t)}{\mathrm{d}t} = \frac{1}{\psi(x)}\left[-\frac{\hbar^2}{2m}\frac{\partial^2}{\partial x^2} + V(x)\right]\psi(x) \tag{14.7.12}$$

方程的左边只是时间坐标的函数，方程的右边只是空间坐标的函数。等式要成立，方程的左边和右边只能等于同一个常数

$$\frac{i\hbar}{\varphi(t)}\frac{\mathrm{d}\varphi(t)}{\mathrm{d}t} = E \tag{14.7.13}$$

$$\left[-\frac{\hbar^2}{2m}\frac{\partial^2}{\partial x^2}+V(x)\right]\psi(x)=E\psi(x) \tag{14.7.14}$$

不难得到方程(14.7.13)的解

$$\varphi(t)=\mathrm{e}^{-iEt/\hbar} \tag{14.7.15}$$

代入式(14.7.11),得到波函数

$$\psi(x,t)=\psi(x)\mathrm{e}^{-iEt/\hbar} \tag{14.7.16}$$

而 $\psi(x)$ 满足方程(14.7.14)。经典情况下,方程(14.7.14)的左边中括号内是经典能量;量子情况下,方程(14.7.14)左边的中括号内是经典能量的算符形式。数学上,方程(14.7.14)是能量的本征值方程,常数 $E$ 是能量的本征值。薛定谔方程的解(14.7.16)是能量一定的解,称为**定态解**,对应的波函数也叫**定态波函数**,相应的薛定谔方程(14.7.14)叫作**定态薛定谔方程**。自由粒子的平面波波函数就是定态波函数。对于定态波函数,概率密度 $|\psi(x,t)|^2=|\psi(x)|^2$ 只是空间函数,不随时间变化。概率分布处于一种固定的形态。

## 14.8 一维定态系统

从前面的讨论已经知道,量子力学的基本方程是薛定谔方程。要知道一个量子系统的性质,就要求解薛定谔方程。一维定态问题所涉及的物理问题过程比较简单,相对来说容易求出薛定谔方程的严格解,并且便于讨论和分析。本节将求解一维无穷深势阱、一维简谐振子以及一维势垒等问题,从中可以了解量子力学处理问题的一般方法,体会微观体系所具有的特性。

### 14.8.1 一维无限深方势阱

所谓势阱实际上是一个势能函数,由于其形状类似于陷阱而得名。例如,在一个金属薄片内,电子可以自由运动,但是电子要想脱离金属表面则必须获得足够的能量。对于电子来说,金属薄片的作用相当于一个势阱。如果金属片内的电子无论获得多大的能量都不能从金属薄片内逃出,可以说金属薄片现在相当于一个无穷深势阱。一维无穷深势阱的势能函数如下:

$$V=\begin{cases}0 & (0<x<a)\\ \infty & (x\leqslant 0,x\geqslant a)\end{cases} \tag{14.8.1}$$

形状如图14.8.1所示。在无穷深势阱内部,粒子可以自由运动。但是由于阱壁无限高,无论粒子获得多大的能量都不能到阱的外边去,或者说粒子在势阱外部出现的概率是零。

接下来通过求解薛定锷方程得到该系统的能量、波函数及概率密度。在势阱外,即 $x\leqslant 0$ 或者 $x\geqslant a$ 处,势能 $V\to\infty$,波函数的有限性要求 $\psi(x)=0$。在阱内,势能 $V=0$,薛定

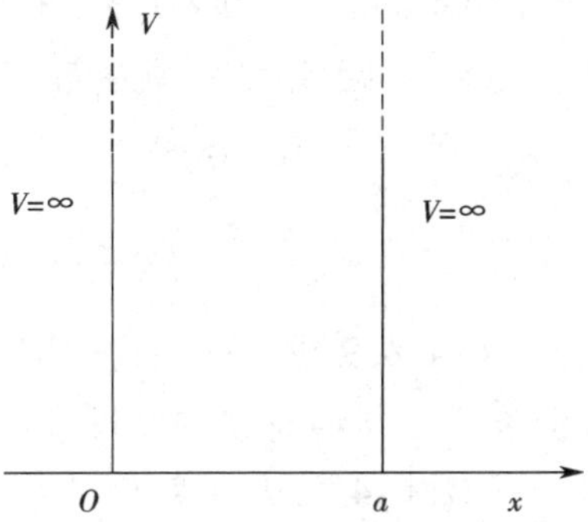


图 14.8.1　一维势阱模型的势场

谔方程成为

$$-\frac{\hbar^2}{2m}\frac{d^2\psi}{dx^2}=E\psi \tag{14.8.2}$$

定义常数 $k=\sqrt{2mE}/\hbar$，阱内的薛定谔方程(14.8.2)可以进一步写为

$$\frac{d^2\psi}{dx^2}+k^2\psi=0 \tag{14.8.3}$$

该方程的通解是

$$\psi(x)=A\sin(kx)+B\cos(kx) \tag{14.8.4}$$

式中，$A$、$B$ 是两个待定的常数。根据波函数的连续性，波函数在阱壁处，阱内外的波函数应该相等。上边已经求出阱外的波函数是零，所以在阱内的 $x=0$ 或 $a$ 处，波函数应该是零，即

$$\left.\begin{aligned}\psi(0)=0\\ \psi(a)=0\end{aligned}\right\} \tag{14.8.5}$$

利用 $\psi(0)=0$，得到常数 $B=0$。所以，波函数变成 $\psi(x)=A\sin(kx)$。再利用 $\psi(a)=0$，得到结果

$$A\sin(ka)=0 \tag{14.8.6}$$

首先，常数 $A$ 不应该是零，否则整个波函数就是零，这实际上是薛定谔方程的平庸解。既然常数 $A$ 不能是零，就只能 $\sin ka=0$，这要求 $ka=n\pi$，或者

$$k=n\pi/a \tag{14.8.7}$$

这里 $n=1,2,3,\cdots$取自然数，叫作**量子数**。当 $n$ 取其他数值时，不会产生新的解。例如，$n=0$ 时，整个波函数是零；当 $n$ 取负值时，波函数只是差一个负号，相当于乘以一个相位因子 $e^{i\pi}$，因此与没有这一因子的波函数即 $n$ 取正值时的波函数等价。

利用 $k=\sqrt{2mE}/\hbar$ 和式(14.8.7)，得到能量

$$E_n=\frac{n^2\hbar^2}{2ma^2} \tag{14.8.8}$$

由于能量与整数 $n$ 有关,所以对于能量加上了下脚标 $n$。能量是分离的形成能级。由波函数的归一化条件定出常数 $A=\sqrt{2/a}$。因此,波函数的最终形式为

$$\psi_n(x)=\begin{cases}0 & (x<0,x>a)\\ \sqrt{\dfrac{2}{a}}\sin\dfrac{n\pi x}{a} & (0\leqslant x\leqslant a)\end{cases} \tag{14.8.9}$$

对于波函数也加上了下脚标 $n$。式(14.8.9)所描述的波是驻波,与两端固定或者两端是节点的经典驻波的形式相同。但物质波与经典波的物理意义是完全不同的,一个代表概率,一个代表位移。概率密度是波函数(14.8.9)绝对值的平方,节点处概率密度是零,波腹处概率密度最大。

### 14.8.2 一维简谐振子

经典情况下,粒子在弹性力 $F=-kx$ 作用下的运动是简谐运动,这里 $k$ 是弹性系数。用谐振子的质量和频率表示,弹性系数的形式为 $k=m\omega^2$。对于一维运动的简谐振子,势能是

$$V(x)=\frac{1}{2}m\omega^2x^2 \tag{14.8.10}$$

按照经典力学,谐振子的能量可以连续变化,并且最小值是零。求解一维谐振子的定态薛定谔方程可以得到能量和波函数分别为

$$E_n=\left(n+\frac{1}{2}\right)\hbar\omega \tag{14.8.11}$$

$$\psi_n(x)=\sqrt{\frac{\alpha}{2^n n!\sqrt{\pi}}}H_n(\alpha x)\mathrm{e}^{-\frac{\alpha^2x^2}{2}} \tag{14.8.12}$$

其中量子数 $n=0,1,2,3,\cdots$,参量 $\alpha=\sqrt{m\omega/\hbar}$,函数 $H_n(\alpha x)$ 是一个特定的函数,数学上称为厄密多项式,其前几项的表达式为

$$\left.\begin{aligned}H_0(\xi)&=1\\ H_1(\xi)&=2\xi\\ H_2(\xi)&=4\xi^2-2\end{aligned}\right\} \tag{14.8.13}$$

这里变量 $\xi=\alpha x$。谐振子的最低能级即基态能量

$$E_0=\frac{1}{2}\hbar\omega \tag{14.8.14}$$

此能量称为谐振子的零点能。这意味着量子谐振子的能量不可能是零。这与经典力学具有本质的不同。从谐振子的能级公式看到,相邻能级的间距都相等,即

$$\Delta E=E_{n+1}-E_n=\hbar\omega \tag{14.8.15}$$

谐振子的能级是等间距的。波函数的平方是概率密度。可以看出,在坐标 $x$ 很大时,概率密度也不是零,这意味着量子力学中粒子可以到很远的地方去运动,而不像经典力学

那样只能在一定的范围内运动。当量子数 $n=0$ 时,概率密度在经典的平衡位置 $x=0$ 处最大,这与经典情况正好相反。经典情况下,粒子在平衡位置处的速度最大,在此出现的概率最小。一般情况下,量子数 $n$ 较小时,位置的概率密度分布与经典很不相同。但是随着量子数的增加,量子概率和经典概率在平均上比较符合。

### 14.8.3　势垒贯穿

势垒与势阱的形状正好相反,中间隆起。在势垒的外部,势能为零。一维势垒的势函数为

$$V=\begin{cases}V_0 & (0\leqslant x\leqslant a)\\ 0 & (x<0,x>a)\end{cases} \tag{14.8.16}$$

形状如图 14.8.2 所示。

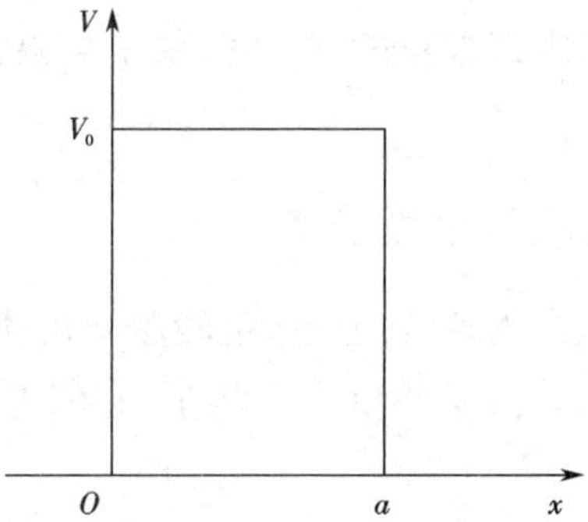


图 14.8.2　势垒

在经典力学中,当入射粒子的能量 $E$ 小于势垒的高度时,粒子不会越过势垒。但是在量子力学中,由于粒子的波粒二象性特性,即使入射粒子的能量小于势垒的高度,粒子也有一定的概率穿过势垒,这一现象叫作**势垒贯穿**(或者**隧道效应**)。在谐振子中,粒子可以到经典范围之外运动,实际上也是隧道效应。

计算表明,势垒越高,宽度越宽,粒子越过势垒的概率越小。数值上,当 $V_0-E=1$ MeV 时,粒子穿过宽为 $a\sim10^{-14}$ m 的势垒时,透射率为$10^{-4}$。若 $a\sim10^{-13}$ m,透射率变为$10^{-38}$。势垒宽度 $a$ 增加一个量级,透射率减少 34 个数量级。

## 14.9　氢原子

氢原子是最简单的一个原子,但是基本结论可以应用到其他复杂原子。可以说,氢原子理论是了解复杂原子及分子结构的基础。在量子力学发展史上早期最突出的成就是对氢原子光谱和化学元素周期律给予的相当满意的解释。14.5 节给出了玻尔对氢原子处理的半经典半量子理论,这里给出标准量子力学的结果。

### 14.9.1 氢原子的薛定谔方程

氢原子的原子核是一个质子,原子核外有一个电子,系统的库伦势能

$$V(r) = -\frac{e^2}{4\pi\varepsilon_0 r} \tag{14.9.1}$$

该势场具有球对称性,在球坐标系中求解薛定谔方程比较方便。定态薛定谔方程是

$$\nabla^2\psi(\boldsymbol{r}) + \frac{2m_e}{\hbar^2}[E - V(r)]\ \psi(\boldsymbol{r}) = 0 \tag{14.9.2}$$

在球坐标系中用径向坐标 $r$、极角 $\theta$ 以及方位角 $\varphi$ 描述空间一点的位置,波函数的形式为 $\psi(\boldsymbol{r}) = \psi(r,\theta,\varphi)$。由于势能只是径向坐标的函数,与两个角度坐标无关,数学上研究发现,波函数可以表示为一个径向函数与一个角度函数的乘积,故

$$\psi(r,\theta,\varphi) = R(r)Y(\theta,\varphi) \tag{14.9.3}$$

进一步可以用分离变量法对薛定谔方程进行求解,限于篇幅,这里略去详细过程,直接给出能级和波函数的相关结果。

### 14.9.2 描述氢原子状态的三个量子数

这里关注描述氢原子的三个物理量:能量、角动量和角动量的分量。经典物理中,这三个物理量的取值都是连续的。但是在量子力学中,它们的取值都是分离的,或者说是量子化的。氢原子的能量是

$$E_n = -\frac{m_e e^4}{2\hbar^2(4\pi\varepsilon_0)^2 n^2} \quad (n = 1,2,3,\cdots) \tag{14.9.4}$$

量子数 $n$ 称为**主量子数**。基态能量 $E_1 = -13.6$ eV。能量(14.9.4)是分离的,形成能级。

式(14.9.4)也可以写成 $E_n = -13.6/n^2$。这里能量的结果与前面玻尔理论一致。角动量平方的取值为

$$L^2 = l(l+1)\hbar^2 \tag{14.9.5}$$

量子数 $l$ 叫作**角量子数**,其取值为

$$l = 0,1,2,3,\cdots,n-1 \tag{14.9.6}$$

将角动量的平方开方,在量子数 $l$ 很大的情况下得到与波尔理论相同的结果。这里的角动量是轨道角动量,描述原子核外电子相对于原子核的轨道运动。在光谱学中,用符号 $s,p,d,f,g,h$ 表示角量子数 $l=0,1,2,3,4,5$ 的状态。角动量的 $Z$ 分量或者第三分量的取值为

$$L_Z = m_l\hbar \tag{14.9.7}$$

这里 $m_l$ 叫作**磁量子数**。对于给定的角量子数 $l$,磁量子数 $m_l$ 可以取以下数值:

$$m_l = 0, \pm1, \pm2, \cdots, \pm l \tag{14.9.8}$$

当角量子数给定后,磁量子数的可能取值数是 $2l+1$ 个。经典情况下,一个带电为

$-e$ 的粒子在 $XY$ 平面内作圆周运动产生的磁矩

$$\mu_Z = -\frac{e}{2m_e}L_Z \tag{14.9.9}$$

式中，$m_e$ 是带电粒子的质量。量子化后，角动量因而磁矩取分离的数值。这些结果表明了角动量的量子化特性。把角动量的 $Z$ 分量看成是角动量在 $Z$ 方向的投影，可以看到轨道角动量在空间不能任意取向，而只能取某些特定方向的性质，称为**角动量的空间量子化**。

### 14.9.3　电子的概率分布、电子云

经典情况下，电子在原子核外按照一定的轨道运动，并且由牛顿定律来描述。在量子力学中，电子的运动用波函数来描述，没有轨道的概念。量子力学的描述和经典力学的描述是两种完全不同的图像。通过求解薛定谔方程，发现氢原子的波函数可以写成如下形式：

$$\psi_{nlm}(r,\theta,\varphi) = R_{nl}(r)Y_{lm}(\theta,\varphi) \tag{14.9.10}$$

这里波函数中的 $m$ 代表磁量子数。在数学上，$Y_{lm}(\theta,\varphi)$ 是一类特殊函数，叫作球谐函数。为了有直观印象，下面列出几个球谐函数：

$$\left.\begin{aligned} Y_{00} &= \frac{1}{\sqrt{4\pi}} \\ Y_{10} &= \sqrt{\frac{3}{4\pi}}\cos\theta \\ Y_{11} &= \sqrt{\frac{3}{8\pi}}e^{i\varphi}\sin\theta \\ Y_{1,-1} &= \sqrt{\frac{3}{8\pi}}e^{-i\varphi}\sin\theta \end{aligned}\right\} \tag{14.9.11}$$

属于较低能级的几个径向函数分别为

$$R_{10} = \frac{2}{a^{3/2}}e^{-r/a} \tag{14.9.12}$$

$$\left.\begin{aligned} R_{20} &= \frac{1}{\sqrt{2}a^{3/2}}\left(1-\frac{r}{2a}\right)e^{-r/(2a)} \\ R_{21} &= \frac{1}{2\sqrt{6}a^{3/2}}\frac{r}{a}e^{-r/(2a)} \end{aligned}\right\} \tag{14.9.13}$$

这里 $a$ 是第一玻尔半径。接下来分析电子的概率密度：

$$|\psi_{nlm}(r,\theta,\varphi)|^2 = |R_{nl}(r)|^2|Y_{lm}(\theta,\varphi)|^2 \tag{14.9.14}$$

其特点由两部分决定：角度函数和径向函数。对于角量子数 $l=0$ 的态或者 $s$ 态，磁量子数也是零，即 $m_l=0$，角度函数 $Y_{00}$ 是常数，概率密度具有球对称性。图 14.9.1(a) 所示是相应的 1$s$ 态的概率密度示意图。由于电子的概率分布像云雾的形状，这些图形也叫电子

云图形。同样都是 $s$ 态,不同的主量子数,电子云的特性也不完全相同。对于 $1s$ 态,从内向外概率逐渐减小,单调变化。对于 $2s$ 态,由内到外,概率并不是单调变化,如图 14.9.1(b)所示。

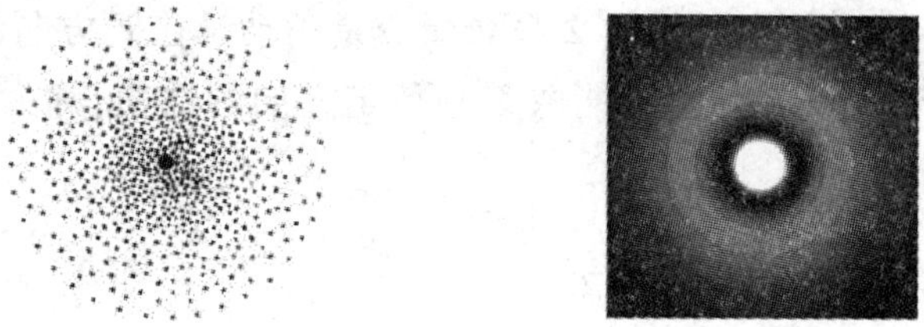

(a) 状态1 $s$的电子云图　　(b) 状态2 $s$的电子云图

图 14.9.1　电子的概率分布

对于 $l=1$ 的态,或者 $p$ 态,角度函数不是常数,显然概率将不再是球对称的。

电子出现在 $r \to r+\mathrm{d}r$,方向角为 $\theta \to \theta+\mathrm{d}\theta$ 、$\varphi \to \varphi+\mathrm{d}\varphi$ 范围内的概率为

$$|\psi_{nlm}(r,\theta,\varphi)|^2 \mathrm{d}V = |R_{nl}(r)|^2 |Y_{lm}(\theta,\varphi)|^2 r^2 \sin\theta \mathrm{d}r\mathrm{d}\theta\mathrm{d}\varphi \tag{14.9.15}$$

球坐标系中的体积元 $\mathrm{d}V = r^2 \sin\theta \mathrm{d}r\mathrm{d}\theta\mathrm{d}\varphi$。对角度部分积分后,得到电子在 $r \to r+\mathrm{d}r$ 区间内的概率

$$P_{nl}(r)\mathrm{d}r = |R_{nl}|^2 r^2 \mathrm{d}r \int_0^{\pi} \sin\theta \mathrm{d}\theta \cdot \int_0^{2\pi} \mathrm{d}\varphi\, |Y_{lm}|^2 = |R_{nl}|^2 r^2 \mathrm{d}r \tag{14.9.16}$$

$P_{nl}(r)$称为径向概率分布函数。一个有意思的结论是,当角量子数取最大值即 $l=n-1$ 时,$P_{nl}(r)$的最大值出现在 14.5 节中的玻尔半径处。图 14.9.2 是状态 $1s$ 和 $2s$ 的径向概率分布。

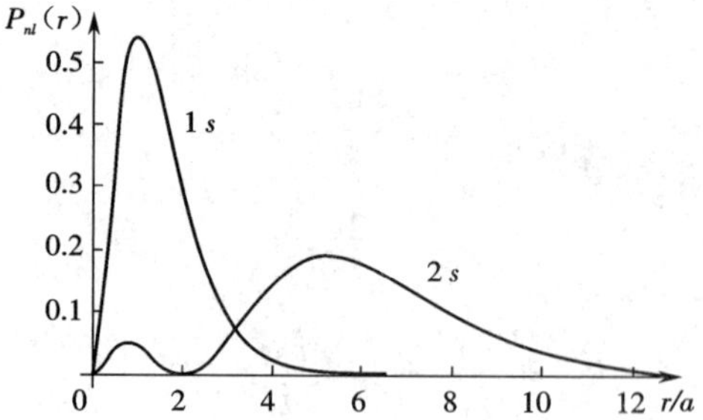


图 14.9.2　状态 $1s$ 和 $2s$ 的径向概率分布

# 14.10　电子自旋与原子的壳层结构

## 14.10.1　电子的自旋

研究发现，电子除了具有轨道角动量之外，还具有一种新的角动量，称为**自旋角动量**，简称**自旋**。如果将电子绕原子核的旋转与地球绕太阳的旋转做一个比较，那么电子的这种自旋角动量类似于地球自转引起的角动量。

发现电子自旋的实验是 1922 年完成的斯特恩－盖拉赫（Stern-Gerlach）实验，如图 14.10.1 所示。当处于基态（$l=0$）的银原子束通过不均匀磁场时，观测到原子束分裂成两束，这也表明原子有两个不同的状态。首先由于原子的电中性，这种原子束的分裂现象不是洛伦兹力引起的。另外，由于基态的轨道角动量为零，所以也不可能是轨道磁矩在磁场中的运动引起的。

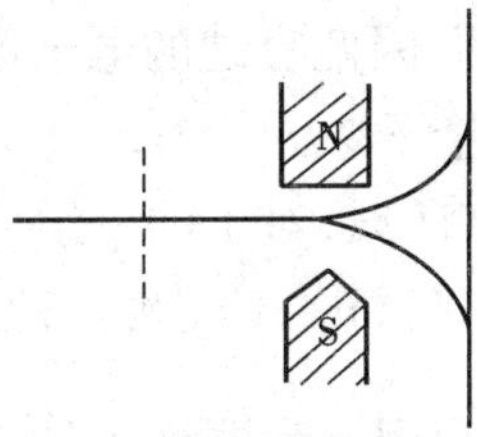


图 14.10.1　斯特恩－盖拉赫实验示意图

1925 年，荷兰莱顿大学的两名学生乌仑贝克和哥德斯密特提出了电子自旋的假设，认为电子除了作绕核的轨道运动之外，还有自旋运动，相应地有自旋角动量（对应的自旋量子数用 $s$ 表示）和自旋磁矩，且自旋磁矩在外磁场中只有两个可能的取向。如果将角动量空间量子化的思想应用到斯特恩－盖拉赫实验，有关系 $2s+1=2$，自旋量子数 $s$ 只能是 1/2，斯特恩－盖拉赫实验直接证实了半整数角动量的存在。

下面是乌仑贝克和哥德斯密特假设的具体内容：

（1）电子具有自旋角动量 $\boldsymbol{S}$，它在空间任何方向上的投影值（测量值）是两个，例如 $Z$ 方向上分量 $S_Z$ 的取值为

$$\pm\frac{\hbar}{2}=m_s\hbar \tag{14.10.1}$$

对应的磁量子数 $m_s=\pm1/2$，自旋量子数 $s=1/2$。自旋角动量的平方取值为 $s(s+1)\hbar^2$，与轨道角动量平方的公式 $l(l+1)\hbar^2$ 一样。

（2）电子具有自旋磁矩（内禀磁矩）$\boldsymbol{\mu}_s$，它与自旋角动量的关系是

$$\boldsymbol{\mu}_s=-\frac{e}{m_e}\boldsymbol{S} \tag{14.10.2}$$

式中 $-e$ 和 $m_e$ 分别是电子的电荷和质量,$\boldsymbol{\mu}_s$ 在空间任何方向上的投影值(测量值)取两个值:

$$\mu_{sZ} = -\frac{e}{m_e}S_Z = \pm\frac{e\hbar}{2m_e} \equiv \pm\mu_B \tag{14.10.3}$$

式中,$\mu_B = e\hbar/(2m_e)$ 叫作玻尔磁子。这里有必要指出,电子自旋纯粹是一种量子效应,它没有对应的经典物理量。电子自旋虽具有角动量的力学特征,但不能像轨道角动量那样表达成坐标和动量的函数,即电子自旋是电子内部状态的反映,它是描述微观粒子的又一个动力学变量,是继 $n,l,m_l$ 之后描写原子中电子自身状态的第四个物理量。

## 14.10.2 泡利不相容原理

1925 年,泡利(W. Pauli,1900—1958)提出,**在一个原子中,不可能有两个或两个以上的电子具有完全相同的量子态,即原子中的任何两个电子不可能有完全相同的一组量子数 $n,l,m_l,m_s$**。由于电子的自旋量子数 $s=1/2$ 是确定的,所以这里没有包括这一量子数。根据泡利原理,同一组量子数 $n,l,m_l,m_s$ 或者同一个状态只能容纳一个电子,由于同一个能态对应的状态数是有限的,因此容纳的电子数也就是有限的。

对于同一组$(n, l)$数值,磁量子数 $m_l=0, \pm1, \pm2, \cdots, \pm l$,共有 $2l+1$ 种可能值;对于每一个 $m_l$ 值又有两种 $m_s$ 值。所以,对于同一组$(n, l)$值可容纳的电子数为$2(2l+1)$。考虑到角量子数可取 $l=0,1,2,\cdots,(n-1)$,共 $n$ 种可能值,故在能级 $n$ 上可容纳的电子数 $N_n = \sum\limits_{l=0}^{n-1}[2(2l+1)] = 2n^2$。利用泡利原理,可以分析多电子原子中电子的分布规律,电子的分布呈现壳层结构。

泡利是瑞士籍奥地利物理学家,21 岁获得博士学位,并由导师索末菲推荐为《数学科学百科全书》写了关于相对论的长篇综述文章,受到爱因斯坦的高度赞许。25 岁那年,他提出了后来以泡利命名的“不相容原理”,从而把早期量子论发展到极高的地步。这给当时许多正在探索原子内电子分布问题的物理学家提供了一把金钥匙,并进而得以阐明元素周期律。他 45 岁时,因发现“泡利不相容原理”而获得诺贝尔物理学奖。至今,这个原理仍是微观领域的重要理论基础之一。

## 14.10.3 壳层结构、原子的电子组态

早在 1916 年,W. Kossel 提出多电子原子中核外电子按壳层分布的形象化模型。他认为主量子数 $n$ 相同的电子组成一个主壳层,对应于 $n=1,2,3,4,5,6,\cdots$ 的各个主壳层分别用大写字母 $K,L,M,N,O,P,\cdots$ 表示;在每一主壳层内,又按角量子数 $l$ 分为若干支壳层,$l=0,1,2,3,4,5,\cdots$ 的支壳层分别用小写字母 $s,p,d,f,g,h,\cdots$ 表示。对于确定的 $n$ 和 $l$,用 $nl$ 表示,如 $1s,2s,2p,\cdots$泡利原理指出,每一支壳层和每一主壳层上可以占据的电子数是有限的,一些支壳层和主壳层可以容纳的电子数见表 14.10.1。

**表 14.10.1　一些支壳层和主壳层可容纳的电子数**

| $n$ \ $l$ | 0<br>$s$ | 1<br>$p$ | 2<br>$d$ | 2<br>$f$ | 4<br>$g$ | 5<br>$h$ | 6<br>$i$ | $N_n$ |
|---|---|---|---|---|---|---|---|---|
| 1$K$ | 2 | | | | | | | 2 |
| 2$L$ | 2 | 6 | | | | | | 8 |
| 3$M$ | 2 | 6 | 10 | | | | | 18 |
| 4$N$ | 2 | 6 | 10 | 14 | | | | 32 |
| 5$O$ | 2 | 6 | 10 | 14 | 18 | | | 50 |
| 6$P$ | 2 | 6 | 10 | 14 | 18 | 22 | | 72 |
| 7$Q$ | 2 | 6 | 10 | 14 | 18 | 22 | 26 | 98 |

在 $n=1$ 的 $K$ 壳层上，最多容纳 2 个电子，记为 $1s^2$，右上角的数字代表该支壳层上的电子数；在 $n=2$ 的 $L$ 壳层上，最多容纳 8 个电子，其中 $s$ 支壳层上只能容纳 2 个电子，记为 $2s^2$，而 $p$ 支壳层上有 6 个电子，记为 $2p^6$；依此类推。当各壳层达到了它们所能容纳的最大电子数目时，就称它们是满壳层或者闭合壳层。

电子在原子中的分布还符合**能量最小原理**。当原子处于正常状态时，原子中的电子尽可能地占据未被填充的最低能级。可见，能量较低的壳层首先被电子填充，只有当低能级的壳层被填充满后，电子才依次向高能级的壳层填充。**当一个原子中的每个电子状态 $n$ 和 $l$ 均被指定后，则称该原子具有一定的电子组态。**例如：铁原子的电子组态是 $1s^22s^22p^63s^23p^64s^23d^6$。对于多电子原子，由于电子之间、电子与原子核之间的相互作用，使得原子的能量不仅与主量子数有关，还与角量子数有关。因此，对于铁原子，$4s$ 态出现在了 $3d$ 态的前边。

根据泡利不相容原理和能量最低原理得到的原子壳层结构，能够解释元素周期表以及多电子原子的化学性质。元素的化学性质主要由最外层电子的状态决定，因此应该特别了解最外层电子的布局。下面对元素周期表中不同性质的元素分析它们的电子组态。首先来看几个碱金属原子（氢原子虽然不是金属原子，但最外层电子的布局与碱金属类似，所以也写在了这里），（1）H：$1s^1$；（2）Li：$1s^22s^1$；（3）Na：$1s^22s^22p^63s^1$；（4）K：$1s^22s^22p^63s^23p^64s^1$。这些原子的最外层都只有一个电子，而内壳层都是满壳层，容易失去最外层电子。再来看惰性气体原子，（1）He：$1s^2$；（2）Ne：$1s^22s^22p^6$；（3）Ar：$1s^22s^22p^63s^23p^6$，… 各壳层都是满壳层，化学性质不活泼。卤素元素，（1）F：$1s^22s^22p^5$；（2）Cl：$1s^22s^22p^63s^23p^5$，最外层差一个电子形成满壳层，容易获得一个电子。碱金属原子、惰性气体原子以及卤素原子，电子的布局规律性比较强，主量子数和角量子数都是按先小后大排列。对于其他原子，例如上面提到的铁原子，情况比较复杂，但都是可以用泡利不相容原理和能量最低原理解释的。

# 习　　题

14-1　关于“黑体”,以下说法正确的是(　　)。

(A)不能反射任何可见光的物体

(B)不能反射任何电磁辐射的物体

(C)颜色是纯黑的物体

(D)能够全部吸收外来的任何电磁辐射的物体

14-2　1900年普朗克提出了能量子的概念,普朗克量子假说是为解释(　　)。

(A)光电效应实验规律而提出来的　　(B)黑体辐射的实验规律而提出来的

(C)原子光谱的规律性而提出来的　　(D)X射线散射的实验规律而提出来的

14-3　以下说法正确反映了普朗克量子假说的是(　　)。

(A)空腔振子的能量是非量子化的　　(B)振子发射或吸收能量是量子化的

(C)辐射的能量等于振子的能量　　(D)各振子具有相同的能量

14-4　当一束光照射某金属时,未出现光电效应。欲使该使金属产生光电效应,则应(　　)。

(A)尽可能增大入射光强度　　(B)尽可能延长照射时间

(C)选用波长更短的入射光　　(D)选用频率更小的入射光

14-5　关于光电效应,下列说法中正确的是(　　)。

(A)任何波长的可见光照射到任何金属表面都能产生光电效应

(B)对同一金属如有光电子产生,则入射光的频率不同光电子的初动能不同

(C)对同一金属由于入射光的波长不同,则单位体积内产生的光电子数目不同

(D)对同一金属若入射光的频率不变而强度增加一倍,则饱和光电流减少一半

14-6　钾金属表面被蓝光照射时有光电子逸出,若增大蓝光光强,则(　　)。

(A)单位时间内逸出的光电子数增加　　(B)逸出的光电子动能增大

(C)光电效应的红限频率增高　　(D)发射光电子所需的时间增长

14-7 当单色光垂直照射到金属表面产生光电效应时,已知此金属的逸出电位为 $U_0$,则这种单色光的波长 $\lambda$ 一定要满足的条件是 (　　)。

(A) $\lambda \leqslant \dfrac{hc}{eU_0}$　　(B) $\lambda \geqslant \dfrac{hc}{eU_0}$　　(C) $\lambda \geqslant \dfrac{eU_0}{hc}$　　(D) $\lambda \leqslant \dfrac{eU_0}{hc}$

14-8　如图所示,在光电效应中,光电子的最大初动能与入射光的(　　)。

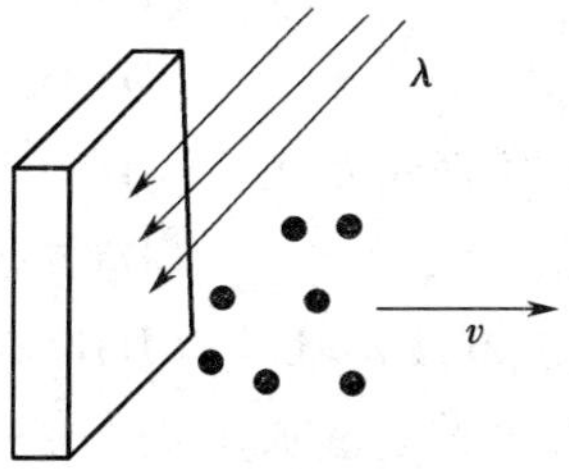


题 14-8 图

(A)频率成反比关系　　(B)强度成反比关系

(C)频率成线性关系　　(D)强度成线性关系

14-9　在以下过程中,可能观察到康普顿效应的过程是(　　)。

(A)电子穿过原子核　　(B)X 射线射入石墨

(C)电子在介质中高速飞行　　(D)α 粒子射入金属

14-10　光电效应和康普顿散射都包含有电子与光子的相互作用,下面表述中正确的是(　　)。

(A)相互作用都是电子与光子的弹性碰撞

(B)前者是完全非弹性碰撞,后者是弹性碰撞

(C)两者都是完全非弹性碰撞

(D)前者是弹性碰撞而后者是完全非弹性碰撞

14-11　在康普顿散射中,若散射光子与原来入射光子方向成 $\theta$ 角,当(　　)时,散射光子的频率减少最多。

(A)$\theta=0$　　(B)$\theta=\frac{\pi}{2}$　　(C)$\theta=\pi$　　(D)$\theta=\frac{\pi}{4}$

14-12　有两种粒子,其质量 $m_1=2m_2$,动能 $E_{k1}=2E_{k2}$,则它们的德布罗意波长之比 $\frac{\lambda_1}{\lambda_2}$为(　　)。

(A)$\frac{1}{4}$　　(B)$\frac{1}{2}$　　(C)$\frac{1}{\sqrt{2}}$　　(D)$\frac{1}{8}$

14-13　根据光子理论 $E=h\nu, p=\frac{h}{\lambda}$,则光的速度为(　　)。

(A)$\frac{p}{E}$　　(B)$\frac{E}{p}$　　(C)$Ep$　　(D)$\frac{E^2}{p^2}$

14-14　当电子的德布罗意波波长与光子的波长相同时,它们的(　　)。

(A)能量相同　　(B)动量相同

(C)能量和动量都相同　　(D)能量和动量都不相同

14-15　根据德布罗意假设,实物物质粒子性与波动性的联系是(　　)。

(A)不确定关系　　(B)薛定谔方程

(C)德布罗意公式　　(D)粒子数守恒

14-16　关于波粒二象性,正确的说法是(　　)。

(A)只有光才有波粒二象性　　(B)实物粒子中只有电子才有波动性

(C)宏观物体只有粒子性,没有波动性　　(D)任何物体都有波粒二象性

14-17　根据玻尔氢原子理论,当大量氢原子处于 $n=3$ 的激发态时,原子跃迁将发出(　　)。

(A)一种波长的光　　(B)两种波长的光

(C)三种波长的光　　(D)各种波长的光

14-18 设氢原子被激发后电子处在第 4 轨道($n=4$)上运动,则观测时间内最多能看到谱线的条数为(　　)。

(A)2 条　　(B)4 条　　(C)6 条　　(D)8 条

14-19 下列哪一能量的光子能被处在 $n=2$ 的能级的氢原子吸收?(　　)。

(A)1.50 eV　　(B)1.89 eV　　(C)2.16 eV　　(D)2.41 eV

14-20 在氢原子中,电子从 $n=2$ 的轨道上电离时所需的最小能量是(　　)。

(A)3.4 eV　　(B)13.6 eV　　(C)10.2 eV　　(D)6.8 eV

14-21　按照玻尔氢原子理论,下列说法中唯一错误的说法是(　　)。

(A)氢原子的总能量为负,说明电子被原子核所束缚

(B)当电子绕核作加速运动时,不会向外辐射电磁能量

(C)氢原子系统的总能量就是氢原子系统的静电势能之总和

(D)氢原子系统的静电势能为负是因为电势能参考点选在了无穷远处

14-22　戴维孙–革末实验中,用电子射向晶体镍的表面,该实验用来(　　)。

(A)测定电子的荷质比　　(B)表明电子的波动性

(C)确定光电效应的真实性　　(D)观察原子能级的不连续性

14-23　量子力学中对物质世界认识的一次重大突破是(　　)。

(A)场也是物质　　(B)物质是无限可分的

(C)实物物质的波粒二象性　　(D)构成物质的基元——原子是有结构的

14-24　根据德布罗意假设,(　　)。

(A)粒子具有波动性

(B)辐射不具粒子性,但具有波动性

(C)辐射具有粒子性,但粒子绝不可能有波动性

(D)波长非常短的辐射具有粒子性,但长波辐射却不然

14-25　如果已知 $\Delta x=0.1$ nm,$\Delta p_x$ 为动量的 $x$ 分量,则动量在 $y$ 分量的不确定量最小是(　　)。

(A)$\Delta p_x$　　(B)$3.3\times10^{-12}\Delta p_x$

(C) $10^{-10}\Delta p_x$　　(D)所给条件不能确定

14-26　波函数 $\Psi(\boldsymbol{r},t)$ 的物理意义可表述为(　　)。

(A) $\Psi(\boldsymbol{r},t)$ 为 $t$ 时刻粒子出现在 $\boldsymbol{r}$ 处的概率

(B) $\Psi(\boldsymbol{r},t)$ 为 $t$ 时刻粒子出现在 $\boldsymbol{r}$ 处的概率密度

(C) $\Psi(\boldsymbol{r},t)$ 无直接意义，$|\Psi(\boldsymbol{r},t)|^2$ 意为 $t$ 时刻粒子出现在 $\boldsymbol{r}$ 处的概率

(D) $|\Psi(\boldsymbol{r},t)|^2$ 为 $t$ 时刻粒子出现在 $\boldsymbol{r}$ 处的概率密度

14-27　将波函数在空间各点的振幅同时增大 $D$ 倍，则粒子在空间的分布概率将(　　)。

(A)增大 $D^2$ 倍　　(B)增大 $2D$ 倍　　(C)增大 $D$ 倍　　(D)不变

14-28　由量子力学可知，在一维无限深方势阱中的粒子可以有若干能态。如果势阱两边之间的宽度缓慢地减少至某一宽度，则(　　)。

(A)每一能级的能量减小　　(B)能级数将增加

(C)每个能级的能量保持不变　　(D)相邻能级间的能量差增加

14-29　已知一粒子在宽度为 $2a$ 的一维无限深势阱中运动，其波函数为 $\Psi(x)=\frac{1}{\sqrt{a}}\cos\frac{3\pi x}{2a}(-a\leqslant x\leqslant a)$，则粒子在 $x=\frac{5a}{6}$ 处出现的概率密度为(　　)。

(A) $\frac{1}{2a}$　　(B) $\frac{1}{a}$　　(C) $\frac{1}{\sqrt{2a}}$　　(D) $\frac{1}{\sqrt{a}}$

14-30　当绝对黑体的温度从 27 ℃升到 327 ℃时，其辐射出射度增加为原来的__________倍。

14-31　钾的光电效应红限波长是 $\lambda_0=6.25\times10^{-5}$ cm，则钾中电子的逸出功是__________。

14-32　已知钾的逸出功是 2.0 eV，如果用波长 $3.60\times10^{-7}$ m 的光照射在钾上，则钾的遏止电压是__________，所发射的光电子最大速度为__________。

14-33　波长为 390 nm 的紫光照射到一块金属表面，产生的光电子速度为 $6.2\times10^5$ m/s，光电子的动能为__________，该金属的逸出功为__________。

14-34　光子 $A$ 的能量是光子 $B$ 的两倍，那么光子 $A$ 的动量是光子 $B$ 的__________倍。

14-35　低速运动的质子和 $\alpha$ 粒子，它们的德布罗意波长相等，则它们的动量之比 $\frac{p_p}{p_\alpha}$ =__________；动能之比 $\frac{E_p}{E_\alpha}$ =__________。

14-36　光子波长为 $\lambda$，则其能量为__________，动量的大小为__________。

14-37　钨的红限波长是 230 nm，用波长为 180 nm 的紫外光照射时，从表面逸出的电子的最大动能为__________ eV。

14-38　当波长为 $\lambda$ 的单色光照射逸出功为 $A$ 的金属表面时,若要产生光电效应,$\lambda$ 必须满足的条件是____________。

14-39　如果入射光的波长从400 nm变到300 nm,则从金属表面发射的光电子的遏止电压将增大____________ V。

14-40　钨的红限频率为 $1.3\times10^{15}$ Hz,用波长为180 nm的紫外光照射时,从其表面上逸出的电子能量为____________。

14-41　用50 V电压加速电子,与之相应的德布罗意波波长约为__________。

14-42　在300 K时达到热平衡的中子,其德布罗意波波长近似为____________。

14-43　波长为0.071 nm的X射线射到石墨上,由公式 $\Delta\lambda=\dfrac{h(1-\cos\theta)}{m_e c}$ 可知,在与入射方向成45°角方向观察到的X射线波长是____________。

14-44　氢原子的部分能级跃迁示意如图所示,在这些能级跃迁中,

(1)从 $n=$______的能级跃迁到 $n=$______的能级时发射的光子的波长最短;

(2)从 $n=$______的能级跃迁到 $n=$______的能级时所发射的光子的频率最小。

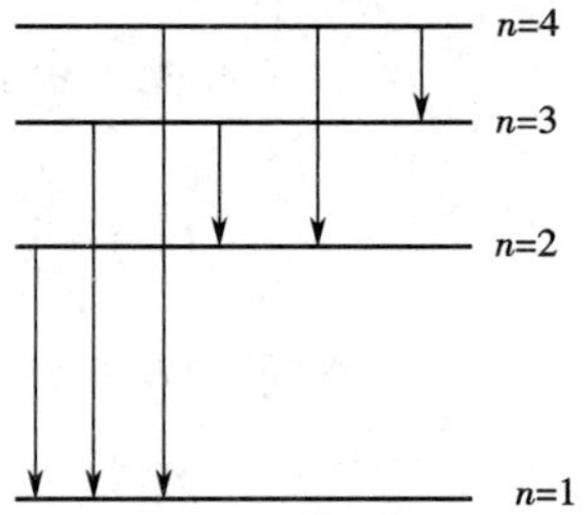


题14-44图

14-45　在宽度为0.1 nm的一维无限深势阱中,能级 $n=2$ 的电子的能量为____________。

14-46　用辐射高温计测得炉壁小孔的辐射出射度(总辐射本领)为22.8 W/cm$^2$,求炉内温度。

14-47　已知铝的逸出功是4.2 eV,今用波长为200 nm的光照射铝表面,求:(1)光电子的最大动能;(2)截止电压;(3)铝的红限波长。

14-48　若一个光子的能量等于一个电子的静能,试求该光子的频率、波长、动量。

14-49　一光子的波长与一电子的德布罗意波波长皆为0.5 nm,此光子的动量 $p_0$ 与电子的动量 $p_e$ 之比为多少?光子的动能 $E_0$ 与电子的动能 $E_k$ 之比为多少?

14-50　光子与电子的波长都是0.2 nm,它们的动量和总能量各为多少?

14-51　在康普顿散射实验中,若用波长 $\lambda_0=0.1$ nm的光子作为入射源,试问:(1)散射角 $\varphi=45°$ 的康普顿散射波长是多少?(2)分配给这个反冲电子的动能有多大?

14-52　已知氢光谱的某一线系的极限波长为364.7 nm,其中有一谱线波长为

656.5 nm。试求与该波长相应的始态与终态能级的能量。

14-53　求出能够占据一个 $d$ 分壳层的最大电子数，并写出这些电子的 $m_l$，$m_s$ 值。

14-54　在长度为 $l$ 的一维势阱中，粒子的波函数为

$$\Psi(x)=\sqrt{\frac{2}{l}}\sin\frac{n\pi}{l}x$$

求从势阱壁 $l=0$ 起到 $\frac{l}{3}$ 区间内粒子出现的概率。当 $n=2$ 时，此概率是多大？

14-55　一维运动粒子的波函数是 $\Psi(x)=\begin{cases}Axe^{-\lambda x}(x\geqslant 0)\\0(x<0)\end{cases}$，其中常数 $\lambda>0$。试求：(1)归一化因子；(2)粒子坐标的概率分布；(3)概率密度最大的位置。

14-56　原子内电子的量子态由 $n,l,m_l,m_s$ 四个量子数表征。当 $n,l,m_l$ 一定时，不同的量子态数目是多少？当 $n,l$ 一定时，不同的量子态数目是多少？当 $n$ 一定时，不同的量子态数目是多少？

## 内容提要

本书是大学物理基础教材，是参照教育部物理基础课程教学指导分委员会编制的《理工科类大学物理教学基本要求》编写的，指导思想是概念清楚准确、叙述简练、易教易学。书中对传统教材的内容进行了必要的调整和整合。

本书共14章，包括质点力学、刚体力学、气体动理论、热力学基础、真空中的静电场、静电场中的导体和电介质、恒定磁场、电磁感应、麦克斯韦方程组、振动、波动、波动光学、狭义相对论基础、量子力学基础。

本书可作为高等学校非物理专业的大学物理教材，也可供其他读者参考。

**图书在版编目(CIP)数据**

大学物理(第2版) / 梁麦林，李凤敏主编. —天津：天津大学出版社，2018.2(2024.1重印)

ISBN 978-7-5618-6083-0

Ⅰ.①大… Ⅱ.①梁… ②李… Ⅲ.①物理学－高等学校－教材 Ⅳ.①O4

中国版本图书馆CIP数据核字(2018)第025863号

**出版发行** 天津大学出版社
**地　　址** 天津市卫津路92号天津大学内(邮编：300072)
**电　　话** 发行部：022-27403647
**网　　址** www.tjupress.com.cn
**印　　刷** 天津泰宇印务有限公司
**经　　销** 全国各地新华书店
**开　　本** 185mm×260mm
**印　　张** 25.75
**字　　数** 638千
**版　　次** 2018年2月第1版　2020年1月第2版
**印　　次** 2024年1月第8次
**定　　价** 63.00元

---